理論物理学のための
幾何学とトポロジー I

原著第2版

中原幹夫 [著]

中原幹夫 ＋ 佐久間一浩 [訳]

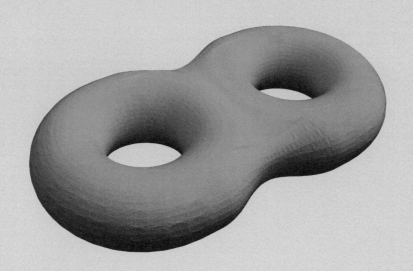

日本評論社

GEOMETRY, TOPOLOGY AND PHYSICS 2nd edition
by Mikio Nakahara
Copyright © 2003 by Taylor & Francis Group, LLC
All rights reserved.
Authorized translation from English language edition
published by CRC Press, an imprint of Taylor & Francis
Group LLC
Japanese translation published by arrangement with
Taylor & Francis Group LLC through The English Agency
(Japan) Ltd.

序　文

　本書は 1986 年冬期に Sussex 大学数理物理科学教室で行った講義をもとに，その内容を大幅に進展させたものである．その際の聴衆は大学院生および素粒子論，物性物理学あるいは一般相対論を専門とする当教室のメンバーであった．講義はインフォーマルな雰囲気の中で行われたが，本書においても出来うる限りこの点を守るように心がけた．定理の証明はそれが教育的であるものに限って与え，極端にテクニカルなものは省略した；省略した場合は定理の内容が確証できるようにいくつかの例を与えることにした．また，図を出来るだけ多く挿入することで，内容に関する具体的なイメージが把握できるように読者の便宜をはかった．

　理論物理学における最近の研究発展では頻繁にトポロジー，微分幾何や現在も発展している数学の最先端の分野の諸概念が広く用いられるにもかかわらず，物理の大学院生が手軽に読める完結した教科書を見つけるのはむしろ難しいのが現状である．そこで本書は高度な専門書や研究論文と，多くの優れた解説書の間の橋渡し役をすることを意図して書かれた．したがって読者としては場の理論と相対論には多少慣れている理論物理学の大学院初年級の学生を想定している．本書の随所において，物理学で位相的かつ幾何学的概念が大変重要な役割を果たしている用例を与えた．これらの用例は主に素粒子論，相対論，物性物理学から取捨選択されたものである．直接の興味から外れている例に関しては，必要がなければ自由に飛ばしても構わない．しかしながら私はこれらの用例はどれも理論物理学の学生にとっては「理論上必要最小限度事項」であると確信している．また，これらの分野の理論物理学への応用に関心のある数学者にとっても本書は興味深いものとなるだろう．

　本書は大きく 4 つの部分に分けられる．第 1 章と第 2 章では物理学と数学の基礎概念を準備する．特に第 1 章では本書で主に扱う物理学の簡単な概説が与えられる．題材としては，経路積分，ゲージ理論 (モノポールとインスタントンを含む)，物性物理学における欠陥，一般相対論，量子力学における Berry 位相そして弦理論である．これらのほとんどは，位相的あるいは幾何学的立場から後の章でより詳しく説明される．第 2 章では大抵の物理学者が学んだことのある学部レベルの数学をまとめる．集合，写像，位相空間論に馴染みのある読者は本章を飛ばして先に進んでも構わない．

　第 3 章から第 8 章までは代数的トポロジーと微分幾何学の基礎となる部分である．第 3 章と第 4 章でホモロジー群やホモトピー群による空間の分類の概念が紹介される．第 5 章では多様体を定義するが，多様体は現代の理論物理学における中心概念の 1 つでもある．そこで定義される微分形式は本書の随所で重要な役割を果たすものである．微分形式が de Rham コホモロジー群とよばれる，いわばホモロジー群の双対にあたるものを定義可能にすることを第 6 章で考察する．第 7 章では計量を与えた多様体を扱う．計量を与えると幾何学的概念である接続，共変微分，曲率，捩率などが定義できるようになる．第 8 章では

複素多様体を，自然な複素構造をもつ特別な多様体のクラスとして定義する．

第 9 章から第 12 章ではトポロジーと幾何学を統一的に扱う．特に第 9 章でファイバー束を定義しこれが多くの物理的概念に関して自然な設定であることを示す．第 7 章で定義された接続が第 10 章で自然にファイバー束上に一般化される．第 11 章で定義される特性類の理論はコホモロジー類を用いてファイバー束を分類することを可能にする．特性類は第 12 章で述べられる Atiyah-Singer 指数定理において特に重要なものである．これは現代数学の最も重要な定理の 1 つであるがその証明は与えずに，物理学で実際に応用される指数定理の特別な形を書き下すにとどめる．

第 13 章と第 14 章は現在盛んに研究されている物理学の分野におけるトポロジーと幾何学の最も魅力ある応用である．第 13 章でファイバー束の理論，特性類，指数定理をゲージ理論における量子異常の研究に応用する．第 14 章では Polyakov のボース的弦理論が幾何学的立場から解析され，1 ループ振幅の具体的計算を与える．

最後に私の師，友人そして学生に心からの謝辞を述べたい．特に，浅井哲也, David Bailin, 河野浩, David Lancaster, 松谷茂樹, 長島弘幸, David Pattarini, Felix E. A. Pirani, 玉野研一, David Waxman, David Wong の諸氏に感謝したい．第 5 章における基礎概念は London 大学キングスカレッジでの F. E. A. Pirani 氏による講義に負うところが大きい．第 14 章で扱った Eisenstein 級数と Kronecker の極限公式を使った弦 Laplacian の評価は浅井哲也氏から示唆していただいた．Euan Squires, David Bailin, 河野浩の諸氏には有益なコメントと提言をいただいたことに感謝したい．特に David Bailin 氏は私に本書の執筆を薦めてくださった．また彼は Douglas F. Brewer 教授に，教授の編纂するシリーズに本書を加えることを進言してくれた．美しい原稿に仕上げてくれたことに謝辞を述べる秘書が私にはいなかったことは残念である．ワープロ原稿作成は私自身の手で 2 台の NEC PC-9801 機で行われた．またアダムヒルガー社 (現 IOP Publishing) の Jim A. Revill 氏は原稿準備中にさまざまな形で私を助けてくださり，また原稿締切の遅れにも寛大であったことに謝意を呈する．原稿準備中多くの音楽家の美しい音楽が私の研究室を満たしてくれた：特に J. S. Bach, 坂本龍一, Ravi Shankar そして Erik Satie に感謝したい．

1989 年 2 月 静岡にて
中原幹夫

訳者まえがき (その1)

　本訳書は2分冊からなる．第I巻は基礎編 (学部生向け)，第II巻は応用編 (大学院生向け) である．原書は500ページを越える大著で，"Geometry, Topology and Physics" (Mikio Nakahara) の題名で刊行されてからちょうど10年にあたるが，今なお広く世界で主に物理学コースの学生の現代数学 (主として幾何学) を理解するための教科書として親しまれているようである．原著者が日本人でありながらこの本が日本で広く活用されていないとしたら勿体ない話である．そこで本訳書の刊行に至った．本書は，物理学科・数学科双方の学生に読んでいただきたい．これは私の興味からであるが特に，第II巻は面白い．翻訳は，物理学に関わる部分は原著者である中原幹夫氏が担当し，残りの数学に関わる部分は佐久間が担当した．本書は物理学者によって書かれた数学の本を数学者が訳すという点でユニークである．

　近年，物理学と数学の最先端の研究における接近は著しく，物理学・数学の双方に通じた研究者の存在意義は極めて高い．我が国でもそうした研究者の輩出を生む素地が必要であるが，現行の大学組織ではそれは難しく，いまだ双方の垣根は互いに高いままであると言えるかもしれない．一方，訳者がともに所属する近畿大学理工学部数学物理学教室ではその名の通りそうした垣根がやや低く，物理学と数学相互の研究の情報交換がしやすい稀な環境から本訳書の刊行に話が及んだ．本来，訳書は原著者の意図を損なわない十分な配慮の下に行われるのが通常であろうが数学に関わる部分に関しては，身近 (6階と8階) にいる原著者の了解のもとかなり自由な改変が成された．また本文の脚注は，訳者によるものである．さらにほとんど各章にその章の補足を新たに付け加えた．この補足は，内容に関する単なる補足といったものではなく各章の内容の互いの関連に注目し，本来背景にある数学的問題意識や研究の変遷を (トポロジーを中心に) 手短に述べることにより，読者の興味や好奇心を喚起することを意図して書かれている．こうした点も本書のユニークさを端的に表している．なお，もし (数学的) 記述の誤りがあればそれは原著者によるものではなく多くは訳者による勇み足と理解されたい．本書を読んでの感想・要望や誤植あるいは論理的誤りがあれば訳者宛に連絡願えれば幸いである．

　本書を読んで実際に興味をもった原論文読破に挑戦する若い読者が現れ，物理学と数学の勉強・将来の研究の架け橋となればそれで著者および訳者の目的は達成されたといえよう．

　訳者は本書執筆中，住友財団の援助を受けた．また，ピアソン・エデュケーション社の藤村行俊氏はこちらのわがままな要望に丁寧に答えてくださり，自由に仕事ができ，大変お世話になった．最後に，妻基三子の時宜に適った励ましや忍耐に心からの感謝を述べたい．

2000年 初春 生駒郡三郷町にて
佐久間一浩

訳者まえがき (その 2)

　原書が 1990 年に出版されて以来，多くの人々から日本語訳を出す予定はないかと尋ねられてきた．私自身は自分の書いた本を訳しても得ることはないし，どうせ訳すのであれば，それなりの数学者に原書を見てもらい，数学的に誤りがあればそれを正して欲しいと欲張りなことを考えていた．幸い，私の所属する学科に佐久間氏が採用され，この話を持ち掛けたところ快諾していただき，本訳書の出版となったのである．

　佐久間氏は微分位相幾何学を専門とする新進気鋭の若手数学者で，本訳書にはこれ以上の人は望めない．物理学の部分は私が訳し，原書の舌足らずな点や気付いた誤りは断りなく訂正した．一方，数学的な部分は佐久間氏が訳され，同様に明らかなミスは自由に訂正していただいた．さらに，数学者としてのコメントが必要であると思われるところには適宜「補足」を加えていただいた．この補足は，本文中の不足を補うと同時に，原書で触れることができなかった数学における最近の発展も紹介するもので，日本語版のみのボーナスである．

　最後に，本訳書出版にあたり版権，企画，さらには図版作成や校正，LaTeX の指導，日本語の参考文献作成などで大変お世話になったピアソン・エデュケーションの藤村行俊氏に感謝する．藤村氏は 1.8.2 節で故 内山先生に関する脚注を入れることも提案され，資料を提出していただいた．また，土曜日を研究室で過ごすことに協力してくれた家族全員にも感謝したい．

1999 年 8 月 東大阪市にて
中原幹夫

第2版への序文

　本書の初版は1990年に出版された．その後，理論物理学における幾何学とトポロジーの応用は信じられないほど進んだ．また，その逆も真であった．今日，理論物理学と，幾何学，トポロジーの境目ははっきりしない．

　これらの分野のすべての進歩をこの第2版で扱うことは不可能であり，私は改訂を最小限にとどめることにした．タイプミスやエラーなどの修正，雑多な追加に加えて，超対称量子力学に基づく指数定理の証明を加えた．多くの場所で内容の再編成も行った．多くの出版物やインターネットのホームページから，本書の初版は物理学や数学だけでなく，哲学，化学，測地学，海洋学などさまざまな分野の学生や研究者によって読まれていることを知った．これは第2版を最近の理論物理学の発展の最前線に特化しなかった理由の1つである．近い将来，場の量子論の低次元トポロジーや数論への魅力的な応用について，一人か二人の数学者と別の本を出版したいと考えている．

　この本の初版は，世界中の多くのクラスで使用されている．講師の中には貴重な意見や提案をいただいた人もいた．特にJouko Mickelsson教授からの建設的な提案に感謝したい．私の仲間の数学者である佐久間一浩教授は，私とともに初版を日本語に翻訳してくれた．彼は数学者の立場から貴重なコメントや提案を行った．彼には頻繁な議論と私の質問の多くを明確にしてくれたことに感謝したい．私は2001年秋から2002年春にかけてヘルシンキ工科大学(現在のAalto大学)に客員教授として滞在し，本書の内容について講義する機会があった．故Martti Salomaa教授には彼の物質物理研究グループにおける暖かいホスピタリティに感謝する．ティーチング・アシスタントのSami Virtanen君には素晴らしい仕事ぶりに感謝する．講義に参加して，原稿のタイプミスや誤りを見つけ，貴重なコメントや質問をしてくれたJuha Vartiainen, Antti Laiho, Teemu Ojanen, Teemu Keski-Kuha, Markku Stenberg, Juha Heiskala, Tuomas Hytönen, Antti Niskanen, Ville Berghohlmの学生諸君にも感謝する．

　イギリス物理学会出版部のJim Revill氏とTom Spicer氏は，私の遅い改訂を許してくれた．彼らの寛大さと忍耐に感謝したい．コピーエディティング，タイプセッティング，校正を手配してくれたSimon Laurenson氏と，印刷，製本，スケジューリングを手配したSarah Plentyさんにも感謝したい．本書の初版は，今や存在しないNECのオペレーティングシステムを用いて作成された．しかし，500ページ以上の本を最初から入力する勇気は私にはなかった．にもかかわらず，ITの進歩のおかげで，イギリス物理学会出版部は全ページをスキャンしたファイルを作成し，私はそれからOCR (光学的文字認識)でテキストファイルを抽出した．イギリス物理学会出版部の技術員の忍耐強い作業を感謝する．もちろん，OCRからはLaTeXの数式は再現できない．鎌田麻里子さんは本書の初版から数式を編集してくれた．ピアソン・エデュケーション・ジャパンの藤村行俊氏からは，しばしば

TeX ニカルなアドバイスをいただいた．藤村氏は本書初版の日本語訳も編集され，LaTeX のさまざまな定義，スタイルファイル，図版などを提供いただいた．初版の日本語訳なしには，第2版の出版は，はるかに困難であったであろう．

　最後に，私の家族に感謝するとともに，この本を捧げたい．私は無数に多くの週末をこの本の執筆のために過ごさなければならなかった．妻富美子と娘の理沙と有理には彼女たちの忍耐強さを感謝したい．私の小さな娘たちが，いつか図書館や本屋でこの本を手にとり，彼女たちのお父さんが週末や夜更けに何をしていたか理解することを願っている．

2002年12月 奈良にて
中原幹夫

訳者まえがき (第2版)

　本書の原著 "Geometry, Topology and Physics" は 1990 年に Adam-Hilger 社から出版されたが，その後同社がイギリス物理学会出版部 (IOP Publishing) に組み込まれ，そこから出版されることになった．原著の第 2 版は 2003 年に IOP Publishing から出版されたが，その後紙媒体の書籍の版権はすべて Taylor & Francis Group に売却され，現在もそこから出版されている．

　日本語訳は 2000 年に第 1 章から第 8 章までの第 I 巻が，2001 年に残りの第 II 巻がピアソン・エデュケーション社から出版されたが，絶版となってしまった．インターネットで古本が法外な値段で取引されているのを見るにつけ，心を痛めていたが，日本評論社から第 2 版の翻訳で合意をいただき，本書が出版されることになった．第 2 版に際して，章末の補足について初版の記述から適宜修正・加筆を行った．

　原著は多くの大学で教科書として採用され，講師や学生が正誤表を作成してくれた．本書でもそれを取り入れた．原著にくらべてミスは大幅に減っているはずである．とくにカリフォルニア工科大学の John H Schwarz 教授，復旦大学の萬義頓教授，トリノ工科大学の Fabio Nicola 教授，オックスフォード大学の George Johnson 氏には正誤表の利用を快諾いただき，ここに感謝する．また，翻訳にあたり，元ピアソン・エデュケーション社の藤村行俊氏には初版のファイルの流用を許可いただいた．ここに感謝する．中原の研究員，久木田真吾博士，綿村尚毅博士には日本語原稿と英語のテキストとの整合性のチェックをしていただいた．ここに感謝する．

　日本評論社の筧裕子氏には叱咤激励していただき，本書の完成までこぎつけることができた．また，翻訳のチェックや原著との照合などにもご尽力いただいた．ここに感謝する．

2018 年 7 月 上海市宝山区にて
中原幹夫
東大阪市にて
佐久間一浩

この本の読み方

本書の著者としては，読者が順番に本書を読み通すことを望むものである．しかし，この本が厚く，含まれる内容も多岐にわたることを認めざるを得ない．以下，本書が数学や数理物理学の講義で使われる場合における内容の取捨選択について提案する．

(1) 数理物理学の通年講義：第1章から第10章まで．第11章と第12章は選択．

(2) 数学の大学院生を対象とした幾何学とトポロジーの通年講義：第2章から第12章まで．もし学生がトポロジーの初歩に慣れていれば，第2章は省略してもよい．物理学に関する内容は省いても特に問題はない．

(3) 幾何学とトポロジーに関する1セメスター講義：第2章から第7章まで．もし学生がトポロジーの初歩に慣れていれば，第2章は省略してもよい．第8章は選択．

(4) 一般相対論を学ぶための1セメスターの微分幾何学の講義：第2, 5, 7章．

(5) 上級数理物理学の1セメスター講義：学生がRiemann幾何学とファイバー束に既知であれば，1.1–1.7節と12.9–12.10節．これらの節で，経路積分とその指数定理への応用の自己完結した講義となる．

いくつかの説明は繰り返し現れ，また以前の章で紹介された事実の要旨が再度与えられるときもあるが，それにより上のような選択が可能となる．

記法と慣例

記号 $\mathbb{N}, \mathbb{Z}, \mathbb{Q}, \mathbb{R}, \mathbb{C}$ は自然数,整数,有理数,実数,複素数の集合を表す.4元数の集合は
$$\mathbb{H} = \{a + b\boldsymbol{i} + c\boldsymbol{j} + d\boldsymbol{k}|\ a,b,c,d \in \mathbb{R}\}$$
で定義される.ただし $(1, \boldsymbol{i}, \boldsymbol{j}, \boldsymbol{k})$ は $\boldsymbol{i}\cdot\boldsymbol{j} = -\boldsymbol{j}\cdot\boldsymbol{i} = \boldsymbol{k}, \boldsymbol{j}\cdot\boldsymbol{k} = -\boldsymbol{k}\cdot\boldsymbol{j} = \boldsymbol{i}, \boldsymbol{k}\cdot\boldsymbol{i} = -\boldsymbol{i}\cdot\boldsymbol{k} = \boldsymbol{j}$, $\boldsymbol{i}^2 = \boldsymbol{j}^2 = \boldsymbol{k}^2 = -1$ を満たす4元数の単位である.$\boldsymbol{i}, \boldsymbol{j}$ と $\boldsymbol{k}$ は 2×2 行列表示 $\boldsymbol{i} = \mathrm{i}\sigma_3$, $\boldsymbol{j} = \mathrm{i}\sigma_2$, $\boldsymbol{k} = \mathrm{i}\sigma_1$ を持つことに注意されたい.ここに σ_i は,以下に定義される Pauli スピン行列である.

$$\sigma_1 = \begin{pmatrix} 0 & 1 \\ 1 & 0 \end{pmatrix} \quad \sigma_2 = \begin{pmatrix} 0 & -\mathrm{i} \\ \mathrm{i} & 0 \end{pmatrix} \quad \sigma_3 = \begin{pmatrix} 1 & 0 \\ 0 & -1 \end{pmatrix}.$$

複素数 z の虚部は $\mathrm{Im}\, z$ と書かれ,実部は $\mathrm{Re}\, z$ と書かれる.

特に断らない限り,自然単位系をとり,c (光速) $= \hbar$ (Planck 定数 $/2\pi$) $= k_\mathrm{B}$ (Boltzmann 定数) $= 1$ とおく.また,Einstein の規約 (1つの項の中に同じ添字が2回,一回は上付き,もう一回は下付きで現れると,その添字のすべての値に対して和をとる) を採用する.例えば,もし μ が1から m までの値をとるとき,

$$A^\mu B_\mu = \sum_{\mu=1}^{m} A^\mu B_\mu$$

となる.Euclid 計量は $g_{\mu\nu} = \delta_{\mu\nu} = \mathrm{diag}(+1,\ldots,+1)$ で与えられ,Minkowski 計量は $g_{\mu\nu} = \eta_{\mu\nu} = \mathrm{diag}(-1,+1,\ldots,+1)$ で与えられる.

記号 ■ は '証明終わり' を意味する.

目 次

序文	i
第2版への序文	v
この本の読み方	viii
記法と慣例	ix

第1章 量子物理学 … 1
  1.1 解析力学 … 1
    1.1.1 Newton力学 … 1
    1.1.2 Lagrange形式 … 2
    1.1.3 Hamilton形式 … 5
  1.2 正準量子化 … 8
    1.2.1 Hilbert空間，ブラとケット … 9
    1.2.2 正準量子化の公理 … 10
    1.2.3 Heisenbergの方程式，Heisenberg描像，Schrödinger描像 … 12
    1.2.4 波動関数 … 13
    1.2.5 調和振動子 … 16
  1.3 経路積分によるBose粒子の量子化 … 19
    1.3.1 経路積分による量子化 … 19
    1.3.2 虚時間と分配関数 … 25
    1.3.3 時間順序積と生成汎関数 … 27
  1.4 調和振動子 … 29
    1.4.1 遷移振幅 … 29
    1.4.2 分配関数 … 33
  1.5 Fermi粒子の経路積分 … 36
    1.5.1 Fermi調和振動子 … 36
    1.5.2 Grassmann数の代数 … 37
    1.5.3 微分 … 39
    1.5.4 積分 … 39
    1.5.5 δ関数 … 40
    1.5.6 Gauss積分 … 41
    1.5.7 汎関数微分 … 42
    1.5.8 複素共役 … 43
    1.5.9 コヒーレント状態と完全性関係 … 43

	1.5.10 Fermi 調和振動子の分配関数	44
1.6	スカラー場の量子化	48
	1.6.1 自由スカラー場	48
	1.6.2 相互作用するスカラー場	50
1.7	Dirac 場の量子化	52
1.8	ゲージ理論	52
	1.8.1 可換 (Abelian) ゲージ理論	53
	1.8.2 非可換 (non-Abelian) ゲージ理論	55
	1.8.3 Higgs 場	56
1.9	磁気単極子 (モノポール)	57
	1.9.1 Dirac 磁気単極子	57
	1.9.2 Wu-Yang 磁気単極子	58
	1.9.3 電荷の量子化	59
1.10	インスタントン	60
	1.10.1 はじめに	60
	1.10.2 (反) 自己双対解	61
演習問題 1		62

第 2 章 数学からの準備 63

2.1	写像	63
	2.1.1 諸定義	63
	2.1.2 同値関係と同値類	65
2.2	ベクトル空間	70
	2.2.1 ベクトルとベクトル空間	70
	2.2.2 線形写像,像,核	71
	2.2.3 双対ベクトル空間	72
	2.2.4 内積と随伴	74
	2.2.5 テンソル	75
2.3	位相空間	76
	2.3.1 諸定義	76
	2.3.2 連続写像	77
	2.3.3 近傍と Hausdorff 空間	78
	2.3.4 閉集合	78
	2.3.5 コンパクト性	79
	2.3.6 連結性	80
2.4	同相写像と位相不変量	81
	2.4.1 同相写像	81
	2.4.2 位相不変量	81
	2.4.3 ホモトピー型	83
	2.4.4 Euler 標数:例	83
演習問題 2		86

第 2 章への補足 87

第 3 章　ホモロジー群　　92

3.1　Abel 群 92
　　　3.1.1　群論の初歩 93
　　　3.1.2　有限生成 Abel 群と自由加群 95
　　　3.1.3　巡回群 95
3.2　単体と単体的複体 97
　　　3.2.1　単体 97
　　　3.2.2　単体的複体と多面体 98
3.3　単体的複体のホモロジー群 99
　　　3.3.1　向き付けられた単体 99
　　　3.3.2　鎖群, 輪体群, 境界輪体群 101
　　　3.3.3　ホモロジー群 105
　　　3.3.4　$H_0(K)$ の計算 109
　　　3.3.5　ホモロジーの計算 (続き) 110
3.4　ホモロジー群の一般的性質 115
　　　3.4.1　連結性とホモロジー群 115
　　　3.4.2　ホモロジー群の構造 116
　　　3.4.3　Betti 数と Euler-Poincaré 標数 117
　　演習問題 3 118
　　第 3 章への補足 118

第 4 章　ホモトピー群　　124

4.1　基本群 124
　　　4.1.1　基本的アイディア 124
　　　4.1.2　道とループ 125
　　　4.1.3　ホモトピー 126
　　　4.1.4　基本群 127
4.2　基本群の一般的性質 129
　　　4.2.1　弧状連結性と基本群 129
　　　4.2.2　基本群のホモトピー不変性 131
4.3　基本群の例 133
　　　4.3.1　トーラスの基本群 135
4.4　多面体の基本群 136
　　　4.4.1　自由群と関係 136
　　　4.4.2　多面体の基本群の計算 138
　　　4.4.3　$H_1(K)$ と $\pi_1(|K|)$ の間の関係 146
4.5　高次元ホモトピー群 147
　　　4.5.1　定義 147
4.6　高次元ホモトピー群の一般的性質 150

	4.6.1	高次元ホモトピー群の可換性	150
	4.6.2	弧状連結性と高次元ホモトピー群	150
	4.6.3	高次元ホモトピー群のホモトピー不変性	150
	4.6.4	直積空間の高次元ホモトピー群	150
	4.6.5	普遍被覆空間と高次元ホモトピー群	151
4.7	高次元ホモトピー群の例		153
4.8	凝縮系における秩序		155
	4.8.1	秩序変数	155
	4.8.2	超流動 ^{4}He と超伝導	157
	4.8.3	一般的な考察	159
4.9	ネマティック液晶における欠陥		161
	4.9.1	ネマティック液晶の秩序変数	161
	4.9.2	ネマティック液晶の線欠陥	161
	4.9.3	ネマティック液晶における点欠陥	162
	4.9.4	高次のホモトピー群で分類されるテクスチャ	163
4.10	超流動 ^{3}He-A のテクスチャ		164
	4.10.1	超流動 ^{3}He-A	164
	4.10.2	^{3}He における線欠陥と特異性をもたない渦糸	166
	4.10.3	^{3}He における Shankar モノポール	167
演習問題 4			168
第 4 章への補足			169

第 5 章 多様体論   173

5.1	多様体		173
	5.1.1	発見的序説	173
	5.1.2	定義	175
	5.1.3	諸例	177
5.2	多様体上の微積分		182
	5.2.1	微分可能写像	182
	5.2.2	ベクトル	184
	5.2.3	微分 1-形式	187
	5.2.4	テンソル	188
	5.2.5	テンソル場	188
	5.2.6	誘導写像	189
	5.2.7	部分多様体	191
5.3	流れと Lie 微分		192
	5.3.1	1-パラメタ変換群	193
	5.3.2	Lie 微分	194
5.4	微分形式		199
	5.4.1	諸定義	200
	5.4.2	外微分	201

- 5.4.3 内部積と微分形式の Lie 微分 204
- 5.5 微分形式の積分 207
  - 5.5.1 向き付け 207
  - 5.5.2 微分形式の積分 209
- 5.6 Lie 群と Lie 環 210
  - 5.6.1 Lie 群 210
  - 5.6.2 Lie 環 212
  - 5.6.3 1-パラメタ部分群 215
  - 5.6.4 標構と構造方程式 218
- 5.7 多様体への Lie 群の作用 219
  - 5.7.1 諸定義 220
  - 5.7.2 軌道と等方群 223
  - 5.7.3 誘導ベクトル場 226
  - 5.7.4 随伴表現 227
- 演習問題 5 228
- 第 5 章への補足 229

第 6 章　de Rham コホモロジー群　　232

- 6.1 Stokes の定理 232
  - 6.1.1 準備的考察 232
  - 6.1.2 Stokes の定理 234
- 6.2 de Rham コホモロジー群 236
  - 6.2.1 諸定義 236
  - 6.2.2 $H_r(M)$ と $H^r(M)$ の双対性；de Rham の定理 ... 238
- 6.3 Poincaré の補題 241
- 6.4 de Rham コホモロジー群の構造 243
  - 6.4.1 Poincaré 双対性 243
  - 6.4.2 コホモロジー環 244
  - 6.4.3 Künneth の公式 244
  - 6.4.4 de Rham コホモロジー群の引き戻し 246
  - 6.4.5 ホモトピーと $H^1(M)$ 246
- 第 6 章への補足 249

第 7 章　Riemann 幾何学　　251

- 7.1 Riemann 多様体と擬 Riemann 多様体 251
  - 7.1.1 計量テンソル 251
  - 7.1.2 誘導計量 253
- 7.2 平行移動, 接続, 共変微分 254
  - 7.2.1 発見的導入 254
  - 7.2.2 アファイン接続 256
  - 7.2.3 平行移動と測地線 257

	7.2.4 テンソル場の共変微分 258
	7.2.5 接続係数の変換規則 259
	7.2.6 計量接続 259

7.3 曲率と捩率 261
    7.3.1 諸定義 261
    7.3.2 Riemann テンソルと捩率テンソルの幾何学的意味 262
    7.3.3 Ricci テンソルとスカラー曲率 267

7.4 Levi-Civita 接続 267
    7.4.1 基本定理 267
    7.4.2 古典曲面幾何における Levi-Civita 接続 268
    7.4.3 測地線 269
    7.4.4 正規座標系 272
    7.4.5 Levi-Civita 接続の Riemann 曲率テンソル 274

7.5 ホロノミー 277

7.6 等長変換と共形変換 279
    7.6.1 等長変換 279
    7.6.2 共形変換 279

7.7 Killing ベクトル場と共形 Killing ベクトル場 284
    7.7.1 Killing ベクトル場 284
    7.7.2 共形 Killing ベクトル場 287

7.8 正規直交標構 288
    7.8.1 諸定義 288
    7.8.2 Cartan 構造方程式 289
    7.8.3 局所標構 291
    7.8.4 正規直交標構における Levi-Civita 接続 292

7.9 微分形式と Hodge 理論 294
    7.9.1 不変体積要素 294
    7.9.2 双対変換 (Hodge $*$ 作用素) 295
    7.9.3 r-形式の内積 297
    7.9.4 外微分の随伴 298
    7.9.5 Laplacian, 調和形式, Hodge 分解定理 299
    7.9.6 調和形式と de Rham コホモロジー群 301

7.10 一般相対性理論 302
    7.10.1 一般相対性理論入門 302
    7.10.2 Einstein-Hilbert 作用 303
    7.10.3 曲がった時空間におけるスピノル 306

7.11 Boson 弦理論 308
    7.11.1 弦の作用 308
    7.11.2 Polyakov 弦の対称性 310

演習問題 7 312
第 7 章への補足 313

第8章 複素多様体 — 318

- 8.1 複素多様体 — 318
  - 8.1.1 諸定義 — 318
  - 8.1.2 諸例 — 319
- 8.2 複素多様体上の微積分 — 325
  - 8.2.1 正則写像 — 325
  - 8.2.2 複素化 — 325
  - 8.2.3 概複素構造 — 327
- 8.3 複素微分形式 — 329
  - 8.3.1 実微分形式の複素化 — 330
  - 8.3.2 複素多様体上の微分形式 — 330
  - 8.3.3 Dolbeault 作用素 — 332
- 8.4 Hermite 多様体と Hermite 微分幾何 — 334
  - 8.4.1 Hermite 計量 — 334
  - 8.4.2 Kähler 形式 — 335
  - 8.4.3 共変微分 — 336
  - 8.4.4 捩率と曲率 — 338
- 8.5 Kähler 多様体と Kähler 微分幾何 — 340
  - 8.5.1 諸定義 — 340
  - 8.5.2 Kähler 幾何 — 344
  - 8.5.3 Kähler 多様体のホロノミー群 — 344
- 8.6 調和形式と $\overline{\partial}$-コホモロジー群 — 346
  - 8.6.1 随伴作用素 $\partial^{\dagger}$ と $\overline{\partial}^{\dagger}$ — 346
  - 8.6.2 Laplacian と Hodge の定理 — 347
  - 8.6.3 Kähler 多様体上の Laplacian — 348
  - 8.6.4 Kähler 多様体の Hodge 数 — 349
- 8.7 概複素多様体 — 351
  - 8.7.1 諸定義 — 351
- 8.8 軌道体 — 353
  - 8.8.1 1 次元の例 — 353
  - 8.8.2 3 次元の例 — 355

第 8 章への補足 — 356

参考文献 — 359

日本語の参考文献 — 367

索引 — 370

第 II 巻　目次

序文
第 2 版への序文
この本の読み方
記法と慣例

第 9 章　ファイバー束
9.1　接ベクトル束
9.2　ファイバー束
9.3　ベクトル束
9.4　主束
演習問題 9
第 9 章への補足

第 10 章　ファイバー束上の接続
10.1　主束上の接続
10.2　ホロノミー
10.3　曲率
10.4　同伴ベクトル束上の共変微分
10.5　ゲージ理論
10.6　Berry 位相
演習問題 10
第 10 章への補足

第 11 章　特性類
11.1　不変多項式と Chern-Weil 準同型
11.2　Chern 類
11.3　Chern 指標
11.4　Pontrjagin 類と Euler 類
11.5　Chern-Simons 形式
11.6　Stiefel-Whitney 類
第 11 章への補足

第 12 章　指数定理
12.1　楕円型作用素と Fredholm 作用素
12.2　Atiyah-Singer 指数定理
12.3　de Rham 複体
12.4　Dolbeault 複体
12.5　符号数複体
12.6　スピン複体
12.7　熱核と一般化された ζ 関数
12.8　Atiyah-Patodi-Singer 指数定理
12.9　超対称量子力学
12.10　超対称量子力学を用いた指数定理の証明
演習問題 12
第 12 章への補足

第 13 章　ゲージ場理論におけるアノマリー
13.1　序節
13.2　可換アノマリー
13.3　非可換アノマリー
13.4　Wess-Zumino の無矛盾条件
13.5　可換アノマリーと非可換アノマリー
13.6　奇数次元空間におけるパリティ・アノマリー

第 14 章　ボソン的弦理論
14.1　Riemann 面上の微分幾何
14.2　ボソン弦の量子力学
14.3　1-ループ振幅

参考文献
日本語の参考文献 II
訳者あとがき
訳者あとがき（第 2 版）
索引

第1章 量子物理学

この章では，経路積分による量子化を手短に紹介する．物理学の学生で，この内容に詳しい読者と，数学の学生で物理に興味がない読者は飛ばして，次の章に進んでも構わない．ここで紹介するのは概要なので，より詳しいことを知りたい読者は，Bailin and Love (1996), Chen and Li (1984), Huang (1982), Das (1993), Kleinert (1990), Ramond (1989), Ryder (1986), Swanson (1992) を参照されたい．本章では，次の書籍 Alvarez (1995), Bertlmann (1996), Das (1993), Nakahara (1998), Rabin (1995), Sakita (1985), Swanson (1992) に沿った解説を行う．

1.1 解析力学

まず，量子力学を理解するために必要な，Lagrange 形式と Hamilton 形式の基礎的な原理を紹介しよう．

1.1.1 Newton 力学

3次元空間を運動する質点 m を考え[1]，$\boldsymbol{x}(t)$ で時刻 t における質点 m の位置を表す．この質点が外力 $\boldsymbol{F}(\boldsymbol{x})$ の中で運動しているとしよう．このとき $\boldsymbol{x}(t)$ は，次の2階の微分方程式を満たす．

$$m\frac{\mathrm{d}^2 \boldsymbol{x}(t)}{\mathrm{d}t^2} = \boldsymbol{F}(\boldsymbol{x}(t)). \tag{1.1}$$

この方程式は，**Newton 方程式**あるいは**運動方程式**と呼ばれる．

外力 $\boldsymbol{F}(\boldsymbol{x})$ がスカラー関数 $V(\boldsymbol{x})$ を使って $\boldsymbol{F}(\boldsymbol{x}) = -\nabla V(\boldsymbol{x})$ と表されるとき，この力は**保存力**と呼ばれ，関数 $V(\boldsymbol{x})$ は**ポテンシャルエネルギー**，あるいは短く**ポテンシャル**と呼ばれる．外力 $\boldsymbol{F}$ が保存力のとき

$$E = \frac{m}{2}\left(\frac{\mathrm{d}\boldsymbol{x}}{\mathrm{d}t}\right)^2 + V(\boldsymbol{x}) \tag{1.2}$$

は保存する．実際

$$\frac{\mathrm{d}E}{\mathrm{d}t} = \sum_{k=x,y,z}\left[m\frac{\mathrm{d}x_k}{\mathrm{d}t}\frac{\mathrm{d}^2 x_k}{\mathrm{d}t^2} + \frac{\partial V}{\partial x_k}\frac{\mathrm{d}x_k}{\mathrm{d}t}\right] = \sum_k\left(m\frac{\mathrm{d}^2 x_k}{\mathrm{d}t^2} + \frac{\partial V}{\partial x_k}\right)\frac{\mathrm{d}x_k}{\mathrm{d}t} = 0$$

である．この式を導くために運動方程式を用いた．関数 E は，多くの場合は運動エネルギーとポテンシャルエネルギーの和であり，**エネルギー**と呼ばれる．

[1] 質量が m の粒子のことを，短く '質点 m' と呼ぶ．

例 1.1 (**1 次元調和振動子**) x を座標とし，質点 m に作用する力が $F(x) = -kx$ と書かれるとする．ここに k は定数である．この力は保存力である．実際，$V(x) = \frac{1}{2}kx^2$ とすれば $F(x) = -dV(x)/dx = -kx$ となる．一般に，どんな1次元の力も，x のみの関数 $F(x)$ である場合には保存し，そのポテンシャルは

$$V(x) = -\int^x F(\xi)\,d\xi$$

で与えられる．

保存しない力の1つの例は，摩擦 $F = -\eta\, dx/dt$ である．以下では，保存力のみを考える．

1.1.2 Lagrange 形式

Newton 力学には，以下のような問題がある．

1. この形式はベクトル方程式 (1.1) を基礎にしているが，直交座標系以外では扱いにくい．
2. 運動方程式は2階の微分方程式であり，系の大域的性質を見通せない．
3. 対称性についての分析が困難である．
4. 拘束条件を考慮することが困難である．

さらに，量子力学は Newton 力学から直接導くことはできない．Lagrange 形式は，これらの困難を克服することができる．

状態 (例えば質点の位置) が N 個のパラメタ $\{q_k\}(1 \leq k \leq N)$ で表される系を考えよう．パラメタは，ある '空間' M の元である[2]．空間 M は**配位空間**と呼ばれていて，$\{q_k\}$ は**一般化座標**と呼ばれている．例えば，円周に沿って運動する質点を考える．この場合，一般化座標 q は角度 θ であり，配位空間 M は円周である．**一般化速度**は $\dot{q}_k = dq_k/dt$ で定義される．

Lagrangian $L(q, \dot{q})$ は，後で述べる Hamilton の原理で定義される関数である．ここでは主として議論を1次元でのみ考えることにするが，高次元への一般化は明らかであろう．粒子の軌跡 $q(t)$ ($t \in [t_i, t_f]$) を $q(t_i) = q_i$ および $q(t_f) = q_f$ という条件のもとで考えよう．汎関数[3]

$$S[q(t), \dot{q}(t)] = \int_{t_i}^{t_f} L(q, \dot{q})\,dt \tag{1.3}$$

は**作用**と呼ばれる．軌跡 $q(t)$ と $\dot{q}(t)$ が与えられると，作用 $S[q, \dot{q}]$ は実数値を与える．**Hamilton の原理**，あるいは**最小作用の原理**は，物理的に実現する軌跡は，作用に極値を与えるものであることを主張する．したがって，Lagrangian は Hamilton の原理を満たすように選ばなければならない．

---

[2] M はより正確には多様体である．多様体については第5章で詳しく扱う．
[3] 汎関数とは関数の関数である．関数 $f(\bullet)$ は，与えられた数 x に対して，数 $f(x)$ を与える．同じように，汎関数 $F[\bullet]$ は，与えられた関数 $f(x)$ に対して，数 $F[f]$ を与える．

Hamiltonの原理を局所的に表すために，それを微分方程式で書き表そう．$q(t)$ が作用 S に極値を与える経路であるとする．$\delta q(t_i) = \delta q(t_f) = 0$ を満たす軌跡の変分 $\delta q(t)$ を考える．この変分のもとでの作用の変化は

$$\begin{aligned}\delta S &= \int_{t_i}^{t_f} L(q+\delta q, \dot q + \delta \dot q)\,\mathrm{d}t - \int_{t_i}^{t_f} L(q,\dot q)\,\mathrm{d}t \\ &= \int_{t_i}^{t_f} \left(\frac{\partial L}{\partial q} - \frac{\mathrm{d}}{\mathrm{d}t}\frac{\partial L}{\partial \dot q}\right)\delta q\,\mathrm{d}t \end{aligned} \tag{1.4}$$

となるが，q が S の極値を与えるので，これはゼロとならなければならない．したがって，式 (1.4) が任意の δq で成り立つためには，式 (1.4) の 2 行目の被積分関数はゼロでなければならない．このようにして，**Euler-Lagrange 方程式**

$$\frac{\partial L}{\partial q} - \frac{\mathrm{d}}{\mathrm{d}t}\frac{\partial L}{\partial \dot q} = 0 \tag{1.5}$$

が得られた．自由度が N 個あれば，

$$\frac{\partial L}{\partial q_k} - \frac{\mathrm{d}}{\mathrm{d}t}\frac{\partial L}{\partial \dot q_k} = 0 \qquad (1 \leq k \leq N) \tag{1.6}$$

が得られる．

座標 q_k に共役な**一般化運動量**を

$$p_k = \frac{\partial L}{\partial \dot q_k} \tag{1.7}$$

によって導入すると，Euler-Lagrange 方程式は

$$\frac{\mathrm{d}p_k}{\mathrm{d}t} = \frac{\partial L}{\partial q_k} \tag{1.8}$$

と書かれる．この方程式が Newton の運動方程式に帰着することを要求すると，通常の質点の力学における Lagrangian の候補は簡単に求められる．そこで $L = \frac{1}{2}m\dot{\boldsymbol{q}}^2 - V(\boldsymbol{q})$ としよう．この Lagrangian を Euler-Lagrange 方程式に代入すると，これは Newton の運動方程式

$$m\ddot q_k + \frac{\partial V}{\partial q_k} = 0 \tag{1.9}$$

に帰着することがわかる．

例として，再び 1 次元調和振動子を考えよう．Lagrangian は

$$L(x,\dot x) = \frac{1}{2}m\dot x^2 - \frac{1}{2}kx^2 \tag{1.10}$$

であり，これから $m\ddot x + kx = 0$ が求められる．

後のために，ここで**汎関数微分**を導入する．議論を簡単にするために 1 自由度の場合を考える．S の q についての汎関数微分を

$$\frac{\delta S[q,\dot q]}{\delta q(s)} \equiv \lim_{\varepsilon \to 0} \frac{\{S[q(t)+\varepsilon\delta(t-s),\dot q(t)+\varepsilon\frac{\mathrm{d}}{\mathrm{d}t}\delta(t-s)] - S[q(t),\dot q(t)]\}}{\varepsilon} \tag{1.11}$$

で定義する．すると

$$
S\left[q(t) + \varepsilon\delta(t-s), \dot{q}(t) + \varepsilon\frac{\mathrm{d}}{\mathrm{d}t}\delta(t-s)\right]
$$
$$
= \int \mathrm{d}t\, L\left(q(t) + \varepsilon\delta(t-s), \dot{q}(t) + \varepsilon\frac{\mathrm{d}}{\mathrm{d}t}\delta(t-s)\right)
$$
$$
= \int \mathrm{d}t\, L(q,\dot{q}(t)) + \varepsilon \int \mathrm{d}t \left(\frac{\partial L}{\partial q}\delta(t-s) + \frac{\partial L}{\partial \dot{q}}\frac{\mathrm{d}}{\mathrm{d}t}\delta(t-s)\right) + \mathcal{O}(\varepsilon^2)
$$
$$
= S[q,\dot{q}] + \varepsilon\left(\frac{\partial L}{\partial q}(s) - \frac{\mathrm{d}}{\mathrm{d}t}\frac{\partial L}{\partial \dot{q}}(s)\right) + \mathcal{O}(\varepsilon^2)
$$

であるので，Euler-Lagrange 方程式は

$$
\frac{\delta S}{\delta q(s)} = \frac{\partial L}{\partial q}(s) - \frac{\mathrm{d}}{\mathrm{d}t}\left(\frac{\partial L}{\partial \dot{q}}\right)(s) = 0 \tag{1.12}
$$

と書くことができる．

続いて Lagrange 形式における対称性を考察しよう．Lagrangian L がある座標 q_k に独立であるとしよう[4]．そのような座標は**循環的**と呼ばれる．循環座標に共役な運動量は保存する．実際，条件 $\partial L/\partial q_k = 0$ から

$$
\frac{\mathrm{d}p_k}{\mathrm{d}t} = \frac{\mathrm{d}}{\mathrm{d}t}\frac{\partial L}{\partial \dot{q}_k} = \frac{\partial L}{\partial q_k} = 0 \tag{1.13}
$$

が示される．

この議論は，次のように数学的に精密化される．Lagrangian L が '連続的' なパラメタで記述される対称性を持っているとしよう．より正確に述べると，作用 $S = \int \mathrm{d}t\, L$ は $q_k(t)$ の対称操作のもとで不変である．経路 $q_k(t)$ に対して，無限小の対称操作 $q_k(t) \to q_k(t) + \delta q_k(t)$ を考える[5]．これは，もし $q_k(t)$ が作用に極値を与える経路であれば，$q_k(t) + \delta q_k(t)$ も作用に極値を与えることを意味する．S は，この無限小変換のもとで不変であるので，

$$
\delta S = \int_{t_i}^{t_f} \sum_k \delta q_k \left(\frac{\partial L}{\partial q_k} - \frac{\mathrm{d}}{\mathrm{d}t}\frac{\partial L}{\partial \dot{q}_k}\right)\mathrm{d}t + \sum_k \left[\delta q_k \frac{\partial L}{\partial \dot{q}_k}\right]_{t_i}^{t_f} = 0
$$

となる．真ん中の式の最初の項は，q が Euler-Lagrange 方程式の解なので消える．この結果

$$
\sum_k \delta q_k(t_i) p_k(t_i) = \sum_k \delta q_k(t_f) p_k(t_f) \tag{1.14}
$$

が得られる．ここで，定義 $p_k = \partial L/\partial \dot{q}_k$ を使った．t_i と t_f は任意なので，この方程式が意味するのは，量 $\sum_k \delta q_k(t) p_k(t)$ は，実際には t に依存しないので，保存するということである．

例 1.2 球対称なポテンシャル $V(r)$ による力を受けて運動している質点 m を考える．ただし r, θ, ϕ は 3 次元の極座標である．このときの Lagrangian は

$$
L = \frac{1}{2}m[\dot{r}^2 + r^2(\dot{\theta}^2 + \sin^2\theta \dot{\phi}^2)] - V(r)
$$

---

[4] もちろん L は $\dot{q}_k$ に依存していてもよい．そうでなければ，座標 q_k はそもそも我々の関知するところではない．

[5] 対称性は連続なので，つねに無限小操作を考えることができる．言うまでもないが，今の場合 $\delta q(t_i)$ と $\delta q(t_f)$ は，一般にゼロとは限らない．

で与えられる．$q_k = \phi$ が循環的であるので，これは保存則

$$\delta\phi \frac{\partial L}{\partial \dot{\phi}} \propto mr^2 \sin^2\theta \dot{\phi} = 定数$$

を与える．これは z 軸のまわりの角運動量の保存則に他ならない．同じような議論を行えば，x 軸，y 軸のまわりの角運動量も保存することが示される．

いくつかの注意を述べよう：

- $Q(q)$ を q の任意の関数とすると，Lagrangian L と $L + \mathrm{d}Q/\mathrm{d}t$ は，同じ Euler-Lagrange 方程式を与える．実際，

$$\frac{\partial}{\partial q_k}\left(L + \frac{\mathrm{d}Q}{\mathrm{d}t}\right) - \frac{\mathrm{d}}{\mathrm{d}t}\left[\frac{\partial}{\partial \dot{q}_k}\left(L + \frac{\mathrm{d}Q}{\mathrm{d}t}\right)\right]$$
$$= \frac{\partial L}{\partial q_k} + \frac{\partial}{\partial q_k}\frac{\mathrm{d}Q}{\mathrm{d}t} - \frac{\mathrm{d}}{\mathrm{d}t}\frac{\partial L}{\partial \dot{q}_k} - \frac{\mathrm{d}}{\mathrm{d}t}\frac{\partial}{\partial \dot{q}_k}\left(\sum_j \frac{\partial Q}{\partial q_j}\dot{q}_j\right)$$
$$= \frac{\partial}{\partial q_k}\frac{\mathrm{d}Q}{\mathrm{d}t} - \frac{\mathrm{d}}{\mathrm{d}t}\frac{\partial Q}{\partial q_k} = 0$$

となる．

- 興味深いことに，Newton 力学は作用の極値として実現されるが，作用自身はどのような経路に対しても定義することができる．この事実は，経路積分による量子論の定式化において重要となる．

1.1.3 Hamilton 形式

Lagrange 形式は，2 階の常微分方程式をもたらす．一方，Hamilton 形式は 1 階の時間微分を含む微分方程式をもたらし，それにより，後で定義する位相空間における流れを表す．より重要なことは，Hamilton 形式によりシンプレクティック構造が明らかになることである．これについては，のちに例 5.12 で触れる．

Lagrangian L が与えられたとしよう．それに対応する Hamiltonian は，変数の Legendre 変換より導かれる；

$$H(q, p) \equiv \sum_k p_k \dot{q}_k - L(q, \dot{q}). \tag{1.15}$$

ここで左辺の $\dot{q}$ は，運動量 p の定義，$p_k = \partial L(q, \dot{q})/\partial \dot{q}_k$ を用いて消去する．この変換が定義されるためには，Jacobi 行列式が条件

$$\det\left(\frac{\partial p_i}{\partial \dot{q}_j}\right) = \det\left(\frac{\partial^2 L}{\partial \dot{q}_i \partial \dot{q}_j}\right) \neq 0$$

を満たさなければならない．空間 (q_k, p_k) は **位相空間** と呼ばれる [6]．

---

[6] この位相空間 (phase space) を，第 2 章で定義する位相空間 (topological space) と混同しないように．どちらの意味で使われているかは，前後の文脈から明らかであろう．

座標と運動量の無限小変分 δq_k と δp_k のもとでの Hamiltonian の変化は

$$\delta H = \sum_k \left[\delta p_k \dot{q}_k + p_k \delta \dot{q}_k - \frac{\partial L}{\partial q_k} \delta q_k - \frac{\partial L}{\partial \dot{q}_k} \delta \dot{q}_k \right]$$

$$= \sum_k \left[\delta p_k \dot{q}_k - \frac{\partial L}{\partial q_k} \delta q_k \right]$$

で与えられる．この関係式から，

$$\frac{\partial H}{\partial p_k} = \dot{q}_k, \qquad \frac{\partial H}{\partial q_k} = -\frac{\partial L}{\partial q_k} \tag{1.16}$$

が得られるが，これは独立変数を置き換えたにすぎない．**Hamilton の運動方程式**は，2番目の方程式の右辺を Euler-Lagrange 方程式を使って書き換えて

$$\dot{q}_k = \frac{\partial H}{\partial p_k}, \qquad \dot{p}_k = -\frac{\partial H}{\partial q_k} \tag{1.17}$$

と導かれる．

例 1.3 Lagrangian が $L = \frac{1}{2}m\dot{q}^2 - \frac{1}{2}m\omega^2 q^2$ で与えられる1次元の調和振動子を考えよう．ここで $\omega^2 = k/m$ である．運動量 q に共役な量は $p = \partial L/\partial \dot{q} = m\dot{q}$ であり，これは $\dot{q}$ について解くことができて，$\dot{q} = p/m$ を得る．Hamiltonian は，

$$H(q,p) = p\dot{q} - L(q,\dot{q}) = \frac{p^2}{2m} + \frac{1}{2}m\omega^2 q^2 \tag{1.18}$$

である．Hamilton の運動方程式は，

$$\frac{\mathrm{d}p}{\mathrm{d}t} = -m\omega^2 q, \qquad \frac{\mathrm{d}q}{\mathrm{d}t} = \frac{p}{m} \tag{1.19}$$

である．

Hamiltonian H の位相空間で定義された2つの関数 $A(q,p)$ と $B(q,p)$ を考える．これらの **Poisson 括弧** $[A,B]$ を

$$[A,B] = \sum_k \left(\frac{\partial A}{\partial q_k} \frac{\partial B}{\partial p_k} - \frac{\partial A}{\partial p_k} \frac{\partial B}{\partial q_k} \right) \tag{1.20}$$

によって定義する [7].

問 1.1 Poisson 括弧が **Lie 括弧**であること，つまり次を満足していることを示せ．

$$[A, c_1 B_1 + c_2 B_2] = c_1 [A, B_1] + c_2 [A, B_2] \qquad \text{線形性} \tag{1.21a}$$

$$[A,B] = -[B,A] \qquad \text{反対称性} \tag{1.21b}$$

$$[[A,B],C] + [[C,A],B] + [[B,C],A] = 0 \qquad \textbf{Jacobi 恒等式．} \tag{1.21c}$$

---

[7] 演算子 (作用素) の交換関係 $[A,B]$ をあとで導入するが，そのときは混乱しないように Poisson 括弧を $[A,B]_{\text{PB}}$ と書く．

基本となる Poisson 括弧は,

$$[p_i, p_j] = [q_i, q_j] = 0, \qquad [q_i, p_j] = \delta_{ij} \tag{1.22}$$

である.

時間 t に陽に依存しない物理量 $A(q, p)$ の時間発展は Poisson 括弧によって

$$\begin{aligned}\frac{\mathrm{d}A}{\mathrm{d}t} &= \sum_k \left(\frac{\partial A}{\partial q_k} \frac{\mathrm{d}q_k}{\mathrm{d}t} + \frac{\partial A}{\partial p_k} \frac{\mathrm{d}p_k}{\mathrm{d}t} \right) \\ &= \sum_k \left(\frac{\partial A}{\partial q_k} \frac{\partial H}{\partial p_k} - \frac{\partial A}{\partial p_k} \frac{\partial H}{\partial q_k} \right) \\ &= [A, H] \end{aligned} \tag{1.23}$$

と表される. $[A, H] = 0$ の場合, 物理量 A は保存される. つまり $\mathrm{d}A/\mathrm{d}t = 0$ である. Hamilton の運動方程式 (正準方程式) そのものも

$$\frac{\mathrm{d}p_k}{\mathrm{d}t} = [p_k, H], \qquad \frac{\mathrm{d}q_k}{\mathrm{d}t} = [q_k, H] \tag{1.24}$$

と書くことができる.

定理 1.1 [Noether の定理] $H(q_k, p_k)$ を無限小座標変換 $q_k \to q'_k = q_k + \varepsilon f_k(q)$ のもとで不変である Hamiltonian とする. そうすると

$$Q = \sum_k p_k f_k(q) \tag{1.25}$$

は保存する.

証明: 定義により $H(q_k, p_k) = H(q'_k, p'_k)$ である. また $q'_k = q_k + \varepsilon f_k(q)$ であるので, 座標変換についての Jacobi 行列は $\mathcal{O}(\varepsilon)$ までのオーダーで

$$\Lambda_{ij} = \frac{\partial q'_i}{\partial q_j} \simeq \delta_{ij} + \varepsilon \frac{\partial f_i(q)}{\partial q_j}$$

となる. この座標変換のもとで, 運動量は

$$p_i \to \sum_j p_j \Lambda_{ji}^{-1} \simeq p_i - \varepsilon \sum_j p_j \frac{\partial f_j}{\partial q_i}$$

と変換する. これから

$$\begin{aligned} 0 &= H(q'_k, p'_k) - H(q_k, p_k) \\ &= \frac{\partial H}{\partial q_k} \varepsilon f_k(q) - \frac{\partial H}{\partial p_k} \left(\varepsilon p_j \frac{\partial f_j}{\partial q_k} \right) \\ &= \varepsilon \left[\frac{\partial H}{\partial q_k} f_k(q) - \frac{\partial H}{\partial p_k} p_j \frac{\partial f_j}{\partial q_k} \right] \\ &= \varepsilon [H, Q] = \varepsilon \frac{\mathrm{d}Q}{\mathrm{d}t} \end{aligned}$$

が得られ，Q の保存が示された．

この定理は，保存量を探すことと Hamiltonian を不変に保つ変換を探すことは同じであることを示している．保存量 Q は，いま問題にしている変換の '生成子' である．実際

$$[q_i, Q] = \sum_k \left[\frac{\partial q_i}{\partial q_k}\frac{\partial Q}{\partial p_k} - \frac{\partial q_i}{\partial p_k}\frac{\partial Q}{\partial q_k}\right] = \sum_k \delta_{ik} f_k(q) = f_i(q)$$

となり，これは $\delta q_i = \varepsilon f_i(q) = \varepsilon [q_i, Q]$ を示している．

次に，いくつかの例を示そう．まず $H = p^2/2m$ を自由粒子の Hamiltonian とする．H は q に依存しないので，変換 $q \mapsto q + \varepsilon \cdot 1, p \mapsto p$ のもとで不変である．したがって，$Q = p \cdot 1 = p$ は保存される．これは運動量保存則に他ならない．

例 1.4 粒子 m が 2 次元平面内で，軸対称なポテンシャル $V(r)$ の中を運動している．Lagrangian は

$$L(r, \theta) = \frac{1}{2}m(\dot{r}^2 + r^2\dot{\theta}^2) - V(r)$$

である．座標 r, ϕ に共役な運動量は

$$p_r = m\dot{r}, \qquad p_\theta = mr^2\dot{\theta}$$

である．Hamiltonian は

$$H = p_r\dot{r} + p_\theta\dot{\theta} - L = \frac{p_r^2}{2m} + \frac{p_\theta^2}{2mr^2} + V(r)$$

である．Hamiltonian は，明らかに θ には独立で (循環座標)，したがって変換

$$\theta \mapsto \theta + \varepsilon \cdot 1, \qquad p_\theta \mapsto p_\theta$$

のもとで不変である．対応する保存量は

$$Q = p_\theta \cdot 1 = mr^2\dot{\theta}$$

であり，これは角運動量に他ならない．

1.2 正準量子化

よく知られているように，19 世紀の終わりに，古典物理学，すなわち Newton 力学と古典電磁気学には深刻な問題があることがわかってきた．その後 20 世紀の初めに，それらは特殊相対論，一般相対論，量子力学の発見によって解決された．これまで量子力学に反する実験は 1 つもない．驚くべきことであるが，量子論の '証明' はまだない．我々は，量子論は自然に反していないとしか言うことができない．量子力学を証明することはできないが，量子論の基礎となっているいくつかの '規則' を述べよう．

1.2.1 Hilbert空間，ブラとケット

複素Hilbert空間[8]

$$\mathcal{H} = \{|\phi\rangle, |\psi\rangle, \ldots\} \tag{1.26}$$

を考えよう．$\mathcal{H}$の元は**ケット**あるいは**ケット・ベクトル**と呼ばれる．

線形関数$\alpha: \mathcal{H} \to \mathbb{C}$は，

$$\alpha(c_1|\psi_1\rangle + c_2|\psi_2\rangle) = c_1\alpha(|\psi_1\rangle) + c_2\alpha(|\psi_2\rangle) \qquad \forall c_i \in \mathbb{C}, |\psi_i\rangle \in \mathcal{H}$$

で定義される．Diracによって導入された記号に従い，線形関数を$\langle\alpha|$と書いて，そのケットに対する作用は$\langle\alpha|\psi\rangle \in \mathbb{C}$と書く．線形関数の集合も，それ自身でベクトル空間であり，$\mathcal{H}$の**双対ベクトル空間**と呼ばれ，$\mathcal{H}^*$と記す．$\mathcal{H}^*$の元は**ブラ**，あるいは**ブラ・ベクトル**と呼ばれる．

$\{|e_1\rangle, |e_2\rangle, \ldots\}$を$\mathcal{H}$の基底とする[9]．任意のベクトル$|\psi\rangle \in \mathcal{H}$は，$|\psi\rangle = \sum_k \psi_k |e_k\rangle$のように展開される．ここで$\psi_k \in \mathbb{C}$を$|\psi\rangle$の$k$番目の成分という．次に$\mathcal{H}^*$の基底$\{\langle\varepsilon_1|, \langle\varepsilon_2|, \ldots\}$を導入する．この基底は$\{|e_k\rangle\}$の双対基底であることを要求する．すなわち

$$\langle\varepsilon_i|e_j\rangle = \delta_{ij} \tag{1.27}$$

が満たされる．すると，任意の線形関数$\langle\alpha|$は$\langle\alpha| = \sum_k \alpha_k \langle\varepsilon_k|$と展開される．ここで$\alpha_k \in \mathbb{C}$を$\langle\alpha|$の$k$番目の成分という．$\langle\alpha| \in \mathcal{H}^*$の$|\psi\rangle \in \mathcal{H}$への作用は，それらの成分を用いて

$$\langle\alpha|\psi\rangle = \sum_{ij} \alpha_i \psi_j \langle\varepsilon_i|e_j\rangle = \sum_{ij} \alpha_i \psi_j \delta_{ij} = \sum_i \alpha_i \psi_i \tag{1.28}$$

と表される．$|\psi\rangle$を列ベクトル，$\langle\alpha|$を行ベクトルと考えれば，$\langle\alpha|\psi\rangle$は，行ベクトルと列ベクトルとの行列としての積であり，その結果スカラーが得られる．

$\mathcal{H}$の元と$\mathcal{H}^*$の元との間に1対1の対応をつけることができる．そのために$\mathcal{H}$の基底$\{|e_k\rangle\}$と$\mathcal{H}^*$の基底$\{\langle\varepsilon_k|\}$を固定しよう．これらは双対基底にとる．ケット$|\psi\rangle = \sum_k \psi_k |e_k\rangle$に対して，$\langle\psi| = \sum_k \psi_k^* \langle\varepsilon_k| \in \mathcal{H}^*$を対応させる．$\psi_k^*$の複素共役の意味は，すぐ後で明らかになる．すると$\mathcal{H}$の2つのケットの間の**内積**を定義できる．$|\phi\rangle, |\psi\rangle \in \mathcal{H}$としよう．これらの内積は

$$(|\phi\rangle, |\psi\rangle) \equiv \langle\phi|\psi\rangle = \sum_k \phi_k^* \psi_k \tag{1.29}$$

---

[8] 量子力学では，Hilbert空間とは多様体Mの上の2乗可積分関数$L^2(M)$の空間を意味する．しかし，以下では無限のノルムを持つDiracのデルタ関数$\delta(x)$やe^{ikx}も扱うことになる．拡張されたHilbert空間は，そのような関数を含み，帆装 (rigged) Hilbert空間と呼ばれる．本書でのHilbert空間の扱い方は，数学的には厳密ではないが，問題を起こすことはない．

[9] ここで$\mathcal{H}$は分離可能で，高々加算無限個の基底ベクトルを持つとする．ベクトルのノルムを定義していないので，現時点では直交条件を要請できないことに注意する．

で定義される．対応するブラとケットを表すのに，通常同じ文字を使う．ベクトル $|\psi\rangle$ の**ノルム**は，内積を使って自然に定義される．$\||\psi\rangle\| = \sqrt{\langle\psi|\psi\rangle}$ とする．この定義が，ノルムのすべての公理を満たすことを示すのは容易である．ブラ・ベクトルの成分が複素共役で定義されていることから，ノルムが実で非負となることに注意されたい．

2つのケット・ベクトルの内積を使えば，直交系基底 $\{|e_k\rangle\}$ を $(|e_i\rangle, |e_j\rangle) = \langle e_i|e_j\rangle = \delta_{ij}$ のように定義できる．$|\psi\rangle = \sum_k \psi_k |e_k\rangle$ とする．これに左から $\langle e_k|$ を掛けることで，$\langle e_k|\psi\rangle = \psi_k$ を得る．そうすると $|\psi\rangle$ は $|\psi\rangle = \sum_k \langle e_k|\psi\rangle |e_k\rangle = \sum_k |e_k\rangle \langle e_k|\psi\rangle$ と表すことができる．任意の $|\psi\rangle$ についてこれが成り立つので，**完全性関係**

$$\sum_k |e_k\rangle\langle e_k| = I \tag{1.30}$$

が得られた．ただし I は，$\mathcal{H}$ の恒等演算子である ($\mathcal{H}$ が有限次元のときは単位行列である)．

1.2.2 正準量子化の公理

孤立している古典力学系，例えば調和振動子が与えられたとしよう．このとき，この系に対応する量子系を次の公理を用いて構成できる．

A1 量子系に付随する Hilbert 空間 $\mathcal{H}$ が存在して，系の状態はベクトル $|\psi\rangle \in \mathcal{H}$ で記述される．この意味で，$|\psi\rangle$ は**状態**あるいは**状態ベクトル**とも呼ばれる．さらに，2つの状態 $|\psi\rangle$ と $c|\psi\rangle$ ($c \in \mathbb{C}, c \neq 0$) は，同じ状態を記述する．状態は $\mathcal{H}$ の**射影表現**で表される．

A2 古典力学の物理量 A は，$\mathcal{H}$ に作用する Hermite 演算子 $\hat{A}$ で置き換えられる[10]．演算子 $\hat{A}$ は，**オブザーバブル**とも呼ばれる．A が測定された時に得られる結果は，$\hat{A}$ の固有値の1つである．($\hat{A}$ の Hermite 性という仮定から，固有値は実数であることが保証される．)

A3 古典力学の Poisson 括弧は**交換関係**

$$[\hat{A}, \hat{B}] \equiv \hat{A}\hat{B} - \hat{B}\hat{A} \tag{1.31}$$

に $-\mathrm{i}/\hbar$ を掛けたもので置き換えられる．以下では，特に断らない限り $\hbar = 1$ という単位系をとる．基本交換関係 (式 (1.22) を見よ) は

$$[\hat{q}_i, \hat{q}_j] = [\hat{p}_i, \hat{p}_j] = 0, \qquad [\hat{q}_i, \hat{p}_j] = \mathrm{i}\delta_{ij} \tag{1.32}$$

である．この置き換えのもとで，Hamilton の運動方程式は

$$\frac{\mathrm{d}\hat{q}_i}{\mathrm{d}t} = \frac{1}{\mathrm{i}}[\hat{q}_i, \hat{H}], \qquad \frac{\mathrm{d}\hat{p}_i}{\mathrm{d}t} = \frac{1}{\mathrm{i}}[\hat{p}_i, \hat{H}] \tag{1.33}$$

と置き換えられる．古典量 A が時間 t にあらわに依存していない時は，A は Hamilton の方程式と同じ方程式を満たす．その類似から，$\hat{A}$ が時間 t にあらわに依存していな

---

[10] $\mathcal{H}$ の上の演算子を ˆ をつけて表す．のちの章では，混乱がない限り，ˆ を省略する．

い場合，**Heisenberg** の運動方程式

$$\frac{\mathrm{d}\hat{A}}{\mathrm{d}t} = \frac{1}{\mathrm{i}}[\hat{A},\hat{H}] \tag{1.34}$$

を得る．

A4 $|\psi\rangle \in \mathcal{H}$ を任意の状態とする．この状態にある多数の系を用意したとする．これらの系において，A を時刻 t で観測した場合，一般にはランダムな観測値を得る．この結果の期待値は

$$\langle A \rangle_t = \frac{\langle \psi | \hat{A}(t) | \psi \rangle}{\langle \psi | \psi \rangle} \tag{1.35}$$

で与えられる．

A5 どんな物理的な状態 $|\psi\rangle \in \mathcal{H}$ に対しても，$|\psi\rangle$ を固有状態とする演算子が存在する [11]．

この 5 つの公理を量子物理学というゲームの規則として採用する．いくつかの注意を述べよう．公理 A4 を，もう少し注意深く見てみよう．$|\psi\rangle$ は $|||\psi\rangle||^2 = \langle\psi|\psi\rangle = 1$ と規格化されているとする．$\hat{A}(t)$ は離散的な固有値の集合 $\{a_n\}$ と対応する固有ベクトルの集合 $\{|n\rangle\}$ を持っているとしよう [12]：

$$\hat{A}(t)|n\rangle = a_n |n\rangle, \qquad \langle n|n\rangle = 1.$$

すると任意の状態

$$|\psi\rangle = \sum_n \psi_n |n\rangle, \qquad \psi_n = \langle n|\psi\rangle$$

に対する $\hat{A}(t)$ の期待値は，

$$\langle \psi | \hat{A}(t) | \psi \rangle = \sum_{m,n} \psi_m^* \psi_n \langle m | \hat{A}(t) | n \rangle = \sum_n a_n |\psi_n|^2$$

となる．状態 $|n\rangle$ にある A の測定の結果は常に a_n であるという事実から，観測をして a_n を得る確率，つまり観測により $|\psi\rangle$ が $|n\rangle$ となる確率は

$$|\psi_n|^2 = |\langle n|\psi\rangle|^2$$

である．数値 $\langle n|\psi\rangle$ は状態 $|\psi\rangle$ にある状態 $|n\rangle$ の '重み' を表しており，**確率振幅**と呼ばれる．

$\hat{A}$ が連続スペクトル a を持っていれば，状態 $|\psi\rangle$ は

$$|\psi\rangle = \int \mathrm{d}a\, \psi(a) |a\rangle$$

のように展開される．完全性関係は

$$\int \mathrm{d}a\, |a\rangle\langle a| = I \tag{1.36}$$

---

[11] この公理は，しばしば無視される．その存在理由は，のちほど明らかになる．
[12] $\hat{A}(t)$ は Hermite なので，かならず $\{|n\rangle\}$ を正規直交系にとることができる．

となる．したがって，恒等式 $\int da' |a'\rangle \langle a'|a\rangle = |a\rangle$ より，規格化条件

$$\langle a'|a\rangle = \delta(a'-a) \tag{1.37}$$

が満たされる．ここで $\delta(a)$ は **Dirac** の δ 関数である．展開係数 $\psi(a)$ は，この規格化の条件から，$\psi(a) = \langle a|\psi\rangle$ と与えられる．$|\psi\rangle$ が $\langle \psi|\psi\rangle = 1$ と規格化されていれば，

$$1 = \int da\, da'\, \psi^*(a)\psi(a') \langle a|a'\rangle = \int da |\psi(a)|^2$$

を得る．関係式

$$\langle \psi|\hat{A}|\psi\rangle = \int a|\psi(a)|^2 da$$

から，A を測定したときの値が区間 $[a, a+da]$ に見出される確率は $|\psi(a)|^2 da$ であることがわかる．したがって，確率密度は

$$\rho(a) = |\langle a|\psi\rangle|^2 \tag{1.38}$$

で与えられる．

最後に，公理 A5 が必要な理由を明らかにしよう．系が状態 $|\psi\rangle$ にあり，その状態を観測した時 $|\phi\rangle$ となる確率が $|\langle \psi|\phi\rangle|^2$ であると仮定しよう．これは，$|\psi\rangle$ があるオブザーバブルの固有状態である時はすでに述べられたことである．公理 A5 は，任意の状態 $|\psi\rangle$ についても，これが成り立つことを主張している．

1.2.3 Heisenberg の方程式，Heisenberg 描像，Schrödinger 描像

Heisenberg の運動方程式

$$\frac{d\hat{A}}{dt} = \frac{1}{i}[\hat{A}, \hat{H}]$$

の形式的な解は，

$$\hat{A}(t) = e^{i\hat{H}t} \hat{A}(0) e^{-i\hat{H}t} \tag{1.39}$$

である．したがって，演算子 $\hat{A}(t)$ と $\hat{A}(0)$ とは，ユニタリー演算子

$$\hat{U}(t) = e^{-i\hat{H}t} \tag{1.40}$$

で関係づけられ，ユニタリー同値である．この形式では，演算子は時間 t に依存しているが，状態は依存していない．この形式は **Heisenberg 描像**と呼ばれる．

Heisenberg 描像に同値な別の描像も可能である．状態 $|\psi\rangle$ に関する $\hat{A}$ の期待値は

$$\langle \hat{A}(t)\rangle = \langle \psi|e^{i\hat{H}t} \hat{A}(0) e^{-i\hat{H}t}|\psi\rangle$$
$$= (\langle \psi|e^{i\hat{H}t}) \hat{A}(0) (e^{-i\hat{H}t}|\psi\rangle)$$

である．ここで $|\psi(t)\rangle \equiv e^{-i\hat{H}t}|\psi\rangle$ と書けば，時刻 t における $\hat{A}$ の期待値は

$$\langle \hat{A}(t)\rangle = \langle \psi(t)|\hat{A}(0)|\psi(t)\rangle \tag{1.41}$$

と書くこともできる．この形式では状態は t に依存するが，演算子は依存しない．この形式は **Schrödinger 描像**と呼ばれている．

次にやるべきことは，$|\psi(t)\rangle$ の運動方程式を見つけることである．混乱を避けるために，Schrödinger 描像に関する量については添字 S をつけ，Heisenberg 描像に関する量については添字 H をつける．したがって，$|\psi(t)\rangle_S = e^{-i\hat{H}t}|\psi\rangle_H$，および $\hat{A}_S = \hat{A}_H(0)$ となる．$|\psi(t)\rangle_S$ を t について微分すると，**Schrödinger 方程式**

$$i\frac{d}{dt}|\psi(t)\rangle_S = \hat{H}|\psi(t)\rangle_S \tag{1.42}$$

が得られる．Hamiltonian $\hat{H}$ は Schrödinger 描像でも Heisenberg 描像でも同じであることに注意しよう．添字 S と H がなくても混乱しない時には，それらを省略することにする．

1.2.4 波動関数

実軸 $\mathbb{R}$ 上を運動する粒子を考える．位置の演算子を $\hat{x}$ とし，固有値 y に対する固有ベクトルを $|y\rangle$ とする；$\hat{x}|y\rangle = y|y\rangle$．固有ベクトルは $\langle x|y\rangle = \delta(x-y)$ と規格化されている．

同様に，運動量演算子 $\hat{p}$ の固有値を q, 対応する固有ベクトルを $|q\rangle$ で表す；$\hat{p}|q\rangle = q|q\rangle$, $\langle p|q\rangle = \delta(p-q)$.

$|\psi\rangle \in \mathcal{H}$ を状態とする．内積

$$\psi(x) \equiv \langle x|\psi\rangle \tag{1.43}$$

は基底 $|x\rangle$ を用いて表した $|\psi\rangle$ の成分である．

$$|\psi\rangle = \int |x\rangle\langle x|\,dx\,|\psi\rangle = \int \psi(x)|x\rangle\,dx.$$

係数 $\psi(x) \in \mathbb{C}$ を**波動関数**とよぶ．以前に述べた量子力学の公理から，これは状態 $|\psi\rangle$ において，粒子を点 x に見出す確率振幅である．すなわち，$|\psi(x)|^2 dx$ は，粒子を区間 $[x, x+dx]$ の中に見出す確率である．したがって，規格化条件

$$\int dx\,|\psi(x)|^2 = \langle\psi|\psi\rangle = 1 \tag{1.44}$$

を課すのは自然なことである．なぜなら，実軸の上のどこかに粒子を見つける確率は，つねに 1 であるから．

同様に，$\psi(p) = \langle p|\psi\rangle$ は，運動量が p の状態に粒子が観測される確率振幅であり，粒子の運動量が，区間 $[p, p+dp]$ に観測される確率は $|\psi(p)|^2 dp$ である．

2 つの状態の内積を波動関数で表すと

$$\langle\psi|\phi\rangle = \int dx\,\langle\psi|x\rangle\langle x|\phi\rangle = \int dx\,\psi^*(x)\phi(x), \tag{1.45a}$$

$$= \int dp\,\langle\psi|p\rangle\langle p|\phi\rangle = \int dp\,\psi^*(p)\phi(p) \tag{1.45b}$$

となる.

抽象的なケット・ベクトルは，より具体的な波動関数 $\psi(x)$ あるいは $\psi(p)$ で表される．では，演算子はどうだろうか？ 演算子を基底 $|x\rangle$ を使って書き表そう．定義 $\hat{x}|x\rangle = x|x\rangle$ から，$\langle x|\hat{x} = \langle x|x$ が得られる．これに右から $|\psi\rangle$ を掛けると

$$\langle x|\hat{x}|\psi\rangle = x\langle x|\psi\rangle = x\psi(x). \tag{1.46}$$

これは，通常 $(\hat{x}\psi)(x) = x\psi(x)$ と書かれる．

運動量演算子 $\hat{p}$ についてはどうだろうか？ そのために，ユニタリー演算子

$$\hat{U}(a) = \mathrm{e}^{-\mathrm{i}a\hat{p}}$$

を考えよう．

補題 1.1 上で定義した演算子 $\hat{U}(a)$ は

$$\hat{U}(a)|x\rangle = |x+a\rangle \tag{1.47}$$

を満たす．

証明：交換関係 $[\hat{x}, \hat{p}] = \mathrm{i}$ より，$n = 1, 2, \ldots$, とするとき $[\hat{x}, \hat{p}^n] = \mathrm{i}n\hat{p}^{n-1}$ が成り立つ．これから

$$[\hat{x}, \hat{U}(a)] = \left[\hat{x}, \sum_n \frac{(-\mathrm{i}a)^n}{n!}\hat{p}^n\right] = a\hat{U}(a)$$

を得る．書き直すと

$$\hat{x}\hat{U}(a)|x\rangle = \hat{U}(a)(\hat{x}+a)|x\rangle = (x+a)\hat{U}(a)|x\rangle$$

となる．これは，$\hat{U}(a)|x\rangle \propto |x+a\rangle$ を意味する．$\hat{U}(a)$ はユニタリーであるので，ベクトルのノルムを保つ．したがって $\hat{U}(a)|x\rangle = |x+a\rangle$ である． ∎

ε を無限小の実数とすると

$$\hat{U}(\varepsilon)|x\rangle = |x+\varepsilon\rangle \simeq (1 - \mathrm{i}\varepsilon\hat{p})|x\rangle$$

となる．これから

$$\hat{p}|x\rangle = \frac{|x+\varepsilon\rangle - |x\rangle}{-\mathrm{i}\varepsilon} \xrightarrow{\varepsilon \to 0} \mathrm{i}\frac{\mathrm{d}}{\mathrm{d}x}|x\rangle \tag{1.48}$$

および，その Hermite 共役

$$\langle x|\hat{p} = \frac{\langle x+\varepsilon| - \langle x|}{\mathrm{i}\varepsilon} \xrightarrow{\varepsilon \to 0} -\mathrm{i}\frac{\mathrm{d}}{\mathrm{d}x}\langle x| \tag{1.49}$$

を得る．したがって，任意の状態 $|\psi\rangle$ について

$$\langle x|\hat{p}|\psi\rangle = -\mathrm{i}\frac{\mathrm{d}}{\mathrm{d}x}\langle x|\psi\rangle = -\mathrm{i}\frac{\mathrm{d}}{\mathrm{d}x}\psi(x) \tag{1.50}$$

を得る．これは $(\hat{p}\psi)(x) = -\mathrm{i}\mathrm{d}\psi(x)/\mathrm{d}x$ とも書かれる．

同じようにして，基底 $|p\rangle$ を選ぶと，演算子の運動量表現は

$$\hat{x}|p\rangle = -\mathrm{i}\frac{\mathrm{d}}{\mathrm{d}p}|p\rangle, \tag{1.51}$$

$$\hat{p}|p\rangle = p|p\rangle, \tag{1.52}$$

$$\langle p|\hat{x}|\psi\rangle = \mathrm{i}\frac{\mathrm{d}}{\mathrm{d}p}\psi(p), \tag{1.53}$$

$$\langle p|\hat{p}|\psi\rangle = p\psi(p) \tag{1.54}$$

となる．

問 1.2 式 (1.51) – (1.54) を証明せよ．

命題 1.1

$$\langle x|p\rangle = \frac{1}{\sqrt{2\pi}}\mathrm{e}^{\mathrm{i}px} \tag{1.55}$$

$$\langle p|x\rangle = \frac{1}{\sqrt{2\pi}}\mathrm{e}^{-\mathrm{i}px}. \tag{1.56}$$

証明：次の関係

$$(\hat{p}\psi)(x) = \langle x|\hat{p}|\psi\rangle = -\mathrm{i}\frac{\mathrm{d}}{\mathrm{d}x}\psi(x)$$

において，$|\psi\rangle = |p\rangle$ ととると

$$p\langle x|p\rangle = \langle x|\hat{p}|p\rangle = -\mathrm{i}\frac{\mathrm{d}}{\mathrm{d}x}\langle x|p\rangle$$

である．この解は

$$\langle x|p\rangle = C\mathrm{e}^{\mathrm{i}px}.$$

ここでは C は p の関数でも構わないが，$\langle p|p'\rangle = \delta(p-p')$ から C は p によらない定数であることがわかる．規格化の条件から

$$\delta(x-y) = \langle x|y\rangle = \langle x|\int|p\rangle\langle p|\mathrm{d}p|y\rangle$$
$$= C^2\int\mathrm{d}p\,\mathrm{e}^{\mathrm{i}p(x-y)}$$
$$= C^2 2\pi\delta(x-y).$$

C は実数とした．したがって $C = 1/\sqrt{2\pi}$．式 (1.56) は (1.55) の複素共役． ∎

このように $\psi(x)$ と $\psi(p)$ との間には

$$\psi(p) = \langle p|\psi\rangle = \int\mathrm{d}x\,\langle p|x\rangle\langle x|\psi\rangle = \int\frac{\mathrm{d}x}{\sqrt{2\pi}}\mathrm{e}^{-\mathrm{i}px}\psi(x) \tag{1.57}$$

という関係がある．これは $\psi(x)$ の Fourier 変換に他ならない．

次に $\psi(x)$ が満たす Schrödinger 方程式を導こう．$\langle x|$ を式 (1.42) に左から作用させると，

$$\langle x|\mathrm{i}\frac{\mathrm{d}}{\mathrm{d}t}|\psi(t)\rangle = \langle x|\hat{H}|\psi(t)\rangle$$

が得られる．ここで添字の S を省略した．$\hat{H} = \hat{p}^2/2m + V(\hat{x})$ のタイプの Hamiltonian から，**時間に依存する Schrödinger 方程式**

$$\begin{aligned}\mathrm{i}\frac{\mathrm{d}}{\mathrm{d}t}\psi(x,t) &= \left\langle x\left|\frac{\hat{p}^2}{2m} + V(\hat{x})\right|\psi(t)\right\rangle \\ &= -\frac{1}{2m}\frac{\mathrm{d}^2}{\mathrm{d}x^2}\psi(x,t) + V(x)\psi(x,t)\end{aligned} \tag{1.58}$$

が得られる．ここで $\psi(x,t) \equiv \langle x|\psi(t)\rangle$ である．

この方程式の解が $\psi(x,t) = T(t)\phi(x)$ の形に書くことができると仮定しよう．これを式 (1.58) に代入して，その結果を $\psi(x,t)$ で割ると

$$\frac{\mathrm{i}T'(t)}{T(t)} = \frac{-\phi''(x)/2m + V(x)\phi(x)}{\phi(x)}$$

を得る．ここで，プライムはそれぞれの変数についての微分である．左辺は t だけの関数であり，右辺は x だけの関数であるので，これは定数でなければならないが，これを E と書く．同時に解かなければならない 2 つの方程式は

$$\mathrm{i}T'(t) = ET(t), \tag{1.59}$$

$$-\frac{1}{2m}\frac{\mathrm{d}^2}{\mathrm{d}x^2}\phi(x) + V(x)\phi(x) = E\phi(x) \tag{1.60}$$

である．最初の方程式は，簡単に解くことができて

$$T(t) = \exp(-\mathrm{i}Et) \tag{1.61}$$

となるが，2 番目の方程式は Hamilton 演算子についての固有値問題で，これは**時間に依存しない Schrödinger 方程式**，**定常状態の Schrödinger 方程式**，あるいは単に **Schrödinger 方程式**と呼ばれる．3 次元空間の場合に，これは

$$-\frac{1}{2m}\nabla^2\phi(x) + V(x)\phi(x) = E\phi(x) \tag{1.62}$$

と書かれる．

1.2.5 調和振動子

次の話題に進む前に，非自明な例として 1 次元の調和振動子を取り上げる．その理由は，これが自明でないにもかかわらず，厳密に解けることと，以下の応用において重要な役割をするからである．

Hamilton 演算子は，

$$\hat{H} = \frac{\hat{p}^2}{2m} + \frac{1}{2}m\omega^2\hat{x}^2, \qquad [\hat{x},\hat{p}] = \mathrm{i} \tag{1.63}$$

である. (時間に依存しない) Schrödinger 方程式は

$$-\frac{1}{2m}\frac{\mathrm{d}^2}{\mathrm{d}x^2}\psi(x)+\frac{1}{2}m\omega^2 x^2\psi(x)=E\psi(x) \tag{1.64}$$

である. 変数を $\xi=\sqrt{m\omega}x, \varepsilon=E/\omega$ とスケールすると,

$$\psi''+(2\varepsilon-\xi^2)\psi=0 \tag{1.65}$$

となる. この常微分方程式の規格化できる解は $\varepsilon=\varepsilon_n\equiv(n+\frac{1}{2})(n=0,1,2,\dots)$ のときにのみ存在して

$$E=E_n\equiv\left(n+\frac{1}{2}\right)\omega \quad (n=0,1,2,\dots) \tag{1.66}$$

であり, 規格化された解は Hermite 多項式

$$H_n(\xi)=(-1)^n\mathrm{e}^{\xi^2/2}\frac{\mathrm{d}^n\mathrm{e}^{-\xi^2/2}}{\mathrm{d}\xi^n} \tag{1.67}$$

を使って

$$\psi(\xi)=\sqrt{\frac{m\omega}{2^n n!\sqrt{\pi}}}H_n(\xi)\mathrm{e}^{-\xi^2/2} \tag{1.68}$$

と書くことができる.

固有値問題は代数的方法でも取り扱うことができる. **生成演算子** $\hat{a}$ と **消滅演算子** $\hat{a}^\dagger$ を

$$\hat{a}=\sqrt{\frac{m\omega}{2}}\hat{x}+\mathrm{i}\sqrt{\frac{1}{2m\omega}}\hat{p}, \tag{1.69}$$

$$\hat{a}^\dagger=\sqrt{\frac{m\omega}{2}}\hat{x}-\mathrm{i}\sqrt{\frac{1}{2m\omega}}\hat{p} \tag{1.70}$$

と定義する. 数演算子 $\hat{N}$ は

$$\hat{N}=\hat{a}^\dagger\hat{a} \tag{1.71}$$

で定義される.

問 1.3 次の式を示せ.

$$[\hat{a},\hat{a}]=[\hat{a}^\dagger,\hat{a}^\dagger]=0, \quad [\hat{a},\hat{a}^\dagger]=1 \tag{1.72}$$

および

$$[\hat{N},\hat{a}]=-\hat{a}, \quad [\hat{N},\hat{a}^\dagger]=\hat{a}^\dagger. \tag{1.73}$$

さらに,

$$\hat{H}=\left(\hat{N}+\frac{1}{2}\right)\omega \tag{1.74}$$

を示せ.

ケット $|n\rangle$ が $\hat{N}$ の規格化された固有ベクトルであるとする.

$$\hat{N}|n\rangle = n|n\rangle.$$

問 1.3 で与えられた交換関係から,

$$\hat{N}(\hat{a}|n\rangle) = (\hat{a}\hat{N} - \hat{a})|n\rangle = (n-1)(\hat{a}|n\rangle),$$
$$\hat{N}(\hat{a}^\dagger|n\rangle) = (\hat{a}^\dagger\hat{N} + \hat{a}^\dagger)|n\rangle = (n+1)(\hat{a}^\dagger|n\rangle)$$

が得られる.このように $\hat{a}$ は固有値 n を 1 減らし,$\hat{a}^\dagger$ は 1 増やすので,それぞれ '消滅' 演算子および '生成' 演算子とよぶ.固有値は $n \geq 0$ を満たすことに注意されたい.なぜならば

$$n = \langle n|\hat{N}|n\rangle = (\langle n|\hat{a}^\dagger)(\hat{a}|n\rangle) = \|\hat{a}|n\rangle\|^2 \geq 0.$$

等号が成り立つのは,$\hat{a}|n\rangle = 0$ の場合だけである.固定した $n_0 > 0$ をとり,$\hat{a}$ を何回も $|n_0\rangle$ に作用させる.すると $\hat{a}^k|a_0\rangle$ の固有値がある整数 $k > n_0$ のときに負になるが,これは矛盾.これは n_0 が負でない整数であれば防ぐことができる.このとき $\hat{a}|0\rangle = 0$ を満たす状態 $|0\rangle$ が存在する.この状態 $|0\rangle$ を**基底状態**とよぶ.$\hat{N}|0\rangle = \hat{a}^\dagger\hat{a}|0\rangle = 0$ であるから,この状態は固有値が 0 の $\hat{N}$ の固有ベクトルである.波動関数 $\psi_0(x) = \langle x|0\rangle$ は 1 階の常微分方程式

$$\langle x|\hat{a}|0\rangle = \sqrt{\frac{1}{2m\omega}}\left(\frac{\mathrm{d}}{\mathrm{d}x}\psi_0(x) + m\omega x \psi_0(x)\right) = 0 \tag{1.75}$$

を解いて得られる.この解は簡単に求められ,

$$\psi_0(x) = C\exp(-m\omega x^2/2) \tag{1.76}$$

である.ここで C は式 (1.68) で与えられた規格化定数である.任意のベクトル $|n\rangle$ は $|0\rangle$ に $\hat{a}^\dagger$ を n 回作用させて得られる.

問 1.4 次の式

$$|n\rangle = \frac{1}{\sqrt{n!}}(\hat{a}^\dagger)^n|0\rangle \tag{1.77}$$

は $\hat{N}|n\rangle = n|n\rangle$ を満足し,規格化されていることを示せ.

こうして $\hat{N}$ のスペクトルが $\mathrm{Spec}\,\hat{N} = \{0, 1, 2, \ldots\}$ となり,したがって Hamiltonian のスペクトルは

$$\mathrm{Spec}\,\hat{H} = \left\{\frac{\omega}{2}, \frac{3\omega}{2}, \frac{5\omega}{2}, \ldots\right\} \tag{1.78}$$

となることが導かれた.

1.3 経路積分による Bose 粒子の量子化

　古典力学系の正準量子化は前の節で解説した．そこでは Hamiltonian が主な役割をしたが，Lagrangian は表には現れなかった．この節では，Lagrangian に基づく経路積分による量子化を説明する．

1.3.1 経路積分による量子化

　議論を 1 次元の系から始めよう．$\hat{x}(t)$ を Heisenberg 描像での位置演算子とする．粒子が時刻 $t_i\,(>0)$ で座標 x_i に見出されたとしよう．その後この粒子が時刻 $t_f\,(>t_i)$ で座標 x_f に見出される確率振幅は

$$\langle x_f, t_f | x_i, t_i \rangle \tag{1.79}$$

である．ここでベクトルは Heisenberg 描像で [13]

$$\hat{x}(t_i)|x_i, t_i\rangle = x_i |x_i, t_i\rangle, \tag{1.80}$$

$$\hat{x}(t_f)|x_f, t_f\rangle = x_f |x_f, t_f\rangle \tag{1.81}$$

のように定義されている．式 (1.79) の確率振幅は，**遷移振幅**とも呼ばれる．

　確率振幅を Schrödinger 描像で書き直そう．$\hat{x} = \hat{x}(0)$ は固有ベクトル

$$\hat{x}|x\rangle = x|x\rangle \tag{1.82}$$

をもつ位置演算子である．$\hat{x}$ は時間に依存していないので，その固有ベクトルも時間には依存しない．そこで

$$\hat{x}(t_i) = e^{i\hat{H}t_i}\hat{x}e^{-i\hat{H}t_i} \tag{1.83}$$

を式 (1.80) に代入して

$$e^{i\hat{H}t_i}\hat{x}e^{-i\hat{H}t_i}|x_i, t_i\rangle = x_i|x_i, t_i\rangle$$

を得る．左から $e^{-i\hat{H}t_i}$ を掛けると

$$\hat{x}(e^{-i\hat{H}t_i}|x_i, t_i\rangle) = x_i(e^{-i\hat{H}t_i}|x_i, t_i\rangle)$$

を得る．これから 2 つの固有ベクトルの間には

$$|x_i, t_i\rangle = e^{i\hat{H}t_i}|x_i\rangle \tag{1.84}$$

という関係があることがわかる．同様に

$$|x_f, t_f\rangle = e^{i\hat{H}t_f}|x_f\rangle \tag{1.85}$$

---

[13] 記号を簡単にするために，ここでは添字 S と H を落としている．$|x_i, t_i\rangle$ は，その時刻の固有ベクトルであり，そのため位置が測定された時刻 t_i をパラメタにもつ．Schrödinger 描像での波動関数の時間依存性と混同しないように．

が成り立ち，これより

$$\langle x_f, t_f| = \langle x_f| \mathrm{e}^{-\mathrm{i}\hat{H}t_f} \tag{1.86}$$

が得られる．これらの結果を合わせて，Schrödinger 描像での確率振幅は

$$\langle x_f, t_f|x_i, t_i\rangle = \langle x_f|\mathrm{e}^{-\mathrm{i}\hat{H}(t_f-t_i)}|x_i\rangle \tag{1.87}$$

と表される．一般に，関数

$$h(x,y;\beta) \equiv \langle x|\mathrm{e}^{-\hat{H}\beta}|y\rangle \tag{1.88}$$

は $\hat{H}$ の**熱核**と呼ばれる．この名前の由来は，Schrödinger 方程式と熱方程式との類似性による．振幅 (1.87) は虚数の β を持った $\hat{H}$ の熱核である：

$$\langle x_f, t_f|x_i, t_i\rangle = h(x_f, x_i; \mathrm{i}(t_f - t_i)). \tag{1.89}$$

この確率振幅 (1.87) を経路積分で表そう．そのために $t_f - t_i = \varepsilon$ が無限小の正数である場合を考える．まず，記号を簡単にするために $x_i = x, x_f = y$ と書く．また Hamiltonian は

$$\hat{H} = \frac{\hat{p}^2}{2m} + V(\hat{x}) \tag{1.90}$$

という形としよう．最初に次の補題を証明する．

補題 1.2 a を正の定数とすると

$$\int_{-\infty}^{\infty} \mathrm{e}^{-\mathrm{i}ap^2}\,\mathrm{d}p = \sqrt{\frac{\pi}{\mathrm{i}a}} \tag{1.91}$$

が成り立つ．

証明：この積分は，p^2 の係数が純虚数なので，通常の Gauss 積分とは異なる．まず p を $z = x + \mathrm{i}y$ で置き換える．被積分関数の $\exp(-\mathrm{i}az^2)$ は z 平面全体で解析的である．次に，積分路を実軸から図 1.1 のように変更する．積分路 1 に沿っては $\mathrm{d}z = \mathrm{d}x$ であるので，この積分路はもとの積分 (1.91) と同じ寄与をする．積分路 2 と 4 からの寄与は $R \to \infty$ の極限で消える．積分路 3 については，$z = (1-\mathrm{i})x$ となるので，この積分路の寄与は

$$(1-\mathrm{i})\int_{-\infty}^{\infty}\mathrm{e}^{-2ax^2}\,\mathrm{d}x = -\mathrm{e}^{-\mathrm{i}\pi/4}\sqrt{\frac{\pi}{a}}$$

となる．これらの寄与の和は Cauchy の定理よりゼロとならなければならないので，結局

$$\int_{-\infty}^{\infty}\mathrm{d}p\,\mathrm{e}^{-\mathrm{i}ap^2} = \mathrm{e}^{-\mathrm{i}\pi/4}\sqrt{\frac{\pi}{a}} = \sqrt{\frac{\pi}{\mathrm{i}a}}$$

となる． ∎

この補題を使って，無限小時間についての熱核が求められる．

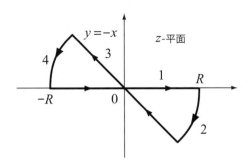

図 1.1. 積分路

命題 1.2 $\hat{H}$ を式 (1.90) の形の Hamiltonian とし，ε を無限小の正の数とすると，任意の $x, y \in \mathbb{R}$ について，

$$\langle x|e^{-i\hat{H}\varepsilon}|y\rangle = \sqrt{\frac{m}{2\pi i\varepsilon}} \exp\left[i\varepsilon\left\{\frac{m}{2}\left(\frac{x-y}{\varepsilon}\right)^2 - V\left(\frac{x+y}{2}\right)\right\} + \mathcal{O}(\varepsilon^2) + \mathcal{O}(\varepsilon(x-y)^2)\right] \quad (1.92)$$

が成り立つ．

証明：運動量の固有ベクトル $|k\rangle$ についての完全性関係を式 (1.92) の左辺に挿入して

$$\langle x|e^{-i\hat{H}\varepsilon}|y\rangle = \int dk \, \langle x|e^{-i\varepsilon\hat{H}}|k\rangle \langle k|y\rangle$$
$$= \int \frac{dk}{2\pi} e^{-iky} e^{-i\varepsilon\hat{H}_x} e^{ikx}$$

を得る．ただし

$$\hat{H}_x = -\frac{1}{2m}\frac{d^2}{dx^2} + V(x)$$

である．次に，$\partial_x \equiv d/dx$ と e^{ikx} の交換関係から

$$\partial_x e^{ikx} = ike^{ikx} + e^{ikx}\partial_x = e^{ikx}(ik + \partial_x)$$

が得られる．この交換関係を繰り返し用いると

$$\partial_x^n e^{ikx} = e^{ikx}(ik + \partial_x)^n \qquad (n = 0, 1, 2, \ldots)$$

が得られるので

$$e^{-i\varepsilon[-\partial_x^2/2m + V(x)]} e^{ikx} = e^{ikx} e^{-i\varepsilon[-(ik+\partial_x)^2/2m + V(x)]}$$

が成立する．したがって

$$\langle x|e^{-i\hat{H}\varepsilon}|y\rangle = \int \frac{dk}{2\pi} e^{ik(x-y)} e^{-i\varepsilon[-(ik+\partial_x)^2/2m + V(x)]}$$
$$= \int \frac{dk}{2\pi} e^{-i[\varepsilon k^2/2m - k(x-y)]} e^{-i\varepsilon[-ik\partial_x/m - \partial_x^2/2m + V(x)]} \cdot 1$$

となる．ここで最後の行で '1' を書いたのは，$\partial_x 1 = 0$ を忘れないためである．さらに $p = \sqrt{\varepsilon/2mk}$ とおいて，最後の行の最後の指数関数を展開すると，

$$\langle x|e^{-i\hat{H}\varepsilon}|y\rangle = \sqrt{\frac{2m}{\varepsilon}}e^{im(x-y)^2/2\varepsilon}\int \frac{dp}{2\pi}e^{-i[p-\sqrt{m/2\varepsilon}(x-y)]^2}$$
$$\times \sum_{n=0}^{\infty}\frac{(-i\varepsilon)^n}{n!}\left[-i\sqrt{\frac{2}{\varepsilon m}}p\partial_x - \frac{\partial_x^2}{2m} + V(x)\right]^n \cdot 1$$

を得る．ここで $q = p - \sqrt{m/2\varepsilon}(x-y)$ とおいて，補題 1.2 を使うと

$$\langle x|e^{-i\hat{H}\varepsilon}|y\rangle = \sqrt{\frac{2m}{\varepsilon}}e^{im(x-y)^2/2\varepsilon}\int\frac{dq}{2\pi}e^{-iq^2}$$
$$\times\left[1 + (-i\varepsilon)V(x) + \frac{(-\varepsilon^2)}{2}\frac{(-i)}{\varepsilon}(x-y)\partial_x V(x)\right.$$
$$\left.+ \mathcal{O}(\varepsilon^2) + \mathcal{O}(\varepsilon|x-y|^2)\right]$$
$$= \sqrt{\frac{m}{2\pi i\varepsilon}}e^{i\varepsilon(m/2)[(x-y)/\varepsilon]^2}$$
$$\times \exp\left[-i\varepsilon V\left(\frac{x+y}{2}\right) + \mathcal{O}(\varepsilon^2) + \mathcal{O}(\varepsilon|x-y|^2)\right]$$

を得る． ∎

式 (1.92) の V の変数に現れる平均値 $(x+y)/2$ に注意すること．この処方は，しばしば **Weyl 順序** と呼ばれる．

式 (1.92) の関数は，$|x-y| > \sqrt{\varepsilon}$ において急激に振動するので，超関数の意味でゼロとみなせる (Riemann-Lebesgue の定理)．したがって，$(x-y)^2 < \varepsilon$ であるとき，式 (1.92) の指数部分は無限小時間間隔 $[0,\varepsilon]$ における作用

$$\Delta S = \int_0^\varepsilon dt\left[\frac{m}{2}v^2 - V(x)\right] \simeq \left[\frac{m}{2}v^2 - V(x)\right]\varepsilon \tag{1.93}$$

に近づく．ここで $v = (x-y)/\varepsilon$ は平均の速度であり，x は平均の位置である．

式 (1.92) は $\varepsilon \to 0$ における境界条件

$$\langle x|e^{-i\hat{H}\varepsilon}|y\rangle \xrightarrow{\varepsilon\to 0} \langle x|y\rangle = \delta(x-y) \tag{1.94}$$

も満たす．これは次の式

$$\int_{-\infty}^{\infty} dx\sqrt{\frac{m}{2\pi i\varepsilon}}e^{im(x-y)^2/2\varepsilon} = 1$$

に注意すれば示される．

有限の時間間隔での遷移振幅 (1.79) は，無限小の時間間隔での遷移振幅を無限回続けて繰り返すことにより得られる．時間間隔 $t_f - t_i$ を n 個の均等な間隔

$$\varepsilon = \frac{t_f - t_i}{n}$$

に分けよう．$t_0 = t_i$ および $t_k = t_0 + \varepsilon k$ $(0 \leq k \leq n)$ とおく．明らかに $t_n = t_f$ である．各時刻 t_k における完全性関係

$$1 = \int \mathrm{d}x_k \, |x_k, t_k\rangle \langle x_k, t_k| \qquad (1 \leq k \leq n-1)$$

を式 (1.79) に挿入すると

$$\langle x_f, t_f | x_i, t_i \rangle = \langle x_f, t_f | \int \mathrm{d}x_{n-1} | x_{n-1}, t_{n-1} \rangle \langle x_{n-1}, t_{n-1} |$$
$$\times \int \mathrm{d}x_{n-2} |x_{n-2}, t_{n-2}\rangle \ldots \int \mathrm{d}x_1 |x_1, t_1\rangle \langle x_1, t_1 | x_0, t_0 \rangle$$

を得る．ここで，$\varepsilon \to 0$，つまり $n \to \infty$ の極限を考えよう．補題 1.2 は無限小の ε において，

$$\langle x_k, t_k | x_{k-1}, t_{k-1} \rangle \simeq \sqrt{\frac{m}{2\pi \mathrm{i} \varepsilon}} \mathrm{e}^{\mathrm{i}\Delta S_k}$$

を主張している．ここで

$$\Delta S_k = \varepsilon \left[\frac{m}{2} \left(\frac{x_k - x_{k-1}}{\varepsilon} \right)^2 - V \left(\frac{x_{k-1} + x_k}{2} \right) \right]$$

である．したがって，

$$\langle x_f, t_f | x_i, t_i \rangle = \lim_{n \to \infty} \left(\frac{m}{2\pi \mathrm{i} \varepsilon} \right)^{n/2} \int \prod_{j=1}^{n-1} \mathrm{d}x_j \, \exp\left(\mathrm{i} \sum_{k=1}^{n} \Delta S_k \right) \tag{1.95}$$

を得る．$n-1$ 個の点 $x_1, x_2, \ldots, x_{n-1}$ を一組固定すると，x_0 から x_n を結ぶ区間的に線形な経路を得る．ここで $S(\{x_k\}) = \sum_k \Delta S_k$ と定義すると，これは $n \to \infty$ の極限で

$$S(\{x_k\}) \xrightarrow{\varepsilon \to 0} S[x(t)] = \int_{t_i}^{t_f} \mathrm{d}t \left[\frac{m}{2} v^2 - V(x) \right] \tag{1.96}$$

と書くことができる．ここでの $S[x(t)]$ の定義は形式的であることに注意する．変数 x_k と x_{k-1} は互いに近接している必要はなく，したがって $v = (x_k - x_{k-1})/\varepsilon$ は発散してもよい．この遷移振幅は<u>記号的</u>に

$$\langle x_f, t_f | x_i, t_i \rangle = \int \mathcal{D}x \, \exp\left[\mathrm{i} \int_{t_i}^{t_f} \mathrm{d}t \left(\frac{m}{2} v^2 - V(x) \right) \right]$$
$$= \int \mathcal{D}x \, \exp\left[\mathrm{i} \int_{t_i}^{t_f} \mathrm{d}t \, L(x, \dot{x}) \right] \tag{1.97}$$

と書かれ，遷移振幅の**経路積分**表示と呼ばれる．念のために，もう一度強調すると，'v' はうまく定義されておらず，この表示は，式 (1.95) の極限を記号的に表したものに過ぎない．

積分の測度は，図 1.2 のように

$$\int \mathcal{D}x = x(t_i) = x_i, x(t_f) = x_f \text{ のもとでの，すべての経路 } x(t) \text{ についての和} \tag{1.98}$$

と理解することができる．$\mathcal{D}x$ あるいは $S(\{x_k\})$ は，極限 $n \to \infty$ ではうまく定義されていないが，$\mathcal{D}x$ と $S(\{x_k\})$ から構成される振幅 $\langle x_f, t_f | x_i, t_i \rangle$ は，うまく定義されている．このことを次の例で明確にしよう．

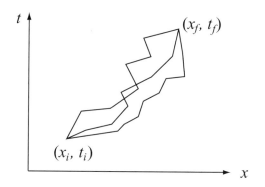

図 1.2. 経路積分では両端が固定されたすべての経路を考える．関数 $\exp[\mathrm{i}S(\{x_k\})]$ は，これらのすべての経路について積分される．

例 1.5 実軸上を運動する自由粒子の Lagrangian は

$$L = \frac{1}{2}m\dot{x}^2 \tag{1.99}$$

で与えられる．この粒子の遷移振幅を求めよう．正準共役運動量は $p = \partial L/\partial \dot{x} = m\dot{x}$ で，Hamiltonian は

$$H = p\dot{x} - L = \frac{p^2}{2m} \tag{1.100}$$

となる．遷移振幅は正準量子化から計算され，

$$\begin{aligned}
\langle x_f, t_f | x_i, t_i \rangle &= \langle x_f | \mathrm{e}^{-\mathrm{i}\hat{H}T} | x_i \rangle = \int \mathrm{d}p \, \langle x_f | \mathrm{e}^{-\mathrm{i}\hat{H}T} | p \rangle \langle p | x_i \rangle \\
&= \int \frac{\mathrm{d}p}{2\pi} \mathrm{e}^{\mathrm{i}p(x_f - x_i)} \mathrm{e}^{-\mathrm{i}T(p^2/2m)} \\
&= \sqrt{\frac{m}{2\pi \mathrm{i}T}} \exp\left(\frac{\mathrm{i}m(x_f - x_i)^2}{2T}\right)
\end{aligned} \tag{1.101}$$

となる．ここで，$T = t_f - t_i$ とおいた．

次に，この結果を経路積分形式で求めよう．振幅は，

$$\begin{aligned}
\langle x_f, t_f | x_i, t_i \rangle &= \lim_{n \to \infty} \left(\frac{m}{2\pi \mathrm{i}\varepsilon}\right)^{n/2} \int \mathrm{d}x_1 \ldots \mathrm{d}x_{n-1} \\
&\quad \times \exp\left[\mathrm{i}\varepsilon \sum_{k=1}^{n} \frac{m}{2}\left(\frac{x_k - x_{k-1}}{\varepsilon}\right)^2\right]
\end{aligned} \tag{1.102}$$

と表される．ここで $\varepsilon = T/n$ とおいた．変数を

$$y_k = \left(\frac{m}{2\varepsilon}\right)^{1/2} x_k$$

に置き換えると，振幅は

$$\begin{aligned}
\langle x_f, t_f | x_i, t_i \rangle &= \lim_{n \to \infty} \left(\frac{m}{2\pi \mathrm{i}\varepsilon}\right)^{n/2} \left(\frac{2\varepsilon}{m}\right)^{(n-1)/2} \\
&\quad \times \int \mathrm{d}y_1 \ldots \mathrm{d}y_{n-1} \exp\left[\mathrm{i} \sum_{k=1}^{n} (y_k - y_{k-1})^2\right]
\end{aligned} \tag{1.103}$$

となる．帰納法によって (演習問題)

$$\int dy_1 \ldots dy_{n-1} \exp\left[i\sum_{k=1}^{n}(y_k - y_{k-1})^2\right] = \left[\frac{(i\pi)^{(n-1)}}{n}\right]^{1/2} e^{i(y_n - y_0)^2/n}$$

が示される．

極限 $n \to \infty$ をとると，最終的に

$$\begin{aligned}\langle x_f, t_f | x_i, t_i \rangle &= \lim_{n \to \infty} \left(\frac{m}{2\pi i\varepsilon}\right)^{n/2} \left(\frac{2\pi i\varepsilon}{m}\right)^{(n-1)/2} \frac{1}{\sqrt{n}} e^{im(x_f - x_i)^2/(2n\varepsilon)} \\ &= \sqrt{\frac{m}{2\pi i T}} \exp\left[\frac{im(x_f - x_i)^2}{2T}\right]\end{aligned} \quad (1.104)$$

が得られる．

ここで指数の中にある量は古典的な作用であることに注意しよう．実際，平均速度が $v = (x_f - x_i)/(t_f - t_i)$ であることに注意すると，古典作用は，

$$S_{\rm cl} = \int_{t_i}^{t_f} dt\, \frac{1}{2}mv^2 = \frac{m(x_f - x_i)^2}{2(t_f - t_i)}$$

となる．厳密に解ける多くの系の遷移振幅は

$$\langle x_f, t_f | x_i, t_i \rangle = A\, e^{iS_{\rm cl}} \quad (1.105)$$

という形をとる．量子揺らぎの効果は，すべて因子 A に含まれている．

1.3.2 虚時間と分配関数

Hamiltonian $\hat{H}$ のスペクトルが下に有界であるとしよう．このとき，Hamiltonian に正の定数を加えて，常に $\hat{H}$ を正の演算子とすることが可能である：

$$\text{Spec}\,\hat{H} = \{0 < E_0 \leq E_1 \leq E_2 \leq \cdots\}. \quad (1.106)$$

議論を簡単にするために基底状態は縮退していないと仮定した．$e^{-i\hat{H}t}$ のスペクトル分解は，

$$e^{-i\hat{H}t} = \sum_n e^{-iE_n t} |n\rangle \langle n| \quad (1.107)$$

で与えられる．これは $t\,(\in \mathbb{C})$ の下半平面で解析的である．ここで $\hat{H}|n\rangle = E_n|n\rangle$ である．**Wick 回転**を次の置き換え

$$t = -i\tau \quad (\tau \in \mathbb{R}_+) \quad (1.108)$$

で導入する．ここで $\mathbb{R}_+$ は正の実数の集合である．変数 τ は虚時間と考えることができる．これは，Euclid 時間としても知られている．その理由は，世界距離の2乗 $t^2 - \boldsymbol{x}^2$ を

$-(\tau^2 + \boldsymbol{x}^2)$ に置き換えるからである．この変数変換のもとでの物理量の変換は

$$\dot{x} = \frac{\mathrm{d}x}{\mathrm{d}t} = \mathrm{i}\frac{\mathrm{d}x}{\mathrm{d}\tau},$$

$$\mathrm{e}^{-\mathrm{i}\hat{H}t} = \mathrm{e}^{-\hat{H}\tau},$$

$$\mathrm{i}\int_{t_i}^{t_f} \mathrm{d}t \left[\frac{1}{2}m\dot{x}^2 - V(x)\right] = \mathrm{i}(-\mathrm{i})\int_{\tau_i}^{\tau_f} \mathrm{d}\tau \left[-\frac{1}{2}m\left(\frac{\mathrm{d}x}{\mathrm{d}\tau}\right)^2 - V(x)\right]$$

$$= -\int_{\tau_i}^{\tau_f} \mathrm{d}\tau \left[\frac{1}{2}m\left(\frac{\mathrm{d}x}{\mathrm{d}\tau}\right)^2 + V(x)\right]$$

となる．したがって，新しい変数で経路積分を書き直すと

$$\langle x_f, \tau_f | x_i, \tau_i \rangle = \langle x_f | \mathrm{e}^{-\hat{H}(\tau_f - \tau_i)} | x_i \rangle$$

$$= \int \bar{\mathcal{D}}x\, \mathrm{e}^{-\int_{\tau_i}^{\tau_f} \mathrm{d}\tau \left[\frac{1}{2}m\left(\frac{\mathrm{d}x}{\mathrm{d}\tau}\right)^2 + V(x)\right]} \tag{1.109}$$

となる．ここで $\bar{\mathcal{D}}$ は虚時間 τ での積分測度である．

Hamiltonian $\hat{H}$ が与えられたとき，その**分配関数**を

$$Z(\beta) = \mathrm{Tr}\, \mathrm{e}^{-\beta\hat{H}} \qquad (\beta > 0) \tag{1.110}$$

で定義する．ここで跡は $\hat{H}$ に付随する Hilbert 空間にわたってとる．

$\hat{H}$ の固有状態 $\{|E_n\rangle\}$ を Hilbert 空間の基底ベクトルとする：

$$\hat{H}|E_n\rangle = E_n|E_n\rangle, \qquad \langle E_m|E_n\rangle = \delta_{mn}.$$

すると分配関数は

$$Z(\beta) = \sum_n \langle E_n|\mathrm{e}^{-\beta\hat{H}}|E_n\rangle = \sum_n \langle E_n|\mathrm{e}^{-\beta E_n}|E_n\rangle$$

$$= \sum_n \mathrm{e}^{-\beta E_n} \tag{1.111}$$

と表される．

分配関数は $\hat{x}$ の固有ベクトル $|x\rangle$ を用いても表すことができる．その場合は

$$Z(\beta) = \int \mathrm{d}x\, \langle x|\mathrm{e}^{-\beta\hat{H}}|x\rangle \tag{1.112}$$

となる．β は $\beta = \mathrm{i}T$ とおくことで，Euclid 時間と同一視すれば

$$\langle x_f|\mathrm{e}^{-\mathrm{i}\hat{H}T}|x_i\rangle = \langle x_f|\mathrm{e}^{-\beta\hat{H}}|x_i\rangle$$

であることがわかる．これを利用すれば，分配関数の経路積分による表示

$$Z(\beta) = \int \mathrm{d}y \int_{x(0)=x(\beta)=y} \bar{\mathcal{D}}x\, \exp\left\{-\int_0^\beta \mathrm{d}\tau \left(\frac{1}{2}m\dot{x}^2 + V(x)\right)\right\}$$

$$= \int_{\mathrm{periodic}} \bar{\mathcal{D}}x\, \exp\left\{-\int_0^\beta \mathrm{d}\tau \left(\frac{1}{2}m\dot{x}^2 + V(x)\right)\right\} \tag{1.113}$$

を得る．ここで最後の行の積分は $[0,\beta]$ 区間で周期的な経路に関してとる．

1.3.3 時間順序積と生成汎関数

Heisenberg 演算子 $A(t)$ と $B(t)$ との間の **T 積** を

$$T[A(t_1)B(t_2)] = A(t_1)B(t_2)\theta(t_1 - t_2) + B(t_2)A(t_1)\theta(t_2 - t_1) \tag{1.114}$$

で定義する．ここで $\theta(t)$ は Heaviside 関数である[14]．3つ以上の演算子がある場合の一般化についても明らかであろう．[ ] の中の演算子は，時間が減る方向に左から右へと並び替えられる．n 個の演算子の T 積は展開すると $n!$ 個の項になり，それぞれが $n-1$ 個の Heaviside 関数の積に比例する．量子力学で重要な量の1つは，T 積の行列要素

$$\langle x_f, t_f | T[\hat{x}(t_1)\hat{x}(t_2)\ldots\hat{x}(t_n)] | x_i, t_i \rangle \qquad (t_i < t_1, t_2, \ldots, t_n < t_f) \tag{1.115}$$

である．式 (1.115) で $t_i < t_1 \leq t_2 \leq \cdots \leq t_n < t_f$ であるとしよう．完全性関係

$$1 = \int_{-\infty}^{\infty} \mathrm{d}x_k \, |x_k, t_k\rangle \langle x_k, t_k| \qquad (k = 1, 2, \ldots, n)$$

を式 (1.115) に挿入すれば，

$$\begin{aligned}
&\langle x_f, t_f | \hat{x}(t_n)\ldots\hat{x}(t_1) | x_i, t_i \rangle \\
&= \langle x_f, t_f | \hat{x}(t_n) \int \mathrm{d}x_n |x_n, t_n\rangle \langle x_n, t_n | \ldots \hat{x}(t_1) \int \mathrm{d}x_1 |x_1, t_1\rangle \langle x_1, t_1 | x_i, t_i \rangle \\
&= \int \mathrm{d}x_1 \ldots \mathrm{d}x_n \, x_1 \ldots x_n \, \langle x_f, t_f | x_n, t_n \rangle \ldots \langle x_1, t_1 | x_i, t_i \rangle
\end{aligned} \tag{1.116}$$

が得られる．ここで固有値方程式 $\hat{x}(t_k)|x_k, t_k\rangle = x_k|x_k, t_k\rangle$ を用いた．最後の行を経路積分で表せば

$$\langle x_f, t_f | \hat{x}(t_n)\ldots\hat{x}(t_1) | x_i, t_i \rangle = \int \mathcal{D}x \, x(t_1) \ldots x(t_n) \, \mathrm{e}^{\mathrm{i}S} \tag{1.117}$$

となる．左辺の $\hat{x}(t_k)$ は Heisenberg 演算子であるが，右辺の $x(t_k)\,(= x_k)$ は古典的な経路 $x(t)$ の時刻 t_k における座標の値であることに注意する．これによって，左辺の Heisenberg 演算子が T 積で並べられている限り，時刻のパラメタがどのような順序であっても，右辺は正しい．すなわち経路積分表示では，自動的に T 積の順序が考慮されて

$$\langle x_f, t_f | T[\hat{x}(t_n)\ldots\hat{x}(t_1)] | x_i, t_i \rangle = \int \mathcal{D}x \, x(t_1) \ldots x(t_n) \, \mathrm{e}^{\mathrm{i}S} \tag{1.118}$$

が成り立つ．読者は，この結果を $n = 2$ について，実際に確かめられたい．

生成汎関数 (母関数) $Z[J]$ を定義すると T 積の行列要素を効率的に得ることができ，便利である．**外場** $J(t)$ (ソースとも呼ばれる) を座標 $x(t)$ と $x(t)J(t)$ のように結合させて

---

[14] Heaviside 関数の定義は

$$\theta(x) = \begin{cases} 0, & x < 0 \\ 1, & x \geq 0 \end{cases}$$

である．

Lagrangian に含める．ここで $J(t)$ は，区間 $[t_i, t_f]$ で定義されている．ソースのある時の作用を

$$S[x(t), J(t)] = \int_{t_i}^{t_f} dt \left(\frac{1}{2}m\dot{x}^2 - V(x) + xJ \right) \tag{1.119}$$

と定義する．$J(t)$ のもとでの遷移振幅は

$$\langle x_f, t_f | x_i, t_i \rangle_J = \int \mathcal{D}x \exp\left[i \int_{t_i}^{t_f} dt \left(\frac{1}{2}m\dot{x}^2 - V(x) + xJ \right) \right] \tag{1.120}$$

で与えられる．この式の $J(t)$ $(t_i < t < t_f)$ についての汎関数微分は

$$\frac{\delta}{\delta J(t)} \langle x_f, t_f | x_i, t_i \rangle_J = \int \mathcal{D}x\, ix(t) \exp\left[i \int_{t_i}^{t_f} dt \left(\frac{1}{2}m\dot{x}^2 - V(x) + xJ \right) \right] \tag{1.121}$$

となる．高階の汎関数微分を得るのは簡単である．$\delta/\delta J(t_k)$ が $\langle x_f, t_f | x_i, t_i \rangle_J$ に作用するたびに，経路積分の被積分関数に因子 $ix(t_k)$ が現れる．これはソース $J(t)$ がある場合の Heisenberg 演算子 $\hat{x}(t)$ の T 積での行列要素に他ならない．計算の終わりで $J(t) = 0$ とおけば

$$\langle x_f, t_f | T[\hat{x}(t_n) \ldots \hat{x}(t_1)] | x_i, t_i \rangle$$
$$= (-i)^n \frac{\delta^n}{\delta J(t_1) \ldots \delta J(t_n)} \int \mathcal{D}x\, e^{iS[x(t), J(t)]} \bigg|_{J=0} \tag{1.122}$$

を得る．

物理学での応用では，座標の固有状態よりは一般の状態，特に基底状態の間の遷移確率振幅が必要になることが多い．考えている系が，時刻 t_i で基底状態 $|0\rangle$ にあったとして，後の時刻 t_f にも基底状態である確率振幅を計算する．$J(t)$ が区間 $[a, b] \subset [t_i, t_f]$ でのみゼロでないとする．（こう仮定する理由は，後で明らかになる．）$J(t)$ による遷移確率は，Hamiltonian $H^J = H - x(t)J(t)$ と，この Hamiltonian のユニタリー演算子 $U^J(t_f, t_i)$ から得られる．座標の固有状態間の遷移確率振幅は

$$\langle x_f, t_f | x_i, t_i \rangle_J = \langle x_f | U^J(t_f, t_i) | x_i \rangle$$
$$= \langle x_f | e^{-iH(t_f - b)} U^J(b, a) e^{-iH(a - t_i)} | x_i \rangle \tag{1.123}$$

である．ここで区間 $[a, b]$ の外側では $H^J = H$ を用いた．エネルギーの固有ベクトルの完全性関係 $\sum_n |n\rangle\langle n| = 1$ を，この式に挿入すると，

$$\langle x_f, t_f | x_i, t_i \rangle_J = \sum_{m,n} \langle x_f | e^{-iH(t_f - b)} | m \rangle \langle m | U^J(b, a) | n \rangle \langle n | e^{-iH(a - t_i)} | x_i \rangle$$
$$= \sum_{m,n} e^{-iE_m(t_f - b)} e^{-iE_n(a - t_i)} \langle x_f | m \rangle \langle n | x_i \rangle \langle m | U^J(b, a) | n \rangle \tag{1.124}$$

を得る．次に時間変数に Wick 回転 $t \to -i\tau$ を施すと，指数関数は $e^{-iEt} \to e^{-E\tau}$ に変わる．すると極限 $\tau_f \to \infty, \tau_i \to -\infty$ では，基底状態 $m = n = 0$ だけが選ばれる．別の方法として，小さな虚数項 $-i\varepsilon x^2$ を Hamiltonian に入れると，固有値は小さな負の虚部を持

つ．このとき，$\tau_f \to \infty, \tau_i \to -\infty$ の極限では，m と n についての和において基底状態だけが残る．

結局，
$$\lim_{\substack{t_f \to \infty \\ t_i \to -\infty}} \langle x_f, t_f | x_i, t_i \rangle_J = \langle x_f | 0 \rangle \langle 0 | x_i \rangle Z[J] \tag{1.125}$$

が証明できた．ここで**生成汎関数**
$$Z[J] = \langle 0 | U^J(b, a) | 0 \rangle = \lim_{\substack{t_f \to \infty \\ t_i \to -\infty}} \langle 0 | U^J(t_f, t_i) | 0 \rangle \tag{1.126}$$

を定義した．生成汎関数は
$$Z[J] = \lim_{\substack{t_f \to \infty \\ t_i \to -\infty}} \frac{\langle x_f, t_f | x_i, t_i \rangle_J}{\langle x_f | 0 \rangle \langle 0 | x_i \rangle} \tag{1.127}$$

とも表すことができる．分母は J に依存しないただの定数であることに注意する．こうして，$Z[J]$ の経路積分表示
$$Z[J] = \mathcal{N} \int \mathcal{D}x \, e^{iS[x, J]} \tag{1.128}$$

が得られた．ここで経路積分は任意の固定点 x_i と x_f をもつすべての経路に関して行う．規格化定数 $\mathcal{N}$ は $Z[0] = 1$ となるように選ぶ．すなわち
$$\mathcal{N}^{-1} = \int \mathcal{D}x \, e^{iS[x, 0]}.$$

$Z[J]$ が T 積の基底状態の間の行列要素を生成することは容易に示すことができる．
$$\langle 0 | T[\hat{x}(t_1) \ldots \hat{x}(t_n)] | 0 \rangle = (-i)^n \left. \frac{\delta^n}{\delta J(t_1) \ldots \delta J(t_n)} Z[J] \right|_{J=0}. \tag{1.129}$$

1.4 調和振動子

調和振動子の経路積分による量子化を行う．調和振動子は経路積分が厳密に実行できる物理系の例である．ゼータ関数による正則化についても紹介する．これは，理論物理学の多くの分野で便利な道具である．

1.4.1 遷移振幅

1 次元調和振動子の Lagrangian は
$$L = \frac{1}{2} m \dot{x}^2 - \frac{1}{2} m \omega^2 x^2 \tag{1.130}$$

で与えられる．遷移振幅は
$$\langle x_f, t_f | x_i, t_i \rangle = \int \mathcal{D}x \, e^{iS[x(t)]} \tag{1.131}$$

で与えられる．ここで $S[x(t)] = \int_{t_i}^{t_f} L\, dt$ は作用である．

$S[x]$ を停留値 $x_c(t)$ のまわりで展開しよう．$x_c(t)$ は

$$\left.\frac{\delta S[x]}{\delta x}\right|_{x=x_c(t)} = 0 \tag{1.132}$$

を満たす．明らかに $x_c(t)$ は，点 (x_i, t_i) と点 (x_f, t_f) を結ぶ古典論な経路であり，Euler-Lagrange 方程式

$$\ddot{x}_c + \omega^2 x_c = 0 \tag{1.133}$$

を満たす．$x_c(t_i) = x_i$ と $x_c(t_f) = x_f$ を満たす式 (1.133) の解は容易に得られ

$$x_c(t) = \frac{1}{\sin \omega T}[x_f \sin \omega(t - t_i) + x_i \sin \omega(t_f - t)] \tag{1.134}$$

で与えられる．ここで $T = t_f - t_i$．この解を作用に代入すると，

$$\begin{aligned} S_c &\equiv S[x_c] \\ &= \frac{m\omega}{2\sin \omega T}[(x_f^2 + x_i^2)\cos \omega T - 2x_f x_i] \end{aligned} \tag{1.135}$$

が得られる (演習問題)．

こうして $S[x]$ を $x = x_c$ のまわりで展開した結果は

$$S[x_c + y] = S[x_c] + \frac{1}{2!}\int dt_1 dt_2\, y(t_1) y(t_2) \left.\frac{\delta^2 S[x]}{\delta x(t_1)\delta x(t_2)}\right|_{x=x_c} \tag{1.136}$$

という形になる．ただし $y(t)$ は境界条件 $y(t_i) = y(t_f) = 0$ を満たす．以下のことに注意しよう：(1) 1 次の項は，$x = x_c$ で $\delta S[x]/\delta x = 0$ となるので消える．(2) 作用は x について 2 次なので，3 次あるいは，それより高次の項は存在しない．したがって，この展開は<u>厳密</u>であり，後に見るようにこの問題は厳密に解くことができる．

次の式

$$\begin{aligned} \frac{\delta}{\delta x(t_1)}\int_{t_i}^{t_f} dt\left[\frac{1}{2}m\dot{x}(t)^2 - \frac{1}{2}m\omega^2 x(t)^2\right] &= -m\frac{d^2}{dt_1^2}x(t_1) - m\omega^2 x(t_1) \\ &= -m\left(\frac{d^2}{dt_1^2} + \omega^2\right)x(t_1) \end{aligned}$$

と

$$\frac{\delta x(t_1)}{\delta x(t_2)} = \delta(t_1 - t_2)$$

に注意すると，2 次の汎関数微分

$$\frac{\delta^2 S[x]}{\delta x(t_1)\delta x(t_2)} = -m\left(\frac{d^2}{dt_1^2} + \omega^2\right)\delta(t_1 - t_2) \tag{1.137}$$

を得る．この式を式 (1.136) に代入すると

$$\begin{aligned} S[x_c + y] &= S[x_c] - \frac{m}{2!}\int dt_1 dt_2\, y(t_1) y(t_2)\left(\frac{d^2}{dt_1^2} + \omega^2\right)\delta(t_1 - t_2) \\ &= S[x_c] + \frac{m}{2}\int dt\, (\dot{y}^2 - \omega^2 y^2) \end{aligned} \tag{1.138}$$

となる．ここで境界条件 $y(t_i) = y(t_f) = 0$ を用いた．

$\mathcal{D}x$ が並進変換に対し不変なので[15]，$\mathcal{D}x$ を $\mathcal{D}y$ で置き換えると

$$\langle x_f, t_f | x_i, t_i \rangle = \mathrm{e}^{\mathrm{i}S[x_c]} \int_{y(t_i)=y(t_f)=0} \mathcal{D}y\, \mathrm{e}^{\mathrm{i}\frac{m}{2}\int_{t_i}^{t_f} \mathrm{d}t\,(\dot{y}^2-\omega^2 y^2)} \tag{1.139}$$

を得る．これのゆらぎの部分

$$I_f = \int_{y(0)=y(T)=0} \mathcal{D}y\, \mathrm{e}^{\mathrm{i}\frac{m}{2}\int_0^T \mathrm{d}t\,(\dot{y}^2-\omega^2 y^2)} \tag{1.140}$$

を求めよう．ただし t の原点をシフトして $t_i = 0$ とした．$T = t_f - t_i$ である．$y(t)$ を境界条件にあわせて

$$y(t) = \sum_{n\in\mathbb{N}} a_n \sin\frac{n\pi t}{T} \tag{1.141}$$

のように Fourier 級数展開する．この展開を指数の積分に代入すると

$$\int_0^T \mathrm{d}t\,(\dot{y}^2-\omega^2 y^2) = \frac{T}{2}\sum_{n\in\mathbb{N}} a_n^2 \left[\left(\frac{n\pi}{T}\right)^2 - \omega^2\right]$$

を得る．変数 $y(t)$ から $\{a_n\}$ への Fourier 変換は，積分変数の置き換えとみなすことができる．この変換がうまく定義されるためには，変数の個数が同じでなければならない．時間 T を $t=0$ と $t=T$ を含めて $N+1$ の微小区間に分ける．すると独立な $N-1$ 個の y_k が得られる．これに対応して，$n > N-1$ について $a_n = 0$ とおかなければならない．この変数変換についての Jacobi 行列式は

$$J_N = \det\frac{\partial y_k}{\partial a_n} = \det\left[\sin\left(\frac{n\pi t_k}{T}\right)\right] \tag{1.142}$$

である．ここで，t_k は区間 $[0, T]$ を N 個の無限小区間に分解した時の k 番目の時刻である．

この Jacobi 行列式は，自由粒子の場合は簡単に求められる．変数変換 $\{y_k\} \to \{a_n\}$ は，ポテンシャルには依存しないので，Jacobi 行列式はどちらの場合も同じでなければならない．式 (1.104) で求めた自由粒子の確率振幅は，

$$\langle x_f, T|x_i, 0\rangle = \left(\frac{m}{2\pi\mathrm{i}T}\right)^{1/2} \exp\left[\mathrm{i}\frac{m}{2T}(x_f-x_i)^2\right] = \left(\frac{m}{2\pi\mathrm{i}T}\right)^{1/2} \mathrm{e}^{\mathrm{i}S[x_c]} \tag{1.143}$$

となる．これは，経路積分の形で書くと

$$\mathrm{e}^{\mathrm{i}S[x_c]}\int_{y(0)=y(T)=0} \mathcal{D}y\, \mathrm{e}^{\mathrm{i}\frac{m}{2}\int_0^T \mathrm{d}t\,\dot{y}^2} \tag{1.144}$$

となる．2 つの表現を比べ，

$$\frac{m}{2}\int_0^T \mathrm{d}t\,\dot{y}^2 \to m\sum_{n=1}^N \frac{a_n^2 n^2 \pi^2}{4T}$$

---

[15] 条件 $x(t_i) = x_i$ と $x(t_f) = x_f$ のもとで可能な経路 $x(t)$ のすべてについての積分は，$y(t_i) = y(t_f) = 0$ のもとでの経路 $y(t)$ に関する積分に等しい．ただし $x(t) = x_c(t) + y(t)$ である．

に注意すると，等式

$$\left(\frac{m}{2\pi iT}\right)^{1/2} = \int_{y(0)=y(T)=0} \mathcal{D}y\, e^{i\frac{m}{2}\int_0^T dt\, \dot{y}^2}$$

$$= \lim_{N\to\infty} J_N \left(\frac{m}{2\pi i\varepsilon}\right)^{N/2} \int da_1 \ldots da_{N-1} \exp\left(im \sum_{n=1}^{N-1} \frac{a_n^2 \pi^2 n^2}{4T}\right)$$

を得る．

Gauss 積分を実行すると，最終的に

$$\left(\frac{m}{2\pi iT}\right)^{1/2} = \lim_{N\to\infty} J_N \left(\frac{m}{2\pi i\varepsilon}\right)^{N/2} \prod_{n=1}^{N-1} \frac{1}{n}\left(\frac{4iT}{m\pi}\right)^{1/2}$$

$$= \lim_{N\to\infty} J_N \left(\frac{m}{2\pi i\varepsilon}\right)^{N/2} \frac{1}{(N-1)!}\left(\frac{4iT}{m\pi}\right)^{(N-1)/2}$$

となる．有限の N については

$$J_N = N^{-N/2} 2^{-(N-1)/2} \pi^{N-1} (N-1)! \tag{1.145}$$

である．Jacobi 行列式 J_N は，$N \to \infty$ で明らかに発散する．しかしこれは問題ではない．我々は J_N そのものには興味がなく，他の発散する因子との組み合わせが意味を持つからである．

こうして調和振動子の遷移振幅は，

$$\langle x_f, T | x_i, 0 \rangle = \lim_{N\to\infty} J_N \left(\frac{m}{2\pi i\varepsilon}\right)^{N/2} e^{iS[x_c]}$$

$$\times \int da_1 \ldots da_{N-1} \exp\left[i\frac{mT}{4} \sum_{n=1}^{N-1} a_n^2 \left\{\left(\frac{n\pi}{T}\right)^2 - \omega^2\right\}\right] \tag{1.146}$$

で与えられる．a_n についての積分は単純な Gauss 積分であり，容易に実行できて

$$\int da_n \exp\left[\frac{imT}{4} a_n^2 \left\{\left(\frac{n\pi}{T}\right)^2 - \omega^2\right\}\right] = \left(\frac{4iT}{m\pi n^2}\right)^{1/2} \left[1 - \left(\frac{\omega T}{n\pi}\right)^2\right]^{-1/2}$$

となる．これを式 (1.146) に代入すると

$$\langle x_f, T | x_i, 0 \rangle = \lim_{N\to\infty} J_N \left(\frac{mN}{2\pi iT}\right)^{N/2} e^{iS[x_c]}$$

$$\times \prod_{k=1}^{N-1} \left[\frac{1}{k}\left(\frac{4iT}{m\pi}\right)^{1/2}\right] \prod_{n=1}^{N-1} \left[1 - \left(\frac{\omega T}{n\pi}\right)^2\right]^{-1/2}$$

$$= \left(\frac{m}{2\pi iT}\right)^{1/2} e^{iS[x_c]} \prod_{n=1}^{N-1} \left[1 - \left(\frac{\omega T}{n\pi}\right)^2\right]^{-1/2} \tag{1.147}$$

を得る．n についての無限積が

$$\lim_{N\to\infty} \prod_{n=1}^{N-1} \left[1 - \left(\frac{\omega T}{n\pi}\right)^2\right] = \frac{\sin \omega T}{\omega T} \tag{1.148}$$

となることは，よく知られている．J_N の発散は，別の項の発散と相殺されて，有限となったことに注意されたい．最終的に

$$\begin{aligned}\langle x_f, T|x_i, 0\rangle &= \left(\frac{m\omega}{2\pi \mathrm{i} \sin \omega T}\right)^{1/2} \mathrm{e}^{\mathrm{i}S[x_c]} \\ &= \left(\frac{m\omega}{2\pi \mathrm{i} \sin \omega T}\right)^{1/2} \exp\left[\frac{\mathrm{i}m\omega}{2\sin \omega T}\{(x_f^2 + x_i^2)\cos \omega T - 2x_i x_f\}\right]\end{aligned} \quad (1.149)$$

が得られた．

1.4.2 分配関数

調和振動子の分配関数は Hamiltonian の固有値 $E_n = (n+1/2)\omega$ から簡単に求めることができ，

$$\mathrm{Tr}\, \mathrm{e}^{-\beta \hat{H}} = \sum_{n=0}^{\infty} \mathrm{e}^{-\beta(n+1/2)\omega} = \frac{1}{2\sinh(\beta\omega/2)} \quad (1.150)$$

となる．温度の逆数 β は $iT = \beta$ とおくことで虚時間であると考えることができる．すると分配関数は経路積分の視点から求められる．

方法 1：$\{|x\rangle\}$ についてトレースをとると，

$$\begin{aligned}Z(\beta) &= \int \mathrm{d}x\, \langle x|\mathrm{e}^{-\beta\hat{H}}|x\rangle \\ &= \left(\frac{m\omega}{2\pi\mathrm{i}(-\mathrm{i}\sinh\beta\omega)}\right)^{1/2} \\ &\quad \times \int \mathrm{d}x\, \exp \mathrm{i}\left[\frac{m\omega}{-2\mathrm{i}\sinh\beta\omega}(2x^2\cosh\beta\omega - 2x^2)\right] \\ &= \left(\frac{m\omega}{2\pi\, \sinh\beta\omega}\right)^{1/2}\left[\frac{\pi}{m\omega\tanh(\beta\omega/2)}\right]^{1/2} \\ &= \frac{1}{2\sinh(\beta\omega/2)}\end{aligned} \quad (1.151)$$

が得られる．ここで式 (1.149) を用いた．

次の問は方法 2 のための準備である．

問 1.5 (1) A が対称で正定値の $n \times n$ 実行列の場合に

$$\int \mathrm{d}x_1 \ldots \mathrm{d}x_n \exp\left(-\sum_{i,j} x_i A_{ij} x_j\right) = \pi^{n/2}(\det A)^{-1/2} = \pi^{n/2}\prod_i \lambda_i^{-1/2} \quad (1.152)$$

を示せ．ここで λ_i は A の固有値である．

(2) A が正定値の $n \times n$ Hermite 行列のとき

$$\int \mathrm{d}z_1 \mathrm{d}\bar{z}_1 \ldots \mathrm{d}z_n \mathrm{d}\bar{z}_n \exp\left(-\sum_{i,j} \bar{z}_i A_{ij} z_j\right) = \pi^n (\det A)^{-1} = \pi^n \prod_i \lambda_i^{-1} \quad (1.153)$$

を示せ．

方法 2： 次に汎関数行列式と ζ-関数による正則化を使って，揺らぎの経路積分を行い，分配関数を求めよう．虚時間 $\tau = it$ を導入して，経路積分を

$$\int_{y(0)=y(T)=0} \mathcal{D}y \, \exp\left[\frac{im}{2} \int dt \, y \left(-\frac{d^2}{dt^2} - \omega^2\right) y\right]$$
$$\to \int_{y(0)=y(\beta)=0} \bar{\mathcal{D}}y \, \exp\left[-\frac{m}{2} \int d\tau \, y \left(-\frac{d^2}{d\tau^2} + \omega^2\right) y\right]$$

と書き換える．ここで境界条件は $y(0) = y(\beta) = 0$ であることに注意する．$\mathcal{D}$ のバーは，経路積分の測度が虚時間に関するものであることを示す．

A を正定値で固有値 $\lambda_k \, (1 \geq k \geq n)$ をもつ $n \times n$ の Hermite 行列とする．実変数 x_k について，問 1.5 の結果より

$$\prod_{k=1}^{n} \left(\int_{-\infty}^{\infty} dx_k\right) e^{-\frac{1}{2} \sum_{p,q} x_p A_{pq} x_q} = \prod_{k=1}^{n} \sqrt{\frac{2\pi}{\lambda_k}} = \frac{1}{\sqrt{\det(A/2\pi)}}$$

を得る．これはよく知られている Gauss 積分

$$\int_{-\infty}^{\infty} dx \, e^{-\frac{1}{2} \lambda x^2} = \sqrt{\frac{2\pi}{\lambda}} \qquad (\lambda > 0)$$

の一般化である．演算子 $\mathcal{O}$ の行列式を，固有値 λ_k の (適切に正則化した) 無限積として $\text{Det}\,\mathcal{O} = \prod_k \lambda_k$ と定義する [16]．すると，先ほどの経路積分は

$$\int_{y(0)=y(\beta)=0} \bar{\mathcal{D}}y \, \exp\left[-\frac{m}{2} \int d\tau \, y \left(-\frac{d^2}{d\tau^2} + \omega^2\right) y\right] = \frac{C}{\sqrt{\text{Det}_D\left[(m/2\pi)(-d^2/d\tau^2 + \omega^2)\right]}} \tag{1.154}$$

と書き直される．ここで添字 'D' は，固有値が Dirichlet 境界条件 $y(0) = y(\beta) = 0$ を課した固有関数に対応するものであることを示しており，C はのちに決める定数である．

境界条件を満たす一般解 $y(\tau)$ は

$$y(\tau) = \frac{1}{\sqrt{\beta}} \sum_{n \in \mathbb{N}} y_n \sin \frac{n\pi\tau}{\beta} \tag{1.155}$$

と展開される．$y(\tau)$ は実数関数なので，$y_n \in \mathbb{R}$ であることに注意する．固有関数 $\sin(n\pi\tau/\beta)$ の固有値は，$\lambda_n = (m/2\pi)[(n\pi/\beta)^2 + \omega^2]$ であるので，汎関数行列式は形式的に

$$\begin{aligned}
\text{Det}_D\left[\frac{m}{2\pi}\left(-\frac{d^2}{d\tau^2} + \omega^2\right)\right] &= \prod_{n=1}^{\infty} \lambda_n = \prod_{n=1}^{\infty} \frac{m}{2\pi}\left[\left(\frac{n\pi}{\beta}\right)^2 + \omega^2\right] \\
&= \prod_{n=1}^{\infty} \left[\frac{m}{2\pi}\left(\frac{n\pi}{\beta}\right)^2\right] \prod_{p=1}^{\infty}\left[1 + \left(\frac{\beta\omega}{p\pi}\right)^2\right] \\
&= \prod_{n=1}^{\infty} \left(\frac{m\pi}{2\beta^2} n^2\right) \frac{\sinh(\beta\omega)}{\beta\omega} \tag{1.156}
\end{aligned}$$

---

[16] 本書では det は有限次元の行列式に用い，Det は (形式的に) 演算子の行列式に用いる．同様に，有限次元の行列のトレースには tr を用い，演算子の場合は Tr を用いる．

と書かれる．ここで公式

$$\prod_{p=1}^{\infty}\left(1+\frac{x^2}{n^2}\right)=\frac{\sinh(\pi x)}{\pi x} \tag{1.157}$$

を用いた．

最後の行の最初の無限積は

$$\mathrm{Det}_{\mathrm{D}}\left(-\frac{m}{2\pi}\frac{\mathrm{d}^2}{\mathrm{d}\tau^2}\right)$$

と書かれる．この無限積を ζ 関数の正則化によって求めよう．$\mathcal{O}$ は正定値の固有値 λ_n を持つ演算子とする．したがって '形式的' に

$$\log \mathrm{Det}\, \mathcal{O} = \mathrm{Tr}\log \mathcal{O} = \sum_n \log \lambda_n \tag{1.158}$$

と書かれる．ここで $\mathcal{O}$ のスペクトル ζ 関数を

$$\zeta_{\mathcal{O}}(s) \equiv \sum_{n=1}^{\infty} \frac{1}{\lambda_n^s} \tag{1.159}$$

で定義する．右辺は十分大きな $\mathrm{Re}\,s$ のとき収束し，$\zeta_{\mathcal{O}}(s)$ はこの領域で s について解析的である．さらに，$\zeta_{\mathcal{O}}(s)$ は有限個の点を除いて s 平面全体に解析接続できる．ここで

$$\left.\frac{\mathrm{d}\zeta_{\mathcal{O}}(s)}{\mathrm{d}s}\right|_{s=0} = -\sum_n \log \lambda_n$$

に注意すると，

$$\mathrm{Det}\, \mathcal{O} = \exp\left[-\left.\frac{\mathrm{d}\zeta_{\mathcal{O}}(s)}{\mathrm{d}s}\right|_{s=0}\right] \tag{1.160}$$

が得られる．

$\mathcal{O}$ を $-(m/2\pi)\mathrm{d}^2/\mathrm{d}\tau^2$ で置き換えれば，

$$\zeta_{-(m/2\pi)\mathrm{d}^2/\mathrm{d}\tau^2}(s) = \sum_{n\geq 1}\left(\frac{m\pi n^2}{2\beta^2}\right)^{-s} = \left(\frac{2\beta^2}{m\pi}\right)^s \zeta(2s) \tag{1.161}$$

となる．$\zeta(s) = \sum_{n\geq 1} n^{-s}$ は **Riemann** ζ 関数である．これは極 $s=1$ を除いて s 平面全体で解析的である．よく知られている値

$$\zeta(0) = -\frac{1}{2}, \qquad \zeta'(0) = -\frac{1}{2}\log(2\pi) \tag{1.162}$$

から

$$\zeta'_{-(m/2\pi)\mathrm{d}^2/\mathrm{d}\tau^2}(0) = \log\left(\frac{2\beta^2}{m\pi}\right)\zeta(0) + 2\zeta'(0) = -\frac{1}{2}\log\left(\frac{8\pi\beta^2}{m}\right)$$

を得る．こうして，

$$\mathrm{Det}_{\mathrm{D}}\left(-\frac{m}{2\pi}\frac{\mathrm{d}^2}{\mathrm{d}\tau^2}\right) = \mathrm{e}^{\frac{1}{2}\log(8\pi\beta^2/m)} = \sqrt{\frac{8\pi}{m}}\beta \tag{1.163}$$

と

$$\mathrm{Det}_D\left[\frac{m}{2\pi}\left(-\frac{\mathrm{d}^2}{\mathrm{d}\tau^2}+\omega^2\right)\right]=\sqrt{\frac{8\pi}{m}}\beta\frac{\sinh(\beta\omega)}{\beta\omega} \tag{1.164}$$

が得られた．(1.154) の左辺は (1.149) の最初の因子で $iT=\beta$ と置いた $\sqrt{m\omega/2\pi\sinh(\omega\beta)}$ と等しいので，(1.154) から $C=(2m/\pi)^{1/4}$ が得られた．

これらの結果をまとめて，分配関数は

$$\mathrm{Tr}\,\mathrm{e}^{-\beta H}=\sqrt{\frac{m\omega}{2\pi\sinh(\beta\omega)}}\sqrt{\frac{\pi}{m\omega\tanh(\beta\omega/2)}}=\frac{1}{2\sinh(\beta\omega/2)} \tag{1.165}$$

となることが示された．

次に Fermi 調和振動子を調べよう．

1.5 Fermi 粒子の経路積分

自然界で観察される粒子は，交換関係にしたがう座標と運動量から得られる Bose 粒子だけではない．Fermi 粒子と呼ばれる，反交換関係を満足する粒子もある．Fermi 粒子を古典的に記述するには，**Grassmann 数**と呼ばれる反交換する数が必要となる．

1.5.1 Fermi 調和振動子

前の説で述べた Bose 調和振動子は，Hamiltonian[17]

$$H=\frac{1}{2}(a^\dagger a+aa^\dagger)\omega$$

で記述される．この a と $a^\dagger$ は交換関係

$$[a,a^\dagger]=1,\qquad [a,a]=[a^\dagger,a^\dagger]=0$$

を満たす．Hamiltonian は，固有ベクトル $|n\rangle$ と固有値 $(n+1/2)\omega$ ($n\in\mathbb{N}$) を持つ：

$$H|n\rangle=\left(n+\frac{1}{2}\right)\omega|n\rangle.$$

次に Hamiltonian

$$H=\frac{1}{2}(c^\dagger c-cc^\dagger)\omega \tag{1.166}$$

を考えよう．この Hamiltonian は **Fermi 調和振動子**と呼ばれている．これは相対論的 Fermi 粒子を記述する Dirac Hamiltonian の Fourier 成分であるとみなされる．演算子 c と $c^\dagger$ が，Bose 粒子と同じ交換関係を満たすとすると，Hamiltonian は定数 $H=-\omega/2$ となる．そこで '反' 交換関係

$$\{c,c^\dagger\}\equiv cc^\dagger+c^\dagger c=1,\qquad \{c,c\}=\{c^\dagger,c^\dagger\}=0 \tag{1.167}$$

---

[17] これからは紛らわしくない場合は演算子を表す ^ をつけないことにする．

を満たすと仮定しよう．Hamiltonian は

$$H = \frac{1}{2}[c^\dagger c - (1 - c^\dagger c)]\omega = \left(N - \frac{1}{2}\right)\omega \tag{1.168}$$

となる．ここで $N = c^\dagger c$ である．N の固有値が，0 か 1 のいずれかだけであるのを確かめるのはやさしい．実際 N は $N^2 = c^\dagger c c^\dagger c = N$，つまり $N(N-1) = 0$ を満たす．これは，まさしく Pauli 原理を表している．

Hamiltonian H の Hilbert 空間を調べよう．まず $|n\rangle$ を固有値 n に属する H の固有ベクトルとする．先に示したように，$n = 0, 1$ である．次の関係式を確かめるのは容易である．

$$H|0\rangle = -\frac{\omega}{2}|0\rangle, \qquad H|1\rangle = \frac{\omega}{2}|1\rangle$$

$$c^\dagger|0\rangle = |1\rangle, \qquad c|0\rangle = 0, \qquad c^\dagger|1\rangle = 0, \qquad c|1\rangle = |0\rangle.$$

以下，成分表示

$$|0\rangle = \begin{pmatrix} 0 \\ 1 \end{pmatrix}, \qquad |1\rangle = \begin{pmatrix} 1 \\ 0 \end{pmatrix}$$

を用いる．

問 1.6 基底ベクトルが上の成分をもつとしよう．このとき，演算子は以下の行列表現を持つことを示せ．

$$c = \begin{pmatrix} 0 & 0 \\ 1 & 0 \end{pmatrix}, \qquad c^\dagger = \begin{pmatrix} 0 & 1 \\ 0 & 0 \end{pmatrix},$$

$$N = \begin{pmatrix} 1 & 0 \\ 0 & 0 \end{pmatrix}, \qquad H = \frac{\omega}{2}\begin{pmatrix} 1 & 0 \\ 0 & -1 \end{pmatrix}.$$

Bose 粒子の交換関係 $[x, p] = \mathrm{i}$ は，Bose 粒子の経路積分では $[x, p] = 0$ に置き換えられる．Fermi 粒子については，反交換関係 $\{c, c^\dagger\} = 1$ は $\{\theta, \theta^*\} = 0$ に置き換えなければならない．ここで θ と θ^* は，反交換する古典的な数であり，Grassmann 数と呼ばれる．

1.5.2 Grassmann 数の代数

反交換する Grassmann 数を，交換する実数や複素数と区別するために，後者を 'c 数' と呼ぼう．この c とは交換 (commuting) の頭文字である．n 個の生成子 $\{\theta_1, \ldots, \theta_n\}$ は，反交換関係

$$\{\theta_i, \theta_j\} = 0, \qquad \forall i, j \tag{1.169}$$

を満たす．c 数を係数とする $\{\theta_i\}$ の線形結合の集合は，**Grassmann 数**と呼ばれ，$\{\theta_i\}$ で生成される代数は **Grassmann 代数**と呼ばれ Λ^n と記される．Λ^n の任意の元 f は，次の

ように展開される．

$$f(\theta) = f_0 + \sum_{i=1}^{n} f_i \theta_i + \sum_{i<j} f_{ij} \theta_i \theta_j + \cdots$$
$$= \sum_{0 \leq k \leq n} \frac{1}{k!} \sum_{\{i\}} f_{i_1,\ldots,i_k} \theta_{i_1} \ldots \theta_{i_k}. \tag{1.170}$$

ここで $f_0, f_i, f_{ij}, \ldots,$ および $f_{i_1,\ldots,i_k}$ は c 数で，任意の 2 つの添字の入れ替えについて反対称である．元 f は，

$$f(\theta) = \sum_{k_i=0,1} \tilde{f}_{k_1,\ldots,k_n} \theta_1^{k_1} \ldots \theta_n^{k_n} \tag{1.171}$$

と書くこともできる．例として $n = 2$ としよう．すると

$$f(\theta) = f_0 + f_1 \theta_1 + f_2 \theta_2 + f_{12} \theta_1 \theta_2$$
$$= \tilde{f}_{00} + \tilde{f}_{10} \theta_1 + \tilde{f}_{01} \theta_2 + \tilde{f}_{11} \theta_1 \theta_2$$

と表される．Λ^n で，θ_k の偶数のべきの部分集合を Λ^n_+, 奇数のべきの部分集合を Λ^n_- とすれば，

$$\Lambda^n = \Lambda^n_+ \oplus \Lambda^n_- \tag{1.172}$$

と直和分解できる．このように Λ^n を 2 つの部分に分けたものを $\mathbb{Z}_2$-**次数代数**とよぶ．Λ^n_+ の元を G-even, Λ^n_- の元を G-odd とよぶ．$\dim \Lambda^n = 2^n$ であるが, $\dim \Lambda^n_+ = \dim \Lambda^n_- = 2^{(n-1)}$ である．

生成子 θ_k は大きさを持っていないので，Grassmann 数は順序集合ではない．0 は，c 数であり，かつ Grassmann 数である唯一の数である．Grassmann 数と c 数は交換する．生成子が次の関係を満たすことは明らかである．

$$\begin{aligned} &\theta_k^2 = 0, \\ &\theta_{k_1} \theta_{k_2} \ldots \theta_{k_n} = \varepsilon_{k_1 k_2 \ldots k_n} \theta_1 \theta_2 \ldots \theta_n, \\ &\theta_{k_1} \theta_{k_2} \ldots \theta_{k_m} = 0 \quad (m > n). \end{aligned} \tag{1.173}$$

ただし

$$\varepsilon_{k_1 k_2 \ldots k_n} = \begin{cases} +1 & \{k_1 \ldots k_n\} \text{ が } \{1 \ldots n\} \text{ の偶置換の場合} \\ -1 & \{k_1 \ldots k_n\} \text{ が } \{1 \ldots n\} \text{ の奇置換の場合} \\ 0 & \text{それ以外}. \end{cases}$$

Grassmann 数の関数は，関数のテイラー展開で定義される．例えば，$n = 1$ としよう，すると θ についての 2 次以上の項は消えるから，

$$\mathrm{e}^\theta = 1 + \theta$$

となる．

1.5.3 微分

微分演算子は関数に左から作用すると仮定する:

$$\frac{\partial \theta_j}{\partial \theta_i} = \frac{\partial}{\partial \theta_i} \theta_j = \delta_{ij}. \tag{1.174}$$

さらに,微分演算子は θ_k とは反交換すると仮定する. Leibnitz 則は

$$\frac{\partial}{\partial \theta_i}(\theta_j \theta_k) = \frac{\partial \theta_j}{\partial \theta_i}\theta_k - \theta_j \frac{\partial \theta_k}{\partial \theta_i} = \delta_{ij}\theta_k - \delta_{ik}\theta_j \tag{1.175}$$

となる.

問 1.7 次を示せ.

$$\frac{\partial}{\partial \theta_i}\frac{\partial}{\partial \theta_j} + \frac{\partial}{\partial \theta_j}\frac{\partial}{\partial \theta_i} = 0. \tag{1.176}$$

この問から微分演算子がべき零であることが示される.

$$\frac{\partial^2}{\partial \theta_i^2} = 0. \tag{1.177}$$

問 1.8 次を示せ.

$$\frac{\partial}{\partial \theta_i}\theta_j + \theta_j \frac{\partial}{\partial \theta_i} = \delta_{ij}. \tag{1.178}$$

1.5.4 積分

驚くべきことに,Grassmann 数についての積分は,微分と全く同じである. D で Grassmann 数についての微分を表し, I で積分を表すとしよう.積分は定積分であると解釈する.ここで,次の関係が満たされていると要請する.

1. $ID = 0$
2. $DI = 0$
3. $D(A) = 0 \Rightarrow I(BA) = I(B)A$

ここで, A と B は Grassmann 数を変数にもつ任意の関数である.最初の関係式は,任意の関数の微分を積分すると表面項となり,それをゼロにとることを表す. 2番目の関係式は,定積分の微分は消えることを表す. 3番目の関係式は, $D(A) = 0$ なら A は定数であり,積分の外に出せることを表す.これらの関係は, $I \propto D$ と置けば満たされる.ここで規格化として $I = D$ を採用して

$$\int d\theta\, f(\theta) = \frac{\partial f(\theta)}{\partial \theta} \tag{1.179}$$

とおく．この定義から，

$$\int \mathrm{d}\theta = \frac{\partial 1}{\partial \theta} = 0, \qquad \int \mathrm{d}\theta\, \theta = \frac{\partial \theta}{\partial \theta} = 1$$

が導かれる．さらに n 個の生成子 $\{\theta_k\}$ があるとき，式 (1.179) は，

$$\int \mathrm{d}\theta_1 \mathrm{d}\theta_2 \ldots \mathrm{d}\theta_n\, f(\theta_1, \theta_2, \ldots, \theta_n) = \frac{\partial}{\partial \theta_1} \frac{\partial}{\partial \theta_2} \cdots \frac{\partial}{\partial \theta_n} f(\theta_1, \theta_2, \ldots, \theta_n) \tag{1.180}$$

のように一般化できる．ここで $\mathrm{d}\theta_k$ と $\partial/\partial\theta_k$ の順序に注意されたい．

微分と積分とが同値であるということから，積分変数の変換において奇妙なことが起こる．まず $n=1$ の場合を考えよう．積分変数の変換 $\theta' = a\theta\ (a \in \mathbb{C})$ を行うと，

$$\int \mathrm{d}\theta\, f(\theta) = \frac{\partial f(\theta)}{\partial \theta} = \frac{\partial f(\theta'/a)}{\partial \theta'/a} = a \int \mathrm{d}\theta'\, f(\theta'/a)$$

を得る．これは，$\mathrm{d}\theta' = (1/a)\mathrm{d}\theta$ を意味する．これは，容易に n 変数の場合に拡張できる．$\theta_i \to \theta_i' = a_{ij}\theta_j$ とおくと，

$$\begin{aligned}
\int \mathrm{d}\theta_1 \ldots \mathrm{d}\theta_n\, f(\theta) &= \frac{\partial}{\partial \theta_1} \cdots \frac{\partial}{\partial \theta_n} f(\theta) \\
&= \sum_{k_i=1}^n \frac{\partial \theta'_{k_1}}{\partial \theta_1} \cdots \frac{\partial \theta'_{k_n}}{\partial \theta_n} \frac{\partial}{\partial \theta'_{k_1}} \cdots \frac{\partial}{\partial \theta'_{k_n}} f(a^{-1}\theta') \\
&= \sum_{k_i=1}^n \varepsilon_{k_1 \ldots k_n} a_{k_1 1} \ldots a_{k_n n} \frac{\partial}{\partial \theta'_{k_1}} \cdots \frac{\partial}{\partial \theta'_{k_n}} f(a^{-1}\theta') \\
&= \det a \int \mathrm{d}\theta'_1 \ldots \mathrm{d}\theta'_n\, f(a^{-1}\theta')
\end{aligned}$$

となる．これから積分の測度は

$$\mathrm{d}\theta_1 \mathrm{d}\theta_2 \ldots \mathrm{d}\theta_n = \det a\, \mathrm{d}\theta'_1 \mathrm{d}\theta'_2 \ldots \mathrm{d}\theta'_n \tag{1.181}$$

と変換することが示された．

1.5.5 δ 関数

Grassmann 数の δ 関数は，1 変数の場合は

$$\int \mathrm{d}\theta\, \delta(\theta - \alpha) f(\theta) = f(\alpha) \tag{1.182}$$

で定義される．展開式 $f(\theta) = a + b\theta$ を，この定義に代入すると

$$\int \mathrm{d}\theta\, \delta(\theta - \alpha)(a + b\theta) = a + b\alpha$$

を得る．これから δ 関数は，具体的に

$$\delta(\theta - \alpha) = \theta - \alpha \tag{1.183}$$

で与えられることがわかる.

この結果を n 変数に拡張するのは容易である (変数の順序に注意).

$$\delta^n(\theta - \alpha) = (\theta_n - \alpha_n) \ldots (\theta_2 - \alpha_2)(\theta_1 - \alpha_1). \tag{1.184}$$

δ 関数の積分形は,

$$\int d\xi\, e^{i\xi\theta} = \int d\xi\, (1 + i\xi\theta) = i\theta$$

より,

$$\delta(\theta) = \theta = -i \int d\xi\, e^{i\xi\theta} \tag{1.185}$$

となる.

1.5.6 Gauss 積分

積分

$$I = \int d\theta_1^* d\theta_1 \ldots d\theta_n^* d\theta_n\, e^{-\sum_{ij} \theta_i^* M_{ij} \theta_j} \tag{1.186}$$

を考えよう. $\{\theta_i\}$ と $\{\theta_i^*\}$ は, 2つの独立な Grassmann 数の集合である. $n \times n$ の c 数の行列 M は, θ_i と θ_i^* が反交換するので反対称である. 積分は, 変数変換 $\theta_i' = \sum_j M_{ij} \theta_j$ を行うことで求められる.

$$\begin{aligned}
I &= \det M \int d\theta_1^* d\theta_1' \ldots d\theta_n^* d\theta_n'\, e^{-\sum_i \theta_i^* \theta_i'} \\
&= \det M \left[\int d\theta^* d\theta' (1 + \theta' \theta^*) \right]^n \\
&= \det M.
\end{aligned} \tag{1.187}$$

Gauss 積分の応用として, 興味深い公式を証明する.

命題 1.3 a を次数 $2n$ の反対称実行列とする. a の **Pfaffian (Pfaff 形式)** は

$$\text{Pf}(a) = \frac{1}{2^n n!} \sum_{\{i_1, \ldots, i_{2n}\} \text{ の置換}} \text{sgn}(P) a_{i_1 i_2} \ldots a_{i_{2n-1} i_{2n}} \tag{1.188}$$

で定義される. このとき

$$\det a = \text{Pf}(a)^2 \tag{1.189}$$

が成立する.

証明: 次の式に注目する.

$$\begin{aligned}
I &= \int d\theta_{2n} \ldots d\theta_1 \exp\left[\frac{1}{2} \sum_{ij} \theta_i a_{ij} \theta_j \right] = \frac{1}{2^n n!} \int d\theta_{2n} \ldots d\theta_1 \left(\sum_{ij} \theta_i a_{ij} \theta_j \right)^n \\
&= \text{Pf}(a).
\end{aligned}$$

さらに

$$I^2 = \int d\theta_{2n}\ldots d\theta_1 d\theta'_{2n}\ldots d\theta'_1 \exp\left[\frac{1}{2}\sum_{ij}(\theta_i a_{ij}\theta_j + \theta'_i a_{ij}\theta'_j)\right]$$

を考える．変数変換

$$\eta_k = \frac{1}{\sqrt{2}}(\theta_k + i\theta'_k), \qquad \eta^*_k = \frac{1}{\sqrt{2}i}(\theta_k - i\theta'_k)$$

を行うと Jacobi 行列式は $(-1)^n$ であり，

$$\theta_i\theta_j + \theta'_i\theta'_j = \eta_i\eta^*_j - \eta^*_j\eta_i,$$
$$d\eta_{2n}\ldots d\eta_1 d\eta^*_{2n}\ldots d\eta^*_1 = (-1)^{n^2} d\eta_1 d\eta^*_1 \ldots d\eta_{2n} d\eta^*_{2n}$$

を得る．これらを用いて

$$\mathrm{Pf}(a)^2 = \int d\eta_1 d\eta^*_1 \ldots d\eta_{2n} d\eta^*_{2n} \exp\left[\sum_{ij}\eta^*_i a_{ij}\eta_j\right] = \det a$$

が確かめられた． ∎

問 1.9 **1.** M 歪対称行列とし，K_i を Grassmann 数とする．このとき

$$\int d\theta_1\ldots d\theta_n e^{-\frac{1}{2}{}^t\theta\cdot M\cdot\theta + {}^tK\cdot\theta} = \sqrt{\det M}\, e^{-{}^tK\cdot M^{-1}\cdot K/2} \tag{1.190}$$

を示せ．

2. M を歪 Hermite 行列とし，K_i と K^*_i は Grassmann 数とする．このとき，

$$\int d\theta^*_1 d\theta_1\ldots d\theta^*_n d\theta_n e^{-\theta^\dagger\cdot M\cdot\theta + K^\dagger\cdot\theta + \theta^\dagger\cdot K} = \det M\, e^{K^\dagger\cdot M^{-1}\cdot K} \tag{1.191}$$

を示せ．

1.5.7 汎関数微分

Grassmann 数についての汎関数微分は c 数と同じように定義できる．$\psi(t)$ を c 数のパラメタ t に依存する Grassmann 変数とし，$F[\psi(t)]$ を ψ の汎関数とする．このとき

$$\frac{\delta F[\psi(t)]}{\delta \psi(s)} = \frac{1}{\varepsilon}\{F[\psi(t) + \varepsilon\delta(t-s)] - F[\psi(t)]\} \tag{1.192}$$

と定義する．ここで ε は Grassmann 数のパラメタである．$F[\psi(t) - \varepsilon\delta(t-s)]$ の ε についてのテイラー展開は $\varepsilon^2 = 0$ なので ε について線形である．したがって，極限 $\varepsilon \to 0$ は必要ではない．ここで 1 つ注意することがある：Grassmann 数の割り算は一般にはうまく定義されない．しかし，ここでは分子は ε に比例しているので，ε で割ることは，単に分子の ε の係数を取り出すという意味である．

1.5.8 複素共役

$\{\theta_i\}$ と $\{\theta_i^*\}$ を，Grassmann 数の生成子の 2 つの集合としよう．θ_i の複素共役を $(\theta_i)^* = \theta_i^*, (\theta_i^*)^* = \theta_i$ で定義する．また

$$(\theta_i \theta_j)^* = \theta_j^* \theta_i^* \tag{1.193}$$

と定義する．そうでなければ，実 c 数 $\theta_i \theta_i^*$ は実数の条件 $(\theta_i \theta_i^*)^* = \theta_i \theta_i^*$ を満たさない．

1.5.9 コヒーレント状態と完全性関係

Fermi 粒子の消滅演算子 c と生成演算子 $c^\dagger$ は，反交換関係 $\{c, c\} = \{c^\dagger, c^\dagger\} = 0$ と $\{c, c^\dagger\} = 1$ を満たす．数演算子 $N = c^\dagger c$ は固有ベクトル $|0\rangle$ と $|1\rangle$ を持つ．これらのベクトルで張られる Hilbert 空間

$$\mathcal{H} = \mathrm{Span}\{|0\rangle, |1\rangle\}$$

を考えよう．Hilbert 空間 $\mathcal{H}$ の任意のベクトル $|f\rangle$ は

$$|f\rangle = |0\rangle f_0 + |1\rangle f_1$$

と表される．ただし $f_0, f_1 \in \mathbb{C}$ である．

次に状態

$$|\theta\rangle = |0\rangle + |1\rangle \theta, \tag{1.194}$$
$$\langle \theta| = \langle 0| + \theta^* \langle 1| \tag{1.195}$$

を考える．ここで θ と θ^* は Grassmann 数である．これらの状態は**コヒーレント状態**と呼ばれており，それぞれ c と $c^\dagger$ の固有ベクトルである．

$$c |\theta\rangle = |0\rangle \theta = |\theta\rangle \theta, \qquad \langle \theta| c^\dagger = \theta^* \langle 0| = \theta^* \langle \theta|$$

である．

問 1.10 次の関係を確かめよ．

$$\langle \theta'|\theta\rangle = 1 + \theta'^* \theta = \mathrm{e}^{\theta'^* \theta},$$
$$\langle \theta|f\rangle = f_0 + \theta^* f_1,$$
$$\langle \theta|c^\dagger|f\rangle = \langle \theta|1\rangle f_0 = \theta^* f_0 = \theta^* \langle \theta|f\rangle,$$
$$\langle \theta|c|f\rangle = \langle \theta|0\rangle f_1 = \frac{\partial}{\partial \theta^*} \langle \theta|f\rangle.$$

次の関数

$$h(c, c^\dagger) = h_{00} + h_{10} c^\dagger + h_{01} c + h_{11} c^\dagger c, \qquad h_{ij} \in \mathbb{C}$$

は，c と $c^\dagger$ の任意の関数としよう．h の行列要素は，

$$\langle 0|h|0\rangle = h_{00}, \qquad \langle 0|h|1\rangle = h_{01}, \qquad \langle 1|h|0\rangle = h_{10}, \qquad \langle 1|h|1\rangle = h_{00} + h_{11}$$

である．これらの行列要素から，

$$\langle\theta|h|\theta'\rangle = (h_{00} + \theta^* h_{10} + h_{01}\theta' + \theta^*\theta' h_{11})\mathrm{e}^{\theta^*\theta'} \tag{1.196}$$

が容易にわかる．

補題 1.4 $|\theta\rangle$ と $\langle\theta|$ は，(1.194) と (1.195) で定義されている．このとき完全性関係は

$$\int \mathrm{d}\theta^*\,\mathrm{d}\theta\, |\theta\rangle\langle\theta|\, \mathrm{e}^{-\theta^*\theta} = I \tag{1.197}$$

と表される．

証明 そのまま計算すると

$$\int \mathrm{d}\theta^*\,\mathrm{d}\theta\, |\theta\rangle\langle\theta|\, \mathrm{e}^{-\theta^*\theta}$$
$$= \int \mathrm{d}\theta^*\mathrm{d}\theta(|0\rangle + |1\rangle\,\theta)(\langle 0| + \theta^*\,\langle 1|)(1 - \theta^*\theta)$$
$$= \int \mathrm{d}\theta^*\mathrm{d}\theta(|0\rangle\langle 0| + |1\rangle\,\theta\,\langle 0| + |0\rangle\,\theta^*\,\langle 1| + |1\rangle\,\theta\theta^*\,\langle 1|)(1 - \theta^*\theta)$$
$$= |0\rangle\langle 0| + |1\rangle\langle 1| = I. \qquad\blacksquare$$

1.5.10 Fermi 調和振動子の分配関数

ここでは Fermi 調和振動子の分配関数を，Fermi 粒子の経路積分形式の応用として求める．Hamiltonian $H = (c^\dagger c - 1/2)\omega$ は，固有値 $\pm\omega/2$ を持つ．よって分配関数は，

$$Z(\beta) = \mathrm{Tr}\,\mathrm{e}^{-\beta H} = \sum_{n=0}^{1}\langle n|\mathrm{e}^{-\beta H}|n\rangle = \mathrm{e}^{\beta\omega/2} + \mathrm{e}^{-\beta\omega/2} = 2\cosh(\beta\omega/2) \tag{1.198}$$

である．次に，$Z(\beta)$ について，経路積分を用いて異なる2つの方法で求めよう．そのために，次の補題を証明する．

補題 1.4 H を Fermi 調和振動子の Hamiltonian とすると，分配関数は

$$\mathrm{Tr}\,\mathrm{e}^{-\beta H} = \int \mathrm{d}\theta^*\,\mathrm{d}\theta\,\langle-\theta|\mathrm{e}^{-\beta H}|\theta\rangle\,\mathrm{e}^{-\theta^*\theta} \tag{1.199}$$

という形に書かれる．

証明 完全性関係 (1.197) を分配関数の定義に挿入すると，

$$Z(\beta) = \sum_{n=0,1} \langle n|e^{-\beta H}|n\rangle$$

$$= \sum_n \int d\theta^* d\theta\, e^{-\theta^*\theta} \langle n|\theta\rangle \langle \theta|e^{-\beta H}|n\rangle$$

$$= \sum_n \int d\theta^* d\theta\, (1-\theta^*\theta)(\langle n|0\rangle + \langle n|1\rangle\theta)(\langle 0|e^{-\beta H}|n\rangle + \theta^* \langle 1|e^{-\beta H}|n\rangle)$$

$$= \sum_n \int d\theta^* d\theta\, (1-\theta^*\theta)[\langle 0|e^{-\beta H}|n\rangle \langle n|0\rangle$$
$$-\theta^*\theta \langle 1|e^{-\beta H}|n\rangle \langle n|1\rangle + \theta \langle 0|e^{-\beta H}|n\rangle \langle n|1\rangle + \theta^* \langle 1|e^{-\beta H}|n\rangle \langle n|0\rangle]$$

を得る．最後の行の最後の項は積分に寄与しないので，θ^* を $-\theta^*$ で置き換えても良い．すると，

$$Z(\beta) = \sum_n \int d\theta^* d\theta\, (1-\theta^*\theta)[\langle 0|e^{-\beta H}|n\rangle \langle n|0\rangle$$
$$-\theta^*\theta \langle 1|e^{-\beta H}|n\rangle \langle n|1\rangle + \theta \langle 0|e^{-\beta H}|n\rangle \langle n|1\rangle - \theta^* \langle 1|e^{-\beta H}|n\rangle \langle n|0\rangle]$$
$$= \int d\theta^* d\theta\, e^{-\theta^*\theta} \langle -\theta|e^{-\beta H}|\theta\rangle$$

となる． ∎

したがって，トレースの中の座標は**反周期的**な軌道にわたっている．Grassmann 数は $\tau = 0$ では θ であるが，$\tau = \beta$ では $-\theta$ であるので，トレースの中で $[0,\beta]$ において反周期的な境界条件が課されている．

次の表示

$$e^{-\beta H} = \lim_{N\to\infty} (1-\beta H/N)^N$$

と完全性関係を，各々のステップに挿入すれば，

$$Z(\beta) = \lim_{N\to\infty} \int d\theta^* d\theta\, e^{-\theta^*\theta} \langle -\theta|(1-\beta H/N)^N|\theta\rangle$$

$$= \lim_{N\to\infty} \int d\theta^* d\theta\, e^{-\theta^*\theta} \prod_{k=1}^{N-1} \int d\theta_k^* d\theta_k\, e^{-\sum_{n=1}^{N-1} \theta_n^*\theta_n}$$
$$\times \langle -\theta|(1-\varepsilon H)|\theta_{N-1}\rangle \langle \theta_{N-1}|\ldots|\theta_1\rangle \langle \theta_1|(1-\varepsilon H)|\theta\rangle$$

$$= \lim_{N\to\infty} \int \prod_{k=1}^{N} d\theta_k^* d\theta_k\, e^{-\sum_{n=1}^{N} \theta_n^*\theta_n}$$
$$\times \langle \theta_N|(1-\varepsilon H)|\theta_{N-1}\rangle \langle \theta_{N-1}|\ldots|\theta_1\rangle \langle \theta_1|(1-\varepsilon H)|-\theta_N\rangle$$

となる．ここで $\varepsilon = \beta/N$ および $\theta = -\theta_N = \theta_0, \theta^* = -\theta_N^* = \theta_0^*$ とおいた．

それぞれの行列要素は，

$$\langle\theta_k|(1-\varepsilon H)|\theta_{k-1}\rangle = \langle\theta_k|\theta_{k-1}\rangle\left[1-\varepsilon\frac{\langle\theta_k|H|\theta_{k-1}\rangle}{\langle\theta_k|\theta_{k-1}\rangle}\right]$$
$$\simeq \langle\theta_k|\theta_{k-1}\rangle\,\mathrm{e}^{-\varepsilon\langle\theta_k|H|\theta_{k-1}\rangle/\langle\theta_k|\theta_{k-1}\rangle}$$
$$= \mathrm{e}^{\theta_k^*\theta_{k-1}}\mathrm{e}^{-\varepsilon\omega(\theta_k^*\theta_{k-1}-1/2)}$$
$$= \mathrm{e}^{\varepsilon\omega/2}\mathrm{e}^{(1-\varepsilon\omega)\theta_k^*\theta_{k-1}}$$

と求められる．これによって分配関数は経路積分を用いて

$$Z(\beta) = \lim_{N\to\infty}\mathrm{e}^{\beta\omega/2}\prod_{k=1}^{N}\int\mathrm{d}\theta_k^*\mathrm{d}\theta_k\,\mathrm{e}^{-\sum_{n=1}^{N}\theta_n^*\theta_n}\mathrm{e}^{(1-\varepsilon\omega)\sum_{n=1}^{N}\theta_n^*\theta_{n-1}}$$
$$= \mathrm{e}^{\beta\omega/2}\lim_{N\to\infty}\prod_{k=1}^{N}\int\mathrm{d}\theta_k^*\mathrm{d}\theta_k\,\mathrm{e}^{-\sum_{n=1}^{N}[\theta_n^*(\theta_n-\theta_{n-1})+\varepsilon\omega\theta_n^*\theta_{n-1}]}$$
$$= \mathrm{e}^{\beta\omega/2}\lim_{N\to\infty}\prod_{k=1}^{N}\int\mathrm{d}\theta_k^*\mathrm{d}\theta_k\,\mathrm{e}^{-\theta^\dagger\cdot B_N\cdot\theta} \qquad (1.200)$$

と書き表される．ここで，

$$\theta = \begin{pmatrix}\theta_1\\\theta_2\\\vdots\\\theta_N\end{pmatrix},\qquad \theta^\dagger = (\theta_1^*,\theta_2^*,\ldots,\theta_N^*),$$

$$B_N = \begin{pmatrix}1 & 0 & \ldots & 0 & -y\\y & 1 & \ldots & 0 & 0\\0 & y & \ldots & 0 & 0\\\vdots & \vdots & \vdots & \vdots & \vdots\\0 & 0 & \ldots & y & 1\end{pmatrix}.$$

最後の行では，$y=-1+\varepsilon\omega$ とおいた．Grassmann 数の Gauss 積分の定義から，

$$Z(\beta) = \mathrm{e}^{\beta\omega/2}\lim_{N\to\infty}\det B_N = \mathrm{e}^{\beta\omega/2}\lim_{N\to\infty}[1+(1-\beta\omega/N)^N]$$
$$= \mathrm{e}^{\beta\omega/2}(1+\mathrm{e}^{-\beta\omega}) = 2\cosh\frac{1}{2}\beta\omega \qquad (1.201)$$

を得る．これは Bose 粒子の調和振動子の分配関数の式 (1.151) と比べるべきものである．

分配関数は ζ 関数正則化を使っても得られる．式 (1.200) の 2 番目の行から，

$$Z(\beta) = \mathrm{e}^{\beta\omega/2}\lim_{N\to\infty}\prod_{k=1}^{N}\int\mathrm{d}\theta_k^*\mathrm{d}\theta_k\,\mathrm{e}^{-\sum_{n=1}^{N}[(1-\varepsilon\omega)\theta_n^*(\theta_n-\theta_{n-1})/\varepsilon+\omega\theta_n^*\theta_n]}$$
$$= \mathrm{e}^{\beta\omega/2}\int\mathcal{D}\theta^*\mathcal{D}\theta\,\exp\left[-\int_0^\beta\mathrm{d}\tau\,\theta^*\left\{(1-\varepsilon\omega)\frac{\mathrm{d}}{\mathrm{d}\tau}+\omega\right\}\theta\right]$$
$$= \mathrm{e}^{\beta\omega/2}\mathrm{Det}_{\mathrm{APBC}}\left[(1-\varepsilon\omega)\frac{\mathrm{d}}{\mathrm{d}\tau}+\omega\right].$$

ここで添字 APBC は，行列式を反周期境界条件 (Anti-Periodic Boundary Condition) $\theta(\beta) = -\theta(0)$ を満たす固有関数に対応する固有値で求めることを示す．ここで微分演算子が ε を含んでいるのは奇妙に見えるかもしれない．この点については後で，固有値の無限積において有限の寄与をすることを示す．軌道 $\theta(\tau)$ を Fourier モードに展開しよう．固有モードと，それに対する固有値は

$$\exp\left(\frac{\pi\mathrm{i}(2n+1)\tau}{\beta}\right), \qquad (1-\varepsilon\omega)\frac{\pi\mathrm{i}(2n+1)}{\beta}+\omega$$

である．ここで $n = 0, \pm 1, \pm 2, \ldots$, である．コヒーレント状態は，過剰完全な基底であることに注意する．実際の自由度の数は N であり，これは ε と $\varepsilon = \beta/N$ という関係にある．1 つの複素数は 2 つの実数の自由度を持つので，積を $-N/4 \leq n \leq N/4$ に制限しなければならない．したがって，分配関数は，

$$\begin{aligned} Z(\beta) &= \mathrm{e}^{\beta\omega/2} \lim_{N\to\infty} \prod_{n=-N/4}^{N/4} \left[\mathrm{i}(1-\varepsilon\omega)\frac{\pi(2n-1)}{\beta}+\omega\right] \\ &= \mathrm{e}^{\beta\omega/2}\mathrm{e}^{-\beta\omega/2} \prod_{n=1}^{\infty} \left[\left(\frac{2\pi(n-1/2)}{\beta}\right)^2 + \omega^2\right] \\ &= \prod_{k=1}^{\infty} \left[\frac{\pi(2k-1)}{\beta}\right]^2 \prod_{n=1}^{\infty} \left[1+\left(\frac{\beta\omega}{\pi(2n-1)}\right)^2\right] \end{aligned}$$

となる．最初の無限積を P とおくと，それは発散するので正則化が必要である．まず，最初に

$$\log P = \sum_{k=1}^{\infty} 2 \log\left[\frac{2\pi(k-1/2)}{\beta}\right]$$

に注意する．対応する ζ 関数を

$$\tilde{\zeta}(s) = \sum_{k=1}^{\infty} \left[\frac{2\pi(k-1/2)}{\beta}\right]^{-s} = \left(\frac{\beta}{2\pi}\right)^s \zeta(s, 1/2)$$

と定義すると，$P = \mathrm{e}^{-2\tilde{\zeta}'(0)}$ を得る．ここで

$$\zeta(s, a) = \sum_{k=0}^{\infty} \frac{1}{(k+a)^s} \qquad (0 < a < 1) \tag{1.202}$$

は**一般化された ζ 関数 (Hurwitz ζ 関数)** である．$s = 0$ における $\tilde{\zeta}(s)$ の微分は，

$$\tilde{\zeta}'(0) = \log\left(\frac{\beta}{2\pi}\right) \zeta(0, 1/2) + \zeta'(0, 1/2) = -\frac{1}{2}\log 2$$

である．ここで，次の値を用いた[18]．

$$\zeta(0, 1/2) = 0, \qquad \zeta'(0, 1/2) = -\frac{1}{2}\log 2.$$

---

[18] 最初の公式は $\zeta(s, 1/2) = (2^s - 1)\zeta(s)$ から得られる．これは，恒等式 $\zeta(s, 1/2) + \zeta(s) = 2^s \sum_{n=1}^{\infty}[1/(2n-1)^s + 1/(2n)^s] = 2^s \zeta(s)$ から導かれる．第 2 の公式は $\zeta(s, 1/2) = (2^s - 1)\zeta(s)$ を s について微分して，$\zeta(0) = -1/2$ を用いて得られる．

最終的に

$$P = e^{-2\tilde{\zeta}'(0)} = e^{\log 2} = 2 \tag{1.203}$$

を得た．P は正則化の後では β に独立であることに注意．

これらをすべてまとめると，分配関数は

$$Z(\beta) = 2 \prod_{n=1}^{\infty} \left[1 + \left(\frac{\beta\omega}{\pi(2n-1)} \right)^2 \right] \tag{1.204}$$

となる．よく知られた公式

$$\cosh \frac{x}{2} = \prod_{n=1}^{\infty} \left[1 + \frac{x^2}{\pi^2(2n-1)^2} \right] \tag{1.205}$$

を用いれば，

$$Z(\beta) = 2 \cosh \frac{\beta\omega}{2} \tag{1.206}$$

を得る．

ここで公式 (1.205) を知らないと仮定しよう．そのときは式 (1.201) と式 (1.204) を等しいとおくことで，公式 (1.205) を経路積分を用いて'証明'したことになる．これが物理学の数学への応用の典型的な例である．ある種の物理量を，異なる2つの方法で求めて，それらの結果を等しいとおく．そうすることにより，数学的に非自明で有用な関係式がたびたび得られる．

1.6 スカラー場の量子化

1.6.1 自由スカラー場

これまでの節で行った解析は，たくさんの自由度を持った系に一般化できる．我々が特に興味を持っているのは，無限の自由度を持った系，すなわち**場の量子論**である．簡単な場合，すなわちスカラー場の理論から説明を始めよう．$\phi(x)$ が時空座標 $x = (\boldsymbol{x}, x^0)$ を持った，実のスカラー場とする．ここで $\boldsymbol{x}$ は空間座標，x^0 は時間座標である．作用は ϕ と，それの微分 $\partial_\mu \phi(x) = \partial \phi(x)/\partial x^\mu$ に依存する：

$$S = \int dx\, \mathcal{L}(\phi, \partial_\mu \phi). \tag{1.207}$$

ここで $\mathcal{L}$ は Lagrangian 密度である．Euler-Lagrange 方程式は

$$\frac{\partial}{\partial x^\mu} \left(\frac{\partial \mathcal{L}}{\partial (\partial_\mu \phi)} \right) - \frac{\partial \mathcal{L}}{\partial \phi} = 0 \tag{1.208}$$

となる．自由スカラー場の Lagrangian 密度は，

$$\mathcal{L}_0(\phi, \partial_\mu \phi) = -\frac{1}{2}(\partial_\mu \phi\, \partial^\mu \phi + m^2 \phi^2) \tag{1.209}$$

である．この Lagrangian 密度から Euler-Lagrange 方程式で得られるのは **Klein-Gordon 方程式**

$$(\Box - m^2)\phi = 0 \tag{1.210}$$

である．ここで，$\Box = \partial^\mu \partial_\mu = -\partial_0^2 + \nabla^2$ である．

ソース J が与えられている場合の真空から真空への遷移振幅は経路積分による表示 $\langle 0, \infty | 0, -\infty \rangle_J \propto Z_0[J]$ をもつ．ただし

$$Z_0[J] = \int \mathcal{D}\phi \exp\left[i \int dx \left(\mathcal{L}_0 + J\phi + \frac{i}{2}\varepsilon\phi^2\right)\right]. \tag{1.211}$$

ここで経路積分を正則化するために $i\varepsilon$ 項を加えている[19]．部分積分を行うと

$$Z_0[J] = \int \mathcal{D}\phi \exp\left[i \int dx \left(\frac{1}{2}\{\phi(\Box - m^2)\phi + i\varepsilon\phi^2\} + J\phi\right)\right] \tag{1.212}$$

を得る．

ϕ_c をソース J が与えられたときの Klein-Gordon 方程式の古典解としよう．

$$(\Box - m^2 + i\varepsilon)\phi_c = -J. \tag{1.213}$$

この解は，簡単に見つけられ

$$\phi_c(x) = -\int dy\, \Delta(x-y) J(y) \tag{1.214}$$

となる．ここで $\Delta(x-y)$ は Feynman プロパゲータ

$$\Delta(x-y) = \frac{-1}{(2\pi)^d} \int d^d k\, \frac{e^{ik(x-y)}}{k^2 + m^2 - i\varepsilon} \tag{1.215}$$

である．d は時空の次元である．$\Delta(x-y)$ が

$$(\Box - m^2 + i\varepsilon)\Delta(x-y) = \delta^d(x-y)$$

を満たすことに注意．以上の結果から汎関数 $Z_0[J]$ は

$$Z_0[J] = Z_0[0] \exp\left[-\frac{i}{2} \int dx\, dy\, J(x)\Delta(x-y)J(y)\right] \tag{1.216}$$

と書くことができる (演習問題)．逆にプロパゲータが $Z_0[J]$ を J で汎関数微分して得られることに注意する．

$$\Delta(x-y) = \frac{i}{Z_0[0]} \frac{\delta^2 Z_0[J]}{\delta J(x)\,\delta J(y)}\bigg|_{J=0}. \tag{1.217}$$

振幅 $Z_0[0]$ は，ソース J がない場合の真空から真空への遷移振幅であり，次のように求められる．虚時間 $x^4 = \tau = ix^0$ を導入しよう．そうすると

$$Z_0[0] = \int \bar{\mathcal{D}}\phi \exp\left[\frac{1}{2} \int dx\, \phi(\overline{\Box} - m^2)\phi\right]$$
$$= [\mathrm{Det}(\overline{\Box} - m^2)]^{-1/2} \tag{1.218}$$

---

[19] あるいは時間軸に Wick 回転を行って虚時間 $\tau = ix^0$ を用いてもよい．

を得る．ここで $\overline{\Box} = \partial_\tau^2 + \nabla^2$ であり，行列式は 1.4 節の意味，つまり適切な境界条件のもとでの (正則化された) 固有値の積である．

複素自由スカラー場の理論では，Lagrangian 密度は

$$\mathcal{L}_0 = -\partial_\mu \phi^* \, \partial^\mu \phi - m^2 |\phi|^2 + J\phi^* + J^* \phi \tag{1.219}$$

である．ここでソース J, J^* の項も含めた．生成汎関数は

$$\begin{aligned} Z_0[J, J^*] &= \int \mathcal{D}\phi \, \mathcal{D}\phi^* \exp\left[\mathrm{i} \int \mathrm{d}x \, (\mathcal{L}_0 + \mathrm{i}\varepsilon|\phi|^2)\right] \\ &= \int \mathcal{D}\phi \, \mathcal{D}\phi^* \exp\left[\mathrm{i} \int \mathrm{d}x \, \{\phi^*(\Box - m^2 + \mathrm{i}\varepsilon)\phi + J^*\phi + J\phi^*\}\right] \end{aligned} \tag{1.220}$$

で与えられる．プロパゲータは

$$\Delta(x - y) = \frac{\mathrm{i}}{Z_0[0,0]} \frac{\delta^2 Z_0[J, J^*]}{\delta J^*(x) \, \delta J(y)}\bigg|_{J = J^* = 0} \tag{1.221}$$

で与えられる．Klein-Gordon 方程式

$$(\Box - m^2)\phi_\mathrm{c} = -J, \qquad (\Box - m^2)\phi_\mathrm{c}^* = -J^* \tag{1.222}$$

を代入すると，生成汎関数は．

$$Z_0[J, J^*] = Z_0[0, 0] \exp\left[-\mathrm{i} \int \mathrm{d}x \, \mathrm{d}y \, J^*(x) \Delta(x - y) J(y)\right] \tag{1.223}$$

と分けられる．ここで

$$\begin{aligned} Z_0[0,0] &= \int \mathcal{D}\phi \, \mathcal{D}\phi^* \exp\left[\mathrm{i} \int \mathrm{d}x \, \phi^*(\Box - m^2 + \mathrm{i}\varepsilon)\phi\right] \\ &= [\mathrm{Det}(\overline{\Box} - m^2)]^{-1}. \end{aligned} \tag{1.224}$$

最後の行では Wick 回転を行った．

1.6.2 相互作用するスカラー場

自由場の Lagrangian (1.209) に相互作用項を加えることができる．

$$\mathcal{L}(\phi, \partial_\mu \phi) = \mathcal{L}_0(\phi, \partial_\mu \phi) - V(\phi). \tag{1.225}$$

$V(\phi)$ の可能な形は，理論の対称性とくりこみ可能性から制限される．典型的な V の形は

$$V(\phi) = \frac{g}{n!} \phi^n \qquad (n \geq 3, n \in \mathbb{N})$$

である．ここで定数 $g \in \mathbb{R}$ は，相互作用の強さをコントロールしている．生成汎関数は自由場と同じように定義されて

$$Z[J] = \int \mathcal{D}\phi \exp\left[\mathrm{i} \int \mathrm{d}x \, \{\tfrac{1}{2}\phi(\Box - m^2)\phi - V(\phi) + J\phi\}\right] \tag{1.226}$$

となる．$V(\phi)$ の存在が，物事を少し複雑にしているが，少なくとも摂動的には

$$
\begin{aligned}
Z[J] &= \int \mathcal{D}\phi \exp\left[-\mathrm{i}\int \mathrm{d}x\, V(\phi)\right] \exp\left[\mathrm{i}\int \mathrm{d}x\, \{\mathcal{L}_0 + J\phi\}\right] \\
&= \exp\left[-\mathrm{i}\int \mathrm{d}x\, V\left(\frac{1}{\mathrm{i}}\frac{\delta}{\delta J(x)}\right)\right] \int \mathcal{D}\phi \exp\left[\mathrm{i}\int \mathrm{d}x\, \{\mathcal{L}_0 + J\phi\}\right] \\
&= \exp\left[-\mathrm{i}\int \mathrm{d}x\, V\left(\frac{1}{\mathrm{i}}\frac{\delta}{\delta J(x)}\right)\right] Z_0[J] \\
&= \sum_{k=0}^{\infty} \int \mathrm{d}x_1 \ldots \int \mathrm{d}x_k \frac{(-1)^k}{k!} \\
&\quad \times V\left(\frac{1}{\mathrm{i}}\frac{\delta}{\delta J(x_1)}\right) \ldots V\left(\frac{1}{\mathrm{i}}\frac{\delta}{\delta J(x_k)}\right) Z_0[J]
\end{aligned}
\tag{1.227}
$$

と扱うことができる．

生成汎関数 $Z[J]$ は場の演算子の T 積の真空期待値を生成する．これは **Green 関数** $G_n(x_1, \ldots, x_n)$ として知られており，

$$
\begin{aligned}
G_n(x_1, \ldots, x_n) &\equiv \langle 0|T[\phi(x_1) \ldots \phi(x_n)]|0\rangle \\
&= \left.\frac{(-\mathrm{i})^n \delta^n}{\delta J(x_1) \ldots \delta J(x_n)} Z[J]\right|_{J=0}
\end{aligned}
\tag{1.228}
$$

である．これは $Z[J]$ を $J=0$ のまわりで n 回汎関数微分をしたものであるので，$Z[J]$ の汎関数的 Taylor 展開として

$$
\begin{aligned}
Z[J] &= \sum_{n=1}^{\infty} \frac{1}{n!} \left[\prod_{i=1}^{n} \int \mathrm{d}x_i\, J(x_i)\right] \langle 0|T[\phi(x_1) \ldots \phi(x_n)]|0\rangle \\
&= \langle 0|T \mathrm{e}^{\int \mathrm{d}x\, J(x)\phi(x)}|0\rangle
\end{aligned}
\tag{1.229}
$$

を得る．

連結 n 点関数は

$$
Z[J] = \mathrm{e}^{-W[J]} \tag{1.230}
$$

で定義される $W[J]$ によって生成される．**有効作用** $\Gamma[\phi_{\mathrm{cl}}]$ は $W[J]$ の Legandre 変換で与えられ，

$$
\Gamma[\phi_{\mathrm{cl}}] \equiv W[J] - \int \mathrm{d}\tau\, \mathrm{d}\boldsymbol{x}\, J\phi_{\mathrm{cl}} \tag{1.231}
$$

となる．ここで

$$
\phi_{\mathrm{cl}} \equiv \langle \phi \rangle_J = \frac{\delta W[J]}{\delta J} \tag{1.232}
$$

である．汎関数 $\Gamma[\phi_{\mathrm{cl}}]$ は **1 粒子既約ダイアグラム**を生成する．

1.7 Dirac 場の量子化

自由 Dirac 場 ψ の Lagrangian は

$$\mathcal{L}_0 = \bar{\psi}(i\slashed{\partial} - m)\psi \tag{1.233}$$

である．ここで $\slashed{\partial} = \gamma^\mu \partial_\mu$ である．$\{\gamma^\mu\}$ は Dirac 行列である．一般に $\slashed{A} \equiv \gamma^\mu A_\mu$ とする．$\bar{\psi}$ について変分すると **Dirac 方程式**

$$(i\slashed{\partial} - m)\psi = 0 \tag{1.234}$$

を得る．

正準量子化では，Dirac 場は反交換関係

$$\{\bar{\psi}(x^0, \boldsymbol{x}), \psi(x^0, \boldsymbol{y})\} = \delta(\boldsymbol{x} - \boldsymbol{y}) \tag{1.235}$$

を満たす．ただし $\bar{\psi} = \psi\gamma^0$ である．したがって，これは経路積分では Grassmann 数の関数で表される．生成汎関数は

$$Z_0[\bar{\eta}, \eta] = \int \mathcal{D}\bar{\psi}\,\mathcal{D}\psi\,\exp\left[i\int dx\,(\bar{\psi}(i\slashed{\partial} - m)\psi + \bar{\psi}\eta + \bar{\eta}\psi)\right] \tag{1.236}$$

である．ここで $\eta, \bar{\eta}$ は Grassmann 数のソースである．

プロパゲータは，ソースについての汎関数微分で与えられる．

$$\begin{aligned} S(x-y) &= -\frac{\delta^2 Z_0[\bar{\eta}, \eta]}{\delta\bar{\eta}(x)\,\delta\eta(y)} \\ &= \frac{1}{(2\pi)^d}\int d^d k\,\frac{e^{ik(x-y)}}{\slashed{k} - m - i\varepsilon} = (i\slashed{\partial} + m + i\varepsilon)\Delta(x-y). \end{aligned} \tag{1.237}$$

ここで $\Delta(x-y)$ はスカラー場のプロパゲータである．

Dirac 方程式

$$(i\slashed{\partial} - m)\psi = -\eta, \qquad \bar{\psi}(i\overleftarrow{\slashed{\partial}} + m) = \bar{\eta} \tag{1.238}$$

を用いると，生成汎関数は

$$Z_0[\bar{\eta}, \eta] = Z_0[0, 0]\exp\left[-i\int dx\,dy\,\bar{\eta}(x)S(x-y)\eta(y)\right] \tag{1.239}$$

と表される．Wick 回転 $\tau = ix^0$ をすると，規格化因子が

$$Z_0[0, 0] = \mathrm{Det}(i\slashed{\partial} - m) = \prod_i \lambda_i \tag{1.240}$$

と得られる．ここで λ_i は Dirac 演算子 $i\slashed{\partial} - m$ の i 番目の固有値である．

1.8 ゲージ理論

現在，物理的に意味のある基本相互作用の理論はゲージ理論を基礎に置いている．ゲージ原理 — 物理は，我々がそれをどのように記述するかに依存してはならない — は，一般相対性理論とも調和している．ここでは，ゲージ理論の古典的な内容を簡単に紹介する．より詳しいことについては，この章の最初に紹介した書籍を参照されたい．

1.8.1 可換 (Abelian) ゲージ理論

読者は以下の Maxwell 方程式について馴染みがあるはずだ.

$$\mathrm{div}\,\boldsymbol{B} = 0, \tag{1.241a}$$

$$\frac{\partial \boldsymbol{B}}{\partial t} + \mathrm{curl}\,\boldsymbol{E} = 0, \tag{1.241b}$$

$$\mathrm{div}\,\boldsymbol{E} = \rho, \tag{1.241c}$$

$$\frac{\partial \boldsymbol{E}}{\partial t} - \mathrm{curl}\,\boldsymbol{B} = -\boldsymbol{j}. \tag{1.241d}$$

磁場 $\boldsymbol{B}$ と電場 $\boldsymbol{E}$ はベクトル・ポテンシャル $A_\mu = (\phi, \boldsymbol{A})$ を用いて

$$\boldsymbol{B} = \mathrm{curl}\,\boldsymbol{A}, \qquad \boldsymbol{E} = \frac{\partial \boldsymbol{A}}{\partial t} - \mathrm{grad}\,\phi \tag{1.242}$$

と表される. Maxwell 方程式は, 次のゲージ変換

$$A_\mu \to A_\mu + \partial_\mu \chi \tag{1.243}$$

のもとで不変である. ここで χ はスカラー関数である. この不変性は**電磁場テンソル** $F_{\mu\nu}$ を次のように定義すれば明白となる.

$$F_{\mu\nu} \equiv \partial_\mu A_\nu - \partial_\nu A_\mu = \begin{pmatrix} 0 & -E_x & -E_y & -E_z \\ E_x & 0 & B_z & -B_y \\ E_y & -B_z & 0 & B_x \\ E_z & B_y & -B_x & 0 \end{pmatrix}. \tag{1.244}$$

この構成の仕方から F はゲージ変換 (1.243) のもとで不変である. 電磁場の Lagrangian は

$$\mathcal{L}_{\mathrm{EM}} = -\frac{1}{4} F_{\mu\nu} F^{\mu\nu} + A_\mu j^\mu \tag{1.245}$$

で与えられる. ここで $j^\mu = (\rho, \boldsymbol{j})$.

問 1.11 式 (1.241a) と式 (1.241b) は

$$\partial_\xi F_{\mu\nu} + \partial_\mu F_{\nu\xi} + \partial_\nu F_{\xi\mu} = 0 \tag{1.246a}$$

と書かれ, また式 (1.241c) と式 (1.241d) は

$$\partial_\nu F^{\mu\nu} = j^\mu \tag{1.246b}$$

と書かれることを示せ. ここで, 時空の添字の上げ下げは Minkowski 計量 $\eta = \mathrm{diag}(-1, 1, 1, 1)$ を用いる. 式 (1.246b) は, 式 (1.245) から導かれる Euler-Lagrange 方程式であることを確認せよ.

ψ を電荷 e をもつ Dirac 場としよう. 自由 Dirac 場の Lagrangian

$$\mathcal{L}_0 = \bar{\psi}(\mathrm{i}\gamma^\mu \partial_\mu + m)\psi \tag{1.247}$$

は，明らかに大域的ゲージ変換

$$\psi \to e^{-ie\alpha}\psi, \qquad \bar{\psi} \to \bar{\psi}e^{ie\alpha} \tag{1.248}$$

のもとで不変である．ここで $\alpha \in \mathbb{R}$ である．この対称性を局所ゲージ変換

$$\psi \to e^{-ie\alpha(x)}\psi, \qquad \bar{\psi} \to \bar{\psi}e^{ie\alpha(x)} \tag{1.249}$$

まで拡張しよう．Lagrangian は式 (1.249) のもとで

$$\bar{\psi}(i\gamma^\mu \partial_\mu + m)\psi \to \bar{\psi}(i\gamma^\mu \partial_\mu + e\gamma^\mu \partial_\mu \alpha + m)\psi \tag{1.250}$$

と変換される．余分な項 $e\partial_\mu \alpha$ はベクトル・ポテンシャルのゲージ変換のように見えるので，Lagrangian が局所ゲージ対称性を持つように，ゲージ場 A_μ と ψ を結合させることが可能となる．こうして

$$\mathcal{L} = \bar{\psi}[i\gamma^\mu(\partial_\mu - ieA_\mu) + m]\psi \tag{1.251}$$

が，次のゲージ変換のもとで不変であることがわかった．

$$\begin{aligned}\psi \to \psi' = e^{-ie\alpha(x)}\psi, \qquad \bar{\psi} \to \bar{\psi}' = \bar{\psi}e^{ie\alpha(x)} \\ A_\mu \to A'_\mu = A_\mu - \partial_\mu \alpha(x).\end{aligned} \tag{1.252}$$

ここで**共変微分**

$$\nabla_\mu \equiv \partial_\mu - ieA_\mu, \qquad \nabla'_\mu \equiv \partial_\mu - ieA'_\mu \tag{1.253}$$

を導入すると $\nabla_\mu \psi$ は望み通りに変換される．

$$\nabla'_\mu \psi' = e^{-ie\alpha(x)}\nabla_\mu \psi. \tag{1.254}$$

結局，量子電気力学 (QED) の全 Lagrangian は，

$$\mathcal{L}_{\text{QED}} = -\frac{1}{4}F^{\mu\nu}F_{\mu\nu} + \bar{\psi}(i\gamma^\mu \nabla_\mu + m)\psi \tag{1.255}$$

となる．

問 1.12 $\phi = (\phi_1 + i\phi_2)/\sqrt{2}$ は電荷 e を持つ複素スカラー場である．Lagrangian 密度

$$\mathcal{L} = \eta^{\mu\nu}(\nabla_\mu \phi)^\dagger (\nabla_\nu \phi) + m^2 \phi^\dagger \phi \tag{1.256}$$

は，ゲージ変換

$$\phi \to e^{-ie\alpha(x)}\phi, \qquad \phi^\dagger \to \phi^\dagger e^{ie\alpha(x)}, \qquad A_\mu \to A_\mu - \partial_\mu \alpha(x) \tag{1.257}$$

のもとで不変であることを示せ．

1.8.2 非可換 (non-Abelian) ゲージ理論

前節で解説したゲージ変換は U(1) 群, すなわち絶対値が 1 の複素数群に属する. この群は可換 (Abelian) 群である. 半世紀以上前の 1954 年に, Yang (C. N. Yang) と Mills (R. Mills) は非可換 (non-Abelian) ゲージ変換を導入した. その時点では, 非可換ゲージ理論は, 単なる興味の対象としてのものだったが, 今では素粒子物理学の中心的な役割を果たしている [20].

G を SO(N) や SU(N) のようなコンパクトで半単純リー群としよう. G の反Hermite生成子 $\{T_\alpha\}$ は交換関係

$$[T_\alpha, T_\beta] = f_{\alpha\beta}{}^\gamma T_\gamma \tag{1.258}$$

を満たす. ここで数 $f_{\alpha\beta}{}^\gamma$ は G の**構造定数**と呼ばれる. G の元で単位元の近くの U は

$$U = \exp(-\theta^\alpha T_\alpha) \tag{1.259}$$

と表される. Dirac 場 ψ が $U \in G$ のもとで

$$\psi \to U\psi, \qquad \bar{\psi} \to \bar{\psi} U^\dagger \tag{1.260}$$

のように変換されるとしよう. [注意: 厳密に言えば, ψ に作用する G の表現を決めておかなければならない. 読者の中には式 (1.260) という表し方に不満があるかもしれないが, 例えば ψ を基本表現に属すると仮定しよう.]

Lagrangian

$$\mathcal{L} = \bar{\psi}[\mathrm{i}\gamma^\mu(\partial_\mu + g\mathcal{A}_\mu) + m]\psi \tag{1.261}$$

を考える. ここで **Yang-Mills** ゲージ場 $\mathcal{A}_\mu$ は G のリー代数に値をとる. つまり $\mathcal{A}_\mu$ は T_α を用いて $\mathcal{A}_\mu = A_\mu{}^\alpha T_\alpha$ のように展開できる. (筆記体で表した場は, 反Hermite である.) 定数 g は結合定数で, これは Dirac 場とゲージ場との結合の強さをコントロールしている. Lagrangian $\mathcal{L}$ が, 変換

$$\begin{aligned}\psi &\to \psi' = U\psi, \qquad \bar{\psi} \to \bar{\psi}' = \bar{\psi}U^\dagger, \\ \mathcal{A}_\mu &\to \mathcal{A}'_\mu = U\mathcal{A}_\mu U^\dagger + g^{-1}U\partial_\mu U^\dagger\end{aligned} \tag{1.262}$$

のもとで不変であるのを確認するのは容易である. 共変微分は, 前と同じように $\nabla_\mu = \partial_\mu + g\mathcal{A}_\mu$ と定義される. 共変微分 $\nabla_\mu \psi$ はゲージ変換 U のもとで

$$\nabla'_\mu \psi' = U \nabla_\mu \psi \tag{1.263}$$

---

[20] 現在非 Abel ゲージ理論は Yang-Mills 理論として広く知られている. ところが歴史的に見ると, 非 Abel ゲージ理論は 1954 年 3 月に内山龍雄により, 重力をも含むより一般的な枠組みで定式化されていた. 内山はその結果を 1954 年夏に京都大学基礎物理学研究所のセミナーで発表したのであるが, それを論文として投稿したのは 1955 年の末である (R. Utiyama, *Phys. Rev.* **101** (1956)1597). この間の経緯については, 内山龍雄『物理学はどこまで進んだか』(岩波書店, 1987) の「痛恨記」および L. O'Raifeartaigh *The dawning of gauge theory* (Princeton, 1997) を読まれたい.

と共変的に変化する.

Yang-Mills 場テンソルは

$$\mathcal{F}_{\mu\nu} \equiv \partial_\mu \mathcal{A}_\nu - \partial_\nu \mathcal{A}_\mu + g[\mathcal{A}_\mu, \mathcal{A}_\nu] \tag{1.264}$$

である. 成分 $F_{\mu\nu}{}^\alpha$ は

$$F_{\mu\nu}{}^\alpha = \partial_\mu A_\nu{}^\alpha - \partial_\nu A_\mu{}^\alpha + g f_{\beta\gamma}{}^\alpha A_\mu{}^\beta A_\nu{}^\gamma \tag{1.265}$$

である. 双対場テンソルを $*\mathcal{F}_{\mu\nu} \equiv \frac{1}{2}\varepsilon_{\mu\nu\kappa\lambda}\mathcal{F}^{\kappa\lambda}$ と定義すると, これは **Bianchi の恒等式**

$$\mathcal{D}_\mu * \mathcal{F}^{\mu\nu} \equiv \partial_\mu * \mathcal{F}^{\mu\nu} + g[\mathcal{A}_\mu, *\mathcal{F}^{\mu\nu}] = 0 \tag{1.266}$$

を満たす.

問 1.13 $\mathcal{F}_{\mu\nu}$ は式 (1.262) のもとで

$$\mathcal{F}_{\mu\nu} \to U \mathcal{F}_{\mu\nu} U^\dagger \tag{1.267}$$

と変換することを示せ.

この問の結果から, ゲージ不変な作用

$$\mathcal{L}_{\text{YM}} = -\frac{1}{2}\text{tr}(\mathcal{F}^{\mu\nu}\mathcal{F}_{\mu\nu}) \tag{1.268a}$$

が構成される. ここでトレースは, Lie 代数の行列についてとる. 成分で表示すれば,

$$\mathcal{L}_{\text{YM}} = -\frac{1}{2}F^{\mu\nu\alpha}F_{\mu\nu}{}^\beta \text{tr}(T_\alpha T_\beta) = \frac{1}{4}F^{\mu\nu\alpha}F_{\mu\nu\alpha} \tag{1.268b}$$

である. ここで $\{T_\alpha\}$ を $\text{tr}(T_\alpha T_\beta) = -\frac{1}{2}\delta_{\alpha\beta}$ と規格化した. 式 (1.268) から導かれる場の方程式は

$$\mathcal{D}_\mu \mathcal{F}_{\mu\nu} = \partial_\mu \mathcal{F}_{\mu\nu} + g[\mathcal{A}_\mu, \mathcal{F}_{\mu\nu}] = 0 \tag{1.269}$$

となる.

1.8.3 Higgs 場

我々が住んでいる世界にゲージ対称性があるのであれば, 質量がゼロのベクトル場がたくさん観測されなければならない. 電磁場を除いて, そのような場がないということは, ゲージ対称性が破れていることを意味する. 対称性が自発的に破れていれば, その理論は繰り込み可能なままである.

複素スカラー場 ϕ と結合している U(1) ゲージ場を考えよう. この Lagrangian は

$$\mathcal{L} = -\frac{1}{4}F^{\mu\nu}F_{\mu\nu} + (\nabla_\mu \phi)^\dagger (\nabla_\mu \phi) - \lambda(\phi^\dagger \phi - v^2)^2 \tag{1.270}$$

である．ポテンシャル $V(\phi) = \lambda(\phi^\dagger\phi - v^2)^2$ は $|\phi| = v$ で極小値 $V = 0$ をもつ．Lagrangian (1.270) は局所ゲージ変換

$$A_\mu \to A_\mu - \partial_\mu \alpha(x), \qquad \phi \to \mathrm{e}^{-\mathrm{i}e\alpha(x)}\phi, \qquad \phi^\dagger \to \mathrm{e}^{\mathrm{i}e\alpha(x)}\phi^\dagger \qquad (1.271)$$

のもとで不変である．しかし **Higgs** 場 ϕ の真空期待値 (vacuum expectation value (VEV)) $\langle\phi\rangle$ によって，この対称性は自発的に破れている．ϕ を

$$\phi = \frac{1}{\sqrt{2}}[v + \rho(x)]\mathrm{e}^{\mathrm{i}\alpha(x)/v} \sim \frac{1}{\sqrt{2}}[v + \rho(x) + \mathrm{i}\alpha(x)]$$

と展開する．ただし $v \neq 0$ であるとする．$v \neq 0$ のときに**ユニタリー・ゲージ**を選び，ϕ の位相がなくなるようなゲージをとる．すると ϕ は実数部

$$\phi(x) = \frac{1}{\sqrt{2}}(v + \rho(x)) \qquad (1.272)$$

のみになる．式 (1.272) を式 (1.270) に代入して，ρ で展開すれば

$$\mathcal{L} = -\frac{1}{4}F_{\mu\nu}F^{\mu\nu} + \frac{1}{2}\partial_\mu\rho\partial^\mu\rho + \frac{1}{2}e^2 A_\mu A^\mu (v^2 + 2v\rho + \rho^2) \\ -\frac{1}{4}\lambda(4v^2\rho^2 + 4v\rho^3 + \rho^4) \qquad (1.273)$$

を得る．$\mathcal{L}$ の自由部分から得られる A_μ と ρ の運動方程式は

$$\partial^\nu F_{\mu\nu} + 2e^2 v^2 A_\mu = 0, \qquad \partial_\mu\partial^\mu\rho + 2\lambda v^2 \rho = 0 \qquad (1.274)$$

である．最初の方程式から，A_μ は Lorentz 条件 $\partial_\mu A^\mu = 0$ を満たさなければならないことがわかる．式 (1.270) の自由度は，2(光子) + 2(複素スカラー) = 4 となる．真空期待値がゼロでなければ (VEV $\neq 0$)，3(質量を持ったベクトル) + 1(実スカラー) = 4 である．場 A_0 は符号が逆の質量項をもつが，これは物理的な自由度ではありえない．ゲージ場から質量をもつ場を構成する機構は **Higgs** 機構と呼ばれている．

1.9 磁気単極子 (モノポール)

Maxwell 方程式は，電気と磁気を統一する．物理学の歴史において，これは自然界の力を統一する最初の試みであった．その大きな成功にもかかわらず，Dirac (P. A. M. Dirac) は 1931 年の論文で，Maxwell 方程式の非対称性に注意を向けた．方程式 div$\boldsymbol{B} = 0$ は磁荷の存在を否定している．Dirac は理論を対称にするために，磁荷を持つ点 (S 極または N 極だけの点)，すなわち**磁気単極子**を導入した．

1.9.1 Dirac 磁気単極子

位置 $\boldsymbol{r} = 0$ にある強さ g の単極子を考えよう．Maxwell 方程式から

$$\mathrm{div}\boldsymbol{B} = 4\pi g \delta^3(\boldsymbol{r}) \qquad (1.275)$$

が成り立つ．$\Delta(1/r) = -4\pi\delta^3(\boldsymbol{r})$ と $\nabla(1/r) = -\boldsymbol{r}/r^3$ から，この方程式の解は

$$\boldsymbol{B} = g\boldsymbol{r}/r^3 \tag{1.276}$$

で与えられる．磁束 Φ は，$\boldsymbol{B}$ を半径 R の球面 S にわたって面積積分すれば得られ

$$\Phi = \oint_S \boldsymbol{B} \cdot d\boldsymbol{S} = 4\pi g \tag{1.277}$$

となる．

単極子の場 (1.276) を与えるベクトル・ポテンシャルとはどのようなものだろうか．ベクトル・ポテンシャル $\boldsymbol{A}^N$ を

$$A^N{}_x = \frac{-gy}{r(r+z)}, \qquad A^N{}_y = \frac{gx}{r(r+z)}, \qquad A^N{}_z = 0 \tag{1.278a}$$

と定義すると，これは

$$\text{curl}\boldsymbol{A}^N = g\boldsymbol{r}/r^3 + 4\pi g\delta(x)\delta(y)\theta(-z) \tag{1.279}$$

ということが簡単に確かめられる．ここに $\theta(-z)$ は Heaviside 関数である．負の z 軸に沿った部分 (極座標で $\theta = \pi$) を除いて，$\text{curl}\boldsymbol{A}^N = \boldsymbol{B}$ である．z 軸に沿った特異部分は **Dirac の紐**と呼ばれていて，これは座標系の取り方がまずかったことの表れである．そこで別のベクトル・ポテンシャルを

$$A^S{}_x = \frac{gy}{r(r-z)}, \qquad A^S{}_y = \frac{-gx}{r(r-z)}, \qquad A^S{}_z = 0 \tag{1.278b}$$

のように定義すれば，今度は正の z 軸に沿った部分 ($\theta = 0$) を除いて，$\text{curl}\boldsymbol{A}^S = \boldsymbol{B}$ を得る．特異性が存在するのは式 (1.277) からの自然な結果である．もし特異性のない $\boldsymbol{B} = \text{curl}\boldsymbol{A}$ を与える $\boldsymbol{A}$ が存在すれば，Gauss の法則から

$$\Phi = \oint_S \boldsymbol{B} \cdot d\boldsymbol{S} = \oint_S \text{curl}\boldsymbol{A} \cdot d\boldsymbol{S} = \int_V \text{div}(\text{curl}\boldsymbol{A})dV = 0$$

となる．ここで V は，表面 S に囲まれた体積である．この問題は，$\boldsymbol{B}$ を 1 つのベクトル・ポテンシャルで記述することを諦めさえすれば解決する．

問 1.14 極座標 (r,θ,ϕ) を導入すると，ベクトル・ポテンシャル $\boldsymbol{A}^N$ と $\boldsymbol{A}^S$ は

$$\boldsymbol{A}^N(\boldsymbol{r}) = \frac{g(1-\cos\theta)}{r\sin\theta}\hat{\boldsymbol{e}}_\phi, \tag{1.280a}$$

$$\boldsymbol{A}^S(\boldsymbol{r}) = -\frac{g(1+\cos\theta)}{r\sin\theta}\hat{\boldsymbol{e}}_\phi \tag{1.280b}$$

と表されることを示せ．ただし $\hat{\boldsymbol{e}}_\phi = -\sin\phi\hat{\boldsymbol{e}}_x + \cos\phi\hat{\boldsymbol{e}}_y$ である．

1.9.2 Wu-Yang 磁気単極子

1975 年に Wu (T. T. Wu) と Yang (C. N. Yang) は，Dirac 磁気単極子の幾何学とトポロジーはファイバー束で記述するのが適切であることに気が付いた．第 9 章と第 10 章で，

Dirac 磁気単極子をファイバー束とその接続によって説明する．ここでは Wu-Yang のアイディアをファイバー束を用いずに概観しよう．Wu と Yang は磁気単極子を扱うのに 2 つ以上のベクトル・ポテンシャルを利用してもよいことに注目した．例えば，特異性を避けるために，単極子を囲む球面上，北半球では $\boldsymbol{A}^\mathrm{N}$ を，南半球では $\boldsymbol{A}^\mathrm{S}$ を使えば，特異性を解消できる．これらのベクトル・ポテンシャルは磁場 $\boldsymbol{B} = g\boldsymbol{r}/r^3$ を与えるが，これは球面上どこにおいても特異性はない．北半球と南半球の境界である球面の赤道上では，$\boldsymbol{A}^\mathrm{N}$ と $\boldsymbol{A}^\mathrm{S}$ とはゲージ変換 $\boldsymbol{A}^\mathrm{N} - \boldsymbol{A}^\mathrm{S} = \mathrm{grad}\Lambda$ で結ばれている．この Λ を計算するために，問 1.14 の結果を用いれば

$$\boldsymbol{A}^\mathrm{N} - \boldsymbol{A}^\mathrm{S} = \frac{2g}{r\sin\theta}\hat{\boldsymbol{e}}_\phi = \mathrm{grad}(2g\phi) \tag{1.281}$$

が得られる．ここで極座標系における勾配の式

$$\mathrm{grad}\, f = \frac{\partial f}{\partial r}\hat{\boldsymbol{e}}_r + \frac{1}{r}\frac{\partial f}{\partial \theta}\hat{\boldsymbol{e}}_\theta + \frac{1}{r\sin\theta}\frac{\partial f}{\partial \phi}\hat{\boldsymbol{e}}_\phi$$

を用いた．したがって，$\boldsymbol{A}^\mathrm{N}$ と $\boldsymbol{A}^\mathrm{S}$ とを結ぶゲージ変換関数は，

$$\Lambda = 2g\phi \tag{1.282}$$

で与えられる．ここで Λ は $\theta = 0$ と $\theta = \pi$ ではうまく定義されていないことに注意する．しかし，我々のゲージ変換は，赤道上 $(\theta = \pi/2)$ においてのみ行うので，これは問題ではない．全磁束は，

$$\Phi = \oint_S \mathrm{curl}\boldsymbol{A} \cdot \mathrm{d}\boldsymbol{S} = \int_{U_\mathrm{N}} \mathrm{curl}\boldsymbol{A}^\mathrm{N} \cdot \mathrm{d}\boldsymbol{S} + \int_{U_\mathrm{S}} \mathrm{curl}\boldsymbol{A}^\mathrm{S} \cdot \mathrm{d}\boldsymbol{S} \tag{1.283}$$

となる．ここで U_N と U_S は，それぞれ北半球面と南半球面を表す．Stokes の定理から

$$\begin{aligned}\Phi &= \oint_{\text{赤道}} \boldsymbol{A}^\mathrm{N} \cdot \mathrm{d}\boldsymbol{s} - \oint_{\text{赤道}} \boldsymbol{A}^\mathrm{S} \cdot \mathrm{d}\boldsymbol{s} = \oint_{\text{赤道}} (\boldsymbol{A}^\mathrm{N} - \boldsymbol{A}^\mathrm{S}) \cdot \mathrm{d}\boldsymbol{s} \\ &= \oint_{\text{赤道}} \mathrm{grad}(2g\phi) \cdot \mathrm{d}\boldsymbol{s} = 4g\pi \end{aligned} \tag{1.284}$$

が得られ，これは式 (1.277) に一致する．

1.9.3 電荷の量子化

電荷 e，質量 m の点粒子が，磁荷 g の磁気単極子の作る磁場の中を運動しているとしよう．磁気単極子の質量が十分大きければ，粒子の Schrödinger 方程式は (光速度を c として)

$$\frac{1}{2m}\left(\boldsymbol{p} - \frac{e}{c}\boldsymbol{A}\right)^2 \psi(\boldsymbol{r}) = E\psi(\boldsymbol{r}) \tag{1.285}$$

となる．ゲージ変換 $\boldsymbol{A} \to \boldsymbol{A} + \mathrm{grad}\Lambda$ のもとで，波動関数は $\psi \to \exp(\mathrm{i}e\Lambda/\hbar c)\psi$ と変換する．今考えている例の場合は，$\boldsymbol{A}^\mathrm{N}$ と $\boldsymbol{A}^\mathrm{S}$ はゲージ変換 $\boldsymbol{A}^\mathrm{N} - \boldsymbol{A}^\mathrm{S} = \mathrm{grad}(2g\phi)$ のぶんだけ異なる．したがって，ψ^N と ψ^S が，それぞれ U_N と U_S で定義されている波動関数とすれば，それらは位相因子の差で関係づけられる；

$$\psi^\mathrm{S}(\boldsymbol{r}) = \exp\left(\frac{-\mathrm{i}e\Lambda}{\hbar c}\right)\psi^\mathrm{N}(\boldsymbol{r}). \tag{1.286}$$

そこで $\theta = \pi/2$ ととり，球面の赤道のまわりで $\phi = 0$ から $\phi = 2\pi$ まで回ったときの波動関数の振る舞いを調べよう．波動関数は一価関数でなければならないので，式 (1.286) から

$$\frac{2eg}{\hbar c} = n, \qquad n \in \mathbb{Z} \tag{1.287}$$

が満たされなければならない．これは磁荷についての **Dirac の量子化条件**である．磁気単極子が存在すれば，磁荷は離散的な値

$$g = \frac{\hbar c n}{2e}, \qquad n \in \mathbb{Z} \tag{1.288}$$

をとる．言い方を変えれば，宇宙のどこかに磁気単極子が存在すれば，すべての電荷は量子化されている．

1.10 インスタントン

Euclid 化された理論での真空から真空への振幅は

$$Z \equiv \langle 0|0 \rangle \propto \int \mathcal{D}\phi \, e^{-S[\phi, \partial_\mu \phi]} \tag{1.289}$$

である．ここで S は Euclid 作用である．式 (1.289) は，Z への主な寄与は $S[\phi, \partial_\mu \phi]$ に極小値を与える $\phi(x)$ からであることを示している．多くの理論では，大域的な最小値に加えてたくさんの局所的な極小値がある．非可換ゲージ理論では，これらの極小値を与える場の配置は**インスタントン**と呼ばれている．

1.10.1 はじめに

4次元 Euclid 空間 $\mathbb{R}^4$ で定義されている SU(2) ゲージ理論を考える．作用は

$$S = \int d^4 x \, \mathcal{L}(x) = \int d^4 x \left[-\frac{1}{2} \text{tr} \mathcal{F}_{\mu\nu} \mathcal{F}^{\mu\nu} \right] \tag{1.290}$$

である．ここで場のテンソルは

$$\mathcal{F}_{\mu\nu} = \partial_\mu \mathcal{A}_\nu - \partial_\nu \mathcal{A}_\mu + g[\mathcal{A}_\mu, \mathcal{A}_\nu] \tag{1.291}$$

である．ただし，

$$\mathcal{A}_\mu \equiv A_\mu{}^\alpha \frac{\sigma_\alpha}{2i}, \qquad \mathcal{F}_{\mu\nu} \equiv F_{\mu\nu}{}^\alpha \frac{\sigma_\alpha}{2i}$$

である．場の方程式は，

$$\mathcal{D}_\mu \mathcal{F}_{\mu\nu} = \partial_\mu \mathcal{F}_{\mu\nu} + g[\mathcal{A}_\mu, \mathcal{F}_{\mu\nu}] = 0 \tag{1.292}$$

である．

有限の作用を与える場の配置が経路積分に寄与する．$\mathcal{A}_\mu$ が

$$|x| \to \infty \text{ において } \mathcal{A}_\mu \to U(x)^{-1} \partial_\mu U(x) \tag{1.293}$$

を満たすとする．ここで $U(x)$ は SU(2) に値をとる関数である．式 (1.293) の $\mathcal{A}_\mu$ に対し $\mathcal{F}_{\mu\nu} = 0$ が容易に確かめられる．そこで，我々は大きな半径の球面 S^3 上で，ゲージ・ポテンシャルは式 (1.293) で与えられることを要求する．

後に示すように，この配置は S^3 がどのようにゲージ群 SU(2) に写像されるかによって特徴付けられる．非自明な配置は，一様な配置には連続的に変形できない．これは Belavin たちの 1975 年の論文で提案され，**インスタントン**と名付けられた．

1.10.2 (反) 自己双対解

一般に，2 階の微分方程式を解くことは 1 階の微分方程式を解くより難しい．したがって，2 階の微分方程式を，それと同値な 1 階の微分方程式に置き換えることができればありがたい．不等式

$$\int \mathrm{d}^4 x \, \mathrm{tr}(\mathcal{F}_{\mu\nu} \pm *\mathcal{F}_{\mu\nu})^2 \geq 0 \tag{1.294}$$

を考えよう．明らかに式 (1.294) において

$$\mathcal{F}_{\mu\nu} = \pm *\mathcal{F}_{\mu\nu} \tag{1.295}$$

のときには，等式が成り立つ．正の符号を選んだ場合 $\mathcal{F}$ は**自己双対解**，負の符号を選んだ場合 $\mathcal{F}$ は**反自己双対解**と呼ばれる．式 (1.295) が満たされている時，Bianchi の恒等式

$$\mathcal{D}_\mu \mathcal{F}_{\mu\nu} = \pm \mathcal{D}_\mu *\mathcal{F}_{\mu\nu} = 0 \tag{1.296}$$

より，場の方程式は自動的に満たされる．後に 10.5 節で示すように，積分

$$Q \equiv \frac{-1}{16\pi^2} \int \mathrm{d}^4 x \, \mathrm{tr} \mathcal{F}_{\mu\nu} *\mathcal{F}^{\mu\nu} \tag{1.297}$$

は，S^3 から SU(2) への写像を特徴付ける整数である．$\mathcal{F}$ が自己双対であれば Q は正であるが，$\mathcal{F}$ が反自己双対であれば Q は負となる．式 (1.294) から ($*\mathcal{F}_{\mu\nu} *\mathcal{F}^{\mu\nu} = \mathcal{F}_{\mu\nu} \mathcal{F}^{\mu\nu}$ に注意して)

$$\int \mathrm{d}^4 x \, \mathrm{tr}(2 \mathcal{F}_{\mu\nu} \mathcal{F}^{\mu\nu} \pm 2 \mathcal{F}_{\mu\nu} *\mathcal{F}^{\mu\nu}) \geq 0 \tag{1.298}$$

がわかる．この不等式と作用の定義から，

$$S \geq 8\pi^2 |Q| \tag{1.299}$$

が得られる．ここで等式が成り立つのは式 (1.295) が満たされる時である．自己双対解 $\mathcal{F} = *\mathcal{F}$ について注目しよう．ここで

$$\mathcal{A}_\mu = f(r) U(x)^{-1} \partial_\mu U(x) \tag{1.300}$$

の形のインスタントン解を探す．ただし $r \equiv |x|$ であり，さらに

$$r \to \infty \quad \text{のとき} \quad f(r) \to 1, \tag{1.301a}$$

$$U(x) = \frac{1}{r}(x_4 + \mathrm{i} x_i \sigma_i) \tag{1.301b}$$

である．

式 (1.300) を式 (1.295) に代入すれば，f が

$$r\frac{\mathrm{d}f(r)}{\mathrm{d}r} = 2f(1-f) \tag{1.302}$$

を満たすことがわかる．境界条件 (1.301a) を満たす解は

$$f(r) = \frac{r^2}{r^2 + \lambda^2} \tag{1.303}$$

である．ここで λ はインスタントンの大きさを決めるパラメタである．これを式 (1.300) に代入すると

$$\mathcal{A}_\mu(x) = \frac{r^2}{r^2 + \lambda^2} U(x)^{-1} \partial_\mu U(x) \tag{1.304}$$

が得られる．これに対応する場の強さは

$$\mathcal{F}_{\mu\nu}(x) = \frac{4\lambda^2}{r^2 + \lambda^2} \sigma_{\mu\nu} \tag{1.305}$$

である．ここで

$$\sigma_{ij} \equiv \frac{1}{4\mathrm{i}}[\sigma_i, \sigma_j], \qquad \sigma_{i0} \equiv \frac{1}{2}\sigma_i = -\sigma_{0i} \tag{1.306}$$

である．この解は $Q = +1$ と $S = 8\pi^2$ を与える．

演習問題 1

1.1 次の形の Hamiltonian を考える．

$$H = \int \mathrm{d}^n x \left[\frac{1}{2}\left(\frac{\partial \phi}{\partial t}\right)^2 + \frac{1}{2}(\nabla \phi)^2 + V(\phi) \right].$$

ここで $V(\phi)\,(\geq 0)$ はポテンシャルである．ϕ が時間に依存しない古典解であるなら，最初の項を落とすことができて，$H[\phi] = H_1[\phi] + H_2[\phi]$ と書き直せる．ここに

$$H_1[\phi] \equiv \frac{1}{2}\int \mathrm{d}^n x\,(\nabla\phi)^2, \qquad H_2[\phi] \equiv \int \mathrm{d}^n x\,V(\phi)$$

である．

(1) スケール変換 $\phi(x) \to \phi(\lambda x)$ を考える．この変換のもとで $H_i[\phi]$ は

$$H_1[\phi] \to H_1^\lambda[\phi] = \lambda^{(2-n)} H_1[\phi], \qquad H_2[\phi] \to H_2^\lambda[\phi] = \lambda^{-n} H_2[\phi]$$

と変換されることを示せ．

(2) ϕ が場の方程式を満たすとき

$$(2-n)H_1[\phi] - nH_2[\phi] = 0$$

が満たされることを示せ．［ヒント：$H_1^\lambda[\phi] + H_2^\lambda[\phi]$ を λ で微分して，$\lambda = 1$ とおく．］

(3) $n = 1$ のときにのみ，$H[\phi]$ には時間に依存しないトポロジカルな励起が存在することを示せ (**Derrick の定理**)．この制限を免れるにはどうすればよいか？

第2章 数学からの準備

本章では，写像，ベクトル空間，位相に関する基礎概念を紹介する．なお，集合論，微積分，複素解析，線形代数等の学部レベルの内容は既知とする．

本書の主な目的は，前章で概要を述べた物理学における問題への多様体論の応用を学ぶことにある．ベクトル空間，位相という2つの概念は，ある意味で多様体の骨組みにあたる．大雑把にいえば，多様体とは局所的には Euclid 空間 $\mathbb{R}^n$ (あるいは複素空間 $\mathbb{C}^n$) のように見えるが，大域的には曲がった空間のことである．多様体の第一近似として，多様体の一部分を Euclid 空間 $\mathbb{R}^n$ (あるいは $\mathbb{C}^n$) にモデル化することができる (例えば，閉曲面の任意の点のまわりの小さな領域は，その点における接平面で近似できる)；これがベクトル空間としての考察を可能にする点である．一方，トポロジーでは多様体全体の形状を考察する．したがって，ここではある種の'ものさし'を用意して多様体の性質を調べ，分類したい．トポロジーでは分類のものさしに従って，代数的トポロジー，微分トポロジー，組み合わせトポロジー，一般トポロジー等の分野に分かれる．前についた形容詞がそれぞれの分類の立場を示している．

2.1 写像

2.1.1 諸定義

X, Y を集合とする．X から Y への**写像**とは，任意の $x \in X$ に対してある規則 f に従って $y \in Y$ が対応することをいい，次のように書く．

$$f : X \to Y. \tag{2.1}$$

写像 f が具体的に与えられている場合は次のように書いてもよい．

$$f : x \mapsto f(x). \tag{2.2}$$

X の2つ以上の元が，1つの元 $y \in Y$ に対応していても構わない．写像 f により $y \in Y$ にうつされる，X のすべての元からなる部分集合は，y の f による**逆像**と呼ばれ，$f^{-1}(y) = \{x \in X | f(x) = y\}$ と書く．X を写像 f の**定義域**，Y を**値域**と呼ぶ．写像 f の像とは集合 $f(X) = \{y \in Y | \text{ある } x \in X \text{ に対して } y = f(x)\} \subset Y$ のことである．これを $\mathrm{Im} f$ と書くこともある．写像は，定義域と値域を特定してからでないと定まらないことに注意されたい．例えば，$f(x) = \exp x$ を考える．仮に定義域，値域ともに実数全体 $\mathbb{R}$ であるとすると，$f(x) = -1$ は逆像を持たない．しかしながら，定義域，値域を複素平面 $\mathbb{C}$ に置き換えると，$f^{-1}(-1) = \{(2n+1)\pi i | n \in \mathbb{Z}\}$ であり，明らかに空集合ではない．写像を定義するときは，f 自身のみならず定義域，値域も重要である．

例 2.1 写像[1] $f: \mathbb{R} \to \mathbb{R}$, $f(x) = \sin x$ が与えられたとする．これを $f: x \mapsto \sin x$ と書いてもよい．定義域，値域は $\mathbb{R}$ であるが，像 $f(\mathbb{R})$ は閉区間 $[-1, 1]$ である．0 の逆像は $f^{-1}(0) = \{n\pi \mid n \in \mathbb{Z}\}$ となる．同じ定義式で，$f: \mathbb{C} \to \mathbb{C}$, $f(x) = \sin x = (\mathrm{e}^{\mathrm{i}x} - \mathrm{e}^{-\mathrm{i}x})/2\mathrm{i}$ を考える．この場合，f の像 $f(\mathbb{C})$ は複素平面全体 $\mathbb{C}$ である．

定義 2.1 写像がある特別な条件を満たすとき次のような呼び方をする．

(a) 写像 $f: X \to Y$ に対して，$x \neq x'$ ならば $f(x) \neq f(x')$ であるとき，f を **単射** (あるいは **1 対 1 写像**) であるという．

(b) 任意の $y \in Y$ に対して，$f(x) = y$ となる $x \in X$ が少なくとも 1 つ存在するとき，写像 $f: X \to Y$ を **全射** (あるいは **上への写像**) であるという．

(c) 写像 $f: X \to Y$ が単射かつ全射であるとき，f は **全単射** であるという．

例 2.2 $f: \mathbb{R} \to \mathbb{R}$, $f(x) = ax$ $(a \in \mathbb{R} - \{0\})$ で定義される写像は，全単射であるが，$f(x) = x^2$ は単射でも全射でもない．また，$f(x) = \exp x$ は単射だが全射ではない．

問 2.1 $f: \mathbb{R} \to \mathbb{R}$, $f(x) = \sin x$ で定義される写像は，単射でも全射でもないことを確かめよ．また，f が全単射になるように定義域，値域を適当に定めよ．

例 2.3 M を実一般線形群 $\mathrm{GL}(n, \mathbb{R})$，すなわち行列式が 0 でない n 次正方行列全体からなる群の元とする．このとき，変換 $M: \mathbb{R}^n \to \mathbb{R}^n, x \mapsto Mx$ は全単射である．もし $\det M = 0$ ならば，その変換は単射でも全射でもない．

　任意の $x \in X$ と，ある $y_0 \in Y$ に対して，$c: X \to Y$, $c(x) = y_0$ で定まる写像を **定数写像** という．また写像 $f: X \to Y$ が与えられたとき，定義域の部分集合への制限 $A \subset X$ を考えることができる．これを $f|_A: A \to Y$ と書く[2]．2 つの写像 $g: X \to Y$, $f: Y \to W$ が与えられたとき，f と g の **合成写像** $f \circ g: X \to W$ が定義できる．写像の合成図式において，どの集合の間の写像も合成の仕方によらないとき，その図式は **可換** であるという．例えば，図 2.1 では $f \circ g = h \circ j$, $f \circ g = k$ 等が成り立つ．

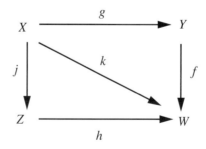

図 2.1. 写像の可換図式．

---

[1] 写像の値域が 1 次元であるときは，関数と呼ぶ方が読者には馴染み深いであろう．関数の一般化された概念が写像，あるいは写像の特別な場合が関数，と思えばよい．

[2] f の A への **制限写像** と呼ぶ．

問 2.2 $f: \mathbb{R} \to \mathbb{R}, f: x \mapsto x^2$ と $g: \mathbb{R} \to \mathbb{R}, g: x \mapsto \exp x$ とする．このとき $g \circ f: \mathbb{R} \to \mathbb{R}$ と $f \circ g: \mathbb{R} \to \mathbb{R}$ は何か？

$A \subset X$ ならば，任意の $a \in A$ に対して $i(a) = a$ で定義される**包含写像** $i: A \to X$ が定まる．包含写像を $i: A \hookrightarrow X$ と書くこともある．**恒等写像** $\mathrm{id}_X: X \to X$ は包含写像の特別な場合で，$A = X$ としたものである．写像 $f: X \to Y$ が全単射ならば，f の**逆写像** $f^{-1}: Y \to X$ が定義でき，f^{-1} も全単射である．また，$f \circ f^{-1} = \mathrm{id}_Y$, $f^{-1} \circ f = \mathrm{id}_X$ である．逆に，$f: X \to Y$, $g: Y \to X$ に対して，$f \circ g = \mathrm{id}_Y$, $g \circ f = \mathrm{id}_X$ が成り立つとき，f, g ともに全単射である．このことは次の問から証明される．

問 2.3 $f: X \to Y$, $g: Y \to X$ に対して $g \circ f = \mathrm{id}_X$ が成り立つならば，f は単射で，g は全射であることを示せ．これを $f \circ g = \mathrm{id}_Y$ にも適用すれば，上で述べたことが示される．

例 2.4 $f: \mathbb{R} \to (0, \infty)$ を $f(x) = \exp x$ で定義される全単射な写像とする．このとき，f の逆写像は $f^{-1}: (0, \infty) \to \mathbb{R}$, $f^{-1}(x) = \ln x$ である．$g: \left(-\frac{\pi}{2}, \frac{\pi}{2}\right) \to [-1, 1]$ を $g(x) = \sin x$ で定義される全単射な写像とする．このとき，g の逆写像は $g^{-1}: [-1, 1] \to \left(-\frac{\pi}{2}, \frac{\pi}{2}\right)$, $g^{-1}(x) = \sin^{-1} x$ である．

問 2.4 n 次元 Euclid 群 E^n は，平行移動 $a: x \to x + a$ $(x, a \in \mathbb{R}^n)$ と直交変換 $R: x \to Rx, R \in \mathrm{O}(n)$ で生成される．任意の E^n の元 (R, a) は，x に $(R, a): x \to Rx + a$ で作用する．積は，$(R_2, a_2) \circ (R_1, a_1): x \to R_2(R_1 x + a_1) + a_2$, すなわち $(R_2, a_2) \circ (R_1, a_1) = (R_2 R_1, R_2 a_1 + a_2)$ で定まる．このとき，写像 $a, R, (R, a)$ は，それぞれ全単射であることを示せ．また，それらの逆写像を求めよ．

集合 X と Y にある種の代数的演算 (積や和など) が与えられているとする．もし写像 $f: X \to Y$ がこれらの演算を保つとき，f は**準同型写像**といわれる．例えば X, Y に積が定まっているとしよう．f が準同型写像ならば積を保つので，$f(ab) = f(a)f(b)$ が成り立つ．ここで ab は X の積であり $f(a)f(b)$ は Y の積であることに注意せよ．準同型写像 f が全単射であるとき，f を**同型写像**，また X と Y は**同型**であるといい，$X \cong Y$ と書く．

2.1.2 同値関係と同値類

数学的に分類を行うとき，最も重要な概念が**同値関係**と**同値類**である．これらは直接写像と関係するわけではないが，議論を進める前にここで定義を与えておくのが適切であろう．集合 X における**関係** R は X^2 の**部分集合**である．点 $(a, b) \in X^2$ が R の元であるとき，aRb と書くこともある．例えば，関係 $>$ は $\mathbb{R}^2$ の部分集合で，$(a, b) \in >$ であれば $a > b$ と書く．

定義 2.2 集合 X の元の間に，ある関係 $\sim$ が定義されていて，任意の元 a, b, c に対して，次の条件が満たされているとき，関係 $\sim$ を**同値関係**という．

(i) $a \sim a$　(反射律)

(ii) $a \sim b$ ならば $b \sim a$　(対称律)

(iii) $a \sim b$, $b \sim c$ ならば $a \sim c$　(推移律)

問 2.5 整数を2で割ると余りは0か1である．2つの整数 m と n が同じ余りをもつとき $m \sim n$ と書くことにする．関係 $\sim$ は集合 $\mathbb{Z}$ における同値関係であることを示せ．

集合 X 上に同値関係が定義されると，X は互いに交わりを持たない部分集合に分割される．これらを**同値類**とよぶ．同値類 $[a]$ は $x \sim a$ を満たすようなすべての X の元 x から成る．

$$[a] = \{x \in X \mid x \sim a\}. \tag{2.3}$$

ただし，$a \sim a$ であるから，$[a]$ は空集合ではない．そこで $[a] \cap [b] \neq \emptyset$ ならば $[a] = [b]$ であることを示しておこう．まず $a \sim b$ であることに注意しよう．($[a] \cap [b] \neq \emptyset$ なので $[a] \cap [b]$ の元 c が存在して $c \sim a$ かつ $c \sim b$ を満たすから，推移律より $a \sim b$ を得る．) 次に $[a] \subset [b]$ を示す．任意の元 $a' \in [a]$ を選ぶ；$a' \sim a$．このとき $a \sim b$ だから $b \sim a'$，すなわち $a' \in [b]$．こうして $[a] \subset [b]$ を得る．同様に $[a] \supset [b]$ も示せるから，結局 $[a] = [b]$ を得る．ゆえに2つの同値類 $[a], [b]$ に対して $[a] = [b]$ または $[a] \cap [b] = \emptyset$ が成り立つことになる．このようにして集合 X に同値関係を入れることにより，互いに交わりを持たない同値類の集合に分割される．すべての同値類からなる集合を**商集合**とよび，$X/\sim$ と書く．元 a (あるいは $[a]$ の任意の元) を同値類 $[a]$ の**代表元**とよぶ．問 2.5 では，整数全体 $\mathbb{Z}$ を同値関係 $\sim$ により，偶数と奇数の2つの類に分けた．代表元は偶数が0，奇数が1と選べばよい．この商集合を $\mathbb{Z}/\sim$ と書けば，それは演算規則が $0+0=0$, $0+1=1+0=1$, $1+1=0$ で与えられる位数2の**巡回群** $\mathbb{Z}_2$ に同型である．整数全体を n で割ったときの余りの値に従って類別した商集合は，位数 n の巡回群 $\mathbb{Z}_n$ に同型である．

X を日常使う意味の '空間' とする (正確には位相空間の概念が必要だが，それは 2.3 節で与えられるため，しばらくは直感的 '空間' 概念に頼る)．このとき，商空間は幾何学的な図形として構成される場合がある．例えば，x, y を $\mathbb{R}$ の点とする．関係 $\sim$ を，$y = x + 2n\pi$, ($n \in \mathbb{Z}$) のとき $x \sim y$ と定める．容易にわかるように $\sim$ は同値関係である．

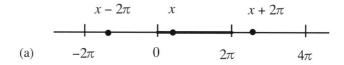

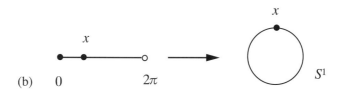

図 2.2. (a) すべての点 $x + 2n\pi$, $n \in \mathbb{Z}$ は同値類 $[x]$ に属する．任意の同値類は $x \in [0, 2\pi)$ を代表元として $[x]$ と表される．(b) 商空間 $\mathbb{R}/\sim$ は円周 S^1 である．

同値類 $[x]$ は集合 $\{\ldots, x-2\pi, x, x+2\pi, \ldots\}$ である．任意の数 $x \in [0, 2\pi)$ が同値類 $[x]$ の代表元となる．図 2.2 (a) を見よ．0 と 2π は $\mathbb{R}$ の元としては異なるが，$\mathbb{R}/\sim$ の元としては同じと見なされる．したがって商空間 $\mathbb{R}/\sim$ は，図 2.2 (b) のように $S^1 = \{e^{i\theta} | 0 \leq \theta < 2\pi\}$ となる．十分小さい正数 ε に対して，ε と $2\pi - \varepsilon$ は十分近いことに注意せよ．確かに S^1 における角度として ε と $2\pi - \varepsilon$ が近いのであって，$\mathbb{R}$ においてはそうではない．この点の近さの概念は位相空間論の基礎をなすものである．

例 2.5 (a) X を，内部を含めた正方形 $\{(x, y) \in \mathbb{R}^2; |x| \geq 1, |y| \geq 1\}$ とする．そこで，向かい合った辺，例えば $(-1, y) \sim (1, y)$，を同一視すれば，図 2.3 (a) のような円筒を得る．この同一視を $(-1, -y) \sim (1, y)$ で定めると，今度は図 2.3 (b) の Möbius の帯を得る．[注：Möbius の帯に馴染みのない読者は，実際に長方形の紙を一枚用意して短い方の辺を 180 度ねじって貼り付けて作ってみるとよい．ねじれにより表と裏がつながるので曲面に表裏がなくなる．Möbius の帯は**向き付け不可能**な曲面の代表的な例である．一方，円筒は表裏が区別できるので**向き付け可能**な曲面と言われる．向き付け可能性については，5.5 節で微分形式を用いて厳密に議論される．]

(b) $(x_1, y_1), (x_2, y_2)$ を $\mathbb{R}^2$ の 2 点とし，そこで $n_x, n_y \in \mathbb{Z}$ に対して $x_2 = x_1 + 2n_x\pi, y_2 = y_1 + 2n_y\pi$ ならば $(x_1, y_1) \sim (x_2, y_2)$ により関係 $\sim$ を定める．このとき $\sim$ は同値関係である．また商空間 $\mathbb{R}^2/\sim$ は，図 2.4 (a) のように，トーラス T^2（ドーナツの表面）となる．

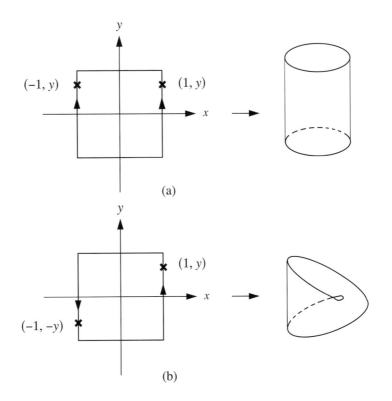

図 2.3. (a) 端辺 $|x| = 1$ を矢印の方向に沿って同一視すると円筒になる．(b) 端辺の同一視方向を逆にすると Möbius の帯になる．

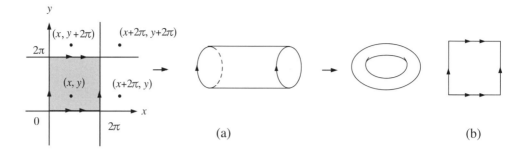

図 2.4. すべての点 $(x+2n_x\pi, y+2n_y\pi)$, $n_x, n_y \in \mathbb{Z}$ が同一視されると，灰色部分の正方形の端辺を (b) の矢印の方向に沿って貼り合わせて商空間が得られる．この空間がトーラス T^2 である．

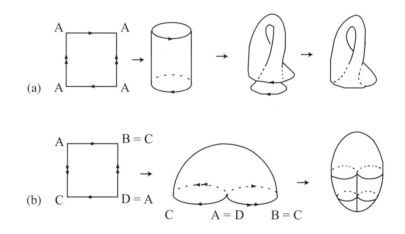

図 2.5. (a) Klein の壺と (b) 実射影空間．

T^2 は図 2.4 (b) のような同一視によっても得られる．

(c) 長方形の各辺を，別の方法で同一視したらどんな図形が得られるだろうか．図 2.5 にその可能な仕方を示した．これらはそれぞれ **Klein の壺** (図 2.5 (a))，**実射影平面** (図 2.5 (b)) と呼ばれ，$\mathbb{R}^3$ 内では自己交差なしには実現 (あるいは埋め込み) できない空間で，向き付け不可能であることが知られている．

$\mathbb{R}P^2$ で表される実射影平面は，次のように描くことができる．球面上の単位ベクトル $\boldsymbol{n}$ を考え，$-\boldsymbol{n}$ とこれを同一視する (図 2.6 参照)．頭と尾のない棒により同一視がなされる．すなわち，2 つの対蹠点 $\boldsymbol{n} = (\theta, \phi)$ と $-\boldsymbol{n} = (\pi-\theta, \pi+\phi)$ は同一の点を表す．そこで，S^2 の半球面は必要となるので，商空間 $S^2/\sim$ として，北半球をとる．ただし，この商空間は通常の半球面そのものではなく，境界の赤道上では対蹠点が同一視される．この半球面を連続的に変形して，正方形にすれば図 2.5 (b) の正方形となる．

(d) 図 2.7 (a) に示したように，矢印に沿って正八角形の各辺を同一視しよう．その商空間は，図 2.7 (b) の 2 つのハンドルを持つトーラスで Σ_2 で表す．さらに g 個のハンドルを持つ閉曲面 Σ_g が，同様な方法で正 $4g$ 角形から得られる．本章末の演習問題 2.1 を参照せよ．整数 g のことを閉曲面の**種数**という．

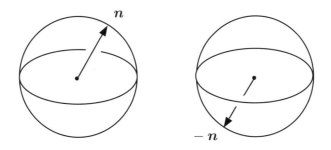

図 2.6. 位置ベクトル $\boldsymbol{n}$ と $-\boldsymbol{n}$ は同一視される．この同一視 $(\boldsymbol{n} \sim -\boldsymbol{n})$ のもとで，実射影閉面 $\mathbb{R}P^2$ が得られる；$\mathbb{R}P^2 = S^2/\sim$．この商空間を描くには，半球面をとれば十分である．ただし，赤道上では対蹠点が同一視される．

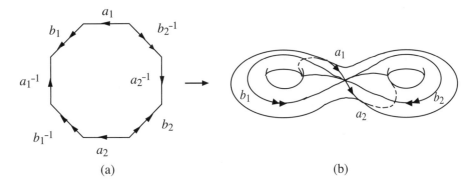

図 2.7. (a) の端辺を矢印に沿って貼り合わせれば 2 つの穴を持つ (種数 2 の) 閉曲面が得られる．

(e) $D^2 = \{(x,y) \in \mathbb{R}^2 | x^2 + y^2 \leq 1\}$ を閉円板とする．境界 $\{(x,y) \in \mathbb{R}^2 | x^2 + y^2 = 1\}$ の点をすべて同一視しよう．すなわち，$x_1^2 + y_1^2 = x_2^2 + y_2^2 = 1$ ならば $(x_1, y_1) \sim (x_2, y_2)$ と定める．このとき商空間 $D^2/\sim$ として，球面 S^2 を得る．これを，D^2/S^1 と書くこともある．図 2.8 を見よ．一般に n 次元円板 $D^n = \{(x^1, \ldots, x^n) \in \mathbb{R}^n | (x^1)^2 + \cdots + (x^n)^2 \leq 1\}$ の境界にある球面 S^{n-1} 上の点をすべて同一視すると n 次元球面 S^n を得る．すなわち，$D^n/S^{n-1} = S^n$ である．

問 2.6 H を複素上半平面 $\{\tau \in \mathbb{C} | \operatorname{Im} \tau \geq 0\}$ とする．群[3]

$$\mathrm{SL}(2, \mathbb{Z}) \equiv \left\{ \begin{pmatrix} a & b \\ c & d \end{pmatrix} \middle| a, b, c, d \in \mathbb{Z}, ad - bc = 1 \right\} \tag{2.4}$$

を定義しよう．$\tau, \tau' \in H$ に対して行列

$$A = \begin{pmatrix} a & b \\ c & d \end{pmatrix} \in \mathrm{SL}(2, \mathbb{Z})$$

---

[3] 群の定義は本章最後の補足を参照のこと．

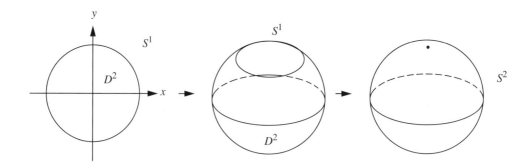

図 2.8. 閉円板 D^2 の境界を 1 点に同一視して球面 S^2 を得る.

が存在して
$$\tau' = (a\tau + b)/(c\tau + d) \tag{2.5}$$
が成り立つとき, $\tau \sim \tau'$ と定める. この関係は同値関係になることを示せ. (商空間 $H/\mathrm{SL}(2,\mathbb{Z})$ は図 8.3 に示した.)

例 2.6 G を群, H を G の部分群とする. $g, g' \in G$ に対して $h \in H$ が存在して $g' = gh$ のとき $g \sim g'$ と定めて同値関係を定義する. 同値類 $[g] = \{gh \in G | h \in H\}$ を gH と書くことにする. gH を g を含む (左) **剰余類**という. $gH \cap g'H = \emptyset$ または $gH = g'H$ が成り立つ. この商集合を G/H と書く. 一般には, H が**正規部分群**でなければ G/H は群にならない. ここで H が正規部分群とは, 任意の $g \in G$ と $h \in H$ に対して $ghg^{-1} \in H$ を満たすときをいう. H が G の正規部分群であるとき, G/H は**商群**と呼ばれ, その群演算は $(gH) * (g'H) = (gg')H$ で与えられる. ただし $*$ は群 G/H における積を表す. $gh \in [g], h'h' \in [g']$ をとる. すると $hg' = g'h''$ となる $h'' \in H$ が存在し, したがって $ghg'h' = gg'h''h' \in [gg']$ が成り立つ. G/H の単位元は, 同値類 $[e]$ で, $[g]$ の逆元は $[g^{-1}]$ である.

問 2.7 G を群とする. $a, b \in G$ に対して, ある $g \in G$ が存在して $b = gag^{-1}$ が成り立つとき, a と b は**共役**であるといい, $a \simeq b$ と書く. このとき $\simeq$ は同値関係であることを示せ. このとき同値類 $[a] = \{gag^{-1} | g \in G\}$ を**共役類**と呼ぶ.

2.2 ベクトル空間

2.2.1 ベクトルとベクトル空間

体[4] K 上の**ベクトル空間** V(あるいは**線形空間**)とは, 和と体 K の要素をスカラーとするときのスカラー倍という 2 つの演算が定義された集合のことである (本書では主に $K = \mathbb{R}$ または $\mathbb{C}$ の場合を扱う). V の元 (**ベクトル**とよぶ) は次の公理を満たす:

---
[4] 体の定義は本章最後の補足を参照のこと.

(i) $\boldsymbol{u} + \boldsymbol{v} = \boldsymbol{v} + \boldsymbol{u}$

(ii) $(\boldsymbol{u} + \boldsymbol{v}) + \boldsymbol{w} = \boldsymbol{u} + (\boldsymbol{v} + \boldsymbol{w})$

(iii) $\boldsymbol{u} + \boldsymbol{0} = \boldsymbol{u}$ を満たすようなゼロベクトル $\boldsymbol{0}$ が存在する

(iv) 任意のベクトル $\boldsymbol{u}$ に対してベクトル $-\boldsymbol{u}$ が存在して $\boldsymbol{u} + (-\boldsymbol{u}) = \boldsymbol{0}$ を満たす

(v) $c(\boldsymbol{u} + \boldsymbol{v}) = c\boldsymbol{u} + c\boldsymbol{v}$

(vi) $(c + d)\boldsymbol{u} = c\boldsymbol{u} + d\boldsymbol{u}$

(vii) $(cd)\boldsymbol{u} = c(d\boldsymbol{u})$

(viii) $1\boldsymbol{u} = \boldsymbol{u}$

ここで $\boldsymbol{u}, \boldsymbol{v}, \boldsymbol{w} \in V$ および $c, d \in K$ であり，1 は K の積に関する単位元である．$\{\boldsymbol{v}_i\}(i = 1, \ldots, k)$ を k 個のベクトルからなる集合とする．等式

$$x_1 \boldsymbol{v}_1 + x_2 \boldsymbol{v}_2 + \cdots + x_k \boldsymbol{v}_k = \boldsymbol{0} \tag{2.6}$$

が自明でない解をもつとき，すなわちある i に対して $x_i \neq 0$ であるとき $\{\boldsymbol{v}_i\}$ は **1 次従属**であるといい，(2.6) が自明な解しかもたないとき，すなわち任意の i に対して $x_i = 0$ のみが解のとき，**1 次独立**であるという．$\{\boldsymbol{v}_i\}$ の中に１つでも $\boldsymbol{0}$ があれば，それらは１次従属である．１次独立なベクトルの集合 $\{\boldsymbol{e}_i\}$ が，ベクトル空間 V の**基底**であるとは，任意の元 $\boldsymbol{v} \in V$ が一意的に $\{\boldsymbol{e}_i\}$ の１次結合で

$$\boldsymbol{v} = v^1 \boldsymbol{e}_1 + v^2 \boldsymbol{e}_2 + \cdots + v^n \boldsymbol{e}_n \tag{2.7}$$

と書かれるときをいう．スカラー $v^i \in K$ を基底 $\{\boldsymbol{e}_i\}$ に関する $\boldsymbol{v}$ の**成分**という．基底が n 個の元からなるとき，ベクトル空間 V の**次元**は n であると言い，$\dim V = n$ と書くことにする．K 上の n 次元ベクトル空間を $V(n, K)$ (n と K が明らかな場合は単に V) と書く．以下 n は有限とする．

2.2.2 線形写像，像，核

2 つのベクトル空間 V, W が与えられ，$a_1, a_2 \in K$, $\boldsymbol{v}_1, \boldsymbol{v}_2 \in V$ に対して，$f : V \to W$ が $f(a_1 \boldsymbol{v}_1 + a_2 \boldsymbol{v}_2) = a_1 f(\boldsymbol{v}_1) + a_2 f(\boldsymbol{v}_2)$ を満たすとき，f を**線形写像**という．線形写像は，ベクトルの和とスカラー倍を保つ準同型写像の例である．線形写像 f の**像**とは $f(V) \subset W$，f の**核**とは $\{\boldsymbol{v} \in V | f(\boldsymbol{v}) = \boldsymbol{0}\}$ のことであり，それぞれ $\operatorname{Im} f$, $\operatorname{Ker} f$ と書く．$f(\boldsymbol{0}) = \boldsymbol{0}$ なので，$\operatorname{Ker} f$ は空集合にはなり得ない．線形写像 f において W が体 K そのもののとき，f を**線形関数**という．f が同型写像であるとき，V は W に同型であるといい $V \cong W$ と書く．このとき当然 $\dim V = \dim W$ である．任意の n 次元ベクトル空間は K^n に同型なので，それらすべてを同一視して考える．ベクトル空間の間の同型写像は $\mathrm{GL}(n, K)$ の元である．

定理 2.1 $f: V \to W$ が線形写像ならば

$$\dim V = \dim(\operatorname{Ker} f) + \dim(\operatorname{Im} f) \tag{2.8}$$

が成り立つ.

証明: f は線形写像なので, 明らかに $\operatorname{Ker} f$ も $\operatorname{Im} f$ もベクトル空間である (問 2.8 を見よ). そこで $\operatorname{Ker} f$ の基底を $\{\boldsymbol{g}_1,\ldots,\boldsymbol{g}_r\}$, $\operatorname{Im} f$ の基底を $\{\boldsymbol{h}'_1,\ldots,\boldsymbol{h}'_s\}$ とする. 各 i $(1 \le i \le s)$ に対して, $\boldsymbol{h}_i \in V$ を $f(\boldsymbol{h}_i) = \boldsymbol{h}'_i$ を満たすように選び, ベクトルの集合 $\{\boldsymbol{g}_1,\ldots,\boldsymbol{g}_r, \boldsymbol{h}_1,\ldots,\boldsymbol{h}_s\}$ を考える. これらが V の基底をなすことを見よう. 任意のベクトル $\boldsymbol{v} \in V$ を選ぶ. $f(\boldsymbol{v}) \in \operatorname{Im} f$ なので $f(\boldsymbol{v}) = c^i \boldsymbol{h}'_i = c^i f(\boldsymbol{h}_i)$ と書ける[5]. f の線形性から, $f(\boldsymbol{v} - c^i \boldsymbol{h}_i) = \boldsymbol{0}$ すなわち $\boldsymbol{v} - c^i \boldsymbol{h}_i \in \operatorname{Ker} f$ が従う. このことは任意の $\boldsymbol{v} \in V$ が $\{\boldsymbol{g}_1,\ldots,\boldsymbol{g}_r, \boldsymbol{h}_1,\ldots,\boldsymbol{h}_s\}$ の1次結合で書けることを意味する. したがって V は $r+s$ 個のベクトルで張られる. そこで $a^i \boldsymbol{g}_i + b^i \boldsymbol{h}_i = \boldsymbol{0}$ と仮定しよう. このとき $\boldsymbol{0} = f(\boldsymbol{0}) = f(a^i \boldsymbol{g}_i + b^i \boldsymbol{h}_i) = b^i f(\boldsymbol{h}_i) = b^i \boldsymbol{h}'_i$ だから, 任意の i に対して $b^i = 0$. よって $a^i \boldsymbol{g}_i = \boldsymbol{0}$ から, 任意の i に対して $a^i = 0$ を得るので $\{\boldsymbol{g}_1,\ldots,\boldsymbol{g}_r, \boldsymbol{h}_1,\ldots,\boldsymbol{h}_s\}$ は V で1次独立である. つまり $\dim V = r + s = \dim(\operatorname{Ker} f) + \dim(\operatorname{Im} f)$ が示された. ∎

[注: $\{\boldsymbol{h}_1,\ldots,\boldsymbol{h}_s\}$ で張られるベクトル空間を V における $\operatorname{Ker} f$ の**直交補空間**[6] といい $(\operatorname{Ker} f)^\perp$ と書く.]

問 2.8 (1) $f: V \to W$ を線形写像とする. このとき $\operatorname{Ker} f$ も $\operatorname{Im} f$ も部分ベクトル空間となることを示せ.

(2) 線形写像 $f: V \to V$ が同型写像であるための必要十分条件は $\operatorname{Ker} f = \{\boldsymbol{0}\}$ であることを示せ.

2.2.3 双対ベクトル空間

双対空間は, すでに 1.2 節において量子力学の文脈で導入されている. ここでの双対空間の説明は, より数学的で, 1.2 節で不足したところを補う.

$f: V \to K$ を, ベクトル空間 $V = V(n, K)$ 上の線形関数とする. $\{\boldsymbol{e}_i\}$ は V の1つの基底とし, 任意のベクトル $\boldsymbol{v} = v^1 \boldsymbol{e}_1 + v^2 \boldsymbol{e}_2 + \cdots + v^n \boldsymbol{e}_n$ を選ぶ. f の線形性から $f(\boldsymbol{v}) = v^1 f(\boldsymbol{e}_1) + v^2 f(\boldsymbol{e}_2) + \cdots + v^n f(\boldsymbol{e}_n)$. したがって, 任意の i に対する $f(\boldsymbol{e}_i)$ の値がわかれば, f の任意のベクトルに対する作用がわかったことになる. 面白いことに, V 上の線形関数全体は再びベクトル空間となる. つまり2つの線形関数の1次結合も再び線形関数になる:

$$(a_1 f_1 + a_2 f_2)(\boldsymbol{v}) = a_1 f_1(\boldsymbol{v}) + a_2 f_2(\boldsymbol{v}). \tag{2.9}$$

このような線形空間を $V(n, K)$ の**双対ベクトル空間**といい, $V^*(n, K)$ あるいは V^* と書く. $\dim V^* = \dim V < +\infty$ である. (すなわち, $\dim V$ が有限であれば, $\dim V^* = \dim V$

---

[5] ここでの表示は同じ添字に関して和をとる場合に $\sum$ 記号を省略する Einstein の規約に基づくことに注意.
[6] V には適当に内積が与えられているとする.

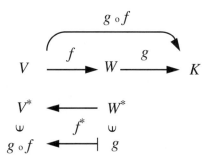

図 **2.9.** 関数 g の引き戻しは関数 $f^*(g) = g \circ f$.

である．）V^* の 1 つの基底 $\{e^{*i}\}$ を与えておこう．e^{*i} は線形関数なのですべての j に対して $e^{*i}(e_j)$ を決めれば完全に決まる．そこで

$$e^{*i}(e_j) = \delta^i_j \tag{2.10}$$

を満たす**双対基底**を選ぼう．任意の線形関数 f（**双対ベクトル**）は，$\{e^{*i}\}$ を使って

$$f = f_i e^{*i} \tag{2.11}$$

と展開される．ベクトル v への f の作用は，行ベクトルと列ベクトルの間の**内積**として

$$f(v) = f_i e^{*i}(v^j e_j) = f_i v^j e^{*i}(e_j) = f_i v^i \tag{2.12}$$

と書ける．内積の記号には，$\langle\ ,\ \rangle : V^* \times V \to K$ を用いることもある．

$f : V \to W$ をベクトル空間 V と W の間の線形写像，$g : W \to K$ を W 上の線形関数とする（$g \in W^*$）．このとき容易にわかるように，合成写像 $g \circ f$ は V 上の線形関数である．こうして f と g から，元 $h \in V^*$ が

$$h(v) \equiv g(f(v)), \qquad v \in V \tag{2.13}$$

と定義することにより得られる．$g \in W^*$ が与えられると，写像 $f : V \to W$ が写像 $h \in V^*$ を誘導したことになる．このように $f^* : g \mapsto h = f^*(g)$ により，誘導写像 $f^* : W^* \to V^*$ を得る（図 2.9）．写像 h を，f^* による g の**引き戻し**という．$\dim V^* = \dim V$ なので，V と V^* の間には同型写像が存在する．しかしこの同型写像は，自然に存在するわけではない；V と V^* の間の同型写像を定義するには，V 上に 1 つの内積を特定しなければならない．次節で見るように，この逆もまた正しい．ベクトル空間とその双対空間の同型は今後しばしば現れる．

問 2.9 V の別の基底を $\{f_i\}$，その双対基底を $\{f^{*i}\}$ とする．$\{f_i\}$ は元の基底を用いて $f_i = A_i{}^j e_j$ と書ける．ただし $A \in \mathrm{GL}(n, K)$ である．このとき双対基底は $e^{*i} = f^{*j} A^i{}_j$ と表されることを示せ．

2.2.4 内積と随伴

$V(m, K)$ を基底 $\{e_i\}$ をもつベクトル空間,$g : V \to V^*$ をベクトル空間の同型写像とする.ここで g は $\mathrm{GL}(m, K)$ の任意の元である.g の成分表示は

$$g : v^j \to g_{ij} v^j \tag{2.14}$$

である.ひとたび同型写像が与えられると,次のように2つのベクトルの間に**内積**を定義することができる.

$$g(\boldsymbol{v}_1, \boldsymbol{v}_2) \equiv \langle g\boldsymbol{v}_1, \boldsymbol{v}_2 \rangle. \tag{2.15}$$

わかり易いように,以下体 K を実数全体 $\mathbb{R}$ としよう.式 (2.15) を成分で書くと

$$g(\boldsymbol{v}_1, \boldsymbol{v}_2) = v_1{}^i g_{ij} v_2{}^j \tag{2.16}$$

となる.ここで $\boldsymbol{v}$ のノルムを内積 $g(\boldsymbol{v}, \boldsymbol{v})$ の平方根で定義するために,行列 (g_{ij}) は正定値であることを要請する.また $g(\boldsymbol{v}_1, \boldsymbol{v}_2) = g(\boldsymbol{v}_2, \boldsymbol{v}_1)$ となるように,g は対称行列 $g_{ij} = g_{ji}$ でなければならない.

次に $W = W(n, \mathbb{R})$ を基底 $\{\boldsymbol{f}_\alpha\}$ をもつベクトル空間,$G : W \to W^*$ をベクトル空間の同型写像とする.写像 $f : V \to W$ が与えられたとき,f の**随伴** $\widetilde{f}$ を,等式

$$G(\boldsymbol{w}, f\boldsymbol{v}) = g(\boldsymbol{v}, \widetilde{f}\boldsymbol{w}) \tag{2.17}$$

により定義する.ただしここで $\boldsymbol{v} \in V, \boldsymbol{w} \in W$ である.$\widetilde{\widetilde{f}} = f$ であることは容易にわかる.式 (2.17) を成分表示すると

$$w^\alpha G_{\alpha\beta} f^\beta{}_i v^j = v^j g_{ij} \widetilde{f}^j{}_\alpha w^\alpha \tag{2.18}$$

となる.ここで $f^\beta{}_i, \widetilde{f}^j{}_\alpha$ は,それぞれ f と $\widetilde{f}$ の行列表示である.もし $g_{ij} = \delta_{ij}, G_{\alpha\beta} = \delta_{\alpha\beta}$ ならば,随伴 $\widetilde{f}$ は行列 f の転置 f^{t} である.

$\dim \mathrm{Im}\, f = \dim \mathrm{Im}\, \widetilde{f}$ を示しておこう.式 (2.18) は任意の元 $\boldsymbol{v} \in V, \boldsymbol{w} \in W$ に対して成り立つので,$G_{\alpha\beta} f^\beta{}_i = g_{ij} \widetilde{f}^j{}_\alpha$ を得る.すなわち

$$\widetilde{f} = g^{-1} f^{\mathrm{t}} G^{\mathrm{t}}. \tag{2.19}$$

問 2.10 の結果を用いると,$\mathrm{rank}\, f = \mathrm{rank}\, \widetilde{f}$ を得る.ここで写像の階数 (rank) とは,それぞれの表現行列の階数を表す($g \in \mathrm{GL}(m, \mathbb{R}), G \in \mathrm{GL}(n, \mathbb{R})$ に注意).明らかに $\dim \mathrm{Im}\, f$ は写像 f の表現行列の階数であるから結論 $\dim \mathrm{Im}\, f = \dim \mathrm{Im}\, \widetilde{f}$ を得る.

問 2.10 $V = V(m, \mathbb{R}), W = W(n, \mathbb{R}), f$ を V から W への線形写像に対応する行列とする.このとき $\mathrm{rank}\, f = \mathrm{rank}\, f^{\mathrm{t}} = \mathrm{rank}(M f^{\mathrm{t}} N)$ を証明せよ.ただし,$M \in \mathrm{GL}(m, \mathbb{R}), N \in \mathrm{GL}(n, \mathbb{R})$ とする.

問 2.11 V を $\mathbb{C}$ 上のベクトル空間とする. 2つのベクトル $\boldsymbol{v}_1, \boldsymbol{v}_2 \in V$ の間の内積は

$$g(\boldsymbol{v}_1, \boldsymbol{v}_2) = \overline{v}_1{}^i g_{ij} v_2{}^j \tag{2.20}$$

で定義される. ただし ‾ は複素共役を表す. 内積の正定値性と対称性 $g(\boldsymbol{v}_1, \boldsymbol{v}_2) = \overline{g(\boldsymbol{v}_2, \boldsymbol{v}_1)}$ から, ベクトル空間の同型写像 $g : V \to V^*$ は正定値な Hermite 行列でなければならない. $f : V \to W$ を (複素) 線形写像, $G : W \to W^*$ をベクトル空間の同型写像とする. f の随伴は $g(\boldsymbol{v}, \widetilde{f}\boldsymbol{w}) = \overline{G(\boldsymbol{w}, f\boldsymbol{v})}$ で定義される. 上での議論を繰り返すことにより, 次のことを示せ.

(a) $\widetilde{f} = g^{-1} f^\dagger G^\dagger$. ここで † は Hermite 共役を示している.
(b) $\dim \operatorname{Im} f = \dim \operatorname{Im} \widetilde{f}$.

定理 2.2 (ミニチュア版指数定理) V, W を体 K 上の有限次元ベクトル空間, $f : V \to W$ を線形写像とする. このとき

$$\dim \operatorname{Ker} f - \dim \operatorname{Ker} \widetilde{f} = \dim V - \dim W \tag{2.21}$$

が成り立つ.

証明: 定理 2.1 から

$$\dim V = \dim \operatorname{Ker} f + \dim \operatorname{Im} f.$$

これを再び $\widetilde{f} : W \to V$ に適用して

$$\dim W = \dim \operatorname{Ker} \widetilde{f} + \dim \operatorname{Im} \widetilde{f}.$$

上で見たように $\dim \operatorname{Im} f = \dim \operatorname{Im} \widetilde{f}$ であるから

$$\dim V - \dim \operatorname{Ker} f = \dim W - \dim \operatorname{Ker} \widetilde{f}$$

を得る. ∎

ここで (2.21) 式の左辺の各項は写像 f に依存するのに対して, 右辺の差は写像 f とは全く独立であることに注意せよ！ これは第 12 章で議論される指数定理の有限次元版である.

2.2.5 テンソル

双対ベクトルはベクトルをスカラーにうつす線形関数であった. これはテンソルと呼ばれる多重線形関数, すなわちいくつかのベクトルと双対ベクトルをスカラーにうつす対応に一般化される. p 個の双対ベクトルと q 個のベクトルを $\mathbb{R}$ へうつす多重線形写像

$$T : \bigotimes^p V^* \bigotimes^q V \to \mathbb{R} \tag{2.22}$$

を (p, q) 型テンソル T という. 例えば $(0, 1)$ 型テンソルはベクトルを実数にうつすので, 双対ベクトルと考えられる. 同様に $(1, 0)$ 型テンソルはベクトルを表す. もし ω が 1 つの

双対ベクトルと 2 つのベクトルをスカラーにうつすならば，$\omega : V^* \times V \times V \to \mathbb{R}$ は $(1,2)$ 型テンソルである．

すべての (p,q) 型テンソルの集合は (p,q) 型テンソル空間と呼ばれ，$\mathcal{T}_q^p$ と書く．テンソル積 $\tau = \mu \otimes \nu \in \mathcal{T}_q^p \bigotimes \mathcal{T}_{q'}^{p'}$ は $\mathcal{T}_{q+q'}^{p+p'}$ の元で

$$\tau(\omega_1,\ldots,\omega_p,\xi_1,\ldots,\xi_{p'};u_1,\ldots,u_q,v_1,\ldots,v_{q'})$$
$$= \mu(\omega_1,\ldots,\omega_p;u_1,\ldots,u_q)\,\nu(\xi_1,\ldots,\xi_{p'};v_1,\ldots,v_{q'}) \quad (2.23)$$

と定義される．テンソル空間上のもう 1 つの演算は**縮約**である．これは (p,q) 型テンソル空間から $(p-1,q-1)$ 型テンソル空間への写像で

$$\tau(\ldots,e^{*i},\ldots;\ldots,e_i,\ldots) \quad (2.24)$$

で定義される．ただし $\{e_i\},\{e^{*i}\}$ は双対基底である．

問 2.12 V, W をベクトル空間，$f : V \to W$ を線形写像とする．このとき f は $(1,1)$ 型のテンソルであることを示せ．

2.3 位相空間

考察の対象として最も一般的な構造をもつのが位相空間である．物理学者はしばしば，すべての空間が距離をもつと考えがちだが，いつもそうとは限らない．実際，距離の入らない位相空間が存在する[7]．

2.3.1 諸定義

定義 2.3 X を任意の集合とし，$\mathcal{T} = \{U_i | i \in I\}$ は X のある部分集合族を表すとする．対 $(X, \mathcal{T})$ が位相空間であるとは，$\mathcal{T}$ が次の 3 つの条件を満たすときをいう．

(i) $\emptyset, X \in \mathcal{T}$．

(ii) J を I の任意の (無限かもしれない) 部分集合とするとき，部分集合族 $\{U_j | j \in J\}$ は $\bigcup_{j \in J} U_j \in \mathcal{T}$ を満たす．

(iii) K を I の任意の有限部分集合とするとき，部分集合族 $\{U_k | k \in K\}$ は $\bigcap_{k \in K} U_k \in \mathcal{T}$ を満たす．

X だけで位相空間とよぶこともある．U_i は X の**開集合**であり $\mathcal{T}$ は X に**位相**を定めるという．

例 2.7 (a) X を集合，$\mathcal{T}$ を X のすべての部分集合からなる集合族とすると，条件 (i) 〜 (iii) は自動的に満たされる．このようにして X に定まる位相を**離散位相**という．

---

[7] 佐久間一浩『集合・位相 —— 基礎から応用まで』(共立出版, 2004) の付録 B 参照．

(b) X を集合，$\mathcal{T} = \{\emptyset, X\}$ とする．明らかに $\mathcal{T}$ は条件 (i) 〜 (iii) を満たす．このようにして X に定まる位相を**密着位相**[8]という．一般に，X に興味のある構造を与えるには，離散位相はあまりにきつすぎ，密着位相はあまりに自明である．

(c) X を実直線 $\mathbb{R}$ とする．任意の開区間 (a,b) とそれらの和集合は位相を定める．これを**普通位相**とよぶ．a, b はそれぞれ $-\infty, \infty$ としてもよい．同様に $\mathbb{R}^n$ に普通位相が定義される (直積 $(a_1, b_1) \times \ldots \times (a_n, b_n)$ とそれらの和集合を開集合に選べばよい).

問 2.13 定義 2.3 で，公理 (ii) と (iii) はいくぶん不釣り合いに見えるかもしれない．しかし (iii) で無限の共通部分を許すと $\mathbb{R}$ の位相は離散位相となる (つまり面白い位相構造が得られない) ことを示せ.

X 上の**距離** $d: X \times X \to \mathbb{R}$ とは，任意の $x, y, z \in X$ に対して次の条件を満たす関数のことである．

(i) $d(x, y) = d(y, x)$.

(ii) $d(x, y) \geq 0$. ただし等式が成り立つのは $x = y$ のとき，またそのときに限る．

(iii) $d(x, y) + d(y, z) \geq d(x, z)$.

X に距離が与えられると X は開球体

$$U_\varepsilon(x) = \{y \in X | d(x, y) < \varepsilon\} \tag{2.25}$$

と，それらのすべての可能な共通集合を開集合として位相空間になる．こうして定義された位相 $\mathcal{T}$ を d により定まる**距離位相**という．また位相空間 $(X, \mathcal{T})$ を**距離空間**とよぶ．

[演習：距離空間 $(X, \mathcal{T})$ は実際，位相空間であることを証明せよ.]

$(X, \mathcal{T})$ を位相空間，A を X の任意の部分集合とする．このとき位相 $\mathcal{T} = \{U_i\}$ は，$\mathcal{T}' = \{U_i \cap A | U_i \in \mathcal{T}\}$ により，A に**相対位相**を誘導する．

例 2.8 $X = \mathbb{R}^{n+1}$ とし，n 次元球面 S^n

$$(x^0)^2 + (x^1)^2 + \cdots + (x^n)^2 = 1 \tag{2.26}$$

を考える．S^n 上の位相は，$\mathbb{R}^{n+1}$ の普通位相により誘導された相対位相で与えられるとしてよい．

2.3.2 連続写像

定義 2.4 X, Y を位相空間とする．写像 $f: X \to Y$ が**連続**であるとは，Y における任意の開集合の逆像が X の開集合であるときをいう．

---

[8] 直訳するならば自明位相とすべきだが，位相の定め方からこの空間の各点が分離できないのでこの名 (『岩波数学事典』(第3版) より) でよぶのが普通である．

この定義は我々が直観的にもつ連続性の概念と一致する．例えば $f: \mathbb{R} \to \mathbb{R}$ を

$$f(x) = \begin{cases} -x+1 & x \leq 0 \\ -x + \dfrac{1}{2} & x > 0 \end{cases} \tag{2.27}$$

で定義される関数としよう．$\mathbb{R}$ には普通位相を入れているので，任意の開区間 (a,b) は開集合である．通常の解析では，f は $x=0$ で不連続であると言われる．開集合 $(\frac{3}{2},2) \subset Y$ に対して $f^{-1}((\frac{3}{2},2)) = (-1,-\frac{1}{2})$ であり，これは X の開集合である．しかし別の開集合 $(1-\frac{1}{4},1+\frac{1}{4}) \subset Y$ を選ぶと，$f^{-1}((1-\frac{1}{4},1+\frac{1}{4})) = (-\frac{1}{4},0]$ となり，これは X の普通位相の開集合ではない．

問 2.14 連続関数 $f: \mathbb{R} \to \mathbb{R}$, $f(x) = x^2$ を例にとって，上で述べた定義の逆「X の開集合が Y の開集合に写像されるならば写像 f は連続である」は，連続の定義としてふさわしくないことを確かめよ．[ヒント：$(-\varepsilon,\varepsilon)$ が f によってどこに写像されるか調べよ．]

2.3.3 近傍と Hausdorff 空間

定義 2.5 $\mathcal{T}$ が X に位相を与えているとする．N が点 $x \in X$ の**近傍**であるとは，N が X の部分集合で，N は x を含むようなある開集合 U_i を少なくとも 1 つ含むときである．(N 自身が開集合であることは必ずしも要請していない．もし N が $\mathcal{T}$ の開集合ならば N を**開近傍**という．)

例 2.9 普通位相をもった $X = \mathbb{R}$ を選ぶ．$[-1,1]$ は任意の点 $x \in (-1,1)$ の近傍である．

定義 2.6 位相空間 $(X,\mathcal{T})$ が **Hausdorff 空間**であるとは，任意の異なる点の対 $x, x' \in X$ に対して $U_x \cap U_{x'} = \emptyset$ を満たすような近傍 $U_x, U_{x'}$ が存在するときである．

問 2.15 $X = \{\text{John}, \text{Paul}, \text{Ringo}, \text{George}\}$, $U_0 = \emptyset$, $U_1 = \{\text{John}\}$, $U_2 = \{\text{John}, \text{Paul}\}$, $U_3 = \{\text{John}, \text{Paul}, \text{Ringo}, \text{George}\}$ とする．このとき $\mathcal{T} = \{U_0, U_1, U_2, U_3\}$ は X に位相を与えることを示せ．また $(X,\mathcal{T})$ は Hausdorff 空間ではないことも示せ．

上の問に反して，物理学に現れるほとんどすべての空間は Hausdorff 性を満たす．本書でも，以下に現れる空間は常にこの性質を満たすと仮定する．

問 2.16 $\mathbb{R}$ は普通位相のもとで，Hausdorff 空間になることを示せ．また，任意の距離空間は Hausdorff 空間であることを示せ．

2.3.4 閉集合

$(X,\mathcal{T})$ を位相空間とする．X の部分集合 A が**閉集合**であるとは，X における A の補集合が X の開集合のときである．すなわち $X - A \in \mathcal{T}$ ということである．定義に従うと $X, \emptyset$ はともに開かつ閉である．ある集合 A を考える (開でも閉でもよい)．A の**閉包**とは，A を含むような最小の閉集合のことで $\overline{A}$ と書く．A の**内部**とは，A の最大の開部分

集合のことで A° と書く．A の**境界** $b(A)$ とは $\overline{A}$ における A° の補集合のことである；$b(A) = \overline{A} - A^\circ$．開集合は境界と交わることはないし，閉包はいつでも境界を含む．

例 2.10 普通位相をもった $X = \mathbb{R}$ と開区間の対 $(-\infty, a), (b, \infty)$ を選ぶ．ただし $a < b$ とする．$(-\infty, a) \cup (b, \infty)$ は普通位相で開集合であるから，その補集合 $[a, b]$ は閉集合である．任意の閉区間は普通位相で閉集合である．$A = (a, b)$ とすると，$\overline{A} = [a, b]$ である．境界 $b(A)$ は，2点 $\{a, b\}$ からなる．集合 $(a, b), [a, b], (a, b], [a, b)$ は皆同じ境界，閉包と内部を持つ．$\mathbb{R}^n$ の普通位相のもとで，直積 $[a_1, b_1] \times \ldots \times [a_n, b_n]$ は閉集合である．

問 2.17 ある集合 $A \subset X$ が開集合か閉集合かは X に依存する．x 軸上に，区間 $I = (0, 1)$ をとる．I は x 軸 ($\mathbb{R}$) 上で開集合であるが，xy 平面 ($\mathbb{R}^2$) 上では閉集合でも開集合でもないことを示せ．

2.3.5 コンパクト性

$(X, \mathcal{T})$ を位相空間とする．X の部分集合族 $\{A_i\}$ が X の**被覆**であるとは

$$\bigcup_{i \in I} A_i = X$$

を満たすときをいう．もしすべての A_i が位相 $\mathcal{T}$ の開集合であるとき，この被覆を**開被覆**とよぶ．

定義 2.7 集合 X とその可能な被覆すべてを考える．X が**コンパクト**であるとは，どんな開被覆 $\{U_i | i \in I\}$ に対しても，I のある有限部分集合 J が存在して $\{U_j | j \in J\}$ もまた X の被覆になっているときをいう．

一般に $\mathbb{R}^n$ の部分集合がコンパクトならば，それは有界でなければならない．他に条件が必要だろうか？ 証明なしに次の結果を述べておく．

定理 2.3 X を $\mathbb{R}^n$ の部分集合とする．X がコンパクトである必要十分条件は，X が有界閉集合であることである．

例 2.11 (a) 1点はコンパクトである．

(b) $\mathbb{R}$ の開区間 (a, b) とその開被覆 $U_n = (a, b - \frac{1}{n}), n \in \mathbb{Z}$ を選ぶ．明らかに

$$\bigcup_{n \in \mathbb{Z}} U_n = (a, b).$$

しかし (a, b) を被覆する有限の部分族 $\{U_i\}$ は存在しない．したがって，定理 2.3 の結果とも一致することだが，開区間 (a, b) はコンパクトではない．

(c) 例 2.8 で与えた相対位相の下で，S^n は $\mathbb{R}^{n+1}$ の有界閉集合なのでコンパクトである．

読者はコンパクトの定義とこの程度の例からでは，その有り難みを認識できないかもしれない．しかしある種の数学的および物理学的解析はコンパクト空間上ではずっと易しくなることに注意せよ．例えば，固体中の電子を考えよう．もし，固体が無限の体積をもつ非コンパクト系であれば，無限体積における量子統計力学を扱わなければならない．これは数学的には極めて複雑で，Hilbert 空間に関する進んだ理論が必要になることが知られている．そこで通常，(1) 硬い壁をもつ有限の体積 V に閉じ込め，波動関数が境界で消えるようにするか，(2) 壁で周期的境界条件を課し，系をトーラスにしてしまう (例 2.5 (b)) かのいずれかのアプローチをとる．いずれにせよ，こうして得られた系は，コンパクトな空間上で定義されている．すると，離散的な量子数をもった励起から Fock 空間を構成することができる．物理学におけるコンパクト性のもう 1 つの重要性は，4.8 節で調べるように，インスタントンや Belavin-Polyakov モノポールのような，広がりをもつ励起を学ぶ際に現れる．場の理論では，通常場は無限遠で漸近的に真空に近づくと仮定する．同様に，秩序変数の分布が無限遠で同一の秩序変数をとるクラスは，後に見るように，大変興味深いクラスである．無限遠点にある点はすべて 1 点にうつされるので，コンパクトでない空間 $\mathbb{R}^n$ は，事実上コンパクトな空間 $S^n = \mathbb{R}^n \cup \{\infty\}$ にコンパクト化される．この構成を **1 点コンパクト化**と呼ぶ．

2.3.6 連結性

定義 2.8 (a) 位相空間 X が**連結**であるとは，$X_1 \cap X_2 = \emptyset$ であるような開集合 X_1, X_2 に対して，決して $X = X_1 \cup X_2$ とならないことをいう．そうでないとき，X は**不連結**という．

(b) 位相空間 X が**弧状連結**であるとは，任意の点 $x, y \in X$ に対して，ある連続写像 $f : [0,1] \to X$ が存在して $f(0) = x, f(1) = y$ を満たすときをいう．弧状連結性は，わずかな例外を除いて実際は連結性と同値である．

(c) 位相空間 X の**ループ**とは，連続写像 $f : [0,1] \to X$ で $f(0) = f(1)$ を満たすものである．X 内の任意のループが連続的な変形で 1 点につぶれるとき，X は**単連結**であるという．

例 2.12 (a) 実直線 $\mathbb{R}$ は弧状連結であるが $\mathbb{R} - \{\mathbf{0}\}$ はそうではない．一方 $\mathbb{R}^n$ ($n \geq 2$) は弧状連結であり $\mathbb{R}^n - \{\mathbf{0}\}$ もそうである．

(b) S^n は弧状連結．円周 S^1 は単連結ではないが，$n \geq 2$ ならば S^n は単連結である．n 次元トーラス

$$T^n = \underbrace{S^1 \times S^1 \times \ldots \times S^1}_{n \text{ 個の直積}} \quad (n \geq 2)$$

は弧状連結だが単連結ではない．

(c) $\mathbb{R}^2 - \mathbb{R}$ は弧状連結ではない．$\mathbb{R}^2 - \{\mathbf{0}\}$ は弧状連結だが単連結ではない．$\mathbb{R}^3 - \{\mathbf{0}\}$ は弧状連結かつ単連結である．

2.4 同相写像と位相不変量

2.4.1 同相写像

本章の冒頭で述べたように，トポロジー研究の主要目的は空間を分類することである．いくつかの図形が与えられたとして，どれが等しくどれが異なるか？と問うてみよう．我々は "等しい" と "異なる" の意味を定義していないので，「すべて異なる図形である」とも「すべて同じ図形である」と言ってもかまわない．「図形や空間が同値である」ということの定義の中には，意味のある結果を得るためには細かすぎるものもあれば，逆に大雑把すぎるものもある．例えば，初等幾何では図形の同値を合同で与えるが，これは我々の目的にはあまりにも強すぎる．トポロジーでは2つの図形が同値であるということを，一方から他方へ "連続的な変形" でうつり合うことと定義する．つまり，この同値関係は幾何学的対象が一方から他方へ連続的な変形でうつり合うかどうかに従って対象を分類する．より数学的には，次のような同相写像という概念の導入が必要である．

定義 2.9 X_1, X_2 を位相空間とする．写像 $f : X_1 \to X_2$ が**同相写像**であるとは，f が連続で全単射かつ逆写像 $f^{-1} : X_2 \to X_1$ が連続であるときをいう．X_1 と X_2 の間に同相写像が存在するとき，X_1 は X_2 に**同相である**という．

別の言い方をすれば，連続写像 $f : X_1 \to X_2$, $g : X_2 \to X_1$ が存在して $f \circ g = \mathrm{id}_{X_2}$, $g \circ f = \mathrm{id}_{X_1}$ を満たすならば X_1 は X_2 に同相である．容易にわかるように，同相は同値関係である．反射律は定義2.9で $f = \mathrm{id}_X$ とすればよいし，対称律は $f : X_1 \to X_2$ が同相写像であれば，定義により $f^{-1} : X_2 \to X_1$ もそうであることから従う．$f : X_1 \to X_2$, $g : X_2 \to X_3$ が同相写像ならば当然 $g \circ f : X_1 \to X_3$ も同相写像であるから推移律も成り立つ．そこですべての位相空間を，一方から他方へ同相写像でうつり合うかどうかに従って同値類に分けよう．直観的には，位相空間はすべて自由に変形可能なゴムのようなもので出来ていると考えればよい．2つの位相空間は，一方から他方へ連続的に (すなわち切ったり貼ったりしないで) 変形できるとき，互いに同相である．

図 2.10 に同相の2つの例をあげた．図 2.10 (b) で，左の図形から右の図形への連続的な変形は不可能のように見える．しかしこれは図形が $\mathbb{R}^3$ に埋め込まれたものと見たからである．実際 $\mathbb{R}^4$ の中ではこれらの図形は連続的に変形可能である (演習問題 2.3 を見よ)．この2つを区別したいときには，S^3 に埋め込んでそれぞれの図形の補集合を比べればよい[9]．しかしこのような見方は本書の目的から外れてしまう[10]ので同相による分類で満足することにする．

2.4.2 位相不変量

さて我々の主要な問題は「どのようにして同相類を特徴付けすることができるだろうか？」である．実際この問いに対する完全な解はまだ得られていない．その代わりに少し弱い形

---

[9] 例えば補集合の基本群を計算すれば互いに同型でない群が得られる．基本群の定義は第4章の最初で与えられる．

[10] このような研究分野はトポロジーでは「結び目理論」として知られている．

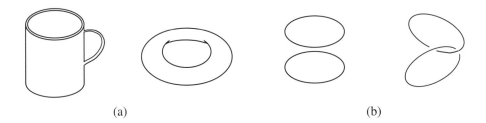

図 2.10. (a) コーヒーカップはドーナッツと同相. (b) 絡んだ輪は分離した輪と同相.

で「2つの空間が異なる**位相不変量**を持てば，それらは互いに同相ではない」というふうには答えられる．ここで位相不変量とは同相の下に変わらないある種の量を表す．位相不変量は，空間の連結成分の個数のような整数値であったり，空間から構成される環や群などの代数的構造，あるいは連結性，コンパクト性や Hausdorff 性などである．（これらが位相不変量であることは直観的には明らかだが証明を要する．ここでは証明を省略するので興味を持たれた読者はトポロジーの適当な本を参考にされたい．）もし完全な位相不変量の集合がわかれば，それらの不変量により同値類を特定することができる．しかし現在までの研究では完全な不変量は得られていない．つまり任意に与えられた2つの位相空間の既存の位相不変量がすべて一致していても，それらが互いに同相かどうかは判定できない．その代わりに次のように述べることは可能である：" 2つの位相空間が異なる位相不変量をもつならばそれらは互いに同相ではない．"

例 2.13 (i) 閉区間 $[-1,1]$ は開区間 $(-1,1)$ に同相でない．$[-1,1]$ はコンパクトであるが，$(-1,1)$ はそうではないからである．

(ii) 円周 S^1 は $\mathbb{R}$ に同相でない．S^1 はコンパクトであるが，$\mathbb{R}$ はそうではないからである．

(iii) 放物線 ($y = x^2$) と双曲線 ($x^2 - y^2 = 1$) はともにコンパクトではないが，互いに同相でない．放物線は (弧状) 連結だが双曲線はそうではない．

(iv) 円周 S^1 と閉区間 $[-1,1]$ はともにコンパクトで (弧状) 連結だが互いに同相でない．$[-1,1]$ は単連結だが S^1 はそうではないから．あるいは $\forall p \in S^1$ に対して $S^1 - \{p\}$ は連結だが，$[-1,1] - \{0\}$ はそうではない．

(v) 驚くべきことに，開区間は直線 $\mathbb{R}$ に同相である．これを確かめるには $X = (-\frac{\pi}{2}, \frac{\pi}{2})$, $Y = \mathbb{R}$ として，写像 $f : X \to Y$ を $f(x) = \tan x$ と定義すればよい．$\tan x$ は X 上 1 対 1 で，その逆 $\tan^{-1} x$ は $\mathbb{R}$ 上 1 対 1 であるから，これが同相写像であることは容易にわかる．このことから "有界性" は位相不変量ではないことがわかる．

(vi) 開円板 $D^2 = \{(x,y) \in \mathbb{R}^2 | x^2 + y^2 < 1\}$ は $\mathbb{R}^2$ に同相である．同相写像 $f : D^2 \to \mathbb{R}^2$ は

$$f(x,y) = \left(\frac{x}{\sqrt{1-x^2-y^2}}, \frac{y}{\sqrt{1-x^2-y^2}} \right) \tag{2.28}$$

と定めればよい．一方，その逆写像 $f^{-1}: \mathbb{R}^2 \to D^2$ は

$$f^{-1}(x,y) = \left(\frac{x}{\sqrt{1+x^2+y^2}}, \frac{y}{\sqrt{1+x^2+y^2}}\right) \quad (2.29)$$

となる．読者は $f \circ f^{-1} = \mathrm{id}_{\mathbb{R}^2}$, $f^{-1} \circ f = \mathrm{id}_{D^2}$ を確かめられたい．すでに例 2.5 (e) で見たように，閉円板の境界 S^1 を1点につぶしてできる空間は S^2 に同相であった．したがって，S^2 から1点を取り去ると，開円板が得られる．上に述べたことから，この開円板は $\mathbb{R}^2$ と同相になる．そこでこの議論を逆に考えて，$\mathbb{R}^2$ に（無限遠）点を加えるとコンパクト空間 S^2 となることがわかる．この構成は前節で紹介した1点コンパクト化 $S^2 = \mathbb{R}^2 \cup \{\infty\}$ である．同様にして $S^n = \mathbb{R}^n \cup \{\infty\}$ を得る．

(vii) 円周 $S^1 = \{(x,y) \in \mathbb{R}^2 | x^2+y^2 = 1\}$ は正方形の境界 $I^2 = \{(x,y) \in \mathbb{R}^2 | (|x|=1, |y| \leq 1), (|x| \leq 1, |y|=1)\}$ に同相である．同相写像 $f: I^2 \to S^1$ は

$$f(x,y) = \left(\frac{x}{r}, \frac{y}{r}\right), \qquad r = \sqrt{x^2+y^2} \quad (2.30)$$

とすればよい．r は 0 にならないので (2.30) の逆写像は存在する．

問 2.18 円周 $S^1 = \{(x,y) \in \mathbb{R}^2 | x^2+y^2=1\}$ と楕円 $E = \{(x,y) \in \mathbb{R}^2 | (x/a)^2+(y/b)^2=1\}$ の間の同相写像を構成せよ．

2.4.3 ホモトピー型

同相よりは幾分粗いが，極めて有用な分類が「**同じホモトピー型をもつ**」である．それには，定義 2.9 の直後の言い換えにある連続写像 f と g の合成が必ずしも恒等写像でなくてもよいように条件を緩めればよい．例えば $X = (0,1)$, $Y = \{0\}$ のとき $f: X \to Y$, $f(x) = 0$ および $g: Y \to X$, $g(0) = \frac{1}{2}$ ととる．このとき $f \circ g = \mathrm{id}_Y$ だが $g \circ f \neq \mathrm{id}_X$ である．実は開区間 $(0,1)$ は $\{0\}$ と同相ではないが同じホモトピー型をもつ．このことに関しては 4.2 節でもっと詳しく触れる．

例 2.14　(a) S^1 は円筒と同じホモトピー型をもつ．円筒は直積 $S^1 \times \mathbb{R}$ に同相であるが，$\mathbb{R}$ を円周上の各点で1点に縮めてゆくことができる．同じ理由で，Möbius の帯は S^1 と同じホモトピー型をもつ．

(b) 円板 $D^2 = \{(x,y) \in \mathbb{R}^2 | x^2+y^2 < 1\}$ は1点と同じホモトピー型をもつ．$D^2 - \{(0,0)\}$ は S^1 と同じホモトピー型をもつ．同様に $\mathbb{R}^2 - \{\mathbf{0}\}$ は S^1 と同じホモトピー型をもち，$\mathbb{R}^3 - \{\mathbf{0}\}$ は S^2 と同じホモトピー型をもつ．

2.4.4 Euler 標数：例

Euler 標数は最も有用な位相不変量の1つである．またそれは，位相構造を調べるための代数的なアプローチの典型でもある．不必要な煩雑さを避けるために，話を $\mathbb{R}^3$ 内の点，直線，曲面に限定する．**多面体**とは，面で囲まれた図形のことである．2つの面の境界は

辺で，2辺は頂点で交わる．多面体の定義を，多角形やその境界，辺や点も含むように拡張しよう．多面体の面，辺，頂点を**単体**とよぶことにする．2つの単体の境界は空であるか別の単体であることに注意せよ．(例えば2つの面の境界は辺である．) 一般次元における単体と多面体の定義は第3章で与えられる．これで $\mathbb{R}^3$ 内の図形の Euler 標数を定義する準備ができた．

定義 2.10 X を多面体 K に同相な $\mathbb{R}^3$ 内の部分集合とする．このとき X の **Euler 標数** $\chi(X)$ は

$$\chi(X) = (K における頂点の数) - (K における辺の数) + (K における面の数) \quad (2.31)$$

で定義される．

読者は $\chi(X)$ が多面体の形に依存するのではと不安に思われるかもしれない．次の Poincaré-Alexander による定理は，$\chi(X)$ が実際多面体の選び方とは独立であることを保証する．

定理 2.4 (Poincaré-Alexander) Euler 標数 $\chi(X)$ は，多面体 K が X に同相である限り K の選び方に依存しないで決まる．

例は次のようなものである．1点の Euler 標数は，定義から $\chi(\cdot) = 1$ である．線分は2つの端点と1辺からなるので線分の Euler 標数は，$\chi(\text{———}) = 2 - 1 = 1$ である．三角形板に関しては $\chi(\blacktriangle) = 3 - 3 + 1 = 1$ である．それほど明らかではない例の1つは S^1 の Euler 標数であろう．S^1 に同相で一番簡単な多角形は三角形である．このとき $\chi(S^1) = 3 - 3 = 0$ である．同様に球面 S^2 は四面体に同相なので $\chi(S^2) = 4 - 6 + 4 = 2$ である．容易にわかるように S^2 は立方体の表面とも同相である．S^2 の Euler 標数を計算するために立方体を用いると，定理 2.4 にあるように $\chi(S^2) = 8 - 12 + 6 = 2$ を得る．歴史的には，これは次の **Euler の定理**の帰結である：K を S^2 に同相な v 個の頂点，e 個の辺，f 個の面をもつ任意の多面体とするならば $v - e + f = 2$ である．

例 2.15 トーラス T^2 の Euler 標数を計算しよう．図 2.11 (a) は T^2 に同相な多面体の例である．この多面体から $\chi(T^2) = 16 - 32 - 16 = 0$ が求まる．すでに例 2.5 (b) で見たように，T^2 は長方形の各辺を同一視して構成される；図 2.4 参照．同一視の仕方に注意して，図 2.11 (b) のように長方形の各辺を貼り付けて T^2 に同相な多面体が得られ，それから再び $\chi(T^2) = 0$ が得られる．これは図形が $\mathbb{R}^3$ 内に実現 (埋め込み) できないときに大変有効な方法である．例えば Klein の壺 (図 2.5 (a)) は，$\mathbb{R}^3$ において自分自身と交わりを持たずには実現できない．図 2.5 (a) の長方形から，$\chi(\text{Klein の壺}) = 0$ が求まる．同様にして $\chi(\text{実射影平面}) = 1$ を得る．

問 2.19 (a) $\chi(\text{Möbius の帯}) = 0$ を示せ．

(b) 2つのハンドルをもつ閉曲面 Σ_2 に対して $\chi(\Sigma_2) = -2$ を示せ (図 2.7 参照)．Σ_2 に同相な多面体を構成するか，図 2.7 (a) にある八角形を使うとよい．以下で $\chi(\Sigma_g) = 2 - 2g$ を示す．

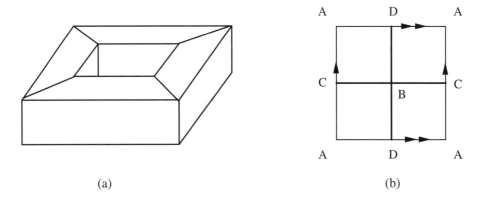

図 **2.11.** トーラスに同相な多面体の例.

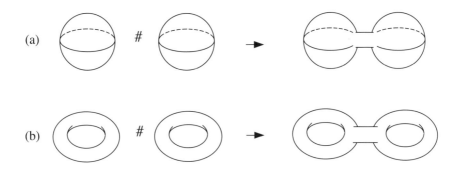

図 **2.12.** 連結和の例. (a) $S^2 \sharp S^2 \cong S^2$. (b) $T^2 \sharp T^2 = \Sigma_2$.

2つの曲面 X, Y の**連結和** $X \sharp Y$ とは，図 2.12 のように X, Y からそれぞれ小さな円板をくりぬいて，その穴を円筒でふさいでできる曲面のことである．X を任意の曲面とする．このとき S^2 と円筒で X の穴がふさがれるから

$$S^2 \sharp X = X \tag{2.32}$$

であることが容易にわかる (図 2.12 (a))．2つのトーラスの連結和をとることにより

$$T^2 \sharp T^2 = \Sigma_2 \tag{2.33}$$

が得られる (図 2.12 (b))．同様にして，Σ_g は g 個のトーラスの連結和から得られると考えてよい；

$$\underbrace{T^2 \sharp T^2 \sharp \ldots \sharp T^2}_{g \text{ 個の連結和}} = \Sigma_g. \tag{2.34}$$

連結和は，複雑な曲面の Euler 標数を，それがよくわかっているものから計算する1つのテクニックである．次の定理を証明しよう．

定理 2.5 X, Y を曲面とする．このとき連結和 $X \sharp Y$ の Euler 標数は

$$\chi(X \sharp Y) = \chi(X) + \chi(Y) - 2$$

で与えられる．

証明： X, Y に同相な多面体を，それぞれ K_X, K_Y とする．K_X, K_Y は，どちらも三角形を含むと仮定しても一般性を失わない．そこで，それぞれから三角形を取り除いてできた穴を三角柱でふさぐ．このとき，頂点の数は変化しないが辺の数は 3 増える．一方，2 つの面をのぞいて 3 つの面を加えたから，面は $-2 + 3 = 1$ 増えた．こうして Euler 標数の変化を見ると $0 - 3 + 1 = -2$ となる．∎

上の定理と $\chi(T^2) = 0$ から $\chi(\Sigma_2) = 0 + 0 - 2 = -2$, $\chi(\Sigma_g) = g \times 0 - 2(g-1) = 2 - 2g$ を得る．これを問 2.19 (b) と比べよ．

Euler 標数の重要性は，それが比較的計算しやすい位相不変量であることによる．証明は省略して次の定理を述べておこう．

定理 2.6 X, Y を $\mathbb{R}^3$ 内の 2 つの図形とする．もし X が Y に同相ならば $\chi(X) = \chi(Y)$ が成り立つ．すなわち $\chi(X) \neq \chi(Y)$ ならば，X は Y に同相にはなり得ない．

例 2.16 (a) $\chi(S^1) = 0$, $\chi(S^2) = 2$ なので S^1 は S^2 に同相ではない[11]．

(b) 互いに同相でない 2 つの図形が同じ Euler 標数をもつこともある．1 点 $(\cdot)$ は線分 (――) と同相ではないが $\chi(\cdot) = \chi(――) = 1$ である．このことはもう少し一般的な次の事実の帰結でもある：「X と Y が同じホモトピー型をもてば $\chi(X) = \chi(Y)$ が成り立つ」．

読者は Euler 標数が他の位相不変量，例えばコンパクト性や連結性とは性質が異なることに気がついたかもしれない．コンパクト性や連結性は図形や空間の幾何的性質であり，一方 Euler 標数は整数値 $\chi(X) \in \mathbb{Z}$ であるという点である．$\mathbb{Z}$ は幾何的というよりはむしろ代数的対象であることに注意しよう．Euler の仕事以来，多くの数学者がこのような幾何学と代数の結びつきを調べた．そして，こうしたアイディアを精密化することにより，20 世紀になって組み合わせ位相幾何学や代数的位相幾何学が確立されることとなった．我々はまた，滑らかな曲面の Euler 標数を Gauss-Bonnet の定理からも計算することができる．それは曲面の Gauss 曲率の積分と多面体から計算される Euler 標数を結びつけるものである．第 12 章では Gauss-Bonnet の定理を一般化した公式を与える．

演習問題 2

2.1 図 2.13 (a) の $4g$ 角形の境界をうまく同一視することによって，図 2.13 (b) にある種数 g の閉曲面が得られることを示せ．式 (2.34) を使ってもよい．

2.2 $X = \{1, \frac{1}{2}, \ldots, \frac{1}{n}, \ldots\}$ を $\mathbb{R}$ の部分集合とする．X は $\mathbb{R}$ の閉集合ではないことを示せ．また $Y = \{1, \frac{1}{2}, \ldots, \frac{1}{n}, \ldots, 0\}$ は $\mathbb{R}$ の閉集合，したがってコンパクトであることを示せ．

---

[11] 位相空間の次元という整数値も位相不変量なので，これは Euler 標数を計算せずともわかる．

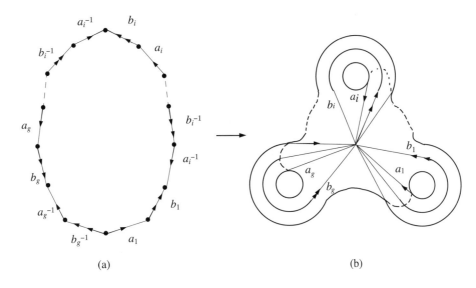

図 2.13. (a) の多角形の辺を同一視すると，種数 g の閉曲面 Σ_g となる．

2.3 図 2.10 (b) の 2 つの図は互いに同相であることを示せ．$\mathbb{R}^4$ の中で，右の図形の絡みを解くにはどうすればよいか？

2.4 $\mathbb{R}^3$ で実現できる正多面体は，正 4 面体，正 6 面体，正 8 面体，正 12 面体，正 20 面体の 5 つに限られることを示せ．[ヒント：例えば Euler の定理を使え．]

第 2 章への補足

本章では詳しく述べられなかった事項や，読者の興味や便宜のための補足をここでいくつか与えることにする．まず本章ではしばしば群と体が登場するが，定義は与えられていないのでここで述べておく．

定義 2.A G を任意の集合とする．写像 $\mu : G \times G \to G$ が与えられ，次の 3 つの条件を満たすとき G (または組 (G, μ)) を**群** (group) という．

(1) (結合法則) G の任意の元 a, b, c に対して

$$\mu(a, \mu(b, c)) = \mu(\mu(a, b), c)$$

が成り立つ．

(2) (単位元の存在) G の任意の元 a に対して

$$\mu(a, e) = \mu(e, a) = a$$

となるような元 $e \in G$ が存在する．e を G の**単位元**という．

(3) (逆元の存在) G の各元 a に対して

$$\mu(a, a') = \mu(a', a) = e$$

となるような元 $a' \in G$ が存在する．このような元 a' を a の**逆元**といい a^{-1} と書く．

ここで写像 μ を G の**演算**とよび，上記 3 条件を**群の公理**という．[注：群 G の任意の元 a, b に対して $\mu(a,b) = \mu(b,a)$ が成り立つとき G を **Abel 群**あるいは**可換群**という．単位元または逆元は一意的に存在する．]

定義 2.B 集合 K に 2 つの演算，和と積 (それぞれ $+, \cdot$ と書くことにする) が与えられていて，次の 4 つの条件を満たすとき K を**体** (field) という．

(1) K は和に関して可換群をなす．

(2) 積に関しては結合法則を満たす．

(3) 任意の元 $a, b, c \in K$ に対して

$$c \cdot (a + b) = c \cdot a + c \cdot b$$

が成り立つ．

(4) 和に関する単位元を 0 と書くとき $K - \{0\}$ は積に関して群になる．

(1)〜(3) を満たすとき集合 K を**環** (ring) という．(4) は集合 K に割り算が定まることを示している．したがって，体 K では四則演算 (加減乗除) が可能である．環 K の積が可換なとき K を**可換環**，体 K が環として可換環であるとき**可換体**という．

自然数全体の集合を

$$\mathbb{N} = \{1, 2, 3, 4, 5, \ldots\}$$

で表す．さらに，$N = \mathbb{N} \cup \{0\}$ とするとき，任意の $(m, n), (p, q) \in N \times N$ に対して，$(m, n) \sim (p, q)$ を $m + q = n + p$ が成り立つときと定義する．すると，$\sim$ は同値関係になる[12]．そこで，この同値関係による商集合を $\mathbb{Z} = N \times N/\sim$ とするとき，これが整数全体の集合の厳密な定義である．つまり，整数の集合が数学的に構成されたことになる．任意の元を同値類の記号として

$$[m, n] = \{(m', n') \in N \times N; (m', n') \sim (m, n)\}$$

と書くことにする．例えば，$[m+1, 1] = [m, 0]$ であるが，これを改めて m と書き，$[0, m]$ を $-m$ と書くことにする．すなわち，大小関係を

$$[m, n] > [p, q] \iff m + q > n + p$$

---

[12] 各自演習されたい．

と定めたことになり，符号の概念が定まった．さらに，加法と乗法を

$$[m,n] + [p,q] = [m+p, n+q], \qquad [m,n] \times [p,q] = [mp+nq, np+mq]$$

と定めると，これらが代表元の取り方に依らず矛盾なく定義される．例えば，これより $(-1) \times (-1) = [0,1] \times [0,1] = [1,0] = 1$ を得る．こうして定まる整数の集合 $\mathbb{Z}$ は環になるが，割り算はうまく定義できないので，体にはならない．

有理数全体の集合を

$$\mathbb{Q} = \left\{ \frac{p}{q} ;\, p \in \mathbb{Z},\, q \in \mathbb{N} \right\}$$

で表す．ただし，この分数 $\dfrac{p}{q}$ は本来定義すべき記号[13]である．厳密には，$p \in \mathbb{Z}, q \in \mathbb{N}$ に対して，次の8つの公理を満たす順序対 (p,q) の集合である：

(1) $(p,q) = (r,s) \iff ps = qr$ (等号の定義)

(2) $(p,q) > (r,s) \iff ps > qr$ (不等号の定義 1)

(3) $(p,q) < (r,s) \iff ps < qr$ (不等号の定義 2)

(4) $(p,q) + (r,s) = (ps + qr, qs)$ (加法の定義)

(5) $(p,q) \times (r,s) = (pr, qs)$ (乗法の定義)

(6) $(p,q) - (r,s) = (ps - qr, qs)$ (減法の定義)

(7) $(p,q) \div (r,s) = (ps, qr) \quad (r \neq 0)$ (除法の定義)

(8) $(p,q) = a \iff p = aq \quad$ (ただし，$a \in \mathbb{Z}$) (整数の包含)

こうして定まる順序対 (p,q) を**分数**といって，$\dfrac{p}{q}$ と書く．公理 (8) で，$q=1$ とすると，すべての整数が $\mathbb{Q}$ に含まれていることがわかる．この意味で，$\mathbb{Q}$ は $\mathbb{Z}$ の拡張である．

有理数全体が $\forall a_1 \in A_1, \forall a_2 \in A_2$ に対して，$a_1 < a_2$ となるように A_1, A_2 の 2 組の集合に分けられるとき，この組み分け (A_1, A_2) を**有理数の切断**という．例えば，q を任意の有理数とするとき，

$$A_1 = \{x ;\, x \leq q,\, x \text{ は有理数}\}, \qquad A_2 = \{x ;\, x > q,\, x \text{ は有理数}\}$$

とすると (A_1, A_2) は有理数の切断となっている．

有理数の切断 (A_1, A_2) について，次の 4 つの場合が考えられる：

(1) A_1 に最大数があって，A_2 に最小数がない．

(2) A_1 に最大数がなくて，A_2 に最小数がある．

(3) A_1 に最大数がなくて，A_2 に最小数がない．

---

[13] そもそも分数は小学校の算数で割り算を習った後にでてくる記号である．もちろん，小学校では分数記号を正確には定義しない．有理数の公理をみればわかるように，割り算「÷」の定義が含まれている．

(4) A_1 に最大数があって，A_2 に最小数がある．

上記の (1) は上であげた例の場合で，(2) は

$$A_1 = \{x\,;\, x < q,\, x \text{ は有理数}\}, \qquad A_2 = \{x\,;\, x \geq q,\, x \text{ は有理数}\}$$

とした場合で，どちらも**有端切断**とよばれる．

(4) は有理数の稠密性から起こりえないことがわかる．任意の 2 つの有理数の間には，必ず別の有理数が存在する，すなわち有理数を大小順に並べたとき，有理数には隣りの有理数というものが存在しない (整数には両隣りの整数が 1 つずつ存在)．これを有理数の稠密性という．

(3) の場合を**無端切断**といい，各々の無端切断に対して 1 つの**無理数** α を対応させて，

$$(A_1, A_2) = \alpha$$

と表す．$\forall x \in A_1,\, x < \alpha$ であり，$\forall x \in A_2,\, x > \alpha$ となる．

2 つの無理数 $\alpha = (A_1, A_2)$, $\beta = (B_1, B_2)$ に対して，

$$\alpha = \beta \iff A_1 = B_1,$$

一方，$\alpha \neq \beta$ ならば

$$\alpha < \beta \iff A_2 \cap B_1 \neq \emptyset$$

により，無理数の相等と大小が定まる．

こうして，無端切断 $(A_1, A_2) = \alpha$ により**無理数** α が定まった．

そして，無理数と有理数の集合の和集合を**実数の集合**といい，$\mathbb{R}$ で表す．したがって，無理数全体の集合は $\mathbb{R} - \mathbb{Q}$ と表される．$\mathbb{R} - \mathbb{Q}$ にも切断を用いて，加減乗除が定義される．

通常，**複素数**[14] 全体の集合は虚数単位 $\mathrm{i} = \sqrt{-1}$ を用いて，

$$\mathbb{C} = \{a + b\mathrm{i}\,;\, a, b \in \mathbb{R}\}$$

と定義されるが，厳密には $a, b \in \mathbb{R}$ に対して，次の 5 つの公理を満たす順序対 (a, b) の集合である：

(1) $(a, b) + (c, d) = (a + c, b + d)$ 　　　　　　　　　　　　　　　　　　　(加法の定義)

(2) $(a, b) - (c, d) = (a - c, b - d)$ 　　　　　　　　　　　　　　　　　　　(減法の定義)

(3) $(a, b) \times (c, d) = (ac - bd, ad + bc)$ 　　　　　　　　　　　　　　　　(乗法の定義)

(4) $\dfrac{(a, b)}{(c, d)} = \left(\dfrac{ac + bd}{c^2 + d^2}, \dfrac{bc - ad}{c^2 + d^2}\right)$ 　　　　　　　　　　　　　　　　　(除法の定義)

(5) $(a, 0) = a$ 　　　　　　　　　　　　　　　　　　　　　　　　　　　(実数の包含)

---

[14] 複素数の名前の由来は，1 と i という複数の基本単位からなる数の意味であり，**2 元数**ということもある．その意味で，$\mathbb{R}$ は単素数あるいは **1 元数**ということもできる．

ただし，公理 (4) で $(c,d) = (0,0)$ のときは $\mathbb{R}$ の除法が定義されないので，この場合は除外されている．$(0,1)$ を i (または $\sqrt{-1}$) と書くことにより，

$$(a,b) = (a,0) + (0,b) = a + b\mathrm{i}$$

と書くこともできるので，最初に述べた $\mathbb{C}$ の定義と一致する．

$$\mathrm{i}^2 = (0,1) \times (0,1) = (-1,0) = -1$$

であることが容易に確かめられる．

第3章　ホモロジー群

位相不変量の中で，Euler 標数は空間を多面体化することにより計算可能な量である．ホモロジー群は，言わば Euler 標数の精密化にあたる．しかも，ホモロジー群から Euler 標数を求めることが可能である．図 3.1 を見てみよう．図 3.1 の (a) は三角形の内部を含むのに対して，(b) は含まない．この違いをどう特徴付ければよいだろうか．一目でわかることは，図 3.1 (a) で 3 辺が三角形内部の境界になっているのに，(b) はそうなっていないことだろう．(図 3.1 (b) で内部は図形の一部ではないことに注意．) いずれの場合も明らかなように，3 辺が閉じた道 (ループ) になっていて，それ自身境界をもたない．換言すれば，いかなる領域の境界にもなっていないループが存在すれば，そのループの内側に穴が空いていることになる．このことが空間を分類する際に我々が従う原理になる：すなわち "境界をもたない領域で，それ自身いかなる領域の境界にもなっていないような領域を見出せ"．この原理は数学的にホモロジー理論として精密化される．

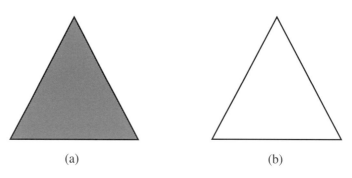

図 **3.1.** (a) 内部をもつ三角形と (b) 内部をもたない三角形の 3 辺．

なお，本章の解説は Armstrong (1983), Croom (1978), Nash and Sen (1983) を参考にした．群論については Fraleigh (1978) による．

3.1　Abel 群

ホモロジー論の基礎となる数学的構造は "有限生成 Abel 群" と呼ばれるものである．本章で考察される群はすべて Abel(可換) 群なので群演算は + で表すことにする．したがって単位元は 0 で表す．

3.1.1 群論の初歩

G_1, G_2 を Abel 群とする．写像 $f : G_1 \to G_2$ が，任意の $x, y \in G_1$ に対して

$$f(x+y) = f(x) + f(y) \tag{3.1}$$

を満たすとき，f を**準同型写像**という．さらに f が全単射ならば f は**同型写像**とよばれる．同型写像 $f : G_1 \to G_2$ が存在するとき，G_1 は G_2 に**同型**であるといい，$G_1 \cong G_2$ と書く．例えば

$$f(2n) = 0, \qquad f(2n+1) = 1$$

で定義される写像 $f : \mathbb{Z} \to \mathbb{Z}_2 = \{0, 1\}$ は準同型写像である．実際 $m, n \in \mathbb{Z}$ のとき

$$f(2m + 2n) = f(2(m+n)) = 0 = 0 + 0 = f(2m) + f(2n),$$
$$f(2m+1+2n+1) = f(2(m+n+1)) = 0 = 1+1$$
$$= f(2m+1) + f(2n+1),$$
$$f(2m+1+2n) = f(2(m+n)+1) = 1 = 1+0$$
$$= f(2m+1) + f(2n).$$

部分集合 $H \subset G$ が群 G の演算に関して群をなすとき，H を G の**部分群**という．例えば

$$k\mathbb{Z} \equiv \{kn | n \in \mathbb{Z}\}, \qquad k \in \mathbb{N}$$

は $\mathbb{Z}$ の部分群であるが，$\mathbb{Z}_2 = \{0, 1\}$ はそうではない．

H を G の部分群とする．$x, y \in G$ が同値であるとは

$$x - y \in H \tag{3.2}$$

であるときをいい，このとき $x \sim y$ と書くことにする．明らかに $\sim$ は同値関係になっている．x が属する同値類を $[x]$ と書くことにする．G/H を商集合とする．G における群演算 $+$ から

$$[x] + [y] = [x+y] \tag{3.3}$$

によって G/H の演算 $+$ が自然に誘導される．左辺の $+$ は G/H における演算であり，右辺の $+$ は G の群演算であることに注意せよ．G/H における演算は代表元の選び方に依らずに定まる．実際 $[x'] = [x]$, $[y'] = [y]$ ならば，ある元 $h, g \in H$ が存在して $x - x' = h$, $y' - y = g$ と書けるので

$$x' + y' = x + y - (h + g) \in [x+y]$$

が成り立つからである．さらに H は G の正規部分群なので，G/H はこの演算で群になる．（例 2.6 を参照せよ．）G/H の単位元は $[0] = [h]$, $h \in H$ である．もし $H = G$ ならば任意の元 $x \in G$ に対して $0 - x \in G$ だから，G/G は唯 1 つの元 $[0]$ からなる．また $H = \{0\}$ ならば，$x - y = 0 \iff x = y$ だから G/H は群 G それ自身である．

例 3.1 商群 $\mathbb{Z}/2\mathbb{Z}$ について考える．偶数に関して $2n - 2m = 2(n-m) \in 2\mathbb{Z}$ だから $[2n] = [2m]$ である．奇数に関して $(2n+1) - (2m+1) = 2(n-m) \in 2\mathbb{Z}$ だから $[2n+1] = [2m+1]$ である．$(2n) - (2m+1) \notin 2\mathbb{Z}$ より偶数と奇数が同じ類に属することはない．したがって

$$\mathbb{Z}/2\mathbb{Z} = \{[0], [1]\} \tag{3.4}$$

である．準同型 $\varphi : \mathbb{Z}/2\mathbb{Z} \to \mathbb{Z}_2$ を $\varphi([0]) = 0$, $\varphi([1]) = 1$ で定めれば φ は同型写像になるから，$\mathbb{Z}/2\mathbb{Z} \cong \mathbb{Z}_2$ が成り立つ．一般の $k \in \mathbb{N}$ に対しても

$$\mathbb{Z}/k\mathbb{Z} \cong \mathbb{Z}_k \tag{3.5}$$

を得る．

補題 3.1 $f : G_1 \to G_2$ を群の準同型写像とする．このとき

(a) $\mathrm{Ker}f = \{x \in G_1 | f(x) = 0\}$ は群 G_1 の部分群である．

(b) $\mathrm{Im}f = \{y \in G_2 | y \in f(G_1) \subset G_2\}$ は群 G_2 の部分群である．

証明：

(a) $x_1, x_2 \in \mathrm{Ker}f$ とする．$f(x_1 + x_2) = f(x_1) + f(x_2) = 0 + 0 = 0$ なので $x_1 + x_2 \in \mathrm{Ker}f$. $f(0) = f(0) + f(0)$ だから $0 \in \mathrm{Ker}f$. また $0 = f(0) = f(x-x) = f(x) + f(-x) = f(-x)$ より $-x \in \mathrm{Ker}f$ である．

(b) $y_1 = f(x_1)$, $y_2 = f(x_2) \in \mathrm{Im}f$ とする．ただし $x_1, x_2 \in G_1$. f は準同型写像なので，$y_1 + y_2 = f(x_1) + f(x_2) = f(x_1 + x_2) \in \mathrm{Im}f$ を得る．さらに $f(0) = 0$ より $0 \in \mathrm{Im}f$ は明らか．$y = f(x)$ ならば $0 = f(x-x) = f(x) + f(-x)$ より $f(-x) = -y$ がわかるので，$-y \in \mathrm{Im}f$ である． ∎

定理 3.1 (準同型定理) $f : G_1 \to G_2$ を群の準同型写像とする．このとき

$$G_1/\mathrm{Ker}f \cong \mathrm{Im}f \tag{3.6}$$

が成り立つ．

証明： 補題 3.1 より両辺とも群である．写像 $\varphi : G_1/\mathrm{Ker}f \to \mathrm{Im}f$ を $\varphi([x]) = f(x)$ で定義する．$x' \in [x]$ に対して $x' = x + h$ となる $h \in \mathrm{Ker}f$ が存在して，このとき $f(x') = f(x+h) = f(x) + f(h) = f(x)$ なので写像は矛盾なく定義されている．そこで φ が同型写像であることを示そう．まず

$$\varphi([x] + [y]) = \varphi([x+y]) = f(x+y)$$
$$= f(x) + f(y) = \varphi([x]) + \varphi([y])$$

である．φ は準同型写像である．次に $\varphi([x]) = \varphi([y])$ ならば $f(x) = f(y)$ であるから $f(x) - f(y) = f(x-y) = 0$ である．すなわち $x - y \in \mathrm{Ker}f$ で，これは $[x] = [y]$ を意味するから φ が単射であることが示された．最後に $y \in \mathrm{Im}f$ ならば，$f(x) = y = \varphi([x])$ となるような元 $x \in G_1$ が存在するので φ は全射となる． ∎

例 3.2 $f: \mathbb{Z} \to \mathbb{Z}_2$ を $f(2n) = 0$, $f(2n+1) = 1$ と定める．このとき $\mathrm{Ker} f = 2\mathbb{Z}$, $\mathrm{Im} f = \mathbb{Z}_2$ はともに群である．定理 3.1 から $\mathbb{Z}/2\mathbb{Z} \cong \mathbb{Z}_2$ を得るが，これは例 3.1 で述べたことと一致する．

3.1.2 有限生成 Abel 群と自由加群

x を群 G の元とする．$n \in \mathbb{Z}$ に対して nx は

$$\underbrace{x + \cdots + x}_{n \text{ 個の和}} \quad (n > 0 \text{ のとき})$$

および

$$\underbrace{(-x) + \cdots + (-x)}_{|n| \text{ 個の和}} \quad (n < 0 \text{ のとき})$$

を表す．$n = 0$ ならば $0x = 0$ とする．G の r 個の元 $x_1, \ldots, x_r$ を選ぶ．G の元で

$$n_1 x_1 + \cdots + n_r x_r \quad (n_i \in \mathbb{Z}, 1 \leq i \leq r) \tag{3.7}$$

と表されるものの全体は G の部分群をなすので，これを H と書く．このとき H は**生成元** $x_1, \ldots, x_r$ で**生成される** G の部分群であるという．もし G 自身が有限個の元 $x_1, \ldots, x_r$ で生成されるときは，G は**有限生成**であるという．また $n_1 x_1 + \cdots + n_r x_r = 0$ が成り立つのは $n_1 = \cdots = n_r = 0$ であるときに限られるならば，$x_1, \ldots, x_r$ は **1 次独立**であるという．

定義 3.1 群 G が r 個の 1 次独立な元により生成されるならば，G は**階数 r の自由加群**であるという．

例 3.3 $\mathbb{Z}$ は 1(あるいは -1) で生成される階数 1 の自由加群である．$\mathbb{Z} \oplus \mathbb{Z}$ を対からなる集合 $\{(i,j) | i, j \in \mathbb{Z}\}$ とする．これは生成元 $(1,0)$ と $(0,1)$ により生成される階数 2 の自由加群である．もっと一般に

$$\underbrace{\mathbb{Z} \oplus \mathbb{Z} \oplus \cdots \oplus \mathbb{Z}}_{r \text{ 個の直和}}$$

は階数 r の自由加群である．$\mathbb{Z}_2 = \{0, 1\}$ は生成元 1 をもつ有限生成群だが，1 は 1 次独立でない ($1 + 1 = 0$ に注意) ので自由加群ではない．

3.1.3 巡回群

G が 1 つの元 x で生成されるとき $G = \{0, \pm x, \pm 2x, \ldots\}$ である．このとき G を**巡回群**とよぶ．任意の $n \in \mathbb{Z} - \{0\}$ に対して $nx \neq 0$ ならば**無限巡回群**といい，ある $n \in \mathbb{Z} - \{0\}$ に対して $nx = 0$ ならば**有限巡回群**という．G を x で生成される巡回群とし，$f: \mathbb{Z} \to G$ を $f(m) = mx$ で定義される準同型写像とする．f は全射であるが必ずしも単射になると

は限らない．定理 3.1 から $G \cong \mathbb{Z}/\mathrm{Ker} f$ を得る．N を $Nx = 0$ であるような最小の自然数とする．明らかに

$$\mathrm{Ker} f = \{0, \pm N, \pm 2N, \ldots\} = N\mathbb{Z} \tag{3.8}$$

であるから

$$G \cong \mathbb{Z}/N\mathbb{Z} \cong \mathbb{Z}_N \tag{3.9}$$

を得る．もし G が無限巡回群ならば $\mathrm{Ker} f = \{0\}$ で $G \cong \mathbb{Z}$ である．任意の無限巡回群は $\mathbb{Z}$ に同型であり，有限巡回群は $\mathbb{Z}_N$ のどれかに同型である．

後の議論で次に述べる補題と定理は重要な役割を果たす．まず補題を証明を省略して述べる．

補題 3.2 G を階数 r の自由加群，H を空でない G の部分群とする．このとき，つねに G の r 個の生成元の中から p 個の生成元 $x_1, \ldots, x_p$ をうまく選び，$k_1 x_1, \ldots, k_p x_p$ が H を生成するように選ぶことができる．すなわち $H \cong k_1 \mathbb{Z} \oplus \cdots \oplus k_p \mathbb{Z}$ で H の階数は p である．

定理 3.2 (有限生成 Abel 群の基本定理) G を m 個の生成元をもつ (必ずしも自由加群とは限らない) 有限生成 Abel 群とする．このとき G は次のような巡回群の直和に同型である；[1]

$$G \cong \underbrace{\mathbb{Z} \oplus \cdots \oplus \mathbb{Z}}_{r \text{ 個の直和}} \oplus \mathbb{Z}_{k_1} \oplus \cdots \oplus \mathbb{Z}_{k_p}. \tag{3.10}$$

ここで $m = r + p$ である．r を G の**階数**とよぶ．

証明： G の生成元を $x_1, \ldots, x_m$ として

$$f : \underbrace{\mathbb{Z} \oplus \cdots \oplus \mathbb{Z}}_{m \text{ 個の直和}} \to G$$

を

$$f(n_1, \ldots, n_m) = n_1 x_1 + \cdots + n_m x_m$$

で定義される全射準同型とする．定理 3.1 より

$$\underbrace{\mathbb{Z} \oplus \cdots \oplus \mathbb{Z}}_{m \text{ 個の直和}} / \mathrm{Ker} f \cong G$$

である．$\mathrm{Ker} f$ は

$$\underbrace{\mathbb{Z} \oplus \cdots \oplus \mathbb{Z}}_{m \text{ 個の直和}}$$

---

[1] 各 k_i は k_{i+1} の約数になっていることに注意．G の有限位数の元全体の集合は群になり G の**ねじれ部分群**とよばれる．G が与えられればそのねじれ部分群は一意的に決まる．

の部分群なので，補題 3.2 より生成元をうまく選ぶことによって

$$\mathrm{Ker}\, f \cong k_1 \mathbb{Z} \oplus \cdots \oplus k_p \mathbb{Z}$$

となる．したがって

$$G \cong \underbrace{\mathbb{Z} \oplus \cdots \oplus \mathbb{Z}}_{m \text{ 個の直和}} / \mathrm{Ker}\, f \cong \underbrace{\mathbb{Z} \oplus \cdots \oplus \mathbb{Z}}_{m \text{ 個の直和}} / (k_1 \mathbb{Z} \oplus \cdots \oplus k_p \mathbb{Z})$$

$$\cong \underbrace{\mathbb{Z} \oplus \cdots \oplus \mathbb{Z}}_{m-p \text{ 個の直和}} \oplus \mathbb{Z}_{k_1} \oplus \cdots \oplus \mathbb{Z}_{k_p}$$

を得る． ∎

3.2 単体と単体的複体

曲面の Euler 標数の計算方法を思い出そう．まず与えられた曲面に同相な多面体を構成し，その頂点，辺，面の数を数える．それを用いて，多面体つまり曲面の Euler 標数は，定義式 (2.31) により求められた．ここでは与えられた空間の各部分を，ある"標準的な"図形で表すようにこの手続きを抽象化しよう．標準的な図形としては，単体とよばれる三角形およびその一般次元のアナロジーを選ぶ．この標準化により，与えられた空間の構造を Abel 群として表現することが可能になる．

3.2.1 単体

単体は多面体を構成するブロックのようなものである．0-単体 $\langle p_0 \rangle$ とは 1 点すなわち頂点のことであり，1-単体 $\langle p_0 p_1 \rangle$ とは線分，すなわち辺のことである．2-単体 $\langle p_0 p_1 p_2 \rangle$ は内部を含む三角形として定義され，3-単体 $\langle p_0 p_1 p_2 p_3 \rangle$ は中身を含む四面体 (図 3.2 参照) である．0-単体はカッコを外して書くのが普通である；$\langle p_0 \rangle$ は単に p_0 とかいてもよい．この構成を一般の r-単体 $\langle p_0 p_1 \ldots p_r \rangle$ まで容易に続けることができる．r-単体が r 次元の図形を表すためには，各頂点は"幾何的に独立"にとる [2]．言い換えれば $r+1$ 個のすべての頂

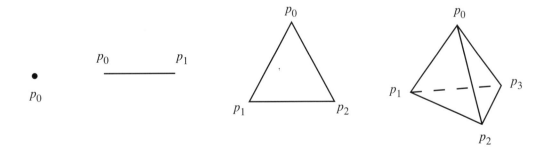

図 **3.2**. 0-単体，1-単体，2-単体，3-単体．

---

[2] "一般の位置にある" ということも多い．

点を含むような $(r-1)$ 次元の超曲面は存在しない．$p_0, p_1, \ldots, p_r$ を幾何的に独立な $\mathbb{R}^m$ の点とする．ただし $m \geq r$ である．r-単体 $\sigma^r = \langle p_0 p_1 \ldots p_r \rangle$ は次のように表される；

$$\sigma_r = \left\{ x \in \mathbb{R}^m \,\middle|\, x = \sum_{i=0}^{r} c_i p_i,\ c_i \geq 0,\ \sum_{i=0}^{r} c_i = 1 \right\}. \tag{3.11}$$

$(c_0, \ldots, c_r)$ を x の**重心座標**という．σ_r は $\mathbb{R}^m$ の有界閉集合なのでコンパクトである．

q を $0 \leq q \leq r$ を満たす整数とする．$p_0, p_1 \ldots, p_r$ から $q+1$ 個の点 $p_{i_0}, p_{i_1}, \ldots, p_{i_q}$ を選べば，これら $q+1$ 個の点は q-単体 $\sigma_q = \langle p_{i_0} p_{i_1} \ldots p_{i_q} \rangle$ を定める．これを σ_r の q-**辺単体**という．σ_q が σ_r の q-辺単体であるとき $\sigma_q \leq \sigma_r$ と書く．もし $\sigma_q \neq \sigma_r$ ならば σ_q を σ_r の **固有辺単体**といい，$\sigma_q < \sigma_r$ と書く．図 3.3 に 3-単体 $\langle p_0 p_1 p_2 p_3 \rangle$ の 0-辺単体 p_0 と 2-辺単体 $\langle p_1 p_2 p_3 \rangle$ が示してある．$\langle p_0, p_1, p_2, p_3 \rangle$ には，1 つの 3-単体，4 つの 2-単体，6 つの 1-辺単体，4 つの 0-辺単体が存在する．r-単体における q-辺単体の個数は $\begin{pmatrix} r+1 \\ q+1 \end{pmatrix}$ であることを確かめよ．0-単体は固有辺単体を 1 つももたない．

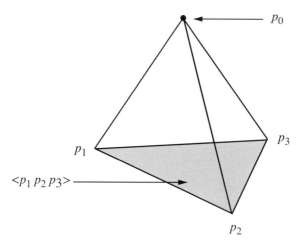

図 3.3. 3-単体 $\langle p_0 p_1 p_2 p_3 \rangle$ の 0-辺単体 p_0 と 2-辺単体 $\langle p_1 p_2 p_3 \rangle$．

3.2.2 単体的複体と多面体

K を $\mathbb{R}^m$ における有限個の単体からなる集合とする．これらの単体が"うまく"隣接しているときに，K を**単体的複体**という．この"うまく"の意味は次のようである：

(i) K の単体の任意の辺単体は K に属する，すなわち $\sigma \in K$ かつ $\sigma' \leq \sigma$ ならば $\sigma' \in K$.

(ii) σ, σ' を K の単体とするとき，共通集合 $\sigma \cap \sigma'$ は空であるか σ, σ' 共通の辺単体である，すなわち $\sigma, \sigma' \in K$ ならば $\sigma \cap \sigma' = \emptyset$ あるいは $\sigma \cap \sigma' \leq \sigma$ かつ $\sigma \cap \sigma' \leq \sigma'$.

例えば図 3.4 (a) は単体的複体になっているが (b) はそうではない．単体的複体 K の次元は K に属する単体の次元の最大値とする．

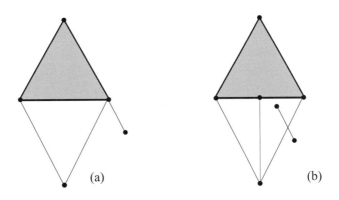

図 3.4. (a) 単体的複体の例と (b) 単体的複体でない例.

例 3.4 σ_r を r-単体, $K \equiv \{\sigma'|\sigma' \le \sigma^r\}$ を σ_r の辺単体の集合とする. K は r 次元単体的複体である. 例えば $\sigma_3 = \langle p_0 p_1 p_2 p_3 \rangle$ (図 3.3) をとる. このとき

$$K = \{p_0, p_1, p_2, p_3, \langle p_0 p_1 \rangle, \langle p_0 p_2 \rangle, \langle p_0 p_3 \rangle,$$
$$\langle p_1 p_2 \rangle, \langle p_1 p_3 \rangle, \langle p_2 p_3 \rangle, \langle p_0 p_1 p_2 \rangle, \langle p_0 p_1 p_3 \rangle,$$
$$\langle p_0 p_2 p_3 \rangle, \langle p_1 p_2 p_3 \rangle, \langle p_0 p_1 p_2 p_3 \rangle\} \tag{3.12}$$

である.

単体的複体 K はその元が単体からなる集合である. 各単体を $\mathbb{R}^m (m \ge \dim K)$ の部分集合とみなせば, すべての単体の和集合も再び $\mathbb{R}^m$ の部分集合になる. この部分集合のことを単体 K の **多面体** $|K|$ とよぶ. $\mathbb{R}^m$ の部分集合として $|K|$ の次元は K の次元に等しい; $\dim |K| = \dim K$.

X を位相空間とする. 単体的複体 K と同相写像 $f : |K| \to X$ が存在するとき, X は **三角形分割可能**であるといい, 対 (K, f) を X の**三角形分割**という. 位相空間 X が与えられたとき, その三角形分割は当然一意的には決まらない. 以下, 我々の考察の対象は三角形分割可能な空間に限ることにする.

例 3.5 図 3.5 (a) は円筒 $S^1 \times [0,1]$ の 1 つの三角形分割である. 読者はもっと効率がいい, 例えば図 3.5 (b) のような三角形分割が存在すると思うかもしれない. しかしながらこれは三角形分割になっていない. なぜならば, $\sigma_2 = \langle p_0 p_1 p_2 \rangle, \sigma'_2 = \langle p_2 p_3 p_0 \rangle$ に対して $\sigma_2 \cap \sigma'_2 = \langle p_0 \rangle \cup \langle p_2 \rangle$ で, これは空でもなければ単体でもないからである.

3.3 単体的複体のホモロジー群

3.3.1 向き付けられた単体

r が 1 以上のとき, r-単体に向きを導入することができる. 向きの定まっていない単体 $\langle \ldots \rangle$ の代わりに, 向き付けられた単体を $(\ldots)$ で表すことにする. 記号 σ_r は向き付けに関わらず用いる. 向き付けられた 1-単体 $\sigma_1 = (p_0 p_1)$ とは, 図 3.6 (a) のように $p_0 \to p_1$ と方向が決まった線分である. したがって $(p_0 p_1)$ と $(p_1 p_0)$ は

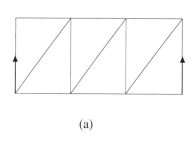
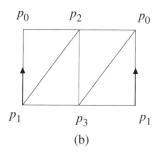

図 3.5. (a) 円筒の三角形分割の例と (b) 三角形分割でない例.

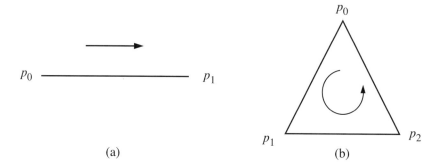

図 3.6. (a) 向き付けられた 1-単体と (b) 向き付けられた 2-単体.

$$(p_0 p_1) = -(p_1 p_0) \tag{3.13}$$

のように区別される．ここで $(p_1 p_0)$ の前の '$-$' は向きが反対であるという意味で，有限生成 Abel 群の意味でとらえるべきである．実際，$-(p_1 p_0)$ は $(p_0 p_1)$ の逆元と見なされる．p_0 から p_1 へ行き p_1 から p_0 へ行けば，動いていないことと同じであるから $(p_0 p_1) + (p_1 p_0) = 0$. よって $(p_0 p_1) = -(p_1 p_0)$.

同様にして，向き付けられた 2-単体 $\sigma_2 = (p_0 p_1 p_2)$ は，図 3.6 (b) のように辺に沿って決められた向きをもつ三角形領域 $p_0 p_1 p_2$ のことである．$p_0 p_1 p_2$ によって決まる向きは $p_2 p_0 p_1$ あるいは $p_1 p_2 p_0$ の向きと等しいが，$p_0 p_2 p_1, p_2 p_1 p_0, p_1 p_0 p_2$ の向きとは反対であることを確かめよ．すなわち

$$(p_0 p_1 p_2) = (p_2 p_0 p_1) = (p_1 p_2 p_0)$$
$$= -(p_0 p_2 p_1) = -(p_2 p_1 p_0) = -(p_1 p_0 p_2).$$

P を $0, 1, 2$ の置換とする；

$$P = \begin{pmatrix} 0 & 1 & 2 \\ i & j & k \end{pmatrix}.$$

すると，上の関係は次のように表される；

$$(p_i p_j p_k) = \mathrm{sgn}(P)(p_0 p_1 p_2).$$

ここで P が偶置換なら $\mathrm{sgn}(P) = +1$, 奇置換なら $\mathrm{sgn}(P) = -1$ である.

向き付けられた 3-単体 $\sigma_3 = (p_0 p_1 p_2 p_3)$ は，四面体の 4 つの頂点の順序付けられた列のことである.

$$P = \begin{pmatrix} 0 & 1 & 2 & 3 \\ i & j & k & l \end{pmatrix}$$

を置換とする．そこで次のように定める；

$$(p_i p_j p_k p_l) = \mathrm{sgn}(P)(p_0 p_1 p_2 p_3).$$

以下 $r \geq 1$ のとき，任意の向き付けられた r-単体を帰納的に構成することができる．形式的定義は次のようになる．$\mathbb{R}^m$ において幾何的に独立な $r+1$ 個の点 $p_0, p_1, \ldots, p_r$ を選ぶ．$p_0, p_1, \ldots, p_r$ の入れ替えで得られる点列を $\{p_{i_0}, p_{i_1}, \ldots, p_{i_r}\}$ とする．$\{p_0, p_1, \ldots, p_r\}$ と $\{p_{i_0}, p_{i_1}, \ldots, p_{i_r}\}$ は

$$P = \begin{pmatrix} 0 & 1 & \ldots & r \\ i_0 & i_1 & \ldots & i_r \end{pmatrix}$$

が偶置換であるとき同値と定める．これは明らかに同値関係であり，各同値類を**向き付けられた r-単体**という．同値類は 2 つからなり，1 つは $p_0, p_1, \ldots, p_r$ の偶置換からなるもの，もう 1 つは奇置換からなるものである．$\{p_0, p_1, \ldots, p_r\}$ を含む (向き付けられた r-単体の) 同値類を $\sigma_r = (p_0 p_1 \ldots p_r)$ で表し，もう一方を $-\sigma_r = -(p_0 p_1 \ldots p_r)$ で表す．すなわち

$$(p_{i_0} p_{i_1} \ldots p_{i_r}) = \mathrm{sgn}(P)(p_0 p_1 \ldots p_r). \tag{3.14}$$

$r = 0$ のときは向き付けられた 0-単体を形式的に 1 点 $\sigma_0 = p_0$ と定める.

3.3.2 鎖群，輪体群，境界輪体群

$K = \{\sigma_\alpha\}$ を n 次元単体的複体とする．K の単体 σ_α を向き付けられた単体と考え，前に注意したように同じ記号 σ_α で表すことにする．

定義 3.2 単体的複体 K の向き付けられた r-単体によって生成される自由加群を K の r **次元鎖群** $C_r(K)$ という．もし $r > \dim K$ ならば $C_r(K) = 0$ と定める．$C_r(K)$ の元を r-**チェイン**という．

K には I_r 個の r-単体があるとし，各単体を $\sigma_{r,i}$ $(1 \leq i \leq I_r)$ と表すことにする．このとき $c \in C_r(K)$ は次のように表される；

$$c = \sum_{i=1}^{I_r} c_i \sigma_{r,i}, \qquad c_i \in \mathbb{Z}. \tag{3.15}$$

整数 c_i を c の係数という．群構造は次のように与えられる．2 つの r-チェイン $c = \sum_i c_i \sigma_{r,i}$ と $c' = \sum_i c'_i \sigma_{r,i}$ の和は

$$c + c' = \sum_i (c_i + c'_i) \sigma_{r,i} \tag{3.16}$$

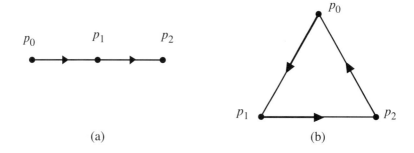

図 3.7. (a) 仮想的境界 p_1 をもつ向き付けられた 1-単体. (b) 境界をもたない単体的複体.

で定義する. 単位元は $0 = \sum_i 0 \cdot \sigma_{r,i}$ で, 逆元は $-c = \sum_i (-c_i)\sigma_{r,i}$ である. [注：反対に向き付けられた r-単体 $-\sigma_r$ は $(-1)\sigma_r \in C_r(K)$ と同一視される.] こうして $C_r(K)$ は階数 I_r の自由加群になる. すなわち

$$C_r(K) \cong \underbrace{\mathbb{Z} \oplus \mathbb{Z} \oplus \cdots \oplus \mathbb{Z}}_{I_r\text{個の直和}}. \tag{3.17}$$

次に輪体群と境界輪体群を定義するが, その前に境界作用素を定めておく必要がある. r-単体 σ_r の境界を $\partial_r \sigma_r$ で表す. ∂_r は σ_r から境界を取り出す作用素と考えられる. この見方は後で精密化される. 低次元の単体の境界を見てみよう. 0-単体は境界をもたないので

$$\partial_0 p_0 = 0 \tag{3.18}$$

と定める. 1-単体 $(p_0 p_1)$ に関しては

$$\partial_1(p_0 p_1) = p_1 - p_0 \tag{3.19}$$

と定める. p_0 の前のマイナスの符号を奇異に感じられるかもしれないが, これも再び向き付けに関係することである. この点を明らかにするために, 次の例を考えよう. 図 3.7 (a) において, 向き付けられた 1-単体 $(p_0 p_2)$ は 2 つの単体 $(p_0 p_1)$, $(p_1 p_2)$ からなる. $(p_0 p_2)$ の境界は $p_0 \cup p_2$ であるが, 当然これは $(p_0 p_1) + (p_1 p_2)$ の境界でもあるはずだ. もしも $\partial_1(p_0 p_2) = p_2 + p_0$ と定義すると $\partial_1(p_0 p_1) + \partial_1(p_1 p_2) = p_0 + p_1 + p_1 + p_2$ になる. これは p_1 が実際には境界ではないので望ましくない. そこで, その代わりに $\partial_1(p_0 p_2) = p_2 - p_0$ と定義すれば, 期待通り $\partial_1(p_0 p_1) + \partial_1(p_1 p_2) = p_1 - p_0 + p_2 - p_1 = p_2 - p_0$ となる. 次の例は図 3.7 (b) の三角形である. これは 3 つの向き付けられた 1-単体の和 $(p_0 p_1) + (p_1 p_2) + (p_2 p_0)$ である. これが境界をもたないことは直観的に明らかである. ここでも, もし $\partial_1(p_0 p_1) = p_0 + p_1$ と定義すると

$$\partial_1(p_0 p_1) + \partial_1(p_1 p_2) + \partial_1(p_2 p_0) = p_0 + p_1 + p_1 + p_2 + p_2 + p_0$$

となり, 我々の直観とは矛盾してしまう. 一方 $\partial_1(p_0 p_1) = p_1 - p_0$ とすれば

$$\partial_1(p_0 p_1) + \partial_1(p_1 p_2) + \partial_1(p_2 p_0) = p_1 - p_0 + p_2 - p_1 + p_0 - p_2 = 0$$

と期待通りの結果を得る．したがって，最初の頂点を除くときはプラス符号をつけ，2 番目の頂点を除くときはマイナス符号をつければよい．この原理を一般の r-単体の境界にも適用する．

$\sigma_r = (p_0 \ldots p_r)(r > 0)$ を向き付けられた r-単体とする．σ_r の**境界** $\partial_r \sigma_r$ とは，次で定義される $(r-1)$-チェインのことをいう；

$$\partial_r \sigma_r \equiv \sum_{i=0}^{r} (-1)^i (p_0 p_1 \ldots \hat{p_i} \ldots p_r). \tag{3.20}$$

ここに $\hat{p_i}$ は，この点 p_i を除くことを意味する．例えば

$$\partial_2(p_0 p_1 p_2) = (p_1 p_2) - (p_0 p_2) + (p_0 p_1),$$
$$\partial_3(p_0 p_1 p_2 p_3) = (p_1 p_2 p_3) - (p_0 p_2 p_3) + (p_0 p_1 p_3) - (p_0 p_1 p_2).$$

$r = 0$ のときは $\partial_0 \sigma_0 = 0$ と定義する．

∂_r は $C_r(K)$ の元 $c = \sum_i c_i \sigma_{r,i}$ に線形に作用する；

$$\partial_r c = \sum_i c_i \partial_r \sigma_{r,i}. \tag{3.21}$$

式 (3.21) の右辺は $r-1$ 次元鎖群 $C_{r-1}(K)$ の元であるから，∂_r は写像

$$\partial_r : C_r(K) \to C_{r-1}(K) \tag{3.22}$$

を定義する．∂_r を**境界作用素**という．境界作用素が準同型写像であることはすぐにわかる．

K を n 次元単体的複体とする．定義から $C_{n+1}(K) = 0$ で $\mathrm{Im}\,\partial_0 = 0$ であるから，鎖群の系列

$$0 \xrightarrow{i} C_n(K) \xrightarrow{\partial_n} C_{n-1}(K) \xrightarrow{\partial_{n-1}} \cdots \xrightarrow{\partial_2} C_1(K) \xrightarrow{\partial_1} C_0(K) \xrightarrow{\partial_0} 0 \tag{3.23}$$

が存在する．ただし $i : 0 \hookrightarrow C_n(K)$ は包含写像を表す．この系列を K の**鎖複体**といい $C(K)$ と書く．境界作用素 ∂_r の像と核を調べることは重要 (0 は自明群[3]) である．

定義 3.3 $c \in C_r(K)$ が

$$\partial_r c = 0 \tag{3.24}$$

を満たすとき，c を r-**輪体**という．r-輪体全体の集合 $Z_r(K)$ は $C_r(K)$ の部分群をなし，r **次元輪体群**とよばれる．$Z_r(K) = \mathrm{Ker}\,\partial_r$ である．[注：$r = 0$ のとき $\partial_0 c$ は恒等的に 0 なので，$Z_0(K) = C_0(K)$ である．(3.23) を見よ．]

定義 3.4 K を n 次元単体的複体で $c \in C_r(K)$ とする．もしある元 $d \in C_{r+1}(K)$ が存在して，

$$c = \partial_{r+1} d \tag{3.25}$$

を満たすならば，c を r-**境界輪体**という．r-境界輪体全体の集合 $B_r(K)$ は $C_r(K)$ の部分群をなし，r **次元境界輪体群**とよばれる．$B_r(K) = \mathrm{Im}\,\partial_{r+1}$ である．[注：$B_n(K) = 0$ と定める．]

---

[3] 以下自明群 $\{0\}$ を代数トポロジーの習慣に従って 0 と書く．補足の注 1(1) 参照．

補題 3.1 より，$Z_r(K)$ と $B_r(K)$ は $C_r(K)$ の部分群である．そこで $Z_r(K)$ と $B_r(K)$ との間の重要な関係を証明する．これはホモロジー群を定義するときに決定的な役割を果たす．

補題 3.3 合成写像 $\partial_r \circ \partial_{r+1} : C_{r+1}(K) \to C_{r-1}(K)$ は零写像である．すなわち任意の元 $c \in C_{r+1}(K)$ に対して $\partial_r(\partial_{r+1}c) = 0$ が成り立つ．

証明： ∂_r は $C_r(K)$ 上の線形作用素なので $C_{r+1}(K)$ の生成元に対して $\partial_r \circ \partial_{r+1} = 0$ を証明すれば十分である．$r = 0$ のときは $\partial_0 = 0$ なので $\partial_0 \circ \partial_1 = 0$ は明らか．そこで $r > 0$ と仮定する．$\sigma = (p_0 \ldots p_r p_{r+1}) \in C_{r+1}(K)$ を選ぶ．このとき

$$\partial_r(\partial_{r+1}\sigma) = \partial_r \sum_{i=0}^{r+1} (-1)^i (p_0 \ldots \hat{p}_i \ldots p_{r+1})$$

$$= \sum_{i=0}^{r+1} (-1)^i \partial_r (p_0 \ldots \hat{p}_i \ldots p_{r+1})$$

$$= \sum_{i=0}^{r+1} (-1)^i \left(\sum_{j=0}^{i-1} (-1)^j (p_0 \ldots \hat{p}_j \ldots \hat{p}_i \ldots p_{r+1}) \right.$$

$$\left. + \sum_{j=i+1}^{r+1} (-1)^{j-1} (p_0 \ldots \hat{p}_i \ldots \hat{p}_j \ldots p_{r+1}) \right)$$

$$= \sum_{j<i} (-1)^{i+j} (p_0 \ldots \hat{p}_j \ldots \hat{p}_i \ldots p_{r+1})$$

$$- \sum_{j>i} (-1)^{i+j} (p_0 \ldots \hat{p}_i \ldots \hat{p}_j \ldots p_{r+1}) = 0. \qquad (3.26)$$

よって，補題が示された． ∎

定理 3.3 $Z_r(K), B_r(K)$ をそれぞれ K の r 次元輪体群，境界輪体群とする．このとき

$$B_r(K) \subset Z_r(K) \qquad (\subset C_r(K)) \qquad (3.27)$$

が成り立つ．

証明： これは補題 3.3 から明らか．任意の元 $c \in B_r(K)$ は，ある元 $d \in C_{r+1}(K)$ を用いて $c = \partial_{r+1}d$ と書けるから $\partial_r c = \partial_r(\partial_{r+1}d) = 0$，すなわち $c \in Z_r(K)$ である．このことから $Z_r(K) \supset B_r(K)$． ∎

r-輪体と r-境界輪体は図形的には何を意味しているのだろうか？ 定義から ∂_r は r-チェインの境界を取り出す．したがって，c が r-輪体ならば等式 $\partial_r c = 0$ から c は境界をもたないことがわかる．一方 c が r-境界輪体，すなわち $c = \partial_{r+1}d$ ならば c は 1 次元上の $r+1$-チェイン d の境界になっている．「境界は境界をもたない」ことから $Z_r(K) \supset B_r(K)$ が従う．以下の議論では境界になっていない $Z_r(K)$ の元が中心的役割を担うことになる．

3.3.3 ホモロジー群

すでに単体的複体 K から決まる3つの群 $C_r(K), Z_r(K), B_r(K)$ を定義した．これらの群は K，あるいは三角形分割 K をもつ位相空間の位相的性質とどのように関係するのだろうか？ $C_r(K)$ から同相写像のもとで不変な性質を導き出すことは可能だろうか？ 例えば三角形の辺と正方形の辺は互いに同相であることを我々はすでに知っている．ではそれらの鎖群の構造は関係があるのだろうか？ 三角形から決まる1次元鎖群は

$$C_1(K_1) = \{i(p_0p_1) + j(p_1p_2) + k(p_2p_0)\ i, j, k \in \mathbb{Z}\}$$
$$\cong \mathbb{Z} \oplus \mathbb{Z} \oplus \mathbb{Z}$$

であるが，一方正方形から決まる1次元鎖群は

$$C_1(K_2) \cong \mathbb{Z} \oplus \mathbb{Z} \oplus \mathbb{Z} \oplus \mathbb{Z}$$

である．明らかに $C_1(K_1)$ は $C_1(K_2)$ に同型でないから，一般に $C_r(K)$ は位相不変量の候補にはなり得ない．$Z_r(K), B_r(K)$ についても事情は変わらない．しかし次に定義するホモロジー群は，求める位相不変量であることが示される．

定義 3.5 K を n 次元単体的複体とする．K から決まる r 次元ホモロジー群 $H_r(K)$ $(0 \leq r \leq n)$ は

$$H_r(K) \equiv Z_r(K)/B_r(K) \tag{3.28}$$

で定義される．[注：必要ならば $r > n, r < 0$ のとき $H_r(K) = 0$ と定める．また，群構造が整数係数上で定義されていることを強調したいときには $H_r(K;\mathbb{Z})$ と書くことにする．さらに $\mathbb{R}$-係数のホモロジー群 $H_r(K;\mathbb{R})$，$\mathbb{Z}_2$-係数のホモロジー群 $H_r(K;\mathbb{Z}_2)$ を定義することもできる．]

定理3.3から明らかなように $B_r(K)$ は $Z_r(K)$ の部分群なので $H_r(K)$ の定義に矛盾はない．$H_r(K)$ は r-輪体の同値類からなる集合

$$H_r(K) \equiv \{[z] | z \in Z_r(K)\} \tag{3.29}$$

である．各同値類 $[z]$ を**ホモロジー類**とよぶ．2つの r-輪体 z, z' が同じ同値類に属することと $z - z' \in B_r(K)$ であることは同値である．また，このとき z は z' に**ホモロガス**であるといい，$z \sim z'$ あるいは $[z] = [z']$ と書く．幾何的には，このとき $z - z'$ はある空間の境界になっている．定義から，任意の元 $b \in B_r(K)$ は $b - 0 \in B_r(K)$ であるので，0にホモロガスである．次の定理を証明は省略して述べておこう．

定理 3.4 ホモロジー群は位相不変量である．X を Y に同相とし，(K, f) と (L, g) をそれぞれ X と Y の三角形分割とする．このとき

$$H_r(K) \cong H_r(L), \qquad r = 0, 1, 2, \ldots \tag{3.30}$$

が成り立つ．特に (K, f) と (L, g) をそれぞれ X の 2 つの三角形分割とすれば

$$H_r(K) \cong H_r(L), \qquad r = 0, 1, 2, \ldots \tag{3.31}$$

が成り立つ[4]．

したがって単体的複体でなくとも，三角形分割可能な位相空間 X のホモロジー群を論ずることには意味がある．任意の三角形分割 (K, f) に対して $H_r(X)$ は

$$H_r(X) \equiv H_r(K), \qquad r = 0, 1, 2, \ldots \tag{3.32}$$

で定義される．定理 3.4 は，この定義が三角形分割 (K, f) の選び方に依らないことを示している．

例 3.6 $K = \{p_0\}$ とすると，$C_0(K) = \{ip_0 | i \in \mathbb{Z}\} \cong \mathbb{Z}$ である．明らかに $Z_0(K) = C_0(K)$ で $B_0(K) = 0$ である（$\partial_0 p_0 = 0$ で p_0 は何かの境界では有り得ない）．したがって

$$H_0(K) \equiv Z_0(K)/B_0(K) = C_0(K) \cong \mathbb{Z} \tag{3.33}$$

となる．

問 3.1 $K = \{p_0, p_1\}$ を 2 つの 0-単体からなる単体的複体とする．このとき

$$H_r(K) = \begin{cases} \mathbb{Z} \oplus \mathbb{Z} & (r = 0) \\ 0 & (r \neq 0) \end{cases} \tag{3.34}$$

であることを示せ．

例 3.7 $K = \{p_0, p_1, (p_0 p_1)\}$ とする．このとき

$$C_0(K) = \{ip_0 + jp_1 | i, j \in \mathbb{Z}\},$$
$$C_1(K) = \{k(p_0 p_1) | k \in \mathbb{Z}\}$$

を得る．$(p_0 p_1)$ は K のどんな単体の境界にもならないから $B_1(K) = 0$ で

$$H_1(K) = Z_1(K)/B_1(K) = Z_1(K)$$

である．もし $z = m(p_0 p_1) \in Z_1(K)$ ならば

$$\partial_1 z = m \partial_1 (p_0 p_1) = m\{p_1 - p_0\} = mp_1 - mp_0 = 0$$

を満たす．こうして $m = 0$，すなわち $Z_1(K) = 0$ より

$$H_1(K) = 0 \tag{3.35}$$

となる．$H_0(K)$ に関しては $Z_0(K) = C_0(K) = \{ip_0 + jp_1\}$ で

$$B_0(K) = \text{Im}\, \partial_1 = \{\partial_1 i(p_0 p_1) | i \in \mathbb{Z}\} = \{i(p_0 - p_1) | i \in \mathbb{Z}\}$$

---

[4] 詳しい証明は，田村一郎『トポロジー』(岩波書店, 1972) 定理 4.13 を参照せよ．

である．そこで全射準同型 $f: Z_0(K) \to \mathbb{Z}$ を

$$f(ip_0 + jp_1) = i + j$$

で定める．このとき

$$\mathrm{Ker} f = f^{-1}(0) = B_0(K)$$

を得る．したがって定理 3.1 より $Z_0(K)/\mathrm{Ker} f \cong \mathrm{Im} f \cong \mathbb{Z}$, すなわち

$$H_0(K) \cong Z_0(K)/B_0(K) \cong \mathbb{Z} \tag{3.36}$$

が得られる．

例 3.8 $K = \{p_0, p_1, p_2, (p_0p_1), (p_1p_2), (p_2p_0)\}$ とする (図 3.7 (b))．これは S^1 の三角形分割である．K の中には 2-単体が存在しないので，$B_1(K) = 0$ となり $H_1(K) = Z_1(K)/B_1(K) = Z_1(K)$．次に，$z = i(p_0p_1) + j(p_1p_2) + k(p_2p_0) \in Z_1(K)$ とする．ただし $i, j, k \in \mathbb{Z}$. このとき

$$\partial_1 z = i(p_1 - p_0) + j(p_2 - p_1) + k(p_0 - p_2) = (k-i)p_0 + (i-j)p_1 + (j-k)p_2 = 0$$

が成り立つ必要がある．これは $i = j = k$ のときに限って成り立つ．こうして

$$Z_1(K) = \{i\{(p_0p_1) + (p_1p_2) + (p_2p_0)\} \mid i \in \mathbb{Z}\}$$

を得るから $Z_1(K)$ は $\mathbb{Z}$ に同型で

$$H_1(K) = Z_1(K) \cong \mathbb{Z} \tag{3.37}$$

となる．

次に $H_0(K)$ を計算しよう．$Z_0(K) = C_0(K)$ であり

$$\begin{aligned}B_0(K) &= \{\partial_1[l(p_0p_1) + m(p_1p_2) + n(p_2p_0)] \mid l, m, n \in \mathbb{Z}\} \\ &= \{(n-l)p_0 + (l-m)p_1 + (m-n)p_2 \mid l, m, n \in \mathbb{Z}\}.\end{aligned}$$

そこで全射準同型 $f: Z_0(K) \to \mathbb{Z}$ を

$$f(ip_0 + jp_1 + kp_2) = i + j + k$$

で定める．このとき

$$\mathrm{Ker} f = f^{-1}(0) = B_0(K)$$

である．したがって定理 3.1 より $Z_0(K)/\mathrm{Ker} f \cong \mathrm{Im} f \cong \mathbb{Z}$, すなわち

$$H_0(K) \cong Z_0(K)/B_0(K) \cong \mathbb{Z} \tag{3.38}$$

が得られる．

K は S^1 の三角形分割であったから (3.37) と (3.38) の結果が S^1 のホモロジー群となる．

問 3.2 $K = \{p_0, p_1, p_2, p_3, (p_0p_1), (p_1p_2), (p_2p_0), (p_3p_0)\}$ を，その多面体が正方形である単体的複体とする．このときホモロジー群を計算し，上で求めた例 3.8 の結果と一致することを確かめよ．

例 3.9 $K = \{p_0, p_1, p_2, (p_0p_1), (p_1p_2), (p_2p_0), (p_0p_1p_2)\}$ とする (図 3.6 (b))．0-単体と 1-単体の構造は例 3.8 と一緒なので

$$H_0(K) \cong \mathbb{Z} \tag{3.39}$$

である．

次に $H_1(K) = Z_1(K)/B_1(K)$ を計算しよう．前の例から

$$Z_1(K) = \{i\{(p_0p_1) + (p_1p_2) + (p_2p_0)\} | i \in \mathbb{Z}\}$$

である．$c = m(p_0p_1p_2) \in C_2(K)$ としよう．もし $b = \partial_2 c \in B_1(K)$ ならば

$$b = m\{(p_1p_2) - (p_0p_2) + (p_0p_1)\}$$
$$= m\{(p_0p_1) + (p_1p_2) + (p_2p_0)\}, \quad m \in \mathbb{Z}$$

となる．このことから $Z_1(K) \cong B_1(K)$ となり

$$H_1(K) = Z_1(K)/B_1(K) \cong 0 \tag{3.40}$$

が得られる．

K の中には 3-単体が存在しないので $B_2(K) = 0$ である．したがって

$$H_2(K) = Z_2(K)/B_2(K) = Z_2(K)$$

である．$z = m(p_0p_1p_2) \in Z_2(K)$ とする．$\partial_2 z = m\{(p_1p_2) - (p_0p_2) + (p_0p_1)\} = 0$ なので $m = 0$ でなければならない．ゆえに $Z_2(K) = 0$ となり，結局

$$H_2(K) \cong 0 \tag{3.41}$$

が得られた．

問 3.3

$$K = \{p_0, p_1, p_2, p_3, (p_0p_1), (p_0p_2), (p_0p_3), (p_1p_2), (p_1p_3), (p_2p_3),$$
$$(p_0p_1p_2), (p_0p_1p_3), (p_0p_2p_3), (p_1p_2p_3)\}$$

を，その多面体が四面体の表面である単体的複体とする．このとき次の結果を確かめよ．

$$H_0(K) \cong \mathbb{Z}, \quad H_1(K) = 0, \quad H_2(K) \cong \mathbb{Z}. \tag{3.42}$$

K は S^2 の三角形分割であり，式 (3.42) は S^2 のホモロジー群を与える．

3.3.4　$H_0(K)$ の計算

例 3.6, 3.7, 3.8, 3.9 と問 3.2, 3.3 では，いずれも 0 次元ホモロジー群は $H_0(K) \cong \mathbb{Z}$ となった．これらの単体的複体に共通する性質は何だろうか？　次の定理がその答えである．

定理 3.5　K を連結な単体的複体であるとする．このとき

$$H_0(K) \cong \mathbb{Z} \tag{3.43}$$

が成り立つ．

証明：　K は連結なので，任意の 0-単体の対 p_i と p_j に対して

$$\partial_1((p_i p_k) + (p_k p_l) + \cdots + (p_m p_j)) = p_j - p_i$$

を満たすような 1-単体の列 $(p_i p_k), (p_k p_l), \ldots, (p_m p_j)$ が存在する．このとき p_i は p_j にホモロガスであるから $[p_i] = [p_j]$．こうして K の任意の 0-単体は例えば p_1 にホモロガスである．そこで

$$z = \sum_{i=1}^{l_0} n_i p_i \in Z_0(K)$$

としよう．ただし l_0 は K における 0-単体の個数である．このときホモロジー類 $[z]$ は 1 点で生成される．

$$[z] = \left[\sum_i n_i p_i\right] = \sum_i n_i [p_i] = \sum_i n_i [p_1].$$

もし $\sum n_i = 0$ ならば，明らかに $[z] = 0$ すなわち $z \in B_0(K)$.

$\sigma_j = (p_{j,1} p_{j,2})$ $(1 \leq j \leq I_1)$ を K の 1-単体，I_1 をその個数とすると

$$\begin{aligned}
B_0(K) &= \operatorname{Im} \partial_1 \\
&= \{\partial_1(n_1 \sigma_1 + \cdots + n_{I_1} \sigma_{I_1}) | n_1, \ldots, n_{I_1} \in \mathbb{Z}\} \\
&= \{n_1(p_{1,2} - p_{1,1}) + \cdots + n_{I_1}(p_{I_1,2} - p_{I_1,1}) | n_1, \ldots, n_{I_1} \in \mathbb{Z}\}.
\end{aligned}$$

$B_0(K)$ の元の中に n_j $(1 \leq j \leq I_1)$ は $+n_j$ と $-n_j$ の対として現れることに注意せよ．こうして

$$z = \sum_j n_j p_j \in B_0(K) \Longrightarrow \sum_j n_j = 0$$

すなわち，連結な複体 K に対して $z = \sum_j n_j p_j \in B_0(K)$ であることは $\sum_j n_j = 0$ であることと同値であることを示した．

そこで全射準同型 $f : Z_0(K) \to \mathbb{Z}$ を

$$f(n_1 p_1 + \cdots + n_{I_0} p_{I_0}) = \sum_{i=1}^{I_0} n_i$$

で定める．このとき $\operatorname{Ker} f = f^{-1}(0) = B_0(K)$ を得る．よって定理 3.1 から $H_0(K) = Z_0(K)/B_0(K) = Z_0(K)/\operatorname{Ker} f \cong \operatorname{Im} f = \mathbb{Z}$ が得られる．∎

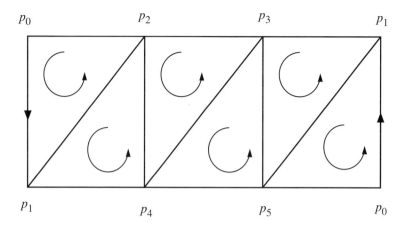

図 **3.8.** メビウスの帯の三角形分割.

3.3.5 ホモロジーの計算 (続き)

より複雑な空間のホモロジー群を計算しよう．

例 3.10 この例と次の例は向き付け不可能な空間のホモロジー群を扱う．図 3.8 は Möbius の帯の三角形分割である．明らかに $B_2(K) = 0$. 1 つの輪体 $z \in Z_2(K)$ を選ぶと

$$z = i(p_0p_1p_2) + j(p_2p_1p_4) + k(p_2p_4p_3) \\ + l(p_3p_4p_5) + m(p_3p_5p_1) + n(p_1p_5p_0)$$

と書かれる．このとき z は

$$\begin{aligned}\partial_2 z = &\, i\{(p_1p_2) - (p_0p_2) + (p_0p_1)\} \\ &+ j\{(p_1p_4) - (p_2p_4) + (p_2p_1)\} \\ &+ k\{(p_4p_3) - (p_2p_3) + (p_2p_4)\} \\ &+ l\{(p_4p_5) - (p_3p_5) + (p_3p_4)\} \\ &+ m\{(p_5p_1) - (p_3p_1) + (p_3p_5)\} \\ &+ n\{(p_5p_0) - (p_1p_0) + (p_1p_5)\} = 0\end{aligned}$$

を満たす．各 $(p_0p_2), (p_1p_4), (p_2p_3), (p_4p_5), (p_3p_1), (p_5p_0)$ は $\partial_2 z$ にただ一度だけしか現れないので，それらの係数はすべてゼロでなければならない．すなわち $i = j = k = l = m = n = 0$. こうして $Z_2(K) = 0$ となり

$$H_2(K) = Z_2(K)/B_2(K) = 0 \qquad (3.44)$$

が導かれる．

$H_1(K)$ を求めるには面倒な計算をするよりも直観にたよるほうが簡単である．そこでまず円周をなすループを見つけよう．そのようなループの 1 つは

$$z = (p_0p_1) + (p_1p_4) + (p_4p_5) + (p_5p_0)$$

である．このとき他のすべての円周は z の何倍かにホモロガスである．例えば

$$z' = (p_1p_2) + (p_2p_3) + (p_3p_5) + (p_5p_1)$$

を選ぶ．このとき

$$z - z' = \partial_2\{(p_2p_1p_4) + (p_2p_4p_3) + (p_3p_4p_5) + (p_1p_5p_0)\}$$

から $z \sim z'$ が成り立つ．一方

$$z'' = (p_1p_4) + (p_4p_5) + (p_5p_0) + (p_0p_2) + (p_2p_3) + (p_3p_1)$$

を選べば $z'' \sim 2z$ となる．なぜならば

$$\begin{aligned}
2z - z'' &= 2(p_0p_1) + (p_1p_4) + (p_4p_5) + (p_5p_0) - (p_0p_2) \\
&\quad - (p_2p_3) - (p_3p_1) \\
&= \partial_2\{(p_0p_1p_2) + (p_1p_4p_2) + (p_2p_4p_3) + (p_3p_4p_5) \\
&\quad + (p_3p_5p_1) + (p_0p_1p_5)\}
\end{aligned}$$

が成り立つからである．すべての閉じた円周は $nz, n \in \mathbb{Z}$ にホモロガスであることが容易に示される．したがって $H_1(K)$ はただ 1 つの元 $[z]$ で生成されるので

$$H_1(K) = \{i[z] | i \in \mathbb{Z}\} \cong \mathbb{Z} \tag{3.45}$$

が得られる．また K は連結だから定理 3.5 より p_a を K の任意の 0-単体とすると $H_0(K) = \{i[p_a] | i \in \mathbb{Z}\} \cong \mathbb{Z}$ となる．

例 3.11 例 2.5 (c) で実射影空間 $\mathbb{R}P^2$ を球面 S^2 の対蹠点を同一視した空間として定義した．商空間としては境界の S^1 上の対点を同一視した半球面 (すなわち円板 D^2) を選べばよい (図 2.5 (b))．図 3.9 は実射影空間の三角形分割である．明らかに $B_2(K) = 0$. そこで 1 つの輪体 $z \in Z_2(K)$ を選ぶ；

$$\begin{aligned}
z &= m_1(p_0p_1p_2) + m_2(p_0p_4p_1) + m_3(p_0p_5p_4) \\
&\quad + m_4(p_0p_3p_5) + m_5(p_0p_2p_3) + m_6(p_2p_4p_3) \\
&\quad + m_7(p_2p_5p_4) + m_8(p_2p_1p_5) + m_9(p_1p_3p_5) + m_{10}(p_1p_4p_3).
\end{aligned}$$

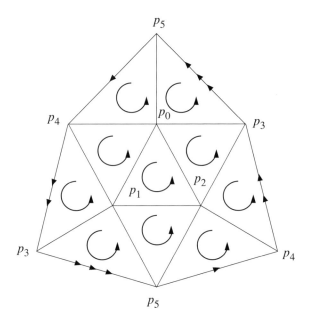

図 3.9. 実射影空間の三角形分割.

z の境界は

$$\begin{aligned}
\partial_2 z = & m_1\{(p_1p_2) - (p_0p_2) + (p_0p_1)\} \\
& + m_2\{(p_4p_1) - (p_0p_1) + (p_0p_4)\} \\
& + m_3\{(p_5p_4) - (p_0p_4) + (p_0p_5)\} \\
& + m_4\{(p_3p_5) - (p_0p_5) + (p_0p_3)\} \\
& + m_5\{(p_2p_3) - (p_0p_3) + (p_0p_2)\} \\
& + m_6\{(p_4p_3) - (p_2p_3) + (p_2p_4)\} \\
& + m_7\{(p_5p_4) - (p_2p_4) + (p_2p_5)\} \\
& + m_8\{(p_1p_5) - (p_2p_5) + (p_2p_1)\} \\
& + m_9\{(p_3p_5) - (p_1p_5) + (p_1p_3)\} \\
& + m_{10}\{(p_4p_3) - (p_1p_3) + (p_1p_4)\} = 0
\end{aligned}$$

である．各 1-単体の係数を見てみよう．例えば $(m_1 - m_2)(p_0p_1) = 0$ より $m_1 - m_2 = 0$ を得る．同様にして

$$-m_1 + m_5 = 0, \quad m_4 - m_5 = 0, \quad m_2 - m_3 = 0, \quad m_1 - m_8 = 0,$$
$$m_9 - m_{10} = 0, \quad -m_2 + m_{10} = 0, \quad m_5 - m_6 = 0, \quad m_6 - m_7 = 0,$$
$$m_6 + m_{10} = 0.$$

したがって，$\partial_2 z = 0 \iff m_i = 0 \ (1 \leq i \leq 10)$. このことは 2 次元輪体群 $Z_2(K)$ が自明

であることを示しているから

$$H_2(K) = Z_2(K)/B_2(K) = 0 \tag{3.46}$$

が得られた．

$H_1(K)$ の計算に入る前に $H_2(K)$ を別の観点から調べてみよう．K におけるすべての 2-単体を同じ係数でたすと

$$z \equiv \sum_{i=1}^{10} m\sigma_{2,i}, \qquad m \in \mathbb{Z}$$

となる．K の各 1-単体は，ちょうど 2 つの 2-単体の共通の辺単体であることに注意しよう．したがって z の境界は

$$\partial_2 z = 2m(p_3p_5) + 2m(p_5p_4) + 2m(p_4p_3) \tag{3.47}$$

となる．こうして $z \in Z_2(K)$ ならば $m = 0$ であり，前と同じく $Z_2(K) = 0$ が求められた．この考察は $H_1(K)$ の計算を驚くほど簡単にしてくれる．まず任意の 1 次元輪体は，1 次元輪体

$$z = (p_3p_5) + (p_5p_4) + (p_4p_3)$$

の何倍かにホモロガスであることに注意する．これを例 3.10 と比べよ．さらに式 (3.47) は，z の偶数倍は 2-チェインの境界であることを示している．したがって z は輪体であり，$z + z$ は 0 にホモロガスである．したがって

$$H_1(K) = \{[z] | [z] + [z] \sim [0]\} \cong \mathbb{Z}_2 \tag{3.48}$$

が求められた．この例はホモロジー群が必ずしも自由加群になるとは限らず，有限生成 Abel 群全体の構造を持ち得ることを示している．前と同様に K は連結なので $H_0(K) \cong \mathbb{Z}$ である．これですべてのホモロジー群が求められた．

次に述べる例と例 3.11 を比較してみると面白い．これらの例では結論に到達するために真正直で面倒な計算をするより，本節で発展させてきた境界や輪体に関する直観を用いる．

例 3.12 T^2 を考えよう．T^2 のホモロジー群の形式的な導出は読者の演習とする (例えば Fraleigh (1976) を参照せよ)．ここでホモロジー群の直観的な意味を思い出しておこう．r 次元のホモロジー群は，境界をもたない r-チェインの中で，ある $(r+1)$-チェインの境界になっていないものによって生成される．例えばトーラスは境界をもたないし，ある 3-チェインの境界にもなっていない．したがって $H_2(T^2)$ は 1 つの生成元，すなわちその閉曲面自身によって生成される自由加群だから $H_2(T^2) \cong \mathbb{Z}$ である．次に $H_1(T^2)$ を見てみよう．明らかに図 3.10 の 2 つのループ a, b は 2-チェインの境界にもなっていないし，それ自身境界をもたない．別のループ a' を選ぼう．$a' - a$ は図 3.10 にあるように陰の部分の境界になっているから a' は a にホモロガスである．ゆえに $H_1(T^2)$ は a, b を生成元にもつ自由加群となり，$H_1(T^2) \cong \mathbb{Z} \oplus \mathbb{Z}$ である．また T^2 は連結だから $H_0(T^2) \cong \mathbb{Z}$．

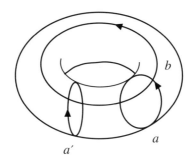

図 3.10. a' は a にホモロガスだが b はそうではない. a, b は $H_1(T^2)$ を生成する.

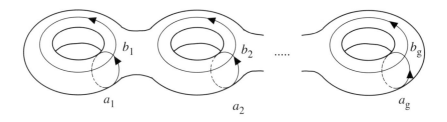

図 3.11. a_i, b_i $(1 \leq i \leq g)$ は $H_1(\Sigma_g)$ を生成する.

さてこの議論を種数 g の閉曲面 Σ_g に拡張しよう. Σ_g は境界をもたないし 3-チェインの境界にもなっていないので, その閉曲面自身が $H_2(\Sigma_g) \cong \mathbb{Z}$ を生成する. $H_1(\Sigma_g)$ はある領域の境界になっていないループで生成される. 図 3.11 に生成元となる標準的なループを与えた. したがって

$$H_1(\Sigma_g) = \{i_1[a_1] + j_1[b_1] + \cdots + i_g[a_g] + j_g[b_g]\}$$
$$\cong \underbrace{\mathbb{Z} \oplus \mathbb{Z} \oplus \cdots \oplus \mathbb{Z}}_{2g \text{ 個の直和}}. \tag{3.49}$$

Σ_g は連結なので $H_0(\Sigma_g) \cong \mathbb{Z}$. a_i または b_i は図 2.13 の辺 a_i, b_i にホモロガスであることを見よ. $2g$ 個の曲線 $\{a_i, b_i\}$ は Σ_g 上の**曲線の標準系**と呼ばれる.

例 3.13 図 3.12 は Klein の壺の三角形分割である. ホモロジー群の計算は, 実射影空間の場合とほぼ同様である. $B_2(K) = 0$ なので $H_2(K) = Z_2(K)$ を得る. $z \in Z_2(K)$ としよう. z が $z = \sum m\sigma_{2,i}$ のように, K のすべての 2-単体の同一係数の 1 次結合で書けるならば, 外側の 1-単体だけが残り, 内側の 1-単体はキャンセルされる. したがって

$$\partial_2 z = -2ma.$$

ただし $a = (p_0 p_1) + (p_1 p_2) + (p_2 p_0)$ である. $\partial_2 z = 0$ となるには m もゼロでなければならないので

$$H_2(K) = Z_2(K) = 0 \tag{3.50}$$

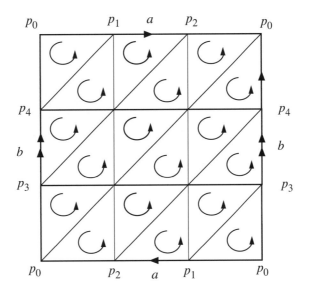

図 **3.12.** Klein の壺の三角形分割.

が得られる.

$H_1(K)$ を計算するには，すでに見たトーラスの場合の考察から，任意の 1-輪体は $ia + jb$ $(i, j \in \mathbb{Z})$ と書けることに注意する. 2-チェインが a と b のみからなる境界をもつためには，K のすべての 2 単体を同じ係数で和をとらなければならない. 結局, そのような 2-チェイン $z = \sum m\sigma_{2,i}$ に対して $\partial_2 z = 2ma$ が得られる. このことから $2ma \sim 0$ である. こうして $H_1(K)$ は $a + a = 0$ を満たす a と b で生成されることがわかった. すなわち

$$H_1(K) = \{i[a] + j[b] | i \in \mathbb{Z}_2, j \in \mathbb{Z}\} \cong \mathbb{Z}_2 \oplus \mathbb{Z}. \tag{3.51}$$

一方 K は連結なので $H_0(K) \cong \mathbb{Z}$.

3.4 ホモロジー群の一般的性質

3.4.1 連結性とホモロジー群

$K = \{p_0\}, L = \{p_0, p_1\}$ とする. 例 3.6 と問 3.1 から $H_0(K) = \mathbb{Z}, H_0(L) = \mathbb{Z} \oplus \mathbb{Z}$ を得る. もっと一般に次の定理が成り立つ.

定理 3.6 K が N 個の連結成分の非交和からなるとする；$K = K_1 \cup K_2 \cup \ldots \cup K_N$（ただし $K_i \cap K_j = \emptyset$）. このとき

$$H_r(K) = H_r(K_1) \oplus H_r(K_2) \oplus \cdots \oplus H_r(K_N) \tag{3.52}$$

が成り立つ.

証明: 最初に r 次元鎖群は N 個の r 次元鎖部分群の直和に分解されることに注意する．ここで

$$C_r(K) = \left\{ \sum_{i=1}^{I_r} c_i \sigma_{r,i} \,\middle|\, c_i \in \mathbb{Z} \right\}$$

とおく．ただし I_r は K における1次独立な r-単体の個数を表す．σ_i の番号は，K_1 の r-単体が最初に，次が K_2 の r-単体，等々となるように整理し直しておく．このとき $C_r(K)$ は

$$C_r(K) = C_r(K_1) \oplus C_r(K_2) \oplus \cdots \oplus C_r(K_N)$$

のように部分群の直和に分解される．この分解は $Z_r(K), B_r(K)$ についても同様である；

$$Z_r(K) = Z_r(K_1) \oplus Z_r(K_2) \oplus \cdots \oplus Z_r(K_N),$$
$$B_r(K) = B_r(K_1) \oplus B_r(K_2) \oplus \cdots \oplus B_r(K_N).$$

そこで各連結成分 K_i のホモロジー群を

$$H_r(K_i) = Z_r(K_i)/B_r(K_i)$$

と定義すれば，$Z_r(K_i) \supset B_r(K_i)$ なので矛盾なく定まる．したがって

$$\begin{aligned}
H_r(K) &= Z_r(K)/B_r(K) \\
&= Z_r(K_1) \oplus \cdots \oplus Z_r(K_N)/B_r(K_1) \oplus \cdots \oplus B_r(K_N) \\
&= \{Z_r(K_1)/B_r(K_1)\} \oplus \cdots \oplus \{Z_r(K_N)/B_r(K_N)\} \\
&= H_r(K_1) \oplus \cdots \oplus H_r(K_N)
\end{aligned}$$

が導かれた．∎

系 3.1 (a) K が N 個の連結成分の非交和からなるとする．このとき

$$H_0(K) \cong \underbrace{\mathbb{Z} \oplus \cdots \oplus \mathbb{Z}}_{N \text{ 個}} \tag{3.53}$$

が成り立つ．

(b) もし $H_0(K) \cong \mathbb{Z}$ ならば K は連結である．(したがって定理3.5と合わせて $H_0(K) \cong \mathbb{Z} \iff K$ は連結).

3.4.2 ホモロジー群の構造

$Z_r(K), B_r(K)$ は自由加群 $C_r(K)$ の部分群なので，それらも自由加群である．しかしこのことから $H_r(K) = Z_r(K)/B_r(K)$ もまた自由加群であるとはいえない．実際，定理3.2から $H_r(K)$ の最も一般的な形は

$$H_r(K) \cong \underbrace{\mathbb{Z} \oplus \cdots \oplus \mathbb{Z}}_{f \text{ 個}} \oplus \mathbb{Z}_{k_1} \oplus \cdots \oplus \mathbb{Z}_{k_p} \tag{3.54}$$

であるからである．ここまでの計算例などから $H_r(K)$ の生成元の個数は，$|K|$ の $r+1$ 次元の穴の数であることが明らかであろう．最初の f 個の直和が階数 f 自由加群で，残りの p 個の直和は $H_r(K)$ の**ねじれ部分群**という．例えば，実射影空間に関して $H_1(K) \cong \mathbb{Z}_2$，Klein の壺に関して $H_1(K) \cong \mathbb{Z} \oplus \mathbb{Z}_2$ であった．ある意味で，ねじれ部分群は多面体 $|K|$ のねじれ具合をはかるものである．

さて $\mathbb{Z}$ 係数のホモロジー群がなぜ $\mathbb{Z}_2$ 係数や $\mathbb{R}$ 係数より好ましいか，その理由を明らかにしておこう．$\mathbb{Z}_2$ は自明でない部分群をもたないので，これを係数とするホモロジー群は，ねじれ部分群をもたない．同様に $\mathbb{R}$ 係数で考えると，任意の整数 $m \in \mathbb{Z} - \{0\}$ に対して $\mathbb{R}/m\mathbb{R} \cong 0$ だから，ねじれ部分群は決して登場しない．[任意の $a, b \in \mathbb{R}$ に対して $a - b = mc$ を満たす実数 $c \in \mathbb{R}$ が存在する．] もし $H_r(K; \mathbb{Z})$ が式 (3.54) で与えられると，$H_r(K; \mathbb{R})$ は

$$H_r(K; \mathbb{R}) \cong \underbrace{\mathbb{R} \oplus \mathbb{R} \oplus \cdots \oplus \mathbb{R}}_{f \text{ 個}} \tag{3.55}$$

となる．

3.4.3 Betti 数と Euler-Poincaré 標数

定義 3.6 K を単体的複体とする．r 次 **Betti 数** $b_r(K)$ は

$$b_r(K) \equiv \dim H_r(K; \mathbb{R}) \tag{3.56}$$

で定義される．すなわち $b_r(K)$ は $H_r(K; \mathbb{Z})$ の自由加群部分の階数である．

例えば，トーラス T^2 の Betti 数は (例 3.12 参照)

$$b_0(K) = 1, \qquad b_1(K) = 2, \qquad b_2(K) = 1$$

であり，2 次元球面の Betti 数は (問 3.3 参照)

$$b_0(K) = 1, \qquad b_1(K) = 0, \qquad b_2(K) = 1$$

である．次の定理は Euler 標数と Betti 数の関係を表すものである．

定理 3.7 (Euler-Poincaré の公式) K を n 次元単体的複体，I_r を K の r-単体の個数とする．このとき

$$\chi(K) \equiv \sum_{r=0}^{n} (-1)^r I_r = \sum_{r=0}^{n} (-1)^r b_r(K) \tag{3.57}$$

が成り立つ．[注：最初の等式は一般の多面体の Euler 標数の定義である．これは 2.4 節で与えられた曲面の Euler 標数の一般化であることに注意．]

証明： 境界準同型

$$\partial_r : C_r(K; \mathbb{R}) \to C_{r-1}(K; \mathbb{R})$$

を考えよう．ただし $C_{-1}(K;\mathbb{R})=0$ と考える．$C_r(K;\mathbb{R})$, $C_{r-1}(K;\mathbb{R})$ はともにベクトル空間であるから，定理 2.1 が適用できて

$$I_r = \dim C_r(K;\mathbb{R}) = \dim(\mathrm{Ker}\,\partial_r) + \dim(\mathrm{Im}\,\partial_r)$$
$$= \dim Z_r(K;\mathbb{R}) + \dim B_{r-1}(K;\mathbb{R})$$

である．ただし $B_{-1}(K;\mathbb{R})=0$ である．また

$$b_r(K) = \dim H_r(K;\mathbb{R}) = \dim(Z_r(K;\mathbb{R})/B_{r-1}(K;\mathbb{R}))$$
$$= \dim Z_r(K;\mathbb{R}) - \dim B_r(K;\mathbb{R})$$

を得る．これらの関係から

$$\chi(K) = \sum_{r=0}^{n}(-1)^r I_r = \sum_{r=0}^{n}(-1)^r(\dim Z_r(K;\mathbb{R}) + \dim B_{r-1}(K;\mathbb{R}))$$
$$= \sum_{r=0}^{n}\{(-1)^r \dim Z_r(K;\mathbb{R}) - (-1)^r \dim B_r(K;\mathbb{R})\}$$
$$= \sum_{r=0}^{n}(-1)^r b_r(K)$$

が得られる． ∎

Betti 数は位相不変量なので $\chi(K)$ の値も同相写像のもとで保たれる．特にもし $f:|K|\to X$, $g:|K'|\to X$ が X の 2 つの三角形分割ならば $\chi(K)=\chi(K')$ を得る．したがって X の任意の三角形分割 (K,f) に対して X の Euler 標数を $\chi(K)$ で定義することは意味をもつことになる．

演習問題 3

3.1 最も一般的な向き付け可能な曲面は，h 個のハンドルと q 個の穴をもつ 2 次元球面である．この曲面のホモロジー群と Euler 標数を計算せよ．

3.2 図 3.13 にあるように，穴のあいた S^2 で矢印に従って各辺を同一視したものを考える．こうしてできる曲面は実射影平面 $\mathbb{R}P^2$ に他ならない．もっと一般にこのような「クロスキャップ」を q 個もった球面を考え，そのホモロジー群と Euler 標数を計算せよ．

第 3 章への補足

ホモロジー群を計算するために，大変便利で有効な '完全系列' の手法を紹介する．

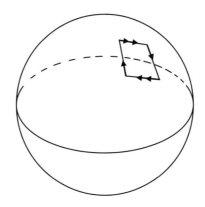

図 3.13. 穴のあいた S^2 において，矢印に従って各辺を同一視する．そのような穴が q 個あいた S^2 を考えることもできる．

加群 G_n と準同型写像 $f_n : G_n \to G_{n-1}$ の系列
$$\cdots \to G_{n+1} \xrightarrow{f_{n+1}} G_n \xrightarrow{f_n} G_{n-1} \to \cdots \tag{3.58}$$
が与えられたとき，任意の n に対して
$$\mathrm{Im}(f_{n+1}) = \mathrm{Ker}(f_n)$$
が成り立つとき，(3.58) を **完全系列** (exact sequence) という．

問 3.A 完全系列において，$f_n \circ f_{n+1} = 0$ が成り立つことを示せ．

問 3.B $f : G_1 \to G_2$ を加群の間の準同型写像とする．

(1) 完全系列
$$0 \xrightarrow{g} G_1 \xrightarrow{f} G_2$$
が存在することと f が単射であることは同値であることを示せ．

(2) 完全系列
$$G_1 \xrightarrow{f} G_2 \xrightarrow{g} 0$$
が存在することと f が全射であることは同値であることを示せ．

注 1 (1) 問 3.A と問 3.B において出てくる "0" はそれぞれ異なる意味をもつ．$f_n \circ f_{n+1} = 0$ とは，準同型写像の合成が零写像になること，すなわち任意の元がすべて単位元にうつることを意味し，完全系列の 0 は単位元のみからなる自明な群を表している．記号の乱用だが，意味がわかれば便利な使い方なので慣れてほしい．

(2) 問 3.B の (1), (2) を合わせて，完全系列
$$0 \to G_1 \xrightarrow{f} G_2 \to 0$$
が存在するならば同型 $G_1 \cong G_2$ が得られる．

例 3.A 完全系列 $0 \xrightarrow{f} G \xrightarrow{g} 0$ が存在すると，$\mathrm{Im}(f) = \mathrm{Ker}(g) = G$ だが，$\mathrm{Im}(f) = 0$ なので，$G = 0$ を得る．

例 3.B H を G の部分加群とするとき，完全系列
$$0 \to H \xrightarrow{f} G \xrightarrow{g} G/H \to 0$$
が存在する．一般に，完全系列
$$0 \to H \xrightarrow{f} G \xrightarrow{g} K \to 0 \tag{3.59}$$
が存在するとき，同型 $G/H \cong K$ が成り立つ．(3.59) を **短完全系列** (short exact sequence) という．

例 3.C 短完全系列
$$0 \to \mathbb{Z} \xrightarrow{2} \mathbb{Z} \xrightarrow{f} \mathbb{Z}_2 \to 0$$
が存在する．ここで，$2 : \mathbb{Z} \to \mathbb{Z}$ は 1 を 2 にうつす準同型写像を表し，f は $f(2n) = 0$, $f(2n-1) = 1$ となる準同型写像である．

短完全系列
$$0 \to \mathbb{Z}_2 \xrightarrow{2} \mathbb{Z}_4 \xrightarrow{f} \mathbb{Z}_2 \to 0$$
が存在する．ここで，$2 : \mathbb{Z}_2 \to \mathbb{Z}_4$ は 1 を 2 にうつす準同型写像を表し，f は $f(0) = f(2) = 0$, $f(1) = f(3) = 1$ となる準同型写像である．$\mathbb{Z}_4/\mathbb{Z}_2 \cong \mathbb{Z}_2$ だが $\mathbb{Z}_4 \not\cong \mathbb{Z}_2 \oplus \mathbb{Z}_2$ なので，一般に，同型 $G/H \cong K$ が成り立つとしても $G \cong H \oplus K$ が成り立つとは限らない．

問 3.C $\mathbb{Z}_4 \not\cong \mathbb{Z}_2 \oplus \mathbb{Z}_2$ であることを示せ．

問 3.D 短完全系列
$$0 \to \mathbb{Z}_2 \xrightarrow{g} \mathbb{Z}_6 \xrightarrow{f} \mathbb{Z}_3 \to 0$$
が存在することを示せ．

問 3.E $\mathbb{Z}_6 \cong \mathbb{Z}_2 \oplus \mathbb{Z}_3$ であることを示せ．

問 3.F 完全系列
$$0 \to \mathbb{Z} \to \mathbb{Z} \oplus \mathbb{Z} \to G \to 0$$
が存在するとき，$G \cong \mathbb{Z}$ がいつでも成り立つかどうかを考察せよ．

問 3.G 加群の短完全系列
$$0 \to H \xrightarrow{g} G \xrightarrow{f} \mathbb{Z} \to 0$$

が存在するとき，$G \cong H \oplus \mathbb{Z}$ が成り立つことを示せ．

K を複体とするとき，ホモロジー群 $H_*(K)$ を計算したいとする．しかし，多面体 $|K|$ の図形としての構造が複雑であれば，複体 K の表示も複雑でホモロジー群 $H_*(K)$ の計算は一般に容易ではない．そこで，K をより簡単な部分集合に分けて，それらのホモロジー群から $H_*(K)$ を求めようとする方法は自然であろう．実際，それは可能で，その計算方法を教えるのが 'Mayer-Vietoris(マイヤー–ビートリス) の完全系列' と呼ばれるものである．

K_1, K_2 を複体とし，$K_1 \cap K_2$ が $K_1 \cup K_2$ の部分複体であるとする．このとき，ホモロジー群 $H_*(K_1 \cap K_2)$, $H_*(K_1)$, $H_*(K_2)$, $H_*(K_1 \cup K_2)$, の間に完全系列が存在する．

定理 3.A K_1, K_2 を複体とし，$K_1 \cap K_2$ が $K = K_1 \cup K_2$ の部分複体であるとするとき，ホモロジー群の完全系列

$$\cdots \to H_q(K_1 \cap K_2) \to H_q(K_1) \oplus H_q(K_2) \to H_q(K) \to H_{q-1}(K_1 \cap K_2) \to \cdots$$

が存在する．これを **Mayer-Vietoris の完全系列** という．さらに，$K_1 \cap K_2$ が連結ならば，終わりの部分は

$$\cdots \to H_1(K_1 \cap K_2) \to H_1(K_1) \oplus H_1(K_2) \to H_1(K) \to 0$$

である．

準同型写像 $i_* : H_q(K_1 \cap K_2) \to H_q(K_1) \oplus H_q(K_2)$ の対応のみ説明しておこう．$i : K_1 \cap K_2 \to K_1 \cup K_2$ を自然な包含写像とする．明らかに，これは単射な連続写像である．このとき，$i_*([z]) = ([i(z)], -[i(z)])$ である．

その他の詳細や証明にはかなりの準備が必要となるのでここでは省略する．例えば，

田村一郎『トポロジー』(岩波書店，1972)

を参照されたい．

定理 3.A の有用性を示す計算例をいくつか見てみよう．

例 3.D $S^n = \{\boldsymbol{x} \in \mathbb{R}^{n+1}; |\boldsymbol{x}| = 1\}$ を n 次元球面とする．すでに求めたように，$n = 1, 2$ のとき

$$H_q(S^n) = \begin{cases} \mathbb{Z} & (q = 0, n) \\ 0 & (q \neq 0, n) \end{cases} \tag{3.60}$$

である．そこで，3 次元球面 S^3 のホモロジー群を求めてみよう．

$$S^3 = \{(x, y, z, w) \in \mathbb{R}^4; x^2 + y^2 + z^2 + w^2 = 1\}$$

であるが，$D_+ = \{(x, y, z, w) \in S^3; w \geq 0\}$, $D_- = \{(x, y, z, w) \in S^3; w \leq 0\}$ とおくと，$S^3 = D_+ \cup D_-$ となる．$D_+ \cap D_- = S^2$ に注意する．$D_+ = D_- = \{(x, y, z); x^2 + y^2 + z^2 \leq 1\}$ は 3 次元球体 D^3 であるから

$$H_q(D_\pm) = H_q(D^3) = \begin{cases} \mathbb{Z} & (q = 0) \\ 0 & (q \neq 0) \end{cases}$$

である．したがって，$K_1 = D_+$, $K_2 = D_-$ として定理 3.A が適用できて

$$H_3(D_+) \oplus H_3(D_-) \to H_3(S^3) \to H_2(S^2) \to$$
$$H_2(D_+) \oplus H_2(D_-) \to H_2(S^3) \to H_1(S^2) \to$$
$$H_1(D_+) \oplus H_1(D_-) \to H_1(S^3) \to 0$$

となる．

$$0 \to H_3(S^3) \to \mathbb{Z} \to 0$$

より，$H_3(S^3) \cong \mathbb{Z}$ を得る．

$$0 \to H_q(S^3) \to 0 \qquad (q = 1, 2).$$

だから，例 3.A より $H_1(S^3) = H_2(S^3) = 0$ を得る．最後に，S^3 が連結だから $H_0(S^3) \cong \mathbb{Z}$ である．以上で，$n = 3$ の場合も (3.60) が成り立つことがわかった．

問 3.H 任意の自然数 n に対して (3.60) が成り立つことを示せ．

これより，$m \neq n$ ならば $H_m(S^n) = 0$ であるから，

$$H_m(S^m) \cong \mathbb{Z} \neq H_m(S^n)$$

である．したがって，ホモロジー群の位相不変性から，$m \neq n$ ならば S^m と S^n は同相ではない．よって，次のことが得られる：

定理 3.B m 次元球面 S^m と n 次元球面 S^n が同相であるための必要十分条件は $m = n$ である．

さらに，この定理の重要な応用もある：

定理 3.C (Euclid 空間の次元の位相不変性) m 次元 Euclid 空間 $\mathbb{R}^m$ と n 次元 Euclid 空間 $\mathbb{R}^n$ が同相であるための必要十分条件は $m = n$ である．

証明：Euclid 空間に無限遠点 $\{\infty\}$ を 1 点付け加えると球面になる (問 3.I 参照)：

$$S^m = \mathbb{R}^m \cup \{\infty\}, \qquad S^n = \mathbb{R}^n \cup \{\infty\}.$$

そこで，同相写像 $f : \mathbb{R}^m \to \mathbb{R}^n$ が存在すれば，写像 $\hat{f} : S^m \to S^n$ を

$$\hat{f}(x) = \begin{cases} f(x) & (x \in \mathbb{R}^m) \\ \infty & (x = \infty) \end{cases}$$

と定義すると，$\hat{f}$ は同相写像である．よって，定理 3.B より $m = n$ を得る．逆に，$m = n$ ならば $\mathbb{R}^m$ と $\mathbb{R}^n$ が同相なのは明らかである． ∎

問 3.I $S^n = \mathbb{R}^n \cup \{\infty\}$ であること，すなわち $S^n - \{(0, \ldots, 0, 1)\}$ と $\mathbb{R}^n$ は同相であることを示せ．

最後に，実射影平面 $\mathbb{R}P^2$ のホモロジー群を完全系列の計算により，決定して本節を終えよう．例 3.11 を比較参照せよ．

問 3.J M をメビウスの帯とするとき，
$$H_0(M) = H_1(M) \cong \mathbb{Z}, \qquad H_2(M) = 0$$
であることを示せ．

$\mathbb{R}P^2 = M \cup D^2$, $M \cap D^2 = S^1$ と分解できる．定理 3.A より
$$0 \to H_2(S^1) \to H_2(D^2) \oplus H_2(M) \to H_2(\mathbb{R}P^2) \xrightarrow{k_*}$$
$$H_1(S^1) \xrightarrow{i_*} H_1(D^2) \oplus H_1(M) \xrightarrow{j_*} H_1(\mathbb{R}P^2) \to 0$$
を得る．既知のホモロジー群の計算結果より
$$0 \to H_2(\mathbb{R}P^2) \xrightarrow{k_*} \mathbb{Z} \xrightarrow{i_*} \mathbb{Z} \xrightarrow{j_*} H_1(\mathbb{R}P^2) \to 0$$
を得るから，k_* は単射であり，j_* は全射であることがわかる．したがって，準同型定理より
$$H_1(\mathbb{R}P^2) \cong \mathbb{Z}/\mathrm{Ker}(j_*) \cong \mathbb{Z}/\mathrm{Im}(i_*)$$
および
$$H_2(\mathbb{R}P^2) = \mathrm{Im}(k_*) = \mathrm{Ker}(i_*)$$
を得る．後は，$\mathrm{Im}(i_*)$, $\mathrm{Ker}(i_*)$ を求めればよい．

準同型写像 $i_* : H_1(S^1) \to H_1(D^2) \oplus H_1(M)$ の定義は
$$i_*([z]) = ([i(z)]_1, -[i(z)]_2) \in H_1(D^2) \oplus H_1(M)$$
であったが，$H_1(D^2) = 0$ だから $[i(z)]_1 = 0$ なので $i_*([z]) = (0, -[i(z)]_2)$ である．

S^1 を 1 周まわるサイクルを $\alpha \in H_1(S^1)$ とするとこれは生成元である．$S^1 = M \cap D^2$ であったから，$[i(\alpha)]_2 \in H_1(M)$ はメビウスの帯の境界の円周を表す．$H_1(M) \cong \mathbb{Z}$ の生成元を β とすると，これはメビウスの帯の中心線の円周が表すサイクルである．したがって，$i_*([\alpha]) = 2[\beta]$ である．よって，任意の元 $z \in H_1(S^1)$ は $z = m\alpha$ ($m \in \mathbb{Z}$) とおけて，
$$i_*([z]) = i_*(m[\alpha]) = (0, -2m[\beta]_2)$$
となるから，
$$\mathrm{Im}(i_*) = \{(0, -2m[\beta]_2); m \in \mathbb{Z}\} \cong 2\mathbb{Z}$$
である．$\forall [z] = m[\alpha] \in \mathrm{Ker}(i_*)$ に対して，$i_*([z]) = (0, -2m[\beta]_2) = (0,0)$ より，$m = 0$ を得るので，
$$\mathrm{Ker}(i_*) = \{[z] = m[\alpha]; m = 0\} = 0$$
である．よって，
$$H_2(\mathbb{R}P^2) = 0, \qquad H_1(\mathbb{R}P^2) \cong \mathbb{Z}/2\mathbb{Z} \cong \mathbb{Z}_2$$
を得る．$\mathbb{R}P^2$ は連結だから，$H_0(\mathbb{R}P^2) = \mathbb{Z}$ である． ∎

第 4 章　ホモトピー群

　前章におけるホモロジー群のアイディアは，境界になっていない輪体に群構造を導入するというものだった．一方ホモトピー群では，2 つの空間の間の写像の連続的変形に関心をもつ．X, Y を位相空間とし，$\mathcal{F}$ を X から Y への連続写像全体の集合とする．2 つの写像 $f, g \in \mathcal{F}$ に対して，像 $f(X)$ が Y の中で $g(X)$ に連続的に変形できるとき「ホモトピックである」という同値関係を導入しよう．X としては構造がよくわかった，ある「標準的な」位相空間を選ぶ．その標準的な空間として，例えば n 次元球面 S^n を選んで S^n から Y へのすべての写像がホモトピックという同値関係でどう分類されるかを調べよう．これがホモトピー群の基本的アイディアである．

　ここではホモトピー群の初等的な考察に限定するが，後の章の議論にはそれで十分である．Nash and Sen (1983) と Croom (1978) は本章の内容を補うものである．

4.1　基本群

4.1.1　基本的アイディア

　図 4.1 で，一方の円板に穴が 1 つ空いているが他方にはない．これらの 2 つの円板の間の違いをどのように特徴付けられるだろうか？　図 4.1 (b) における任意のループは連続的に 1 点に縮む．反対に図 4.1 (a) の方は 1 つの穴があるためにループ α は連続的に 1 点に縮むことはできない．図 4.1 (a) のループには 1 点に縮むものもあれば縮まないものもある．もしループ α から連続的な変形で β が得られるとき，α は β にホモトピックであ

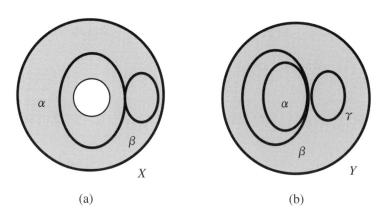

図 4.1. (a) 穴あき円板と (b) 穴なし円板．(a) の穴はループ α が 1 点に縮むのを妨げている．

るという．例えば Y の任意のループは1点にホモトピックである．「ホモトピックである」というのは同値関係であることが後に示される．そしてその同値類をホモトピー類という．図 4.1 で Y には唯 1 つのホモトピー類しかない．一方，X における各ホモトピー類は，穴のまわりを回るループが何回まわるかという整数 $n \in \mathbb{Z}$ によって特徴付けられる；時計回りならば $n < 0$, 反時計回りなら $n > 0$, ループが穴のまわりを回らなければ $n = 0$ である．さらに $\mathbb{Z}$ は加法群であり，群演算 (加法) は幾何的意味をもつ；$n + m$ は穴のまわりを最初に n 回それから m 回まわることに対応する．このようなループのホモトピー類全体のなす集合には群構造が与えられ，それは基本群とよばれる．

4.1.2 道とループ

定義 4.1 X を位相空間とし，$I = [0,1]$ とする．連続写像 $\alpha : I \to X$, $\alpha(0) = x_0, \alpha(1) = x_1$ を，始点 x_0, 終点 x_1 をもつ**道**という．α が $\alpha(0) = \alpha(1) = x_0$ を満たすとき，その道のことを基点 x_0 をもつ**ループ** (あるいは x_0 におけるループ) という．

$x \in X$ に対して，**不変な道** $c_x : I \to X$ が $c_x(s) = x, \forall s \in I$ で定義される．不変な道は $c_x(0) = c_x(1) = x$ を満たすから定数ループでもある．位相空間 X における道あるいはループの全体の集合には，次のように代数的構造が与えられる．

定義 4.2 $\alpha, \beta : I \to X$ を $\alpha(1) = \beta(0)$ を満たすような道とする．α と β の**積** ($\alpha * \beta$ と書く) は，次の式で定義される X の道である

$$\alpha * \beta(s) = \begin{cases} \alpha(2s) & 0 \leq s \leq \dfrac{1}{2} \\ \beta(2s-1) & \dfrac{1}{2} \leq s \leq 1. \end{cases} \tag{4.1}$$

図 4.2 を見よ．$\alpha(1) = \beta(0)$ なので $\alpha * \beta$ は I から X への連続写像である．[幾何的には

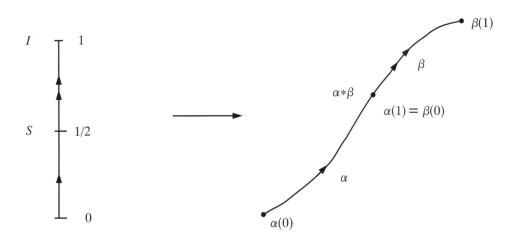

図 **4.2**. 共通な端点をもつ道 α と β の積 $\alpha * \beta$.

$\alpha * \beta$ は，最初の半分を $\alpha(I)$ に沿って進み，残りの半分を $\beta(I)$ に従ってゆくことに対応する．ただし，速度が倍になっていることに注意．]

定義 4.3 $\alpha : I \to X$ を x_0 と x_1 を結ぶ道とする．α の逆の道 α^{-1} は

$$\alpha^{-1}(s) \equiv \alpha(1-s), \qquad s \in I \tag{4.2}$$

で定義される．[逆の道 α^{-1} は x_1 と x_0 を結び，α とは文字通り逆向きの道に対応する．]

ループは始点と終点が一致している特別な道なので，積や逆向きが普通の道と同じように定義される．すると，不変な道 c_x が単位元になると思われるかもしれないがそうではない；$\alpha * \alpha^{-1}$ は c_x に等しくない！ループの集合に群演算を定めるにはホモトピーの概念が必要である．

4.1.3 ホモトピー

上で導入したループの代数的構造はそれ自体ではそれほど有用ではない．例えば不変な道は正確には単位元ではない．我々は道とループを，群構造をもつ適切な同値関係に従って分類したい．もし一方から他方へ連続的に変形できる道やループを同一視するならば，同値類全体は群をなすことがわかる．我々の興味は主にループにあるので，ほとんどの定義や定理はループに対して与えられる．しかし多くの記述は適当な修正の下でそのまま道にも適用される．

定義 4.4 $\alpha, \beta : I \to X$ を x_0 におけるループとする．これらが**ホモトピック**であるとは次の性質を満たす連続写像 $F : I \times I \to X$ が存在することである；

$$\begin{aligned} F(s,0) = \alpha(s), \qquad F(s,1) = \beta(s), \qquad \forall s \in I \\ F(0,t) = F(1,t) = x_0, \qquad \forall t \in I. \end{aligned} \tag{4.3}$$

このとき $\alpha \sim \beta$ と書く．α と β をつなぐ写像 F を α と β の間の**ホモトピー**という．

ホモトピーを図 4.3 (a) のように表すと便利である．正方形 $I \times I$ の縦の 2 辺は x_0 にうつされる．下の辺は $\alpha(s)$ であり上の辺は $\beta(s)$ である．空間 X の中でそれぞれの像は図 4.3 (b) のように連続的に変形される．

命題 4.1 関係 '$\alpha \sim \beta$' は同値関係である．

証明： 反射律：$\alpha \sim \alpha$ は，ホモトピーを $\forall t \in I$ に対して $F(s,t) \equiv \alpha(s)$ と定めればよい．

対称律：$\alpha \sim \beta$ としよう．そのホモトピー $F(s,t)$ を $F(s,0) = \alpha(s), F(s,1) = \beta(s)$ とすれば $F(s, 1-t)$ は $\beta \sim \alpha$ を与える．

推移律：$\alpha \sim \beta, \beta \sim \gamma$ とする．$F(s,t)$ は α と β の間のホモトピー，$G(s,t)$ は α と β の間のホモトピーとすれば α と γ の間のホモトピーは（図 4.4 を見よ）

$$H(s,t) = \begin{cases} F(s, 2t) & 0 \le t \le \dfrac{1}{2} \\ G(s, 2t-1) & \dfrac{1}{2} \le t \le 1 \end{cases}$$

とすればよい． ∎

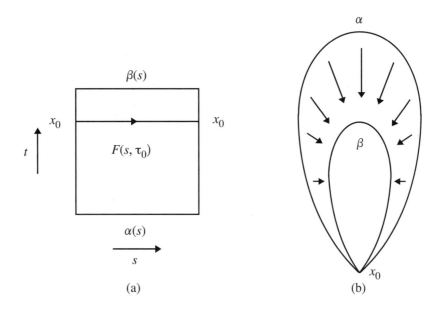

図 4.3. (a) 正方形はループ α と β を結ぶホモトピー F を表す．(b) 実際の空間の中では α の像は β の像に連続的に変形される．

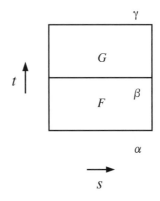

図 4.4. β を経由する α と γ の間のホモトピー H．

4.1.4 基本群

ループの同値類を $[\alpha]$ で表し，これを α の**ホモトピー類**という．ループの積はループの合成であり自然にホモトピー類の積を定める．

定義 4.5 X を位相空間とする．$x_0 \in X$ におけるループのホモトピー類の集合を $\pi_1(X, x_0)$ で表し，x_0 における X の**基本群** (あるいは **1 次元ホモトピー群**) という．ホモトピー類 $[\alpha], [\beta]$ の積は

$$[\alpha] * [\beta] = [\alpha * \beta] \tag{4.4}$$

で定義される.

補題 4.1 ホモトピーの積は代表元の取り方に依らない. すなわち $\alpha \sim \alpha'$, $\beta \sim \beta'$ ならば $\alpha * \beta \sim \alpha' * \beta'$ である.

証明：$F(s,t)$ を α と α' の間のホモトピー, $G(s,t)$ を β と β' の間のホモトピーとする. このとき

$$H(s,t) = \begin{cases} F(2s,t) & 0 \leq s \leq \dfrac{1}{2} \\ G(2s-1,t) & \dfrac{1}{2} \leq s \leq 1 \end{cases}$$

は $\alpha * \beta$ と $\alpha' * \beta'$ の間のホモトピーを与える. ゆえに $\alpha * \beta \sim \alpha' * \beta'$ となり, $[\alpha] * [\beta]$ は矛盾なく定まる. ∎

定理 4.1 基本群は実際に群構造をもつ. 言い換えれば $\alpha, \beta, \gamma, \ldots$ 等を $x \in X$ におけるループとすると, 次の群の公理が満たされる.

(1) $([\alpha] * [\beta]) * [\gamma] = [\alpha] * ([\beta] * [\gamma])$

(2) $[\alpha] * [c_x] = [\alpha]$, $[c_x] * [\alpha] = [\alpha]$ (単位元の存在)

(3) $[\alpha] * [\alpha^{-1}] = [c_x]$, ゆえに $[\alpha]^{-1} = [\alpha^{-1}]$ (逆元の存在)

証明：(1) $F(s,t)$ を $(\alpha * \beta) * \gamma$ と $\alpha * (\beta * \gamma)$ の間のホモトピーとする. それは, 例えば次のように与えられる (図 4.5 (a) を見よ)

$$F(s,t) = \begin{cases} \alpha\left(\dfrac{4s}{1+t}\right) & 0 \leq s \leq \dfrac{1+t}{4} \\ \beta(4s-t-1) & \dfrac{1+t}{4} \leq s \leq \dfrac{2+t}{4} \\ \gamma\left(\dfrac{4s-t-2}{2-t}\right) & \dfrac{2+t}{4} \leq s \leq 1 \end{cases}$$

したがって $[(\alpha * \beta) * \gamma]$ あるいは $[\alpha * (\beta * \gamma)]$ と書く代わりに, 単に $[\alpha * \beta * \gamma]$ と書けばよい.

(2) ホモトピー $F(s,t)$ を (図 4.5 (b) を見よ)

$$F(s,t) = \begin{cases} \alpha\left(\dfrac{2s}{1+t}\right) & 0 \leq s \leq \dfrac{t+1}{2} \\ x & \dfrac{t+1}{2} \leq s \leq 1 \end{cases}$$

で定義する. 明らかにこれは $\alpha * c_x$ と α の間のホモトピーである. 同様にして $c_x * \alpha$ と α の間のホモトピーが

$$F(s,t) = \begin{cases} x & 0 \leq s \leq \dfrac{1-t}{2} \\ \alpha\left(\dfrac{2s-1+t}{1+t}\right) & \dfrac{1-t}{2} \leq s \leq 1 \end{cases}$$

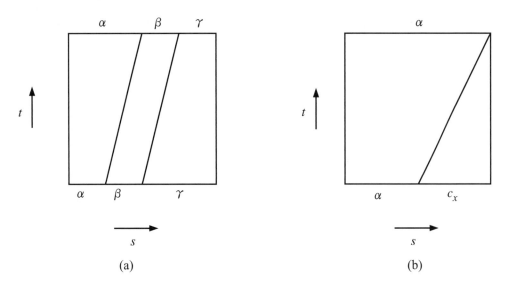

図 4.5. (a) $(\alpha * \beta) * \gamma$ と $\alpha * (\beta * \gamma)$ の間のホモトピー. (b) $\alpha * c_x$ と α の間のホモトピー.

で与えられる. したがって $[\alpha] * [c_x] = [\alpha] = [c_x] * [\alpha]$.

(3) 写像 $F : I \times I \to X$ を

$$F(s,t) = \begin{cases} \alpha(2s(1-t)) & 0 \leq s \leq \dfrac{1}{2} \\ \alpha(2(1-s)(1-t)) & \dfrac{1}{2} \leq s \leq 1 \end{cases}$$

で定義する. 明らかに $F(s,0) = \alpha * \alpha^{-1}, F(s,1) = c_x$ であるから

$$[\alpha * \alpha^{-1}] = [\alpha] * [\alpha^{-1}] = [c_x].$$

これは $[\alpha^{-1}] = [\alpha]^{-1}$ を示している. ∎

まとめれば $\pi_1(X, x)$ は群であり, その単位元は定数ループ c_x のホモトピー類である. 積 $[\alpha] * [\beta]$ は矛盾なく定義され, 群の公理を満たす. $[\alpha]$ の逆元は $[\alpha]^{-1} \equiv [\alpha^{-1}]$ で与えられる. 次節では基本群の一般的性質を学ぶが, これらの性質は実際の計算を簡単にする.

4.2 基本群の一般的性質

4.2.1 弧状連結性と基本群

2.3 節で, 位相空間 X が弧状連結であるとは任意の $x_0, x_1 \in X$ に対して $\alpha(0) = x_0, \alpha(1) = x_1$ を満たす道 α が存在することであると定義した.

定理 4.2 X を弧状連結な位相空間で $x_0, x_1 \in X$ とする. このとき $\pi_1(X, x_0)$ と $\pi_1(X, x_1)$ は同型である.

証明：道 $\eta : I \to X$ は $\eta(0) = x_0, \eta(1) = x_1$ を満たすとする．α を x_0 におけるループとすると $\eta^{-1} * \alpha * \eta$ は x_1 におけるループである（図 4.6）．$[\alpha] \in \pi_1(X, x_0)$ が与えられると，上の対応は一意的に $[\alpha'] = [\eta^{-1} * \alpha * \eta] \in \pi_1(X, x_1)$ を誘導する．この対応から決まる写像を $P_\eta : \pi_1(X, x_0) \to \pi_1(X, x_1)$, $P_\eta([\alpha]) = [\alpha']$ と書くことにする．

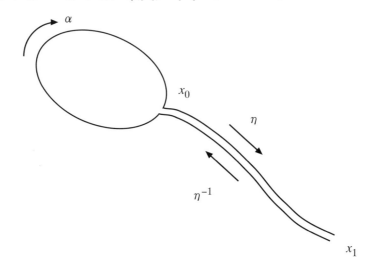

図 4.6. x_0 におけるループ α から x_1 におけるループ $\eta^{-1} * \alpha * \eta$ が構成される．

P_η が同型写像であることを示そう．まず $[\alpha], [\beta] \in \pi_1(X, x_0)$ に対して

$$P_\eta([\alpha] * [\beta]) = [\eta^{-1}] * [\alpha] * [\beta] * [\eta]$$
$$= [\eta^{-1}] * [\alpha] * [\eta] * [\eta^{-1}] * [\beta] * [\eta]$$
$$= P_\eta([\alpha]) * P_\eta([\beta])$$

であるから P_η は準同型写像である．P_η が全単射であることを示すために P_η の逆写像 $P_\eta^{-1} : \pi_1(X, x_1) \to \pi_1(X, x_0)$ を，$[\alpha']$ への作用が $P_\eta^{-1}([\alpha']) = [\eta * \alpha' * \eta^{-1}]$ となるように定義する．P_η^{-1} が P_η の逆写像であることは

$$P_\eta^{-1} P_\eta([\alpha]) = P_\eta^{-1}([\eta^{-1} * \alpha * \eta]) = [\eta * \eta^{-1} * \alpha * \eta * \eta^{-1}] = [\alpha]$$

より明らかである．したがって $P_\eta^{-1} P_\eta = \mathrm{id}_{\pi_1(X, x_0)}$．対称性から $P_\eta P_\eta^{-1} = \mathrm{id}_{\pi_1(X, x_1)}$ を得る．したがって，問 2.3 から P_η は全単射であることがわかる．■

したがって X が弧状連結ならば，任意の $x_0, x_1 \in X$ に対して $\pi_1(X, x_0) \cong \pi_1(X, x_1)$ なので基点の取り方を特定する必要はない．そこで，この場合は単に $\pi(X)$ と書くことにする．

問 4.1 (1) η と ζ は x_0 から x_1 への道で，$\eta \sim \zeta$ であるとする．このとき $P_\eta = P_\zeta$ を示せ．

(2) η と ζ は $\eta(1) = \zeta(0)$ であるような道とする．このとき $P_{\eta * \zeta} = P_\zeta \cdot P_\eta$ を示せ．

4.2.2 基本群のホモトピー不変性

道とループの間のホモトピー同値の定義は容易に一般の写像に対して拡張できる．$f, g : X \to Y$ を連続写像とする．連続写像 $F : X \times I \to Y$ が存在して $F(x, 0) = f(x), F(x, 1) = g(x)$ を満たすとき，f は g にホモトピックであるといい $f \sim g$ と書く．写像 F は f と g の間のホモトピーとよばれる．

定義 4.6 X, Y を位相空間とする．X と Y が同じホモトピー型であるとは，連続写像 $f : X \to Y$ と $g : Y \to X$ が存在して $f \circ g \sim \mathrm{id}_Y, g \circ f \sim \mathrm{id}_X$ を満たすときをいう．このとき $X \simeq Y$ と書く．f をホモトピー同値写像といい g をホモトピー逆写像という．[注：X と Y が同相ならば同じホモトピー型をもつが，逆は必ずしも正しくない．例えば 1 点 $\{p\}$ と $\mathbb{R}$ は同じホモトピー型であるが $\{p\}$ は $\mathbb{R}$ に同相でない．]

命題 4.2 「同じホモトピー型である」は，位相空間の集合における同値関係である．

証明：反射律：id_X はホモトピー同値写像であるから $X \simeq X$．

対称律：$X \simeq Y$ で $f : X \to Y$ をホモトピー同値写像とする．このとき $Y \simeq X$ で f のホモトピー逆写像がホモトピー同値写像を与える．

推移律：$X \simeq Y, Y \simeq Z$ で $f : X \to Y, g : Y \to Z$ をホモトピー同値写像，$f' : Y \to X, g' : Z \to Y$ をホモトピー逆写像とする．このとき

$$(g \circ f)(f' \circ g') = g(f \circ f')g' \sim g \circ \mathrm{id}_Y \circ g' = g \circ g' \sim \mathrm{id}_Z,$$
$$(f' \circ g')(g \circ f) = f'(g' \circ g)f \sim f' \circ \mathrm{id}_Y \circ f = f' \circ f \sim \mathrm{id}_X$$

から $X \simeq Z$ が従う． ∎

基本群の最も注目すべき性質の 1 つは，同じホモトピー型をもつ 2 つの位相空間は同じ基本群をもつということである．

定理 4.3 X と Y は同じホモトピー型をもつ位相空間とする．$f : X \to Y$ をホモトピー同値写像とするとき $\pi_1(X, x_0)$ は $\pi_1(Y, f(x_0))$ に同型である．

次の系は定理 4.3 から直ちに導かれる．

系 4.1 基本群は同相写像のもとに不変で，ゆえに位相不変量である．

この意味で，基本群は位相空間を分類する上で同相ほど厳密ではない，弱い分類であることを認識しておかなければならない．主張できるのは，位相空間 X と Y の基本群が異なれば X は Y に同相にはなり得ないということだけである．しかし後の議論で見るように，基本群を含めてホモトピー群は物理学へ多くの応用がある．物理においてホモトピー群を主に用いるのは空間を分類するためだけではなく，写像あるいは場の配位の分類をするためでもあることを強調しておく．

任意の空間の対 X, Y に対して「同じホモトピー型である」ことが意味することの真価を認識するのはむしろ難しいといえる．しかしながら実際には Y が X の部分空間であるという設定がしばしばある．このとき Y が X の連続的な変形で得られるならば $X \simeq Y$ であるといってよい．

定義 4.7 空でない X の部分集合を R とする．もし連続写像 $f: X \to R$ が存在して $f|_R = \mathrm{id}_R$ を満たすならば，R は X の**収縮**であるといい f を**収縮写像**という．

X 全体の点が R に写像される際に，R の点はすべて固定されたままであることに注意しよう．図 4.7 は収縮と収縮写像の例である

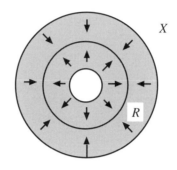

図 4.7. 円 R は円環 X の収縮である．矢印は収縮写像がいかに作用するかを示す．

定義 4.8 R を X の部分集合とする．連続写像 $H: X \times I \to X$ が存在して

$$\text{任意の } x \in X \text{ に対して} \quad H(x,0) = x, \quad H(x,1) \in R \tag{4.5}$$

および

$$\text{任意の } t \in I, x \in R \text{ に対して} \quad H(x,t) = x \tag{4.6}$$

が成り立つとき，R を X の**変形収縮**であるという．ここで H は id_X と収縮写像 $f: X \to R$ の間のホモトピーで，変形の間 R のすべての点を固定していることに注意せよ．

収縮は必ずしも変形収縮ではない．図 4.8 では円 R は X の収縮だが変形収縮ではない．なぜならば，X における穴が id_X の連続的変形に対する障害になっているからである．

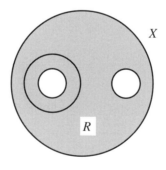

図 4.8. 円 R は X の変形収縮ではない．

R が X の収縮であるとき，X と R は同じホモトピー型をもつので

$$\pi_1(X,a) \cong \pi_1(R,a), \qquad a \in R \tag{4.7}$$

が成り立つ．

例 4.1 R を単位円，X を円環とする (図 4.7)；

$$R = \{e^{i\theta} | 0 \leq \theta < 2\pi\}, \tag{4.8}$$

$$X = \{re^{i\theta} | 0 \leq \theta < 2\pi, \tfrac{1}{2} \leq r \leq \tfrac{3}{2}\}. \tag{4.9}$$

$f : R \to X$ を $f(e^{i\theta}) = e^{i\theta}$ で，$g : X \to R$ を $g(re^{i\theta}) = e^{i\theta}$ で定義する．このとき $f \circ g : re^{i\theta} \mapsto e^{i\theta}$, $g \circ f : e^{i\theta} \mapsto e^{i\theta}$ である．$f \circ g \sim \mathrm{id}_X$, $g \circ f = \mathrm{id}_R$ であることを確かめよ．したがって R の点を固定したまま id_X と $f \circ g$ をつなぐホモトピー

$$H(re^{i\theta}, t) = \{1 + (r-1)(1-t)\}e^{i\theta}$$

が存在する．したがって R は X の変形収縮である．基本群に関しては $\pi_1(R, a) \cong \pi_1(X, a)$ ($a \in R$) が成り立つ．

定義 4.9 点 $a \in X$ が X の変形収縮であるとき，X は**可縮**であるといわれる．

$c_a : X \to \{a\}$ を定数写像とする．X が可縮であれば，あるホモトピー $H : X \times I \to X$ で任意の $x \in X$ に対して $H(x, 0) = c_a(x) = a, H(x, 1) = \mathrm{id}_X(x) = x$ であり，さらに任意の $t \in I$ に対して $H(a, t) = a$ であるようなものが存在する．このようなホモトピーを**縮約**という．

例 4.2 $X = \mathbb{R}^n$ は原点 0 に可縮である．実際 $H : \mathbb{R}^n \times I \to \mathbb{R}^n$ を $H(x, t) = tx$ で定めれば (i) 任意の $x \in X$ に対して $H(x, 0) = 0, H(x, 1) = x$ で，(ii) 任意の $t \in I$ に対して $H(0, t) = 0$ が成り立つ．したがって $\mathbb{R}^n$ の任意の凸部分集合も可縮であることは明らかであろう．

問 4.2 $D^2 = \{(x, y) \in \mathbb{R}^2 | x^2 + y^2 \leq 1\}$ とする．このとき単位円 S^1 は $D^2 - \{0\}$ の変形収縮であることを示せ．また単位球面 S^n は $D^{n+1} - \{0\}$ の変形収縮であることを示せ．ただし $D^{n+1} = \{x \in \mathbb{R}^{n+1} \mid \|x\| \leq 1\}$．

定理 4.4 可縮な空間 X の基本群は自明である；$\pi_1(X, x_0) \cong \{e\}$．特に $\mathbb{R}^n$ の基本群は自明である；$\pi_1(\mathbb{R}^n, x_0) \cong \{e\}$．

証明：可縮な空間は 1 点 $\{p\}$ と同じ基本群をもつが，1 点の基本群は自明である． ∎

弧状連結な空間 X の基本群が自明であるとき，X は**単連結**であるという (2.3 節を見よ)．

4.3 基本群の例

一般には基本群の計算に決まった方法はない．しかし，ある場合には比較的簡単にそれを求める方法がある．ここでは円周 S^1 と，それに関係する空間の基本群を考察する．

S^1 を $\{z \in \mathbb{C} \mid |z| = 1\}$ と考える．そこで写像 $p : \mathbb{R} \to S^1$ を $p : x \mapsto \exp(ix)$ と定める．写像 p により，$0 \in \mathbb{R}$ は $1 \in S^1$ にうつされる．以下，この点を基点にとる．図 4.9 のように p のもとで $\mathbb{R}$ が S^1 のまわりに巻き付いていると考えればよい．

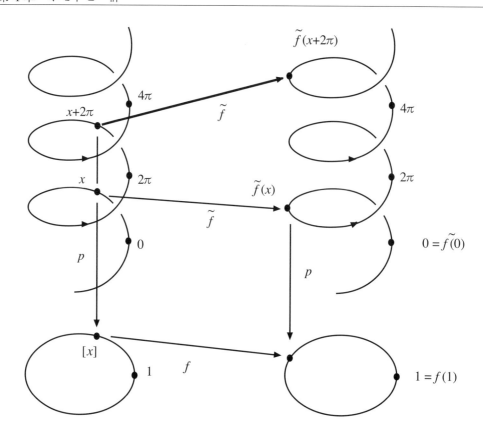

図 4.9. $p: \mathbb{R} \to S^1, x \mapsto \exp(\mathrm{i}x)$ で定義される写像は $x + 2m\pi$ を S^1 上の同じ点にうつす．ある決まった n に対して $\widetilde{f}(0) = 0, \widetilde{f}(x+2\pi) = \widetilde{f}(x) + 2\pi n$ を満たすような写像 $\widetilde{f}: \mathbb{R} \to \mathbb{R}$ は，写像 $f: S^1 \to S^1$ を定める．整数 n は f が属する写像のホモトピー類を決める．

$x, y \in \mathbb{R}$ が $x - y = 2\pi m \ (m \in \mathbb{Z})$ を満たすとすると，それらの点はすべて S^1 の同じ点にうつされる．このとき $x \sim y$ と書くことにしよう．これは同値関係であり，同値類 $[x] = \{y | x - y = 2\pi m, m \in \mathbb{Z}\}$ は点 $\exp(\mathrm{i}x) \in S^1$ と同一視される．したがって $S^1 \cong \mathbb{R}/2\pi\mathbb{Z}$ である．写像 $\widetilde{f}: \mathbb{R} \to \mathbb{R}$ が $\widetilde{f}(0) = 0, \widetilde{f}(x+2\pi) \sim \widetilde{f}(x)$ を満たすとする．明らかに任意の $x \in \mathbb{R}$ に対して $\widetilde{f}(x+2\pi) = \widetilde{f}(x) + 2n\pi$ が成り立つ．ただし，ここで n はある決められた整数である．$x \sim y \ (x - y = 2\pi m)$ ならば

$$\widetilde{f}(x) - \widetilde{f}(y) = \widetilde{f}(y + 2\pi m) - \widetilde{f}(y)$$
$$= \widetilde{f}(y) + 2\pi mn - \widetilde{f}(y) = 2\pi mn$$

を得るので，$\widetilde{f}(x) \sim \widetilde{f}(y)$ である．したがって $\widetilde{f}: \mathbb{R} \to \mathbb{R}$ は $f([x]) = p \circ \widetilde{f}(x)$ により一意的に連続写像 $f: \mathbb{R}/2\pi\mathbb{Z} \to \mathbb{R}/2\pi\mathbb{Z}$ を定める (図 4.9)．f は基点 $1 \in S^1$ を固定したままであることに注意せよ．逆に $1 \in S^1$ を動かさない写像 $f: S^1 \to S^1$ が与えられると $\widetilde{f}(0) = 0$ および $\widetilde{f}(x+2\pi) = \widetilde{f}(x) + 2\pi n$ を満たす写像 $\widetilde{f}: \mathbb{R} \to \mathbb{R}$ を定めることができる．

まとめると，基点 $1 \in S^1$ を保つような S^1 から S^1 への写像の集合と $\widetilde{f}(0) = 0, \widetilde{f}(x+2\pi) = \widetilde{f}(x) + 2\pi n$ を満たすような写像 $\widetilde{f}: \mathbb{R} \to \mathbb{R}$ の集合の間に 1 対 1 の対応がある．整

数 n を写像 f の**次数**といい $\deg(f)$ と書く. x が S^1 を 1 回まわる間に $f(x)$ は S^1 を n 回まわる.

補題 4.2 (1) $f, g : S^1 \to S^1$ は $f(1) = g(1) = 1$ を満たす連続写像とする. このとき
$$\deg(f) = \deg(g) \iff f \text{ は } g \text{ にホモトピックである.}$$

(2) 任意の $n \in \mathbb{Z}$ に対して, $\deg(f) = n$ を満たす連続写像 $f : S^1 \to S^1$ が存在する.

証明: (1) $\deg(f) = \deg(g)$ とし, 対応する写像を $\tilde{f}, \tilde{g} : \mathbb{R} \to \mathbb{R}$ とする. このとき $\tilde{F}(x, t) = t\tilde{f}(x) + (1-t)\tilde{g}(x)$ は $\tilde{f}(x)$ と $\tilde{g}(x)$ の間のホモトピーである. $F = p \circ \tilde{F}$ が f と g の間のホモトピーであることは簡単に確かめられる. 逆に $f \sim g : S^1 \to S^1$ ならば, 任意の $t \in I$ に対して $F(1, t) = 1$ を満たすようなホモトピー $F : S^1 \times I \to S^1$ が存在する. $\tilde{f}, \tilde{g}$ の間の対応するホモトピー $\tilde{F} : \mathbb{R} \times I \to \mathbb{R}$ は, ある $n \in \mathbb{Z}$ に対し $\tilde{F}(x + 2\pi, t) = \tilde{F}(x, t) + 2n\pi$ を満たす. こうして $\deg(f) = \deg(g)$ が示された.

(2) $\tilde{f} : x \mapsto nx$ は $\deg(f) = n$ であるような写像 $f : S^1 \to S^1$ を誘導する. ∎

補題 4.2 は $f(1) = 1$ であるような写像 $f : S^1 \to S^1$ に整数 $\deg(f)$ を対応させることによって, $\pi_1(S^1, 1)$ と $\mathbb{Z}$ の間に全単射が存在することを示している. さらにこれは同型写像である. 実際 $f, g : S^1 \to S^1$ に対して $f * g$ でループの積を定義すると $\deg(f * g) = \deg(f) + \deg(g)$ を満たす. [$\tilde{f}(x + 2\pi) = \tilde{f}(x) + 2\pi n, \tilde{g}(x + 2\pi) = \tilde{g}(x) + 2\pi m$ とせよ. このとき $f * g(x + 2\pi) = f * g(x) + 2\pi(m + n)$ である. ここで $*$ はループの合成ではなく積であることに注意.] したがって次の定理が証明された.

定理 4.5 S^1 の基本群は $\mathbb{Z}$ に同型である ;
$$\pi_1(S^1) \cong \mathbb{Z}. \tag{4.10}$$

[S^1 は弧状連結なので基点を省略して構わない.]

定理の証明はそれほど自明ではないが, 主張そのものは子供でもわかる易しいものである. 円筒にゴムバンドを巻き付けるとしよう. n 回巻き付けたとすると, それは $m (\neq n)$ 回巻きには連続的に変形することはできない. ゴムバンドを最初に n 回巻き付けてからさらに m 回巻いたとすると合計で $n + m$ 回巻き付けたことになる.

4.3.1 トーラスの基本群

定理 4.6 X, Y を弧状連結な位相空間とする. このとき $\pi_1(X \times Y, (x_0, y_0))$ は $\pi_1(X, x_0) \oplus \pi_1(Y, y_0)$ に同型である.

証明: まず射影 $p_1 : X \times Y \to X$, $p_2 : X \times Y \to Y$ を定義しよう. α が (x_0, y_0) を基点とする $X \times Y$ 内のループであれば $\alpha_1 = p_1(\alpha)$ は x_0 における X 内のループであり $\alpha_2 = p_2(\alpha)$ は y_0 における Y 内のループである. 逆に x_0 における X 内のループ α_1 と y_0 における Y 内のループ α_2 の任意の対は一意的に (x_0, y_0) における $X \times Y$ 内のループ

$\alpha = (\alpha_1, \alpha_2)$ を決める．そこで準同型写像 $\varphi : \pi_1(X \times Y, (x_0, y_0)) \to \pi_1(X, x_0) \oplus \pi_1(Y, y_0)$ を

$$\varphi([\alpha]) = ([\alpha_1], [\alpha_2])$$

で定める．構成の仕方から φ は逆写像をもつので，求める同型写像である．したがって $\pi_1(X \times Y, (x_0, y_0)) \cong \pi_1(X, x_0) \oplus \pi_1(Y, y_0)$． ∎

例 4.3 (1) $T^2 = S^1 \times S^1$ をトーラスとする．このとき

$$\pi_1(T^2) \cong \pi_1(S^1) \oplus \pi_1(S^1) \cong \mathbb{Z} \oplus \mathbb{Z} \tag{4.11}$$

である．同様にして n 次元トーラス

$$T^n = \underbrace{S^1 \times S^1 \times \cdots \times S^1}_{n \text{ 個の直積}}$$

に対して

$$\pi_1(T^n) \cong \underbrace{\mathbb{Z} \oplus \mathbb{Z} \oplus \cdots \oplus \mathbb{Z}}_{n \text{ 個の直和}} \tag{4.12}$$

が成り立つ．

(2) $X = S^1 \times \mathbb{R}$ を円筒とする．$\pi_1(\mathbb{R}) \cong \{e\}$ なので

$$\pi_1(X) \cong \mathbb{Z} \oplus \{e\} \cong \mathbb{Z} \tag{4.13}$$

となる．

4.4 多面体の基本群

前節での基本群の計算はある意味で特殊なものばかりであったが，現実にはより系統的な計算方法が必要とされる．さいわい，X が三角形分割可能ならば，その多面体 $|K|$ の基本群が決まった手順で計算でき，ゆえに X の基本群が求められる．まず群論に関わる 2, 3 の事柄から始めよう．

4.4.1 自由群と関係

ここで定義する自由群は必ずしも可換とは限らないので，群演算には積表記を用いる．群 G の部分集合 $X = \{x_i\}$ は，任意の元 $g \in G - \{e\}$ が<u>一意的</u>に

$$g = x_1^{i_1} x_2^{i_2} \cdots x_n^{i_n} \tag{4.14}$$

と書けるとき，G の<u>生成系</u>であるといわれる．ここに，n は有限で，$i_k \in \mathbb{Z}$ である．<u>互いに隣り合う各元 x_j は等しくないと仮定する</u>；$x_j \neq x_{j+1}$．もし $i_j = 1$ ならば x_j^1 を単に x_j

と書く．また $i_j = 0$ ならば x_j^0 という項は g の表記の中から省略することにする．例えば $g = a^3 b^{-2} cb^3$ はよいが $h = a^3 a^{-2} cb^0$ とは書かない．各元が一意的に表されるならば h は $h = ac$ と簡約されるべきである．群 G が生成系をもつとき，G は**自由群**とよばれる．

逆に集合 X が与えられたとき，X を生成系とするような自由群 G を構成することができる．X の各元を**文字**とよぶ．2 つ以上の文字の積

$$w = x_1^{i_1} x_2^{i_2} \cdots x_n^{i_n} \tag{4.15}$$

は**語**とよばれる．ここに $x^j \in X$, $i_j \in \mathbb{Z}$ である．$i_j \neq 0$ かつ $x_j \neq x_{j+1}$ であるとき，その語のことを**簡約化された語**とよぶ．どんな語も有限回の操作で簡約化された語になる．例えば

$$a^{-2} b^{-3} b^3 a^4 b^3 c^{-2} c^4 = a^{-2} b^0 a^4 b^3 c^2 = a^2 b^3 c^2.$$

文字を持たない語は**空なる語**とよばれ 1 と表すことにする．例えば $w = a^0$ を簡約化すればそうなる．

2 つの語の積は，2 つの語を単に並列することと定義される．簡約化された語の積は必ずしも簡約化されているとは限らないが，それを簡約化するのはいつでも可能である．例えば $v = a^2 c^{-3} b^2, w = b^{-2} c^2 b^3$ に対してその積 vw は

$$vw = a^2 c^{-3} b^2 b^{-2} c^2 b^3 = a^2 c^{-3} c^2 b^3 = a^2 c^{-1} b^3$$

と簡約化される．すべての簡約化された語の全体からなる集合は自由群を矛盾なく定める．これを X で生成される自由群とよび $F[X]$ と書く．積は 2 つの語を並列して簡約化したものであり，単位元は空なる語で

$$w = x_1^{i_1} x_2^{i_2} \cdots x_n^{i_n}$$

の逆元は

$$w^{-1} = x_n^{-i_n} \cdots x_2^{-i_2} x_1^{-i_1}$$

で与えられる．

問 4.3 $X = \{a\}$ とする．X で生成される自由群は $\mathbb{Z}$ に同型であることを示せ．

一般に任意の群 G の構造は，その生成元とそれらが満たさなくてはならない「制約」を特定することにより決まる．$\{x_k\}$ が生成系であれば，それらの間の制約はたいてい

$$r = x_{k_1}^{i_1} x_{k_2}^{i_2} \cdots x_{k_n}^{i_n} = 1 \tag{4.16}$$

と書かれる．これを**関係**とよぶ．例えば x で生成される位数 n の巡回群は (積で表示すれば) 関係 $x^n = 1$ を満たす．

もう少し形式的に，G を $X = \{x_k\}$ で生成される群としよう．任意の元 $g \in G$ は $g = x_1^{i_1} x_2^{i_2} \cdots x_n^{i_n}$ と書けるが，この表示は一意でなくてもよい (G は必ずしも自由ではな

い). 例えば $\mathbb{Z}_n$ においては $x^i = x^{n+i}$ が成り立つからである. $F[X]$ を X で生成される自由群とする. このとき $F[X]$ から G への自然な準同型 φ が

$$x_1^{i_1} x_2^{i_2} \cdots x_n^{i_n} \xrightarrow{\varphi} x_1^{i_1} x_2^{i_2} \cdots x_n^{i_n} \in G \tag{4.17}$$

で定義される. 左辺の表示は一意ではないので, これは同型写像ではないことに注意しよう. ただ X は $F[X]$ と G を生成するので φ は全射ではある. したがって $F[X]$ は G に同型ではないが $F[X]/\mathrm{Ker}\,\varphi$ は同型である (定理 3.1 参照)

$$F[X]/\mathrm{Ker}\,\varphi \cong G. \tag{4.18}$$

この意味で生成系 X と $\mathrm{Ker}\,\varphi$ が群 G の構造を完全に決定する. [$\mathrm{Ker}\,\varphi$ は正規部分群である. 補題 3.1 から $\mathrm{Ker}\,\varphi$ は $F[X]$ の部分群である. $r \in \mathrm{Ker}\,\varphi$ すなわち $r \in F[X]$, $\varphi(r) = 1$ とする. 任意の元 $x \in F[X]$ に対して $\varphi(x^{-1}rx) = \varphi(x^{-1})\varphi(r)\varphi(x) = \varphi(x)^{-1}\varphi(x) = 1$ を得るので $x^{-1}rx \in \mathrm{Ker}\,\varphi$ である.]

このようにして X で生成される群 G は関係によってその構造が定まる. 生成元とその関係を並べたもの

$$(x_1, \cdots, x_p; r_1, \cdots, r_q) \tag{4.19}$$

を群 G の**表示**という. 例えば $\mathbb{Z}_n = (x; x^n)$ であり, $\mathbb{Z} = (x; \emptyset)$ である.

例 4.4 $\mathbb{Z} \oplus \mathbb{Z} = \{x^n y^m \mid n, m \in \mathbb{Z}\}$ を $X = \{x, y\}$ で生成される自由加群とする. このとき $xy = yx$ である. $xyx^{-1}y^{-1} = 1$ なので関係は $r = xyx^{-1}y^{-1}$ である. $\mathbb{Z} \oplus \mathbb{Z}$ の表示は $(x, y; xyx^{-1}y^{-1})$ である.

4.4.2 多面体の基本群の計算

ここでは細かい技術的部分には深入りせずに, 概要を述べるに留める. 我々は Armstrong (1983) の議論に従う; 興味をもたれた読者はこの本か代数的トポロジーに関する身近なテキストを当たってみるとよい. 前章で注意したように多面体 $|K|$ は同相の範囲で, 与えられた位相空間 X の良い近似になっている. 基本群は位相不変量なので $\pi_1(X) \cong \pi_1(|K|)$ である. X は弧状連結と仮定し, 基本群の基点は省略することにする. こうして $\pi_1(|K|)$ を計算する系統的方法を見いだせれば $\pi_1(X)$ も求められる.

最初に単体的複体の「折線群」を定義するが, これは与えられた位相空間の基本群に対応するものである. 次に, 折線群の便利な計算方法を紹介する. $f : |K| \to X$ を位相空間 X の三角形分割とする. X の基本群の元が X 内のループで表されるならば, 当然同様のループが $|K|$ にも存在するはずである. $|K|$ 内の任意のループは 1-単体から成るので, まず $|K|$ におけるすべての 1-単体の集合を考察し, K の折線群といわれる群構造をそこに導入する.

単体的複体 K の**折線道**とは $|K|$ の頂点の列 $v_0 v_1 \cdots v_k$ で隣り合う対 $v_i v_{i+1}$ が 0-単体か 1-単体になるもののことである. [技術的理由から $v_i = v_{i+1}$ すなわち隣り合う対が 0-単体となる可能性も許すことにする.] $v_0 = v_k (= v)$ のときこの折線道を v における**閉折**

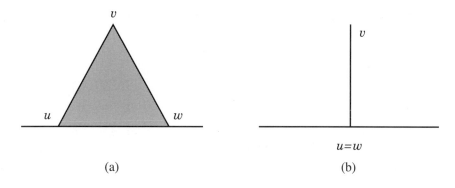

図 4.10. 折線道の可能な変形. (a) uvw を uw に置き換える. (b) uvu を u で置き換える.

線とよぶ. これらの折線をある同値関係のもとで同値類に分類することを考える. そこで 2 つの閉折線 α と β が同値であるというのを次の操作の有限回の合成で一方の閉折線から他方の閉折線が得られることと定める.

(1) 頂点 u, v, w が K 内のある 2-単体を張るとき, 図 4.10 (a) のように折線道 uvw を uw で置き換える, あるいはその逆.

(2) (1) の特別な場合として $u = w$ のとき, 折線道 uvw はまず uv に沿って行き, それから逆に v から $w = u$ に戻ることに対応する. そこで図 4.10 (b) のように, この折線道 uvu を 0-単体 u で置き換える, あるいはその逆.

v における閉折線の同値類で $vv_1 \cdots v_{k-1} v$ が属するものを $\{vv_1 \cdots v_{k-1} v\}$ で表す. 同値類全体の集合は積演算を

$$\{vu_1 \cdots u_{k-1} v\} * \{vv_1 \cdots v_{i-1} v\} = \{vu_1 \cdots u_{k-1} vv_1 \cdots v_{i-1} v\} \quad (4.20)$$

で定めると群になる. 単位元は $\{v\}$ の同値類, 一方 $\{vv_1 \ldots v_{k-1} v\}$ の逆元は $\{vv_{k-1} \ldots v_1 v\}$ である. この群を v における K の**折線群**といい $E(K; v)$ と書く.

定理 4.7 $E(K; v)$ は $\pi_1(|K|, v)$ と同型である.

証明は例えば Armstrong (1983) を見よ. この同型写像 $\varphi : E(K; v) \to \pi_1(K, v)$ は K における閉折線を $|K|$ のループにうつすことによって与えられる. $E(K; v)$ を求めるためには生成元との関係を見つける必要がある. L を K の部分複体で, 条件

(a) L は K のすべての頂点 (0-単体) を含む

(b) 多面体 $|L|$ は弧状連結かつ単連結である

を満たすものとする.

弧状連結な単体的複体 K が与えられると, 上の条件を満たすような部分複体 L が必ず存在する. 弧状連結かつ単連結な 1 次元単体的複体は**木**とよばれる. 木 T_M が他のどんな木の部分集合にもなっていないとき, K の**極大木**という.

補題 4.3 極大木 T_M は K のすべての頂点を含む．したがって上の条件 (a), (b) を満たす．

証明： T_M がある頂点 w を含まないと仮定しよう．K は弧状連結なので K の 1-単体 vw で $v \in T_M, w \notin T_M$ であるようなものが存在する．すると $T_M \cup \{vw\} \cup \{w\}$ は弧状連結かつ単連結で T_M を含むような K の 1 次元部分複体であるが，これは T_M の極大性に矛盾する． ∎

上で述べたような部分複体 L がとりあえず得られたとする．$|L|$ は単連結なので $|L|$ の閉折線は $E(K;v)$ に寄与することはない．だから基本群の計算では L の単体は必要に応じて無視して構わない．$v_0(=v), v_1, \cdots, v_n$ を K の頂点とする．そこで $\langle v_i v_j \rangle$ が K の 1-単体であるとき，順序付けられた頂点 v_i, v_j の各対に対してある「もの」g_{ij} を与える．$G(K;L)$ を，このような g_{ij} のすべてから生成される群とする．関係の方はどうなるだろうか？ それは次のように定める．

(1) L の単体は無視してもよいので $\langle v_i v_j \rangle \in L$ のとき $g_{ij} = 1$ とする．

(2) $\langle v_i v_j v_k \rangle$ が K の 2-単体ならば $v_i v_j v_k$ を囲むループで自明でないものはないから $g_{ij} g_{jk} g_{ki} = 1$ とする．

生成元 $\{g_{ij}\}$ と関係の集合が群 $G(K;L)$ を完全に決定する．

定理 4.8 $G(K;L)$ は $E(K;v) \cong \pi_1(|K|, v)$ に同型である．

実際この計算方法は見た目よりずっと効果的である．例えば $g_{ii} = 1$ である，というのは g_{ii} は頂点 v_i に対応しこれは L の元だからである．さらに $g_{ij} g_{ji} = g_{ii} = 1$ から $g_{ij} = g_{ji}^{-1}$ となる．それ故あとは $\langle v_i v_j \rangle \in K - L$ かつ $i < j$ であるような頂点 v_i, v_j の各対に対して，対応する生成元を導入するだけでよい．$\langle v_i v_j \rangle \in L$ であるような生成元 g_{ij} は存在しないのでその関係は省略して構わない．また，$\langle v_i v_j v_k \rangle$ が $i < j < k$ であるような $K - L$ の 2-単体ならば，$i < j$ であるような 1-単体 $\langle v_i v_j \rangle$ のみを考えればよいので，対応する関係は一意的に $g_{ij} g_{jk} = g_{ik}$ で与えられる．

まとめると規則は次のようになる．

(1) 最初に三角形分割 $f : |K| \to X$ を求める．

(2) 弧状連結かつ単連結で K のすべての頂点を含むような部分複体 L を求める．

(3) 各 1-単体 $\langle v_i v_j \rangle \in K - L$ で $i < j$ であるようなものに生成元 g_{ij} を対応させる．

(4) $i < j < k$ であるような 2-単体 $\langle v_i v_j v_k \rangle$ があれば，関係 $g_{ij} g_{jk} = g_{ik}$ を含める．もしそれらの頂点 v_i, v_j, v_k のうちの 2 つが L の 1-単体になっていれば，対応する生成元を 1 と定める．

(5) (4) で定められた関係をもつ $\{g_{ij}\}$ によって生成される群 $G(K;L)$ は求める $\pi_1(X)$ に同型である．

いくつかの例を調べてみよう．

例 4.5 構成から $E(K;v)$ も $G(K;L)$ も K の 0-, 1-, 2-単体のみから決まるのは明らかである．したがって K の 0-, 1-, 2-単体全体から成る集合を $K^{(2)}$ で表し K の **2-切片**とよぶとすると

$$\pi_1(|K|) \cong \pi_1(|K^{(2)}|) \tag{4.21}$$

となる．これは実際の計算には極めて有用である．例えば，3-単体とその境界は同じ 2-切片をもつ．3-単体は球体 D^3 の多面体 $|K|$ であり，一方その境界 $|L|$ は球面 S^2 の多面体である．D^3 は可縮だから $\pi_1(|K|) = \{e\}$．したがって (4.21) から $\pi_1(S^2) \cong \pi_1(|K|) = \{e\}$ が求まる．一般に $n \geq 2$ に関して $(n+1)$-単体 σ_{n+1} とその境界は同じ 2-切片をもつ．σ_{n+1} は可縮でその境界は S^n の多面体であることに注意すれば

$$\pi_1(S^n) \cong \{e\}, \qquad n \geq 2 \tag{4.22}$$

という公式が得られる．

例 4.6 $K \equiv \{v_1, v_2, v_3, \langle v_1 v_2\rangle, \langle v_1 v_3\rangle, \langle v_2 v_3\rangle\}$ を円周 S^1 の単体的複体とする．v_1 を基点にとる．極大木は $L = \{v_1, v_2, v_3, \langle v_1 v_2\rangle, \langle v_1 v_3\rangle\}$ であるとしてよい．生成元は g_{23} 唯 1 つである．K に 2-単体はないので関係は空である．ゆえに

$$\pi_1(S^1) \cong G(K;L) = (g_{23}; \emptyset) \cong \mathbb{Z} \tag{4.23}$$

である．これは定理 4.5 の主張とも合致する．

例 4.7 n**-ブーケ**とは n 個の円周を 1 点で接着した図形のことである．例えば図 4.11 は 3-ブーケの三角形分割である．共通点 v を基点にとる．図 4.11 の太線が極大木 L をなす．$G(K;L)$ の生成元は g_{12}, g_{34}, g_{56} である．関係は空なので

$$\pi_1(3\text{-ブーケ}) = G(K;L) = (x, y, z; \emptyset) \tag{4.24}$$

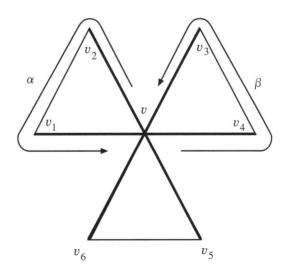

図 **4.11**. 3-ブーケの三角形分割．太線が極大木 L を表す．

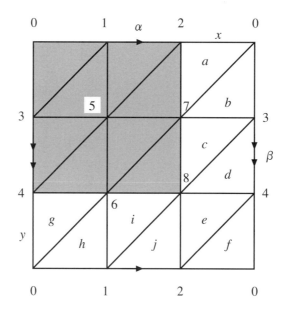

図 **4.12.** トーラスの三角形分割.

が求まる．これは自由群だが，可換ではないことに注意せよ．非可換性は次のようにして示される．v における異なるループを α, β とする．明らかに積 $\alpha * \beta * \alpha^{-1}$ は連続的に β には変形できないから，$[\alpha] * [\beta] * [\alpha]^{-1} \neq [\beta]$. すなわち

$$[\alpha] * [\beta] \neq [\beta] * [\alpha]. \tag{4.25}$$

一般に n-ブーケは n 個の生成元 $g_{12}, \cdots, g_{2n-1\,2n}$ をもち，その基本群は関係が空の n 個の生成元をもつ自由群に同型である．

例 4.8 D^2 を 2 次元円板とする．D^2 の三角形分割 $|K|$ は内部を含む三角形で与えられる．明らかに K 自身が L だから $K - L$ は空集合である．こうして $\pi_1(|K|) = \{e\}$ を得る．

例 4.9 図 4.12 はトーラス T^2 の三角形分割である．灰色部分が部分複体 L である．[これがすべての頂点を含み弧状連結かつ単連結であることを各自確かめよ．] 10 個の関係をもつ 11 個の生成元がある．$x = g_{02}, y = g_{04}$ とおいて関係を書き下すと

(a) $g_{02} \quad g_{27} = g_{07} \quad \to \quad g_{07} = x$
    $x \qquad 1$

(b) $g_{03} \quad g_{37} = g_{07} \quad \to \quad g_{37} = x$
    $1 \qquad x$

(c) $g_{37} \quad g_{78} = g_{38} \quad \to \quad g_{38} = x$
    $x \qquad 1$

(d) $g_{34} \quad g_{48} = g_{38} \quad \to \quad g_{48} = x$
    $1 \qquad x$

(e) g_{24}　$g_{48} = g_{28}$　→　$g_{24}x = g_{28}$
　　　　x

(f) g_{02}　$g_{24} = g_{04}$　→　$xg_{24} = y$
　　x　　　y

(g) g_{04}　$g_{46} = g_{06}$　→　$g_{06} = y$
　　y　　　1

(h) g_{01}　$g_{16} = g_{06}$　→　$g_{16} = y$
　　1　　　y

(i) g_{16}　$g_{68} = g_{18}$　→　$g_{18} = y$
　　y　　　1

(j) g_{12}　$g_{28} = g_{18}$　→　$g_{28} = y$
　　1　　　y

(e), (f) から $x^{-1}yx = g_{28}$ が得られる．結局

$$g_{02} = g_{07} = g_{37} = g_{38} = g_{48} = x,$$
$$g_{04} = g_{06} = g_{16} = g_{18} = g_{28} = y,$$
$$g_{24} = x^{-1}y$$

を得るが，これらは関係 $x^{-1}yx = y$，すなわち

$$xyx^{-1}y^{-1} = 1 \tag{4.26}$$

をもつことがわかる．このことは $G(K; L)$ が2つの可換な生成元 ($xy = yx$ に注意) から生成されることを示している．ゆえに (例 4.4 と比べよ)

$$G(K; L) = (x, y; xyx^{-1}y^{-1}) \cong \mathbb{Z} \oplus \mathbb{Z} \tag{4.27}$$

となり，式 (4.11) と一致する．

　この結果は，直観的には次のように考えることもできる．図 4.12 において，ループ $\alpha = 0 \to 1 \to 2 \to 0$, $\beta = 0 \to 3 \to 4 \to 0$ を選ぶ．ループ α は $g_{12} = g_{01} = 1$ なので $x = g_{02}$ と同一視され，ループ β は $y = g_{04}$ と同一視される．α と β は独立で自明でないループであり，$\pi_1(T^2)$ を生成する．これらを使って関係を書き下すと

$$\alpha * \beta * \alpha^{-1} * \beta^{-1} \sim c_v \tag{4.28}$$

となる (図 4.13)．ここで c_v は v における定数ループである．

　もっと一般に Σ_g を g 個のハンドルをもつ閉曲面とする．すでに演習問題 2 の 2.1 で示したように Σ_g は $\mathbb{R}^2$ のある部分集合の境界を適当に貼り合わせて構成される．Σ_g の基本群は $2g$ 個のループ $\alpha_i, \beta_i (1 \le i \le g)$ で生成される．(4.28) と同様にして

$$\prod_{i=1}^{g}(\alpha_i * \beta_i * \alpha_i^{-1} * \beta_i^{-1}) \sim c_v \tag{4.29}$$

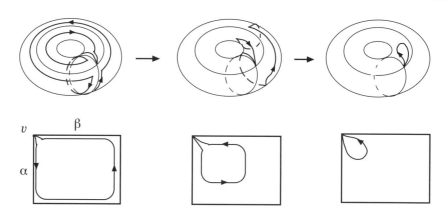

図 4.13. ループ α, β は関係 $\alpha * \beta * \alpha^{-1} * \beta^{-1} \sim c_v$ を満たす.

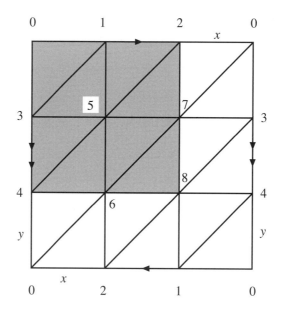

図 4.14. Klein の壺の三角形分割.

であることが確かめられる. α_i に対応する生成元を x_i, β_i に対応する生成元を y_i で表すと, それらの間には唯 1 つの関係

$$\prod_{i=1}^{g}(x_i y_i x_i^{-1} y_i^{-1}) = 1 \tag{4.30}$$

があるだけである.

問 4.4 図 4.14 は Klein の壺の三角形分割である. 灰色部分が部分複体 L になる. 11 個の生成元と 10 個の関係がある. $x = g_{02}, y = g_{04}$ とおいて 2-単体に関する関係を書き下し

$$\pi_1(\text{Klein の壺}) \cong (x, y; xyxy^{-1}) \tag{4.31}$$

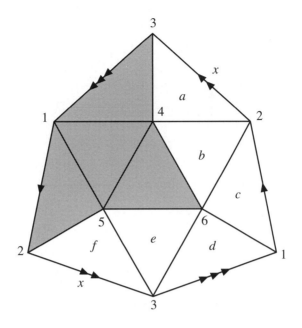

図 **4.15**. 実射影平面の三角形分割.

を示せ.

例 4.10 図 4.15 は実射影平面 $\mathbb{R}P^2$ の三角形分割である. 灰色の部分が部分複体 L になる. 7 個の生成元と 6 個の関係がある. $x = g_{23}$ とおいて関係を書き下すと

(a) $g_{23}\quad g_{34} = g_{24}\ \to\ g_{24} = x$
    $x\quad\ \ 1$

(b) $g_{24}\quad g_{46} = g_{26}\ \to\ g_{26} = x$
    $x\quad\ \ 1$

(c) $g_{12}\quad g_{26} = g_{16}\ \to\ g_{16} = x$
    $1\quad\ \ x$

(d) $g_{13}\quad g_{36} = g_{16}\ \to\ g_{36} = x$
    $1\qquad\ x$

(e) $g_{35}\quad g_{56} = g_{36}\ \to\ g_{35} = x$
    $\qquad 1\quad x$

(f) $g_{23}\quad g_{35} = g_{25}\ \to\ x^2 = 1$
    $x\quad\ \ x\quad\ \ 1$

となる. ゆえに

$$\pi_1(\mathbb{R}P^2) \cong (x; x^2) \cong \mathbb{Z}_2 \tag{4.32}$$

が求められる.

巡回群が現れることは，直観的には以下のように解釈できる．図 4.16 (a) は $\mathbb{R}P^2$ の模型図である．ループ α, β をとる．容易にわかるように α は 1 点に縮めることができるので $\pi_1(\mathbb{R}P^2)$ では自明な元である．$\mathbb{R}P^2$ では対蹠点は同じ点になるので β は実際に閉じたループである．しかも，それは 1 点に縮めることができないので，π_1 の非自明な元である．積はどうなるだろうか？ $\beta * \beta$ は P から Q∼P へ 2 回横切るループである．図 4.16 (b) から $\beta * \beta$ は連続的に変形して 1 点に縮むことが読み取れるから，これは自明なホモトピー類に属する．つまりループ β のホモトピー類に対応する生成元 x は関係 $x^2 = 1$ を満たすことを示している．これが求める結果である．

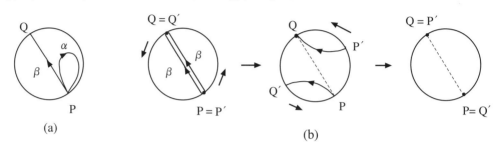

図 4.16. (a) α は自明なループだが β はそうではない．(b) $\beta * \beta$ は連続的に 1 点に縮む．

同様の議論で

$$\pi_1(\mathbb{R}P^3) \cong \mathbb{Z}_2 \tag{4.33}$$

を示すことができる．ただしここで $\mathbb{R}P^3$ は S^3 の対蹠点を同一視してできる，すなわち $\mathbb{R}P^3 = S^3/(x \sim -x)$. 上半球 D^3 をとれば，境界の球面上の点の対蹠点を同一視して $\mathbb{R}P^3$ を得る．図 4.16 の円板 D^2 を球体 D^3 に置き換えれば同様の図から (4.33) を示すことができる．

問 4.5 図 3.8 で与えられている Möbius の帯の三角形分割で極大木を求め

$$\pi_1(\text{Möbius の帯}) \cong \mathbb{Z} \tag{4.34}$$

を示せ．[注：もちろん Möbius の帯は S^1 と同じホモトピー型をもつので (4.34) が成り立つのは明らかだが，ここでは今まで行ってきた方法で求めることが要求されている．]

4.4.3 $H_1(K)$ と $\pi_1(|K|)$ の間の関係

賢明な読者はすでに 1 次元ホモロジー群 $H_1(K)$ と基本群 $\pi_1(|K|)$ の間にある種の類似性があることに気付いたかもしれない．例えば多くの空間 (円周, 円板, n 次元球面, トーラスなど) の基本群はそれらの 1 次元ホモロジー群と同じである．しかしいくつかの場合ではこれらは異なっている；例えば $H_1(2\text{-ブーケ}) \cong \mathbb{Z} \oplus \mathbb{Z}$, $\pi_1(2\text{-ブーケ}) = (x, y; \emptyset)$. $H_1(2\text{-ブーケ})$ は自由加群だが $\pi_1(2\text{-ブーケ})$ はただの自由群であることに注意せよ．次の定理が $H_1(K)$ と $\pi_1(|K|)$ の間の関係を表すものである．

定理 4.9 K を連結な単体的複体とする．このとき $H_1(K)$ は $\pi_1(|K|)/F$ と同型である．ここで F は $\pi_1(|K|)$ の交換子部分群 (下記参照) である．

G をその表示が $(x_i; r_m)$ の群とする．G の**交換子部分群** F とは $x_i x_j x_i^{-1} x_j^{-1}$ という形の元から生成される群のことである．したがって G/F は $\{x_i\}$ から生成される群で，関係の集合 $\{r_m\}$ と $\{x_i x_j x_i^{-1} x_j^{-1}\}$ をもつ．定理は $\pi_1(|K|) \cong (x_i; r_m)$ ならば $H_1(K) \cong (x_i; r_m, x_i x_j x_i^{-1} x_j^{-1})$ ということを主張している．例えば $\pi_1(2\text{-ブーケ}) = (x, y; \emptyset)$ から

$$\pi_1(2\text{-ブーケ})/F \cong (x, y; xyx^{-1}y^{-1}) \cong \mathbb{Z} \oplus \mathbb{Z}$$

が得られるが，これは $H_1(2\text{-ブーケ})$ と同型である．

定理 4.9 の証明は Greenberg and Harper (1981) に，また概要は Croom (1978) に与えられている．

例 4.11 $\pi_1(\text{Klein の壺}) \cong (x, y; xyxy^{-1})$ から

$$\pi_1(\text{Klein の壺})/F \cong (x, y; xyxy^{-1}, xyx^{-1}y^{-1})$$

を得る．この 2 つの関係は $x^2 = 1$ と $xyx^{-1}y^{-1} = 1$ で置き換えられるので

$$\pi_1(\text{Klein の壺})/F \cong (x, y; xyx^{-1}y^{-1}, x^2) \cong \mathbb{Z} \oplus \mathbb{Z}_2 \cong H_1(\text{Klein の壺})$$

となる．$\mathbb{Z}$ 因子は y で生成され，$\mathbb{Z}_2$ 因子は x で生成される．

系 4.2 X を連結な位相空間とする．このとき $\pi_1(X)$ が $H_1(X)$ に同型であるための必要十分条件は $\pi_1(X)$ が可換なことである．特に $\pi_1(X)$ が唯 1 つの元で生成されるならば $\pi_1(X)$ は $H_1(X)$ に同型である．[定理 4.9 を用いよ．]

系 4.3 X と Y が同じホモトピー型をもつならば，それらの 1 次元ホモロジー群は等しい．[定理 4.9 と 4.3 を使え．]

4.5 高次元ホモトピー群

基本群は位相空間 X におけるループのホモトピー類を分類する．X の構造を反映する別の群は他にもたくさんある．例えば X における球面のホモトピー類を分類してもよいし，X におけるトーラスのホモトピー類を分類しても構わない．球面 S^n ($n \geq 2$) のホモトピー類からなる集合は，基本群と同様に群をなすことがわかる．

4.5.1 定義

I^n ($n \geq 1$) を単位 n 次元立方体 $I \times \cdots \times I$ とする．すなわち

$$I^n = \{(s_1, \ldots, s_n) | 0 \leq s_i \leq 1 (1 \leq i \leq n)\}. \tag{4.35}$$

その境界 ∂I^n は，I^n の幾何的境界

$$\partial I^n = \{(s_1, \ldots, s_n) \in I^n | \text{ある } s_i = 0 \text{ か } 1\} \tag{4.36}$$

を表す．基本群では $I = [0,1]$ の境界 ∂I は基点 x_0 に写像されることを思い出そう．ここでも同様に連続写像 $\alpha : I^n \to X$ を考え，その境界 ∂I^n はすべて 1 点 $x_0 \in X$ にうつされるとしよう．境界 ∂I^n の点はすべて 1 点 x_0 にうつされるので，I^n から S^n が得られる（図 2.8 を見よ）．$I^n/\partial I^n$ で，n 次元立方体 I^n の境界 ∂I^n を 1 点に縮めた空間を表すと，$I^n/\partial I^n \cong S^n$ である．写像 α は x_0 における n-ループとよばれる．定義 4.4 の一般化は次のようになる．

定義 4.10 X を位相空間，$\alpha, \beta : I^n \to X$ を $x_0 \in X$ における n-ループとする．α が β に**ホモトピック**であるとは，次のような連続写像 $F : I^n \times I \to X$ が存在するときをいう；

$$F(s_1, \ldots, s_n, 0) = \alpha(s_1, \ldots, s_n), \tag{4.37a}$$

$$F(s_1, \ldots, s_n, 1) = \beta(s_1, \ldots, s_n), \tag{4.37b}$$

$$(s_1, \ldots, s_n) \in \partial I^n, t \in I \text{ に対して } F(s_1, \ldots, s_n, t) = x_0. \tag{4.37c}$$

このとき $\alpha \sim \beta$ と書く．また連続写像 F を α と β の間の**ホモトピー**という．

問 4.6 $\alpha \sim \beta$ は同値関係であることを示せ．α が属する同値類を α の**ホモトピー類**といい $[\alpha]$ と書く．

群演算を定義しよう．2 つの n-ループ α, β の積 $\alpha * \beta$ は

$$\alpha * \beta(s_1, \ldots, s_n) = \begin{cases} \alpha(2s_1, \ldots, s_n) & 0 \leq s_1 \leq \frac{1}{2} \\ \beta(2s_1 - 1, \ldots, s_n) & \frac{1}{2} \leq s_1 \leq 1 \end{cases} \tag{4.38}$$

と定義される．積 $\alpha * \beta$ は X において図 4.17 (a) のようなものである．図 4.17 (b) も理解に役立つだろう．逆元 α^{-1} を

$$\alpha^{-1}(s_1, \ldots, s_n) \equiv \alpha(1 - s_1, \ldots, s_n) \tag{4.39}$$

と定義すれば，α^{-1} は

$$\alpha^{-1} * \alpha(s_1, \ldots, s_n) \sim \alpha * \alpha^{-1}(s_1, \ldots, s_n) \sim c_{x_0}(s_1, \ldots, s_n) \tag{4.40}$$

を満たす．ここで c_{x_0} は $x_0 \in X$ における定数 n-ループ $c_{x_0} : (s_1, \ldots, s_n) \mapsto x_0$ を表す．$\alpha * \beta, \alpha^{-1}$ はともに x_0 における n-ループであることを確かめよ．

定義 4.11 X を位相空間とする．$x_0 \in X$ における n-ループ ($n \geq 1$) のホモトピー類全体の集合を $\pi_n(X, x_0)$ とかき，X の x_0 における **n 次元ホモトピー群**という．$\pi_n(X, x_0)$ は $n \geq 2$ であるとき**高次元ホモトピー群**とよばれる．

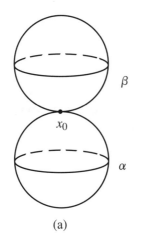 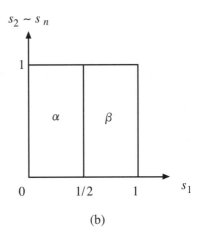

図 **4.17.** n-ループ α, β の積 $\alpha * \beta$.

上で定義された積 $\alpha * \beta$ は，自然にホモトピー類の積

$$[\alpha] * [\beta] \equiv [\alpha * \beta] \tag{4.41}$$

を誘導する．ここで α, β は x_0 における n-ループである．次の 2 つの問で，この積が矛盾なく定義され，しかもそれが群の公理を満たすことを確かめる．

問 4.7 式 (4.41) で定まる n-ループのホモトピー類の積は，代表元の取り方に依らないことを示せ (補題 4.1 と比べよ).

問 4.8 n 次元ホモトピー群は，実際に群であることを示せ．この証明のために次のことを確かめればよい (定理 4.1 と比べよ).

(1) $([\alpha] * [\beta]) * [\gamma] = [\alpha] * ([\beta] * [\gamma])$.

(2) $[\alpha] * [c_x] = [c_x] * [\alpha] = [\alpha]$.

(3) $[\alpha] * [\alpha]^{-1} = [c_x]$ である．これから逆元を $[\alpha]^{-1} = [\alpha^{-1}]$ と定める．

ここまで $\pi_0(X, x_0)$ は考察から除外してきた．I^0 から X への連続写像を分類しよう．まず，$I^0 = \{0\}, \partial I^0 = \emptyset$ であることに注意する．連続写像 $\alpha, \beta : \{0\} \to X$ が $\alpha(0) = x, \beta(0) = y$ を満たすとする．そこで $\alpha \sim \beta$ という同値関係を，「連続写像 $F : \{0\} \times I \to X$ が存在して $F(0, 0) = x, F(0, 1) = y$ を満たすとき」で定義する．これから $\alpha \sim \beta$ であるための必要十分条件は，x と y が X 内の曲線で結べることである．言い換えれば同じ (弧状) 連結成分に属することである．明らかにこの同値関係は x_0 の取り方には依らないから，0 次元ホモトピー群を単に $\pi_0(X)$ と書くことにする．しかし $\pi_0(X)$ は実際は群ではなく，X の (弧状) 連結成分の個数を表すだけである．

4.6 高次元ホモトピー群の一般的性質

4.6.1 高次元ホモトピー群の可換性

高次元ホモトピー群はつねに可換である；$x_0 \in X$ における任意の n-ループ α, β に関して $[\alpha], [\beta]$ は

$$[\alpha] * [\beta] = [\beta] * [\alpha] \tag{4.42}$$

を満たす．この主張を確かめるには図 4.18 を注意深く観察するとよい．明らかに，これらの変形は各ステップでホモトピックである．このことは $\alpha * \beta \sim \beta * \alpha$ すなわち $[\alpha] * [\beta] = [\beta] * [\alpha]$ であることを示している．

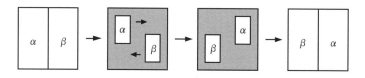

図 **4.18**. 高次元ホモトピー群はいつでも可換である．すなわち $\alpha * \beta \sim \beta * \alpha$. 影の部分はすべて x_0 へうつされる．

4.6.2 弧状連結性と高次元ホモトピー群

位相空間 X が弧状連結ならば，任意の点 $x_0, x_1 \in X$ に対して $\pi_n(X, x_0)$ と $\pi_n(X, x_1)$ は同型である．証明は定理 4.2 の議論を繰り返せばよい．したがって X が弧状連結ならば基点を特定する必要はない．

4.6.3 高次元ホモトピー群のホモトピー不変性

X と Y を同じホモトピー型 (定義 4.6 を見よ) の位相空間とする．$f : X \to Y$ をホモトピー同値写像とすると，ホモトピー群 $\pi_n(X, x_0)$ と $\pi_n(Y, f(x_0))$ は同型である (定理 4.3 と比べよ)．高次元ホモトピー群の位相不変性はこの事実の直接の帰結である．特に X が可縮ならばすべてのホモトピー群は自明である：$\pi_n(X, x_0) \cong \{e\}, n \geq 1$.

4.6.4 直積空間の高次元ホモトピー群

X と Y を弧状連結な位相空間とする．このとき

$$\pi_n(X \times Y) \cong \pi_n(X) \oplus \pi_n(Y) \tag{4.43}$$

が成り立つ．これを定理 4.6 と比べよ．

4.6.5 普遍被覆空間と高次元ホモトピー群

ある空間のホモトピー群が，構造がよくわかっている別の空間のホモトピー群から求められる場合がしばしばある．特に位相空間とその「普遍被覆空間」の高次元ホモトピー群の間には驚くほど顕著な関係がある．

定義 4.12 X と $\widetilde{X}$ を連結な位相空間とする．連続写像 $p:\widetilde{X} \to X$ が存在して次の性質を満たすとき，対 $(\widetilde{X}, p)$ あるいは単に $\widetilde{X}$ を X の**被覆空間**という．

(1) p は全射である．

(2) 各点 $x \in X$ に対して x を含む連結な開集合 $U \subset X$ が存在し，$p^{-1}(U)$ は $\widetilde{X}$ の中で開集合の非交和 (disjoint union) となり，各開集合は写像 p により U の上へ同相に写像される．

特に $\widetilde{X}$ が単連結になるとき $(\widetilde{X}, p)$ を X の**普遍被覆空間** とよぶ．[注：ある群が同時に位相空間になることもある．これらは**位相群**とよばれる．例えば SO(n) や SU(n) などは位相群である．上の定義でたまたま $X, \widetilde{X}$ が位相群で $p:\widetilde{X} \to X$ が群準同型であるときはその (普遍) 被覆空間を **(普遍) 被覆群**とよぶ．]

例えば $\mathbb{R}$ は S^1 の普遍被覆空間である (4.3 節)．また S^1 は U(1) と同一視できるので，$\mathbb{R}$ を加法群と見なせば U(1) の普遍被覆群でもある．写像 $p:\mathbb{R} \to U(1)$ は $p: x \to e^{i2\pi x}$ とすればよい．明らかに p は全射であり $U = \{e^{i2\pi x} | x \in (x_0 - 0.1, x_0 + 0.1)\}$ とすれば

$$p^{-1}(U) = \bigcup_{n \in \mathbb{Z}} (x_0 - 0.1 + n, x_0 + 0.1 + n)$$

は $\mathbb{R}$ の開集合の非交和である．また写像 p はそれぞれ $\mathbb{R}$ の和，U(1) の積に関して準同型写像であることが容易に確かめられる．ゆえに，$(\mathbb{R}, p)$ は $U(1) = S^1$ の普遍被覆群である．

定理 4.10 $(\widetilde{X}, p)$ を連結な位相空間 X の普遍被覆空間とする．$x_0 \in X, \widetilde{x}_0 \in \widetilde{X}$ を $p(\widetilde{x}_0) = x_0$ を満たす基点とすると，誘導準同型

$$p_*: \pi_n(\widetilde{X}, \widetilde{x}_0) \to \pi_n(X, x_0) \tag{4.44}$$

は $n \geq 2$ のとき同型写像である．[注意：この定理は $n = 1$ の場合は適用されない；例えば $\pi_1(\mathbb{R}) = \{e\}$ だが $\pi_1(S^1) \cong \mathbb{Z}$ である．]

証明は Croom (1978) を見よ．例えば $\mathbb{R}$ は可縮であるから $\pi_n(\mathbb{R}) = \{e\}$ となるが，これから

$$\pi_n(S^1) \cong \pi_n(U(1)) = \{e\}, \qquad n \geq 2 \tag{4.45}$$

が得られる．

例 4.12 $S^n = \{x \in \mathbb{R}^{n+1}| \ |x|^2 = 1\}$ とする. 実射影空間 $\mathbb{R}P^n$ は S^n の対蹠点 $(x, -x)$ を同一視することによって得られる. S^n が $\mathbb{R}P^n$ の被覆空間であることは容易にわかる. $n \geq 2$ のとき $\pi_1(S^n) = \{e\}$ なので S^n は $\mathbb{R}P^n$ の普遍被覆空間であり, $i \geq 2$ に対して

$$\pi_i(\mathbb{R}P^n) \cong \pi_i(S^n) \tag{4.46}$$

が得られる.

$\mathbb{R}P^3$ が SO(3) と同一視されることに注目しよう. このことを確かめるために, SO(3) の元を $\boldsymbol{n}$ 軸まわりの角度 θ $(0 \leq \theta \leq \pi)$ の回転で指定し, それに'ベクトル' $\boldsymbol{\Omega} \equiv \theta \boldsymbol{n}$ を対応させる. $\boldsymbol{\Omega}$ は半径 π の円板 D^3 に値をもつ. さらに $\pi \boldsymbol{n}$ と $-\pi \boldsymbol{n}$ は同じ回転を表すので, これらを同一視する. こうして $\boldsymbol{\Omega}$ が属する空間は, 円板 D^3 の境界 S^2 上の対蹠点を同一視した空間である. 一方 $\mathbb{R}P^3$ は, S^3 の北半球 D^3 の境界 S^2 上の対蹠点を同一視した空間として表される. したがって $\mathbb{R}P^3$ と SO(3) は同一視される.

S^3 と SU(2) が同一視されることを確かめることも興味深い. 最初に, 任意の元 $g \in$ SU(2) は

$$g = \begin{pmatrix} a & -\overline{b} \\ b & \overline{a} \end{pmatrix}, \qquad |a|^2 + |b|^2 = 1 \tag{4.47}$$

と書かれることに注意しよう. そこで $a = u + iv, b = x + iy$ とおけばこれは S^3 を表す;

$$u^2 + v^2 + x^2 + y^2 = 1.$$

これらの結果をまとめると

$$\pi_n(\mathrm{SO}(3)) = \pi_n(\mathbb{R}P^3) = \pi_n(S^3) = \pi_n(\mathrm{SU}(2)), \qquad n \geq 2 \tag{4.48}$$

となる. もっと一般に SO(n) の普遍被覆群 Spin(n) を**スピン群**とよぶ. n が小さいときには

$$\mathrm{Spin}(3) = \mathrm{SU}(2), \tag{4.49}$$

$$\mathrm{Spin}(4) = \mathrm{SU}(2) \times \mathrm{SU}(2), \tag{4.50}$$

$$\mathrm{Spin}(5) = \mathrm{USp}(4), \tag{4.51}$$

$$\mathrm{Spin}(6) = \mathrm{SU}(4) \tag{4.52}$$

である. ここで, USp($2N$) は $2N$ 次行列 A で, $A^t J A = J$ を満たすものからなるコンパクト群を表し,

$$J = \begin{pmatrix} 0 & I_N \\ -I_N & 0 \end{pmatrix}$$

である.

4.7 高次元ホモトピー群の例

一般には高次元ホモトピー群 $\pi_n(X)$ を計算するアルゴリズムは知られていない．したがって $n \geq 2$ では個々の位相空間に合わせた計算方法が必要となる．ここでは直観的議論から得られる高次元ホモトピー群の計算例のいくつかを学ぶことにしよう．また表 4.1 に有用な結果をまとめておく．

例 4.13 $\pi_n(X, x_0)$ が X における n-ループのホモトピー類の集合であることに注目すると直ちに

$$\pi_n(S^n, x_0) \cong \mathbb{Z}, \qquad n \geq 1 \tag{4.53}$$

が得られる．α が S^n を 1 点 $x_0 \in S^n$ にうつすならば，$[\alpha]$ は単位元 $0 \in \mathbb{Z}$ である．$I^n/\partial I^n$ も S^n もともに向き付け可能なので，それぞれに向きを与えることができる．α が $I^n/\partial I^n$ を S^n に向きも込めて同相に写像すると，$[\alpha]$ に $1 \in \mathbb{Z}$ を対応させる．もし α が $I^n/\partial I^n$ を S^n に逆向きに上への同相写像でうつすならば，$[\alpha]$ には -1 が対応する．例えば $n = 2$ としてみよう．$I^2/\partial I^2 \cong S^2$ なので，図 4.19 のように I^2 の点は極座標 (θ, ϕ) で表すことができる．同様に $X = S^2$ は極座標 (θ', ϕ') で表示できる．$\alpha : (\theta, \phi) \to (\theta', \phi')$ を X における 2-ループとする．もし $\theta' = \theta, \phi' = \phi$ ならば，点 (θ, ϕ) が I^2 全体を 1 周すれば点 (θ', ϕ') も同じ向きに S^2 を 1 周する．この 2-ループはホモトピー類 $+1 \in \pi_2(S^2, x_0)$ に属する．もし $\theta' = \theta, \phi' = 2\phi$ ならば，点 (θ, ϕ) が I^2 全体を 1 周する間に点 (θ', ϕ') は S^2 全体を 2 周する．この 2-ループはホモトピー類 $2 \in \pi_2(S^2, x_0)$ に属する．一般に写像 $(\theta, \phi) \mapsto (\theta, k\phi), k \in \mathbb{Z}$ はホモトピー類 $k \in \pi_2(S^2, x_0)$ に属する．同様の議論で一般の $n \geq 2$ に関して (4.53) が確かめられる．

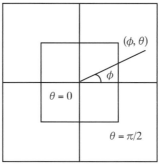

図 4.19. I^2 における点は極座標 (θ, ϕ) で表される．

例 4.14 S^n は $n \geq 2$ のとき $\mathbb{R}P^n$ の普遍被覆空間であることに注意すれば

$$\pi_n(\mathbb{R}P^n) \cong \pi_n(S^n) \cong \mathbb{Z}, \qquad n \geq 2 \tag{4.54}$$

表 4.1. 有用なホモトピー群一覧.

	π_1	π_2	π_3	π_4	π_5	π_6
SO(3)	$\mathbb{Z}_2$	0	$\mathbb{Z}$	$\mathbb{Z}_2$	$\mathbb{Z}_2$	$\mathbb{Z}_{12}$
SO(4)	$\mathbb{Z}_2$	0	$\mathbb{Z} \oplus \mathbb{Z}$	$\mathbb{Z}_2 \oplus \mathbb{Z}_2$	$\mathbb{Z}_2 \oplus \mathbb{Z}_2$	$\mathbb{Z}_{12} \oplus \mathbb{Z}_{12}$
SO(5)	$\mathbb{Z}_2$	0	$\mathbb{Z}$	$\mathbb{Z}_2$	$\mathbb{Z}_2$	0
SO(6)	$\mathbb{Z}_2$	0	$\mathbb{Z}$	0	$\mathbb{Z}$	0
SO(n) $\quad n>6$	$\mathbb{Z}_2$	0	$\mathbb{Z}$	0	0	0
U(1)	$\mathbb{Z}$	0	0	0	0	0
SU(2)	0	0	$\mathbb{Z}$	$\mathbb{Z}_2$	$\mathbb{Z}_2$	$\mathbb{Z}_{12}$
SU(3)	0	0	$\mathbb{Z}$	0	$\mathbb{Z}$	$\mathbb{Z}_6$
SU(n) $\quad n>3$	0	0	$\mathbb{Z}$	0	$\mathbb{Z}$	0
S^2	0	$\mathbb{Z}$	$\mathbb{Z}$	$\mathbb{Z}_2$	$\mathbb{Z}_2$	$\mathbb{Z}_{12}$
S^3	0	0	$\mathbb{Z}$	$\mathbb{Z}_2$	$\mathbb{Z}_2$	$\mathbb{Z}_{12}$
S^4	0	0	0	$\mathbb{Z}$	$\mathbb{Z}_2$	$\mathbb{Z}_2$
G_2	0	0	$\mathbb{Z}$	0	0	$\mathbb{Z}_3$
F_4	0	0	$\mathbb{Z}$	0	0	0
E_6	0	0	$\mathbb{Z}$	0	0	0
E_7	0	0	$\mathbb{Z}$	0	0	0
E_8	0	0	$\mathbb{Z}$	0	0	0

が得られる．[もちろん $\mathbb{R}P^1 = S^1$ であるからこれは $n=1$ のときも正しい．] 例えば $\pi_2(\mathbb{R}P^2) \cong \pi_2(S^2) \cong \mathbb{Z}$ を得る．SU(2) $\cong S^3$ は SO(3) $\cong \mathbb{R}P^3$ の普遍被覆群であるので，定理 4.10 から ((4.48) も参照)

$$\pi_3(\mathrm{SO}(3)) \cong \pi_3(\mathrm{SU}(2)) \cong \pi_3(S^3) \cong \mathbb{Z} \tag{4.55}$$

となる．超流動 ^{3}He – A における **Shankar モノポール** は，上のホモトピー群の自明でない元に対応する (4.10 節を見よ)．また $\pi_3(\mathrm{SU}(2))$ は例 9.8 にあるようにインスタントンの分類に使われる．

これらの結果をまとめると，表 4.1 が得られる．0 は自明な群 $\{e\}$ を表す．この表には，他のよく使われるホモトピー群のリストもあげた．さらに興味深い事実についてコメントしておこう．

(a) Spin(4) = SU(2) × SU(2) は SO(4) の普遍被覆群なので，$n \geq 2$ のとき $\pi_n(\mathrm{SO}(4)) = \pi_n(\mathrm{SU}(2)) \oplus \pi_n(\mathrm{SU}(2))$ である．

(b) *J*-準同型とよばれる写像 $J : \pi_k(\mathrm{SO}(n)) \to \pi_{k+n}(S^n)$ が存在する (Whitehead (1978))．特に $k=1$ のときは，この準同型は同型写像になることが知られてい

るので $\pi_1(\mathrm{SO}(n)) \cong \pi_{n+1}(S^n)$ となる. 例えば

$$\pi_1(\mathrm{SO}(2)) \cong \pi_3(S^2) \cong \mathbb{Z},$$
$$\pi_1(\mathrm{SO}(3)) \cong \pi_4(S^3) \cong \pi_4(\mathrm{SU}(2)) \cong \pi_4(\mathrm{SO}(3)) \cong \mathbb{Z}_2$$

である.

(c) **Bott 周期性定理**によると $n \geq (k+1)/2$ のとき

$$\pi_k(\mathrm{U}(n)) \cong \pi_k(\mathrm{SU}(n)) \cong \begin{cases} \{e\} & (k \text{ が偶数のとき}) \\ \mathbb{Z} & (k \text{ が奇数のとき}) \end{cases} \tag{4.56}$$

が成り立つ. 同様に $n \geq k+2$ のとき

$$\pi_k(\mathrm{O}(n)) \cong \pi_k(\mathrm{SO}(n)) \cong \begin{cases} \{e\} & (k \equiv 2,4,5,6 \pmod 8 \text{ のとき}) \\ \mathbb{Z}_2 & (k \equiv 0,1 \pmod 8 \text{ のとき}) \\ \mathbb{Z} & (k \equiv 3,7 \pmod 8 \text{ のとき}) \end{cases} \tag{4.57}$$

である. ここでは与えないが同様の周期性がシンプレクティック群についても成り立つ. さらにもっと多くの結果については『岩波数学事典』(第 3 版) 付録 A の表 6 にある.

4.8 凝縮系における秩序

最近, 凝縮系においてもトポロジカルな方法がますます重要になってきた. 例えば, ホモトピー理論は凝縮系におけるソリトン, 渦糸, モノポールのようなトポロジカルな励起を分類するのに用いられた. これらの分類は 4.9–4.10 節で詳しく学ぶ. ここでは, 相転移を起こした系における秩序変数について簡単に解説する.

4.8.1 秩序変数

ある凝縮系を記述する Hamiltonian を H とする. H はある対称操作のもとで不変であるとしよう. しかし, 系の基底状態は必ずしも H の対称性をもっているとは限らない. もし, 系が Hamiltonian の対称性をもたない場合, 系は「**自発的対称性の破れを起こした**」という. この現象を説明するために, **Heisenberg Hamiltonian**

$$H = -J \sum_{(i,j)} \boldsymbol{S}_i \cdot \boldsymbol{S}_j + \boldsymbol{h} \cdot \sum_i \boldsymbol{S}_i \tag{4.58}$$

を考えよう. 系は N 個の Heisenberg スピン $\{\boldsymbol{S}_i\}$ からなっており, J は正の定数, すなわち相互作用は強磁性的とする. 最初の和は最近接の対 (i,j) についてとり, $\boldsymbol{h}$ は一様な外部磁場である. $\beta = 1/T$ を温度の逆数とすると, 分配関数は $Z = \mathrm{tr}\, e^{-\beta H}$ で与えられる. Helmholtz の自由エネルギー F は $\exp(-\beta F) = Z$ で定義される. 1 スピンあたりの平均磁化は

$$\boldsymbol{m} \equiv \frac{1}{N} \sum_i \langle \boldsymbol{S}_i \rangle = \frac{1}{N\beta} \frac{\partial F}{\partial \boldsymbol{h}} \tag{4.59}$$

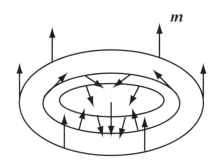

図 4.20. Belavin-Polyakov モノポールのスケッチ．ベクトル m は無限遠で $\hat{z}$ に近づく．

で与えられる．ここに，$\langle \ldots \rangle \equiv \mathrm{tr}\,(\ldots \mathrm{e}^{-\beta H})/Z$ である．さて，$h \to 0$ の極限を考えよう．この極限で，H はすべての S_i に共通の SO(3) 回転を施しても不変であるが，m は十分大きな β に対しゼロにはならず，したがって系は H の SO(3) 対称性をもたない．このとき系は**自発磁化**を示すといい，$m \neq 0$ を与える最大の温度を**臨界温度**という．ベクトル m は，秩序状態 ($m \neq 0$) と，無秩序状態 ($m = 0$) の間の相転移を記述する．系は磁化 m のまわりの SO(2) 回転に対しては不変である．

この相転移が起こるメカニズムを考えよう．S をエントロピーとすると，系の自由エネルギーは $F = \langle H \rangle - TS$ で与えられる．十分低温では，F の中の TS は無視され，最小の F を与えるのは $\langle H \rangle$ が最小となるとき，すなわちすべての S_i が同じ方向を向くときである．一方高温では F の中でエントロピーが支配的となり，F を最小とするのは S が最大のとき，すなわち S_i が勝手な方向を向いているときである．

系が一様な温度の中にあれば $|m|$ は場所によらない．すると，m はその方向によって指定される．一般に，基底状態において m は一様であると期待される．m の方向を指定するのに，極座標 (θ, ϕ) を導入するのが便利である．すると m と球面 S^2 (球面は 2 次元であるから 2) の点の間に 1:1 の対応が存在する．m が場所の関数 $m(x)$ として変化するとしよう．空間の各点 x に対し，S^2 の点 (θ, ϕ) が決まるので，空間から S^2 への写像 $(\theta(x), \phi(x))$ が存在する．基底状態や，基底状態のまわりの微小振動 (スピン波) 以外にも，基底状態からの微小な摂動では到達できないさまざまな励起状態が存在する．どのような励起状態が存在するかは，空間の次元と秩序変数のタイプに依存する．例えば，2 次元空間における Heisenberg 強磁性体では図 4.20 の **Belavin-Polyakov モノポール**とよばれる励起が存在する (Belavin and Polyakov 1975)．一様な系からはかったエネルギーを有限にするために m は無限遠では方向によらず一定のベクトル (図の場合 $\hat{z}$) に近づくことに注意せよ．これにより Belavin-Polyakov モノポールは有限のエネルギーをもつ．この条件は，Belavin-Polyakov モノポールの安定性を保証する；原点から十分遠くにある m を固定したまま，この配置を一様な配置に変形することは不可能である．この例のような励起の安定性はトポロジカルな議論に基づいており，したがって**トポロジカルな励起**とよばれる．場 $m(x)$ は，写像 $m : S^2 \to S^2$ を与え，したがってホモトピー群 $\pi_2(S^2) \simeq \mathbb{Z}$ で分類されることに注意せよ．

4.8.2 超流動 ^{4}He と超伝導

Bogoliubov の理論によると超流動 ^{4}He の秩序変数 $\Psi(\boldsymbol{x})$ は場の演算子 $\phi(\boldsymbol{x})$ の期待値

$$\Psi(\boldsymbol{x}) = \langle \phi(\boldsymbol{x}) \rangle = \Delta_0 \exp[\mathrm{i}\varphi(\boldsymbol{x})] \tag{4.60}$$

で与えられる．正準形式の場の理論では

$$\phi(\boldsymbol{x}) \sim (生成演算子) + (消滅演算子)$$

であるから，$\Psi(\boldsymbol{x}) \neq 0$ のときは粒子数が保存されない．これは，大域的なゲージ対称性の自発的な破れを意味する．^{4}He の Hamiltonian は

$$\begin{aligned} H = &\int \mathrm{d}\boldsymbol{x} \phi^\dagger(\boldsymbol{x}) \left(-\frac{\nabla^2}{2m} - \mu \right) \phi(\boldsymbol{x}) \\ &+ \frac{1}{2} \int \mathrm{d}\boldsymbol{x} \mathrm{d}\boldsymbol{y} \phi^\dagger(\boldsymbol{y}) \phi(\boldsymbol{y}) V(|\boldsymbol{x}-\boldsymbol{y}|) \phi^\dagger(\boldsymbol{x}) \phi(\boldsymbol{x}) \end{aligned} \tag{4.61}$$

で与えられる．明らかに，H は大域的ゲージ変換

$$\phi(\boldsymbol{x}) \to \mathrm{e}^{\mathrm{i}\chi} \phi(\boldsymbol{x}) \tag{4.62}$$

に対し不変に保たれる．しかし，秩序変数は

$$\Psi(\boldsymbol{x}) \to \mathrm{e}^{\mathrm{i}\chi} \Psi(\boldsymbol{x}) \tag{4.63}$$

のように変換するので，Hamiltonian の対称性を破っている．超流動 ^{4}He を記述する現象論的自由エネルギーは，2 つの寄与からなる．その主要項は **凝縮エネルギー** で，

$$\mathcal{F}_0 = \frac{\alpha}{2!} |\Psi(\boldsymbol{x})|^2 + \frac{\beta}{4!} |\Psi(\boldsymbol{x})|^4 \tag{4.64a}$$

で与えられる．ただし，$\alpha \sim \alpha_0(T - T_c)$ で，臨界温度 $T_c \sim 4\,\mathrm{K}$ でその符号を変える．図 4.21 は，$T > T_c$ および $T < T_c$ における $\mathcal{F}_0$ をスケッチしたものである．$T > T_c$ のときは，$\mathcal{F}_0$ が極小となるのは $\Psi = 0$ であるが，$T < T_c$ のときは，$|\Psi| = \Delta_0 \equiv [-(6\alpha/\beta)]^{1/2}$ で極小となる．$\Psi(\boldsymbol{x})$ が $\boldsymbol{x}$ に依存するときは，さらに **運動エネルギー**

$$\mathcal{F}_{\mathrm{grad}} = \frac{1}{2} K \overline{\nabla \Psi(\boldsymbol{x})} \cdot \nabla \Psi(\boldsymbol{x}) \tag{4.64b}$$

が加わる．K は正の定数である．$\Psi(\boldsymbol{x})$ の空間変化が十分ゆっくりしていると，Ψ の振幅 Δ_0 は一定とみなしてよい (**London 極限**)．

超伝導の BCS 理論では，秩序変数は

$$\Psi_{\alpha\beta}(\boldsymbol{x}) \equiv \langle \psi_\alpha(\boldsymbol{x}) \psi_\beta(\boldsymbol{x}) \rangle \tag{4.65}$$

で与えられる (Tsuneto 1982, 1998)．ψ_α はスピン $\alpha = (\uparrow, \downarrow)$ の非相対論的電子場の演算子である．しかし (4.65) 式はスピン代数の既約表現にはなっていないことに注意しよう．こ

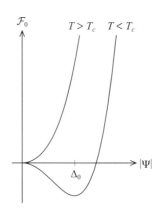

図 4.21. Ginzburg-Landau 自由エネルギーは，$T > T_c$ では $|\Psi| = 0$ に極小値をとり，$T < T_c$ では $|\Psi| = \Delta_0$ に極小値をとる．

れを見るために，スピン回転のもとでの $\Psi_{\alpha\beta}$ のふるまいを調べる．軸 $\boldsymbol{n}$ のまわりの角度 δ の無限小スピン回転を考えよう．その行列表現は

$$R = I_2 + \mathrm{i}\frac{\delta}{2} n^\mu \sigma_\mu$$

となる．σ_μ は，Pauli のスピン行列である．ψ_α は $\psi_\alpha \to R_\alpha{}^\beta \psi_\beta$ と変換するので

$$\Psi_{\alpha\beta} \to R_\alpha{}^{\alpha'} \Psi_{\alpha'\beta'} R_\beta{}^{\beta'} = (R \cdot \Psi \cdot R^{\mathrm{t}})_{\alpha\beta}$$
$$= \left(\Psi + \mathrm{i}\frac{\delta}{2}\boldsymbol{n}(\boldsymbol{\sigma}\Psi\sigma_2 - \Psi\sigma_2\boldsymbol{\sigma})\right)_{\alpha\beta}$$

が得られる．ここに，公式 $\sigma_\mu{}^{\mathrm{t}} = -\sigma_2 \sigma_\mu \sigma_2$ を用いた．まず $\Psi_{\alpha\beta} \propto \mathrm{i}(\sigma_2)_{\alpha\beta}$ としよう．すると Ψ は上の変換のもとで何も変化せず，したがってスピン 1 重項の対を表す．これを

$$\Psi_{\alpha\beta}(\boldsymbol{x}) = \Delta(\boldsymbol{x})(\mathrm{i}\sigma_2)_{\alpha\beta} = \Delta_0(\boldsymbol{x})\mathrm{e}^{\mathrm{i}\varphi(\boldsymbol{x})}(\mathrm{i}\sigma_2)_{\alpha\beta} \tag{4.66a}$$

と書く．一方

$$\Psi_{\alpha\beta}(\boldsymbol{x}) = \Delta^\mu(\boldsymbol{x})\mathrm{i}(\sigma_\mu \cdot \sigma_2)_{\alpha\beta} \tag{4.66b}$$

とおくと

$$\Psi_{\alpha\beta} \to \left[\Delta^\mu + \delta\varepsilon^{\mu\nu\lambda} n_\nu \Delta_\lambda\right](\mathrm{i}\sigma_\mu \cdot \sigma_2)_{\alpha\beta}$$

となり，Δ^μ はスピン空間のベクトルであることが示された．したがって (4.66b) はスピン 3 重項の対を表している．

従来の超伝導体の秩序変数は (4.66a) で表される．以下，この場合に話を限る．(4.66a) において，$\Delta(\boldsymbol{x})$ は超流動 ^{4}He の $\Psi(\boldsymbol{x})$ と同じ形をしており，自由エネルギーは，やはり (4.64) の形で与えられる．この類似性は **Cooper 対**の存在に帰着する．超流動状態では巨視的な数の ^{4}He 原子が基底状態を占有し (**Bose-Einstein 凝縮**)，それが量子コヒーレン

スにより巨大な分子のように振る舞う．この状態では，素励起を生成するには有限のエネルギーが必要となる．したがって流れは，ある臨界量のエネルギーが供給されない限り減衰しない．一方，電子はフェルミ粒子でありそのままでは Bose-Einstein 凝縮を起こさない．そこで，Cooper 対が登場する．フォノンの交換により，電子対は辛うじてクーロン斥力を越えるだけの引力を感じる．この微小な引力のおかげで電子はボース統計に従う対を (運動量空間で) 作る．この Cooper 対は Bose-Einstein 凝縮を起こし，電荷 $2e$ の超流体となる．

超伝導体と電磁場は極小結合を通して相互作用する：

$$\mathcal{F}_{\text{grad}} = \frac{1}{2}K|(\partial_\mu - \text{i}2eA_\mu)\Delta(\boldsymbol{x})|^2. \tag{4.67}$$

(Cooper 対の電荷は $2e$ であるから，$\mathcal{F}_{\text{grad}}$ に現れる電荷も $2e$ である)．外部磁場のもとでの振る舞いの違いから，超伝導体は大きく 2 つのタイプに分けられる．タイプ I の超伝導体では，強磁場のもとで正常状態と超伝導状態が共存する中間状態が出現する．一方タイプ II では，渦糸格子 (**Abrikosov 格子**) が形成され，正常状態となっている渦糸の中心に磁束を閉じこめる．それ以外の領域は超伝導状態のままである．同様の渦糸格子は，回転円筒中の超流動 ^{4}He でも観測されている．

4.8.3 一般的な考察

次の 2 つの節では，ホモトピー群を秩序をもった系における欠陥の分類に応用する．この節の解析は Toulouse and Kléman (1976), Mermin (1979), Mineev (1980) に基づく．

4.8.2 節で見たように，凝縮系が相転移を起こすと系の対称性は低下する．この低下は秩序変数により記述される．具体的に話を進めるために，3 次元の超伝導体を考えよう．その秩序変数は $\psi(\boldsymbol{x}) = \Delta_0(\boldsymbol{x})\text{e}^{\text{i}\varphi(\boldsymbol{x})}$ という形をとる．一様な外場 (温度，圧力など) の中の均一な系を考えよう．秩序変数の振幅 Δ_0 は凝縮エネルギーを最小にするように一意的に決まる．しかし，なお多くの自由度が残っていることに注意しよう．ψ の位相 $\text{e}^{\text{i}\varphi}$ は $S^1 \cong \text{U}(1)$ 上の任意の点を取りうるのである．このように，一様な系は**秩序変数空間**とよばれる領域 M の任意の一点に値をとる．超伝導体では $M = \text{U}(1)$ である．Heisenberg スピン系では $M = S^2$ である．ネマティック液晶では $M = \mathbb{R}P^2$ で，超流動 ^{3}He-A では $M = S^2 \times \text{SO}(3)$ である．4.9–10 節を参照されたい．

系が不均一であれば，勾配エネルギーが無視できず，ψ は M に値をとるとは限らない．しかし，秩序変数の空間変化のスケールがコヒーレンス長にくらべ十分長ければ，秩序変数は M に値をとると仮定してよい．ただし，今はその値は空間の関数となる．この場合に，系の中で秩序変数が一意的に定義されない点，線，面が現れる可能性がある．これらは **(位相) 欠陥**とよばれる．欠陥はその次元に応じて，**点欠陥 (モノポール)**，**線欠陥 (渦糸)**，**面欠陥 (壁)** などとよばれる．これらの欠陥は，ホモトピー群により分類される．

話をより数学的にすると，X をある凝縮体で満たされた空間とする．その秩序変数は，古典場 $\psi(\boldsymbol{x})$ であるが，これは写像 $\psi : X \to M$ とみなすことができる．いま，この系の中に欠陥があるとする．話を具体的にするために，3 次元の超伝導体の中の線欠陥を考えよう．そこで，その線欠陥を取り囲む円 S^1 を考える．S^1 の各点は線欠陥から十分遠

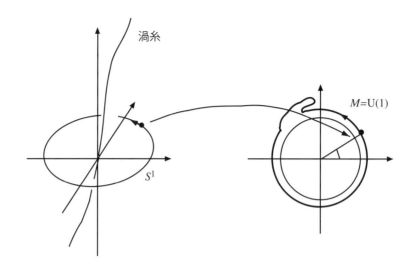

図 4.22. 線欠陥 (渦糸) を取り巻く円 S^1 は $U(1) \cong S^1$ へ写像される．この写像は $\pi_1(U(1))$ で分類される．

く (少なくともコヒーレンス長 ξ よりは十分遠い)，S^1 に沿う秩序変数はその値を秩序変数空間 $M = U(1)$ にとるとしてもよい (図 4.22 を見よ)．このように，位相空間 $U(1)$ におけるループが問題になるので，基本群が導入されるのである．写像 $S^1 \to U(1)$ はホモトピー類で分類される．$r_0 \in S^1$ をとり，r_0 が $x_0 \in M$ へ写像されることを要求しよう．$\pi_1(U(1), x_0) \cong \mathbb{Z}$ であるから，線欠陥に，ある整数を対応させることができる．この整数は，S^1 の像が，空間 $U(1)$ に何回巻きついているかを示しているので**巻き数**とよばれる．2 つの線欠陥が同じ巻き数をもっていれば，一方の線欠陥は連続的に他方に変形される．また，2 つの線欠陥 A と B が合体すると，新しい線欠陥は A と B が合体する前に属していたホモトピー類の積のホモトピー類に属する．$\mathbb{Z}$ における群の演算は加法的であるから，あたらしい巻き数は 2 つの古い巻き数の和になる．秩序変数の一様な分布は，定写像 $\psi(x) = x_0 \in M$ に対応するが，これは単位元 $0 \in \mathbb{Z}$ に属する．巻き数が逆の 2 つの線欠陥が合体すれば，あたらしい線欠陥は連続的に欠陥がない配置へ変形できる．

その他のホモトピー群を調べよう．まず，欠陥の次元とそれを囲む球 S^n の次元を考えよう．例えば，3 次元系における点欠陥をとる．点欠陥は S^2 で囲まれるので，$\pi_2(M, x_0)$ で分類される．M がいくつかの成分から構成されていれば，$\pi_0(M)$ は自明ではない．3 次元 Ising 模型では $M = \{\downarrow\} \cup \{\uparrow\}$ である．すると，その上では秩序変数が定義されない壁が存在する．例えば，$x < 0$ で $\bm{S} = \uparrow$，$x > 0$ で $\bm{S} = \downarrow$ とすると，$x = 0$ の yz 面に壁が存在する．一般に，d 次元系の中の m 次元欠陥は

$$n = d - m - 1 \tag{4.68}$$

とすると，ホモトピー群 $\pi_n(M, x_0)$ により分類される．上に述べた Ising 模型の場合，$d = 3, m = 2$ であるから $n = 0$ である．

4.9 ネマティック液晶における欠陥

4.9.1 ネマティック液晶の秩序変数

ある種の有機結晶は，液体相において極めて興味深い光学的性質を示す．これらの結晶は**液晶**とよばれ，その光学的非等方性で特徴づけられる．ここでは**ネマティック液晶**に注目しよう．この液晶の例は，*octyloxycyanobiphenyl* とよばれるもので，その分子構造は

$$\text{NC}-\text{C}_6\text{H}_4-\text{C}_6\text{H}_4-\text{O}-\text{C}_8\text{H}_{17}$$

で与えられる．ネマティック液晶の分子は，ある意味で棒に似ている．秩序変数は棒の平均的な方向で与えられ，**ディレクタ**(配向子)とよばれる．分子自身は頭と尻尾をもっていても，ディレクタは反転対称性をもっている；すなわち，ディレクタ $\boldsymbol{n}=\rightarrow$ と $-\boldsymbol{n}=\leftarrow$ を区別することは意味がない．このディレクタを表すのに，球面 S^2 上の点を用いれば良いように思われるかもしれない．これはほとんど正しいのであるが一か所だけうまくいかない．2つの真反対の点 $\boldsymbol{n}=(\theta,\phi)$ と $-\boldsymbol{n}=(\pi-\theta,\pi+\phi)$ は同じ状態を表す；図 4.23 を見よ．このように，ネマティック液晶の秩序変数は**実射影平面** $\mathbb{R}P^2$ である．ディレクタの場は，一般に座標 $\boldsymbol{r}$ に依存する．すると写像 $f:\mathbb{R}^3\to\mathbb{R}P^2$ が定義される．この写像を**テクスチャ**とよぶ．$\mathbb{R}^3$ における実際の秩序変数の分布もおなじくテクスチャとよばれる．

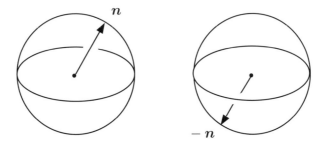

図 4.23. ディレクタ $\boldsymbol{n}$ には頭も尻尾もないので，$\boldsymbol{n}$ と $-\boldsymbol{n}$ の区別はつかない．したがって，この2つの図は同じ秩序変数の状態を表す．

4.9.2 ネマティック液晶の線欠陥

例 4.10 から，$\pi_1(\mathbb{R}P^2)\cong\mathbb{Z}_2=\{0,1\}$ である．したがって，ネマティック液晶には2種類の線欠陥がある．1つは連続的に一様な配置に変形できるもの，もう1つはできないものである．後者は安定な渦を表し，そのテクスチャは図 4.24 で与えられる．円 α が $\mathbb{R}P^2$ に写像される様子を観察されたい．

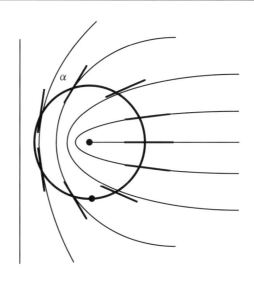

図 4.24. ネマティック液晶における渦糸．これは $\pi_1(\mathbb{R}P^2) \cong \mathbb{Z}_2$ の自明でない元に対応する．

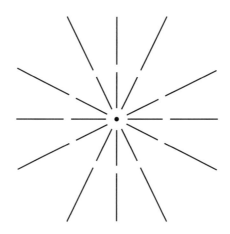

図 4.25. 特異性のない配位に変形可能な「線欠陥」．

問 4.9 図 4.25 の「線欠陥」は実際は欠陥ではないことを示せ．すなわち，周りのディレクタを固定したまま，中心のディレクタの連続変形だけで中心にある特異性は消去できる．この変形は，演算 $1+1=0$ に対応している．

4.9.3 ネマティック液晶における点欠陥

例 4.14 から $\pi_2(\mathbb{R}P^2) \cong \mathbb{Z}$ である．したがって，ネマティック液晶の中には安定な点欠陥が存在する．図 4.26 は，類 $1 \in \mathbb{Z}$ に属する点欠陥の例である．

線欠陥と点欠陥は，あわせて**リング欠陥**となることに注意しよう (Mineev (1980))．これは，$\pi_1(\mathbb{R}P^2)$ と $\pi_2(\mathbb{R}P^2)$ の両方で指定される．このリング欠陥を遠くから観察すると点欠陥のように見えるが，リングに沿う構造は $\pi_1(\mathbb{R}P^2)$ で指定される．図 4.27 は，このよ

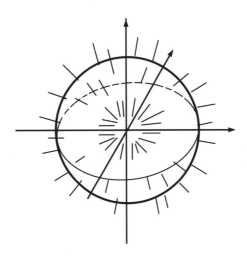

図 4.26. ネマティック液晶の中の点欠陥.

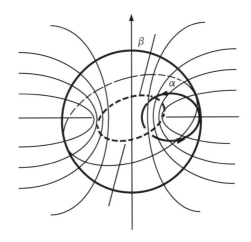

図 4.27. ネマティック液晶中のリング欠陥. ループ α は $\pi_1(\mathbb{R}P^2)$ を類別し, 球 (2 ループ) β は $\pi_2(\mathbb{R}P^2)$ を類別する.

うなリングの例である. 円 α は $\pi_1(\mathbb{R}P^2) \cong \mathbb{Z}_2$ を類別し, 球 β は $\pi_2(\mathbb{R}P^2) \cong \mathbb{Z}$ を類別する.

4.9.4 高次のホモトピー群で分類されるテクスチャ

3 次のホモトピー群 $\pi_3(\mathbb{R}P^2) \cong \mathbb{Z}$ は 3 次元のネマティック液晶に, 特異性がない興味深い構造を与える. ディレクタ場が $|\boldsymbol{r}| \to \infty$ で漸近的に一定の配置, 例えば $\boldsymbol{n} = (1,0,0)^{\mathrm{t}}$ に近づくとしよう. すると, 液晶は実質的に 3 次元球 S^3 にコンパクト化され, そのトポロジカルな構造は $\pi_3(\mathbb{R}P^2) \cong \mathbb{Z}$ によって分類される. では, その非自明な元に対応するテクスチャはどのようなものであろうか？

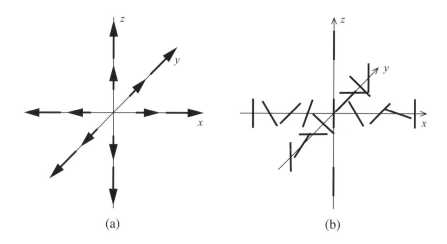

図 4.28. $\pi_3(\mathbb{R}P^2) \cong \mathbb{Z}$ の非自明な元を与えるテクスチャ．(a) は回転'ベクトル' αe を表す．その長さ α は，$|r| \to \infty$ で π に近づく．(b) は対応するディレクタの場を表す．

$\mathbb{R}^3$ の任意の回転は，回転軸を表す単位ベクトル e と回転角 α で表される．すると，この回転に'ベクトル' $\mathbf{\Omega} = \alpha e$ を対応させることが可能のように思われる．しかし，これはベクトルとは言い難い．なぜならば $\mathbf{\Omega} = \pi e$ と $-\mathbf{\Omega} = -\pi e$ は同じ回転を表し，したがって同一視されるからである．ゆえに $\mathbf{\Omega}$ は実射影空間 $\mathbb{R}P^3$ に属する．$\bm{n}_0 = (1,0,0)^t$ を基準のディレクタとする．すると，任意のディレクタの配置は $\bm{n}_0$ を，ある軸 e のまわりに角度 α だけ回転させて得られる；$\bm{n} = R(e,\alpha)\bm{n}_0$．ただし $R(e,\alpha)$ は SO(3) の対応する回転行列である．ここで

$$\alpha e(\bm{r}) = f(r)\hat{\bm{r}} \tag{4.69}$$

を $\bm{n}_0$ に作用させて得られるテクスチャを考えよう．ここに $\hat{\bm{r}}$ は位置ベクトル $\bm{r}$ の方向の単位ベクトルで，

$$f(r) = \begin{cases} 0 & r = 0 \\ \pi & r \to \infty \end{cases}$$

である．図 4.28 は，このテクスチャのディレクタ場を表す．この場には特異性はないが，これを一様なテクスチャに'ほどく'ことは不可能であることに注意されたい．

4.10 超流動 ^{3}He-A のテクスチャ

4.10.1 超流動 ^{3}He-A

ホモトピー群の応用の最後に，最も興味深い例を紹介しよう．1972 年までは BCS 超流動の唯一の例は通常の超伝導体のみであった (中性子星の内部の中性子超流体の間接的な観測を除いては)．図 4.29 は磁場ゼロの下での超流動 ^{3}He の相図である．NMR や，その他

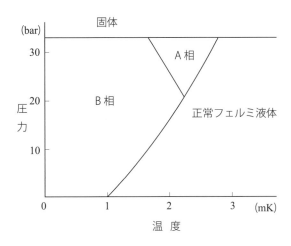

図 **4.29.** 超流動 ^{3}He の相図.

の観測から，超流動 ^{3}He は，スピン 3 重項の p 波超流体であることが明らかになった．ここでは，場の演算子の代わりに (式 (4.65b) を見よ)，秩序変数を生成消滅演算子を使って定義しよう．スピン 3 重項超流体のもっとも一般的な秩序変数は

$$\langle c_{\alpha,\boldsymbol{k}} c_{\beta,-\boldsymbol{k}}\rangle \propto \sum_{\mu=1}^{3}(\mathrm{i}\sigma_2\sigma_\mu)_{\alpha\beta}d_\mu(\boldsymbol{k}) \tag{4.70a}$$

である．ここに，α と β はスピン成分を表す．Cooper 対は p 波で凝縮するので，$d_\mu(\boldsymbol{k})$ は $Y_{1m}\sim k_i$ に比例する；

$$d_\mu(\boldsymbol{k})=\sum_{i=1}^{3}\Delta_0 A_{\mu i}k_i. \tag{4.70b}$$

凝縮エネルギーはいくつかの極小値をもつ．その中のどれが最小値となるかは，圧力と温度に依存する．ここでは図 4.29 の A 相に注目しよう．

A 相の秩序変数は

$$A_{\mu i}=d_\mu(\boldsymbol{\Delta}_1+\mathrm{i}\boldsymbol{\Delta}_2)_i \tag{4.71}$$

と表される．ここに $\boldsymbol{d}$ は実単位ベクトルで，Cooper 対のスピンの $\boldsymbol{d}$ に沿う射影はゼロとなる．$(\boldsymbol{\Delta}_1,\boldsymbol{\Delta}_2)$ は互いに直交する実単位ベクトルの組である．$\boldsymbol{d}$ は S^2 上に値をとる．$\boldsymbol{l}\equiv\boldsymbol{\Delta}_1\times\boldsymbol{\Delta}_2$ を定義すると，3 つ組 $(\boldsymbol{\Delta}_1,\boldsymbol{\Delta}_2,\boldsymbol{l})$ は超流体の各点で正規直交基底 (3 脚場) をなす．$\boldsymbol{l}$ は Cooper 対の角運動量の軸を表す．ある正規直交系 $(\boldsymbol{e}_1,\boldsymbol{e}_2,\boldsymbol{e}_2)$ を基準にとる．すると，$(\hat{\boldsymbol{\Delta}}_1,\hat{\boldsymbol{\Delta}}_2,\hat{\boldsymbol{l}})$ は，基準の正規直交系に，ある $g\in\mathrm{SO}(3)$ を作用させて得られる；

$$g:(\boldsymbol{e}_1,\boldsymbol{e}_2,\boldsymbol{e}_2)\to(\hat{\boldsymbol{\Delta}}_1,\hat{\boldsymbol{\Delta}}_2,\hat{\boldsymbol{l}}). \tag{4.72}$$

g は座標 x に依存するので，$(\hat{\boldsymbol{\Delta}}_1(x),\hat{\boldsymbol{\Delta}}_2(x),\hat{\boldsymbol{l}}(x))$ は，$x\mapsto g(x)$ により写像 $\psi:X\to\mathrm{SO}(3)$ を定義する．写像 ψ は超流動 ^{3}He-A の**テクスチャ**とよばれる．超流動 ^{3}He-A における欠

陥を分類するのに必要なホモトピー群は $\pi_n(SO(3))$ である．スピン部分を含めると，^{3}He-A の秩序変数は $S^2 \times SO(3)$ である[1]．

簡単のために，$\hat{\boldsymbol{d}}$ ベクトルの変化は無視する．[実際は多くの場合，$\hat{\boldsymbol{d}}$ ベクトルは，ダイポール力により $\hat{\boldsymbol{l}}$ ベクトルと平行，または反平行にロックされている．] すると，秩序変数は

$$A_i = \Delta_0(\hat{\boldsymbol{\Delta}}_1 + \hat{\boldsymbol{\Delta}}_2)_i \tag{4.73}$$

と表される．

容器が ^{3}He-A で満たされているとき，容器の壁はテクスチャに境界条件を課す．ベクトル $\hat{\boldsymbol{l}}$ は Cooper 対の角運動量の向きを表す．対は境界の壁の面内で回転するので，$\hat{\boldsymbol{l}}$ は壁に垂直になる．[注：壁が凸凹していると，Cooper 対の軌道運動は邪魔され，壁の近くで秩序変数の振幅は減少する．以下，簡単のために壁は鏡面のように滑らかで，Cooper 対は邪魔されずに軌道運動を行うと仮定する．] テクスチャは，与えられた境界条件のもとで，数種類の自由エネルギーの和を最小にするよう Euler-Lagrange 方程式を解いて決定される．

^{3}He に関する総合報告は Anderson and Brinkman (1975), Leggett (1975), Mermin (1978) などである．

4.10.2　^{3}He における線欠陥と特異性をもたない渦糸

$SO(3) \cong \mathbb{R}P^3$ の基本群は $\pi_1(\mathbb{R}P^3) \cong \mathbb{Z}_2 \cong \{0, 1\}$ である．類 0 に属するテクスチャは，一様な配位に連続的に変形可能である．類 1 に属するテクスチャは，ディスジャイレイションとよばれ，Maki and Tsuneto (1977) と Buchholtz and Fetter (1977) により解析された．図 4.30 は，最低自由エネルギー状態におけるこれらのディスジャイレイションを表す．

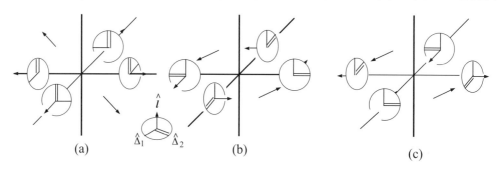

図 4.30．^{3}He-A におけるディスジャイレイション．

$\mathbb{Z}_2$ の注目すべき性質は，和 $1 + 1 = 0$ である．すなわち，2 個のディスジャイレイションが合体すると自明なテクスチャとなる．この性質を使うと，2 個のディスジャイレイションを合体させ，図 4.31 (a) のように中心で特異性をもたず，まわりで渦度 2 (ホモトピー類 '2') をもつテクスチャを作ることができる．ループ α の $\mathbb{R}P^3$ における像は，$\mathbb{R}P^3$ を 2 回横切ること，および小ループ β は連続的に点に縮められることは簡単に確かめられる．

---

[1] 秩序変数は $\boldsymbol{d} \to -\boldsymbol{d}, \Delta_i \to -\Delta_i$ に対して不変なので，実際の秩序変数は，これらを同一視して $S^2 \times SO(3)/\mathbb{Z}_2$ となる．以下では $\boldsymbol{d}$ の変化を無視するので，この自由度は考えない．この不変性を利用すると，$1/2$ の渦度の渦糸をつくることができる．

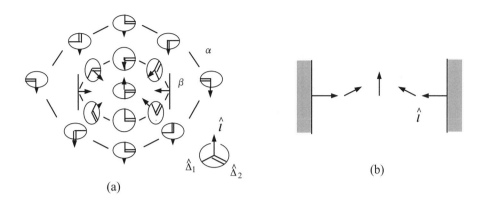

図 4.31. (a) Anderson-Touluse 渦糸と (b) Mermin-Ho 渦糸. (b) では，境界条件により $\hat{l}$ は壁に垂直になっている．

このテクスチャは，Anderson-Toulouse 渦糸とよばれる (Anderson and Toulouse (1977)). Mermin と Ho は，超流体を円筒容器に閉じ込めると，その境界が $\hat{l} \perp$ (境界) という条件を課すので，図 4.31 (b) のようなテクスチャが実現することを指摘した (Mermin and Ho (1976)).

$\pi_2(\mathbb{R}P^3) \cong \{e\}$ より，^{3}He-A には点欠陥は存在しない．しかし $\pi_3(\mathbb{R}P^3) \cong \mathbb{Z}$ により，次に見るように新しいタイプの点構造 (Shankar モノポール[2]) が存在する．

4.10.3 ^{3}He における Shankar モノポール

Shankar は ^{3}He-A において特異性をもたない点状の構造が存在することを指摘した (Shankar (1977)). まず，無限に広がった ^{3}He-A を考え，秩序変数は無限遠で漸近的に一様，すなわち $(\hat{\Delta}_1, \hat{\Delta}_2, \hat{l})$ は $|x| \to \infty$ で，基準にとった正規直交系 (e_1, e_2, e_3) に近づくとしよう．原点から遠く離れた点はすべて $\mathbb{R}P^3$ の 1 つの点に写像されるので，$\mathbb{R}^3$ は S^3 にコンパクト化されたことになる．したがって，テクスチャは $\pi_3(\mathbb{R}P^3) \cong \mathbb{Z}$ により分類される．SO(3) の元を，以前のように (例 4.12) $\mathbb{R}P^3$ の 'ベクトル' $\mathbf{\Omega} = \theta \mathbf{n}$ で指定しよう．Shankar は，テクスチャ

$$\mathbf{\Omega}(\mathbf{r}) = \frac{\mathbf{r}}{r} \cdot f(r) \tag{4.74}$$

を提唱した．$f(r)$ は単調減少関数で

$$f(r) = \begin{cases} 2\pi & r = 0 \\ 0 & r = \infty \end{cases} \tag{4.75}$$

を満たす．ここで，形式的に $\mathbb{R}P^3$ の半径を 2π まで拡張し，回転角を 2π の不定さをもって定義した．このテクスチャは **Shankar モノポール**とよばれる (図 4.32 (a)). 一見したところ，原点に特異性が存在するように見えるが，$\mathbf{\Omega}$ の長さが 2π なので，これは方向によらず SO(3) の単位元に等しい．図 4.32 (b) は 3 脚場 (正規直交系) を図示したものであ

---

[2] 現在では Shankar Skyrmion と呼ばれることが多い．

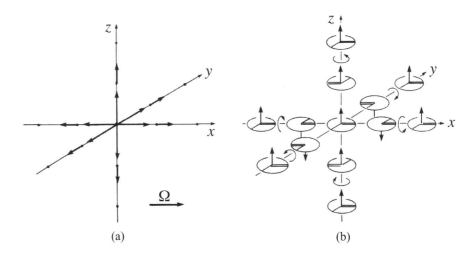

図 **4.32.** Shankar モノポール．(a) は'ベクトル' $\boldsymbol{\Omega}(\boldsymbol{r})$ を示し，(b) は 3 脚場 $(\hat{\boldsymbol{\Delta}}_1, \hat{\boldsymbol{\Delta}}_2, \hat{\boldsymbol{l}})$ を示す．$|\boldsymbol{r}| \to \infty$ で $\boldsymbol{\Omega}(\boldsymbol{r}) \to 0$ となり，3 脚場は共通の配置に近づくことに注意せよ．

る．$|\boldsymbol{r}| \to \infty$ では，方向によらず $\boldsymbol{\Omega}(\boldsymbol{r}) = 0$ であるから空間 $\mathbb{R}^3$ は S^3 にコンパクト化されている．$\mathbb{R}^3$ を 1 回スイープすると，$\boldsymbol{\Omega}(\boldsymbol{r})$ は SO(3) を 2 回スイープする．このテクスチャは $\pi_3(\mathrm{SO}(3)) \cong \mathbb{Z}$ の類 1 に対応している．

問 4.10 $\pi_3(\mathbb{R}P^3)$ の類 -1 に属する Shankar モノポールをスケッチせよ．

問 4.11 4.8 節で紹介した，$\mathbb{R}^2$ 上の古典 Heisenberg スピン系を考えよう．全エネルギーが有限であるために，スピンは条件

$$\boldsymbol{n}(x) \to \boldsymbol{e}_z, \qquad |x| \geq L \tag{4.76}$$

を満たすとする．図 4.20 を見よ．この系における構造は $\pi_2(S^2)$ で分類されることを示せ．類 -1 と 2 に属するスピン配位の例をスケッチせよ．

演習問題 4

4.1 n 次元球面 S^n は穴の空いた Euclid 空間 $\mathbb{R}^{n+1} - \{\boldsymbol{0}\}$ の変形収縮であることを示せ．またその収縮写像を求めよ．

4.2 D^2 を 2 次元閉円板，$S^1 = \partial D^2$ をその境界とする．また $f : D^2 \to D^2$ を滑らかな写像とする．f は不動点を持たないと仮定しよう．すなわち任意の点 $p \in D^2$ に対して $f(p) \neq p$ が成り立つとする．このとき p を始点として $f(p)$ を通る半直線を考えよう ($p \neq f(p)$ ならばこのような半直線はいつも定まる)．そしてこの直線が境界を横切る点を $q \in S^1$ とする．そのとき $\tilde{f} : D^2 \to S^1$ を $\tilde{f}(p) = q$ で定義しよう．

$\pi_1(S^1) \cong \mathbb{Z}, \pi_1(D^2) = 0$ であることを使って，そのような写像 $\tilde{f}$ は存在しないこと，つまり f は必ず不動点をもつことを示せ．[ヒント：もしそのような写像 $\tilde{f}$ が存在すれば D^2 と S^1 は同じホモトピー型をもつことを示せ．] これは **Brouwer の不動点定理** の 2 次元版である．

4.3 写像 $f : S^3 \to S^2$ で元 $0, 1 \in \pi_3(S^2) \cong \mathbb{Z}$ に属するものを構成せよ．第 II 巻，例 9.9 も参考にせよ．

第 4 章への補足

ホモトピー群をもう少し数学的に高い立場から見てみよう．X, Y を位相空間とする．2 つの連続写像 $f, g : X \to Y$ がホモトープ (連続的に変形可能) であるという定義を思い出してほしい．これは，X から Y への連続写像全体の集合の中で，同値関係になっているのだった．そこで，この同値関係による商集合を $[X, Y]$ と書いて，X から Y への**ホモトピー集合**という．$[X, Y]$ の元，すなわち同値類のことを**ホモトピー類**という．

一般に，$[X, Y]$ は単なる集合にしか過ぎないが，X や Y としてとても良い位相空間を選ぶと演算がうまく定義できて群になる場合がある．例えば，$X = S^n$ (n 次元球面) とすると本章で見たように群になる．そこで，$\pi_n(Y) = [S^n, Y]$ を Y の n **次元ホモトピー群**という．特に，$n = 1$ のときが**基本群**である．定義からすぐにわかることだが，位相空間 X, Y が同相ならば，任意の n に対して n 次元ホモトピー群 $\pi_n(X)$ と $\pi_n(Y)$ は同型であることが従う．

Poincaré が考案した基本群であるが彼が最初に与えた計算例は卓抜したものであった．現代的立場からそれを紹介しよう．まずは

$$f : \mathbb{C}^3 \to \mathbb{C}, \qquad f(z_0, z_1, z_2) = z_0^2 + z_1^3 + z_2^5$$

という 3 変数の多項式関数を考える．そこで，零点 $0 \in \mathbb{C}$ の逆像

$$f^{-1}(0) = \{(z_0, z_1, z_2) \in \mathbb{C}^3 \mid z_0^2 + z_1^3 + z_2^5 = 0\}$$

と $\mathbb{C}^3$ の原点を中心とする半径 $\varepsilon > 0$ の 5 次元球面 S_ε^5 を考えるのである．このとき，$\Sigma^3 = S_\varepsilon^5 \cap f^{-1}(0)$ とおく．Σ^3 は 3 次元多様体である．

$f(0, 0, 0) = 0$ だから，原点 $(0, 0, 0) \in \mathbb{C}^3$ は逆像 $f^{-1}(0)$ に当然含まれるが，原点だけは特別な点で関数 f の**特異点**とよばれる．つまり，特異点を中心とする球面の切り口として，Σ^3 が現れる．これが **Poincaré 球面**である．その基本群は 2 つの生成元 a, b で表示できて

$$\pi_1(\Sigma^3) = \langle a, b \mid a^5 = b^3 = (ab)^2 \rangle \tag{4.77}$$

となる．120 個の異なる元からなる有限群で，もちろん自明群ではない．これは群論的にも絶妙な性質を備えた (非可換な) 群である．これは 5 次の対称群 $\mathfrak{S}_5(\{1, 2, 3, 4, 5\}$ からそれ自身への単射全体の集合に写像の合成を演算とした群) と深く関わる．準同型写像

$\varphi : \pi_1(\Sigma^3) \to \mathfrak{S}_5$ が定まるが,それには生成元の行き先を指定すればいい.

$$\varphi(a) = \begin{pmatrix} 1 & 2 & 3 & 4 & 5 \\ 2 & 3 & 4 & 5 & 1 \end{pmatrix}, \quad \varphi(b) = \begin{pmatrix} 1 & 2 & 3 & 4 & 5 \\ 4 & 1 & 3 & 2 & 5 \end{pmatrix}$$

と定める.すると,$\{\varphi(a)\}^5 = e$, $\{\varphi(b)\}^3 = e$ が簡単にわかり,$\{\varphi(ab)\}^2 = \{\varphi(a)\varphi(b)\}^2 = e$ も計算できる.ここで,e は恒等写像を表す.簡単なのでぜひ読者自ら確かめてみてほしい.ここでの詳細は,ミルナー著,佐伯修・佐久間一浩訳『複素超曲面の特異点』(丸善出版, 2012) を参照.

実は,この準同型写像 φ による像 $\varphi(\pi_1(\Sigma^3))$ は 5 次の交代群 $\mathfrak{A}_5$ と同型になり,φ の核 $\mathrm{Ker}(\varphi)$ は $\mathbb{Z}_2$ なので,準同型定理から $\pi_1(\Sigma^3)/\mathbb{Z}_2 \cong \mathfrak{A}_5$ となる.交代群は対称群の部分群で,写像を置換と考えたときの偶置換全体の集合である.

上で見た基本群 $\pi_1(\Sigma^3)$ は,正式には **2 項正 20 面体群** (binary icosahedral group) と呼ばれるものである.$\mathbb{R}^3$ の合同変換で,向きを保ち正 20 面体 P_{20} をそれ自身にうつすもの全体は群になり,**正 20 面体群** (icosahedral group) と呼ばれる.これを I と書くことにする.I は 3 次特殊直交群 $\mathrm{SO}(3)$ の部分群となる.

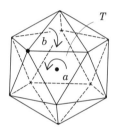

図 4.33. 正 20 面体の図

P_{20} の各面は正三角形で,1 つの頂点には 5 つの辺が集まっていて,頂点の個数は 12 個,辺の個数は 30 個になっている (図 4.33 参照).P_{20} の 1 つの辺を選んで,それに向きをつけておく.向きの付け方と辺の数から,I は 60 個の元からなることがわかる.

1 つの正三角形 T の重心を動かさず,頂点を他の頂点にうつす合同変換を $a \in I$ と定める.また,T の頂点を動かさず,T の辺を他の辺にうつす合同変換を $b \in I$ と定める.この a, b は I の生成元になっていて,図 4.33 からもわかるが,関係式

$$a^3 = b^5 = (ab)^2 = e \quad (e : 単位元)$$

が成り立つ.したがって,I の群の表示

$$I = \langle a, b \mid a^3 = b^5 = (ab)^2 = e \rangle$$

が得られる.この表示からも $|I| = 60$ がわかる.

さて,ここで 4 元数体 $\mathbb{H}$ の構造を用いて,2 項正 20 面体群を実現しよう.まずは,3 次元球面 S^3 を長さが 1 の 4 元数の集合と見なす:

$$S^3 = \{h \in \mathbb{H};\ |h| = 1\}.$$

4元数の積を演算として, S^3 は位相群になる (ユニタリー群 $U(1)$ の4元数版). そこで連続写像 (あるいは準同型写像) $\pi : S^3 \to \mathrm{SO}(3)$ を

$$\pi(h)h' = hh'h^{-1}$$

と定める. ここで左辺は h' の実部を固定する4次直交行列 ($\mathrm{SO}(3) \subset \mathrm{SO}(4)$ と考える) による一次変換を表し, 右辺は4元数の積を表す. この写像 π は,

$$\pi(-h)h' = (-h)h'(-h)^{-1} = hh'h^{-1} = \pi(h)h'$$

より, $\pi(-h) = \pi(h)$ なので二重被覆写像になっている.

I は $\mathrm{SO}(3)$ の部分群だったから, その逆像 $\hat{I} = \pi^{-1}(I)$ が2項正20面体群である. $\hat{I}$ は120個の元からなる S^3 の部分群で, $\pi(\hat{a}) = a$, $\pi(\hat{b}) = b$ を満たす生成元 $\hat{a}, \hat{b}$ が取れて, 関係式

$$\hat{a}^3 = \hat{b}^5 = (\hat{a}\hat{b})^2$$

が成り立つ. 部分群 $\hat{I}$ は S^3 に作用して, その商空間 $S^2/\hat{I}$ は閉多様体になって上で見た Poincaré 球面 Σ^3 にほかならない.

$\hat{I}$ の交換子群 $[\hat{I}, \hat{I}]$ により, 剰余群 $\hat{I}/[\hat{I}, \hat{I}]$ を考えると, これは基本群 $\pi_1(\Sigma^3) = \hat{I}$ の可換化だから, 1次元ホモロジー群に一致し, 自明群になるので, S^3 のすべてのホモロジー群と同型である. この性質をもつ多様体をホモロジー球面というが, 基本群が有限群であるような3次元ホモロジー球面は Poincaré が見つけ出してきた Σ^3 のみであることが知られている. 詳しくは

J. A. Wolf, *Spaces of constant curvature*, McGrow-Hill Co., 1967

を参照.

さて, 今度は連続写像 $f : S^3 \to \mathrm{SO}(3)$ 全体をホモトピーで分類することを考える. 値域が $\mathrm{SO}(3)$ のままでは面白くないので, n 次特殊直交群

$$\mathrm{SO}(n) = \{A \in M(n, \mathbb{R}); \ A \cdot {}^t\!A = E, \ |A| = 1\}$$

に置き換えて考えることにする. ここで, $M(n, \mathbb{R})$ は成分が実数の n 次正方行列全体を表し, E は単位行列, $|A|$ は行列 A の行列式を表す.

連続写像 $f : S^3 \to \mathrm{SO}(n)$ をホモトピーで分類するということは, 3次元ホモトピー群 $\pi_3(\mathrm{SO}(n)) = [S^3, \mathrm{SO}(n)]$ を求めることと同じ問題である. これは物理学においても重要なホモトピー群であろう. $\mathrm{SO}(n)$ の位相空間 (あるいは群) としての構造を見ると, $n \leq 4$ では $\mathrm{SO}(1) = \{e\}$, $\mathrm{SO}(2) \cong S^1$, $\mathrm{SO}(3) \cong \mathbb{R}P^3$, $\mathrm{SO}(4) \cong S^3 \times \mathbb{R}P^3$ がわかる. 記号 $\cong$ は (微分) 同相を表す. これより, 表4.1にもあるように

$$\pi_3(\mathrm{SO}(n)) = \{e\} \ (n = 1, 2), \qquad \pi_3(\mathrm{SO}(3)) \cong \mathbb{Z},$$
$$\pi_3(\mathrm{SO}(4)) \cong \pi_3(S^3) \oplus \pi_3(\mathrm{SO}(3)) \cong \mathbb{Z} \oplus \mathbb{Z}$$

が計算できて，群が $n=1,2,3,4$ のときそれぞれ様変わりするのがわかる．しかし，$n \geqq 5$ では群構造が安定して

$$\pi_3(\mathrm{SO}(n)) \cong \mathbb{Z} \qquad (n \geqq 5)$$

がつねに成り立つことが知られている (表 4.1 も参照)．ホモトピー論でいう，**安定ホモトピー群**とよばれるものである．

なお，最後に本章の中で登場した Bott 周期性定理について，文献，『数 "8" の神秘』(日本評論社，2013) の第 6 章ホモトピー群の神秘の中で簡潔に触れてあるので参照していただきたい．

第5章 多様体論

多様体は曲線や曲面といった，我々が慣れ親しんでいる図形の任意次元への一般化である．3次元 Euclid 空間内の曲線は，局所的に1つの変数 t により $(x(t), y(t), z(t))$ とパラメタ表示される．一方曲面の場合は2つの変数 u, v で $(x(u,v), y(u,v), z(u,v))$ と表される．曲線および曲面はそれぞれ局所的に $\mathbb{R}$ および $\mathbb{R}^2$ に同相である．一般に多様体とは局所的に $\mathbb{R}^m$ に同相な位相空間のことである；当然大域的には $\mathbb{R}^m$ に同相でなくてもよい．局所的同相性により，多様体の各点に (局所) 座標といわれる m 個の数からなる集合を対応させることができる．もし多様体が大域的に $\mathbb{R}^m$ に同相でなければ，複数の局所座標を導入する必要がある．このとき1点が2つ以上の座標をもつこともありうる．その場合，1つの座標から他の座標への変換が滑らかである必要がある．後で見るように，このことが多様体上で微積分を展開させることを可能にしてくれる．位相が連続性に基づいているのと同様に，多様体上の議論は微分可能性に基づいて行われる．

本章の内容への有用な参考文献は Crampin and Pirani (1986), 松島 (1972), Shutz (1980), Warner (1983) である．Wald (1984) の第2章と Appendix B と C も参考になる．Flanders (1963) には微分形式への導入が美しく書かれている．Sattinger and Weaver (1986) には Lie 群と Lie 環が扱われ，物理学の問題への多くの応用が含まれている．

5.1 多様体

5.1.1 発見的序説

上で述べた点を明らかにするために，$\mathbb{R}^3$ における半径1の球面 S^2 を考えよう．S^2 上の各点を，いろいろな座標系の中から2つの座標系 — 極座標と立体射影座標 — を用いてパラメタ (媒介変数) 表示する．極座標 (θ, ϕ) 表示は次のように与えられる (図 5.1).

$$x = \sin\theta\cos\phi, \qquad y = \sin\theta\sin\phi, \qquad z = \cos\theta \tag{5.1}$$

ただし $0 \leq \phi \leq 2\pi$, $0 \leq \theta \leq \pi$ である．球面上でこれを逆に表すと

$$\theta = \tan^{-1}\frac{\sqrt{x^2+y^2}}{z}, \qquad \phi = \tan^{-1}\frac{y}{x} \tag{5.2}$$

となる．一方，立体射影座標は図 5.1 にあるように，北極点から赤道を通る平面への射影で定義される．最初に北極点 $(0,0,1)$ と球面上の点 $P(x,y,z)$ を結び，その延長線が赤道を通る平面 $z=0$ と交わる点を $Q(X,Y,0)$ とする．このとき (X,Y) を点 P の立体射影座標という．簡単な計算から

$$X = \frac{x}{1-z}, \qquad Y = \frac{y}{1-z} \tag{5.3}$$

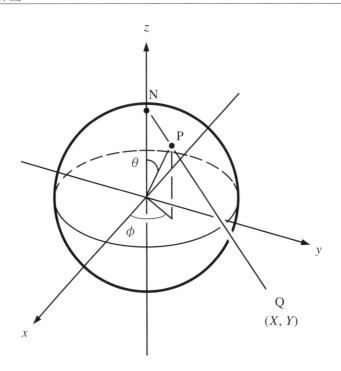

図 5.1. 球面 S^2 上の点 P の極座標 (θ, ϕ) と立体射影座標 (X, Y).

となる．これら 2 つの座標の間の関係式は

$$X = \cot\frac{\theta}{2}\cos\phi, \qquad Y = \cot\frac{\theta}{2}\sin\phi \tag{5.4}$$

で与えられる．もちろん上と異なる極座標軸を用いた極座標や S^2 上の異なる点からの射影による座標系を用いても構わない．具体的な計算をするまでは球面上の座標は任意に選んでもよい．[歴史的にはグリニッジを通る経線を経度 0 と定めたわけだが，これをニューヨークあるいは京都にしてはいけないという理由はない．] このような座標の選び方の任意性が，多様体の理論構成の根底に存在する：すべての座標系はどれも同様に用いることができる．このことはまた物理学の基本原理とも調和する：1 つの物理系はそれを記述するのにどんな座標系を用いても同じ振る舞いをする．

この例からわかるもう 1 つのポイントは，すべての場所で用いることが可能な座標系は存在しないということである．S^2 上の極座標に目を向けてみよう．わかりやすくするために赤道 $(\theta = \frac{\pi}{2})$ を取ろう．ϕ の変域を 0 から 2π までとすると赤道を回るに従って $\phi = 2\pi$ に達するまで ϕ は連続的に変化する．ところが ϕ-座標は 2π から 0 へ変わるところで不連続となり近くの点でも全く異なる ϕ の値をとる．そうかといって 2π を連続的に通過できたとすると，また違う困難に遭遇する．すなわち，各点で 2π の整数倍だけ異なる無限に多くの ϕ の値をとることになってしまう．さらなる困難は極点で生ずる．ここでは ϕ は定義不可能である．[極点上の探検者は"無時間"の状態にある．というのは時間は経線によって定められるからである．] 立体射影座標も北極点において難局に出くわす；極点に近い点は極端に異なる立体射影座標をもつことになってしまう．

したがって球面上の点を，次の両方の条件を満たす1つの座標系で表すことはできないことがわかった．

(i) 近くの点どうしはいつでも近い座標をもつ．

(ii) どの点もただ1つの座標で表される．

しかしながら S^2 上の部分には，上の要請を満たす座標を導入する方法は無限に多くある．この事実を利用して S^2 上に座標を定義しよう．球面上に，合わせて球面を覆うような2つ以上の座標系を導入する．各座標系は球面の一部を覆い，球面の各点は以下の条件を満たすように座標を与えられる；

(i′) 近くの点は，少なくとも1つの座標系においては近い座標をもつ．

(ii′) どの点も，その点を含む各座標系において1つの座標をもつ．

例えば S^2 上に，1つは北極点からの射影，もう1つは南極点からの射影で定義した2つの立体射影座標を導入する．意味がある多様体論を展開するには上の条件 (i′) と (ii′) だけで十分であろうか？ それには，実は座標系にもう1つ別の条件を課す必要がある．

(iii) もし2つの座標系が重なるときには，それらの座標は互いに滑らかな変換で結ばれている．

この条件がなければ，ある座標系で微分可能な関数が別の座標系では微分可能ではないということもあり得る．

5.1.2 定義

定義 5.1 M は以下の条件を満たすとき，m 次元微分多様体であるという．

(i) M は位相空間である．

(ii) M には対の族 $\{(U_i, \varphi_i)\}$ が与えられている．

(iii) $\{U_i\}$ は M を被覆する開集合族である．すなわち $\bigcup_i U_i = M$. φ_i は U_i から $\mathbb{R}^m$ の開部分集合 U_i' の上への同相写像である (図 5.2 参照).

(iv) $U_i \cap U_j \neq \emptyset$ を満たす U_i と U_j が与えられたとき，$\psi_{ij} = \varphi_i \circ \varphi_j^{-1}$ は $\varphi_j(U_i \cap U_j)$ から $\varphi_i(U_i \cap U_j)$ への無限階微分可能な写像である．

対 (U_i, φ_i) を**チャート**といい，全体の族 $\{(U_i, \varphi_i)\}$ を**アトラス**という．部分集合 U_i を**座標近傍**，φ_i を**座標関数**あるいは単に**座標**とよぶ．φ_i は m 個の関数 $\{x^1(p), \ldots, x^m(p)\}$ で表される．組 $\{x^\mu(p)\}$ を**座標**とよぶこともある．点 $p \in M$ は，その座標とは<u>無関係</u>に存在する；点にどのような座標を入れるかは我々の自由であるからである．複数の座標系を用いない場合は，座標が $\{x^1, \ldots, x^m\}$ である点を (少々いい加減ではあるが) 単に点 x と書くことがある．上で述べた条件 (ii) と (iii) から M は局所的には Euclid 空間である．つまり各座標近傍 U_i において，M はその座標が $\{x^1, \ldots, x^m\}$ である $\mathbb{R}^m$ の開集合に見

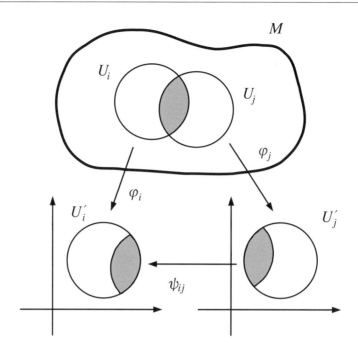

図 **5.2**. 同相写像 φ_i は U_i を開部分集合 $U_i' \subset \mathbb{R}^m$ の上にうつすことにより，点 $p \in U_i$ に座標を与える．$U_i \cap U_j \neq \emptyset$ ならば一方の座標系から別の座標系への変換は滑らかである．

える．ただし M が大域的に $\mathbb{R}^m$ であることを要求してはいないことに注意せよ．例えば我々は表面が S^2 である地球上に住んでいるが，大域的には $\mathbb{R}^2$ ではないにもかかわらず，局所的には $\mathbb{R}^2$ の開集合のように見える．一体誰が $\mathbb{R}^2$ の一部のように見えるロンドンの地図を見ただけで，我々は球面上に住んでいると言えるだろうか[1]？

もし U_i と U_j に共通部分があれば，$U_i \cap U_j$ の点は 2 つの座標系をもつ．公理 (iv) はその一方の座標から他方の座標への変換が滑らか (C^∞) であることを主張している．写像 φ_i は $U_i \cap U_j$ の点に対して m 個の座標値 x^μ ($1 \leq \mu \leq m$) を与えるが，一方 φ_j は同じ点に対して y^μ ($1 \leq \mu \leq m$) を与える．y から x への座標変換 $x^\mu = x^\mu(y)$ は m 変数の m 個の関数で与えられる．その座標変換関数 $x^\mu = x^\mu(y)$ は，写像 $\psi_{ij} = \varphi_i \circ \varphi_j^{-1}$ として具体的に書き下せる．したがってその微分可能性は，通常の微積分における微分可能性として定義される：座標変換が微分可能とは，各関数 $x^\mu(y)$ が各 y^ν に関して微分可能なことである．微分可能性を k 階微分 (C^k) までに制限しても構わない．しかしそうすることによって何か別の興味深い結論に至ることはない．そこでここでは，単に座標変換は無限階微分可能，すなわち C^∞ 級であることを要請しよう．さてこうして，M 上をどのように動こうとも，用いる座標が滑らかに変わるように座標が導入されたのである．

2 つのアトラス $\{(U_i, \varphi_i)\}$ と $\{(V_i, \psi_i)\}$ の和集合が再びアトラスになるとき，これら 2 つのアトラスは**両立する**という．両立性は同値関係であり，その同値類を M の**微分構造**と

---

[1] 厳密にいえば，ロンドンの地図の北側の部分の 2 本の経線の間隔は，南側の部分の 2 本の経線の間隔よりもわずかであるが狭い．このことから，我々は曲がった曲面の上に住んでいると推測する人もいるだろう．これはアメリカ合衆国のコロラド州やワイオミング州の地図からも明らかである．もちろん，南半球に住んでいる人は，逆のことを発見するであろう．

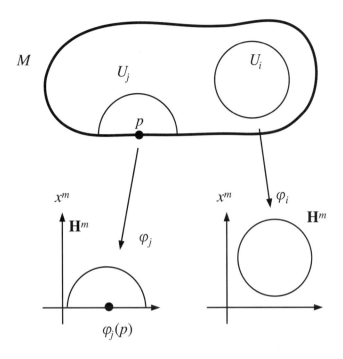

図 5.3. 境界をもつ多様体. 点 p は境界上にある.

いう. 互いに両立するアトラスは M 上に同じ微分構造を定めるとも言う.

例を与える前に境界をもつ多様体について少しコメントしておく. これまで座標近傍 U_i は $\mathbb{R}^n$ の開集合に同相であるとしてきた. しかし応用上この制限は若干きつすぎることがわかるので, 条件を緩める必要がある. 位相空間 M が開集合 $\{U_i\}$ の族で被覆され, そのおのおのが $\mathbf{H}^m \equiv \{(x^1,\ldots,x^m) \in \mathbb{R}^m \mid x^m \geq 0\}$ の開集合に同相であるとき M は**境界をもつ多様体**であるといわれる (図 5.3 を見よ). $x^m = 0$ である点にうつされる点の集合を M の**境界**といい, ∂M で表す. ∂M 上の座標は, $m-1$ 個の数 $(x^1,\ldots,x^{m-1},0)$ で定まるとしてよい. さてここで滑らかさを定義するときには注意を要する. 写像 $\psi_{ij} : \varphi_j(U_i \cap U_j) \to \varphi_i(U_i \cap U_j)$ は一般に $\mathbf{H}^m$ の開集合上で定義されているので, ψ_{ij} が滑らかであるというのを $\varphi_j(U_i \cap U_j)$ を含む $\mathbb{R}^m$ の開集合において C^∞ であるときと定める.

読者は想像力を働かせて, この定義が境界についての直観的な概念と一致することを確かめられたい. 例えば球体 B^3 の境界は球面 S^2 であり, 球面の境界は空集合である.

5.1.3 諸例

ここでは多様体に関する概念の理解を確かなものにする例をいくつか考える. 同時にそれらは物理学とも深い関わりをもつものばかりである.

例 5.1 Euclid 空間 $\mathbb{R}^m$ は最も自明な多様体の例である. 1 つのチャートが全空間を被覆し, φ は恒等写像に取ればよい.

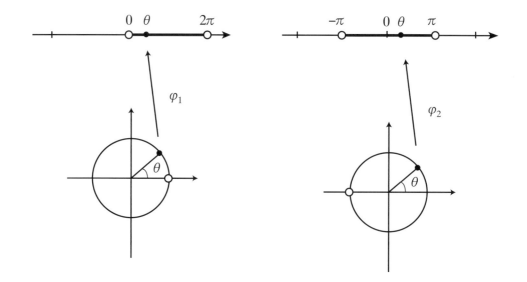

図 **5.4.** S^1 の 2 つのチャート.

例 5.2 次元 $m=1$ で M を連結としよう. 多様体になるのは, 実直線 $\mathbb{R}$ と円周 S^1 および閉区間 $[a,b]$ と半開区間 $[a,b)$ だけである. S^1 のアトラスを求めよう. わかりやすくするために xy 座標内に円周 $x^2+y^2=1$ を取ることにする. 少なくとも 2 つのチャートが必要である. これらを図 5.4 のように選ぶことにする. そこで $\varphi_1^{-1}:(0,2\pi)\to S^1$ を

$$\varphi_1^{-1}:\theta\mapsto(\cos\theta,\sin\theta) \tag{5.5a}$$

とし, その像が $S^1-\{(1,0)\}$ であるように定める. また $\varphi_2^{-1}:(-\pi,+\pi)\to S^1$ を

$$\varphi_2^{-1}:\theta\mapsto(\cos\theta,\sin\theta) \tag{5.5b}$$

とし, その像が $S^1-\{(-1,0)\}$ であるように定める. 明らかに $\varphi_1^{-1},\varphi_2^{-1}$ は逆写像をもち, 写像 $\varphi_1,\varphi_2,\varphi_1^{-1},\varphi_2^{-1}$ はすべて連続である. こうして φ_1,φ_2 は同相写像になる. 写像 $\psi_{12}=\varphi_1\circ\varphi_2^{-1},\psi_{21}=\varphi_2\circ\varphi_1^{-1}$ はともに滑らかであることを確かめよ.

例 5.3 n 次元球面 S^n は微分多様体である. それは $\mathbb{R}^{n+1}$ において

$$\sum_{i=0}^{n}(x^i)^2=1 \tag{5.6}$$

として実現される. その座標近傍を

$$U_{i+}\equiv\{(x^0,x^1,\ldots,x^n)\in S^n|x^i>0\}, \tag{5.7a}$$

$$U_{i-}\equiv\{(x^0,x^1,\ldots,x^n)\in S^n|x^i<0\} \tag{5.7b}$$

ととる. 座標写像 $\varphi_{i+}:U_{i+}\to\mathbb{R}^n$ を

$$\varphi_{i+}(x^0,\ldots,x^n)=(x^0,\ldots,x^{i-1},x^{i+1},\ldots,x^n) \tag{5.8a}$$

および $\varphi_{i-} : U_{i-} \to \mathbb{R}^n$ を

$$\varphi_{i-}(x^0, \ldots, x^n) = (x^0, \ldots, x^{i-1}, x^{i+1}, \ldots, x^n) \tag{5.8b}$$

で定義する．$\varphi_{i+}, \varphi_{i-}$ の定義域は異なることに注意せよ．$\varphi_{i\pm}$ は半球面 $U_{i\pm}$ から平面 $x^i = 0$ への射影である．変換関数は (5.8) から容易に得られる．例として S^2 の場合をみてみよう．座標近傍は $U_{x\pm}, U_{y\pm}, U_{z\pm}$ である．変換関数 $\psi_{y-x+} = \varphi_{y-} \circ \varphi_{x+}^{-1}$ は

$$\psi_{y-x+} : (y, z) \mapsto (\sqrt{1 - y^2 - z^2}, z) \tag{5.9}$$

で与えられ，$U_{x+} \cap U_{y-}$ 上で無限階微分可能である．

問 5.1 本章のはじめで S^2 の立体射影を紹介した．立体射影座標を北極点以外の点から射影されたものと定義してもよい．例えば南極点から射影された $S^2 - \{$南極点$\}$ における点の立体射影座標 (U, V) と北極点から射影された $S^2 - \{$北極点$\}$ における点の座標 (X, Y) が図 5.5 に示されている．このとき (U, V) と (X, Y) の間の変換関数は C^∞ であり S^2 上の微分構造を定めることを示せ．例 8.1 も参照せよ．

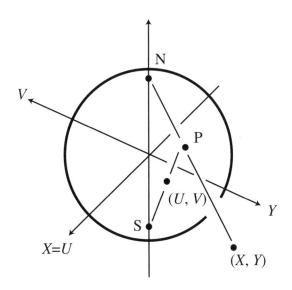

図 5.5. S^2 上の 2 つの立体射影座標系．点 P は北極点 N から射影されると座標 (X, Y) を与え，南極点 S から射影されると (U, V) を与える．

例 5.4 実射影空間 $\mathbb{R}P^n$ は $\mathbb{R}^{n+1}$ の原点を通る直線全体の集合である．もし，$x = (x^0, \ldots, x^n) \neq 0$ ならば x は原点を通る 1 つの直線を定める．このとき $y \in \mathbb{R}^{n+1}$ に対してある実数 $a \neq 0$ が存在して $y = ax$ を満たすならば，y は x と同じ直線を定めることに注意せよ．そこで同値関係 $\sim$ を「ある実数 $a \in \mathbb{R} - \{0\}$ が存在して $y = ax$ を満たすとき $x \sim y$」と定義する．このとき $\mathbb{R}P^n = \mathbb{R}^{n+1} - \{\mathbf{0}\} / \sim$ である．$n+1$ 個の数 $x^0, x^1, \ldots, x^n$ を **斉次座標** とよぶ．$\mathbb{R}P^n$ は n 次元多様体 (1 次元の自由度を消された $n+1$

次元空間) なので斉次座標は良い座標系ではない．チャートを次のように定義しよう．最初に座標近傍 U_i を $x^i \neq 0$ を満たす直線の集合として取り，U_i 上に**非斉次座標**を

$$\xi^j_{(i)} = \frac{x^j}{x^i} \tag{5.10}$$

によって導入する．$\xi^i_{(i)} = 1$ を省略した非斉次座標

$$\xi_{(i)} = (\xi^0_{(i)}, \xi^1_{(i)}, \ldots, \xi^{i-1}_{(i)}, \xi^{i+1}_{(i)}, \ldots, \xi^n_{(i)})$$

は U_i 上で矛盾なく定義され ($x^i \neq 0$ に注意)，さらに $y = ax$ ならば $\frac{x^j}{x^i} = \frac{y^j}{y^i}$ なので，座標 $\xi^{(i)}$ は同値類の代表元の取り方に無関係である．$\xi_{(i)}$ は座標写像 $\varphi_i : U_i \to \mathbb{R}^n$ を与える．すなわち

$$\varphi_i : (x^0, \ldots, x^n) \mapsto \left(\frac{x^0}{x^i}, \ldots, \frac{x^{i-1}}{x^i}, \frac{x^{i+1}}{x^i}, \ldots, \frac{x^n}{x^i}\right)$$

である．ここで $x^i/x^i = 1$ は省略されている．$x = (x^0, \ldots, x^n) \in U_i \cap U_j$ に対して 2 つの非斉次座標 $\xi^k_{(i)} = x^k/x^i$, $\xi^k_{(j)} = x^k/x^j$ が存在する．座標変換 $\psi_{ij} = \varphi_i \circ \varphi_j^{-1}$ は

$$\psi_{ij} : \xi^k_{(j)} \mapsto \xi^k_{(i)} = \left(\frac{x^j}{x^i}\right) \xi^k_{(j)} \tag{5.11}$$

となる．こうして ψ_{ij} は x^j/x^i の掛け算となる．

例 4.12 で $\mathbb{R}P^n$ を球面 S^n の対蹠点を同一視した空間として定義した．このイメージは，ここでの定義とも合致する．同値類 $[x]$ の代表元として，原点を通る直線上で $|x| = 1$ となる点を選んでもよい．これらは単位球面上の点である．直線は S^n 上の 2 点で交わるので，それらのうちの 1 つをうまく選ぼう．すなわち近くの直線は S^n においても近くの点により表されなければならない．これは最初から半球面を選んでおくことと等しい．しかしながら境界 (S^{n-1} の赤道) 上の対蹠点は定義から同一視されることに注意せよ；$(x^0, \ldots, x^n) \sim -(x^0, \ldots, x^n)$．この '半球面' は，境界 S^{n-1} 上の対蹠点が同一視された球体 D^n に同相である．

例 5.5 $\mathbb{R}P^n$ の直接的な一般化が **Grassmann 多様体**である．$\mathbb{R}P^n$ の元は $\mathbb{R}^{n+1}$ の 1 次元部分空間全体の集合であった．Grassmann 多様体 $G_{k,n}(\mathbb{R})$ は $\mathbb{R}^n$ の k 次元平面全体の集合である．$G_{1,n+1}(\mathbb{R})$ は $\mathbb{R}P^n$ に他ならない．$G_{k,n}(\mathbb{R})$ の多様体としての構造は $\mathbb{R}P^n$ の場合と同様の方法で定義される．$M_{k,n}(\mathbb{R})$ を $k \times n$ 行列で，階数が k $(k \leq n)$ のもの全体からなる集合を表すとする．$A = (a_{ij}) \in M_{k,n}(\mathbb{R})$ を取り，$\mathbb{R}^n$ における k 個のベクトル $\boldsymbol{a}_i$ $(1 \leq i \leq k)$ を $\boldsymbol{a}_i = (a_{ij})$ で定義する．rank $A = k$ なので，k 個のベクトル $\boldsymbol{a}_i$ は 1 次独立であり，$\mathbb{R}^n$ において k 次元平面を張る．しかしここで同じ k 次元平面を張る $M_{k,n}(\mathbb{R})$ に属する行列は無限に多く存在することに注意せよ．$g \in \mathrm{GL}(k, \mathbb{R})$ を取り行列 $\overline{A} = gA \in M_{k,n}(\mathbb{R})$ を考える．g は k-平面内で単に基底を変換するだけなので，$\overline{A}$ は A と同じ k-平面を定める．そこで同値関係 $\sim$ を，$g \in \mathrm{GL}(k, \mathbb{R})$ が存在して $\overline{A} = gA$ を満たすとき $\overline{A} \sim A$ と定義する．このように，$G_{k,n}(\mathbb{R})$ は商空間 $M_{k,n}(\mathbb{R})/\mathrm{GL}(k, \mathbb{R})$ と同一視される．

$G_{k,n}(\mathbb{R})$ のチャートを求めよう．$A \in M_{k,n}(\mathbb{R})$ を取り，$\{A_1,\ldots,A_l\}, l = \begin{pmatrix} n \\ k \end{pmatrix}$ を A のすべての $k \times k$ 小行列の集まりとする．rank $A = k$ なので，ある $A_\alpha\,(1 \leq \alpha \leq l)$ が存在して det $A \neq 0$ を満たす．例えば最初の k 列からなる小行列 A_1 の行列式がゼロでないと仮定しよう；

$$A = (A_1, \widetilde{A_1}). \tag{5.12}$$

ここで $\widetilde{A_1}$ は $k \times (n-k)$ 行列である．A と同値な行列で次の形のものを代表元としてとろう；

$$A_1^{-1} \cdot A = (\mathbb{I}_k, A_1^{-1} \cdot \widetilde{A_1}). \tag{5.13}$$

ここで $\mathbb{I}_k$ は $k \times k$ 単位行列である．det $A_1 \neq 0$ なので A_1^{-1} は常に存在することに注意せよ．こうして本当の自由度は $k \times (n-k)$ 行列 $A_1^{-1} \cdot \widetilde{A_1}$ の成分で与えられる．$G_{k,n}(\mathbb{R})$ のこの部分集合を U_1 と書くことにする．U_1 は $A_1^{-1} \cdot \widetilde{A_1}$ の $k(n-k)$ 個の成分で与えられる座標をもつ座標近傍である．U_1 は $\mathbb{R}^{k(n-k)}$ に同相なので

$$\dim G_{k,n}(\mathbb{R}) = k(n-k) \tag{5.14}$$

を得る．det $A_\alpha \neq 0$ のとき，A_α は列 $(i_1, i_2, \ldots, i_k)$ からなるとする．このときは A_α^{-1} を掛けることにより代表元

$$A_\alpha^{-1} \cdot A = \begin{array}{c} \text{列} \to \\ \\ \\ \\ \end{array} \begin{pmatrix} & i_1 & & i_2 & & \ldots & & i_k & \\ \ldots & 1 & \ldots & 0 & \ldots\ldots & & 0 & \ldots \\ \ldots & 0 & \ldots & 1 & \ldots\ldots & & 0 & \ldots \\ \ldots & \cdot & \ldots & \cdot & \ldots\ldots & & \cdot & \ldots \\ \ldots & 0 & \ldots & 0 & \ldots\ldots & & 1 & \ldots \end{pmatrix} \tag{5.15}$$

を得る．ただしここで成分を書いていない部分は $k \times (n-k)$ 行列をなす．$M_{k,n}(\mathbb{R})$ の det $A_\alpha \neq 0$ を満たす部分集合を U_α と書くことにする．$k \times (n-k)$ 行列の成分が U_α の座標である．

射影空間と Grassmann 多様体の間の関係はもう明らかであろう．$M_{1,n+1}(\mathbb{R})$ の元は，ベクトル $A = (x^0, x^1, \ldots, x^n)$ である．A の α 番目の小行列 A_α は，数 x^α なので条件 det $A_\alpha \neq 0$ は $x^\alpha \neq 0$ となる．(5.15) は非斉次座標に他ならない；

$$(x^\alpha)^{-1}(x^0, x^1, \ldots, x^\alpha, \ldots, x^n)$$
$$= \left(\frac{x^0}{x^\alpha}, \frac{x^1}{x^\alpha}, \ldots, \frac{x^\alpha}{x^\alpha} = 1, \ldots, \frac{x^n}{x^\alpha}\right).$$

M をアトラス $\{(U_i, \varphi_i)\}$ をもつ m 次元多様体，N をアトラス $\{(V_j, \psi_j)\}$ をもつ n 次元多様体とする．**直積多様体** $M \times N$ とはそのアトラスが $\{(U_i \times V_j, (\varphi_i, \psi_j))\}$ で与えられる $(m+n)$ 次元多様体のことである．$M \times N$ 上の点は (p, q)，$p \in M, q \in N$ と書かれ，その座標関数 (φ_i, ψ_j) は (p, q) に $(\varphi_i(p), \psi_j(q)) \in \mathbb{R}^{m+n}$ となるように作用している．読者は直積多様体が定義 5.1 の公理を満たすことを実際に確かめられたい．

例 5.6 トーラス T^2 は 2 つの円周の直積多様体 $T^2 = S^1 \times S^1$ である．各円周の極座標を $\theta_i \,(\text{mod}\, 2\pi)\, (i=1,2)$ と表せば T^2 の座標は (θ_1, θ_2) となる．各 S^1 は $\mathbb{R}^2$ に埋め込まれているので T^2 は $\mathbb{R}^4$ に埋め込まれているとしてよい．場合によっては T^2 を $\mathbb{R}^3$ におけるドーナツの表面と考えることもあるが，そのときには必ず曲面の曲がり具合を考慮しなくてはならない．これは「埋め込み」の仕方に付帯する特徴である．「トーラスは平坦な多様体である」というときには $\mathbb{R}^4$ に埋め込まれた平坦な曲面を指すことにする．さらに詳しいことは定義 5.3 を参照せよ．

我々はまた n 個の円周の直積を考えることもできる；

$$T^n = \underbrace{S^1 \times S^1 \times \ldots \times S^1}_{n\text{ 個の直積}}.$$

明らかに T^n は n 次元多様体で，座標 $(\theta_1, \theta_2, \ldots, \theta_n)\,(\text{mod}\,2\pi)$ をもつ．これはまた n 次元立方体の向かい合った面を同一視したものと考えてもよい．$n=2$ の場合は図 2.4 を見よ．

5.2 多様体上の微積分

微分多様体の重要性は $\mathbb{R}^n$ の上のよく知られた微積分を利用することができるという事実にある．座標変換の滑らかさは実際の計算が座標の取り方に依存しないことを保証しているのである．

5.2.1 微分可能写像

$f : M \to N$ を m 次元多様体 M から n 次元多様体 N への写像とする．点 $p \in M$ は点 $f(p) \in N$ にうつされる，すなわち $f : p \mapsto f(p)$ である (図 5.6)．ここで $p \in U, f(p) \in V$ となる M 上のチャート (U, φ) と N 上のチャート (V, ψ) を選ぶ．このとき f は次のような座標表示をもつ:

$$\psi \circ f \circ \varphi^{-1} : \mathbb{R}^m \to \mathbb{R}^n. \tag{5.16}$$

$\varphi(p) = \{x^\mu\}, \psi(f(p)) = \{y^\alpha\}$ と書けば，$\psi \circ f \circ \varphi^{-1}$ は普通の m 変数ベクトル値関数 $y = \psi \circ f \circ \varphi^{-1}(x)$ である．M, N 上の座標系がわかっているとき (少々厳密を欠くが) $y = f(x)$ あるいは $y^\alpha = f^\alpha(x^\mu)$ という表記を使うことがある．もし $y = \psi \circ f \circ \varphi^{-1}(x)$ あるいは単に $y^\alpha = f^\alpha(x^\mu)$ が各 x^μ に関して C^∞ であるとき，f は p あるいは $x = \varphi(p)$ において**微分可能**であるという．微分可能写像はまた**滑らか**であるともいわれる．変換関数 ψ_{ij} の滑らかさと調和するためには無限回 (C^∞) 微分可能性が必要であることに注意せよ．

写像 f の微分可能性は座標系の取り方に依らない．共通部分を持つ 2 つのチャート $(U_1, \varphi_1), (U_2, \varphi_2)$ を考えよう．点 $p \in U_1 \cap U_2$ を取り，φ_1 による座標が $\{x_1^\mu\}$，φ_2 による座標が $\{x_2^\nu\}$ であるとする．$\{x_1^\mu\}$ を使うと f は $\psi \circ f \circ \varphi_1^{-1}$ の形をしており，$\{x_2^\nu\}$ を使うと $\psi \circ f \circ \varphi_2^{-1} = \psi \circ f \circ \varphi_1^{-1}(\varphi_1 \circ \varphi_2^{-1})$ の形をしている．定義から $\psi_{12} = \varphi_1 \circ \varphi_2^{-1}$ は C^∞ である．もっと簡単に書けば $y = f(x_1)$ と $y = f(x_1(x_2))$ となる．$f(x_1)$ が x_1^μ に関して C^∞ で $x_1(x_2)$ が x_2^ν に関して C^∞ であれば，$y = f(x_1(x_2))$ も x_2^ν に関して C^∞ である．

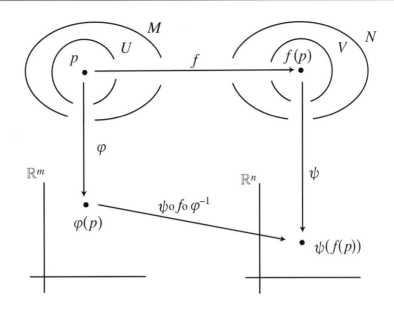

図 5.6. 写像 $f : M \to N$ は座標表示 $\psi \circ f \circ \varphi^{-1} : \mathbb{R}^m \to \mathbb{R}^n$ をもつ.

問 5.2 写像 f の微分可能性は N のチャートの取り方にも依らないことを示せ.

定義 5.2 $f : M \to N$ を同相写像とし，ψ, φ を上に定義された座標関数とする．もし写像 $\psi \circ f \circ \varphi^{-1}$ が可逆で (つまり $\varphi \circ f^{-1} \circ \psi^{-1}$ が存在する) $y = \psi \circ f \circ \varphi^{-1}(x)$，$x = \varphi \circ f^{-1} \circ \psi^{-1}(y)$ がともに C^∞ であれば，写像 f は微分同相写像であるといわれ，M は N に (または N は M に) 微分同相であるといわれる．このとき $M \equiv N$ と書く.

明らかに $M \equiv N$ ならば $\dim M = \dim N$ である．第 2 章で同相写像による分類は，ある空間から他の空間へ<u>連続的な</u>変形が可能かどうかによる分類であることを見た．微分同相写像による分類は，ある空間から他の空間へ<u>滑らかに</u>変形が可能かどうかに従って同値類に分けることである．2 つの互いに微分同相な多様体は同じ多様体とみなす．明らかに微分同相写像は同相写像である．その逆はどうだろうか？ 同相写像は微分同相写像であるといえるだろうか？ 前節でアトラスの同値類として微分構造を定義した．1 つの位相空間に，異なる多くの微分構造を入れることは可能だろうか？ 「微分同相ではないが同相である」ような例を実際に与えることはかなり難しく，実際そのような例は高次元の多様体 ($\dim M \geq 4$) でなければ存在しないことが知られている．1956 年以前，位相多様体は唯 1 つの微分構造しか許容しないだろうと信じられていた．しかしながら，1956 年 Milnor は S^7 上に異なる微分構造が存在することを示し，後にそれがちょうど標準的な微分構造を含めて 28 個存在することを示した [2]．またさらなる衝撃的発見は，$\mathbb{R}^4$ が無限個の異なる微分構造を許容する [3] ことであろう．興味のある読者は Donaldson (1983) か Freed and Uhlenbeck (1984) を参考にされたい．ここでは簡単のため多様体は唯 1 つの微分構造を許

---

[2] 原論文 M. A. Kervaire and J. W. Milnor, Groups of homotopy spheres I, *Ann. of Math.* **77** (1963), 504 – 537 を参照.

[3] 詳しい文献等は本章末の補足を参照のこと.

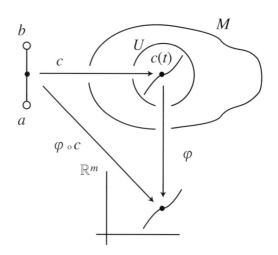

図 5.7. M における曲線 c とその座標表示 $\varphi \circ c$.

容すると仮定[4]する.

微分同相写像 $f: M \to M$ 全体の集合は群をなすが，それを $\text{Diff}(M)$ と書く．あるチャート (U, φ) において点 p を $\varphi(p) = x^\mu(p)$ となるようにとる．$f \in \text{Diff}(M)$ の下で点 p は，その座標が $\varphi(f(p)) = y^\mu(f(p))$ である $f(p)$ にうつされる（$f(p) \in U$ を仮定している）．明らかに y は x の微分可能関数である．これは座標変換に対する能動的な見方である．一方，もし $(U, \varphi), (V, \psi)$ を互いに共通部分をもつ 2 つのチャートとすれば，点 $p \in U \cap V$ は 2 つの座標値 $x^\mu = \varphi(p), y^\mu = \psi(p)$ をもつ．写像 $x \mapsto y$ は多様体の滑らかさの仮定から微分可能である；このような変数の付け替えは座標変換に対する受動的な見方である．ここでは，変数変換全体からなる群をも $\text{Diff}(M)$ で表すことにする．

さてここで写像の特別なものである，**曲線**と**関数**を考察しよう．m 次元多様体 M における開曲線は写像 $c: (a, b) \to M$ のことである．ただしここで (a, b) は $a < 0 < b$ を満たす開区間である．このような曲線は自分自身とは交わりをもたないと仮定する（図 5.7）．数 a（あるいは b）は $-\infty$（あるいは ∞）であってもよいし，区間に 0 を含めたのは後の議論の便宜のためである．もし曲線が閉じていればそれを写像 $c: S^1 \to M$ とみなす．いずれの場合でも，c は局所的には開区間から M への写像である．チャート (U, φ) 上で曲線 $c(t)$ は座標表示 $x = \varphi \circ c: \mathbb{R} \to \mathbb{R}^m$ をもつ．

M 上の**関数** f は M から $\mathbb{R}$ への滑らかな写像のことである（図 5.8）．チャート (U, φ) 上で f の座標表示は m 変数の実数値関数 $f \circ \varphi^{-1}: \mathbb{R}^m \to \mathbb{R}$ で与えられる．M 上の滑らかな関数全体の集合を $\mathcal{F}(M)$ で表す．

5.2.2 ベクトル

多様体上の写像を定義したので，さらに別の幾何学的な対象すなわち，ベクトル，双対ベクトル，テンソルなどを定義する準備ができた．原点とある点を結んで出来る矢印とし

---
[4] より正確には，多様体上の微分構造は "標準的なもの" のみを以後考えるという意味である．

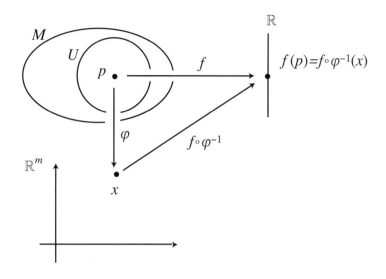

図 5.8. 関数 $f : M \to \mathbb{R}$ とその座標表示 $f \circ \varphi^{-1}$.

て表されるベクトルのイメージは，多様体上では意味をもたない．[原点はどこにあるだろうか？ 「真っ直ぐな」矢印とは？ 例えば地球上でロンドンとロスアンゼルスを結ぶ真っ直ぐな矢印をどう定めればいいだろうか？] 多様体 M 上では，ベクトルは M 上の曲線に対する**接ベクトル**として定義される．

まず最初に xy 平面における曲線の接線を見てみよう．曲線が微分可能ならば，それは x_0 の近くで

$$y - y(x_0) = a(x - x_0) \tag{5.17}$$

と近似される．ここで $a = \mathrm{d}y/\mathrm{d}x|_{x=x_0}$ である．多様体 M 上の接ベクトルはここでの接線の概念の一般化である．接ベクトルを定義するためには曲線 $c : (a,b) \to M$ と関数 $f : M \to \mathbb{R}$ が必要である．ここで (a,b) は $t=0$ を含む開区間である (図 5.9)．そこで $c(0)$ における接ベクトルを，$t=0$ における曲線 $c(t)$ に沿った関数 $f(c(t))$ の方向微分として定義する．曲線に沿った $f(c(t))$ の変化の割合は，$t=0$ において

$$\left. \frac{\mathrm{d}f(c(t))}{\mathrm{d}t} \right|_{t=0} \tag{5.18}$$

である．局所座標で表すと

$$\left. \frac{\partial f}{\partial x^\mu} \frac{\mathrm{d}x^\mu(c(t))}{\mathrm{d}t} \right|_{t=0} \tag{5.19}$$

となる．[記号の乱用に注意せよ！ $\partial f/\partial x^\mu$ は $\partial(f \circ \varphi^{-1}(x))/\partial x^\mu$ の意味である．] 言い換えれば，f に微分作用素 X を作用させて $t=0$ における $\mathrm{d}f(c(t))/\mathrm{d}t$ が得られる．ただしここで

$$X = X^\mu \left(\frac{\partial}{\partial x^\mu} \right) \qquad \left(X^\mu = \left. \frac{\mathrm{d}x^\mu(c(t))}{\mathrm{d}t} \right|_{t=0} \right), \tag{5.20}$$

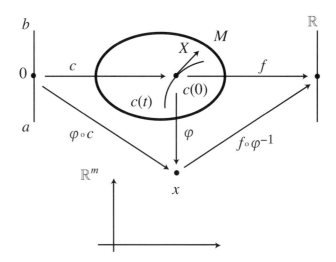

図 5.9. 曲線 c と関数 f は，方向微分により曲線に沿っての接ベクトルを定める．

すなわち

$$\left.\frac{\mathrm{d}f(c(t))}{\mathrm{d}t}\right|_{t=0} = X^\mu \left(\frac{\partial f}{\partial x^\mu}\right) \equiv X[f] \tag{5.21}$$

である．ここで最後の等式は $X[f]$ の定義を表す．曲線 $c(t)$ によって与えられた方向に沿っての $p = c(0)$ における M の接ベクトルを定めるのが $X = X^\mu(\partial/\partial x^\mu)$ である．

例 5.7 X の座標関数 $\varphi(c(t)) = x^\mu(t)$ への作用は

$$X[x^\mu] = \left(\frac{\mathrm{d}x^\nu}{\mathrm{d}t}\right)\left(\frac{\partial x^\mu}{\partial x^\nu}\right) = \left.\frac{\mathrm{d}x^\mu(t)}{\mathrm{d}t}\right|_{t=0}$$

であり，t が時間を表すとすれば速度ベクトルの μ 番目の成分を表す．

より正確に述べるために M における曲線の同値類を導入しよう．2 つの曲線 $c_1(t), c_2(t)$ が

(i) $c_1(0) = c_2(0) = p$,

(ii) $\left.\dfrac{\mathrm{d}x^\mu(c_1(t))}{\mathrm{d}t}\right|_{t=0} = \left.\dfrac{\mathrm{d}x^\mu(c_2(t))}{\mathrm{d}t}\right|_{t=0}$

を満たせば，p において $c_1(t)$ と $c_2(t)$ は同じ微分作用素 X を与える．このときに $c_1(t) \sim c_2(t)$ であると定義しよう．明らかに $\sim$ は同値関係で，同値類を定める．そこで X における接ベクトルと，曲線そのものではなく曲線の同値類

$$[c(t)] = \left\{ \widetilde{c}(t) \mid \widetilde{c}(0) = c(0) \text{ かつ } \left.\frac{\mathrm{d}x^\mu(\widetilde{c}(t))}{\mathrm{d}t}\right|_{t=0} = \left.\frac{\mathrm{d}x^\mu(c(t))}{\mathrm{d}t}\right|_{t=0} \right\} \tag{5.22}$$

を同一視する．

点 $p \in M$ における曲線の同値類すべて，すなわち p における接ベクトル全体は p における M の**接空間**とよばれるベクトル空間を形成する．これを T_pM と書く．T_pM を解析するためには 2.2 節で準備したベクトル空間の理論を用いるとよい．(5.20) から，明らかに $e_\mu = \dfrac{\partial}{\partial x^\mu}$ ($1 \leq \mu \leq m$) は T_pM の基底ベクトルで，$\dim T_pM = \dim M$ である．基底 $\{e_\mu\}$ を**座標基底**とよぶ．ベクトル $V \in T_pM$ が $V = V^\mu e_\mu$ と書かれるとき，係数 V^μ を V の e_μ に関する成分という．(5.21) の構成から明らかなように，ベクトル X は特に座標を決めなくても存在する．したがって，座標を決めるのは単に便宜上のことである．ベクトルが座標の決め方に依らないことから，そのベクトルの成分の座標変換に伴う性質を求めることができる．$p \in U_i \cap U_j, x = \varphi_i(p), y = \varphi_j(p)$ とする．このとき $X \in T_pM$ は 2 通りの表し方がある；

$$X = X^\mu \frac{\partial}{\partial x^\mu} = \widetilde{X}^\mu \frac{\partial}{\partial y^\mu}.$$

このことから X^μ と $\widetilde{X}^\mu$ の関係式は

$$\widetilde{X}^\mu = X^\nu \frac{\partial y^\mu}{\partial x^\nu} \tag{5.23}$$

で与えられる．ベクトルの各成分は，ベクトル自身が不変となるように変換されることを再度注意しておく．

T_pM の基底は別に $\{e_\mu\}$ である必要はなく，その 1 次結合 $\hat{e}_i \equiv A_i^\mu e_\mu$ を選んでもよい．ただしここで $A = (A_i^\mu) \in \mathrm{GL}(m, \mathbb{R})$ である．基底 $\{\hat{e}_i\}$ を**非座標基底**とよぶ．

5.2.3 微分 1-形式

T_pM はベクトル空間なので，2.2 節で見たように T_pM の双対ベクトル空間，つまり T_pM から $\mathbb{R}$ への線形関数からなるベクトル空間が存在する．そのような双対空間を p における**余接空間**とよび T_p^*M と書く．T_p^*M の元 $\omega : T_pM \to \mathbb{R}$ は**双対ベクトル**または**余接ベクトル**あるいは微分形式の意味では **1-形式**とよばれる．1-形式の最も簡単な例は，関数 $f \in \mathcal{F}(M)$ の微分 $\mathrm{d}f$ である．f へのベクトル V の作用は $V[f] = V^\mu \dfrac{\partial f}{\partial x^\mu} \in \mathbb{R}$ で表される．このとき $\mathrm{d}f \in T_p^*M$ の $V \in T_pM$ への作用は

$$\langle \mathrm{d}f, V \rangle \equiv V[f] = V^\mu \frac{\partial f}{\partial x^\mu} \in \mathbb{R} \tag{5.24}$$

で定義される．明らかに $\langle \mathrm{d}f, V \rangle$ は V, f の両方に関して $\mathbb{R}$-線形である．

$\mathrm{d}f$ が座標 $x = \varphi(p)$ により $\mathrm{d}f = (\partial f/\partial x^\mu)\mathrm{d}x^\mu$ と表されることに注意すると，$\mathrm{d}x^\mu$ を T_p^*M の基底と見なすのは自然であろう．さらにこれは双対基底でもある．すなわち

$$\left\langle \mathrm{d}x^\nu, \frac{\partial}{\partial x^\mu} \right\rangle = \frac{\partial x^\nu}{\partial x^\mu} = \delta_\mu^\nu \tag{5.25}$$

が成り立つ．したがって任意の 1-形式 ω は

$$\omega = \omega_\mu \mathrm{d}x^\mu \tag{5.26}$$

と表される. ここで ω_μ は ω の成分を表す. ベクトル $V = V^\mu \partial/\partial x^\mu$ と 1-形式 $\omega = \omega_\mu \mathrm{d}x^\mu$ を選ぶ. **内積** $\langle\ ,\ \rangle : T_p^*M \otimes T_pM \to \mathbb{R}$ は

$$\langle \omega, V \rangle = \omega_\mu V^\nu \left\langle \mathrm{d}x^\mu, \frac{\partial}{\partial x^\nu} \right\rangle = \omega_\mu V^\nu \delta^\mu_\nu = \omega_\mu V^\mu \tag{5.27}$$

で定義される. 内積はベクトルと双対ベクトルの間に定義されているのであって, 2つのベクトル間あるいは2つの双対ベクトル間に定められているのではないことに注意せよ.

ω は座標系を指定しなくても定義されるので, 点 $p \in U_i \cap U_j$ に関して

$$\omega = \omega_\mu \mathrm{d}x^\mu = \widetilde{\omega}_\nu \mathrm{d}y^\nu$$

を得る. ここで $x = \varphi_i(p), y = \varphi_j(p)$ である. $\mathrm{d}y^\nu = (\partial y^\nu/\partial x^\mu)\mathrm{d}x^\mu$ から

$$\widetilde{\omega}_\nu = \omega_\mu \frac{\partial x^\mu}{\partial y^\nu} \tag{5.28}$$

となる.

5.2.4 テンソル

(q, r) 型の**テンソル**は, q 個の T_p^*M の元と r 個の T_pM の元から $\mathbb{R}$ への多重線形写像である. $\mathcal{T}^q_{r,p}(M)$ で $p \in M$ における (q, r) 型テンソル全体の集合を表す. $\mathcal{T}^q_{r,p}(M)$ の元 T は上で定めた基底で書けば

$$T = T^{\mu_1 \ldots \mu_q}{}_{\nu_1 \ldots \nu_r} \frac{\partial}{\partial x^{\mu_1}} \ldots \frac{\partial}{\partial x^{\mu_q}} \mathrm{d}x^{\nu_1} \ldots \mathrm{d}x^{\nu_r} \in \otimes^q T_pM \otimes^r T_pM^* \tag{5.29}$$

と表される. 明らかにこれは

$$\underbrace{T_p^*M \times \ldots \times T_p^*M}_{q \text{ 個}} \times \underbrace{T_pM \times \ldots \times T_pM}_{r \text{ 個}}$$

から $\mathbb{R}$ への線形関数である. $V_i = V_i^\mu \partial/\partial x^\mu$ $(1 \le i \le r)$ および $\omega_i = \omega_{i\mu} \mathrm{d}x^\mu$ $(1 \le i \le q)$ とする. T のこれらへの作用は, ある実数

$$T(\omega_1, \ldots, \omega_q; V_1, \ldots, V_r) = T^{\mu_1 \ldots \mu_q}{}_{\nu_1 \ldots \nu_r} \omega_{1\mu_1} \ldots \omega_{q\mu_q} V_1^{\nu_1} \ldots V_r^{\nu_r}$$

を定める. この記号を使えば内積は $\langle \omega, X \rangle = \omega(X)$ と表される.

5.2.5 テンソル場

M の各点で<u>滑らかに</u>ベクトルが定められているとき, それを M 上の**ベクトル場**とよぶ. 言い換えれば任意の $f \in \mathcal{F}(M)$ に対して $V[f] \in \mathcal{F}(M)$ ならば V はベクトル場である. 明らかに, ベクトル場の各成分は M から $\mathbb{R}$ への滑らかな関数である. M 上のベクトル場全体を $\mathfrak{X}(M)$ と表す. $p \in M$ におけるベクトル場 X を $X|_p$ で表すが, これは T_pM の元である. 同様にして各点 $p \in M$ において $\mathcal{T}^q_{r,p}(M)$ の元を滑らかに対応させる (q, r) 型のテンソル場を定義することができる. M 上の (q, r) 型テンソル場全体の集合を $\mathcal{T}^q_r(M)$ と表す. 例えば $\mathcal{T}^0_1(M)$ は双対ベクトル場全体の集合であり, 微分形式と考えれば $\Omega^1(M)$ と書くこともできる (5.4 節を見よ). 同様に $\mathcal{T}^0_0(M) = \mathcal{F}(M)$ は $\Omega^0(M)$ とも表される.

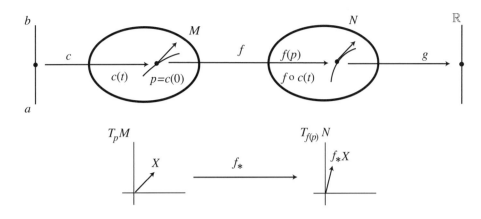

図 5.10. 写像 $f: M \to N$ は微分写像 $f_*: T_pM \to T_{f(p)}N$ を誘導する.

5.2.6 誘導写像

滑らかな写像 $f: M \to N$ は，自然に**微分写像**とよばれる写像 f_* を誘導する (図 5.10)；

$$f_*: T_pM \to T_{f(p)}N. \tag{5.30}$$

曲線に沿った方向微分としての接ベクトルの定義から f_* の具体的な形が見出される．もし $g \in \mathcal{F}(N)$ ならば $g \circ f \in \mathcal{F}(M)$ である．ベクトル $V \in T_pM$ は $g \circ f$ に作用し，ある実数 $V[g \circ f]$ を与える．そこで $f_*V \in T_{f(p)}N$ を

$$(f_*V)[g] \equiv V[g \circ f] \tag{5.31}$$

によって定義しよう．あるいは M, N 上のチャート $(U, \varphi), (V, \psi)$ を使って

$$(f_*V)[g \circ \psi^{-1}(y)] \equiv V[g \circ f \circ \varphi^{-1}(x)] \tag{5.32}$$

によって定義する．ここで $x = \varphi(p), y = \psi(f(p))$ である．$V = V^\mu \partial/\partial x^\mu, f_*V = W^\alpha \partial/\partial y^\alpha$ とする．このとき (5.32) から

$$W^\alpha \frac{\partial}{\partial y^\alpha}[g \circ \psi^{-1}(y)] = V^\mu \frac{\partial}{\partial x^\mu}[g \circ f \circ \varphi^{-1}(x)]$$

となる．もし $g = y^\alpha$ と選べば W^α と V^μ の間の関係式

$$W^\alpha = V^\mu \frac{\partial}{\partial x^\mu} y^\alpha(x) \tag{5.33}$$

が得られる．行列 $(\partial y^\alpha/\partial x^\mu)$ は写像 $f: M \to N$ の Jacobi 行列に他ならないことに注意せよ．微分写像 f_* は自然に $(q, 0)$ 型テンソル $f_*: \mathcal{T}^q_{0,p}(M) \to \mathcal{T}^q_{0,f(p)}(N)$ に拡張される．

例 5.8 $(x^1, x^2), (y^1, y^2, y^3)$ をそれぞれ M と N における座標とし，$V = a\partial/\partial x^1 + b\partial/\partial x^2$ を点 (x^1, x^2) における接ベクトルとする．$f: M \to N$ をその座標表示が $y =$

$(x^1, x^2, \sqrt{1-(x^1)^2-(x^2)^2})$ であるような写像とする．このとき

$$f_*V = V^\mu \frac{\partial y^\alpha}{\partial x^\mu}\frac{\partial}{\partial y^\alpha} = a\frac{\partial}{\partial y^1} + b\frac{\partial}{\partial y^2} - \left(a\frac{y^1}{y^3} + b\frac{y^2}{y^3}\right)\frac{\partial}{\partial y^3}$$

である．

問 5.3 $f: M \to N, g: N \to P$ とする．このとき合成写像 $g \circ f: M \to P$ の微分写像は

$$(g \circ f)_* = g_* \circ f_* \tag{5.34}$$

であることを示せ．

写像 $f: M \to N$ はまた写像

$$f^*: T^*_{f(p)}N \to T^*_p M \tag{5.35}$$

も誘導する．ここで注意することは f_* は f の向きと同じ[5]対応であり，一方 f^* は対応の向きを逆[6]にする．したがって**引き戻し**とよばれる (2.2節を見よ)．もし $V \in T_pM, \omega \in T^*_{f(p)}N$ とすれば ω の f^* による引き戻しは

$$\langle f^*\omega, V \rangle = \langle \omega, f_*V \rangle \tag{5.36}$$

によって定義される．引き戻し f^* は自然に $(0,r)$ 型テンソル $f^*: \mathcal{T}^0_{r,f(p)}(N) \to \mathcal{T}^0_{r,p}(M)$ に拡張される．f^* の成分表示は Jacobi 行列 $(\partial y^\alpha/\partial x^\mu)$ で与えられる (次の問 5.4 を見よ)．

問 5.4 $f: M \to N$ を滑らかな写像とする．このとき $\omega = \omega_\alpha \mathrm{d}y^\alpha \in T^*_{f(p)}N$ に関して誘導された 1-形式 $f^*\omega = \xi_\mu \mathrm{d}x^\mu \in T^*_p M$ は

$$\xi_\mu = \omega_\alpha \frac{\partial y^\alpha}{\partial x^\mu} \tag{5.37}$$

であることを示せ．

問 5.5 f, g を問 5.3 にあるような写像とする．このとき合成写像 $g \circ f$ の引き戻しは

$$(g \circ f)^* = f^* \circ g^* \tag{5.38}$$

であることを示せ．

混合型のテンソルに関する誘導写像の自然な拡張は存在しない．そのような拡張は $f: M \to N$ が微分同相写像の場合に限って可能である．このときは f^{-1} の Jacobi 行列も定義されていることに注意されたい．

---

[5] この性質をもつものを**共変関手**という．
[6] この性質をもつものを**反変関手**という．なおカテゴリーと関手の概念に関して例えば S. Eilenberg and N. Steenrod, *Foundations of Algebraic Topology*, Princeton Univ. Press, 1952 の第 4 章が参考になる．

問 5.6

$$T^{\mu}{}_{\nu}\frac{\partial}{\partial x^{\mu}} \otimes \mathrm{d}x^{\nu}$$

を M 上の $(1,1)$ 型テンソル場，$f : M \to N$ を微分同相写像とする．N 上に誘導されるテンソルは

$$f_*\left(T^{\mu}{}_{\nu}\frac{\partial}{\partial x^{\mu}} \otimes \mathrm{d}x^{\nu}\right) = T^{\mu}{}_{\nu}\left(\frac{\partial y^{\alpha}}{\partial x^{\mu}}\right)\left(\frac{\partial x^{\nu}}{\partial y^{\beta}}\right)\frac{\partial}{\partial y^{\alpha}} \otimes \mathrm{d}y^{\beta}$$

であることを示せ．ただし x^{μ} と y^{α} はそれぞれ M と N の局所座標である．

5.2.7 部分多様体

本節を終える前に多様体の部分多様体を定義する．また埋め込みの意味もここで明らかにしておく．

定義 5.3 (はめ込み，部分多様体，埋め込み) $f : M \to N$ を滑らかな写像で $\dim M \leq \dim N$ とする．

(a) 写像 f は $f_* : T_pM \to T_{f(p)}N$ が単射 (1対1) であるとき，すなわち $\mathrm{rank}f_* = \dim M$ のとき M から N への**はめ込み**であるとよばれる．

(b) 写像 f がはめ込みであり，かつ像 $f(M)$ が M に微分同相であるとき f は**埋め込み**であるとよばれる．像 $f(M)$ を N の**部分多様体**とよぶ．[はめ込みは局所的には埋め込みである．]

f がはめ込みならば $\mathrm{rank}f_* = \dim M$ なので f_* は T_pM を $T_{f(p)}N$ の m 次元部分空間に同型にうつす．定理 2.1 より，$\mathrm{Ker}f_* = 0$ であることもわかる．もし f が埋め込みならば M は $f(M)$ に微分同相である．これから述べるいくつかの例がこれらのテクニカルな部分を明らかにするであろう．図 5.11 (a) の写像 $f : S^1 \to \mathbb{R}^2$ を考える．これは S^1 の 1 次元接空間を f_* により $T_{f(p)}\mathbb{R}^2$ の 1 次元部分空間にうつすのではめ込みである．f は単射ではないので $f(S^1)$ は $\mathbb{R}^2$ の部分多様体ではない．図 5.11 (b) の写像 $g : S^1 \to \mathbb{R}^2$ は埋め込みであり $g(S^1)$ は $\mathbb{R}^2$ の部分多様体である．明らかに埋め込みははめ込みであるが，逆は必ずしも正しくない．前節で折に触れて S^n の $\mathbb{R}^{n+1}$ への埋め込みについて述べた．この意味はもうすでに明らかであろう；S^n が $f : S^n \to \mathbb{R}^{n+1}$ によって埋め込まれているとき，S^n は $f(S^n)$ に微分同相である．

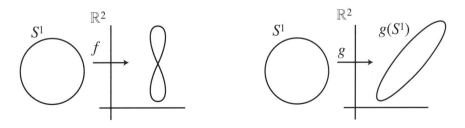

図 5.11. (a) 埋め込みではないはめ込み f. (b) 埋め込み g と部分多様体 $g(S^1)$.

5.3 流れと Lie 微分

X を M 上のベクトル場とする．X の **積分曲線** $x(t)$ とは M における曲線で $x(t)$ における接ベクトルが $X|_x$ となるようなものである．チャート (U,φ) が与えられたとき，これは

$$\frac{\mathrm{d}x^\mu}{\mathrm{d}t} = X^\mu(x(t)) \tag{5.39}$$

を意味するが，ここで $x^\mu(t)$ は $\varphi(x(t))$ の μ 番目の成分であり，$X = X^\mu \partial/\partial x^\mu$ である．ここで記号の乱用に注意されたい：x は M における点と同時に座標も表している．[後々の便宜のため点 $x(0)$ は U に含まれていると仮定する．] 別の見方をすると，ベクトル場 X の積分曲線を求めることは自励系常微分方程式 (5.39) を解くことと同値である．初期条件 $x_0^\mu = x^\mu(0)$ は，積分曲線の $t=0$ における座標に対応する．常微分方程式の解の存在と一意性定理は，初期条件 x_0^μ をもつ (5.39) の解が，少なくとも局所的には，一意的に存在することを保証している．しかし積分曲線が $\mathbb{R}$ のある部分集合上のみで定義されていて，パラメタ (助変数) t が与えられた区間をはみ出さないように注意を払う必要がある場合もある．そこで以下では t の定義域は出来るだけ広く取られていると仮定しておく．M がコンパクト多様体ならば積分曲線は任意の $t \in \mathbb{R}$ に対して存在することが知られている．

$\sigma(t,x_0)$ を X の積分曲線で，$t=0$ において点 x_0 を通るものとし，$\sigma^\mu(t,x_0)$ で積分曲線の座標を表すとする．このとき (5.39) は

$$\frac{\mathrm{d}}{\mathrm{d}t}\sigma^\mu(t,x_0) = X^\mu(\sigma(t,x_0)) \tag{5.40a}$$

となる．初期条件は

$$\sigma^\mu(0,x_0) = x_0^\mu \tag{5.40b}$$

である．写像 $\sigma : \mathbb{R} \times M \to M$ は $X \in \mathfrak{X}(M)$ によって生成される **流れ** とよばれる．流れは任意の $s,t \in \mathbb{R}$ に対して，関係

$$\sigma(t,\sigma^\mu(s,x_0)) = \sigma(t+s,x_0) \tag{5.41}$$

を満たす．このことは常微分方程式の解の一意性から確かめられる．実際

$$\frac{\mathrm{d}}{\mathrm{d}t}\sigma^\mu(t,\sigma^\mu(s,x_0)) = X^\mu(\sigma(t,\sigma^\mu(s,x_0))),$$

$$\sigma(0,\sigma(s,x_0)) = \sigma(s,x_0)$$

および

$$\frac{\mathrm{d}}{\mathrm{d}t}\sigma^\mu(t+s,x_0) = \frac{\mathrm{d}}{\mathrm{d}(t+s)}\sigma^\mu(t+s,x_0) = X^\mu(\sigma(t+s,x_0)),$$

$$\sigma(0+s,x_0) = \sigma(s,x_0)$$

であることに注意しよう．こうして (5.41) の両辺は同じ常微分方程式を満たし，同じ初期条件をもつことになる．解の一意性から，それらは同じものでなければならない．したがって次の定理を得たことになる．

定理 5.1 任意の点 $x \in M$ に対して微分可能写像 $\sigma : \mathbb{R} \times M \to M$ が存在して

 (i) $\sigma(0, x) = x$,

 (ii) $t \mapsto \sigma(t, x)$ は (5.40a) と (5.40b) の解である,

 (iii) $\sigma(t, \sigma^\mu(s, x)) = \sigma(t + s, x)$

を満たす. [注：ここでは $\sigma : \mathbb{R} \times M \to M$ であることを強調するために, 始点を x_0 ではなく x と表した.]

流れとは (時間には依存しない) 水の流れのようなものを思い浮かべればよい. 粒子が $t = 0$ において点 x の位置にあれば, 時間 t が経過した後には $\sigma(t, x)$ の地点に位置する.

例 5.9 $M = \mathbb{R}^2$ で $X((x, y)) = -y\partial/\partial x + x\partial/\partial y$ を M 上のベクトル場とする. このとき
$$\sigma(t, (x, y)) = (x\cos t - y\sin t, x\sin t + y\cos t)$$
は X により生成される流れであることが容易にわかる. (x, y) を通る流れは中心が原点の円である. 明らかに $t = 2n\pi, n \in \mathbb{Z}$ ならば $\sigma(t, (x, y)) = (x, y)$ である. また $(x, y) = (0, 0)$ ならば, 流れは $(0, 0)$ に留まったままである.

問 5.7 $M = \mathbb{R}^2$ とし, $X = y\partial/\partial x + x\partial/\partial y$ を M のベクトル場とする. このとき X によって生成される流れを求めよ.

5.3.1 1-パラメタ変換群

$t \in \mathbb{R}$ を固定すると, 流れ $\sigma(t, x)$ は M から M への微分同相写像である. これを $\sigma_t : M \to M$ と書く. σ_t は次の規則で<u>可換群</u>の構造を与えられることに注意しよう.

 (i) $\sigma_t(\sigma_s(x)) = \sigma_{t+s}(x)$, すなわち $\sigma_t \circ \sigma_s = \sigma_{t+s}$.

 (ii) $\sigma_0 = $ 恒等写像 ($=$ 単位元).

 (iii) $\sigma_{-t} = (\sigma_t)^{-1}$.

こうしてできる群を **1-パラメタ変換群**という. この群は<u>局所的には</u>加法群 $\mathbb{R}$ に似ているが大域的には $\mathbb{R}$ に同型とは限らない. 実際, 例 5.9 において $\sigma_{2\pi n+t}$ は σ_t と同じ写像であり, その 1-パラメタ変換群は SO(2), すなわち 2×2 実行列のなす乗法群で
$$\begin{pmatrix} \cos\theta & -\sin\theta \\ \sin\theta & \cos\theta \end{pmatrix}$$
の形をした群, あるいは U(1), すなわち絶対値が 1 の複素数 $e^{i\theta}$ 全体のなす乗法群に同型である.

(5.40a) と (5.40b) から，座標が x^μ である点 x は，十分小さい ε に対する σ_ε の作用の下で

$$\sigma_\varepsilon^\mu(x) = \sigma^\mu(\varepsilon, x) = x^\mu + \varepsilon X^\mu(x) \tag{5.42}$$

にうつされることがわかる．この意味で，こうしたベクトル場 X を変換 σ_t の**無限小生成子**という．

ベクトル場 X が与えられたときそれに対応する流れ σ をしばしば X の**指数化**とよんで

$$\sigma^\mu(t, x) = \exp(tX) x^\mu \tag{5.43}$$

と書く．'指数化' という名前は以下の議論により正当化されよう．まずパラメタを t とし，流れ σ に沿って始点 $x = \sigma(0, x)$ からパラメタ距離 t だけ離れた点の座標を求めよう．点 $\sigma(t, x)$ に対応する座標は

$$\begin{aligned}\sigma^\mu(t, x) &= x^\mu + t\frac{\mathrm{d}}{\mathrm{d}s}\sigma^\mu(s, x)\Big|_{s=0} + \frac{t^2}{2!}\left(\frac{\mathrm{d}}{\mathrm{d}s}\right)^2 \sigma^\mu(s, x)\Big|_{s=0} + \cdots \\ &= \left[1 + t\frac{\mathrm{d}}{\mathrm{d}s} + \frac{t^2}{2!}\left(\frac{\mathrm{d}}{\mathrm{d}s}\right)^2 + \cdots\right]\sigma^\mu(s, x)\Big|_{s=0} \\ &\equiv \exp\left(t\frac{\mathrm{d}}{\mathrm{d}s}\right)\sigma^\mu(s, x)\Big|_{s=0}\end{aligned} \tag{5.44}$$

で与えられる．式 (5.43) にもあるように，最後の式は $\sigma^\mu(t, x) = \exp(tX)x^\mu$ と書くこともできる．流れは次のような指数関数的な性質を満たす；

(i) $\quad \sigma(0, x) = x = \exp(0X)x,$ \hfill (5.45a)

(ii) $\quad \dfrac{\mathrm{d}\sigma(t, x)}{\mathrm{d}t} = X\exp(tX)x = \dfrac{\mathrm{d}}{\mathrm{d}t}[\exp(tX)x],$ \hfill (5.45b)

(iii) $\quad \sigma(t, \sigma(s, x)) = \sigma(t, \exp(sX)x) = \exp(tX)\exp(sX)x$
$\qquad\qquad = \exp\{(t+s)X\}x = \sigma(t+s, x).$ \hfill (5.45c)

5.3.2　Lie 微分

$\sigma(t, x)$ と $\tau(t, x)$ をそれぞれベクトル場 X と Y で生成される 2 つの流れとする；

$$\frac{\mathrm{d}\sigma^\mu(s, x)}{\mathrm{d}s} = X^\mu(\sigma(s, x)), \tag{5.46a}$$

$$\frac{\mathrm{d}\tau^\mu(t, x)}{\mathrm{d}t} = Y^\mu(\tau(t, x)). \tag{5.46b}$$

$\sigma(s, x)$ に沿うベクトル場 Y の変化を求めよう．このためには，図 5.12 のようにある点 x におけるベクトル Y とそのすぐ近くの点 $x' = \sigma_\varepsilon(x)$ における Y を比べなければならな

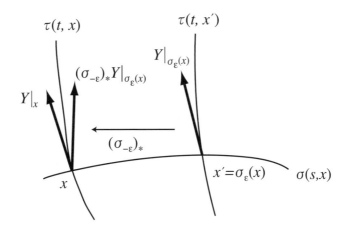

図 5.12. ベクトル $Y|_x$ と $Y|_{\sigma_\varepsilon(x)}$ を比べるためには，後者を微分写像 $(\sigma_{-\varepsilon})_*$ により x へ移送しなければならない．

い．しかし，ただ単に 2 点における Y の成分の違いを比べる訳にはいかない．なぜならば，それらは異なる接空間 T_xM と $T_{\sigma_\varepsilon(x)}M$ に属するベクトルであるが，異なる点におけるベクトルの単純な差は意味をもたない．意味のある微分を定義するために最初に $Y|_{\sigma_\varepsilon(x)}$ を $(\sigma_{-\varepsilon})_* : T_{\sigma_\varepsilon(x)}M \to T_xM$ により T_xM にうつし，その後でともに T_xM のベクトルである $(\sigma_{-\varepsilon})_* Y|_{\sigma_\varepsilon(x)}$ と $Y|_x$ の差をとる．すると X の流れ σ に沿ったベクトル場 Y の **Lie 微分**は

$$\mathcal{L}_X Y = \lim_{\varepsilon \to 0} \frac{1}{\varepsilon} \left[(\sigma_{-\varepsilon})_* Y|_{\sigma_\varepsilon(x)} - Y|_x \right] \tag{5.47}$$

によって定義される．

問 5.8 $\mathcal{L}_X Y$ は次のようにも表されることを示せ；

$$\mathcal{L}_X Y = \lim_{\varepsilon \to 0} \frac{1}{\varepsilon} \left[Y|_x - (\sigma_\varepsilon)_* Y|_{\sigma_{-\varepsilon}(x)} \right]$$

$$= \lim_{\varepsilon \to 0} \frac{1}{\varepsilon} \left[Y|_{\sigma_\varepsilon(x)} - (\sigma_\varepsilon)_* Y|_x \right].$$

(U, φ) を座標 x のチャートとし U 上で定義されたベクトル場を $X = X^\mu \partial/\partial x^\mu$, $Y = Y^\mu \partial/\partial x^\mu$ とする．このとき $\sigma_\varepsilon(x)$ は座標 $x^\mu + \varepsilon X^\mu(x)$ をもち

$$Y|_{\sigma_\varepsilon(x)} = Y^\mu(x^\nu + \varepsilon X^\nu(x)) e_\mu|_{x+\varepsilon X}$$
$$\simeq [Y^\mu(x) + \varepsilon X^\nu(x) \partial_\nu Y^\mu(x)] e_\mu|_{x+\varepsilon X}$$

となる．ここで $\{e_\mu\} = \{\partial/\partial x^\mu\}$ は座標基底であり $\partial_\nu \equiv \partial/\partial x^\nu$ である．$(\sigma_{-\varepsilon})_*$ によって，$\sigma_\varepsilon(x)$ におけるベクトルを x にうつせば

$$[Y^\mu(x) + \varepsilon X^\lambda(x) \partial_\lambda Y^\mu(x)] \partial_\mu [x^\nu - \varepsilon X^\nu(x)] e_\nu|_x$$
$$= [Y^\mu(x) + \varepsilon X^\lambda(x) \partial_\lambda Y^\mu(x)][\delta^\nu_\mu - \varepsilon \partial_\mu X^\nu(x)] e_\nu|_x$$
$$= Y^\mu(x) e_\mu|_x + \varepsilon [X^\mu(x) \partial_\mu Y^\nu(x) - Y^\mu(x) \partial_\mu X^\nu(x)] e_\nu|_x + O(\varepsilon^2) \tag{5.48}$$

を得る．したがって (5.47) と (5.48) から

$$\mathcal{L}_X Y = (X^\mu \partial_\mu Y^\nu - Y^\mu \partial_\mu X^\nu) e_\nu \tag{5.49a}$$

が得られた．

問 5.9 $X = X^\mu \partial/\partial x^\mu,\, Y = Y^\mu \partial/\partial x^\mu$ を M 上のベクトル場とする．任意の $f \in \mathcal{F}(M)$ に対して，**Lie 括弧積** $[X, Y]$ を

$$[X, Y]f = X[Y[f]] - Y[X[f]] \tag{5.50}$$

と定義する．このとき $[X, Y]$ は

$$(X^\mu \partial_\mu Y^\nu - Y^\mu \partial_\mu X^\nu) e_\nu$$

で与えられるベクトル場であることを示せ．この問は X に沿っての Y の Lie 微分が

$$\mathcal{L}_X Y = [X, Y] \tag{5.49b}$$

であることを示している．[注：XY も YX も 2 階の微分を含んでいるからベクトル場ではない．しかし $[X, Y]$ は 1 階の微分演算子でベクトル場になっている．]

問 5.10 Lie 括弧積は次の性質を満たすことを示せ．

(a) (双線形性) 任意の定数 c_1, c_2 に対して

$$[X, c_1 Y_1 + c_2 Y_2] = c_1 [X, Y_1] + c_2 [X, Y_2],$$
$$[c_1 X_1 + c_2 X_2, Y] = c_1 [X_1, Y] + c_2 [X_2, Y].$$

(b) (歪対称性)

$$[X, Y] = -[Y, X].$$

(c) (Jacobi 恒等式)

$$[[X, Y], Z] + [[Z, X], Y] + [[Y, Z], X] = 0.$$

問 5.11 (a) $X, Y \in \mathfrak{X}(M), f \in \mathcal{F}(M)$ とする．このとき

$$\mathcal{L}_{fX} Y = f[X, Y] - Y[f]X, \tag{5.51a}$$
$$\mathcal{L}_X (fY) = f[X, Y] + X[f]Y \tag{5.51b}$$

を示せ．

(b) $X, Y \in \mathfrak{X}(M), f : M \to N$ とする．このとき

$$f_*[X, Y] = [f_* X, f_* Y] \tag{5.52}$$

を示せ．

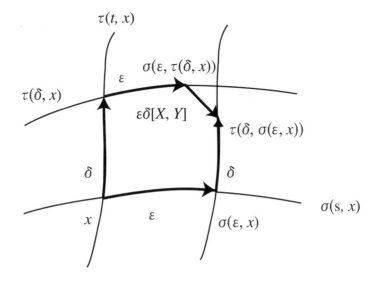

図 5.13. Lie 括弧積 $[X, Y]$ は平行四辺形の開き具合を測っている.

　幾何学的には，Lie 括弧積は 2 つの流れの非可換性を示している．このことは次のような考察から容易にわかるだろう．$\sigma(s, x)$ と $\tau(t, x)$ をそれぞれベクトル場 X と Y で生成される流れとする (図 5.13)．そこで最初に，流れ σ に沿って十分小さいパラメタ間隔 ε だけ移動し，次に τ に沿って δ だけ移動したとすると

$$\begin{aligned}\tau^\mu(\delta, \sigma(\varepsilon, x)) &\simeq \tau^\mu(\delta, x^\nu + \varepsilon X^\nu(x)) \\ &\simeq x^\mu + \varepsilon X^\mu(x) + \delta Y^\mu(x^\nu + \varepsilon X^\nu(x)) \\ &\simeq x^\mu + \varepsilon X^\mu(x) + \delta Y^\mu(x) + \varepsilon\delta X^\nu(x)\partial_\nu Y^\mu(x)\end{aligned}$$

という座標をもつ点にいる．一方，もし最初に τ に沿って δ だけ移動し，次に σ に沿って ε だけ移動したとすると，

$$\begin{aligned}\sigma^\mu(\varepsilon, \tau(\delta, x)) &\simeq \sigma^\mu(\varepsilon, x^\nu + \delta Y^\nu(x)) \\ &\simeq x^\mu + \delta Y^\mu(x) + \varepsilon X^\mu(x^\nu + \delta Y^\nu(x)) \\ &\simeq x^\mu + \delta Y^\mu(x) + \varepsilon X^\mu(x) + \varepsilon\delta Y^\nu(x)\partial_\nu X^\mu(x)\end{aligned}$$

という座標をもつ点にいる．これらの 2 つの座標の差は

$$\tau^\mu(\delta, \sigma(\varepsilon, x)) - \sigma^\mu(\varepsilon, \tau(\delta, x)) = \varepsilon\delta[X, Y]^\mu$$

となり，Lie 括弧積に比例する．したがって X と Y の Lie 括弧積は，図 5.13 における平行四辺形がどれだけ欠けているかを測っている．容易にわかるように，$\mathcal{L}_X Y = [X, Y] = 0$ となるための必要十分条件は

$$\sigma(s, \tau(t, x)) = \tau(t, \sigma(s, x)) \tag{5.53}$$

が成り立つことである．

$X \in \mathfrak{X}(M)$ に沿った 1-形式 $\omega \in \Omega^1(M)$ の Lie 微分を

$$\mathcal{L}_X \omega \equiv \lim_{\varepsilon \to 0} \frac{1}{\varepsilon} \left[(\sigma_\varepsilon)^* \omega|_{\sigma_\varepsilon(x)} - \omega|_x \right] \tag{5.54}$$

によって定義する．ここに，$\omega|_x \in T_x^* M$ は x における ω である．$\omega = \omega_\mu \mathrm{d}x^\mu$ とおき，上と同じ考察を繰り返せば

$$(\sigma_\varepsilon)^* \omega|_{\sigma_\varepsilon(x)} = \omega_\mu(x) \mathrm{d}x^\mu + \varepsilon \left[X^\nu(x) \partial_\nu \omega_\mu(x) + \partial_\mu X^\nu(x) \omega_\nu(x) \right] \mathrm{d}x^\mu$$

を得るので，これから

$$\mathcal{L}_X \omega = (X^\nu \partial_\nu \omega_\mu + \partial_\mu X^\nu \omega_\nu) \mathrm{d}x^\mu \tag{5.55}$$

が導かれる．$\mathcal{L}_X \omega$ は同じ点 x における 2 つの 1-形式の差であるから，明らかに $\mathcal{L}_X \omega \in T_x^*(M)$ である．

ベクトル場 X によって生成される流れ σ_s に沿う $f \in \mathcal{F}(M)$ の Lie 微分は

$$\begin{aligned}
\mathcal{L}_X f &\equiv \lim_{\varepsilon \to 0} \frac{1}{\varepsilon} [f(\sigma_\varepsilon(x)) - f(x)] \\
&= \lim_{\varepsilon \to 0} \frac{1}{\varepsilon} [f(x^\mu + \varepsilon X^\mu(x)) - f(x^\mu)] \\
&= X^\mu(x) \frac{\partial f}{\partial x^\mu} = X[f]
\end{aligned} \tag{5.56}$$

である．これは通常の意味での X に沿った方向微分である．

一般のテンソルの Lie 微分は次の命題から得られる．

命題 5.1 Lie 微分は次の式を満たす．

(a) $\quad \mathcal{L}_X(t_1 + t_2) = \mathcal{L}_X t_1 + \mathcal{L}_X t_2.$ $\tag{5.57a}$

ここで t_1, t_2 は同じ型のテンソル場である．

(b) $\quad \mathcal{L}_X(t_1 \otimes t_2) = (\mathcal{L}_X t_1) \otimes t_2 + t_1 \otimes (\mathcal{L}_X t_2).$ $\tag{5.57b}$

ここで t_1, t_2 は任意の型のテンソル場である．

証明： (a) は明らか．(b) の一般的な証明は添字が煩雑なので，一般の場合の証明への拡張も明らかな次の例を考える．$Y \in \mathfrak{X}(M), \omega \in \Omega^1(M)$ を選びテンソル積 $Y \otimes \omega$ を構成する．このとき $(Y \otimes \omega)|_{\sigma_\varepsilon(x)}$ は $(\sigma_{-\varepsilon})_* \otimes (\sigma_\varepsilon)^*$ の作用により x におけるテンソル

$$[(\sigma_{-\varepsilon})_* \otimes (\sigma_\varepsilon)^*] (Y \otimes \omega)|_{\sigma_\varepsilon(x)} = [(\sigma_{-\varepsilon})_* Y \otimes (\sigma_\varepsilon)^* \omega]|_x$$

にうつされる．したがって (Leibnitz 則により)

$$\begin{aligned}
\mathcal{L}_X(Y \otimes \omega) &= \lim_{\varepsilon \to 0} \frac{1}{\varepsilon} [\{(\sigma_{-\varepsilon})_* Y \otimes (\sigma_\varepsilon)^* \omega\}|_x - (Y \otimes \omega)|_x] \\
&= \lim_{\varepsilon \to 0} \frac{1}{\varepsilon} [(\sigma_{-\varepsilon})_* Y \otimes \{(\sigma_\varepsilon)^* \omega - \omega\} + \{(\sigma_{-\varepsilon})_* Y - Y\} \otimes \omega] \\
&= Y \otimes (\mathcal{L}_X \omega) + (\mathcal{L}_X Y) \otimes \omega
\end{aligned}$$

が成り立つ．さらに一般の場合への拡張も明らかである． ∎

この命題は一般のテンソル場の Lie 微分の計算を可能にする．例えば $t = t_\mu{}^\nu \mathrm{d}x^\mu \otimes e_\nu \in \mathcal{T}_1^1(M)$ とすると，命題 5.1 より

$$\mathcal{L}_X t = X[t_\mu{}^\nu]\mathrm{d}x^\mu \otimes e_\nu + t_\mu{}^\nu(\mathcal{L}_X \mathrm{d}x^\mu) \otimes e_\nu + t_\mu{}^\nu \mathrm{d}x^\mu \otimes (\mathcal{L}_X e_\nu)$$

を得る．

問 5.12 t をあるテンソル場とする．このとき

$$\mathcal{L}_{[X,Y]}t = \mathcal{L}_X \mathcal{L}_Y t - \mathcal{L}_Y \mathcal{L}_X t \tag{5.58}$$

を示せ．

5.4 微分形式

まず微分形式を定義する前にテンソルの対称性を考察しよう．テンソル $\omega \in \mathcal{T}_{r,p}^0(M)$ 上の対称作用素を

$$P\omega(V_1, \ldots, V_r) \equiv \omega(V_{P(1)}, \ldots, V_{P(r)}) \tag{5.59}$$

によって定義する．ここで $V_i \in T_p M$ で，P は r 次**対称群** S_r (定義は第 4 章への補足を参照) の元である．座標基底 $\{e_\mu\} = \{\partial/\partial x^\mu\}$ を選ぶ．この基底で ω の成分は

$$\omega(e_{\mu_1}, e_{\mu_2}, \ldots, e_{\mu_r}) = \omega_{\mu_1 \mu_2 \ldots \mu_r}$$

である．$P\omega$ の成分は (5.59) から

$$P\omega(e_{\mu_1}, e_{\mu_2}, \ldots, e_{\mu_r}) = \omega_{\mu_{P(1)} \mu_{P(2)} \ldots \mu_{P(r)}}$$

である．一般の (q,r) 型テンソルに対しては，対称作用素は添字 q と r に関して別々に定義される．

$\omega \in \mathcal{T}_{r,p}^0(M)$ に対して**対称積** $\mathcal{S}$ は

$$\mathcal{S}\omega = \frac{1}{r!} \sum_{P \in S_r} P\omega \tag{5.60}$$

で定義される．一方**反対称積** $\mathcal{A}$ は

$$\mathcal{A}\omega = \frac{1}{r!} \sum_{P \in S_r} \mathrm{sgn}(P) P\omega \tag{5.61}$$

である．ここで偶置換に関しては $\mathrm{sgn}(P) = +1$, 奇置換に関しては $\mathrm{sgn}(P) = -1$ である．$\mathcal{S}\omega$ は完全対称であり (任意の $P \in S_r$ に関して $P\mathcal{S}\omega = \mathcal{S}\omega$)，$\mathcal{A}\omega$ は完全反対称 (任意の $P \in S_r$ に関して $P\mathcal{A}\omega = \mathrm{sgn}(P)\mathcal{A}\omega$) である．

5.4.1 諸定義

定義 5.4 $(0,r)$ 型の完全反対称テンソルを r 次微分形式，あるいは r-形式という．

r 個の 1-形式の**外積**をその完全反対称テンソル積

$$\mathrm{d}x^{\mu_1} \wedge \mathrm{d}x^{\mu_2} \wedge \ldots \wedge \mathrm{d}x^{\mu_r} = \sum_{P \in S_r} \mathrm{sgn}(\mathrm{P}) \mathrm{d}x^{\mu_{P(1)}} \otimes \mathrm{d}x^{\mu_{P(2)}} \otimes \ldots \otimes \mathrm{d}x^{\mu_{P(r)}} \tag{5.62}$$

によって定義する．例えば，

$$\mathrm{d}x^\mu \wedge \mathrm{d}x^\nu = \mathrm{d}x^\mu \otimes \mathrm{d}x^\nu - \mathrm{d}x^\nu \otimes \mathrm{d}x^\mu,$$

$$\begin{aligned}\mathrm{d}x^\lambda \wedge \mathrm{d}x^\mu \wedge \mathrm{d}x^\nu &= \mathrm{d}x^\lambda \otimes \mathrm{d}x^\mu \otimes \mathrm{d}x^\nu + \mathrm{d}x^\nu \otimes \mathrm{d}x^\lambda \otimes \mathrm{d}x^\mu \\ &\quad + \mathrm{d}x^\mu \otimes \mathrm{d}x^\nu \otimes \mathrm{d}x^\lambda - \mathrm{d}x^\lambda \otimes \mathrm{d}x^\nu \otimes \mathrm{d}x^\mu \\ &\quad - \mathrm{d}x^\nu \otimes \mathrm{d}x^\mu \otimes \mathrm{d}x^\lambda - \mathrm{d}x^\mu \otimes \mathrm{d}x^\lambda \otimes \mathrm{d}x^\nu.\end{aligned}$$

外積が次を満たすことは直ちに示される．

(i) もしある添字 μ_i が少なくとも 2 回現れれば $\mathrm{d}x^{\mu_1} \wedge \ldots \wedge \mathrm{d}x^{\mu_r} = 0$.

(ii) $\mathrm{d}x^{\mu_1} \wedge \ldots \wedge \mathrm{d}x^{\mu_r} = \mathrm{sgn}(P)\mathrm{d}x^{\mu_{P(1)}} \wedge \ldots \wedge \mathrm{d}x^{\mu_{P(r)}}$.

(iii) $\mathrm{d}x^{\mu_1} \wedge \ldots \wedge \mathrm{d}x^{\mu_r}$ は各 $\mathrm{d}x^{\mu_i}$ について線形である．

$p \in M$ における r-形式全体からなるベクトル空間を $\Omega_p^r(M)$ で表せば，(5.62) の r-形式の集合は $\Omega_p^r(M)$ の基底をなし，任意の元 $\omega \in \Omega_p^r(M)$ は

$$\omega = \frac{1}{r!}\omega_{\mu_1\mu_2\ldots\mu_r}\mathrm{d}x^{\mu_1} \wedge \mathrm{d}x^{\mu_2} \wedge \ldots \wedge \mathrm{d}x^{\mu_r} \tag{5.63}$$

と表される．ここで $\omega_{\mu_1\mu_2\ldots\mu_r}$ は基底の反対称性から完全反対称にとることができる．例えば 2 階のテンソル $\omega_{\mu\nu}$ の成分は対称な部分 $\sigma_{\mu\nu}$ と反対称な部分 $\alpha_{\mu\nu}$ に分解される：

$$\sigma_{\mu\nu} = \omega_{(\mu\nu)} \equiv \frac{1}{2}\left(\omega_{\mu\nu} + \omega_{\nu\mu}\right), \tag{5.64a}$$

$$\alpha_{\mu\nu} = \omega_{[\mu\nu]} \equiv \frac{1}{2}\left(\omega_{\mu\nu} - \omega_{\nu\mu}\right). \tag{5.64b}$$

$\sigma_{\mu\nu}\mathrm{d}x^\mu \wedge \mathrm{d}x^\nu = 0$ と $\alpha_{\mu\nu}\mathrm{d}x^\mu \wedge \mathrm{d}x^\nu = \omega_{\mu\nu}\mathrm{d}x^\mu \wedge \mathrm{d}x^\nu$ に注意せよ．

(5.62) では $(1,2,\ldots,m)$ から $(\mu_1,\mu_2,\ldots,\mu_r)$ を選ぶのは $\begin{pmatrix}m\\r\end{pmatrix}$ 通りなので，ベクトル空間 $\Omega_p^r(M)$ の次元は

$$\begin{pmatrix}m\\r\end{pmatrix} = \frac{m!}{(m-r)!r!}$$

である．後の便宜のため，$\Omega_p^0(M) = \mathbb{R}$ とする．明らかに $\Omega_p^1(M) = T_p^*M$ である．もし (5.62) で $r > m$ のときは，反対称化された和の中に同じ添字が少なくとも 2 回は現れ

るので，r-形式は恒等的にゼロである．等式 $\begin{pmatrix} m \\ r \end{pmatrix} = \begin{pmatrix} m \\ m-r \end{pmatrix}$ から $\dim \Omega_p^r(M) = \dim \Omega_p^{m-r}(M)$ を得る．$\Omega_p^r(M)$ はベクトル空間なので $\Omega_p^r(M)$ は $\Omega_p^{m-r}(M)$ に同型である (2.2 節参照)．

q-形式と r-形式の**外積** $\wedge : \Omega_p^q(M) \times \Omega_p^r(M) \to \Omega_p^{q+r}(M)$ を自然な拡張により定義しよう．例えば $\omega \in \Omega_p^q(M), \xi \in \Omega_p^r(M)$ とする．$(q+r)$-形式 $\omega \wedge \xi$ の $q+r$ 個のベクトルへの作用を

$$(\omega \wedge \xi)(V_1, \ldots, V_{q+r})$$
$$= \frac{1}{q!r!} \sum_{P \in S_{q+r}} \mathrm{sgn}(P) \omega(V_{P(1)}, \ldots, V_{P(q)}) \xi(V_{P(q+1)}, \ldots, V_{P(q+r)}) \quad (5.65)$$

で定義する．ここで $V_i \in T_pM$ である．もし $q+r > m$ ならば $\omega \wedge \xi$ は恒等的にゼロである．この積により多元環

$$\Omega_p^*(M) \equiv \Omega_p^0(M) \oplus \Omega_p^1(M) \oplus \ldots \oplus \Omega_p^m(M) \quad (5.66)$$

を定義する．$\Omega_p^*(M)$ は点 p におけるすべての微分形式の集合であり外積のもとで閉じている．

問 5.13 $\mathbb{R}^2$ の直交座標 (x, y) をとろう．2-形式 $\mathrm{d}x \wedge \mathrm{d}y$ は向きづけられた面積要素とする (初等ベクトル代数でのベクトル積)．極座標において，これは $r \mathrm{d}r \wedge \mathrm{d}\theta$ となることを示せ．

問 5.14 $\xi \in \Omega_p^q(M), \eta \in \Omega_p^r(M), \omega \in \Omega_p^s(M)$ とする．このとき次のことを示せ．

(a) q が奇数ならば $\xi \wedge \xi = 0$ \hfill (5.67a)

(b) $\xi \wedge \eta = (-1)^{qr} \eta \wedge \xi$ \hfill (5.67b)

(c) $(\xi \wedge \eta) \wedge \omega = \xi \wedge (\eta \wedge \omega)$ \hfill (5.67c)

多様体 M 上の各点で滑らかに r-形式を定めることができる．そこで M 上の r-形式全体を $\Omega^r(M)$ で表す．$\Omega^0(M)$ は滑らかな関数全体がなす環 $\mathcal{F}(M)$ として定義される．まとめれば表 5.1 を得る．

5.4.2 外微分

定義 5.5 外微分 d_r は写像 $\Omega^r(M) \to \Omega^{r+1}(M)$ で，その r-形式

$$\omega = \frac{1}{r!} \omega_{\mu_1 \ldots \mu_r} \mathrm{d}x^{\mu_1} \wedge \ldots \wedge \mathrm{d}x^{\mu_r}$$

への作用は

$$\mathrm{d}_r \omega = \frac{1}{r!} \left(\frac{\partial}{\partial x^\nu} \omega_{\mu_1 \ldots \mu_r} \right) \mathrm{d}x^\nu \wedge \mathrm{d}x^{\mu_1} \wedge \ldots \wedge \mathrm{d}x^{\mu_r} \quad (5.68)$$

で定義される．普通は添字 r を省略して単に d と書く．外積は自動的に係数を反対称化する．

表 5.1.

r-形式	基底	次元
$\Omega^0(M) = \mathcal{F}(M)$	$\{1\}$	1
$\Omega^1(M) = T^*M$	$\{\mathrm{d}x^\mu\}$	m
$\Omega^2(M)$	$\{\mathrm{d}x^{\mu_1} \wedge \mathrm{d}x^{\mu_2}\}$	$m(m-1)/2$
$\Omega^3(M)$	$\{\mathrm{d}x^{\mu_1} \wedge \mathrm{d}x^{\mu_2} \wedge \mathrm{d}x^{\mu_3}\}$	$m(m-1)(m-2)/6$
$\vdots$	$\vdots$	$\vdots$
$\Omega^m(M)$	$\{\mathrm{d}x^1 \wedge \mathrm{d}x^2 \wedge \ldots \mathrm{d}x^m\}$	1

例 5.10 3次元空間における r-形式の例は

(i) $\omega_0 = f(x,y,z)$

(ii) $\omega_1 = \omega_x(x,y,z)\mathrm{d}x + \omega_y(x,y,z)\mathrm{d}y + \omega_z(x,y,z)\mathrm{d}z$

(iii) $\omega_2 = \omega_{xy}(x,y,z)\mathrm{d}x \wedge \mathrm{d}y + \omega_{yz}(x,y,z)\mathrm{d}y \wedge \mathrm{d}z + \omega_{zx}(x,y,z)\mathrm{d}z \wedge \mathrm{d}x$

(iv) $\omega_3 = \omega_{xyz}(x,y,z)\mathrm{d}x \wedge \mathrm{d}y \wedge \mathrm{d}z$

などである．軸性ベクトル α^μ を $\varepsilon^{\mu\nu\lambda}\omega_{\nu\lambda}$ によって定義すると，2-形式は'ベクトル'と見なしてもよい．**Levi-Civita の記号** $\varepsilon^{\mu\nu\lambda}$ は $\varepsilon^{P(1)P(2)P(3)} = \mathrm{sgn}(P)$ によって定まり，$\mathfrak{X}(M)$ と $\Omega^2(M)$ の間の同型を与える．[どちらも次元は3次元であることに注意せよ．]

d の作用は

(i) $\mathrm{d}\omega_0 = \dfrac{\partial f}{\partial x}\mathrm{d}x + \dfrac{\partial f}{\partial y}\mathrm{d}y + \dfrac{\partial f}{\partial z}\mathrm{d}z$

(ii) $\mathrm{d}\omega_1 = \left(\dfrac{\partial \omega_y}{\partial x} - \dfrac{\partial \omega_x}{\partial y}\right)\mathrm{d}x \wedge \mathrm{d}y + \left(\dfrac{\partial \omega_z}{\partial y} - \dfrac{\partial \omega_y}{\partial z}\right)\mathrm{d}y \wedge \mathrm{d}z + \left(\dfrac{\partial \omega_x}{\partial z} - \dfrac{\partial \omega_z}{\partial x}\right)\mathrm{d}z \wedge \mathrm{d}x$

(iii) $\mathrm{d}\omega_2 = \left(\dfrac{\partial \omega_{yz}}{\partial x} + \dfrac{\partial \omega_{zx}}{\partial y} + \dfrac{\partial \omega_{xy}}{\partial z}\right)\mathrm{d}x \wedge \mathrm{d}y \wedge \mathrm{d}z$

(iv) $\mathrm{d}\omega_3 = 0$.

ゆえに通常のベクトル解析の意味で d の ω_0 への作用は 'grad' と，ω_1 への作用は 'rot' と，ω_2 への作用は 'div' と同一視される．

問 5.15 $\xi \in \Omega^q(M), \omega \in \Omega^r(M)$ とする．このとき

$$\mathrm{d}(\xi \wedge \omega) = \mathrm{d}\xi \wedge \omega + (-1)^q \xi \wedge \mathrm{d}\omega \tag{5.69}$$

を示せ．

外微分に関する有用な表現を以下で求めよう．まず $X = X^\mu \partial/\partial x^\mu, Y = Y^\nu \partial/\partial x^\nu \in \mathfrak{X}(M)$ と $\omega = \omega_\mu \mathrm{d} x^\mu \in \Omega^1(M)$ をとる．容易にわかるように，式

$$X[\omega(Y)] - Y[\omega(X)] - \omega([X,Y]) = \frac{\partial \omega_\mu}{\partial x^\nu}(X^\nu Y^\mu - X^\mu Y^\nu)$$

は $\mathrm{d}\omega(X,Y)$ に等しく，座標に依らない表式

$$\mathrm{d}\omega([X,Y]) = X[\omega(Y)] - Y[\omega(X)] - \omega([X,Y]) \tag{5.70}$$

が得られる．一般に r-形式 $\omega \in \Omega^r(M)$ に関しては

$$\mathrm{d}\omega(X_1,\ldots,X_{r+1}) = \sum_{i=1}^{r+1}(-1)^{i+1} X_i \omega(X_1,\ldots,\hat{X}_i,\ldots,X_{r+1})$$
$$+ \sum_{i<j}(-1)^{i+j}\omega([X_i,X_j],X_1,\ldots,\hat{X}_i,\ldots,\hat{X}_j,\ldots,X_{r+1}) \tag{5.71}$$

となる，ここで $\hat{}$ の下のベクトルは削除されている．読者は $r=2$ の場合に式 (5.71) を確かめられたい．

さて重要な関係式

$$\mathrm{d}^2 = 0 \quad (\text{あるいは} \quad \mathrm{d}_{r+1}\mathrm{d}_r = 0) \tag{5.72}$$

を証明しよう．まず，r-形式

$$\omega = \frac{1}{r!}\omega_{\mu_1\ldots\mu_r}\mathrm{d} x^{\mu_1} \wedge \ldots \wedge \mathrm{d} x^{\mu_r} \in \Omega^r(M)$$

をとる．d^2 の ω への作用は

$$\mathrm{d}^2\omega = \frac{1}{r!}\frac{\partial^2 \omega_{\mu_1\ldots\mu_r}}{\partial x^\lambda \partial x^\nu}\mathrm{d} x^\lambda \wedge \mathrm{d} x^\nu \wedge \mathrm{d} x^{\mu_1} \wedge \ldots \wedge \mathrm{d} x^{\mu_r}$$

となるが，この式は恒等的にゼロになる．なぜならば $\partial^2 \omega_{\mu_1\ldots\mu_r}/\partial x^\lambda \partial x^\nu$ が λ, ν に関し対称であるのに対して，$\mathrm{d} x^\lambda \wedge \mathrm{d} x^\nu$ はそれらに関し反対称であるためである．

例 5.11 ベクトル・ポテンシャル $A = (\phi, \mathbf{A})$ は $A = A_\mu \mathrm{d} x^\mu$ の形の 1-形式であることが知られている (第 10 章参照)．電磁場テンソルは $F = \mathrm{d}A$ によって定義され，その成分は

$$\begin{pmatrix} 0 & -E_x & -E_y & -E_z \\ E_x & 0 & B_z & -B_y \\ E_y & -B_z & 0 & B_x \\ E_z & B_y & -B_x & 0 \end{pmatrix} \tag{5.73}$$

である．ここで通常通り

$$\boldsymbol{E} = -\nabla\phi - \frac{\partial}{\partial x^0}\boldsymbol{A} \quad \text{かつ} \quad \boldsymbol{B} = \nabla \times \boldsymbol{A}$$

である．2 つの Maxwell 方程式 $\nabla \cdot \boldsymbol{B} = 0, \partial \boldsymbol{B}/\partial t = -\nabla \times \boldsymbol{E}$ は，等式 $\mathrm{d}F = \mathrm{d}(\mathrm{d}A) = 0$ から導かれる．これは **Bianchi 恒等式**として知られているものである．あとの 2 つの式は Lagrangian (1.245) から導かれる運動方程式である．

連続写像 $f: M \to N$ は引き戻し $f^*: T^*_{f(p)}N \to T^*_p M$ を誘導するが, f^* は自然に $(0,r)$ 型テンソルにまで拡張される (5.2 節参照). r-形式は $(0,r)$ 型テンソルであるから, この事実は当然適用される. $\omega \in \Omega^r(M)$ で f を微分可能写像 $M \to N$ としよう. 各点 $f(p) \in N$ で f は引き戻し $f^*: \Omega^r_{f(p)}N \to \Omega^r_p M$ を

$$(f^*\omega)(X_1, \ldots, X_r) \equiv \omega(f_*X_1, \ldots, f_*X_r) \tag{5.74}$$

により誘導する. ここに $X_i \in T_p M$ で, f_* は微分写像 $T_p M \to T_{f(p)} N$ である.

問 5.16 $\xi, \omega \in \Omega^r(N)$ で, $f: M \to N$ を微分可能写像とする. このとき, 次のことを示せ.

$$\mathrm{d}(f^*\omega) = f^*(d\omega), \tag{5.75}$$
$$f^*(\xi \wedge \omega) = (f^*\xi) \wedge (f^*\omega). \tag{5.76}$$

外微分 d_r は系列

$$0 \xrightarrow{i} \Omega^0(M) \xrightarrow{d_0} \Omega^1(M) \xrightarrow{d_1} \cdots \xrightarrow{d_{m-2}} \Omega^{m-1}(M) \xrightarrow{d_{m-1}} \Omega^m(M) \xrightarrow{d_m} 0 \tag{5.77}$$

を誘導する. ここで i は包含写像 $0 \hookrightarrow \Omega^0(M)$ である. この系列は **de Rham 複体**とよばれる. $\mathrm{d}^2 = 0$ より $\mathrm{Im}\, d_r \subset \mathrm{Ker}\, d_{r+1}$ となる. [$\omega \in \Omega^r(M)$ を選ぶ. このとき $d_r \omega \in \mathrm{Im}\, d_r$ であり $d_{r+1}(d_r \omega) = 0$ から $d_r \omega \in \mathrm{Ker}\, d_{r+1}$ である.] $\mathrm{Ker}\, d_r$ の元を**閉 r-形式**, $\mathrm{Im}\, d_{r-1}$ の元を**完全 r-形式**とよぶ. すなわち $d\omega = 0$ ならば $\omega \in \Omega^r(M)$ は閉形式であり, さらに $\omega = d\psi$ を満たす $(r-1)$-形式 ψ が存在するならば ω は完全形式である. 商空間 $\mathrm{Ker}\, d_r / \mathrm{Im}\, d_{r-1}$ はホモロジー群の双対空間となるが, これを r 次元 **de Rham コホモロジー群**という (第 6 章参照).

5.4.3 内部積と微分形式の Lie 微分

もう 1 つの重要な演算が**内部積** $\mathrm{i}_X : \Omega^r(M) \to \Omega^{r-1}(M)$ とよばれるものである. ここで $X \in \mathfrak{X}(M)$ である. $\omega \in \Omega^r(M)$ に対して, i_X を

$$\mathrm{i}_X \omega(X_1, \ldots, X_{r-1}) \equiv \omega(X, X_1, \ldots, X_{r-1}) \tag{5.78}$$

で定義する. このとき $X = X^\mu \partial/\partial x^\mu$ と $\omega = (1/r!)\omega_{\mu_1 \ldots \mu_r} dx^{\mu_1} \wedge \ldots \wedge dx^{\mu_r}$ に対して

$$\begin{aligned} \mathrm{i}_X \omega &= \frac{1}{(r-1)!} X^\nu \omega_{\nu \mu_2 \ldots \mu_r} dx^{\mu_2} \wedge \ldots \wedge dx^{\mu_r} \\ &= \frac{1}{r!} \sum_{s=1}^r X^{\mu_s} \omega_{\mu_1 \ldots \mu_s \ldots \mu_r} (-1)^{s-1} dx^{\mu_1} \wedge \ldots \wedge \widehat{dx^{\mu_s}} \wedge \ldots \wedge dx^{\mu_r} \end{aligned} \tag{5.79}$$

を得る. ただしここで $\widehat{}$ の下の項は削除される. 例えば (x, y, z) を $\mathbb{R}^3$ の座標とする. このとき

$$\mathrm{i}_{e_x}(dx \wedge dy) = dy, \qquad \mathrm{i}_{e_x}(dy \wedge dz) = 0, \qquad \mathrm{i}_{e_x}(dz \wedge dx) = -dz$$

である．

　微分形式の Lie 微分は内部積を使うとすっきり書ける．$\omega = \omega_\mu dx^\mu$ を 1-形式とする．このとき次の組み合わせを考える；

$$(\mathrm{d} i_X + i_X \mathrm{d})\omega = \mathrm{d}(X^\mu \omega_\mu) + i_X \left[\frac{1}{2}(\partial_\mu \omega_\nu - \partial_\nu \omega_\mu)dx^\mu \wedge dx^\nu\right]$$
$$= (\omega_\mu \partial_\nu X^\mu + X^\mu \partial_\nu \omega_\mu)dx^\nu + X^\mu(\partial_\mu \omega_\nu - \partial_\nu \omega_\mu)dx^\nu$$
$$= (\omega_\mu \partial_\nu X^\mu + X^\mu \partial_\mu \omega_\nu)dx^\nu.$$

この式と (5.55) を比べると

$$\mathcal{L}_X \omega = (\mathrm{d} i_X + i_X \mathrm{d})\omega \tag{5.80}$$

が得られる．もっと一般の r-形式 $\omega = (1/r!)\omega_{\mu_1 \ldots \mu_r} dx^{\mu_1} \wedge \ldots \wedge dx^{\mu_r}$ に対しては

$$\mathcal{L}_X \omega = \lim_{\varepsilon \to 0} \frac{1}{\varepsilon}((\sigma_\varepsilon)^* \omega \big|_{\sigma_\varepsilon(x)} - \omega \big|_x)$$
$$= X^\nu \frac{1}{r!} \partial_\nu \omega_{\mu_1 \ldots \mu_r} dx^{\mu_1} \wedge \ldots \wedge dx^{\mu_r}$$
$$+ \sum_{s=1}^r \partial_{\mu_s} X^\nu \frac{1}{r!} \omega_{\mu_1 \ldots \overset{s}{\underset{\downarrow}{\nu}} \ldots \mu_r} dx^{\mu_1} \wedge \ldots \wedge dx^{\mu_r} \tag{5.81}$$

が得られる．また

$$(\mathrm{d} i_X + i_X \mathrm{d})\omega$$
$$= \frac{1}{r!} \sum_{s=1}^r [\partial_\nu X^{\mu_s} \omega_{\mu_1 \ldots \mu_s \ldots \mu_r} + X^{\mu_s} \partial_\nu \omega_{\mu_1 \ldots \mu_s \ldots \mu_r}]$$
$$\times (-1)^{s-1} dx^\nu \wedge dx^{\mu_1} \wedge \ldots \wedge \widehat{dx^{\mu_s}} \wedge dx^{\mu_r}$$
$$+ \frac{1}{r!}[X^\nu \partial_\nu \omega_{\mu_1 \ldots \mu_r} dx^{\mu_1} \wedge \ldots \wedge dx^{\mu_r}$$
$$+ \sum_{s=1}^r X^{\mu_s} \omega_{\mu_1 \ldots \mu_s \ldots \mu_r} (-1)^s dx^\nu \wedge dx^{\mu_1} \wedge \ldots \wedge \widehat{dx^{\mu_s}} \wedge \ldots \wedge dx^{\mu_r}]$$
$$= \frac{1}{r!} \sum_{s=1}^r [\partial_\nu X^{\mu_s} \omega_{\mu_1 \ldots \mu_s \ldots \mu_r} (-1)^{s-1} dx^\nu \wedge dx^{\mu_1} \wedge \ldots \wedge \widehat{dx^{\mu_s}} \wedge \ldots \wedge dx^{\mu_r}$$
$$+ \frac{1}{r!} X^\nu \partial_\nu \omega_{\mu_1 \ldots \mu_r} dx^{\mu_1} \wedge \ldots \wedge dx^{\mu_r}$$

を得る．最後の式の第 1 項で μ_s と ν を入れ替えて (5.81) と比べると

$$(\mathrm{d} i_X + i_X \mathrm{d})\omega = \mathcal{L}_X \omega \tag{5.82}$$

が任意の r-形式について示された．

問 5.17 $X, Y \in \mathfrak{X}(M), \omega \in \Omega^r(M)$ とする．このとき

$$i_{[X,Y]}\omega = [\mathcal{L}_X, i_Y]\omega \tag{5.83}$$

を示せ．また内部積 i_X は反微分

$$i_X(\omega \wedge \eta) = i_X\omega \wedge \eta + (-1)^r \omega \wedge i_X\eta \tag{5.84}$$

でありベキ零性

$$i_X^2 = 0 \tag{5.85}$$

を満たすことを示せ．さらにこのベキ零性を用いて

$$\mathcal{L}_X i_X \omega = i_X \mathcal{L}_X \omega \tag{5.86}$$

を証明せよ．

問 5.18 $t \in \mathcal{T}_m^n(M)$ とする．このとき

$$(\mathcal{L}_X t)^{\mu_1\ldots\mu_n}_{\nu_1\ldots\nu_m} = X^\lambda \partial_\lambda t^{\mu_1\ldots\mu_n}_{\nu_1\ldots\nu_m} + \sum_{s=1}^n \partial_{\nu_s} X^\lambda t^{\mu_1\ldots\mu_n}_{\nu_1\ldots\lambda\ldots\nu_m} - \sum_{s=1}^n \partial_\lambda X^{\mu_s} t^{\mu_1\ldots\lambda\ldots\mu_n}_{\nu_1\ldots\nu_m} \tag{5.87}$$

を示せ．

例 5.12 1.1 節の Hamilton 力学を微分形式を用いて再定式化しよう．H を Hamiltonian，(q^μ, p_μ) を相空間とする．このとき，**シンプレクティック 2-形式**とよばれる 2-形式を

$$\omega = dp_\mu \wedge dq^\mu \tag{5.88}$$

で定義する．そこで，1-形式

$$\theta = q^\mu dp_\mu \tag{5.89}$$

を導入すると，シンプレクティック 2-形式は

$$\omega = d\theta \tag{5.90}$$

と表される．

相空間における関数 $f(p,q)$ が与えられたとき，**Hamilton ベクトル場**

$$X_f = \frac{\partial f}{\partial p_\mu}\frac{\partial}{\partial q^\mu} - \frac{\partial f}{\partial q^\mu}\frac{\partial}{\partial p_\mu} \tag{5.91}$$

が定義できる．このとき，次のことが容易に確かめられる

$$i_{X_f}\omega = -\frac{\partial f}{\partial p_\mu}dp^\mu - \frac{\partial f}{\partial q^\mu}dq^\mu = -df.$$

Hamiltonian H で生成されるベクトル場

$$X_H = \frac{\partial H}{\partial p_\mu}\frac{\partial}{\partial q^\mu} - \frac{\partial H}{\partial q^\mu}\frac{\partial}{\partial p_\mu} \tag{5.92}$$

を考える. Hamilton 運動方程式の解 (q^μ, p_μ) に対して

$$\frac{dq^\mu}{dt} = \frac{\partial H}{\partial p_\mu}, \qquad \frac{dp_\mu}{dt} = -\frac{\partial H}{\partial q^\mu}, \tag{5.93}$$

および

$$X_H = \frac{dp_\mu}{dt}\frac{\partial}{\partial p_\mu} + \frac{dq^\mu}{dt}\frac{\partial}{\partial q^\mu} = \frac{d}{dt} \tag{5.94}$$

を得る.

シンプレクティック 2-形式 ω は X_H で生成される流れに沿って不変に保たれるので

$$\mathcal{L}_{X_H}\omega = d(i_{X_H}\omega) + i_{X_H}(d\omega) = d(i_{X_H}\omega) = -d^2H = 0 \tag{5.95}$$

であるが,ここで (5.82) を用いている. 逆に, X が $\mathcal{L}_X\omega = 0$ を満たすとき, X によって生成される流れに沿って Hamilton の方程式が満たされるような Hamiltonian H が存在する. これは前に確認した $\mathcal{L}_X\omega = d(i_X\omega) = 0$ により, Poincaré の補題によって

$$i_X\omega = -dH$$

を満たす関数 $H(q,p)$ が存在することから示される. Hamilton ベクトル場により, Poisson 括弧は特定の座標の選び方によらない形に書くことができる. 実際,

$$i_{X_f}(i_{X_g}\omega) = -i_{X_f}(dg) = \frac{\partial f}{\partial q^\mu}\frac{\partial g}{\partial p_\mu} - \frac{\partial g}{\partial q^\mu}\frac{\partial f}{\partial p_\mu} = [f,g]_{\mathrm{PB}} \tag{5.96}$$

となる. ∎

5.5 微分形式の積分

5.5.1 向き付け

多様体 M 上の微分形式の積分は M が '向き付け可能' なときのみ定義される. そこでまず多様体の**向き付け**を定めよう. M を連結な m 次元微分多様体とする. 点 $p \in M$ における接空間 T_pM は基底 $\{e_\mu\} = \{\partial/\partial x^\mu\}$ によって張られる. ここで x^μ は点 p が属するチャート U_i 上の局所座標である. U_j を $U_i \cap U_j \neq \emptyset$ を満たす, 局所座標 y^α の別のチャートとする. $p \in U_i \cap U_j$ に対し T_pM は $\{e_\mu\}$, あるいは $\{\widetilde{e}_\alpha\} = \{\partial/\partial y^\alpha\}$ によって張られる. 基底の変換は

$$\widetilde{e}_\alpha = \left(\frac{\partial x^\mu}{\partial y^\alpha}\right)e_\mu \tag{5.97}$$

となる. このときもし $U_i \cap U_j$ 上で $J = \det(\partial x^\mu/\partial y^\alpha) > 0$ ならば $\{e_\mu\}$ と $\{\widetilde{e}_\alpha\}$ は $U_i \cap U_j$ 上で<u>同じ向き</u>を定めるといい, $J < 0$ なら<u>逆の向き</u>を定めるという.

定義 5.6 M を $\{U_i\}$ で覆われる連結な多様体とする. $U_i \cap U_j \neq \emptyset$ を満たす任意の対 U_i と U_j に対し $J = \det(\partial x^\mu/\partial y^\alpha) > 0$ を満たす U_i 上の局所座標 $\{x^\mu\}$ と U_j 上の局所座標 $\{y^\alpha\}$ が存在すれば M は**向き付け可能**であるという. (そうでないとき M は**向き付け不可能**であるという.)

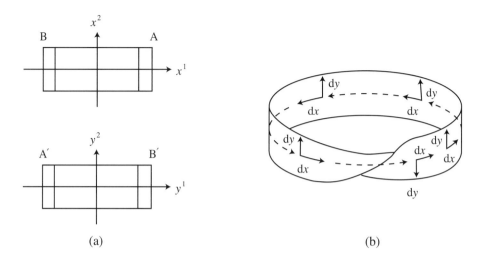

図 5.14. (a) Möbius の帯は，A と A′, B と B′ を貼り付ける前に，2 番目の帯の B′ の部分を π ひねって得られる．B 上の座標変換は $y^1 = x^1, y^2 = -x^2$ でその Jacobi 行列式は -1 である．(b) Möbius の帯上の基底枠．

　もし M が向き付け不可能ならば J はチャートのすべての交わりで正にはなりえない．例えば，図 5.14 (a) にある Möbius の帯は向き付け不可能である．なぜならば交わり B で J は負にならざるをえないからである．

　もし m 次元多様体 M が向き付け可能ならば，M 上のいかなる点でもゼロとならない m-形式 ω が存在する．この m-形式は**体積要素**とよばれ，関数 $f \in \mathcal{F}(M)$ を M 上で積分する際に測度としての役割を果たすものである．2 つの体積要素 ω, ω' が<u>同値である</u>とは，いたるところ正となる関数 $h \in \mathcal{F}(M)$ が存在して $\omega = h\omega'$ を満たすときである．いたるところ負となる関数 $h' \in \mathcal{F}(M)$ は M に同値でない向きを与える．したがって任意の向き付け可能な多様体は，ちょうど<u>2 つの</u>同値でない向きを許容することになり，その一方を**左手向き**，他方を**右手向き**とよぶ．チャート (U, φ) の座標を $x = \varphi(p)$ とする．$h(p)$ をこのチャート上の正定値関数とし，次のような m-形式

$$\omega = h(p)\mathrm{d}x^1 \wedge \ldots \wedge \mathrm{d}x^m \tag{5.98}$$

をとる．もし M が向き付け可能ならば，任意のチャート U_i 上いたるところで $h(p)$ が正であるように ω を拡張することができる．さらにこのとき，この ω は体積要素である．ここで h の正値性は座標の選び方に依らないことに注意せよ．実際，$p \in U_i \cap U_j \neq \emptyset$ とし，x^μ, y^α をそれぞれ U_i, U_j 上の座標とする．このとき (5.98) は

$$\omega = h(p)\frac{\partial x^1}{\partial y^{\mu_1}}\mathrm{d}y^{\mu_1} \wedge \ldots \wedge \frac{\partial x^m}{\partial y^{\mu_m}}\mathrm{d}y^{\mu_m} = h(p) \det\left(\frac{\partial x^\mu}{\partial y^\nu}\right)\mathrm{d}y^1 \wedge \ldots \wedge \mathrm{d}y^m \tag{5.99}$$

となる．(5.99) における行列式は座標変換の Jacobi 行列式で，M の向き付け可能性の仮定から正でなければならない．もし M が向き付け不可能ならば，いたるところ正の成分をもつ ω を M 上で定義することはできない．もう一度図 5.14 を見てみよう．もし図に書かれている方向に沿って帯を 1 周すると，$\omega = \mathrm{d}x \wedge \mathrm{d}y$ は最初の出発点に戻ったとき

$dx \wedge dy \to -dx \wedge dy$ と符号が変わってしまう. ゆえに ω を M 上一意に定めることはできない.

5.5.2 微分形式の積分

さて, 向き付け可能な多様体 M 上で, 関数 $f : M \to \mathbb{R}$ の積分を定義する準備ができた. まず体積要素 ω を選ぶ. 座標 x_i をもつ座標近傍 U_i において m-形式 $f\omega$ の積分を

$$\int_{U_i} f\omega \equiv \int_{\varphi(U_i)} f(\varphi_i^{-1}(x)) h(\varphi_i^{-1}(x)) dx^1 \ldots dx^m \tag{5.100}$$

で定義する. ここで右辺は m 変数関数の普通の重積分である. ひとたび U_i 上の f の積分が定義されれば M 全体での f の積分が '1 の分割' を使って次のように定義される.

定義 5.7 M の開被覆 $\{U_i\}$ で M の各点が有限個の U_i で覆われているようなものを選ぶ. [このことがいつも可能なとき M は**パラコンパクト**であるといわれるが, ここではそうであると仮定しておく.] もし微分可能な関数の族 $\varepsilon_i(p)$ が

(i) $0 \le \varepsilon_i(p) \le 1$,

(ii) $p \notin U_i$ ならば $\varepsilon_i(p) = 0$,

(iii) 任意の点 $p \in M$ に対して $\varepsilon_1(p) + \varepsilon_2(p) + \cdots = 1$

を満たすとき, 族 $\{\varepsilon_i(p)\}$ は被覆 $\{U_i\}$ に従属する **1 の分割**[7] とよばれる.

上の条件 (iii) から

$$f(p) = \sum_i f(p) \varepsilon_i(p) = \sum_i f_i(p) \tag{5.101}$$

が得られる. ここで $f_i(p) \equiv f(p)\varepsilon_i(p)$ は (ii) より U_i の外側ではゼロである. ゆえに $p \in M$ が与えられれば, パラコンパクト性の仮定から (5.101) は i について有限個の和であることが保証される. 各 $f_i(p)$ に対して, (5.100) から f の U_i 上の積分を定義することができる. 結局 M 上の f の積分は

$$\int_M f\omega \equiv \sum_i \int_{U_i} f_i \omega \tag{5.102}$$

で与えられる. 異なるアトラス $\{(V_i, \psi_i)\}$ は, 異なる座標と異なる 1 の分割を与えるが (5.102) の積分は変わらない.

例 5.13 例 5.2 で定義した S^1 のアトラスをとる. $U_1 = S^1 - \{(1,0)\}, U_2 = S^1 - \{(-1,0)\}$ および $\varepsilon_1(\theta) = \sin^2(\theta/2), \varepsilon_2(\theta) = \cos^2(\theta/2)$ とする. 読者は $\{\varepsilon_i(\theta)\}$ が $\{U_i\}$ に従属する

---

[7] M がパラコンパクトな多様体ならいつでもこのような 1 の分割は存在する. 例えば, 松島与三『多様体入門』(裳華房, 1965), II, §14 を見よ. また, 有用性の 1 つとして例えば 1 の分割を使って, "任意のコンパクト m 次元多様体 M に対して, 十分高い次元 N の Euclid 空間 $\mathbb{R}^N$ への埋め込みが存在する" ことが実に簡単に示せる. 例えば, 松本幸夫『多様体の基礎』(東京大学出版会, 1988), 第 4 章, 演習問題 14.4 参照.

1の分割になっていることを確かめよ．例として関数 $f = \cos^2\theta$ を積分しよう．[もちろん我々は

$$\int_0^{2\pi} d\theta \cos^2\theta = \pi$$

であることは知っているが，ここでは1の分割を使ってこれを確かめよう．] このとき

$$\int_{S^1} d\theta \cos^2\theta = \int_0^{2\pi} d\theta \sin^2\frac{\theta}{2}\cos^2\theta + \int_{-\pi}^{\pi} d\theta \cos^2\frac{\theta}{2}\cos^2\theta = \frac{1}{2}\pi + \frac{1}{2}\pi = \pi.$$

ここまで h を単にいたるところ正な関数としておいたままであった．読者はあるいは h を1に取りたいと思われたかもしれない．しかしながらすでに (5.99) で求めたように，h は座標変換の下で Jacobi 行列式が乗じられるので，特定の h を決める標準的な方法はない；ある座標で1でも他の座標では1とは限らない．第7章で考察するように，この状況は多様体に計量が与えられると変わる．

5.6 Lie 群と Lie 環

Lie 群とは群構造，<u>積</u>と<u>逆元</u>，が定義された多様体である．Lie 群はファイバー束の理論において極めて重要な役割を果たし，また物理学においても広い応用をもつ．ここでは Lie 群と Lie 環の幾何学的側面を調べることにする．

5.6.1 Lie 群

定義 5.8 Lie 群 G とは微分多様体で，群演算

(i) $\cdot : G \times G \to G, (g_1, g_2) \mapsto g_1 \cdot g_2$

(ii) $^{-1} : G \to G, g \mapsto g^{-1}$

による群構造が与えられたものである．これらはともに滑らかな写像である．[注：G はこの積と逆元をとる演算を収束ベキ級数としてかいたとき一意的な<u>解析的</u>構造をもつことが示される．]

Lie 群の<u>単位元</u>を e と書く．また Lie 群 G の次元は多様体としての G の次元として定義される．積記号はしばしば省略され，$g_1 \cdot g_2$ を $g_1 g_2$ と書くことが多い．例えば $\mathbb{R}^* \equiv \mathbb{R} - \{0\}$ とする．3つの元 $x, y, z \in \mathbb{R}^*$ で $xy = z$ を満たすものを選ぶ．明らかに x に近い数と y に近い数を掛けると z に近い数を得る．同様にして x に近い数の逆数は $1/x$ に近い．実際似たような議論でこれらの写像を微分することができ，$\mathbb{R}^*$ はこれらの群演算で Lie 群になる．積が可換，すなわち $g_1 g_2 = g_2 g_1$ のときは積の記号の代わりに加法を表す記号 $+$ をしばしば用いる．

問 5.19 (a) $\mathbb{R}^+ = \{x \in \mathbb{R} | x > 0\}$ は乗法に関して Lie 群になることを示せ．

(b) $\mathbb{R}$ は加法に関して Lie 群になることを示せ．

(c) $\mathbb{R}^2$ は $(x_1, y_1) + (x_2, y_2) = (x_1 + x_2, y_1 + y_2)$ で定まる加法に関して Lie 群になることを示せ.

例 5.14 S^1 を複素平面上の単位円

$$S^1 = \{e^{i\theta} | \theta \in \mathbb{R} \pmod{2\pi}\}$$

とする. $e^{i\theta} e^{i\varphi} = e^{i(\theta+\varphi)}$, $(e^{i\theta})^{-1} = e^{-i\theta}$ により定まる群演算は滑らかであり S^1 は Lie 群になる. これを U(1) と書く. この群演算は問 5.19 (b) の演算を 2π を法としたものと同じであることが容易にわかる.

物理学への応用で特に興味深いのが**行列群**である. これは一般線形群 $GL(n, \mathbb{R})$ あるいは $GL(n, \mathbb{C})$ の部分群となっているものである. 元の積は単に行列の積で, 逆元はその行列の逆行列である. $GL(n, \mathbb{R})$ の座標は $M = \{x_{ij}\}$ の中の n^2 個の各成分である. $GL(n, \mathbb{R})$ は実次元 n^2 の非コンパクト多様体である.

$GL(n, \mathbb{R})$ の部分群の中で興味深いものは**直交群** $O(n)$, **特殊線形群** $SL(n, \mathbb{R})$, **特殊直交群** $SO(n)$ であろう；

$$O(n) = \{M \in GL(n, \mathbb{R}) | MM^t = M^t M = \mathbb{I}\}, \tag{5.103}$$

$$SL(n, \mathbb{R}) = \{M \in GL(n, \mathbb{R}) | \det M = 1\}, \tag{5.104}$$

$$SO(n) = O(n) \cap SL(n, \mathbb{R}). \tag{5.105}$$

ここで ^{t} はその行列の転置を表す. 特殊相対論では Lorentz 群

$$O(1, 3) = \{M \in GL(4, \mathbb{R}) | M\eta M^t = \eta\}$$

がしばしば現れる. ここで η は Minkowski 計量 $\eta = \text{diag}(-1, 1, 1, 1)$ である. 高次元時空への拡張は明らかであろう.

問 5.20 群 $O(1, 3)$ は非コンパクトで, 行列式の符号と $(0, 0)$ 成分の符号に従い 4 つの連結成分をもつことを示せ. 単位行列を含む連結成分を $O_+^\uparrow(1, 3)$ とかき, 本義 Lorentz 群とよぶ.

群 $GL(n, \mathbb{C})$ は $\mathbb{C}$ における非特異な線形変換全体の集合で, その元は $n \times n$ 非特異複素行列で表される. **ユニタリー群** $U(n)$, **特殊線形群** $SL(n, \mathbb{C})$ そして**特殊ユニタリー群** $SU(n)$ はそれぞれ次のように定義される；

$$U(n) = \{M \in GL(n, \mathbb{C}) | MM^\dagger = M^\dagger M = \mathbb{I}\}, \tag{5.106}$$

$$SL(n, \mathbb{C}) = \{M \in GL(n, \mathbb{C}) | \det M = 1\}, \tag{5.107}$$

$$SU(n) = U(n) \cap SL(n, \mathbb{C}). \tag{5.108}$$

ここで † は Hermite 共役を表す.

ここまで行列群は単に Lie 群 $GL(n, \mathbb{R})$ (あるいは $GL(n, \mathbb{C})$) の部分群であることだけを述べてきた. 次の定理はこれらが実際 Lie 部分群であること, すなわちそれら自身が Lie 群であることを保証する. この重要な (かつ証明が難しい) 定理を証明無しで認めることにする.

定理 5.2 Lie 群 G の任意の閉部分群 H は Lie 部分群である[8].

例えば $O(n), SL(n,\mathbb{R}), SO(n)$ は $GL(n,\mathbb{R})$ の Lie 部分群である．$SL(n,\mathbb{R})$ がなぜ閉部分群であるかを見るには，写像 $f : GL(n,\mathbb{R}) \to \mathbb{R}, A \mapsto \det A$ を考えればよい．明らかに f は連続写像であり $f^{-1}(1) = SL(n,\mathbb{R})$ である．点 $\{1\}$ は $\mathbb{R}$ の閉部分集合であるので $f^{-1}(1)$ は $GL(n,\mathbb{R})$ の閉集合である．したがって定理 5.2 の主張から $SL(n,\mathbb{R})$ は Lie 部分群である．読者は $O(n), SO(n)$ も実際 $GL(n,\mathbb{R})$ の Lie 部分群であることを確かめられたい．

G を Lie 群で H を G の Lie 部分群であるとする．ある元 $h \in H$ が存在して $g' = gh$ を満たすとき $g \sim g'$ により同値関係 $\sim$ を定義する．同値類 $[g]$ は集合 $\{gh | h \in H\}$ である．商空間 G/H は多様体 (Lie 群であるとは限らない) で，次元は $\dim G/H = \dim G - \dim H$ である．H が G の**正規部分群**，すなわち「任意の $g \in G, h \in H$ に対して $ghg^{-1} \in H$ が成り立つ」ならば G/H は Lie 群である．実際，同値類 $[g], [g'] \in G/H$ を選び積 $[g][g']$ を構成する．G/H における群構造が矛盾なく定義されていれば，この積は代表元の選び方に依らずに定まる．そこで，gh と $g'h'$ をそれぞれ $[g], [g']$ の代表元とする．このとき $hg' = g'h''$ を満たす元 $h'' \in H$ が必ず存在するので $ghg'h' = gg'h''h' \in [gg']$ が成り立つ．$[g]^{-1}$ も矛盾なく定義される演算で，$[g]^{-1} = [g^{-1}]$ が成り立つことは演習として読者に残しておく．

5.6.2 Lie 環

定義 5.9 a, g を Lie 群 G の元とする．このとき g の a による**右移動** $R_a : G \to G$ と**左移動** $L_a : G \to G$ を

$$R_a g = ga, \tag{5.109a}$$
$$L_a g = ag \tag{5.109b}$$

によって定義する．

定義から R_a, L_a はともに G から G への微分同相写像である．ゆえに写像 $L_a : G \to G$ と $R_a : G \to G$ は $L_{a*} : T_g G \to T_{ag} G$ と $R_{a*} : T_g G \to T_{ga} G$ を誘導する；5.2 節参照．これらの移動はどちらも等価の理論を与えるので，今後は主に左移動により議論を進める．もちろん右移動に基づいた解析も同様な方法で行われる．

Lie 群 G が与えられたとき，群作用の下で不変性を保つベクトル場の特別なクラスが存在する．[一般の多様体上には，あるベクトル場を特別視する自然な方法はない．]

定義 5.10 X を Lie 群 G 上のベクトル場とする．X がすべての $a, g \in G$ に対し $L_{a*} X|_g = X|_{ag}$ を満たすとき，X を**左不変ベクトル場**であるという．

問 5.21 左不変ベクトル場 X は

$$L_{a*} X|_g = X^\mu(g) \frac{\partial x^\nu(ag)}{\partial x^\mu(g)} \left.\frac{\partial}{\partial x^\nu}\right|_{ag} = X^\nu(ag) \left.\frac{\partial}{\partial x^\nu}\right|_{ag} \tag{5.110}$$

を満たすことを確かめよ．ここで $x^\mu(g), x^\mu(ag)$ はそれぞれ g, ag の座標である．

---

[8] 証明は例えば，村上信吾『連続群論の基礎』(朝倉書店, 1973) を参照.

ベクトル $V \in T_e G$ は一意的な左不変ベクトル場 X_V を
$$X_V|_g = L_{g*}V, \qquad g \in G \tag{5.111}$$
により G 全体で定める．実際 (5.34) から $X_V|_{ag} = L_{ag*}V = (L_a L_g)_* V = L_{a*}L_{g*}V = L_{a*}X_V|_g$ が確かめられる．逆に左不変ベクトル場 X は，ただ1つのベクトル $V = X|_e \in T_e G$ を定める．G 上の左不変ベクトル場全体の集合を $\mathfrak{g}$ で表そう．$V \mapsto X_V$ で定義される写像 $T_e G \to \mathfrak{g}$ は同型写像であり，左不変ベクトル場全体の集合は $T_e G$ に同型なベクトル空間となる．特に $\dim \mathfrak{g} = \dim G$ である．

$\mathfrak{g}$ はベクトル場の集合なので $\mathfrak{X}(G)$ の部分集合であり 5.3 節で定義した Lie 括弧積は $\mathfrak{g}$ 上にも定義される．$\mathfrak{g}$ は Lie 括弧積の下で閉じていることを示そう．G の 2 つの点 $g, ag = L_a g$ を取る．L_{a*} を $X, Y \in \mathfrak{g}$ の Lie 括弧積 $[X, Y]$ に適用して
$$L_{a*}[X, Y]\big|_g = \left[L_{a*}X\big|_g, L_{a*}Y\big|_g\right] = [X, Y]\big|_{ag} \tag{5.112}$$
を得る．ここで X と Y の左不変性と (5.52) を使った．したがって $[X, Y] \in \mathfrak{g}$, すなわち $\mathfrak{g}$ は Lie 括弧積の下で閉じている．

$GL(n, \mathbb{R})$ の左不変ベクトル場を考えるのはいろいろな点で興味深い．$GL(n, \mathbb{R})$ の座標はその行列の n^2 個の成分 x^{ij} で与えられる．単位元は $e = \mathbb{I}_n = (\delta^{ij})$ である．$g = \{x^{ij}(g)\}$, $a = \{x^{ij}(a)\}$ を $GL(n, \mathbb{R})$ の元とする．このとき左移動は
$$L_a g = ag = \sum x^{ik}(a) x^{kj}(g)$$
である．ベクトル $V = \sum V^{ij} \partial/\partial x^{ij}\big|_e \in T_e G$ を選ぶ．ここで V^{ij} は V の成分である．V によって生成される左不変ベクトル場は
$$X_V|_g = L_{g*}V = \sum_{ijklm} V^{ij} \frac{\partial}{\partial x^{ij}}\bigg|_e x^{kl}(g) x^{lm}(e) \frac{\partial}{\partial x^{km}}\bigg|_g$$
$$= \sum V^{ij} x^{kl}(g) \delta_i^l \delta_j^m \frac{\partial}{\partial x^{km}}\bigg|_g$$
$$= \sum x^{ki}(g) V^{ij} \frac{\partial}{\partial x^{kj}}\bigg|_g = \sum (gV)^{kj} \frac{\partial}{\partial x^{kj}}\bigg|_g \tag{5.113}$$
である．ただしここで gV は普通の g と V の行列の積である．ベクトル $X_V|_g$ はしばしば省略して gV と書くことが多い．というのはこれがベクトルの成分を与えているからである．

$V = V^{ij} \partial/\partial x^{ij}\big|_e$ と $W = W^{ij} \partial/\partial x^{ij}\big|_e$ によって生成される X_V と X_W の Lie 括弧積は
$$[X_V, X_W]|_g = \sum x^{ki}(g) V^{ij} \frac{\partial}{\partial x^{kj}}\bigg|_g x^{ca}(g) W^{ab} \frac{\partial}{\partial x^{cb}}\bigg|_g - (V \leftrightarrow W)$$
$$= \sum x^{ij}(g) [V^{jk} W^{kl} - W^{jk} V^{kl}] \frac{\partial}{\partial x^{il}}\bigg|_g$$
$$= \sum (g[V, W])^{ij} \frac{\partial}{\partial x^{ij}}\bigg|_g \tag{5.114}$$

である.明らかに (5.113) と (5.114) は他の行列群に関しても同様に成り立つので,我々は次のことを確かめたことになる.

$$L_{g*}V = gV, \tag{5.115}$$
$$[X_V, X_W]|_g = L_{g*}[V,W] = g[V,W]. \tag{5.116}$$

こうして Lie 環とは Lie 括弧積をもつ左不変ベクトル場全体の集合 $\mathfrak{g}$ として定義された.

定義 5.11 左不変ベクトル場全体の集合 $\mathfrak{g}$ で,Lie 括弧積 $[\ ,\ ]:\mathfrak{g}\times\mathfrak{g}\to\mathfrak{g}$ が定義されたものを Lie 群 G の **Lie 環**とよぶ.

Lie 群の Lie 環を,対応するアルファベットの古いドイツ文字の小文字で表すことにする.例えば $\mathfrak{so}(n)$ は $\mathrm{SO}(n)$ の Lie 環を表す.

例 5.15 (a) 問 5.19 (b) にあるように,$G=\mathbb{R}$ とする.そこで左移動 L_a を $x\mapsto x+a$ で定義すれば,左不変ベクトル場は $X=\partial/\partial x$ で与えられる.実際

$$L_{a*}X\Big|_x = \frac{\partial(a+x)}{\partial x}\frac{\partial}{\partial(a+x)} = \frac{\partial}{\partial(x+a)} = X\Big|_{x+a}.$$

明らかにこれは $\mathbb{R}$ 上のただ 1 つの左不変ベクトル場である.また $X=\partial/\partial\theta$ は $G=\mathrm{SO}(2)=\{\mathrm{e}^{\mathrm{i}\theta}|0\leq\theta\leq 2\pi\}$ のただ 1 つの左不変ベクトル場である.したがって Lie 群 $\mathbb{R}$ と $\mathrm{SO}(2)$ は同じ Lie 環をもつ.

(b) $\mathfrak{gl}(n,\mathbb{R})$ を $\mathrm{GL}(n,\mathbb{R})$ の Lie 環,$c:(-\varepsilon,\varepsilon)\to\mathrm{GL}(n,\mathbb{R})$ を $c(0)=\mathbb{I}$ を満たす曲線とする.曲線は $s=0$ の近くで $c(s)=\mathbb{I}+sA+O(s^2)$ と近似される.ここで A は成分が実数の $n\times n$ 行列である.また十分小さい s に対して $\det c(s)$ はゼロとはならず $c(s)$ は実際に $\mathrm{GL}(n,\mathbb{R})$ の元であることに注意せよ.$c(s)$ の $\mathbb{I}$ における接ベクトルは $c'(s)|_{s=0}=A$ である.このことは $\mathfrak{gl}(n,\mathbb{R})$ が $n\times n$ 行列の集合であることを示している.明らかに $\dim\mathfrak{gl}(n,\mathbb{R})=n^2=\dim\mathrm{GL}(n,\mathbb{R})$ である.

$\mathrm{GL}(n,\mathbb{R})$ の部分群はさらに興味深い.

(c) $\mathrm{SL}(n,\mathbb{R})$ の Lie 環 $\mathfrak{sl}(n,\mathbb{R})$ を求めよう.上ですでに述べたように,$\mathbb{I}$ を通る曲線を $c(s)=\mathbb{I}+sA+O(s^2)$ によって近似する.$c(s)$ の $\mathbb{I}$ における接ベクトルは $c'(s)|_{s=0}=A$ である.さて $\mathrm{SL}(n,\mathbb{R})$ に属する曲線 $c(s)$ に対して $c(s)$ は $\det c(s)=1+s\,\mathrm{tr}A=1$ を満たさなければならない.すなわち $\mathrm{tr}A=0$ である.したがって $\mathfrak{sl}(n,\mathbb{R})$ は跡がゼロの $n\times n$ 行列の集合であり,$\dim\mathfrak{sl}(n,\mathbb{R})=n^2-1$ である.

(d) $\mathbb{I}$ を通る $\mathrm{SO}(n)$ の曲線を $c(s)=\mathbb{I}+sA+O(s^2)$ とする.$c(s)$ は $\mathrm{SO}(n)$ の曲線なので $c(s)^{\mathrm{t}}c(s)=\mathbb{I}$ を満たす.この等式を微分して $c'(s)^{\mathrm{t}}c(s)+c(s)^{\mathrm{t}}c'(s)=0$ を得る.$s=0$ においてこれは $A^{\mathrm{t}}+A=0$ となる.ゆえに $\mathfrak{so}(n)$ は「歪対称」行列の集合である.我々の関心は単位元の近くのことだけなので,$\mathrm{O}(n)$ の Lie 環は $\mathrm{SO}(n)$ のそれと同じである:$\mathfrak{o}(n)=\mathfrak{so}(n)$.容易に $\dim\mathfrak{o}(n)=\dim\mathfrak{so}(n)=n(n-1)/2$ が示される.

(e) ほとんど同じ議論が $\mathrm{GL}(n,\mathbb{C})$ の行列群に関しても実行できる. $\mathfrak{gl}(n,\mathbb{C})$ は成分が複素数の $n \times n$ 行列の集合であり, $\dim \mathfrak{gl}(n,\mathbb{C}) = 2n^2$ (ここでの次元は実次元) である. $\mathfrak{sl}(n,\mathbb{C})$ は実次元 $2(n^2-1)$ の跡がゼロの $n \times n$ 行列の集合である. $\mathfrak{u}(n)$ を求めるために, $\mathrm{U}(n)$ における曲線 $c(s) = \mathbb{I} + sA + O(s^2)$ を考える. $c(s)^\dagger c(s) = \mathbb{I}$ なので $c'(s)^\dagger c(s) + c(s)^\dagger c'(s) = 0$ を得る. $s = 0$ においてこれは $A^\dagger + A = 0$ となる. ゆえに $\mathfrak{u}(n)$ は歪 Hermite 行列の集合で $\dim \mathfrak{u}(n) = n^2$ である. $\mathfrak{su}(n) = \mathfrak{u}(n) \cap \mathfrak{sl}(n)$ は跡がゼロの歪 Hermite 行列の集合で, $\dim \mathfrak{su}(n) = n^2 - 1$ である.

問 5.22 SO(3) における曲線を

$$c(s) = \begin{pmatrix} \cos s & -\sin s & 0 \\ \sin s & \cos s & 0 \\ 0 & 0 & 1 \end{pmatrix}$$

とする. このとき $\mathbb{I}$ におけるこの曲線の接ベクトルを求めよ.

5.6.3 1-パラメタ部分群

ベクトル場 $X \in \mathfrak{X}(M)$ は M における流れを生成する (5.3 節). ここでは左不変ベクトル場によって生成される流れに焦点を当てる.

定義 5.12 曲線 $\phi: \mathbb{R} \to G$ が条件

$$\phi(t)\phi(s) = \phi(t+s) \tag{5.117}$$

を満たすとき, ϕ を G の **1-パラメタ部分群**という.

容易にわかるように $\phi(0) = e, \phi^{-1}(t) = \phi(-t)$ である. こうして定義される曲線 ϕ は $\mathbb{R}$ から G への準同型写像であることに注意せよ. G は一般に非 Abel 群でもかまわないが, 1-パラメタ部分群は Abel 部分群になる: $\phi(t)\phi(s) = \phi(t+s) = \phi(s+t) = \phi(s)\phi(t)$.

1-パラメタ部分群 $\phi: \mathbb{R} \to G$ が与えられたとき, ベクトル場 X で

$$\frac{\mathrm{d}\phi^\mu(t)}{\mathrm{d}t} = X^\mu(\phi(t)) \tag{5.118}$$

を満たすようなものが存在する. このベクトル場 X が左不変であることを示そう. 最初にベクトル場 $\mathrm{d}/\mathrm{d}t$ は $\mathbb{R}$ 上左不変であることに注意する (例 5.15 (a) を参照). したがって

$$(L_t)_* \frac{\mathrm{d}}{\mathrm{d}t}\bigg|_0 = \frac{\mathrm{d}}{\mathrm{d}t}\bigg|_t \tag{5.119}$$

を得る. 次にベクトル $\mathrm{d}/\mathrm{d}t|_0, \mathrm{d}/\mathrm{d}t|_t$ に誘導写像 $\phi_*: T_t\mathbb{R} \to T_{\phi(t)}G$ を作用させて

$$\phi_* \frac{\mathrm{d}}{\mathrm{d}t}\bigg|_0 = \frac{\mathrm{d}\phi^\mu(t)}{\mathrm{d}t}\bigg|_0 \frac{\partial}{\partial g^\mu}\bigg|_e = X|_e, \tag{5.120a}$$

$$\phi_* \frac{\mathrm{d}}{\mathrm{d}t}\bigg|_t = \frac{\mathrm{d}\phi^\mu(t)}{\mathrm{d}t}\bigg|_t \frac{\partial}{\partial g^\mu}\bigg|_g = X|_g \tag{5.120b}$$

を得る．ここで $\phi(t) = g$ とおいた．(5.119) と (5.120b) から

$$(\phi L_t)_* \left.\frac{\mathrm{d}}{\mathrm{d}t}\right|_0 = \phi_* L_{t*} \left.\frac{\mathrm{d}}{\mathrm{d}t}\right|_0 = X|_g \tag{5.121a}$$

が得られる．可換性 $\phi L_t = L_g \phi$ から $\phi_* L_{t*} = L_{g*} \phi_*$ が従う．このとき (5.121a) は

$$\phi_* L_{t*} \left.\frac{\mathrm{d}}{\mathrm{d}t}\right|_0 = L_{g*} \phi_* \left.\frac{\mathrm{d}}{\mathrm{d}t}\right|_0 = L_{g*} X|_e \tag{5.121b}$$

となる．(5.121) から

$$L_{g*} X|_e = X|_g \tag{5.122}$$

が導かれる．したがって，流れ $\phi(t)$ が与えられると，それに伴う左不変ベクトル場 $X \in \mathfrak{g}$ が存在する．

逆に左不変ベクトル場 X は，変換 $\sigma(t, g)$ の 1-パラメタ部分群で $\mathrm{d}\sigma(t, g)/\mathrm{d}t = X, \sigma(0, g) = g$ を満たすものを定義する．$\phi: \mathbb{R} \to G$ を $\phi(t) \equiv \sigma(t, e)$ によって定義すれば，曲線 $\phi(t)$ は G の 1-パラメタ部分群になる．これを証明するには $\phi(s+t) = \phi(s)\phi(t)$ を示さなければならない．定義から σ は

$$\frac{\mathrm{d}}{\mathrm{d}t} \sigma(t, \sigma(s, e)) = X(\sigma(t, \sigma(s, e))) \tag{5.123}$$

を満たす．[ここで記号を簡単にするために座標の添字を省略している．不都合に感じる読者は (5.118) にあるように適宜添字を補えばよい．] パラメタ s を固定すると $\bar{\sigma}(t, \phi(s)) \equiv \phi(s)\phi(t)$ は $\phi(s)\phi(0) = \phi(s)$ における曲線 $\mathbb{R} \to G$ である．明らかに σ と $\bar{\sigma}$ は同じ初期条件

$$\sigma(0, \sigma(s, e)) = \bar{\sigma}(0, \phi(s)) = \phi(s) \tag{5.124}$$

を満たす．$\bar{\sigma}$ はまた σ と同じ微分方程式

$$\begin{aligned}
\frac{\mathrm{d}}{\mathrm{d}t} \bar{\sigma}(t, \phi(s)) &= \frac{\mathrm{d}}{\mathrm{d}t} \phi(s)\phi(t) = (L_{\phi(s)})_* \frac{\mathrm{d}}{\mathrm{d}t} \phi(t) \\
&= (L_{\phi(s)})_* X(\phi(t)) \\
&= X(\phi(s)\phi(t)) \quad \text{(左不変性より)} \\
&= X(\bar{\sigma}(t, \phi(s)))
\end{aligned} \tag{5.125}$$

を満たす．常微分方程式の一意性定理から $\sigma(t+s, e) = \sigma(t, \sigma(s, e)) = \bar{\sigma}(t, \phi(s)) = \phi(s)\phi(t)$，すなわち

$$\phi(s+t) = \phi(s)\phi(t) \tag{5.126}$$

が示された．

こうして G の 1-パラメタ部分群と左不変ベクトル場の間に 1 対 1 対応があることが示された．次のように指数写像を定義することで，この対応は一層明らかになる．

定義 5.13 G を Lie 群で $V \in T_e G$ とする．このとき**指数写像** $\exp : T_e G \to G$ は

$$\exp V \equiv \phi_V(1) \tag{5.127}$$

と定義される．ここに ϕ_V は左不変ベクトル場 $X_V|_g = L_{g*} V$ によって生成される G の 1-パラメタ部分群である．

命題 5.2 $V \in T_e G$ で $t \in \mathbb{R}$ とする．このとき

$$\exp(tV) = \phi_V(t) \tag{5.128}$$

が成り立つ．ここに $\phi_V(t)$ は左不変ベクトル場 $X_V|_g = L_{g*} V$ によって生成される G の 1-パラメタ部分群である．

証明： $a \neq 0$ を定数とする．このとき $\phi_V(at)$ は

$$\frac{\mathrm{d}}{\mathrm{d}t}\phi_V(at)\bigg|_{t=0} = a\frac{\mathrm{d}}{\mathrm{d}t}\phi_V(t)\bigg|_{t=0} = aV$$

を満たすが，これは $\phi_V(at)$ が $L_{g*} aV$ によって生成される G の 1-パラメタ部分群であることを示している．左不変ベクトル場 $L_{g*} aV$ はまた $\phi_{aV}(t)$ を生成し，解の一意性から $\phi_V(at) = \phi_{aV}(t)$ が得られる．定義 5.13 から

$$\exp(aV) = \phi_{aV}(1) = \phi_V(a)$$

を得る．ここで a を t に置き換えると証明が完成する． ∎

行列群に対して指数写像はまさに指数行列で与えられる．$G = \mathrm{GL}(n, \mathbb{R})$, $A \in \mathfrak{gl}(n, \mathbb{R})$ とする．そこで 1-パラメタ部分群 $\phi_A : \mathbb{R} \to \mathrm{GL}(n, \mathbb{R})$ を

$$\phi_A(t) = \exp(tA) = \mathbb{I} + tA + \frac{t^2}{2!}A^2 + \cdots + \frac{t^n}{n!}A^n + \cdots \tag{5.129}$$

と定義する．実際 $[\phi_A(t)]^{-1} = \phi_A(-t)$ は存在するので $\phi_A(t) \in \mathrm{GL}(n, \mathbb{R})$ である．また容易に $\phi_A(t)\phi_A(s) = \phi(t+s)$ が示される．したがって指数写像は

$$\phi_A(1) = \exp(A) = \mathbb{I} + A + \frac{1}{2!}A^2 + \cdots + \frac{1}{n!}A^n + \cdots \tag{5.130}$$

で与えられる．曲線 $g\exp(tA)$ は $g \in G$ を通る流れである．したがって，

$$\frac{\mathrm{d}}{\mathrm{d}t} g\exp(tA)\bigg|_{t=0} = L_{g*} A = X_A|_g$$

が得られる．ここで X_A は A によって生成される左不変ベクトル場である．(5.115) から行列群 G に対して

$$L_{g*} A = X_A|_g = gA \tag{5.131}$$

が示される．曲線 $g\exp(tA)$ は写像 $\sigma_t : G \to G$ を $\sigma_t(g) \equiv g\exp(tA)$ により定め，これはまた右移動として

$$\sigma_t = R_{\exp(tA)} \tag{5.132}$$

とも表される．

5.6.4 標構と構造方程式

n 個のベクトルの集合 $\{V_1, V_2, \ldots, V_n\}$ を T_eG の基底とする．ここで $n = \dim G$ である．[本書を通じて n は有限と仮定する．] 基底は G の各点 g で $X_\mu|_g = L_{g*}V_\mu$ によって n 個の 1 次独立な左不変ベクトル場 $\{X_1, X_2, \ldots, X_n\}$ を定める．集合 $\{X_\mu\}$ は G 全体で定義される基底の**標構** (frame) であることに注意せよ．$[X_\mu, X_\nu]|_g$ は再び g における $\mathfrak{g}$ の元なので $\{X_\mu\}$ を使って

$$[X_\mu, X_\nu] = c_{\mu\nu}{}^\lambda X_\lambda \tag{5.133}$$

と展開される．ここで $c_{\mu\nu}{}^\lambda$ は Lie 群 G の**構造定数**とよばれる．もし G が行列群ならば (5.133) の左辺は $g = e$ における行列 V_μ と V_ν の交換子積である ((5.116) 参照). そこで $c_{\mu\nu}{}^\lambda$ は g とは独立な定数であることを示そう．$c_{\mu\nu}{}^\lambda(e)$ を単位元における構造定数とする．もし L_{g*} を Lie 括弧積 $[X_\mu, X_\nu]|_e = c_{\mu\nu}{}^\lambda(e) X_\lambda|_e$ に作用させると

$$[X_\mu, X_\nu]|_g = c_{\mu\nu}{}^\lambda(e) X_\lambda|_g$$

を得るが，これは構造定数が g に独立であることを示している．ある意味で構造定数は Lie 群を完全に決定する (**Lie の定理**).

問 5.23 構造定数は次の関係を満たすことを示せ．

(a) 歪対称性

$$c_{\mu\nu}{}^\lambda = -c_{\nu\mu}{}^\lambda. \tag{5.134}$$

(b) Jacobi 恒等式

$$c_{\mu\nu}{}^\tau c_{\tau\rho}{}^\lambda + c_{\rho\mu}{}^\tau c_{\tau\nu}{}^\lambda + c_{\nu\rho}{}^\tau c_{\tau\mu}{}^\lambda = 0. \tag{5.135}$$

$\{X_\mu\}$ の双対基底を導入し，それを $\{\theta^\mu\}$ と表すことにしよう；$\langle \theta^\mu, X_\nu \rangle = \delta^\mu_\nu$. $\{\theta^\mu\}$ は左不変 1-形式に対する基底になっている．この双対基底が **Maurer-Cartan の構造方程式**

$$d\theta^\mu = -\frac{1}{2} c_{\nu\lambda}{}^\mu \theta^\nu \wedge \theta^\lambda \tag{5.136}$$

を満たすことを示そう．これは (5.70) を利用することにより示される：

$$d\theta^\mu(X_\nu, X_\lambda) = X_\nu[\theta^\mu(X_\lambda)] - X_\lambda[\theta^\mu(X_\nu)] - \theta^\mu([X_\nu, X_\lambda])$$
$$= X_\nu[\delta^\mu_\lambda] - X_\lambda[\delta^\mu_\nu] - \theta^\mu(c_{\nu\lambda}{}^\kappa X_\kappa) = -c_{\nu\lambda}{}^\mu.$$

したがって (5.136) が証明された．

次に Lie 環に値をもつ 1-形式 $\theta : T_gG \to T_eG$ を

$$\theta : X \mapsto (L_{g^{-1}})_* X = (L_g)^{-1} X, \qquad X \in T_gG \tag{5.137}$$

によって定義する．θ は G 上の**標準的 1-形式**あるいは **Maurer-Cartan 形式**とよばれる．

定理 5.3 (a) 標準的 1-形式 θ は

$$\theta = V_\mu \otimes \theta^\mu \tag{5.138}$$

と展開される．ここで $\{V_\mu\}$ は $T_e G$ の基底で，$\{\theta^\mu\}$ は $T_g^* G$ の基底である．

(b) 標準的 1-形式 θ は

$$d\theta + \frac{1}{2}[\theta \wedge \theta] = 0 \tag{5.139}$$

を満たす．ここで $d\theta \equiv V_\mu \otimes d\theta^\mu$ および

$$[\theta \wedge \theta] \equiv [V_\mu, V_\nu] \otimes \theta^\mu \wedge \theta^\nu \tag{5.140}$$

である．

証明：

(a) 任意のベクトルを $Y = Y^\mu X_\mu \in T_g G$ とする．ここで $\{X_\mu\}$ は $\{V_\mu\}$ によって生成される標構ベクトルの集合である；$X_\mu|_g = L_{g*} V_\mu$. (5.137) から

$$\theta(Y) = Y^\mu \theta(X_\mu) = Y^\mu (L_{g*})^{-1}[L_{g*} V_\mu] = Y^\mu V_\mu$$

が求められる．一方

$$(V_\mu \otimes \theta^\mu)(Y) = Y^\nu V_\mu \theta^\mu(X_\nu) = Y^\nu V_\mu \delta^\mu_\nu = Y^\mu V_\mu$$

である．Y は任意であるから $\theta = V_\mu \otimes \theta^\mu$ を得る．

(b) Maurer-Cartan 構造方程式 (5.136) を使うと：

$$d\theta + \frac{1}{2}[\theta \wedge \theta] = -\frac{1}{2} V_\mu \otimes c_{\nu\lambda}{}^\mu \theta^\nu \wedge \theta^\lambda + \frac{1}{2} c_{\nu\lambda}{}^\mu V_\mu \otimes \theta^\nu \wedge \theta^\lambda = 0$$

である．ここで $c_{\nu\lambda}{}^\mu$ は G の構造定数である．

5.7 多様体への Lie 群の作用

物理学では Lie 群はしばしば多様体へ作用する変換の集合として現れる．例えば SO(3) は $\mathbb{R}^3$ の回転の群であり，Poincaré 群は Minkowski 時空へ作用する変換の集合である．もっと一般的な場合を考察するために，多様体 M への Lie 群 G の作用を抽象化する．我々はすでに群と幾何学の間のこの種の相互作用に遭遇している．5.3 節で多様体 M における流れを写像 $\sigma: \mathbb{R} \times M \to M$ として定義した．その際 $\mathbb{R}$ は加法群として作用した．このアイディアを次のように抽象化する．

5.7.1 諸定義

定義 5.14 G を Lie 群, M を多様体とする. G の M への作用は微分可能写像 $\sigma : G \times M \to M$ で, 条件

(i) 任意の $p \in M$ に対して $\sigma(e, p) = p$, (5.141a)

(ii) $\sigma(g_1, \sigma(g_2, p)) = \sigma(g_1 g_2, p)$ (5.141b)

を満たす. [注:しばしば $\sigma(g, p)$ の代わりに gp という表記をつかう. この表し方で 2 番目の条件は $g_1(g_2 p) = (g_1 g_2)p$ となる.]

例 5.16 (a) 流れは $\mathbb{R}$ の多様体 M への作用である. もし流れが周期的で周期 T をもてば, それは M 上への U(1) あるいは SO(2) の作用と見なしてよい. 周期 T の周期的流れ $\sigma(t, x)$ が与えられると, その群が U(1) である新しい作用 $\bar{\sigma}(\exp(2\pi \mathrm{i} t/T), x) \equiv \sigma(t, x)$ を構成することができる.

(b) $M \in \mathrm{GL}(n, \mathbb{R})$ で $x \in \mathbb{R}^n$ とする. $\mathrm{GL}(n, \mathbb{R})$ の $\mathbb{R}^n$ への作用は普通の行列のベクトルへの作用

$$\sigma(M, x) = M \cdot x \tag{5.142}$$

で定義される. $\mathrm{GL}(n, \mathbb{R})$ の部分群の作用も同様に定義される. これらの部分群はもっと小さな空間に作用してもよい. 例えば O(n) は半径 r の $(n-1)$ 球面 $S^{n-1}(r)$ へ作用する;

$$\sigma : \mathrm{O}(n) \times S^{n-1}(r) \to S^{n-1}(r). \tag{5.143}$$

(c) SL(2, $\mathbb{C}$) は 4 次元 Minkowski 空間 M_4 へ特別な仕方で作用することが知られている. $x = (x^0, x^1, x^2, x^3) \in M_4$ に対して Hermite 行列

$$X(x) \equiv x^\mu \sigma_\mu = \begin{pmatrix} x^0 + x^3 & x^1 - \mathrm{i} x^2 \\ x^1 + \mathrm{i} x^2 & x^0 - x^3 \end{pmatrix} \tag{5.144}$$

を定義する. ここで $\sigma_\mu = (\mathbb{I}, \sigma_1, \sigma_2, \sigma_3)$ で, σ_i ($i = 1, 2, 3$) は Pauli 行列である. 逆に Hermite 行列 X が与えられたとき, ベクトル $(x^\mu) \in M_4$ を

$$x^\mu = \frac{1}{2} \mathrm{tr}(\sigma_\mu X)$$

によって一意的に定義することができる. ここで tr は 2×2 行列の跡である. こうして M_4 と 2×2 Hermite 行列全体の集合の間に同型が存在することになる. $\det X(x) = (x^0)^2 - (x^1)^2 - (x^2)^2 - (x^3)^2 = -x^\mathrm{t} \eta x = -(\text{Minkowski ノルム})^2$ に注意しよう. したがって

$$\begin{aligned} \det X(x) &> 0 \quad (x \text{ が時間的ベクトルのとき}) \\ &= 0 \quad (x \text{ が光錐ベクトルのとき}) \\ &< 0 \quad (x \text{ が空間的ベクトルのとき}). \end{aligned}$$

$A \in \mathrm{SL}(2,\mathbb{C})$ を選び $\mathrm{SL}(2,\mathbb{C})$ の M_4 への作用を

$$\sigma(A,x) \equiv AX(x)A^\dagger \qquad (5.145)$$

で定義する．読者はこの作用が実際に定義 5.14 の公理を満たすことを確かめられたい．$\mathrm{SL}(2,\mathbb{C})$ の M_4 への作用は Lorentz 変換 $\mathrm{O}(1,3)$ で表される．最初に $\det A = \det A^\dagger = 1$ なので，この作用は Minkowski ノルムを保つことに注意する；

$$\det \sigma(A,x) = \det[AX(x)A^\dagger] = \det X(x).$$

さらに

$$A(BXB^\dagger)A^\dagger = (AB)X(AB)^\dagger$$

より，準同型 $\varphi : \mathrm{SL}(2,\mathbb{C}) \to \mathrm{O}(1,3)$ が存在する．しかしこの準同型は 1 対 1 にはなりえない．なぜならば $A \in \mathrm{SL}(2,\mathbb{C})$ も $-A$ も $\mathrm{O}(1,3)$ の同じ元を与えるからである（(5.145) 参照）．問 5.24 で行列

$$A = \exp\left[-\mathrm{i}\frac{\theta}{2}(\hat{\boldsymbol{n}} \cdot \boldsymbol{\sigma})\right] = \cos\frac{\theta}{2}\mathbb{I} - \mathrm{i}(\hat{\boldsymbol{n}} \cdot \boldsymbol{\sigma})\sin\frac{\theta}{2} \qquad (5.146\mathrm{a})$$

が単位ベクトル $\hat{\boldsymbol{n}}$ のまわりの角度 θ 回転の具体的な式であることを確かめる．$\theta/2$ が現れるのは $\mathrm{SL}(2,\mathbb{C})$ と $\mathrm{O}(1,3)$ の部分群 $\mathrm{O}(3)$ との間の準同型が 2 対 1 に対応しているからである．実際 $\hat{\boldsymbol{n}}$ のまわりの角度 θ の回転と，$2\pi+\theta$ の回転は同じ $\mathrm{O}(3)$ 回転であるが，$\mathrm{SL}(2,\mathbb{C})$ においては $A(2\pi+\theta) = -A(\theta)$ である．この事実はスピノールの存在を意味する．[Misner 他 (1973) および Wald (1984) 参照．] 速さ $v = \tanh \alpha$ の $\hat{\boldsymbol{n}}$ 方向へのブーストは

$$A = \exp\left[\frac{\alpha}{2}(\hat{\boldsymbol{n}} \cdot \boldsymbol{\sigma})\right] = \cosh\frac{\alpha}{2}\mathbb{I} + (\hat{\boldsymbol{n}} \cdot \boldsymbol{\sigma})\sinh\frac{\alpha}{2} \qquad (5.146\mathrm{b})$$

で与えられる．

そこで φ が $\mathrm{SL}(2,\mathbb{C})$ を本義ローレンツ群 $\mathrm{O}_+^\uparrow(1,3) = \{\Lambda \in \mathrm{O}(1,3) | \det \Lambda = +1, \Lambda_{00} > 0\}$ の上へ写像することを示そう．まず任意の

$$A = \begin{pmatrix} a & b \\ c & d \end{pmatrix} \in \mathrm{SL}(2,\mathbb{C})$$

を選び，$x^\mu = (1,0,0,0)$ が x'^μ に写像されると仮定する．$\varphi(A) = \Lambda$ と書くと

$$x'^0 = \frac{1}{2}\mathrm{tr}(AXA^\dagger) = \frac{1}{2}\mathrm{tr}\left[\begin{pmatrix} a & b \\ c & d \end{pmatrix}\begin{pmatrix} \bar{a} & \bar{c} \\ \bar{b} & \bar{d} \end{pmatrix}\right]$$

$$= \frac{1}{2}(|a|^2 + |b|^2 + |c|^2 + |d|^2) > 0$$

を得るので $\Lambda_{00} > 0$ である．$\det \Lambda = +1$ を示すために $\mathrm{SL}(2,\mathbb{C})$ の任意の元は

$$A = \begin{pmatrix} e^{i\alpha} & 0 \\ 0 & e^{-i\alpha} \end{pmatrix} \begin{pmatrix} \cos\beta & \sin\beta\, e^{i\gamma} \\ -\sin\beta\, e^{-i\gamma} & \cos\beta \end{pmatrix} B$$

$$= \begin{pmatrix} e^{i\alpha/2} & 0 \\ 0 & e^{-i\alpha/2} \end{pmatrix}^2 \begin{pmatrix} \cos(\beta/2) & \sin(\beta/2)e^{i\gamma} \\ -\sin(\beta/2)e^{-i\gamma} & \cos(\beta/2) \end{pmatrix}^2 B$$

$$\equiv M^2 N^2 B_0^2$$

と書けることに注意する．ここで $B \equiv B_0^2$ は正定値行列である．このことは $\varphi(A)$ が正定値であることを示している：

$$\det \varphi(A) = (\det \varphi(M))^2 (\det \varphi(N))^2 (\det \varphi(B_0))^2 > 0.$$

よって $\varphi(\mathrm{SL}(2,\mathbb{C})) \subset \mathrm{O}_+^\uparrow(1,3)$ が示された．(5.146a) と (5.146b) は $\mathrm{O}_+^\uparrow(1,3)$ の任意の元に対して，対応する行列 $A \in \mathrm{SL}(2,\mathbb{C})$ があることを示しているので φ は上への写像である．したがって

$$\varphi(\mathrm{SL}(2,\mathbb{C})) = \mathrm{O}_+^\uparrow(1,3) \tag{5.147}$$

が示された．また $\mathrm{SL}(2,\mathbb{C})$ は単連結で $\mathrm{O}_+^\uparrow(1,3)$ の普遍被覆群 $\mathrm{Spin}(1,3)$ であることも示される (4.6 節参照)．

問 5.24 具体的な計算により

(a)
$$A = \begin{pmatrix} e^{-i\theta/2} & 0 \\ 0 & e^{i\theta/2} \end{pmatrix}$$

は z 軸のまわりの θ 回転を表し，

(b)
$$A = \begin{pmatrix} \cosh(\alpha/2) + \sinh(\alpha/2) & 0 \\ 0 & \cosh(\alpha/2) - \sinh(\alpha/2) \end{pmatrix}$$

は速さ $v = \tanh\alpha$ の z 軸に沿ったブーストを表すことを確かめよ．

定義 5.15 G を多様体 M に $\sigma: G \times M \to M$ により作用する Lie 群とする．作用 σ が

(a) **推移的**であるとは，任意の $p_1, p_2 \in M$ に対して $\sigma(g, p_1) = p_2$ を満たす $g \in G$ が存在するときをいう；

(b) **自由**であるとは，G のどんな非自明な元 $g \neq e$ も M 内に不動点をもたないことをいう．すなわち $\sigma(g,p) = p$ となる元 $p \in M$ が存在するならば g は単位元 e でなければならない；

(c) **効果的**であるとは，単位元 $e \in G$ が M 上に自明に作用する唯一の元であるときをいう．すなわち任意の $p \in M$ に対して $\sigma(g, p) = p$ ならば，g は単位元 e でなければならない．

問 5.25 Lie 群の右移動 $R : (a, g) \mapsto R_a g$ と左移動 $L : (a, g) \mapsto L_a g$ は自由かつ推移的であることを示せ．

5.7.2 軌道と等方群

点 $p \in M$ が与えられたとき，G の p への作用は一般に p を M のさまざまな点にうつす．作用 σ の下での p の**軌道** G_p は M の部分集合で

$$G_p = \{\sigma(g, p) | g \in G\} \tag{5.148}$$

により定義される．G の M への作用が推移的であれば任意の $p \in M$ の軌道は M 自身である．G の任意の軌道 G_p への作用は明らかに推移的である．

例 5.17 (a) ベクトル場 $X = -y\partial/\partial x + x\partial/\partial y$ で生成される流れ σ は周期的で，周期 2π をもつ (例 5.9 参照)．作用 $\sigma : \mathbb{R} \times \mathbb{R}^2 \to \mathbb{R}^2$ を $(t, (x, y)) \to \sigma(t, (x, y))$ で定義すると，任意の $(x, y) \in \mathbb{R}^2$ に対して $\sigma(2\pi n, (x, y)) = (x, y)$ が成り立つのでこの作用は効果的ではない．同じ理由でこの作用は自由でもない．$(x, y) \neq (0, 0)$ を通る軌道は原点を中心とする円 S^1 である．

(b) $O(n)$ の $\mathbb{R}^n$ への作用を考える．$|x| \neq |x'|$ ならば x を x' へうつす $O(n)$ の元は存在しないのでこの作用は推移的ではない．一方 $O(n)$ の S^{n-1} への作用は明らかに推移的である．x を通る軌道は半径 $|x|$ の球面 S^{n-1} である．したがって作用 $\sigma : O(n) \times \mathbb{R}^n \to \mathbb{R}^n$ が与えられたとき，その軌道は $\mathbb{R}^n$ を互いに交わりをもたない異なる半径の球面に分ける．ある $g \in G$ に対して $y = \sigma(g, x)$ のとき $x \sim y$ で関係 $\sim$ を定義する．$\sim$ が同値関係であることは容易にわかる．同値類 $[x]$ は x を通る軌道である．各同値類は半径によってパラメタづけられているので，剰余類 $\mathbb{R}^n / O(n)$ は $[0, \infty)$ である．

定義 5.16 G を多様体 M に作用する Lie 群とする．$p \in M$ の**等方群**とは G の部分群で

$$H(p) = \{g \in G | \sigma(g, p) = p\} \tag{5.149}$$

によって定義されるものである．$H(p)$ はまた p の**小群**あるいは**安定化部分群**という．

実際 $H(p)$ が部分群であることは容易にわかる．$g_1, g_2 \in H(p)$ とすると $\sigma(g_1 g_2, p) = \sigma(g_1, \sigma(g_2, p)) = \sigma(g_1, p) = p$ より $g_1 g_2 \in H(p)$ である．定義より $\sigma(e, p) = p$ だから明らかに $e \in H(p)$．もし $g \in H(p)$ ならば $p = \sigma(e, p) = \sigma(g^{-1}g, p) = \sigma(g^{-1}, \sigma(g, p)) = \sigma(g^{-1}, p)$ だから $g^{-1} \in H(p)$ である．

問 5.26 G を多様体 M に自由に作用する Lie 群とする．このとき任意の $p \in M$ に対して $H(p) = \{e\}$ であることを示せ．

定理 5.4 G を多様体 M に作用する Lie 群とする．このとき任意の $p \in M$ に対して等方群 $H(p)$ は Lie 部分群である．

証明：固定した $p \in M$ に対して写像 $\varphi_p : G \to M$ を $\varphi_p(g) \equiv gp$ で定義する．このとき $H(p)$ は点 p の逆像 $\varphi_p^{-1}(p)$ であるから閉集合である．群の性質を満たすことはすでに示した．よって定理 5.2 から $H(p)$ は Lie 部分群である． ∎

例えば $M = \mathbb{R}^3, G = \mathrm{SO}(3)$ として点 $p = (0,0,1) \in \mathbb{R}^3$ をとる．$H(p)$ は z 軸のまわりの回転の集合である．これは $\mathrm{SO}(2)$ に同型である．

G を Lie 群，H を G の任意の部分群とする．剰余空間 G/H は微分構造をもち，G/H は多様体になる．これを**等質空間**という．$\dim G/H = \dim G - \dim H$ に注意せよ．G を多様体 M に推移的に作用する Lie 群で，$H(p)$ を $p \in M$ の等方群とする．$H(p)$ は Lie 部分群で，剰余空間 $G/H(p)$ は等質空間である．実際 $G, H(p), M$ などがあるテクニカルな要請 (例えば $G/H(p)$ がコンパクトなど) を満たせば $G/H(p)$ は M に同相であることが示される (次の例 5.18 参照)．

例 5.18 (a) $G = \mathrm{SO}(3)$ を $\mathbb{R}^3$ に作用する群で，$H = \mathrm{SO}(2)$ を $x \in \mathbb{R}^3$ の等方群とする．$\mathrm{SO}(3)$ は S^2 に推移的に作用するので $\mathrm{SO}(3)/\mathrm{SO}(2) \cong S^2$ を得る．このことの直観的なイメージは何であろうか？ $g' = gh$ とする．ただし $g, g' \in G, h \in H$．H は平面における回転の集合なので，g と g' は共通軸まわりの回転でなければならない．このとき同値類 $[g]$ は極座標 (θ, ϕ) によって指定される．したがって再び $\mathrm{SO}(3)/\mathrm{SO}(2) \cong S^2$ を得る．$\mathrm{SO}(2)$ は $\mathrm{SO}(3)$ の正規部分群ではないので S^2 に群構造は入らない．

この結果は容易に高次元回転群の場合に一般化され，有用な結論

$$\mathrm{SO}(n+1)/\mathrm{SO}(n) = S^n \tag{5.150}$$

が得られる．$\mathrm{O}(n+1)$ も S^n に推移的に作用するので

$$\mathrm{O}(n+1)/\mathrm{O}(n) = S^n \tag{5.151}$$

を得る．類似の関係が $\mathrm{U}(n)$ や $\mathrm{SU}(n)$ に対しても成り立つ：

$$\mathrm{U}(n+1)/\mathrm{U}(n) = \mathrm{SU}(n+1)/\mathrm{SU}(n) = S^{2n+1}. \tag{5.152}$$

(b) 群 $\mathrm{O}(n+1)$ は $\mathbb{R}P^n$ に左から推移的に作用する．まず，$\mathrm{O}(n+1)$ は普通に $\mathbb{R}^{n+1}$ に作用し，しかも $\mathbb{R}P^n$ を定義する同値関係を保つ (例 5.4 参照) ことに注意せよ．実際，$x, x' \in \mathbb{R}^{n+1}, g \in \mathrm{O}(n+1)$ をとる．もし $x \sim x'$ (すなわち，ある $a \in \mathbb{R} - \{0\}$ に対して $x' = ax$) ならば，このとき $gx \sim gx'$ ($gx' = agx$) である．したがって $\mathrm{O}(n+1)$ の $\mathbb{R}^{n+1}$ へのこの作用は，$\mathrm{O}(n+1)$ の $\mathbb{R}P^n$ への自然な作用を誘導する．明らかにこの作用は $\mathbb{R}P^n$ 上で推移的である．(同じノルムをもつ 2 つの代表元に着目せよ．)

$(1,0,\ldots,0) \in \mathbb{R}^{n+1}$ に対応する $\mathbb{R}P^n$ の点 p をとると，その等方群 $H(p)$ は

$$H(p) = \begin{pmatrix} \pm 1 & 0 & 0 & \cdots & 0 \\ 0 & & & & \\ 0 & & & & \\ \vdots & & \mathrm{O}(n) & & \\ 0 & & & & \end{pmatrix} = \mathrm{O}(1) \times \mathrm{O}(n) \tag{5.153}$$

である．ここで $\mathrm{O}(1)$ は集合 $\{-1,+1\} = \mathbb{Z}_2$ をさす．したがって次のことが示された；

$$\mathrm{O}(n+1)/[\mathrm{O}(1) \times \mathrm{O}(n)] \cong S^n/\mathbb{Z}_2 \cong \mathbb{R}P^n. \tag{5.154}$$

(c) 上の結果は容易に Grassmann 多様体 $G_{k,n}(\mathbb{R}) = \mathrm{O}(n)/[\mathrm{O}(k) \times \mathrm{O}(n-k)]$ にまで一般化される．まず $\mathrm{O}(n)$ は $G_{k,n}(\mathbb{R})$ に推移的に作用することを示す．A を $G_{k,n}(\mathbb{R})$ の元とする．このとき A は $\mathbb{R}^n$ の k 次元平面である．そこでベクトル $v \in \mathbb{R}^n$ を平面 A に射影する $n \times n$ 行列 P_A を定義しよう．$\mathbb{R}^n$ の直交基底 $\{e_1,\ldots,e_n\}$ と平面 A における別の直交基底 $\{f_1,\ldots,f_k\}$ を導入しよう．ここで直交性は $\mathbb{R}^n$ の Euclid 計量に従って定める．f_a は $\{e_i\}$ を用いて $f_a = \sum_i f_{ai} e_i$ と表され，射影されたベクトルは

$$P_A v = (vf_1)f_1 + \cdots + (vf_k)f_k$$

$$= \sum_{i,j}(v_i f_{1i} f_{1j} + \cdots + v_i f_{ki} f_{kj})e_j = \sum_{i,a,j} v_i f_{ai} f_{aj} e_j$$

となる．したがって P_A を行列で表すと

$$(P_A)_{ij} = \sum f_{ai} f_{aj} \tag{5.155}$$

となる．$P_A^2 = P_A, P_A^t = P_A, \mathrm{tr} P_A = k$ であることに注意せよ．[最後の関係式は座標系をうまく選んで，P_A をつねに

$$P_A = \mathrm{diag}(\underbrace{1,1,\ldots,1}_{k\text{ 個}},\underbrace{0,\ldots,0}_{n-k\text{ 個}})$$

とできるから成り立つ．このことは A が実際に k 次元平面であることを保証している．] 逆にこれら 3 つの条件を満たす任意の行列 P_A は $\mathbb{R}^n$ における k 次元平面，すなわち $G_{k,n}(\mathbb{R})$ の元を一意的に定める．

さて $\mathrm{O}(n)$ が $G_{k,n}(\mathbb{R})$ に推移的に作用することを示そう．$A \in G_{k,n}(\mathbb{R}), g \in \mathrm{O}(n)$ をとり $P_B \equiv g P_A g^{-1}$ を構成する．行列 P_B は $P_B^2 = P_B, P_B^t = P_B, \mathrm{tr} P_B = k$ を満たすので元 $B \in G_{k,n}(\mathbb{R})$ を定める．この作用を $B = \sigma(g,A)$ で表そう．明らかにこの作用は推移的である．なぜならば，A の標準的な k 次元基底，例えば $\{f_1,\ldots,f_k\}$ が与えられたとき，任意の k 次元基底 $\{\tilde{f}_1,\ldots,\tilde{f}_k\}$ は標準基底への $\mathrm{O}(n)$ の作用により得られるからである．

標準基底 $\{f_1,\ldots,f_k\}$ によって張られる特別な平面 C_0 を選ぶ．このとき等方群 $H(C_0)$ の元は

$$M = \begin{pmatrix} g_1 & 0 \\ 0 & g_2 \end{pmatrix} \begin{matrix} k \\ n-k \end{matrix} \quad \begin{matrix} k & n-k \end{matrix} \tag{5.156}$$

という形をしている．ただし $g_1 \in \mathrm{O}(k)$ である．$M \in \mathrm{O}(n)$ なので $(n-k) \times (n-k)$ 行列 g_2 は $\mathrm{O}(n-k)$ の元でなければならない．したがって等方群は $\mathrm{O}(k) \times \mathrm{O}(n-k)$ に同型である．結局

$$G_{k,n}(\mathbb{R}) \cong \mathrm{O}(n)/[\mathrm{O}(k) \times \mathrm{O}(n-k)] \tag{5.157}$$

が確かめられた．$G_{k,n}(\mathbb{R})$ の次元は一般式から

$$\begin{aligned}
\dim G_{k,n}(\mathbb{R}) &= \dim \mathrm{O}(n) - \dim[\mathrm{O}(k) \times \mathrm{O}(n-k)] \\
&= \frac{1}{2}n(n-1) - \left[\frac{1}{2}k(k-1) + \frac{1}{2}(n-k)(n-k-1)\right] \\
&= k(n-k)
\end{aligned} \tag{5.158}$$

となるが，これは例 5.5 と一致する．(5.157) は Grassmann 多様体がコンパクトであることも示している．

5.7.3 誘導ベクトル場

G を M 上に $(g,x) \mapsto gx$ として作用する Lie 群とする．$V \in T_e G$ によって生成される左不変ベクトル場 X_V は自然に M におけるベクトル場を誘導する．M における流れを

$$\sigma(t,x) = \exp(tV)x \tag{5.159}$$

によって定義する．$\sigma(t,x)$ は変換の 1-パラメタ部分群であり**誘導ベクトル場**とよばれるベクトル場 $V^\sharp$ を定義する；

$$V^\sharp\big|_x = \left.\frac{\mathrm{d}}{\mathrm{d}t}\exp(tV)x\right|_{t=0}. \tag{5.160}$$

したがって $V \mapsto V^\sharp$ で与えられる写像 $\sharp: T_e G \to \mathfrak{X}(M)$ が得られた．

問 5.27 Lie 群 $\mathrm{SO}(2)$ は普通に $M = \mathbb{R}^2$ に作用する．

$$V = \begin{pmatrix} 0 & -1 \\ 1 & 0 \end{pmatrix}$$

を $\mathfrak{so}(2)$ の元とする．

(a) このとき
$$\exp(tV) = \begin{pmatrix} \cos t & -\sin t \\ \sin t & \cos t \end{pmatrix}$$
であることを示し
$$\boldsymbol{x} = \begin{pmatrix} x \\ y \end{pmatrix} \in \mathbb{R}^2$$
を通る誘導された流れを求めよ．

(b) $V^\sharp|_x = -y\partial/\partial x + x\partial/\partial y$ であることを示せ．

例 5.19 $G = \mathrm{SO}(3), M = \mathbb{R}^3$ とする．$T_e G$ の基底ベクトルは x, y, z 軸のまわりの回転により生成される．それらをそれぞれ X_x, X_y, X_z と表す (問 5.22 参照)；

$$X_x = \begin{pmatrix} 0 & 0 & 0 \\ 0 & 0 & -1 \\ 0 & 1 & 0 \end{pmatrix}, \quad X_y = \begin{pmatrix} 0 & 0 & 1 \\ 0 & 0 & 0 \\ -1 & 0 & 0 \end{pmatrix}, \quad X_z = \begin{pmatrix} 0 & -1 & 0 \\ 1 & 0 & 0 \\ 0 & 0 & 0 \end{pmatrix}.$$

上と同じ計算を繰り返すと，対応する誘導ベクトル

$$X_x^\sharp = -z\frac{\partial}{\partial y} + y\frac{\partial}{\partial z}, \quad X_y^\sharp = -x\frac{\partial}{\partial z} + z\frac{\partial}{\partial x}, \quad X_z^\sharp = -y\frac{\partial}{\partial x} + x\frac{\partial}{\partial y}$$

が得られる．

5.7.4 随伴表現

以下に見るように，Lie 群 G は G 自身に特別な仕方で作用する．

定義 5.17 任意の $a \in G$ をとり準同型 $\mathrm{ad}_a : G \to G$ を共役

$$\mathrm{ad}_a : g \mapsto aga^{-1} \tag{5.161}$$

により定義する．この準同型は G の**随伴表現**とよばれる．

問 5.28 ad_a は準同型であることを示せ．写像 $\sigma : G \times G \to G$ を $\sigma(a, g) \equiv \mathrm{ad}_a g$ により定義する．このとき $\sigma(a, g)$ は G のそれ自身への作用であることを示せ．

$\mathrm{ad}_a e = e$ であることに注意して誘導写像 $\mathrm{ad}_{a*} : T_g G \to T_{\mathrm{ad}_a g} G$ を $g = e$ に制限する；

$$\mathrm{Ad}_a : T_e G \to T_e G. \tag{5.162}$$

ここで $\mathrm{Ad}_a \equiv \mathrm{ad}_{a*}|_{T_e G}$．もし $T_e G$ を Lie 環 $\mathfrak{g}$ と同一視すれば写像 $\mathrm{Ad} : G \times \mathfrak{g} \to \mathfrak{g}$ が得られるが，これを G の**随伴写像**とよぶ．$\mathrm{ad}_{a*}\mathrm{ad}_{b*} = \mathrm{ad}_{ab*}$ なので $\mathrm{Ad}_a \mathrm{Ad}_b = \mathrm{Ad}_{ab}$ となる．同様に $\mathrm{Ad}_{a^{-1}} = \mathrm{Ad}_a^{-1}$ であることが $\mathrm{ad}_{a^{-1}*}\,\mathrm{ad}_{a*}|_{T_e G} = \mathrm{id}_{T_e G}$ から示される．

G が行列群であれば，随伴表現は単なる行列の演算になる．$g \in G, X_V \in \mathfrak{g}$ とし $\sigma_V = \exp(tV)$ を $V \in T_e G$ で生成される 1-パラメタ部分群とする．このとき ad_g が $\sigma_V(t)$ に作用すると $g\exp(tV)g^{-1} = \exp(tgVg^{-1})$ を与える．Ad_g については

$$\mathrm{Ad}_g V = \frac{\mathrm{d}}{\mathrm{d}t}\left[\mathrm{ad}_g \exp(tV)\right]\bigg|_{t=0}$$

$$= \frac{\mathrm{d}}{\mathrm{d}t}\exp(tgVg^{-1})\bigg|_{t=0} = gVg^{-1} \tag{5.163}$$

から $\mathrm{Ad}_g : V \mapsto gVg^{-1}$ を得る．

演習問題 5

5.1 Stiefel 多様体 $V(m,r)$ は $\mathbb{R}^n$ $(r \leq m)$ における直交ベクトル $\{e_i\}$ $(1 \leq i \leq r)$ の集合である．$V(m,r)$ の元 A を $n \times r$ 行列 $(e_1,\ldots,e_r)$ で表してもよい．このとき $\mathrm{SO}(m)$ は $V(m,r)$ に推移的に作用することを示せ．

$$A_0 \equiv \begin{pmatrix} 1 & 0 & \ldots & 0 \\ 0 & 1 & \ldots & 0 \\ \ldots & \ldots & \ldots & \ldots \\ 0 & 0 & \ldots & 1 \\ 0 & 0 & \ldots & 0 \\ 0 & 0 & \ldots & 0 \end{pmatrix}$$

を $V(m,r)$ の元とする．このとき A_0 の等方群は $\mathrm{SO}(m-r)$ であることを示せ．また $V(m,r) = \mathrm{SO}(m)/\mathrm{SO}(m-r)$ と $\dim V(m,r) = [r(r-1)]/2 + r(m-r)$ であることを確かめよ．[注：Stiefel 多様体はある意味で球面の一般化である．$V(m,1) = S^{m-1}$ であることに注意せよ．]

5.2 M を Minkowski 4 次元時空とする．線形作用素の作用 $* : \Omega^r(M) \to \Omega^{4-r}(M)$ を

$$r = 0; \quad *1 = -\mathrm{d}x^0 \wedge \mathrm{d}x^1 \wedge \mathrm{d}x^2 \wedge \mathrm{d}x^3$$

$$r = 1; \quad *\mathrm{d}x^i = -\mathrm{d}x^j \wedge \mathrm{d}x^k \wedge \mathrm{d}x^0 \qquad *\mathrm{d}x^0 = -\mathrm{d}x^1 \wedge \mathrm{d}x^2 \wedge \mathrm{d}x^3$$

$$r = 2; \quad *\mathrm{d}x^i \wedge \mathrm{d}x^j = \mathrm{d}x^k \wedge \mathrm{d}x^0 \qquad *\mathrm{d}x^i \wedge \mathrm{d}x^0 = -\mathrm{d}x^j \wedge \mathrm{d}x^k$$

$$r = 3; \quad *\mathrm{d}x^1 \wedge \mathrm{d}x^2 \wedge \mathrm{d}x^3 = -\mathrm{d}x^0 \qquad *\mathrm{d}x^i \wedge \mathrm{d}x^j \wedge \mathrm{d}x^0 = -\mathrm{d}x^k$$

$$r = 4; \quad *\mathrm{d}x^0 \wedge \mathrm{d}x^1 \wedge \mathrm{d}x^2 \wedge \mathrm{d}x^3 = 1$$

によって定義する．ここに (i,j,k) は $(1,2,3)$ の偶置換である．ベクトル・ポテンシャル A と電磁場テンソル F を例 5.11 のように定義する．$J = J_\mu \mathrm{d}x^\mu = -\rho \mathrm{d}x^0 + j_k \mathrm{d}x^k$ をカレント 1-形式とする．

(a) 方程式 $\mathrm{d}*F = *J$ を具体的に書き下し，それが Maxwell 方程式 $\nabla \cdot \boldsymbol{E} = \rho$, $\nabla \times \boldsymbol{B} - \partial \boldsymbol{E}/\partial t = \boldsymbol{j}$ に帰着することを確かめよ．

(b) 恒等式 $0 = d(d*F) = d*J$ は電荷保存方程式

$$\partial_\mu J^\mu = \frac{\partial \rho}{\partial t} + \nabla \cdot \boldsymbol{j} = 0$$

に帰着することを示せ.

(c) Lorentz 条件 $\partial_\mu A^\mu = 0$ は $d*A = 0$ と書けることを示せ.

第5章への補足

5.2 節で触れられていた多様体上の微分構造に関する話題について少し補足しておこう.

最初に，Milnor により発見された 7 次元球面上の異種微分構造について述べることにする．$\mathrm{Diff}^+(D^n)$ を n 次元球体 D^n からそれ自身への向きを保つ微分同相写像全体のつくる群[9]とし，同様な微分同相写像全体の群をその境界について考えたものを $\mathrm{Diff}^+(S^{n-1})$ と表すことにする．このとき，制限準同型写像

$$\Psi : \mathrm{Diff}^+(D^n) \to \mathrm{Diff}^+(S^{n-1})$$

を考えると，$\mathrm{Im}\Psi$ は $\mathrm{Diff}^+(S^{n-1})$ の正規部分群になることがわかり,

$$\Gamma_n = \mathrm{Coker}\Psi = \mathrm{Diff}^+(S^{n-1})/\mathrm{Im}\Psi$$

が定義される．こうして定義された群 Γ_n が実は唯 2 つの非退化臨界点[10]のみをもつ関数を許容する n 次元閉多様体[11] M^n の微分同相類全体のなす群[12]と同型になる．したがって，この群 Γ_n を決定することは S^n (正確には $n \geq 5$) 上の微分構造を完全に分類していることになる．この群の性質をおおまかに述べると

定理 任意の n に対して Γ_n は有限 Abel 群である．$\Gamma_n = 0$ $(n \leq 6)$ だが，$n \geq 7$ では一般にゼロではない (実は，Γ_n は球面の安定ホモトピー群 $\pi_{n+k}(S^k)$ $(n < k - 1)$ と密接に関係している).

特に，$\Gamma_7 \cong \mathbf{Z}_{28}$ である (Kervaire-Milnor. 5.2 節の参考文献参照). これらの定理の証明にはいずれも膨大な議論の積み重ねが必要であるが，紙数の都合上ここでは詳細に触れることは出来ない．概略のみを述べると，まず第 9 章 (第 II 巻) のファイバー束の理論を使って S^4 上のある S^3 束 E を 1 つ用意する．実は，3 次元球面 S^3 が Hamilton 数 (4 元数) の

---

[9] 容易にわかるように写像の合成を演算として群になる.

[10] 任意の C^∞ 級関数 $f : M^n \to \mathbb{R}$ に対して，点 $p \in M^n$ が**非退化臨界点**であるとは点 p を中心とする局所座標を $(x_1, \ldots, x_n)$ として

$$\frac{\partial f}{\partial x_1}(p) = \cdots = \frac{\partial f}{\partial x_n}(p) = 0 \quad \text{かつ, Hessian 行列} \left(\frac{\partial f^2}{\partial x_i \partial x_j}(p)\right)_{1 \leq i,j \leq n} \text{が正則}$$

であるときをいう．なお，この定義は局所座標の取り方に依らない.

[11] "唯 2 つの非退化臨界点のみをもつ" という仮定から，Morse 理論によりこの多様体は S^n に同相であることがわかる.

[12] この場合は連結和を演算として群になる．もちろん，標準的微分構造をもつ S^n が単位元，$M^n \sharp S^n = M^n$ である.

ノルム 1 の単位球面であることから，このファイバー束の同型類は Hamilton 数を用いて記述されることに注意．続いて，第 12 章の指数定理 (第 II 巻) で論ずる符号数 τ と $\hat{A}$ 種数をうまく組み合わせて，S^7 に同相な多様体 M^7 に対する微分同相不変量 $\lambda(M^7)$ (mod 28) が，Thom の同境理論 (cobordism theory) を使って構成される．そして，$\lambda(S^7) \equiv 0$ であるが上で構成した E に対して $\lambda(E) \equiv 1$ であり，さらにこの不変量 λ は連結和に関して加法性をもつことから $\lambda(\sharp^s E) \equiv s$ となる．したがって，S^7 上に少なくとも 28 個の異なる微分構造が存在することが示される．しかし，これがちょうど 28 個であることを結論するには微分位相幾何学独特の手法である"手術理論"が必要である．これらの証明が日本語で書かれた唯一の本格的な教科書は

[1] 田村一郎『微分位相幾何学』(岩波書店，1972)

である．また，微分同相不変量 $\lambda(M^7)$ (mod 28) についての具体的な計算例と，加えて $\mathbb{R}P^7$ 上に少なくとも 28 個の異なる微分構造が存在することの計算が

[2] 佐久間一浩『数 "8" の神秘』(日本評論社，2013)

の中で解説を与えているので [1] と合わせて参照されたい．[2] には，$n \leq 19$ のときの Γ_n の位数と，11 次元の球面 S^{11} 上の微分構造が少なくとも $992 = 496 \times 2$ 個存在する (実はちょうど 992 個存在する) ことの解説もある．496 は超弦理論でしばしば登場する完全数であり，SO(32) の次元であることにも注意せよ．なお，$\mathbb{R}P^7$ 上の微分構造の個数は 56 個であることが最近

R. Kasilingam, Smooth structures on a fake real projective space, *Topology Appl.* **206** (2016), 1–7

において決定された．

さて $\Gamma_4 = 0$ であるから S^4 上の微分構造は唯 1 つと結論できるかというとそうではない．連結な閉多様体 M^n の上の関数 $f : M^n \to \mathbb{R}$ を考えると，その像は閉区間 $[a, b]$ であり，a は最小値 (極小値) であり，b は最大値 (極小値) である．したがって，任意の閉多様体上の関数には臨界点 (微分が退化する点) が少なくとも 2 個存在する．実は，$n \geq 5$ ならば S^n と同相な閉多様体 M^n はいつでも唯 2 つの非退化臨界点のみをもつ C^∞ 級関数を許容する，言い換えればこのような M^n 上の関数の非退化臨界点はもとの関数を作り替えることにより余分な臨界点をうまく消去して唯 2 つにできることが

S. Smale, Generalized Poincaré's conjecture in dimensions greater than four, *Ann. of Math.* **74** (1961), 391–406

で示された[13]．しかし $n = 4$ でこの事実が成り立つか否かは現在未解決[14]である．微分位相幾何学において，多様体上の C^∞ 級関数の非退化臨界点を消去する方法を見つけること，あるいは消去できない障害を見いだすことは大変重要な課題[15]である．この意味で 4 次元微分位相幾何学の研究は難しい．

---

[13] これは第 4 章の補足でも触れた Poincaré 予想の 5 次元以上の場合の肯定的解決でもある．
[14] $n = 3$ の場合も未解決であったが 21 世紀に入り，Gregory Perelmann が 3 次元トポロジーの「Thurston 予想」を肯定的に解決することにより解かれた．Thurston 予想については再び [2] を参照．

そこでこの問題を位相的に解決したのが M. H. Freedman で，単連結 4 次元**位相多様体**の分類定理 (1981 年) を完成 [16] させた．ほとんど同じ時期 Donaldson が第 10 章でも登場する Yang-Mills 接続のゲージ理論を用いて，4 次元微分位相幾何学の基本定理を得た (1982 年)．これら 2 つの大定理から，$\mathbb{R}^4$ 上にいくつかの異なる微分構造が入る [17] ことが従い，実際それが無限個存在することが論文

R. Gompf, An infinite set of exotic $\mathbb{R}^4$'s, *J. Diff. Geom.* **18** (1985), 283 – 300

において示され，さらに非可算無限個存在することが論文

C. H. Taubes, Gauge theory on asymptotically periodic 4-manifolds, *J. Diff. Geom.* **25** (1987), 363–430

で示された．ちなみに，異なる微分構造が無限個存在するのは 4 次元特有の現象である．

5.6 節で定義された Lie 群の構造は，対称性を記述するという意味で，物理学で重要な研究の道具立てである．n 次元ユークリッド空間 $\mathbb{R}^n$ は，次元 n に関わらず，ベクトルの加法 + を演算として Lie 群になる．だからといって，すべての n 次元微分多様体 M^n が Lie 群になるとは限らない．多様体論の基本的な問いの 1 つとして，次が考えられる：

"n 次元球面 S^n は次元 n に関わらず Lie 群となるか ?"

直ちにわかるのが，$S^0 \cong \mathbb{Z}_2$ で，離散位相により Lie 群となる．また，いままでの議論の中で，物理学として重要な Lie 群としての同型

$$S^1 \cong \mathrm{SO}(2) \cong \mathrm{U}(1), \qquad S^3 \cong \mathrm{SU}(2) \cong \mathrm{Sp}(1)$$

に関わる理論を展開してきた．例 5.18 にもあるように，$S^n \cong \mathrm{SO}(n+1)/\mathrm{SO}(n)$ という等質空間としての表示をもつため，$n \neq 0, 1, 3$ の場合にも Lie 群の構造をもつように見える．

上の問いは，Lie 群の公理として，(積が微分可能な写像であることより) 結合法則を満たす積が存在して，逆元が存在することから，S^n 上にも結合法則を満たす積が存在して，割り算が矛盾なく定義されるか，という問題に言い換えてもよい．答えを先に述べておくと，$n \neq 0, 1, 3$ ではそのような割り算は定義されないので，Lie 群になるのは S^0, S^1, S^3 に限る．同様に，n 次元実射影空間 $\mathbb{R}P^n$ が Lie 群になるのも，$n = 0, 1, 3$ に限ることがわかる．これは，S^n が $\mathbb{R}^{n+1}$ の単位球面として，自然に埋め込まれていることから，$\mathbb{R}^{n+1}$ に (結合法則を満たす) 零因子をもたない積が存在するか否か，という問いになる．すなわち，双線形写像 $f : \mathbb{R}^{n+1} \times \mathbb{R}^{n+1} \to \mathbb{R}^{n+1}$ が存在して，$f(f(\boldsymbol{x}, \boldsymbol{y}), \boldsymbol{z}) = f(\boldsymbol{x}, f(\boldsymbol{y}, \boldsymbol{z}))$ を満たし，$f(\boldsymbol{x}, \boldsymbol{y}) = \boldsymbol{0}$ ならば $\boldsymbol{x} = \boldsymbol{0}$ または $\boldsymbol{y} = \boldsymbol{0}$ が成り立つか，という $\mathbb{R}^{n+1}$ 上の代数構造の存在問題となる．その証明の解説が [2] にあるので，興味ある読者は参照されたい．

---

[15] (p.230) 例えば "任意の単連結な 3 次元閉多様体 M^3 上の C^∞ 級関数 $f : M^3 \to \mathbb{R}$ の非退化臨界点はうまく消去できて唯 2 つにできる!" ことが証明されれば Poincaré 予想の別証明が得られる．しかし関数の臨界点集合というのは，点が 0 次元であるためそこに情報が集中し過ぎていて扱いが大変難しい．そこで関数 $f : M^n \to \mathbb{R}$ ではなく一般に写像 $f : M^n \to \mathbb{R}^p$ ($n \geq p$) に考察の対象を拡げ，点に集中した情報を "膨らませる" ことにより M^n を調べるという試みもある．これは "GLOBAL SINGULARITY THEORY" と呼ばれる微分位相幾何学の中の 1 分野である．『数学セミナー』2016 年 10 月号〜2017 年 12 月号の連載「超モース理論を巡る旅」を参照．

[16] M. H. Freedman, The topology of 4-dimensional manifolds, *J. Diff. Geom.* **17** (1982), 357 – 453.

[17] $\mathbb{R}^n$ ($n \neq 4$) 上の微分構造は唯 1 つであることが知られている．この意味でも 4 次元の微分構造は大変不思議な対象である．

第6章 de Rham コホモロジー群

第3章で位相空間のホモロジー群を定義した．位相空間 M が多様体ならば M 上に定まる微分形式からホモロジー群の双対を定義することができる．そのような双対群は de Rham コホモロジー群とよばれる．物理学者は微分形式に慣れ親しんでいるが，さらにコホモロジー群はホモロジー群よりいくつかの点で扱いが便利であることに気が付くだろう．

本章での議論は Nash and Sen (1983) と Flanders (1963) の本に沿って進む．Bott and Tu (1982) にはさらに進んだ話題が扱われている．

6.1 Stokes の定理

de Rham コホモロジー群を考察する際の主要な道具の1つは，多くの物理学者が電磁気学で馴染みの Stokes の定理である．ここでは Gauss の定理と Stokes の定理を統一的に扱う．

6.1.1 準備的考察

Euclid 空間における r-単体上の r-形式の積分を定義しよう．そのためにまず $\mathbb{R}^n$ における標準的 r-単体 $\bar{\sigma}_r = (p_0 p_1 \ldots p_r)$ を定義する必要がある．ここで

$$p_0 = (0, 0, \ldots, 0),$$
$$p_1 = (1, 0, \ldots, 0),$$
$$\cdots\cdots\cdots\cdots$$
$$p_r = (0, 0, \ldots, 1)$$

である (図 6.1 参照)．$\{x^\mu\}$ を $\mathbb{R}^r$ の座標とすると，$\bar{\sigma}_r$ は

$$\bar{\sigma}_r = \left\{ (x^1, \ldots, x^r) \in \mathbb{R}^r \,\middle|\, x^\mu \geq 0,\ \sum_{\mu=1}^{r} x^\mu \leq 1 \right\} \tag{6.1}$$

で与えられる．$\mathbb{R}^r$ における r-形式 (体積要素) は

$$\omega = a(x) \mathrm{d}x^1 \wedge \mathrm{d}x^2 \wedge \ldots \wedge \mathrm{d}x^r$$

と書かれる．そこで $\bar{\sigma}_r$ 上の ω の積分を

$$\int_{\bar{\sigma}_r} \omega \equiv \int_{\bar{\sigma}_r} a(x) \mathrm{d}x^1 \mathrm{d}x^2 \ldots \mathrm{d}x^r \tag{6.2}$$

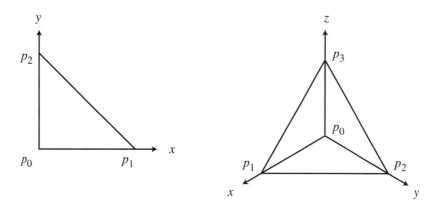

図 **6.1**. 標準的 2-単体 $(p_0p_1p_2)$ と標準的 3-単体 $(p_0p_1p_2p_3)$.

で定義する．ここで右辺は普通の r 重積分である．例えば $r=2$, $\omega = dx \wedge dy$ のとき

$$\int_{\bar{\sigma}_2} \omega = \int_{\bar{\sigma}_2} dxdy = \int_0^1 dx \int_0^{1-x} dy = \frac{1}{2}$$

である．

次に m 次元多様体 M における r-チェイン，r-輪体，r-境界輪体を定義する．σ_r を $\mathbb{R}^r$ における r-単体，$f:\sigma_r \to M$ を滑らかな写像とする．[σ_r の境界における写像 f の微分可能性に関わる微妙な点を避けるために f は σ_r を含む $\mathbb{R}^r$ の開部分集合 U 上で定義されているとすればよい．] ここで f が逆写像を持つことは必ずしも仮定しなくてもよい．例えば，像 $\mathrm{Im}\, f$ が 1 点であってもよい．σ_r の M における像を s_r で表し，これを M における (**特異**) r-**単体**とよぶ．これらの単体が特異と呼ばれるのは，必ずしも M の三角形分割を与えているわけではなく，しかも点の<u>幾何的独立性</u>は多様体上では意味をなさないからである (3.2 節参照)．$\{s_{r,i}\}$ を M における r-単体からなる集合とするとき，M の r-チェイン c を $\{s_{r,i}\}$ の $\mathbb{R}$-係数の形式和

$$c = \sum_i a_i s_{r,i}, \qquad a_i \in \mathbb{R} \tag{6.3}$$

で定義する．以下の議論においてはすべて $\mathbb{R}$- 係数のみを扱うのでこれを省略し，係数が $\mathbb{R}$ であることを特にことわらない．M における r-チェイン全体は**鎖群** $C_r(M)$ をなす．連続写像 $f:\sigma_r \to M$ のもとで境界 $\partial\sigma_r$ も M の部分集合にうつされる．明らかに $\partial s_r \equiv f(\partial\sigma_r)$ は M における $(r-1)$-単体であり，これを s_r の境界とよぶ．∂s_r は 3.3 節で定義された，向き付けられた s_r の幾何学的な境界に対応する．また境界写像

$$\partial : C_r(M) \to C_{r-1}(M) \tag{6.4}$$

も得られる．3.3 節の結果から ∂ は巾零，すなわち $\partial^2 = 0$ であることもわかる．

輪体と境界輪体も 3.3 節で与えたのと全く同様に定義される (しかしながら $\mathbb{Z}$ が $\mathbb{R}$ に置き換えられていることに注意せよ)．c_r が r-輪体ならば $\partial c_r = 0$ で，c_r が r-境界輪体ならば，ある $r+1$-輪体 c_{r+1} が存在して $c_r = \partial c_{r+1}$ を満たす．**境界輪体群** $B_r(M)$ は r-境界輪体全体

からなる集合で，**輪体群** $Z_r(M)$ は r-輪体全体からなる集合である．$C_r(M), B_r(M), Z_r(M)$ を構成する無限に多くの特異単体が存在する．$\partial^2 = 0$ から $Z_r(M) \supset B_r(M)$ が従う；定理 3.3 と比べよ．**特異ホモロジー群**は

$$H_r(M) \equiv Z_r(M)/B_r(M) \tag{6.5}$$

で定義される．ゆるい位相的な仮定のもとで，特異ホモロジー群は $\mathbb{R}$-係数の対応する単体的ホモロジー群に同型であるので，今後どちらも同じ記号で表す[1]．

さて M における r-チェイン上の r-形式 ω の積分を定義する準備が整った．最初に M の r-単体 s_r 上の ω の積分を

$$\int_{s_r} \omega = \int_{\bar{\sigma}_r} f^*\omega \tag{6.6}$$

で定める．ここで $f: \bar{\sigma}_r \to M$ は $s_r = f(\bar{\sigma}_r)$ を満たす滑らかな写像である[2]．$f^*\omega$ は $\mathbb{R}^r$ における r-形式なので，右辺は普通の r-重積分である．一般の r-チェイン $c = \sum_i a_i s_{r,i} \in C_r(M)$ に関しては

$$\int_c \omega = \sum_i a_i \int_{s_{r,i}} \omega \tag{6.7}$$

で定義する．

6.1.2 Stokes の定理

定理 6.1 $\omega \in \Omega^{r-1}(M), c \in C_r(M)$ とする．このとき

$$\int_c d\omega = \int_{\partial c} \omega \tag{6.8}$$

が成り立つ (**Stokes の定理**)．

証明： c は r-単体の 1 次結合なので M の r-単体 s_r に関して (6.8) を証明すれば十分である．$f: \bar{\sigma}_r \to M$ を $f(\bar{\sigma}_r) = s_r$ を満たす滑らかな写像とする．このとき

$$\int_{s_r} d\omega = \int_{\bar{\sigma}_r} f^*(d\omega) = \int_{\bar{\sigma}_r} d(f^*\omega)$$

が成り立つ．ただしここで (5.75) を使った．また

$$\int_{\partial s_r} \omega = \int_{\partial \bar{\sigma}_r} f^*\omega$$

である．ここで $f^*\omega$ は $\mathbb{R}^r$ における $(r-1)$-形式であることに注意せよ．したがって，Stokes の定理

$$\int_{s_r} d\omega = \int_{\partial s_r} \omega \tag{6.9a}$$

---

[1] 特異 (コ) ホモロジー群についての詳細は，ミルナー・スタシェフ著，佐伯修・佐久間一浩訳『特性類講義』(丸善出版，2012) の付録 B を参照．

[2] 写像 f の微分可能性については繊細な取り扱いが要求されるが，詳細は第 6 章の日本語参考文献の服部著を参照．

を証明するには $\mathbb{R}^r$ における $(r-1)$-形式 ψ に関して

$$\int_{\bar{\sigma}_r} \mathrm{d}\psi = \int_{\partial \bar{\sigma}_r} \psi \tag{6.9b}$$

を証明すればよい．ψ の最も一般的な形は

$$\psi = \sum a_\mu(x) \mathrm{d}x^1 \wedge \ldots \wedge \mathrm{d}x^{\mu-1} \wedge \mathrm{d}x^{\mu+1} \wedge \ldots \wedge \mathrm{d}x^r$$

である．積分は分配法則を満たすので $\psi = a(x)\mathrm{d}x^1 \wedge \ldots \wedge \mathrm{d}x^{r-1}$ に関して (6.9b) を証明すれば十分である．そこで

$$\mathrm{d}\psi = \frac{\partial a}{\partial x^r}\mathrm{d}x^r \wedge \mathrm{d}x^1 \wedge \ldots \wedge \mathrm{d}x^{r-1} = (-1)^{r-1}\frac{\partial a}{\partial x^r}\mathrm{d}x^1 \wedge \ldots \wedge \mathrm{d}x^{r-1} \wedge \mathrm{d}x^r$$

であることに注意しておく．直接計算から (6.2) を使って

$$\int_{\bar{\sigma}_r} \mathrm{d}\psi = (-1)^{r-1} \int_{\bar{\sigma}_r} \frac{\partial a}{\partial x^r}\mathrm{d}x^1 \ldots \mathrm{d}x^{r-1}\mathrm{d}x^r$$

$$= (-1)^{r-1} \int_{x^\mu \geq 0, \sum_{\mu=1}^{r-1} x^\mu \leq 1} \mathrm{d}x^1 \ldots \mathrm{d}x^{r-1} \int_0^{1-\sum_{\mu=1}^{r-1} x^\mu} \frac{\partial a}{\partial x^r}\mathrm{d}x^r$$

$$= (-1)^{r-1} \int \mathrm{d}x^1 \ldots \mathrm{d}x^{r-1}$$

$$\times \left[a\left(x^1, \ldots, x^{r-1}, 1 - \sum_{\mu=1}^{r-1} x^\mu\right) - a\left(x^1, \ldots, x^{r-1}, 0\right) \right]$$

が求まる．$\bar{\sigma}_r$ の境界に関しては

$$\partial \bar{\sigma}_r = (p_1, p_2, \ldots, p_r) - (p_0, p_2, \ldots, p_r) + \cdots + (-1)^r (p_0, p_1, \ldots, p_{r-1})$$

を得る．$\psi = a(x)\mathrm{d}x^1 \wedge \ldots \wedge \mathrm{d}x^{r-1}$ は，$x^1, \ldots, x^{r-1}$ のうちのどれか 1 つが定数であるとき 0 になる．例えば $(p_0, p_2, \ldots, p_r)$ 上で $x^1 \equiv 0$ なので

$$\int_{(p_0, p_2, \ldots, p_r)} \psi = 0$$

となる．実際 $\partial \bar{\sigma}_r$ の辺単体のほとんどは (6.9b) の右辺に寄与しないので次の項のみが残る

$$\int_{\partial \bar{\sigma}_r} \psi = \int_{(p_1, p_2, \ldots, p_r)} \psi + (-1)^r \int_{(p_0, p_1, \ldots, p_{r-1})} \psi.$$

$(p_0, p_1, \ldots, p_{r-1})$ は標準的な $(r-1)$-単体 ($x^\mu \geq 0, \sum_{\mu=1}^{r-1} x^\mu \leq 1$) なので，第 2 項は $x^r = 0$ 上で

$$(-1)^r \int_{(p_0, p_1, \ldots, p_{r-1})} \psi = (-1)^r \int_{\bar{\sigma}_{r-1}} a(x^1, \ldots, x^{r-1}, 0)\mathrm{d}x^1 \ldots \mathrm{d}x^{r-1}$$

となる．一方，第1項は

$$\int_{(p_1,p_2,\ldots,p_r)} \psi = \int_{(p_1,\ldots,p_{r-1},p_0)} a\left(x^1,\ldots,x^{r-1}, 1-\sum_{\mu=1}^{r-1} x^\mu\right) dx^1\ldots dx^{r-1}$$

$$= (-1)^{r-1} \int_{\bar{\sigma}_{r-1}} a\left(x^1,\ldots,x^{r-1}, 1-\sum_{\mu=1}^{r-1} x^\mu\right) dx^1\ldots dx^{r-1}$$

となる．ここで積分領域 $(p_1,\ldots,p_r)$ は向きを保ったまま x^r に沿って $(p_1,\ldots,p_{r-1},p_0)$-平面へ射影されている．これらの結果を合わせて (6.9b) が得られた. ∎

[読者は図 6.1 を使って $r=3$ の場合に上の証明を実際に確かめよ．]

問 6.1 $M = \mathbb{R}^3, \omega = a dx + b dy + c dz$ とする．このとき Stokes の定理は

$$\int_S \text{curl }\omega \cdot d\mathbf{S} = \oint_C \omega \cdot d\mathbf{S} \qquad \text{(Stokes の定理)} \tag{6.10}$$

と書かれることを示せ．ここで $\omega = (a,b,c)$ で，C は曲面 S の境界である．同様に $\psi = \frac{1}{2}\psi_{\mu\nu} dx^\mu \wedge dx^\nu$ に対し

$$\int_V \text{div }\boldsymbol{\psi} dV = \oint_S \boldsymbol{\psi} \cdot d\mathbf{S} \qquad \text{(Gauss の定理)}$$

が成り立つことを示せ．ここで $\psi^\lambda = \varepsilon^{\lambda\mu\nu}\psi_{\mu\nu}$ で，S は V の境界である．

6.2 de Rham コホモロジー群

6.2.1 諸定義

定義 6.1 M を m 次元微分多様体とする．M 上の閉 r-形式全体の集合を r 次双対輪体群とよび $Z^r(M)$ と書く．M 上の完全 r-形式全体の集合を r 次双対境界輪体群とよび $B^r(M)$ と書く．これらは $\mathbb{R}$-係数ベクトル空間である．$d^2 = 0$ なので $Z^r(M) \supset B^r(M)$ である．

問 6.2 次のことを示せ：

(a) $\omega \in Z^r(M), \psi \in Z^s(M)$ ならば $\omega \wedge \psi \in Z^{r+s}(M)$ である．

(b) $\omega \in Z^r(M), \psi \in B^s(M)$ ならば $\omega \wedge \psi \in B^{r+s}(M)$ である．

(c) $\omega \in B^r(M), \psi \in B^s(M)$ ならば $\omega \wedge \psi \in B^{r+s}(M)$ である．

定義 6.2 r 次 de Rham コホモロジー群を

$$H^r(M;\mathbb{R}) \equiv Z^r(M)/B^r(M) \tag{6.11}$$

で定義する．$r \le -1$ あるいは $r \ge m+1$ ならば $H^r(M;\mathbb{R})$ は自明な群であるとする．以下 $\mathbb{R}$-係数であることは特にことわらない．

$\omega \in Z^r(M)$ とする.このとき $[\omega] \in H^r(M)$ は同値類 $\{\omega' \in Z^r(M) | \omega' = \omega + \mathrm{d}\psi, \psi \in \Omega^{r-1}(M)\}$ のことである.完全形式の分だけ異なる 2 つの閉形式は**コホモロガス**であるといわれる.後で $H^r(M)$ は $H_r(M)$ に同型であることがわかる.次の例は de Rham コホモロジー群のアイディアを明確にする.

例 6.1 $r = 0$ のとき $B^0(M)$ は意味を持たない.なぜならば (-1)-形式は存在しないからである.$\Omega^{-1}(M)$ は空集合であると定めると $B^0(M) = 0$ である.このとき $H^0(M) = Z^0(M) = \{f \in \Omega^0(M) = \mathcal{F}(M) | \mathrm{d}f = 0\}$ である.M が連結ならば $\mathrm{d}f = 0$ であるための必要十分条件は f が M 上で定数関数であることである.よって $H^0(M)$ はベクトル空間 $\mathbb{R}$ に同型である;

$$H^0(M) \cong \mathbb{R}. \tag{6.12}$$

M が n 個の連結成分をもつならば,$\mathrm{d}f = 0$ であるための必要十分条件は各連結成分上で f が定数,すなわち f が n 個の実数により定まることであり

$$H^0(M) \cong \underbrace{\mathbb{R} \oplus \mathbb{R} \oplus \cdots \oplus \mathbb{R}}_{n \text{ 個の直和}} \tag{6.13}$$

である.

例 6.2 $M = \mathbb{R}$ とする.例 6.1 から $H^0(\mathbb{R}) = \mathbb{R}$ である.次に $H^1(\mathbb{R})$ を求めよう.x を $\mathbb{R}$ の座標とする.$\dim \mathbb{R} = 1$ なので任意の 1-形式 $\omega \in \Omega^1(M)$ は閉形式である;$\mathrm{d}\omega = 0$.$\omega = f\mathrm{d}x$ ただし $f \in \mathcal{F}(\mathbb{R})$ とする.関数 $F(x)$ を

$$F(x) = \int_0^x f(s)\mathrm{d}s \in \mathcal{F}(\mathbb{R}) = \Omega^0(\mathbb{R})$$

によって定める.$\mathrm{d}F(x)/\mathrm{d}x = f(x)$ なので ω は完全形式である;

$$\omega = f\mathrm{d}x = \frac{\mathrm{d}F(x)}{\mathrm{d}x}\mathrm{d}x = \mathrm{d}F.$$

こうして任意の 1-形式は閉かつ完全である.したがって

$$H^1(\mathbb{R}) = 0 \tag{6.14}$$

が示された.

例 6.3 $S^1 = \{\mathrm{e}^{\mathrm{i}\theta} | 0 \le \theta < 2\pi\}$ とする.S^1 は連結なので $H^0(S^1) = \mathbb{R}$ を得る.次に $H^1(S^1)$ を計算しよう.$\omega = f(\theta)\mathrm{d}\theta \in \Omega^1(S^1)$ とする.このときある $F \in \mathcal{F}(S^1)$ が存在して $\omega = \mathrm{d}F$ と書けるだろうか? もし $\omega = \mathrm{d}F$ ならば $F \in \mathcal{F}(S^1)$ は

$$F(\theta) = \int_0^\theta f(\theta')\mathrm{d}\theta'$$

で与えられるはずである.S^1 上で一意的に定義された F に対して,F は周期性 $F(2\pi) = F(0)(= 0)$ をもたなければならない.すなわち F は

$$F(2\pi) = \int_0^{2\pi} f(\theta')\mathrm{d}\theta' = 0$$

を満たさなければならない. 写像 $\lambda : \Omega^1(S^1) \to \mathbb{R}$ を

$$\lambda : \omega = f\mathrm{d}\theta \mapsto \int_0^{2\pi} f(\theta')\mathrm{d}\theta' \tag{6.15}$$

によって定めると $B^1(S^1)$ は $\mathrm{Ker}\,\lambda$ と同一視される. このとき (定理 3.1 より)

$$H^1(S^1) = \Omega^1(S^1)/\mathrm{Ker}\,\lambda = \mathrm{Im}\,\lambda \cong \mathbb{R} \tag{6.16}$$

を得る. これは次のように考えてもよい. ω, ω' を完全ではない閉形式とする. 一般に $\omega - \omega'$ は完全ではないが, $\omega' - a\omega$ が完全となるような数 $a \in \mathbb{R}$ が存在することが示される. 実際

$$a = \frac{\int_0^{2\pi} \omega'}{\int_0^{2\pi} \omega}$$

ならば

$$\int_0^{2\pi} (\omega' - a\omega) = 0$$

が得られるからである. このことは完全ではない閉形式 ω が与えられると, 任意の閉形式 ω' はある $a \in \mathbb{R}$ に関して $a\omega$ にコホモロガスであることを示している. こうして各コホモロジー類は実数 a によって定まるので $H^1(S^1) \cong \mathbb{R}$ を得る.

問 6.3 $M = \mathbb{R}^2 - \{(0,0)\}$ とする. 1-形式 ω を

$$\omega = \frac{-y}{x^2+y^2}\mathrm{d}x + \frac{x}{x^2+y^2}\mathrm{d}y \tag{6.17}$$

で定義する.

(a) ω は閉形式であることを示せ.

(b) '関数' $F(x,y) = \tan^{-1}(y/x)$ を定義する. このとき $\omega = \mathrm{d}F$ であることを示せ. ω は完全形式か?

6.2.2 $H_r(M)$ と $H^r(M)$ の双対性 ; de Rham の定理

その名が示す通り, コホモロジー群はホモロジー群の双対空間である. 双対性は Stokes の定理によって与えられる. 最初に M における r-形式と r-チェインの内積を定義しよう. M を m 次元多様体, $C_r(M)$ を M の r 次元鎖群とする. $c \in C_r(M)$ と $\omega \in \Omega^r(M)$ を選ぶ. ここで $1 \leq r \leq m$ である. そこで内積 $(\ ,\ ) : C_r(M) \times \Omega^r(M) \to \mathbb{R}$ を

$$c, \omega \mapsto (c, \omega) \equiv \int_c \omega \tag{6.18}$$

で定義する．明らかに (c,ω) は c,ω 両方に関して線形であり，$(\ ,\omega)$ は c に作用する線形写像と見なせる．また，逆も同様である；

$$(c_1+c_2,\omega) = \int_{c_1+c_2}\omega = \int_{c_1}\omega + \int_{c_2}\omega, \tag{6.19a}$$

$$(c,\omega_1+\omega_2) = \int_c(\omega_1+\omega_2) = \int_c\omega_1 + \int_c\omega_2. \tag{6.19b}$$

さて Stokes の定理は

$$(c,\mathrm{d}\omega) = (\partial c,\omega) \tag{6.20}$$

と簡潔に述べられる．この意味で外微分作用素 d は境界作用素 ∂ の随伴であり，逆もまた同様である．

問 6.4 (i) $c \in B_r(M), \omega \in Z^r(M)$ あるいは (ii) $c \in Z_r(M), \omega \in B^r(M)$ とすると，どちらの場合にも $(c,\omega)=0$ が成り立つことを示せ．

内積 $(\ ,\ )$ は自然に $H_r(M)$ と $H^r(M)$ の間の内積 Λ を誘導する．ここで $H_r(M)$ は $H^r(M)$ の双対であることを示そう．$[c]\in H_r(M), [\omega]\in H^r(M)$ とし，内積 $\Lambda: H_r(M)\times H^r(M)\to\mathbb{R}$ を

$$\Lambda([c],[\omega]) \equiv (c,\omega) = \int_c \omega \tag{6.21}$$

で定める．(6.21) は代表元の取り方に依存しないから矛盾なく定義されている．実際 $c+\partial c', c'\in C_{r+1}(M)$ を取ると Stokes の定理から

$$(c+\partial c',\omega) = (c,\omega)+(c',\mathrm{d}\omega) = (c,\omega)$$

を得る．ここで $\mathrm{d}\omega=0$ であることを使った．同様にして $\omega+\mathrm{d}\psi, \psi\in\Omega^{r-1}(M)$ に対して $\partial c=0$ なので

$$(c,\omega+\mathrm{d}\psi) = (c,\omega)+(\partial c,\psi) = (c,\omega)$$

が成り立つ．$\Lambda(\ ,[\omega])$ は線形写像 $H_r(M)\to\mathbb{R}$ であり，$\Lambda([c],\ )$ は線形写像 $H^r(M)\to\mathbb{R}$ であることに注意せよ．$H_r(M)$ と $H^r(M)$ の双対性を証明するには線形写像 $\Lambda(\ ,[\omega])$ の階数が極大であること，すなわち $\dim H_r(M)=\dim H^r(M)$ を示さなければならない．そこで高度な議論を要する次の de Rham による定理を証明なしで引用することにする．

定理 6.2 (de Rham の定理) M がコンパクトな多様体ならば $H_r(M)$ と $H^r(M)$ は有限次元である．さらに写像

$$\Lambda: H_r(M)\times H^r(M)\to\mathbb{R}$$

は双 1 次かつ非退化である．したがって $H_r(M)$ は $H^r(M)$ の双対ベクトル空間である．

輪体 c 上の閉 r-形式 ω の**周期**は $(c,\omega)=\int_c\omega$ で定められる．問 6.4 は ω が完全であるか c が境界輪体ならば周期が 0 であることを示している．次の系は de Rham の定理から容易に導かれる．

系 6.1 M はコンパクトな多様体で,その r 次 Betti 数 (3.4 節参照) は k であるとする.また $c_1, c_2, \ldots, c_k$ を $[c_i] \neq [c_j]$ を満たす,適当に選ばれた $Z_r(M)$ の 1 次独立な元とする.このとき

(a) 閉 r-形式 ψ が完全であるための必要十分条件は

$$\int_{c_i} \psi = 0 \quad (1 \leq i \leq k) \tag{6.22}$$

である.

(b) 任意の実数の集合 $b_1, b_2, \ldots, b_k$ に対して

$$\int_{c_i} \omega = b_i \quad (1 \leq i \leq k) \tag{6.23}$$

を満たすような閉 r-形式 ω が存在する.

証明:

(a) de Rham の定理は双 1 次形式 $\Lambda([c], [\omega])$ が非退化であると述べている.ゆえに $\Lambda([c_i],\ )$ を $H^r(M)$ に作用する線形写像と見なせば,その核 (Ker Λ) は完全形式のコホモロジー類つまり自明な元からなる.したがって ψ は完全形式である.

(b) de Rham の定理はホモロジーの基底 $\{[c_i]\}$ に対応して $H^r(M)$ の双対基底 $\{[\omega_i]\}$ を

$$\Lambda([c_i], [\omega_j]) = \int_{c_i} \omega_j = \delta_{ij} \tag{6.24}$$

を満たすように取れることを保証する.$\omega \equiv \sum_{i=1}^k b_i \omega_i$ と定めれば,主張の通り閉 r-形式 ω は

$$\int_{c_i} \omega = b_i$$

を満たす. ∎

例えば次の群の双対性がわかる.

(a) M が n 個の連結成分からなるとき

$$H^0(M) \cong H_0(M) \cong \underbrace{\mathbb{R} \oplus \cdots \oplus \mathbb{R}}_{n \text{ 個の直和}}$$

となる.

(b) $H^1(S^1) \cong H_1(S^1) \cong \mathbb{R}$.

$H^r(M)$ は $H_r(M)$ に同型なので

$$b^r(M) \equiv \dim H^r(M) = \dim H_r(M) = b_r(M) \tag{6.25}$$

が求まる．ここで $b_r(M)$ は M の r 次 Betti 数である．また Euler 標数は次のように書くこともできる．

$$\chi(M) = \sum_{r=1}^{m} (-1)^r b^r(M). \tag{6.26}$$

これは実に興味深い公式である．というのは，左辺は純粋に<u>位相的</u>な量であるのに対して右辺は<u>解析的</u>な条件 ($d\omega = 0$ は偏微分方程式であることに注目せよ) で与えられるからである．この種のトポロジーと解析学の間の深い相互関係には後章でもしばしば遭遇することになるであろう．

まとめると我々は鎖複体 $C_*(M)$ と de Rham 複体 $\Omega^*(M)$，すなわち

$$\begin{aligned}\longleftarrow & C_{r-1}(M) \xleftarrow{\partial_r} C_r(M) \xleftarrow{\partial_{r+1}} C_{r+1}(M) \longleftarrow \\ \longrightarrow & \Omega^{r-1}(M) \xrightarrow{d_{r-1}} \Omega^r(M) \xrightarrow{d_r} \Omega^{r+1}(M) \longleftarrow\end{aligned} \tag{6.27}$$

を構成することにより r 次ホモロジー群

$$H_r(M) = Z_r(M)/B_r(M) = \operatorname{Ker} \partial_r / \operatorname{Im} \partial_{r+1}$$

を定義し，また r 次 de Rham コホモロジー群

$$H^r(M) = Z^r(M)/B^r(M) = \operatorname{Ker} d_r / \operatorname{Im} d_{r-1}$$

を定義した．

6.3　Poincaré の補題

完全形式はいつでも閉形式であるが，逆は必ずしも成り立つとは限らない．しかし次の定理はその逆も成り立つような設定を与えるものである．

定理 6.3 (Poincaré の補題) 多様体 M の座標近傍 U が 1 点 $p_0 \in M$ に可縮であれば U 上の任意の閉 r-形式 ($r \geq 1$) は完全形式でもある．

証明： まず U が<u>滑らかに</u> p_0 に収縮可能，すなわち滑らかな写像 $F: U \times I \to U$ が存在して

$$x \in U \text{ に対して} \quad F(x,0) = x, \quad F(x,1) = p_0$$

が成り立つとする．そこで次の r-形式 $\eta \in \Omega^r(U \times I)$

$$\eta = a_{i_1\ldots i_r}(x,t) dx^{i_1} \wedge \ldots \wedge dx^{i_r} + b_{j_1\ldots j_{r-1}}(x,t) dt \wedge dx^{j_1} \wedge \ldots \wedge dx^{j_{r-1}} \tag{6.28}$$

を考えよう．ここで x は U の座標であり $t \in I$ である．写像 $P: \Omega^r(U \times I) \to \Omega^{r-1}(U)$ を

$$P\eta = \left(\int_0^1 ds\, b_{j_1\ldots j_{r-1}}(x,s) \right) dx^{j_1} \wedge \ldots \wedge dx^{j_{r-1}} \tag{6.29}$$

で定義する．次に写像 $f_t : U \to U \times I$ を $f_t(x) = (x,t)$ で定める．(6.28) の最初の項の f_t^* による引き戻しは $\Omega^r(U)$ の元であるから

$$f_t^* \eta = a_{i_1 \ldots i_r}(x,t) \mathrm{d}x^{i_1} \wedge \ldots \wedge \mathrm{d}x^{i_r} \in \Omega^r(U). \tag{6.30}$$

ここで等式

$$\mathrm{d}(P\eta) + P(\mathrm{d}\eta) = f_1^* \eta - f_0^* \eta \tag{6.31}$$

を証明しよう．左辺の各項を計算すると

$$\mathrm{d}P\eta = \mathrm{d}\left(\int_0^1 \mathrm{d}s\, b_{j_1 \ldots j_{r-1}}\right) \mathrm{d}x^{j_1} \wedge \ldots \wedge \mathrm{d}x^{j_{r-1}}$$

$$= \int_0^1 \mathrm{d}s \left(\frac{\partial b_{j_1 \ldots j_{r-1}}}{\partial x^{j_r}}\right) \mathrm{d}x^{j_r} \wedge \mathrm{d}x^{j_1} \wedge \ldots \wedge \mathrm{d}x^{j_{r-1}},$$

$$P\mathrm{d}\eta = P\left[\left(\frac{\partial a_{i_1 \ldots i_r}}{\partial x^{i_{r+1}}}\right) \mathrm{d}x^{i_{r+1}} \wedge \mathrm{d}x^{i_1} \wedge \ldots \wedge \mathrm{d}x^{i_r}\right.$$

$$+ \left(\frac{\partial a_{i_1 \ldots i_r}}{\partial t}\right) \mathrm{d}t \wedge \mathrm{d}x^{i_1} \wedge \ldots \wedge \mathrm{d}x^{i_r}$$

$$\left.+ \left(\frac{\partial b_{j_1 \ldots j_{r-1}}}{\partial x^{j_r}}\right) \mathrm{d}x^{j_r} \wedge \mathrm{d}t \wedge \mathrm{d}x^{j_1} \wedge \ldots \wedge \mathrm{d}x^{j_{r-1}}\right]$$

$$= \left(\int_0^1 \mathrm{d}s \left(\frac{\partial a_{i_1 \ldots i_r}}{\partial s}\right)\right) \mathrm{d}x^{i_1} \wedge \ldots \wedge \mathrm{d}x^{i_r}$$

$$- \left(\int_0^1 \mathrm{d}s \left(\frac{\partial b_{j_1 \ldots j_{r-1}}}{\partial x^{j_r}}\right)\right) \mathrm{d}x^{j_r} \wedge \mathrm{d}x^{j_1} \wedge \ldots \wedge \mathrm{d}x^{j_{r-1}}$$

となる．これらをまとめると

$$\mathrm{d}(P\eta) + P(\mathrm{d}\eta) = \left(\int_0^1 \mathrm{d}s \left(\frac{\partial a_{i_1 \ldots i_r}}{\partial s}\right)\right) \mathrm{d}x^{i_1} \wedge \ldots \wedge \mathrm{d}x^{i_r}$$

$$= [a_{i_1 \ldots i_r}(x,1) - a_{i_1 \ldots i_r}(x,0)] \mathrm{d}x^{i_1} \wedge \ldots \wedge \mathrm{d}x^{i_r}$$

$$= f_1^* \eta - f_0^* \eta$$

を得る．

Poincaré の補題は (6.31) から直ちに導かれる．可縮な座標近傍 U 上の閉 r-形式を ω とする．そこで F を滑らかな収縮写像，ω は完全形式として

$$\omega = \mathrm{d}(-PF^*\omega) \tag{6.32}$$

と書けることを示そう．実際 (6.31) の η を $F^*\omega \in \Omega^r(U \times I)$ で置き換えると

$$\mathrm{d}PF^*\omega + P\mathrm{d}F^*\omega = f_1^* F^* \omega - f_0^* F^* \omega = (Ff_1)^* \omega - (Ff_0)^* \omega \tag{6.33}$$

を得る．ここで関係 $(fg)^* = g^* f^*$ を使った．明らかに $Ff_1 : U \to U$ は定数写像 $x \mapsto p_0$ であるから $(Ff_1)^* = 0$ である．一方 $Ff_0 = \mathrm{id}_U$ であるから $(Ff_0)^* : \Omega^r(U) \to \Omega^r(U)$ は

恒等写像である．こうして (6.33) の右辺は単に $-\omega$ である．また ω は閉形式だから右辺の第 2 項は $\mathrm{d}F^*\omega = F^*\mathrm{d}\omega = 0$ となり消える．ここで (5.75) を使った．結局 (6.33) は $\omega = -\mathrm{d}PF^*\omega$ となり，定理が証明された．∎

任意の閉形式は少なくとも局所的には完全であることがわかった．したがって, de Rham コホモロジー群は閉形式が大域的に完全形式となるための障害であると見なすことができる．

例 6.4 $\mathbb{R}^n$ は可縮なので

$$H^r(\mathbb{R}^n) = 0, \qquad 1 \leq r \leq n \tag{6.34}$$

を得る．ただし $H^0(\mathbb{R}^n) \cong \mathbb{R}$ に注意．

6.4 de Rham コホモロジー群の構造

de Rham コホモロジー群は，ホモロジー群では測ることが困難な，もしくは測ることが不可能な実に興味深い構造をもっている．

6.4.1 Poincaré 双対性

M はコンパクトで向きづけ可能な m 次元多様体で，$\omega \in H^r(M)$ および $\eta \in H^{m-r}(M)$ とする．$\omega \wedge \eta$ は体積形式であることに注意して，内積 $\langle\,,\,\rangle : H^r(M) \times H^{m-r}(M) \to \mathbb{R}$ を

$$\langle \omega, \eta \rangle \equiv \int_M \omega \wedge \eta \tag{6.35}$$

で定義する．この内積は双 1 次である．さらに非特異，すなわち $\omega \neq 0$ あるいは $\eta \neq 0$ ならば $\langle \omega, \eta \rangle$ は決して恒等的にはゼロになり得ない．こうして (6.35) は $H^r(M)$ と $H^{m-r}(M)$ の双対性を定め

$$H^r(M) \cong H^{m-r}(M) \tag{6.36}$$

となる．これを **Poincaré 双対性** という．したがって Betti 数は

$$b_r = b_{m-r} \tag{6.37}$$

という対称性を持つ．(6.37) から奇数次元の空間の Euler 標数はゼロとなることが導かれる；

$$\chi(M) = \sum (-1)^r b_r = \frac{1}{2}\left\{\sum (-1)^r b_r + \sum (-1)^{m-r} b_{m-r}\right\}$$
$$= \frac{1}{2}\left\{\sum (-1)^r b_r - \sum (-1)^{-r} b_r\right\} = 0. \tag{6.38}$$

6.4.2 コホモロジー環

$[\omega] \in H^q(M)$ および $[\eta] \in H^r(M)$ とする．$[\omega]$ と $[\eta]$ の積を

$$[\omega] \wedge [\eta] \equiv [\omega \wedge \eta] \tag{6.39}$$

で定義する．問 6.2 から $\omega \wedge \eta$ は閉形式であるから $[\omega \wedge \eta]$ は $H^{q+r}(M)$ の元である．さらに $[\omega \wedge \eta]$ は $[\omega]$ と $[\eta]$ の代表元の取り方に依らない．例えば ω の代わりに $\omega' = \omega + \mathrm{d}\psi$ を取ると

$$[\omega'] \wedge [\eta] \equiv [(\omega + \mathrm{d}\psi) \wedge \eta] = [\omega \wedge \eta + \mathrm{d}(\psi \wedge \eta)] = [\omega \wedge \eta]$$

となる．したがって，積 $\wedge : H^q(M) \times H^r(M) \to H^{q+r}(M)$ は曖昧さなく定義される写像である．

さて**コホモロジー環** $H^*(M)$ が次のような直和

$$H^*(M) \equiv \bigoplus_{r=0}^{m} H^r(M) \tag{6.40}$$

によって定義される．積は上で定めたように外積

$$\wedge : H^*(M) \times H^*(M) \to H^*(M) \tag{6.41}$$

で与えられる．和は $H^*(M)$ の 2 つの元の形式和である．コホモロジー群がホモロジー群よりも有用な点の 1 つがここにある．チェインの積はうまく定義が出来ないので，ホモロジー群は環構造を持ち得ないのである．

6.4.3 Künneth の公式

M を 2 つの多様体の直積 $M = M_1 \times M_2$ とする．$\{\omega_i^p\}$ $(1 \leq i \leq b^p(M_1))$ を $H^p(M_1)$ の基底，$\{\eta_i^p\}$ $(1 \leq i \leq b^p(M_2))$ を $H^p(M_2)$ の基底とする．明らかに $\omega_i^p \wedge \eta_j^{r-p}$ $(1 \leq p \leq r)$ は M の閉 r-形式である．それが完全形式ではないことを示そう．もし完全形式であったとすると，ある $\alpha^{p-1} \in \Omega^{p-1}(M_1)$, $\beta^{r-p} \in \Omega^{r-p}(M_2)$, $\gamma^p \in \Omega^p(M_1)$, $\delta^{r-p-1} \in \Omega^{r-p-1}(M_2)$ に対して

$$\omega_i^p \wedge \eta_j^{r-p} = \mathrm{d}(\alpha^{p-1} \wedge \beta^{r-p} + \gamma^p \wedge \delta^{r-p-1}) \tag{6.42}$$

と書けるはずである．[$p = 0$ ならば $\alpha^{p-1} = 0$ とする．] (6.42) の外積を計算すると

$$\omega_i^p \wedge \eta_j^{r-p} = \mathrm{d}\alpha^{p-1} \wedge \beta^{r-p} + (-1)^{p-1} \alpha^{p-1} \wedge \mathrm{d}\beta^{r-p}$$
$$+ \mathrm{d}\gamma^p \wedge \delta^{r-p-1} + (-1)^p \gamma^p \wedge \mathrm{d}\delta^{r-p-1} \tag{6.43}$$

となる．左辺と右辺を比べることにより $\alpha^{p-1} = \delta^{r-p-1} = 0$ が得られる．ゆえに $\omega_i^p \wedge \eta_j^{r-p} = 0$ となり，これは仮定に矛盾する．したがって $\omega_i^p \wedge \eta_j^{r-p}$ は $H^r(M)$ の非自明な元

である．逆に $H^r(M)$ の任意の元は $0 \leq p \leq r$ に対して $H^p(M_1)$ と $H^{r-p}(M_2)$ の元の積の和に分解できる．こうして **Künneth の公式**

$$H^r(M) = \bigoplus_{p+q=r} [H^p(M_1) \otimes H^q(M_2)] \tag{6.44}$$

が得られた．Betti 数を使って書けば

$$b^r(M) = \sum_{p+q=r} b^p(M_1) b^q(M_2) \tag{6.45}$$

となる．Künneth の公式は，おのおのの多様体のコホモロジー環の間の関係も与えている．

$$H^*(M) = \sum_{r=0}^{m} H^r(M) = \sum_{r=0}^{m} \bigoplus_{p+q=r} H^p(M_1) \otimes H^q(M_2)$$

$$= \sum_p H^p(M_1) \otimes \sum_q H^q(M_2) = H^*(M_1) \otimes H^*(M_2). \tag{6.46}$$

問 6.5 $M = M_1 \times M_2$ とする．このとき

$$\chi(M) = \chi(M_1) \cdot \chi(M_2) \tag{6.47}$$

を示せ．

例 6.5 $T^2 = S^1 \times S^1$ をトーラスとする．$H^0(S^1) = \mathbb{R}$ および $H^1(S^1) = \mathbb{R}$ なので

$$H^0(T^2) = \mathbb{R} \otimes \mathbb{R} = \mathbb{R}, \tag{6.48a}$$
$$H^1(T^2) = (\mathbb{R} \otimes \mathbb{R}) \oplus (\mathbb{R} \otimes \mathbb{R}) = \mathbb{R} \oplus \mathbb{R}, \tag{6.48b}$$
$$H^2(T^2) = \mathbb{R} \otimes \mathbb{R} = \mathbb{R} \tag{6.48c}$$

を得る．双対性 $H^0(T^2) \cong H^2(T^2)$ が成り立っていることを確かめよ．[注：$\mathbb{R} \otimes \mathbb{R}$ は<u>テンソル積</u>であって直積と混同しないように注意されたい．明らかに 2 つの実数の積は 1 つの実数である．] T^2 の座標を (θ_1, θ_2) でパラメタ表示しよう．各 θ_i は S^1 の座標である．$H^r(T^2)$ は次の閉形式で生成される：

$$\begin{aligned} r &= 0; \quad \omega_0 = c_0 & c_0 \in \mathbb{R}, \\ r &= 1; \quad \omega_1 = c_1 d\theta_1 + c_1' d\theta_2 & c_1, c_1' \in \mathbb{R}, \\ r &= 2; \quad \omega_2 = c_2 d\theta_1 \wedge d\theta_2 & c_2 \in \mathbb{R}. \end{aligned} \tag{6.49}$$

1-形式 $d\theta_i$ は完全形式のように見えるが，S^1 上で <u>一意的に</u> 定義される関数 θ_i は存在しない．$\chi(S^1) = 0$ なので $\chi(T^2) = 0$ である．

$$T^n = \underbrace{S^1 \times \ldots \times S^1}_{n \text{ 個の直積}}$$

の de Rham コホモロジー群も同様の方法で得られる．$H^r(T^n)$ は次のような形の r-形式

$$d\theta^{i_1} \wedge d\theta^{i_2} \wedge \ldots \wedge d\theta^{i_r} \tag{6.50}$$

で生成される．ただし $i_1 < i_2 < \ldots < i_r$ は 1 から n までを取り得る．明らかに

$$b^r = \dim H^r(T^n) = \binom{n}{r} \tag{6.51}$$

である．Euler 標数は (6.51) から直ちに求められ

$$\chi(T^n) = \sum (-1)^r \binom{n}{r} = (1-1)^n = 0 \tag{6.52}$$

となる．

6.4.4　de Rham コホモロジー群の引き戻し

$f : M \to N$ を滑らかな写像とする．式 (5.75) は，引き戻し f^* が閉形式は閉形式に，完全形式は完全形式にうつされることを示している．したがってコホモロジー群の引き戻し $f^* : H^r(N) \to H^r(M)$ を次のように定義してもよい．

$$f^*[\omega] = [f^*\omega], \qquad [\omega] \in H^r(N). \tag{6.53}$$

引き戻し f^* は $H^*(N)$ の環構造を保つ．実際 $[\omega] \in H^p(N), [\eta] \in H^q(N)$ ならば

$$\begin{aligned} f^*([\omega] \wedge [\eta]) &= f^*[\omega \wedge \eta] = [f^*(\omega \wedge \eta)] \\ &= [f^*\omega \wedge f^*\eta] = [f^*\omega] \wedge [f^*\eta] \end{aligned} \tag{6.54}$$

となるからである．

6.4.5　ホモトピーと $H^1(M)$

$f, g : M \to N$ を滑らかな写像とする．f と g は互いに滑らかにホモトピック，すなわち滑らかな写像 $F : M \times I \to N$ が存在して $F(p, 0) = f(p), F(p, 1) = g(p)$ が成り立つと仮定する．そこで $f^* : H^r(N) \to H^r(M)$ が $g^* : H^r(N) \to H^r(M)$ に等しいことを証明しよう．

補題 6.1 f^* と g^* を上で定義した引き戻しとする．もし $\omega \in \Omega^r(N)$ が閉形式ならば引き戻しによる像の差は完全形式

$$f^*\omega - g^*\omega = \mathrm{d}\psi, \qquad \psi \in \Omega^{r-1}(M) \tag{6.55}$$

となる．

証明：　最初に

$$f = F \circ f_0, \qquad g = F \circ f_1$$

であることに注意する．ここで $f_t : M \to M \times I$ $(p \mapsto (p,t))$ は定理 6.3 で定義されたものである．(6.55) の左辺は (6.33) を使って

$$(F \circ f_0)^* \omega - (F \circ f_1)^* \omega = f_0^* \circ F^* \omega - f_1^* \circ F^* \omega$$
$$= -[dP(F^*\omega) + Pd(F^*\omega)] = -dPF^*\omega$$

となる．これは $f^*\omega - g^*\omega = d(-PF^*\omega)$ を示している． ∎

これで，引き戻し写像 $H^r(N) \to H^r(M)$ として $f^* = g^*$ を確かめるのは簡単である．実際，上の補題から

$$[f^*\omega - g^*\omega] = [f^*\omega] - [g^*\omega] = [d\psi] = 0$$

が成り立つから次の定理が証明された．

定理 6.4 $f, g : M \to N$ を互いに滑らかにホモトピックな写像とする．このとき de Rham コホモロジー群の引き戻し写像 f^* と g^* は同一である．

M を単連結な多様体，すなわち $\pi_1(M) = \{e\}$ とする．自然な全射準同型写像 $\pi_1(M) \to H_1(M)$ が存在するので (定理 4.9)，このとき $H_1(M)$ も自明な群である．これを de Rham コホモロジー群を使って述べれば次のようになる．

定理 6.5 M を単連結な多様体とする．このとき 1 次 de Rham コホモロジー群は自明である．

証明： ω を M 上の閉 1-形式とする．もし $\omega = df$ ならば関数 f は

$$f(p) = \int_{p_0}^{p} \omega \tag{6.56}$$

という形をしていなければならない．ここで $p_0 \in M$ は固定した点である．

最初にループに沿っての閉形式の積分はゼロとなることを証明する．$\alpha : I \to M$ を $p \in M$ におけるループで $c_p : I \to M$ $(t \mapsto p)$ を定数ループとする．M は単連結なので，あるホモトピー $F(s,t)$ が存在して $F(s,0) = \alpha(s), F(s,1) = c_p(s)$ を満たす．ここで $F : I \times I \to M$ は滑らかであると仮定する．$\alpha(I)$ 上の 1-形式 ω の積分は

$$\int_{\alpha(I)} \omega = \int_{S^1} \alpha^* \omega \tag{6.57}$$

で定義される．ここで右辺の積分領域は，左辺の $I = [0,1]$ の端点を同一視して S^1 にとってある．補題 6.1 から閉 1-形式 ω に対して

$$\alpha^* \omega - c_p^* \omega = dg \tag{6.58}$$

が得られる．ここで $g = -PF^*\omega$ である．c_p は定数写像なので，引き戻し $c_p^*\omega$ は消える．このとき (6.57) は ∂S^1 が空集合であるから 0 である；

$$\int_{S^1} \alpha^* \omega = \int_{S^1} dg = \int_{\partial S^1} g = 0. \tag{6.59}$$

β, γ を p_0 と p を結ぶ 2 つの道とする．(6.59) によれば β, γ に沿っての ω の積分は一致する；

$$\int_{\beta(I)} \omega = \int_{\gamma(I)} \omega.$$

このことは (6.56) が矛盾なく定義されていること，したがって ω は完全形式であることを示している． ∎

例 6.6 n 次元球面 S^n $(n \geq 2)$ は単連結であるから

$$H^1(S^n) = 0, \qquad n \geq 2 \tag{6.60}$$

である．また Poincaré 双対性から

$$H^0(S^n) \cong H^n(S^n) \cong \mathbb{R} \tag{6.61}$$

が求まる．また，

$$H^r(S^n) = 0, \qquad 1 \leq r \leq n-1 \tag{6.62}$$

となることが示される．$H^n(S^n)$ は体積形式 Ω で生成される．S^n 上には $(n+1)$-形式は存在しないから，どんな n-形式も閉形式である．Ω は完全形式にはなり得ない．なぜならば，もし $\Omega = \mathrm{d}\psi$ ならば

$$\int_{S^n} \Omega = \int_{S^n} \mathrm{d}\psi = \int_{\partial S^n} \psi = 0$$

となるからである．Euler 標数は

$$\chi(S^n) = 1 + (-1)^n = \begin{cases} 0 & n \text{ が奇数} \\ 2 & n \text{ が偶数} \end{cases} \tag{6.63}$$

である．

例 6.7 S^2 を $\mathbb{R}^3$ に埋め込んで

$$\Omega = \sin\theta \mathrm{d}\theta \wedge \mathrm{d}\phi \tag{6.64}$$

を定義する．ここで (θ, ϕ) は通常の極座標である．このとき Ω は閉形式であることを確かめよ．我々は<u>形式的に</u> Ω を

$$\Omega = -\mathrm{d}(\cos\theta) \wedge \mathrm{d}\phi = -\mathrm{d}(\cos\theta \mathrm{d}\phi)$$

と書いてもよい．しかしながら Ω は完全形式ではないことに注意せよ．

第6章への補足

M, N を境界をもたないコンパクトで，連結かつ向きづけ可能な n 次元多様体とする．このとき，

$$H^n(M) \cong H^n(N) \cong \mathbb{R}$$

が成り立つことに注意する．$f : M \to N$ を微分可能な写像とするとき，任意の $p \in M$ に対して，写像 f の**微分**とよばれる線形写像

$$\mathrm{d}f_p : TM_p \to TN_{f(x)}$$

が定義される．ここで，TX_x は多様体 X の $x \in X$ における接空間を表す．微分 $\mathrm{d}f$ の表現行列は，$p \in M$ を中心とする局所座標を $(x_1, x_2, \ldots, x_n)$ とすれば，次の n 次 Jacobi 行列

$$J_f(p) = \begin{pmatrix} \dfrac{\partial f_1}{\partial x_1} & \cdots & \dfrac{\partial f_1}{\partial x_n} \\ & \ddots & \\ \dfrac{\partial f_n}{\partial x_1} & \cdots & \dfrac{\partial f_n}{\partial x_n} \end{pmatrix}$$

である．ここで，$f : M \to N$, $f(p) = (f_1(p), \ldots, f_n(p))$ であり，各成分関数 $f_i : M \to \mathbb{R}$ は微分可能である．点 $p \in M$ に対して，$\mathrm{rank}\, J_f(p) = n$ を満たす点を写像 f の正則点といい，そうでない点を写像 f の特異点という．さらに，$p \in M$ が写像 f の特異点であるとき，$f(p) \in N$ を写像 f の特異値といい，特異値でない点 $y \in N$ を写像 f の正則値という．ほとんどの微分可能写像 f に対して，特異値集合は N の測度ゼロの集合であるから，ほとんどの点が正則値である．$p \in M$ が写像 f の正則点であるとき，Jacobi 行列式について $|J_f(p)| \neq 0$ が成り立つことに注意する．

さて，M 上の特別な体積要素 ω を次を満たすものとする：

$$\int_M \omega = 1.$$

これを**基本 n-形式**とよぶ．任意の $\theta \in \Omega^n(M)$ に対して，

$$\int_M \theta = \alpha \in \mathbb{R}$$

とおくと，$\theta - \alpha\omega$ の M 上の積分は 0 だから，これは完全形式であり，$\eta \in \Omega^{n-1}(M)$ が存在して，$\theta - \alpha\omega = \mathrm{d}\eta$ を満たす．これを de Rham コホモロジー群 $H^n(M)$ において考えると，$[\theta] = \alpha[\omega]$ を得る．そこで，$f : M \to N$ を微分可能写像とするとき，ω_M, ω_N をそれぞれ M, N の基本 n-形式とする．すると，$[f^*\omega_N] = \alpha[\omega_M]$ を満たす実数 α が存在する．これを $\deg(f) = \alpha$ と書いて，写像 f の**写像度**という．すなわち，

$$\deg(f) = \int_M f^*\omega_N$$

である．この写像度の定義では，基本 n-形式 ω_N をとったが，任意の $\xi \in \Omega^n(N)$ に対して，

$$\beta = \int_N \xi$$

とおくと，$\xi = \beta \omega_N + \mathrm{d}\eta$ と書けるので，$f^*\xi = \beta f^*\omega_N + \mathrm{d}f^*\eta$ であるから

$$\int_M f^*\xi = \beta \int_M f^*\omega_N = \deg(f) \cdot \beta = \deg(f) \int_N \xi$$

を得るので，基本 n-形式 ω_N には依らずに $\deg(f)$ は定まることがわかる．

さて，$y \in N$ を写像 $f: M \to N$ の正則値とするとき，$f^{-1}(y) \neq \emptyset$ と仮定する．M はコンパクトであり，$f^{-1}(y)$ は M の閉集合であるから，$f^{-1}(y)$ もコンパクトだから有限集合である．そこで，$f^{-1}(y) = \{x_1, \ldots, x_k\}$ とおいて，x_i の符号 $\mathrm{sgn}(x_i)$ を次のように定義する．$|J_f(x_i)| > 0$ のとき，$\mathrm{sgn}(x_i) = +1$ とし，$|J_f(x_i)| < 0$ のとき，$\mathrm{sgn}(x_i) = -1$ と定める．このとき，次が成り立つ：

$$\deg(f) = \sum_{i=1}^k \mathrm{sgn}(x_i). \tag{6.65}$$

なお，$f^{-1}(y)$ が空集合のときは，右辺の和を 0 と定義するとよい．上の写像度の定義では，実数値であるが (6.65) より，整数値をとることがわかる．したがって，f が全射でなければ，$\deg(f) = 0$ である．対偶をとって，$\deg(f) \neq 0$ ならば，写像 f は全射である．右辺の値は，正則値の取り方に依存するように見えるが実は正則値の選び方には依らないことがわかる．f が微分同相写像ならば，$\deg(f) = \pm 1$ が直ちにしたがう．特に，恒等写像の写像度は 1 である．

さらに，$f, g: M \to N$ に対して，f と g がホモトープならば，$\deg(f) = \deg(g)$ が必要十分であることが容易に示せる．したがって，第 4 章の補足で導入したホモトピー集合 $[M, N]$ は写像度を対応させることにより，$\mathbb{Z}$ へ全単射が存在することがわかる．一般に，$[M, N]$ は群になるとは限らないことに注意せよ．

第7章 Riemann幾何学

多様体とは局所的には $\mathbb{R}^n$ のような位相空間であった．多様体上の解析は，滑らかな座標系の存在により保証される．多様体は計量テンソルが与えられればさらに詳しい構造をもち得る．これは $\mathbb{R}^n$ における2つのベクトルの間の内積の，任意の多様体への自然な一般化である．この新しい構造のもとで接空間 T_pM における2つのベクトルの間の内積を定義する．また，ある点 $p \in M$ におけるベクトルと他の点 $p' \in M$ におけるベクトルを'接続'の概念を用いて比較する．

Riemann多様体に関して書かれた本はたくさんある．物理学者に取っつきやすいものとして Choquet and Bruhat 他 (1982), Dodson and Poston (1977), Hicks (1965) を挙げておく．Lightman 他 (1975) と Wald (1984) の第3章もお勧めである．

7.1 Riemann多様体と擬Riemann多様体

7.1.1 計量テンソル

初等幾何では2つのベクトル $\boldsymbol{U}, \boldsymbol{V}$ の間の内積は $\boldsymbol{U} \cdot \boldsymbol{V} = \sum_{i=1}^{m} U_i V_i$ で定義される．ここで U_i, V_i は $\mathbb{R}^m$ におけるベクトルの各成分である．多様体上での内積は各接空間 T_pM において定義される．

定義 7.1 M を微分多様体とする．M 上の **Riemann計量** g とは，各点 $p \in M$ で次の公理

(i) $g_p(U, V) = g_p(V, U)$,

(ii) $g_p(U, U) \geq 0$, ただし等式は $U = 0$ のときのみ成り立つ

を満たす M 上の $(0, 2)$ 型テンソルである．ここで $U, V \in T_pM$, $g_p = g|_p$ である．手短にいえば g_p は正定値な対称双1次形式である．

$(0, 2)$ 型テンソル g が上の (i) と

(ii') 任意の $U \in T_pM$ に対して $g_p(U, V) = 0$ ならば $V = 0$

を満たすとき，g を **擬Riemann計量** という．

第5章でベクトル $V \in T_pM$ と双対ベクトル $\omega \in T_p^*M$ の間の内積を，写像 $\langle \, , \, \rangle : T_p^*M \times T_pM \to \mathbb{R}$ として定義した．計量 g が存在する場合は，2つのベクトル $U, V \in T_pM$ の内積を $g_p(U, V)$ によって定義する．g_p は写像 $T_pM \otimes T_pM \to \mathbb{R}$ なので，線形写像

$g_p(U,\ ): T_pM \to \mathbb{R}$ を $V \mapsto g_p(U,V)$ によって定義することができる．このとき $g_p(U,\ )$ は 1-形式 $\omega_U \in T_p^*M$ と同一視される．同様に $\omega \in T_p^*M$ は $\langle\omega,U\rangle = g(V_\omega,U)$ によって $V_\omega \in T_pM$ を誘導する．したがって計量 g_p は T_pM と T_p^*M の間の同型写像を引き起こす．

(U,φ) を M におけるチャート，$\{x^\mu\}$ をその座標とする．$g \in \mathcal{T}_2^0(M)$ なので g_p は $\mathrm{d}x^\mu \otimes \mathrm{d}x^\nu$ により

$$g_p = g_{\mu\nu}(p)\mathrm{d}x^\mu \otimes \mathrm{d}x^\nu \tag{7.1a}$$

と展開される．また

$$g_{\mu\nu}(p) = g_p\left(\frac{\partial}{\partial x^\mu}, \frac{\partial}{\partial x^\nu}\right) = g_{\nu\mu}(p) \qquad (p \in M) \tag{7.1b}$$

が簡単に確かめられる．混乱のないかぎり $g_{\mu\nu}$ において p は省略する．$(g_{\mu\nu})$ を，その (μ,ν) 成分が $g_{\mu\nu}$ である行列とみなすのが普通である．$(g_{\mu\nu})$ は最大階数をもつので，逆行列をもつが，それを通例に従い $(g^{\mu\nu})$ と書く：$g_{\mu\nu}g^{\nu\lambda} = g^{\lambda\nu}g_{\nu\mu} = \delta_\mu^\lambda$．行列式 $\det(g_{\mu\nu})$ を g で表す．明らかに $\det(g^{\mu\nu}) = g^{-1}$ である．T_pM と T_p^*M の間の同型写像は

$$\omega_\mu = g_{\mu\nu}U^\nu, \qquad U^\mu = g^{\mu\nu}\omega_\nu \tag{7.2}$$

と表される．

式 (7.1) から無限小距離の 2 乗としての計量の '旧式' の定義を再び得ることができる．無限小変位 $\mathrm{d}x^\mu \partial/\partial x^\mu \in T_pM$ をとり g に入れると

$$\begin{aligned}\mathrm{d}s^2 &= g\left(\mathrm{d}x^\mu \frac{\partial}{\partial x^\mu}, \mathrm{d}x^\nu \frac{\partial}{\partial x^\nu}\right) = \mathrm{d}x^\mu \mathrm{d}x^\nu g\left(\frac{\partial}{\partial x^\mu}, \frac{\partial}{\partial x^\nu}\right) \\ &= g_{\mu\nu}\mathrm{d}x^\mu \mathrm{d}x^\nu\end{aligned} \tag{7.3}$$

と表される．厳密な意味では計量はテンソル $g = g_{\mu\nu}\mathrm{d}x^\mu \otimes \mathrm{d}x^\nu$ であるが，$\mathrm{d}s^2 = g_{\mu\nu}\mathrm{d}x^\mu \mathrm{d}x^\nu$ もまた計量とよぶことにする．

$(g^{\mu\nu})$ は対称行列であるので，その固有値はすべて実数である．g が Riemann 計量ならばすべての固有値は正であり，擬 Riemann 計量ならば負のものもある．正の固有値が i 個で負の固有値が j 個であるとき，対 (i,j) を計量の**指数**という．$j=1$ ならば **Lorentz 計量**とよばれる．適当な直交行列により計量が対角化されると，基底ベクトルを適当な正の数でスケールすることによって容易に対角成分を ± 1 にできる．Riemann 計量からは **Euclid 計量** $\delta = \mathrm{diag}(1,1,1,1)$ が得られ，Lorentz 計量からは **Minkowski 計量** $\eta = \mathrm{diag}(-1,1,1,1)$ が得られる．

(M,g) が Lorentz 多様体である場合 T_pM の元は次のように 3 つのクラスに分かれる；

(i) $g(U,U) > 0 \to U$ は**空間的**である，

(ii) $g(U,U) = 0 \to U$ は**光錐的**（あるいは**零** (null)）である， (7.4)

(iii) $g(U,U) < 0 \to U$ は**時間的**である．

問 7.1 次の計量

$$(g_{\mu\nu}) = \begin{pmatrix} 0 & 1 & 0 & 0 \\ 1 & 0 & 0 & 0 \\ 0 & 0 & 1 & 0 \\ 0 & 0 & 0 & 1 \end{pmatrix} \tag{7.4}$$

を対角化して，これが Minkowski 計量に帰着することを示せ．計量がこの形をもつ標構は**光錐標構**として知られている．$\{e_0, e_1, e_2, e_3\}$ を計量が $g_{\mu\nu} = \eta_{\mu\nu}$ である Minkowski 標構の基底とする．このとき $e_\pm \equiv (e_1 \pm e_0)/\sqrt{2}$ とすると $\{e_+, e_-, e_2, e_3\}$ は光錐標構における基底であることを示せ．$V = (V^+, V^-, V^2, V^3)$ をベクトル V の成分とする．このとき対応する 1-形式の成分を求めよ．

微分多様体 M が Riemann 計量 g をもつとき，対 (M, g) を **Riemann 多様体**とよぶ．g が擬 Riemann 計量であるときは，(M, g) を**擬 Riemann 多様体**とよぶ．g が Lorentz 計量であるときは，(M, g) を **Lorentz 多様体**とよぶ．Lorentz 多様体は相対性理論において特に興味ある対象である．例えば m 次元 Euclid 空間 $(\mathbb{R}^m, \delta)$ は Riemann 多様体であり，m 次元 Minkowski 空間 $(\mathbb{R}^m, \eta)$ は Lorentz 多様体である．

7.1.2 誘導計量

M を，計量 g_N をもつ n 次元多様体 N の m 次元部分多様体とする．$f : M \to N$ が M の部分多様体としての構造を誘導する埋め込みならば (5.2 節を見よ)，引き戻し写像 f^* は自然な計量 $g_M = f^* g_N$ を M 上に誘導する．g_M の成分は

$$g_{M\mu\nu}(x) = g_{N\alpha\beta}(f(x)) \frac{\partial f^\alpha}{\partial x^\mu} \frac{\partial f^\beta}{\partial x^\nu} \tag{7.5}$$

で与えられる．ここで f^α は $f(x)$ の座標を表す．例えば $(\mathbb{R}^3, \delta)$ における単位球面の計量を考える．(θ, ϕ) を S^2 の極座標で，f を通常の包含写像により

$$f : (\theta, \phi) \mapsto (\sin\theta\cos\phi, \sin\theta\sin\phi, \cos\theta)$$

と定義すると誘導計量

$$\begin{aligned} g_{\mu\nu} dx^\mu \otimes dx^\nu &= \delta_{\alpha\beta} \frac{\partial f^\alpha}{\partial x^\mu} \frac{\partial f^\beta}{\partial x^\nu} dx^\mu \otimes dx^\nu \\ &= d\theta \otimes d\theta + \sin^2\theta d\phi \otimes d\phi \end{aligned} \tag{7.6}$$

が得られる．

問 7.2 $f : T^2 \to \mathbb{R}^3$ を

$$f : (\theta, \phi) \mapsto ((R + r\cos\theta)\cos\phi, (R + r\cos\theta)\sin\phi, r\sin\theta)$$

で定義されるトーラスの $(\mathbb{R}^3, \delta)$ への埋め込みとする．ただし $R > r$ である．このとき T^2 上の誘導計量は

$$g = r^2 d\theta \otimes d\theta + (R + r\cos\theta)^2 d\phi \otimes d\phi \tag{7.7}$$

であることを示せ．

多様体 N が擬 Riemann 多様体のときには，その部分多様体 $f: M \to N$ が必ずしも計量 f^*g_N をもつとは限らない．テンソル f^*g_N は それが M 上で固定された指数をもつときに限り計量となる．

7.2 平行移動，接続，共変微分

ベクトル X は $f \in \mathcal{F}(M)$ 上に $X: f \mapsto X[f]$ として作用する方向微分である．しかし (p,q) 型テンソル場に作用する方向微分で，M の微分構造から自然に引き起こされるようなものは存在しない．[注: Lie 微分 $\mathcal{L}_V X = [V, X]$ は V の微分に依存しているので方向微分ではない．] そこで必要となる構造が**接続**である．それはテンソルをある曲線に沿っていかに移動するかを指定するものである．

7.2.1 発見的導入

最初に平行移動と共変微分に対する発見的アプローチを与える．今まで何度か注意したように，異なる点で定義された 2 つのベクトルを単純に比べることはできない．$\mathbb{R}^m$ におけるベクトル場の微分がどのように定義されるかを見ておこう．ベクトル場 $\boldsymbol{V} = V^\mu \boldsymbol{e}_\mu$ の x^ν に関する微分は μ 成分

$$\frac{\partial V^\mu}{\partial x^\nu} = \lim_{\Delta x \to 0} \frac{V^\mu(\ldots, x^\nu + \Delta x^\nu, \ldots) - V^\mu(\ldots, x^\nu, \ldots)}{\Delta x^\nu}$$

をもつ．右辺の分子の最初の項は $x + \Delta x = (x^1, \ldots, x^\nu + \Delta x^\nu, \ldots, x^m)$ で定義されているが第 2 項は $x = (x^\mu)$ で定義されている．$V^\mu(x + \Delta x)$ から $V^\mu(x)$ を引くには $V^\mu(x)$ を $x + \Delta x$ へ '変化させずに' 移動してその違いを計算しなければならない．このベクトルの移動を**平行移動**とよぶ．我々は暗に $x + \Delta x$ へ平行移動した $V|_x$ が $V^\mu(x)$ と同じ成分をもつと仮定してきた．一方，多様体上ではベクトルを平行移動させる自然な方法がないので，ある点から別の点へ 'いかに平行移動させるか' を指定しなければならない．ベクトル $V|_x$ を $x + \Delta x$ へ平行移動したものを $\widetilde{V}\big|_{x+\Delta x}$ で表す．ここで成分 $\widetilde{V}^\mu$ は条件

$$\widetilde{V}^\mu(x + \Delta x) - V^\mu(x) \propto \Delta x, \tag{7.8a}$$

$$\widetilde{(V^\mu + W^\mu)}(x + \Delta x) = \widetilde{V}^\mu(x + \Delta x) + \widetilde{W}^\mu(x + \Delta x) \tag{7.8b}$$

を満たすことを要請する．これらの条件は

$$\widetilde{V}^\mu(x + \Delta x) = V^\mu(x) - V^\lambda(x) \Gamma^\mu{}_{\nu\lambda}(x) \Delta x^\nu \tag{7.9}$$

と選べば満たされる．V の x^ν に関する**共変微分**は

$$\lim_{\Delta x^\nu \to 0} \frac{V^\mu(x + \Delta x) - \widetilde{V}^\mu(x + \Delta x)}{\Delta x^\nu} \frac{\partial}{\partial x^\mu} = \left(\frac{\partial V^\mu}{\partial x^\nu} + V^\lambda \Gamma^\mu{}_{\nu\lambda} \right) \frac{\partial}{\partial x^\mu} \tag{7.10}$$

で定義される．左辺は共通の点 $x + \Delta x$ で定義された 2 つのベクトル $V|_{x+\Delta x}$ と $\widetilde{V}\big|_{x+\Delta x}$ の差であるので，この量は $x + \Delta x$ におけるベクトルを表す．平行移動の方法は数多くあ

り，Γ を選ぶごとに平行移動の規則が 1 つ決まる．多様体に計量が与えられていれば，都合のよい Γ の選び方が存在する．これを Levi-Civita 接続とよぶ（例 7.1 と 7.4 節参照）．

例 7.1 2 次元 Euclid 空間 $(\mathbb{R}^2, \delta)$ の簡単な例で議論しよう．初等幾何の普通の意味で平行移動を定義する．直交座標系 (x,y) において $\widetilde{V}^\mu(x+\Delta x, y+\Delta y) = V^\mu(x,y)$ が任意の $\Delta x, \Delta y$ について成り立つので Γ の成分はすべてゼロとなる．次に極座標 (r,ϕ) を選ぶ．$(r,\phi) \mapsto (r\cos\phi, r\sin\phi)$ を埋め込みと考えると，その誘導計量

$$g = \mathrm{d}r \otimes \mathrm{d}r + r^2 \mathrm{d}\phi \otimes \mathrm{d}\phi \tag{7.11}$$

が得られる．$\boldsymbol{V} = V^r \partial/\partial r + V^\phi \partial/\partial \phi$ を (r,ϕ) におけるベクトル場とする．このベクトルを $(r+\Delta r, \phi)$ に平行移動すると，新しいベクトル $\widetilde{\boldsymbol{V}} = \widetilde{V}^r \, \partial/\partial r|_{(r+\Delta r, \phi)} + \widetilde{V}^\phi \, \partial/\partial \phi|_{(r+\Delta r, \phi)}$ を得る（図 7.1 (a) 参照）．$V^r = V\cos\theta, V^\phi = V(\sin\theta/r)$ に注意せよ．ただし $V = \sqrt{g(\boldsymbol{V},\boldsymbol{V})}$ で，θ は $\boldsymbol{V}$ と $\partial/\partial r$ の間の角度である．このとき $\widetilde{V}^r = V^r$ と

$$\widetilde{V}^\phi = \frac{r}{r+\Delta r} V^\phi \simeq V^\phi - \frac{\Delta r}{r} V^\phi$$

を得る．これらの成分を (7.9) と比べて容易に

$$\Gamma^r{}_{rr} = 0, \qquad \Gamma^r{}_{r\phi} = 0, \qquad \Gamma^\phi{}_{rr} = 0, \qquad \Gamma^\phi{}_{r\phi} = \frac{1}{r} \tag{7.12a}$$

が求まる．同様に V を $(r, \phi + \Delta\phi)$ に平行移動すると

$$\widetilde{\boldsymbol{V}} = \widetilde{V}^r \left.\frac{\partial}{\partial r}\right|_{(r,\phi+\Delta\phi)} + \widetilde{V}^\phi \left.\frac{\partial}{\partial \phi}\right|_{(r,\phi+\Delta\phi)}$$

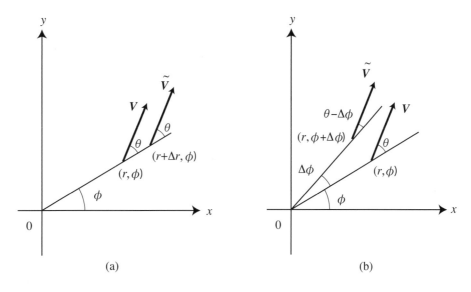

図 **7.1.** $\widetilde{V}$ はベクトル V を (a) $(r+\Delta r, \phi)$ に平行移動したもの，(b) $(r, \phi+\Delta\phi)$ に平行移動したもの．

となる. ここで
$$\widetilde{V}^r = V\cos(\theta - \Delta\phi) \simeq V\cos\theta + V\sin\theta\Delta\phi = V^r + V^\phi r\Delta\phi$$

および
$$\widetilde{V}^\phi = V\frac{\sin(\theta - \Delta\phi)}{r} \simeq V\frac{\sin\theta}{r} - V\cos\theta\frac{\Delta\phi}{r} = V^\phi - V^r\frac{\Delta\phi}{r}$$

である (図 7.1 (b) 参照). これから
$$\Gamma^r{}_{\phi r} = 0, \qquad \Gamma^r{}_{\phi\phi} = -r, \qquad \Gamma^\phi{}_{\phi r} = \frac{1}{r}, \qquad \Gamma^\phi{}_{\phi\phi} = 0 \tag{7.12b}$$

が求まる. Γ は対称性 $\Gamma^\lambda{}_{\mu\nu} = \Gamma^\lambda{}_{\nu\mu}$ を満たすことに注意せよ. またベクトルのノルムが平行移動の下で不変であることも暗に仮定している. これら 2 つの条件を満たす平行移動の規則を **Levi-Civita 接続**とよぶ (7.4 節参照). この直観的アプローチはアファイン接続の形式的定義を導く.

7.2.2 アファイン接続

定義 7.2 アファイン接続 ∇ とは, 写像 $\nabla : \mathfrak{X}(M) \times \mathfrak{X}(M) \to \mathfrak{X}(M)$, $(X,Y) \mapsto \nabla_X Y$ で次の条件を満たすものである:

$$\nabla_X(Y + Z) = \nabla_X Y + \nabla_X Z, \tag{7.13a}$$
$$\nabla_{(X+Y)} Z = \nabla_X Z + \nabla_Y Z, \tag{7.13b}$$
$$\nabla_{(fX)} Y = f\nabla_X Y, \tag{7.13c}$$
$$\nabla_X(fY) = X[f]Y + f\nabla_X Y. \tag{7.13d}$$

ここで $f \in \mathcal{F}(M)$ および $X, Y, Z \in \mathfrak{X}(M)$ である.

M 上で, 座標 $x = \varphi(p)$ をもつチャート (U, φ) を選び m^3 個の**接続係数**とよばれる関数 $\Gamma^\lambda{}_{\nu\mu}$ を

$$\nabla_\nu e_\mu \equiv \nabla_{e_\nu} e_\mu = e_\lambda \Gamma^\lambda{}_{\nu\mu} \tag{7.14}$$

で定義する. ここで $\{e_\mu\} = \{\partial/\partial x^\mu\}$ は T_pM の座標基底である. 接続係数は基底ベクトルが点から点へいかに変化するかを指定するものである. ひとたび ∇ の基底ベクトルへの作用が定義されれば, ∇ の任意のベクトルへの作用が計算できる. $V = V^\mu e_\mu$ と $W = W^\nu e_\nu$ を $\mathfrak{X}(M)$ の元とする. このとき

$$\nabla_V W = V^\mu \nabla_{e_\mu}(W^\nu e_\nu) = V^\mu(e_\mu[W^\nu]e_\nu + W^\nu \nabla_{e_\mu} e_\nu)$$
$$= V^\mu\left(\frac{\partial W^\lambda}{\partial x^\mu} + W^\nu \Gamma^\lambda{}_{\mu\nu}\right) e_\lambda \tag{7.15}$$

となる．ここにおける接続係数の定義は，前に得られた発見的な結果 (7.10) とも一致することに注意せよ．定義から ∇ は2つのベクトル V と W を (7.15) の右辺で与えられる新しいベクトルにうつす．その λ 番目の成分は $V^\mu \nabla_\mu W^\lambda$ である．ここに

$$\nabla_\mu W^\lambda \equiv \frac{\partial W^\lambda}{\partial x^\mu} + \Gamma^\lambda{}_{\mu\nu} W^\nu \tag{7.16}$$

である．$\nabla_\mu W^\lambda$ はベクトル $\nabla_\mu W = \nabla_\mu W^\lambda e_\lambda$ の λ 番目の成分であり，成分 W^λ の共変微分と混同しないように注意せよ．$\nabla_V W$ は Lie 微分 $\mathcal{L}_V W = [V, W]$ とは異なり，V の微分を含まない．この意味で共変微分は，関数の方向微分のテンソルへの適切な一般化である．

7.2.3 平行移動と測地線

多様体 M 上に曲線が与えられたとき，曲線に沿ってベクトルの平行移動を定義することができる．$c : (a, b) \to M$ を M 内の曲線とする．簡単のため，その像は座標が $x = \varphi(p)$ である1つのチャート (U, φ) で被覆されていると仮定する．X を (少なくとも) $c(t)$ に沿って定義されているベクトル場とする；

$$X|_{c(t)} = X^\mu(c(t))\, e_\mu|_{c(t)}. \tag{7.17}$$

ここで $e_\mu = \partial/\partial x^\mu$ である．X が条件

$$\text{任意の } t \in (a, b) \text{ に対して } \nabla_V X = 0 \tag{7.18a}$$

を満たせば X は $c(t)$ に沿って**平行移動された**という．ただし $V = \mathrm{d}/\mathrm{d}t = (\mathrm{d}x^\mu(c(t))/\mathrm{d}t)\, e_\mu|_{c(t)}$ は $c(t)$ における接ベクトルである．条件 (7.18a) は成分で書くと

$$\frac{\mathrm{d}X^\mu}{\mathrm{d}t} + \Gamma^\mu{}_{\nu\lambda} \frac{\mathrm{d}x^\nu(c(t))}{\mathrm{d}t} X^\lambda = 0 \tag{7.18b}$$

となる．もし接ベクトル $V(t)$ 自身が $c(t)$ に沿って平行移動される，すなわち

$$\nabla_V V = 0 \tag{7.19a}$$

ならば曲線 $c(t)$ は**測地線**とよばれる．測地線はある意味で Riemann 多様体における '可能な限り真っ直ぐな曲線' である．測地線方程式 (7.19a) は成分で書くと

$$\frac{\mathrm{d}^2 x^\mu}{\mathrm{d}t^2} + \Gamma^\mu{}_{\nu\lambda} \frac{\mathrm{d}x^\nu}{\mathrm{d}t} \frac{\mathrm{d}x^\lambda}{\mathrm{d}t} = 0 \tag{7.19b}$$

となる．ここで $\{x^\mu\}$ は $c(t)$ の座標である．可能な限り真っ直ぐな曲線の条件として (7.19a) は強すぎるといえるかもしれない．そこでその代わりに，やや弱い形の条件

$$\nabla_V V = fV \tag{7.20}$$

を要請しよう．ここで $f \in \mathcal{F}(M)$ である．'V の変化が V に平行である' ことは直線の特徴でもある．しかしながらパラメタの変換 $t \to t'$ の下で接ベクトルの成分は

$$\frac{\mathrm{d}x^\mu}{\mathrm{d}t} \to \frac{\mathrm{d}t}{\mathrm{d}t'} \frac{\mathrm{d}x^\mu}{\mathrm{d}t}$$

と変化し，もし t' が

$$\frac{\mathrm{d}^2 t'}{\mathrm{d}t^2} = f \frac{\mathrm{d}t'}{\mathrm{d}t}$$

を満たすならば (7.20) は (7.19a) に帰着する．したがって測地線方程式が (7.19a) の形であるように，曲線のパラメタを変換することはいつでも可能である．

問 7.3 (7.19b) はアファイン変換 $t \to at + b$ $(a, b \in \mathbb{R})$ のもとで不変に保たれることを示せ．

7.2.4 テンソル場の共変微分

∇_X は微分としての意味をもつので，$f \in \mathcal{F}(M)$ の共変微分を通常の方向微分

$$\nabla_X f = X[f] \tag{7.21}$$

によって定義するのは自然であろう．このとき (7.13d) はちょうど Leibnitz 規則

$$\nabla_X(fY) = (\nabla_X f)Y + f \nabla_X Y \tag{7.13d'}$$

のようになる．これが任意のテンソル積に関しても正しいことを要請する．すなわち

$$\nabla_X(T_1 \otimes T_2) = (\nabla_X T_1) \otimes T_2 + T_1 \otimes (\nabla_X T_2) \tag{7.22}$$

を要請する．ここで T_1, T_2 は任意の型のテンソル場である．(7.22) は添字の縮約があるときにも正しい．これらの要請の下で 1-形式 $\omega \in \Omega^1(M)$ の共変微分を計算しよう．$Y \in \mathfrak{X}(M)$ に対して $\langle \omega, Y \rangle \in \mathcal{F}(M)$ なので

$$X[\langle \omega, Y \rangle] = \nabla_X[\langle \omega, Y \rangle] = \langle \nabla_X \omega, Y \rangle + \langle \omega, \nabla_X Y \rangle$$

を得るはずである．両辺を成分で書き下すと

$$(\nabla_X \omega)_\nu = X^\mu \partial_\mu \omega_\nu - X^\mu \Gamma^\lambda{}_{\mu\nu} \omega_\lambda \tag{7.23}$$

となる．特に $X = e_\mu$ に対しては

$$(\nabla_\mu \omega)_\nu = \partial_\mu \omega_\nu - \Gamma^\lambda{}_{\mu\nu} \omega_\lambda \tag{7.24}$$

を得る．一方，$\omega = \mathrm{d}x^\nu$ とすると

$$\nabla_\mu \mathrm{d}x^\nu = -\Gamma^\nu{}_{\mu\lambda} \mathrm{d}x^\lambda \tag{7.25}$$

となる ((7.14) 参照)．これらの結果は容易に一般化できて

$$\nabla_\nu t^{\lambda_1 \ldots \lambda_p}{}_{\mu_1 \ldots \mu_q} = \partial_\nu t^{\lambda_1 \ldots \lambda_p}{}_{\mu_1 \ldots \mu_q} + \Gamma^{\lambda_1}{}_{\nu\kappa} t^{\kappa \lambda_2 \ldots \lambda_p}{}_{\mu_1 \ldots \mu_q} + \cdots$$

$$+ \Gamma^{\lambda_p}{}_{\nu\kappa} t^{\lambda_1 \ldots \lambda_{p-1} \kappa}{}_{\mu_1 \ldots \mu_q} - \Gamma^\kappa{}_{\nu\mu_1} t^{\lambda_1 \ldots \lambda_p}{}_{\kappa \mu_2 \ldots \mu_q} - \cdots$$

$$- \Gamma^\kappa{}_{\nu\mu_q} t^{\lambda_1 \ldots \lambda_p}{}_{\mu_1 \ldots \mu_{q-1} \kappa} \tag{7.26}$$

となる．

問 7.4 g を計量テンソルとする．このとき
$$(\nabla_\nu g)_{\lambda\mu} = \partial_\nu g_{\lambda\mu} - \Gamma^\kappa{}_{\nu\lambda} g_{\kappa\mu} - \Gamma^\kappa{}_{\nu\mu} g_{\lambda\kappa} \tag{7.27}$$
を確かめよ．

7.2.5 接続係数の変換規則

$U \cap V \neq \emptyset$ を満たす別のチャート (V, ψ) を導入し，その座標を $y = \psi(p)$ とする．$\{e_\mu\} = \{\partial/\partial x^\mu\}$, $\{f_\alpha\} = \{\partial/\partial y^\alpha\}$ をそれぞれの座標における基底とする．y 座標に対応する接続係数を $\widetilde{\Gamma}^\alpha{}_{\beta\gamma}$ で表す．このとき基底ベクトル f_α は
$$\nabla_{f_\alpha} f_\beta = \widetilde{\Gamma}^\gamma{}_{\alpha\beta} f_\gamma \tag{7.28}$$
を満たす．$f_\alpha = (\partial x^\mu / \partial y^\alpha) e_\mu$ と書けば左辺は
$$\nabla_{f_\alpha} f_\beta = \nabla_{f_\alpha} \left(\frac{\partial x^\mu}{\partial y^\beta} e_\mu \right) = \frac{\partial^2 x^\mu}{\partial y^\alpha \partial y^\beta} e_\mu + \frac{\partial x^\lambda}{\partial y^\alpha} \frac{\partial x^\mu}{\partial y^\beta} \nabla_{e_\lambda} e_\mu$$
$$= \left(\frac{\partial^2 x^\nu}{\partial y^\alpha \partial y^\beta} + \frac{\partial x^\lambda}{\partial y^\alpha} \frac{\partial x^\mu}{\partial y^\beta} \Gamma^\nu{}_{\lambda\mu} \right) e_\nu$$
となる．(7.28) の右辺は $\widetilde{\Gamma}^\gamma{}_{\alpha\beta} (\partial x^\nu / \partial y^\gamma) e_\nu$ に等しいので，接続係数は
$$\widetilde{\Gamma}^\gamma{}_{\alpha\beta} = \frac{\partial x^\lambda}{\partial y^\alpha} \frac{\partial x^\mu}{\partial y^\beta} \frac{\partial y^\gamma}{\partial x^\nu} \Gamma^\nu{}_{\lambda\mu} + \frac{\partial^2 x^\nu}{\partial y^\alpha \partial y^\beta} \frac{\partial y^\gamma}{\partial x^\nu} \tag{7.29}$$
と変換されなければならない．読者はこの変換規則が $\nabla_X Y$ をベクトルにする，すなわち
$$\widetilde{X}^\alpha (\widetilde{\partial}_\alpha \widetilde{Y}^\gamma + \widetilde{\Gamma}^\gamma{}_{\alpha\beta} \widetilde{Y}^\beta) f_\gamma = X^\lambda (\partial_\lambda Y^\nu + \Gamma^\nu{}_{\lambda\mu} Y^\mu) e_\nu$$
であることを実際に確かめられたい．本によっては，しばしば接続係数を (7.29) のように変換されるものとして定義することもある．一方我々の立場では，接続係数が (7.29) にしたがって変換するのは，$\nabla_X Y$ を座標の選び方とは独立にするためである．

問 7.5 Γ を任意の接続係数とする．$t^\lambda{}_{\mu\nu}$ がテンソル場であるならば，$\Gamma^\lambda{}_{\mu\nu} + t^\lambda{}_{\mu\nu}$ は別の接続係数になることを示せ．逆に $\Gamma^\lambda{}_{\mu\nu}$, $\bar{\Gamma}^\lambda{}_{\mu\nu}$ を 2 種類の接続係数と仮定する．このとき $\Gamma^\lambda{}_{\mu\nu} - \bar{\Gamma}^\lambda{}_{\mu\nu}$ は $(1, 2)$ 型テンソルの成分であることを示せ．

7.2.6 計量接続

ここまで Γ は任意としてきた．多様体に計量が与えられると，接続の可能な形に適当な制限を加えることができる．そこで計量 $g_{\mu\nu}$ が <u>共変的に一定</u>，すなわち「2 つのベクトル X, Y が任意の曲線に沿って平行移動されたとき，それらのベクトルの内積は平行移動のもとで一定である」ことを要請する．[例 7.1 においてはすでにこの条件を仮定してあった．] V を任意の曲線に対する接ベクトルとする．このとき
$$0 = \nabla_V [g(X, Y)] = V^\kappa [(\nabla_\kappa g)(X, Y) + g(\nabla_\kappa X, Y) + g(X, \nabla_\kappa Y)]$$
$$= V^\kappa X^\mu Y^\nu (\nabla_\kappa g)_{\mu\nu}$$

を得る．ここで $V^\kappa \nabla_\kappa X = V^\kappa \nabla_\kappa Y = 0$ を用いた．上の式は任意の曲線とベクトルに対して正しいので

$$(\nabla_\kappa g)_{\mu\nu} = 0 \tag{7.30a}$$

あるいは問 7.4 から

$$\partial_\lambda g_{\mu\nu} - \Gamma^\kappa{}_{\lambda\mu} g_{\kappa\nu} - \Gamma^\kappa{}_{\lambda\nu} g_{\kappa\mu} = 0 \tag{7.30b}$$

を得る．もし (7.30a) が満たされればアファイン接続 ∇ は**計量と両立する**，あるいは単に**計量接続**とよばれる．今後はこの計量接続のみを扱うことにしよう．(λ, μ, ν) の順列の入れ替えから

$$\partial_\mu g_{\nu\lambda} - \Gamma^\kappa{}_{\mu\nu} g_{\kappa\lambda} - \Gamma^\kappa{}_{\mu\lambda} g_{\kappa\nu} = 0, \tag{7.30c}$$

$$\partial_\nu g_{\lambda\mu} - \Gamma^\kappa{}_{\nu\lambda} g_{\kappa\mu} - \Gamma^\kappa{}_{\nu\mu} g_{\kappa\lambda} = 0 \tag{7.30d}$$

を得る．$-(7.30\text{b}) + (7.30\text{c}) + (7.30\text{d})$ から

$$-\partial_\lambda g_{\mu\nu} + \partial_\mu g_{\nu\lambda} + \partial_\nu g_{\lambda\mu} + T^\kappa{}_{\lambda\mu} g_{\kappa\nu} + T^\kappa{}_{\lambda\nu} g_{\kappa\mu} - 2\Gamma^\kappa{}_{(\mu\nu)} g_{\kappa\lambda} = 0 \tag{7.31}$$

が得られる．ここで $T^\kappa{}_{\lambda\mu} \equiv 2\Gamma^\kappa{}_{[\lambda\mu]} \equiv \Gamma^\kappa{}_{\lambda\mu} - \Gamma^\kappa{}_{\mu\lambda}$ および $\Gamma^\kappa{}_{(\mu\nu)} \equiv \frac{1}{2}(\Gamma^\kappa{}_{\nu\mu} + \Gamma^\kappa{}_{\mu\nu})$ である．テンソル $T^\kappa{}_{\lambda\mu}$ は下付添字に関して反対称 $T^\kappa{}_{\lambda\mu} = -T^\kappa{}_{\mu\lambda}$ で，**捩率テンソル**とよばれる (問 7.6 参照)．捩率テンソルは次節で詳しく考察する．(7.31) を $\Gamma^\kappa{}_{(\mu\nu)}$ に対して解くと

$$\Gamma^\kappa{}_{(\mu\nu)} = \begin{Bmatrix} \kappa \\ \mu\nu \end{Bmatrix} + \frac{1}{2}\left(T_\nu{}^\kappa{}_\mu + T_\mu{}^\kappa{}_\nu\right) \tag{7.32}$$

を得る．ここで $\begin{Bmatrix} \kappa \\ \mu\nu \end{Bmatrix}$ は

$$\begin{Bmatrix} \kappa \\ \mu\nu \end{Bmatrix} = \frac{1}{2} g^{\kappa\lambda}\left(\partial_\mu g_{\nu\lambda} + \partial_\nu g_{\mu\lambda} - \partial_\lambda g_{\mu\nu}\right) \tag{7.33}$$

で定義される **Christoffel の記号**である．接続係数 Γ は

$$\Gamma^\kappa{}_{\mu\nu} = \Gamma^\kappa{}_{(\mu\nu)} + \Gamma^\kappa{}_{[\mu\nu]}$$

$$= \begin{Bmatrix} \kappa \\ \mu\nu \end{Bmatrix} + \frac{1}{2}(T_\nu{}^\kappa{}_\mu + T_\mu{}^\kappa{}_\nu + T^\kappa{}_{\mu\nu}) \tag{7.34}$$

で与えられる．(7.34) の式の最後の式の第 2 項は**歪率**とよばれ $K^\kappa{}_{\mu\nu}$ と書かれる：

$$K^\kappa{}_{\mu\nu} \equiv \frac{1}{2}(T^\kappa{}_{\mu\nu} + T_\mu{}^\kappa{}_\nu + T_\nu{}^\kappa{}_\mu). \tag{7.35}$$

捩率テンソルが多様体 M 上でゼロになっていれば，計量接続 ∇ は **Levi-Civita 接続**とよばれる．Levi-Civita 接続は，曲面上の古典幾何学で定義される接続の自然な一般化になっている (7.4 節参照)．

問 7.6 $T^\kappa{}_{\mu\nu}$ はテンソルの変換規則に従うことを示せ．[ヒント：(7.29) を使え．] また $K^\kappa{}_{[\mu\nu]} = \frac{1}{2} T^\kappa{}_{\mu\nu}$ および $K_{\kappa\mu\nu} = -K_{\nu\mu\kappa}$ を示せ．ここで $K_{\kappa\mu\nu} = g_{\kappa\lambda} K^\lambda{}_{\mu\nu}$ である．

7.3 曲率と捩率

7.3.1 諸定義

Γ はテンソルではないので，多様体の曲がり具合を測る「ものさし」としての本質的な幾何学的意味をもち得ない．例えば例 7.1 における接続係数は，直交座標ではゼロであるが極座標ではゼロではない．そこで本質的な意味をもつものとして**捩率テンソル** $T:$ $\mathfrak{X}(M) \otimes \mathfrak{X}(M) \to \mathfrak{X}(M)$ と **Riemann 曲率テンソル**（あるいは **Riemann テンソル**）$R:$ $\mathfrak{X}(M) \otimes \mathfrak{X}(M) \otimes \mathfrak{X}(M) \to \mathfrak{X}(M)$ を，それぞれ

$$T(X,Y) \equiv \nabla_X Y - \nabla_Y X - [X,Y], \tag{7.36}$$

$$R(X,Y,Z) \equiv \nabla_X \nabla_Y Z - \nabla_Y \nabla_X Z - \nabla_{[X,Y]} Z \tag{7.37}$$

によって定義する．R を Z に対する作用素と見て，$R(X,Y,Z)$ の代わりに $R(X,Y)Z$ と書くこともある．明らかにこれらは

$$T(X,Y) = -T(Y,X), \qquad R(X,Y)Z = -R(Y,X)Z \tag{7.38}$$

を満たす．一見したところ T と R は微分作用素であるように見えるが，実はそれらが多重線形性をもつことはそれほど明らかではない．まず R がテンソルの性質をもつことを証明する．

$$\begin{aligned}
R(fX, gY)hZ &= f\nabla_X\{g\nabla_Y(hZ)\} - g\nabla_Y\{f\nabla_X(hZ)\} - fX[g]\nabla_Y(hZ) \\
&\quad + gY[f]\nabla_X(hZ) - fg\nabla_{[X,Y]}(hZ) \\
&= fg\nabla_X\{Y[h]Z + h\nabla_Y Z\} - gf\nabla_Y\{X[h]Z + h\nabla_X Z\} \\
&\quad - fg[X,Y][h]Z - fgh\nabla_{[X,Y]}Z \\
&= fgh\{\nabla_X \nabla_Y Z - \nabla_Y \nabla_X Z - \nabla_{[X,Y]}Z\} \\
&= fgh R(X,Y)Z.
\end{aligned}$$

これから R が

$$R(X,Y)Z = X^\lambda Y^\mu Z^\nu R(e_\lambda, e_\mu)e_\nu \tag{7.39}$$

を満たし，したがってテンソルの性質をもつことが直ちにわかる．R は 3 つのベクトル場を 1 つのベクトル場にうつすので $(1,3)$ 型のテンソルである．

問 7.7 (7.36) で定義される T は多重線形

$$T(X,Y) = X^\mu Y^\nu T(e_\mu, e_\nu) \tag{7.40}$$

であり，ゆえに $(1,2)$ 型テンソルであることを示せ．

T と R はテンソルなので,それらの任意のベクトルへの作用は基底ベクトルへの作用がわかれば決まる.座標基底 $\{e_\mu\}$ とその双対基底 $\{dx^\mu\}$ に関してこれらのテンソルの成分は

$$\begin{aligned}T^\lambda{}_{\mu\nu} &= \langle dx^\lambda, T(e_\mu, e_\nu)\rangle = \langle dx^\lambda, \nabla_\mu e_\nu - \nabla_\nu e_\mu\rangle \\ &= \langle dx^\lambda, \Gamma^\eta{}_{\mu\nu} e_\eta - \Gamma^\eta{}_{\nu\mu} e_\eta\rangle = \Gamma^\lambda{}_{\mu\nu} - \Gamma^\lambda{}_{\nu\mu}\end{aligned} \tag{7.41}$$

と

$$\begin{aligned}R^\kappa{}_{\lambda\mu\nu} &= \langle dx^\kappa, R(e_\mu, e_\nu)e_\lambda\rangle = \langle dx^\kappa, \nabla_\mu \nabla_\nu e_\lambda - \nabla_\nu \nabla_\mu e_\lambda\rangle \\ &= \langle dx^\kappa, \nabla_\mu(\Gamma^\eta{}_{\nu\lambda} e_\eta) - \nabla_\nu(\Gamma^\eta{}_{\mu\lambda} e_\eta)\rangle \\ &= \langle dx^\kappa, (\partial_\mu \Gamma^\eta{}_{\nu\lambda})e_\eta + \Gamma^\eta{}_{\nu\lambda}\Gamma^\xi{}_{\mu\eta}e_\xi - (\partial_\nu \Gamma^\eta{}_{\mu\lambda})e_\eta - \Gamma^\eta{}_{\mu\lambda}\Gamma^\xi{}_{\nu\eta}e_\xi\rangle \\ &= \partial_\mu \Gamma^\kappa{}_{\nu\lambda} - \partial_\nu \Gamma^\kappa{}_{\mu\lambda} + \Gamma^\eta{}_{\nu\lambda}\Gamma^\kappa{}_{\mu\eta} - \Gamma^\eta{}_{\mu\lambda}\Gamma^\kappa{}_{\nu\eta}\end{aligned} \tag{7.42}$$

で与えられる.これらの式から直ちに

$$T^\lambda{}_{\mu\nu} = -T^\lambda{}_{\nu\mu}, \qquad R^\kappa{}_{\lambda\mu\nu} = -R^\kappa{}_{\lambda\nu\mu} \tag{7.43}$$

が示される ((7.38) 参照).

7.3.2 Riemann テンソルと捩率テンソルの幾何学的意味

議論を進める前にこれらのテンソルの幾何学的意味を調べておく.最初に Riemann テンソルを考察する.点 p におけるベクトル V を,2 つの異なる曲線 C と C' に沿って点 q に平行移動した場合,q における移動後のベクトルは一般に異なることに注意しよう (図 7.2).しかしながら Euclid 空間においては,ベクトルを平行移動した場合,普通の意味での平行移動が定義されているので,移動後のベクトルは平行移動した道の取り方には依ら

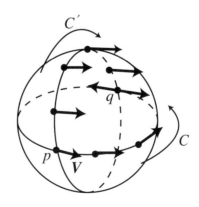

図 7.2. 大円に沿っての V の平行移動を「V が大円となす角度を一定にしたまま移動する」と定義するのは自然である.点 p における V を大円 C と C' に沿って平行移動すると,q における移動後のベクトルは互いに逆向きになっている.

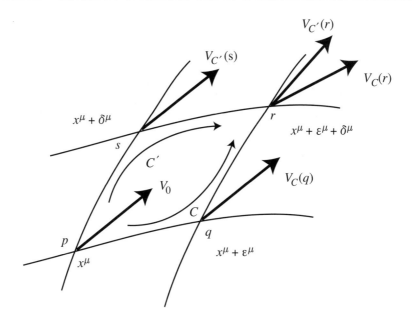

図 7.3. p におけるベクトル V_0 を C と C' に沿って平行移動すると r において $V_C(r)$ と $V_{C'}(r)$ になる．曲率はこの 2 つのベクトルの差を測る．

ない．平行移動に関するこの非可積分性が，座標の特別な選び方に依らず曲率を特徴づける本質的概念を与えると期待される．そこで無限小の平行四辺形 $pqrs$ をとり，その座標をそれぞれ $\{x^\mu\}, \{x^\mu + \varepsilon^\mu\}, \{x^\mu + \varepsilon^\mu + \delta^\mu\}, \{x^\mu + \delta^\mu\}$ とする (図 7.3). ここに ε^μ と δ^μ は無限小である．ベクトル $V_0 \in T_pM$ を $C = pqr$ に沿って平行移動するとベクトル $V_C(r) \in T_rM$ を得る．C に沿って q へ平行移動されたベクトル V_0 は

$$V_C^\mu(q) = V_0^\mu - V_0^\kappa \Gamma^\mu{}_{\nu\kappa}(p)\varepsilon^\nu$$

となる．このとき $V_C^\mu(r)$ は

$$\begin{aligned}
V_C^\mu(r) &= V_C^\mu(q) - V_C^\kappa(q)\Gamma^\mu{}_{\nu\kappa}(q)\delta^\nu \\
&= V_0^\mu - V_0^\kappa \Gamma^\mu{}_{\nu\kappa}\varepsilon^\nu - [V_0^\kappa - V_0^\rho \Gamma^\kappa{}_{\zeta\rho}(p)\varepsilon^\zeta] \\
&\quad \times [\Gamma^\mu{}_{\nu\kappa}(p) + \partial_\lambda \Gamma^\mu{}_{\nu\kappa}(p)\varepsilon^\lambda]\delta^\nu \\
&\simeq V_0^\mu - V_0^\kappa \Gamma^\mu{}_{\nu\kappa}(p)\varepsilon^\nu - V_0^\kappa \Gamma^\mu{}_{\nu\kappa}(p)\delta^\nu \\
&\quad - V_0^\kappa [\partial_\lambda \Gamma^\mu{}_{\nu\kappa}(p) - \Gamma^\rho{}_{\lambda\kappa}(p)\Gamma^\mu{}_{\nu\rho}(p)]\varepsilon^\lambda \delta^\nu
\end{aligned}$$

で与えられる．ここで ε と δ の 2 次まで残した．同様に $C' = psr$ に沿って V_0 を平行移動したものは別のベクトル $V_{C'}(r) \in T_rM$ であり，

$$\begin{aligned}
V_{C'}^\mu(r) &\simeq V_0^\mu - V_0^\kappa \Gamma^\mu{}_{\nu\kappa}(p)\delta^\nu - V_0^\kappa \Gamma^\mu{}_{\nu\kappa}(p)\varepsilon^\nu \\
&\quad - V_0^\kappa [\partial_\nu \Gamma^\mu{}_{\lambda\kappa}(p) - \Gamma^\rho{}_{\nu\kappa}(p)\Gamma^\mu{}_{\lambda\rho}(p)]\varepsilon^\lambda \delta^\nu
\end{aligned}$$

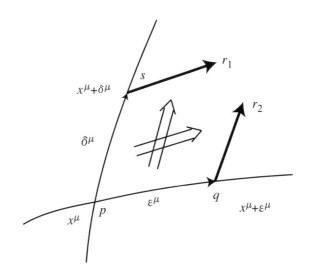

図 7.4. ベクトル ps (pq) は $q(s)$ に平行移動されてベクトル qr_2 (sr_1) となる．一般に $r_1 \neq r_2$ で，捩率はその差 $r_2 r_1$ を測る．

で与えられる．r において 2 つのベクトルは

$$\begin{aligned}
V_{C'}(r) - V_C(r) &= V_0^\kappa [\partial_\lambda \Gamma^\mu{}_{\nu\kappa}(p) - \partial_\nu \Gamma^\mu{}_{\lambda\kappa}(p) \\
&\quad - \Gamma^\rho{}_{\lambda\kappa}(p)\Gamma^\mu{}_{\nu\rho}(p) + \Gamma^\rho{}_{\nu\kappa}(p)\Gamma^\mu{}_{\lambda\rho}(p)]\varepsilon^\lambda \delta^\nu \\
&= V_0^\kappa R^\mu{}_{\kappa\lambda\nu}\varepsilon^\lambda \delta^\nu
\end{aligned} \tag{7.44}$$

だけ異なる．

次に捩率テンソルの幾何学的意味を調べよう．点 $p \in M$ の座標を $\{x^\mu\}$ とし，$X = \varepsilon^\mu e_\mu$ と $Y = \delta^\mu e_\mu$ を $T_p M$ の無限小ベクトルとする．これらのベクトルを微小な移動と見なすと，それらは p の近くに 2 つの点 q と s を定める．それらの座標はそれぞれ $\{x^\mu + \varepsilon^\mu\}$ と $\{x^\mu + \delta^\mu\}$ である (図 7.4)．ベクトル X を直線 ps に沿って平行移動すると，その成分が $\varepsilon^\mu - \varepsilon^\lambda \Gamma^\mu{}_{\nu\lambda}\delta^\nu$ であるベクトル sr_1 を得る．p と r_1 を結ぶ位置ベクトルは

$$pr_1 = ps + sr_1 = \delta^\mu + \varepsilon^\mu - \Gamma^\mu{}_{\nu\lambda}\varepsilon^\lambda \delta^\nu$$

である．同様に δ^μ を pq に沿って平行移動すると，ベクトル

$$pr_2 = pq + qr_2 = \varepsilon^\mu + \delta^\mu - \Gamma^\mu{}_{\lambda\nu}\varepsilon^\lambda \delta^\nu$$

となる．一般に r_1 と r_2 は一致せず，その差は

$$r_2 r_1 = pr_2 - pr_1 = (\Gamma^\mu{}_{\nu\lambda} - \Gamma^\mu{}_{\lambda\nu})\varepsilon^\lambda \delta^\nu = T^\mu{}_{\nu\lambda}\varepsilon^\lambda \delta^\nu \tag{7.45}$$

となる．したがって捩率テンソルは無限小変位ベクトルおよびそれらの平行移動によりできる図形の，平行四辺形から欠けた部分を測る．

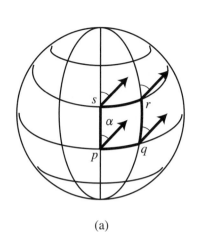
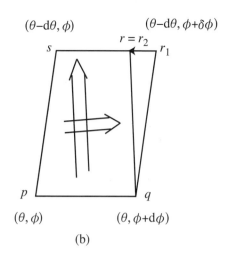

図 7.5. (a) p においてベクトルと緯線とのなす角度が α ならば，平行移動のあいだこの角度は保たれる． (b) ベクトル pq (ps) を s (q) へ平行移動すると，ベクトル sr_1 (qr_2) となる．捩率は消えない．

例 7.2 地球上を航行しているとしよう．航行中，あるベクトルと緯線がなす角度が一定に保たれているとき，このベクトルは「平行移動」されたと定義する．[注：平行移動のこの定義は普通のものとは違う．例えば測地線は大円ではなく Mercator 図法上の直線である．例 7.5 を参照せよ．] さて，経線と緯線からなる小さな四辺形 $pqrs$ に沿って航行しているとしよう（図 7.5 (a)）．p におけるベクトルをそれぞれ pqr と psr に沿って平行移動させる．平行移動の定義から r における 2 つのベクトルは一致するはずで，ゆえに曲率テンソルはゼロとなる．捩率を求めるために点 p, q, r, s を図 7.5 (b) のように表す．pr_1 と pr_2 の差を (7.45) のように求めると捩率が求められる．もしベクトル pq を ps に沿って平行移動すると，ベクトル sr_1 が得られその長さは $R \sin\theta d\phi$ である．一方ベクトル ps を pq に沿って平行移動すると，ベクトル $qr_2 = qr$ が得られる．sr は長さ $R\sin(\theta - d\theta)d\phi \simeq R\sin\theta d\phi - R\cos\theta d\theta d\phi$ なので r_1r_2 の長さは $R\cos\theta d\theta d\phi$ である．r_1r_2 は $-\partial/\partial\phi$ に平行なので，この接続は捩率 $T^\phi{}_{\theta\phi}$ をもつ ((7.45) 参照)．$g_{\phi\phi} = R^2 \sin^2\theta$ から r_1r_2 は成分 $(0, -\cot\theta d\theta d\phi)$ をもつ．r_1r_2 の ϕ–成分は $T^\phi{}_{\theta\phi} d\theta d\phi$ に等しいので $T^\phi{}_{\theta\phi} = -\cot\theta$ を得る．

上の例で，基底 $\{\partial/\partial\theta, \partial/\partial\phi\}$ は 2 つの極点においては定義されていないことに注意せよ．球面 S^2 は，その上至る所で 1 次独立な 2 つのベクトル場を許容しないことが知られている．S^2 上の任意のベクトル場は，S^2 上のどこかでゼロベクトルになるところがあるので，そこでは他のベクトル場と 1 次独立にはなり得ないのである[1]．もし m 次元多様体 M が至る所 1 次独立な m 個のベクトル場を許容するとき，M は**平行化可能**であるとよばれる．平行化可能な多様体上では，これらの m 個のベクトル場を使って M 上の各点で接空間を定義することができる．ベクトル $V_p \in T_pM$ は T_pM における V_p のすべての成分が T_qM における V_q の成分に等しいとき，$V_q \in T_qM$ に平行であると定義してもよい．ベクトル場は M 全体で定義されるので，この平行性は p と q を結ぶ道の取り方に依らな

---

[1] 第 7 章への補足の文献 [MS] の問題 2-B とその解答を参照．

い．したがって Riemann 曲率テンソルはゼロとなるが，一方捩率テンソルは一般にゼロとは限らない．球面 S^m が平行化可能になるのは $m = 1, 3, 7$ の場合に限る．このことはそれぞれ複素数，4元数，8元数の存在と密接に関係する[2]．これを確かめるために，$(\mathbb{R}^4, \delta)$ に埋め込まれた 3 次元球面

$$S^3 = \left\{(x^1, x^2, x^3, x^4) | \sum_{i=1}^{4} (x^i)^2 = 1\right\}$$

を考える．3 つの直交ベクトル

$$\begin{aligned}
\boldsymbol{e}_1(\boldsymbol{x}) &= (-x^2, x^1, -x^4, x^3), \\
\boldsymbol{e}_2(\boldsymbol{x}) &= (-x^3, x^4, x^1, -x^2), \\
\boldsymbol{e}_3(\boldsymbol{x}) &= (-x^4, -x^3, x^2, x^1)
\end{aligned} \tag{7.46}$$

は $\boldsymbol{x} = (x^1, x^2, x^3, x^4)$ に垂直で S^3 上至る所で 1 次独立であり，したがって接空間 $T_{\boldsymbol{x}}S^3$ を定義する．2 つのベクトル $\boldsymbol{V}_1(\boldsymbol{x})$ と $\boldsymbol{V}_2(\boldsymbol{y})$ は $\boldsymbol{V}_1(\boldsymbol{x}) = \sum c^i \boldsymbol{e}_i(\boldsymbol{x}), \boldsymbol{V}_2(\boldsymbol{y}) = \sum c^i \boldsymbol{e}_i(\boldsymbol{y})$ ならば平行である．接続係数は (7.14) から計算される．無限小移動 $\varepsilon \boldsymbol{e}_1(\boldsymbol{x})$ のもとで $\boldsymbol{x} = (x^1, x^2, x^3, x^4)$ は $\boldsymbol{x}' = \boldsymbol{x} + \varepsilon \boldsymbol{e}_1(\boldsymbol{x}) = (x^1 - \varepsilon x^2, x^2 + \varepsilon x^1, x^3 - \varepsilon x^4, x^4 + \varepsilon x^3)$ に変わる．$\boldsymbol{x}$ と $\boldsymbol{x}'$ における基底ベクトルの間の差は，$\boldsymbol{e}_2(\boldsymbol{x}') - \boldsymbol{e}_2(\boldsymbol{x}) = (-x^3 - \varepsilon x^4, x^4 + \varepsilon x^3, x^1 - \varepsilon x^2, -x^2 - \varepsilon x^1) - (-x^3, x^4, x^1, -x^2) = -\varepsilon \boldsymbol{e}_3(\boldsymbol{x}) = \varepsilon \Gamma^\mu{}_{12} \boldsymbol{e}_\mu(\boldsymbol{x})$ である．これから $\Gamma^3{}_{12} = -1, \Gamma^1{}_{12} = \Gamma^2{}_{12} = 0$ が求められる．同様に $\Gamma^3{}_{21} = 1$ で，したがって $T^3{}_{12} = -2$ が求められる．読者はすべての接続係数の計算を行い，$(\lambda\mu\nu)$ が (123) の偶置換 (奇置換) ならば $T^\lambda{}_{\mu\nu} = -2\ (+2)$ でありその他の場合はゼロであることを確かめられたい．

S^3 の平行化可能性がいかに 4 元数の存在と関わるかを見よう．4 元数の積の規則は

$$\begin{aligned}
&(x^1, x^2, x^3, x^4) \cdot (y^1, y^2, y^3, y^4) \\
&= (x^1 y^1 - x^2 y^2 - x^3 y^3 - x^4 y^4, x^1 y^2 + x^2 y^1 + x^3 y^4 - x^4 y^3, \\
&\quad x^1 y^3 - x^2 y^4 + x^3 y^1 + x^4 y^2, x^1 y^4 + x^2 y^3 - x^3 y^2 + x^4 y^1)
\end{aligned} \tag{7.47}$$

で与えられる．そこで S^3 を長さ 1 の 4 元数の集合

$$S^3 = \{(x^1, x^2, x^3, x^4)|\ \boldsymbol{x} \cdot \bar{\boldsymbol{x}} = 1\}$$

として定義する．ここで $\boldsymbol{x}$ の共役は $\bar{\boldsymbol{x}} = (x^1, -x^2, -x^3, -x^4)$ である．(7.46) に従うと，$\boldsymbol{x}_0 = (1, 0, 0, 0)$ における接空間は

$$\boldsymbol{e}_1 = (0, 1, 0, 0), \quad \boldsymbol{e}_2 = (0, 0, 1, 0), \quad \boldsymbol{e}_3 = (0, 0, 0, 1)$$

によって張られる．このとき $\boldsymbol{x} = (x^1, x^2, x^3, x^4)$ における接空間の基底ベクトル (7.46) は 4 元数の積として

$$\boldsymbol{e}_1(\boldsymbol{x}) = \boldsymbol{e}_1 \cdot \boldsymbol{x}, \quad \boldsymbol{e}_2(\boldsymbol{x}) = \boldsymbol{e}_2 \cdot \boldsymbol{x}, \quad \boldsymbol{e}_3(\boldsymbol{x}) = \boldsymbol{e}_3 \cdot \boldsymbol{x} \tag{7.48}$$

---

[2] 佐久間一浩『数 "8" の神秘』(日本評論社，2013) の第 2 章に証明があるので参照されたい．

と表される．この代数により，一度 S^3 上のある点，例えば $\boldsymbol{x}_0 = (1,0,0,0)$ における接ベクトルの基底が与えられれば，S^3 上の任意の点における接ベクトルの基底を与えることが常に可能である．

同じ理由で Lie 群も平行化可能である．Lie 群 G の単位元 e における基底ベクトルの集合 $\{V_1,\ldots,V_m\}$ が与えられれば $\{V_\mu\}$ の左移動により $T_g G$ の基底ベクトルの集合をいつでも求めることができる (5.6 節参照)；

$$\{V_1,\ldots,V_n\} \stackrel{L_{g*}}{\to} \{X_1|_g,\ldots,X_n|_g\}. \tag{7.49}$$

7.3.3 Ricci テンソルとスカラー曲率

Riemann 曲率テンソルから添字を縮約した新しいテンソルを構成する．**Ricci テンソル** Ric は $(0,2)$ 型のテンソルで

$$Ric(X,Y) = \langle \mathrm{d}x^\mu, R(e_\mu,Y)X \rangle \tag{7.50a}$$

によって定義され，その成分は

$$Ric_{\mu\nu} = Ric(e_\mu,e_\nu) = R^\lambda{}_{\mu\lambda\nu} \tag{7.50b}$$

である．**スカラー曲率** $\mathcal{R}$ はさらに添字を縮約して

$$\mathcal{R} \equiv g^{\mu\nu} Ric(e_\mu,e_\nu) = g^{\mu\nu} Ric_{\mu\nu} \tag{7.51}$$

で与えられる．

7.4 Levi-Civita 接続

7.4.1 基本定理

アファイン接続の中で **Levi-Civita 接続** とよばれる特別な接続があり，これは古典的曲面幾何学における接続の自然な一般化になっている．接続 ∇ は，その捩率テンソルがゼロとなるとき **対称接続** とよばれる．座標基底を用いると対称接続の接続係数は

$$\Gamma^\lambda{}_{\mu\nu} = \Gamma^\lambda{}_{\nu\mu} \tag{7.52}$$

を満たす．

定理 7.1 (擬) Riemann 幾何学の基本定理 (擬)Riemann 多様体 (M,g) 上に計量 g と両立する (すなわち $(\nabla_\lambda g)_{\mu\nu} = 0$) 対称接続が一意に存在する．この接続は **Levi-Civita 接続** とよばれる．

証明： これは (7.34) から直ちに示される．$\widetilde{\nabla}$ を

$$\widetilde{\Gamma}^\kappa{}_{\mu\nu} = \left\{ {\kappa \atop \mu\nu} \right\} + K^\kappa{}_{\mu\nu}$$

を満たすような任意の接続とする．ここで $\left\{{}^{\kappa}_{\mu\nu}\right\}$ は Christoffel の記号で K は歪率テンソルである．問 7.5 で $\Gamma^{\kappa}{}_{\mu\nu} \equiv \tilde{\Gamma}^{\kappa}{}_{\mu\nu} + t^{\kappa}{}_{\mu\nu}$ は t が $(1,2)$ 型のテンソル場ならば別の接続であることが示された．そこで $t^{\kappa}{}_{\mu\nu} = -K^{\kappa}{}_{\mu\nu}$ と選ぶと

$$\Gamma^{\kappa}{}_{\mu\nu} = \left\{{}^{\kappa}_{\mu\nu}\right\} = \frac{1}{2}g^{\kappa\lambda}(\partial_\mu g_{\lambda\nu} + \partial_\nu g_{\lambda\mu} - \partial_\lambda g_{\mu\nu}) \tag{7.53}$$

となる．構成からこれは対称で，計量が与えられれば一意に決まる． ∎

問 7.8 ∇ を Levi-Civita 接続とする．

(a) $f \in \mathcal{F}(M)$ とする．このとき

$$\nabla_\mu \nabla_\nu f = \nabla_\nu \nabla_\mu f \tag{7.54}$$

を示せ．

(b) $\omega \in \Omega^1(M)$ とする．このとき

$$d\omega = (\nabla_\mu \omega)_\nu dx^\mu \wedge dx^\nu \tag{7.55}$$

を示せ．

(c) $\omega \in \Omega^1(M)$ とし $U \in \mathfrak{X}(M)$ を対応するベクトル場とする；$U^\mu = g^{\mu\nu}\omega_\nu$．このとき任意の $V, X \in \mathfrak{X}(M)$ に対して

$$g(\nabla_X U, V) = \langle \nabla_X \omega, V \rangle \tag{7.56}$$

を示せ．

例 7.3 (a) $\mathbb{R}^2$ 上の極座標による計量は $g = dr \otimes dr + r^2 d\phi \otimes d\phi$ である．Levi-Civita 接続係数のゼロでない成分は $\Gamma^\phi{}_{r\phi} = \Gamma^\phi{}_{\phi r} = r^{-1}$ と $\Gamma^r{}_{\phi\phi} = -r$ である．これは例 7.1 で得られた結果とも一致する．

(b) S^2 上に誘導される計量は $g = d\theta \otimes d\theta + \sin^2\theta d\phi \otimes d\phi$ である．Levi-Civita 接続のゼロでない成分は

$$\Gamma^\theta{}_{\phi\phi} = -\cos\theta\sin\theta, \qquad \Gamma^\phi{}_{\theta\phi} = \Gamma^\phi{}_{\phi\theta} = \cot\theta \tag{7.57}$$

である．

7.4.2 古典曲面幾何における Levi-Civita 接続

$\mathbb{R}^3$ に埋め込まれた曲面の古典微分幾何において，Levi-Civita は近くにある 2 点 p, q におけるベクトルの平行移動を次の意味で定義した（図 7.6）．最初に p における接平面と p におけるベクトル V_p を選ぶ．V_p は接平面内にあるとする．q におけるベクトル V_q は，p における接平面への V_q の射影が，通常の意味で V_p に平行であるとき，V_p に平行であると定義する．さて図 7.7 のように p の近くの 2 点 q と s をとり，変位ベクトル pq を ps

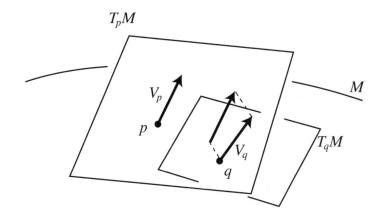

図 7.6. 曲面 M 上のベクトル $V_p \in T_p M$ と $V_q \in T_q M$ を考える．V_q の $T_p M$ への射影が，$\mathbb{R}^2$ 上の普通の意味で V_p に平行であるとき，V_p と V_q は平行であると定義される．

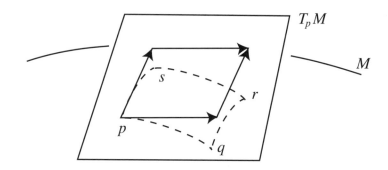

図 7.7. 平行移動が Levi-Civita の意味で定義されていれば捩率は恒等的に消える．

に沿って，また ps を pq に沿って平行移動させる．もし平行移動が Levi-Civita の意味で定義されていれば，p における接平面に射影されたベクトルは閉じた平行四辺形を形成するのでこの平行移動の捩率はゼロとなる．定理 7.1 で証明されたように捩率がゼロとなる接続が一意に存在するが，これはここで定義された平行移動の任意の多様体への一般化である．

7.4.3 測地線

Levi-Civita 接続が与えられると，その接続係数や Riemann テンソルあるいはそれらの間の関係式が比較的簡単に計算できる．計算の簡明さに加えて，Levi-Civita 接続は (可能な限り「真っ直ぐな」な曲線として定義される) 測地線にまた別の，2 点を結ぶ可能な限り「最短の」曲線という側面をも定める．Newton 力学において自由粒子の軌道は，可能な限り最短の曲線であると同時に，可能な限り真っ直ぐな線，すなわち直線である．Einstein はこの性質が一般相対論においても同様に満たされることを要求した；もし重力が時空の幾何の一部として解釈されるならば自由落下する粒子は可能な限り最短の曲線であると同

時に，可能な限り真っ直ぐな曲線の軌道となるはずである．[注：正確には，可能な限り最短の曲線であるというのは強すぎる条件である．下で見るように，Levi-Civita 接続に関して定義された測地線は 2 点を結ぶ曲線の長さの極値を与える．]

例 7.4 平坦な多様体 $(\mathbb{R}^m, \delta)$ あるいは $(\mathbb{R}^m, \eta)$ において Levi-Civita 接続の係数 Γ は恒等的に消える．ゆえに測地線方程式 (7.19b) は $x^\mu = A^\mu t + B^\mu$ と簡単に解ける．ただし A^μ, B^μ は定数である．

問 7.9 円柱 $S^1 \times \mathbb{R}$ 上の計量は $g = \mathrm{d}\phi \otimes \mathrm{d}\phi + \mathrm{d}z \otimes \mathrm{d}z$ で与えられる．ここで ϕ は S^1 の極座標の角度で z は $\mathbb{R}$ の座標である．このとき Levi-Civita 接続で与えられる測地線は螺線であることを示せ．

「可能な限り真っ直ぐな曲線」と「距離の極値性」の同値性は次のようにして証明される．最初に曲線に沿っての距離 s により，曲線を $x^\mu = x^\mu(s)$ とパラメタ表示する．2 点 p と q を結ぶ道 c の長さは

$$I(c) = \int_c \mathrm{d}s = \int_c \sqrt{g_{\mu\nu} x'^\mu x'^\nu} \mathrm{d}s. \tag{7.58}$$

ここで $x'^\mu = \mathrm{d}x^\mu/\mathrm{d}s$ である．(7.58) から Euler-Lagrange 方程式を導く代わりに，もう少し易しい問題を解くことにしよう．$F \equiv \frac{1}{2} g_{\mu\nu} x'^\mu x'^\nu$ とし，(7.58) を $I(c) = \int_c L(F) \mathrm{d}s$ と書くことにする．もともとの問題に対する Euler-Lagrange 方程式は

$$\frac{\mathrm{d}}{\mathrm{d}s}\left(\frac{\partial L}{\partial x'^\lambda}\right) - \frac{\partial L}{\partial x^\lambda} = 0 \tag{7.59}$$

となる．このとき，$F = \frac{1}{2} L^2$ は

$$\frac{\mathrm{d}}{\mathrm{d}s}\left(\frac{\partial F}{\partial x'^\lambda}\right) - \frac{\partial F}{\partial x^\lambda} = L\left[\frac{\mathrm{d}}{\mathrm{d}s}\left(\frac{\partial L}{\partial x'^\lambda}\right) - \frac{\partial L}{\partial x^\lambda}\right] + \frac{\partial L}{\partial x'^\lambda}\frac{\mathrm{d}L}{\mathrm{d}s} = \frac{\partial L}{\partial x'^\lambda}\frac{\mathrm{d}L}{\mathrm{d}s} \tag{7.60}$$

を満たす．最後の式は，曲線に沿って $L \equiv 1$ なのでゼロとなる；$\mathrm{d}L/\mathrm{d}s = 0$．こうして L が Euler-Lagrange 方程式を満たせば F もそうであることが示された．このとき

$$\begin{aligned}
&\frac{\mathrm{d}}{\mathrm{d}s}(g_{\lambda\mu} x'^\mu) - \frac{1}{2}\frac{\partial g_{\mu\nu}}{\partial x^\lambda} x'^\mu x'^\nu \\
&= \frac{\partial g_{\lambda\mu}}{\partial x^\nu} x'^\mu x'^\nu + g_{\lambda\mu} \frac{\mathrm{d}^2 x^\mu}{\mathrm{d}s^2} - \frac{1}{2}\frac{\partial g_{\mu\nu}}{\partial x^\lambda} x'^\mu x'^\nu \\
&= g_{\lambda\mu} \frac{\mathrm{d}^2 x^\mu}{\mathrm{d}s^2} + \frac{1}{2}\left(\frac{\partial g_{\lambda\mu}}{\partial x^\nu} + \frac{\partial g_{\lambda\nu}}{\partial x^\mu} - \frac{\partial g_{\mu\nu}}{\partial x^\lambda}\right) \frac{\mathrm{d}x^\lambda}{\mathrm{d}s} \frac{\mathrm{d}x^\nu}{\mathrm{d}s} = 0
\end{aligned} \tag{7.61}$$

を得る．(7.61) の両辺に $g^{\kappa\lambda}$ を掛けると測地線方程式 (7.19b) が再び得られる．

L と F が同じ変分問題を満たすことを証明したので，この事実を利用して Christoffel の記号を計算する．例として S^2 の場合を考える．F は $\frac{1}{2}(\theta'^2 + \sin^2\theta \phi'^2)$ で，その Euler-Lagrange 方程式は

$$\frac{\mathrm{d}^2\theta}{\mathrm{d}s^2} - \sin\theta \cos\theta \left(\frac{\mathrm{d}\phi}{\mathrm{d}s}\right)^2 = 0, \tag{7.62a}$$

$$\frac{\mathrm{d}^2\phi}{\mathrm{d}s^2} + 2\cot\theta \frac{\mathrm{d}\phi}{\mathrm{d}s}\frac{\mathrm{d}\theta}{\mathrm{d}s} = 0 \tag{7.62b}$$

である．これから容易に接続係数が $\Gamma^\theta{}_{\phi\phi} = -\sin\theta\cos\theta$ と $\Gamma^\phi{}_{\phi\theta} = \Gamma^\phi{}_{\theta\phi} = \cot\theta$ であることが読み取れる ((7.57) 参照).

例 7.5 S^2 の測地線を計算しよう．しかし測地線方程式 (7.62) を解くよりも，S^2 上の 2 点を結ぶ曲線の長さが最小になることから測地線を求めよう．一般性を失うことなく，これらの 2 点の座標を (θ_1, ϕ_0), (θ_2, ϕ_0) としてよい．$\phi = \phi(\theta)$ をこれらの 2 点を結ぶ曲線とする．このとき曲線の長さは

$$I(c) = \int_{\theta_1}^{\theta_2} \sqrt{1 + \sin^2\theta \left(\frac{\mathrm{d}\phi}{\mathrm{d}\theta}\right)^2}\, \mathrm{d}\theta \tag{7.63}$$

で，これは $\mathrm{d}\phi/\mathrm{d}\theta \equiv 0$ のとき，すなわち $\phi \equiv \phi_0$ のとき，最小になる．したがって測地線は大円 (θ, ϕ_0), $\theta_1 \leq \theta \leq \theta_2$ である．

[注：(7.62) を解くのはそれほど難しくない．$\theta = \theta(\phi)$ を測地線の方程式とする．このとき

$$\frac{\mathrm{d}\theta}{\mathrm{d}s} = \frac{\mathrm{d}\theta}{\mathrm{d}\phi}\frac{\mathrm{d}\phi}{\mathrm{d}s}, \qquad \frac{\mathrm{d}^2\theta}{\mathrm{d}s^2} = \frac{\mathrm{d}^2\theta}{\mathrm{d}\phi^2}\left(\frac{\mathrm{d}\phi}{\mathrm{d}s}\right)^2 + \frac{\mathrm{d}\theta}{\mathrm{d}\phi}\frac{\mathrm{d}^2\phi}{\mathrm{d}s^2}$$

である．これらを (7.62a) に代入して

$$\frac{\mathrm{d}^2\theta}{\mathrm{d}\phi^2}\left(\frac{\mathrm{d}\phi}{\mathrm{d}s}\right)^2 + \frac{\mathrm{d}\theta}{\mathrm{d}\phi}\frac{\mathrm{d}^2\phi}{\mathrm{d}s^2} - \sin\theta\cos\theta\left(\frac{\mathrm{d}\phi}{\mathrm{d}s}\right)^2 = 0 \tag{7.64}$$

を得る．(7.62b) と (7.64) を用いると

$$\frac{\mathrm{d}^2\theta}{\mathrm{d}\phi^2} - 2\cot\theta \left(\frac{\mathrm{d}\theta}{\mathrm{d}\phi}\right)^2 - \sin\theta\cos\theta = 0 \tag{7.65}$$

が得られる．ここで $f(\theta) \equiv \cot\theta$ と定義すれば，(7.65) は

$$\frac{\mathrm{d}^2 f}{\mathrm{d}\phi^2} + f = 0$$

となる．その一般解は $f(\theta) = \cot\theta = A\cos\phi + B\sin\phi$ あるいは

$$A\sin\theta\cos\phi + B\sin\theta\sin\phi - \cos\theta = 0 \tag{7.66}$$

である．(7.66) は法線ベクトルが $(A, B, -1)$ の平面上にある大円の方程式である．]

例 7.6 U を上半平面 $U \equiv \{(x, y) |\ y > 0\}$ とし，その上に **Poincaré 計量**

$$g = \frac{\mathrm{d}x \otimes \mathrm{d}x + \mathrm{d}y \otimes \mathrm{d}y}{y^2} \tag{7.67}$$

を導入する．測地線方程式は

$$x'' - \frac{2}{y}x'y' = 0, \tag{7.68a}$$

$$y'' - \frac{1}{y}(x'^2 - y'^2) = 0 \tag{7.68b}$$

となる．ここに $x' \equiv \mathrm{d}x/\mathrm{d}s$ 等である．方程式 (7.68a) は両辺を x' で割ると容易に積分できて

$$\frac{x'}{y^2} = \frac{1}{R} \tag{7.69}$$

となる．ただし R は定数である．パラメタ s をベクトル (x', y') が長さ 1 になるように取ると，$(x'^2 + y'^2)/y^2 = 1$ となる．(7.69) からこれは $y^2/R^2 + (y'/y)^2 = 1$, すなわち

$$\mathrm{d}s = \frac{\mathrm{d}y}{y\sqrt{1 - y^2/R^2}} = \frac{\mathrm{d}t}{\sin t}$$

となる．ここで $y = R\sin t$ とおいた．このとき，方程式 (7.69) は

$$x' = \frac{y^2}{R} = R\sin^2 t$$

となる．すると x は t について解けて

$$x = \int x' \mathrm{d}s = \int \frac{\mathrm{d}x}{\mathrm{d}s}\frac{\mathrm{d}s}{\mathrm{d}t} \mathrm{d}t$$
$$= \int R\sin t \, \mathrm{d}t = -R\cos t + x_0$$

となる．結局，解

$$x = -R\cos t + x_0, \qquad y = R\sin t \qquad (y > 0) \tag{7.70}$$

を得るが，これは $(x_0, 0)$ を中心とする半径 R の円である．最大に伸びた測地線は $0 < t < \pi$ で与えられ (図 7.8) その長さは無限大である．すなわち

$$I = \int \mathrm{d}s = \int_{0+\varepsilon}^{\pi-\varepsilon} \frac{\mathrm{d}s}{\mathrm{d}t} \mathrm{d}t = \int_{0+\varepsilon}^{\pi-\varepsilon} \frac{1}{\sin t} \mathrm{d}t$$
$$= -\frac{1}{2}\log\frac{1+\cos t}{1-\cos t}\bigg|_{0+\varepsilon}^{\pi-\varepsilon} \xrightarrow[\varepsilon \to 0]{} \infty.$$

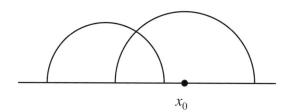

図 **7.8.** 上半平面において，Poincaré 計量で定義された測地線．測地線は無限大の長さをもつ．

7.4.4 正規座標系

ここでの扱いは Levi-Civita 接続に限定されないが，Levi-Civita 接続が与えられた場合には特に簡明な形をとる．$c(t)$ を接続 ∇ に関して定義された (M, g) における測地線とし，

それは

$$c(0) = p, \qquad \left.\frac{\mathrm{d}}{\mathrm{d}t}\right|_p = X = X^\mu e_\mu \in T_pM \tag{7.71}$$

を満たすものとする．ここで $\{e_\mu\}$ は点 p における座標基底である．p から出る測地線は $X \in T_pM$ を与えることによって指定される．p の近くの点 q をとる．p と q を結ぶ測地線はたくさん存在する．しかしながら $c_q(1) = q$ を満たす測地線 c_q は一意的に存在する．$X_q \in T_pM$ を，p におけるこの測地線の接線ベクトルとする．q が p とそれほど離れていない限り q は一意的に $X_q = X_q^\mu e_\mu \in T_pM$ を定め，したがって $\varphi : q \to X_q^\mu$ が p の近傍において適当な座標系となる．この座標系を，基点 p および基底 $\{e_\mu\}$ をもつ**正規座標系**とよぶ．明らかに $\varphi(p) = 0$ である．写像 $\text{EXP} : T_pM \to M$ を $\text{EXP}X_q = q$ で定義する．定義から

$$\varphi(\text{EXP}\, X_q^\mu e_\mu) = X_q^\mu \tag{7.72}$$

である．この座標系に関して $c(0) = p$, $c(1) = q$ を満たす測地線 $c(t)$ は X_q^μ を q の正規座標とすると，座標表示

$$\varphi(c(t)) = X^\mu = X_q^\mu t \tag{7.73}$$

をもつ．

さて Levi-Civita 接続係数が正規座標系においてゼロとなることを示そう．まず正規座標系で測地線方程式を書き下すと，

$$0 = \frac{\mathrm{d}^2 X^\mu}{\mathrm{d}t^2} + \Gamma^\mu{}_{\nu\lambda}(X_q^\kappa t)\frac{\mathrm{d}X^\nu}{\mathrm{d}t}\frac{\mathrm{d}X^\lambda}{\mathrm{d}t} = \Gamma^\mu{}_{\nu\lambda}(X_q^\kappa t)X_q^\nu X_q^\lambda \tag{7.74}$$

となる．点 p (すなわち $t = 0$) における任意の X_q^ν に対して $\Gamma^\mu{}_{\nu\lambda}(p)X_q^\nu X_q^\lambda = 0$ なので $\Gamma^\mu{}_{\nu\lambda}(p) + \Gamma^\mu{}_{\lambda\nu}(p) = 0$ が導かれる．我々の接続は対称なので，これは

$$\Gamma^\mu{}_{\nu\lambda}(p) = 0 \tag{7.75}$$

を意味する．その結果，この座標系における任意のテンソル t の共変微分は点 p において極めて簡単な形

$$\nabla_X t^{...}_{...} = X[t^{...}_{...}] \tag{7.76}$$

をとる．

方程式 (7.75) は $q\,(\neq p)$ において $\Gamma^\mu{}_{\nu\lambda}$ がゼロとなることは意味しない．実際 (7.42) から

$$R^\kappa{}_{\lambda\mu\nu}(p) = \partial_\mu \Gamma^\kappa{}_{\nu\lambda}(p) - \partial_\nu \Gamma^\kappa{}_{\mu\lambda}(p) \tag{7.77}$$

となり，$R^\kappa{}_{\lambda\mu\nu}(p) \neq 0$ ならば $\partial_\mu \Gamma^\kappa{}_{\nu\lambda}(p) \neq 0$ となる．

7.4.5 Levi-Civita 接続の Riemann 曲率テンソル

∇ を Levi-Civita 接続とする．Riemann 曲率テンソルの成分は (7.42) により

$$\Gamma^\lambda{}_{\mu\nu} = \begin{Bmatrix} \kappa \\ \mu\nu \end{Bmatrix}$$

で与えられる．捩率テンソルは定義によりゼロである．したがって Levi-Civita 接続が与えられると多くの公式は簡明化される．

問 7.10 (a) $g = \mathrm{d}r \otimes \mathrm{d}r + r^2(\mathrm{d}\theta \otimes \mathrm{d}\theta + \sin^2\theta \mathrm{d}\phi \otimes \mathrm{d}\phi)$ を $(\mathbb{R}^3, \delta)$ の計量とする．ここに $0 \leq \theta \leq \pi$, $0 \leq \phi < 2\pi$ である．直接計算により Levi-Civita 接続に関する Riemann 曲率テンソルの成分はすべてゼロとなることを示せ．

(b) 空間的に一様等方な宇宙は **Robertson-Walker 計量**

$$g = -\mathrm{d}t \otimes \mathrm{d}t + a^2(t)\left(\frac{\mathrm{d}r \otimes \mathrm{d}r}{1-kr^2} + r^2(\mathrm{d}\theta \otimes \mathrm{d}\theta + \sin^2\theta \mathrm{d}\phi \otimes \mathrm{d}\phi)\right) \tag{7.78}$$

により記述される．ここで k は定数であり，r を適当にスケールすると $-1, 0, 1$ の値をとる．また $0 \leq \theta \leq \pi$, $0 \leq \phi < 2\pi$ である．もし $k = +1$ ならば r は $0 \leq r < 1$ に制限される．このとき，Riemann テンソル，Ricci テンソル，スカラー曲率を計算せよ．

(c) **Schwarzschild 計量**は

$$g = -\left(1 - \frac{2M}{r}\right)\mathrm{d}t \otimes \mathrm{d}t + \frac{1}{1 - \frac{2M}{r}}\mathrm{d}r \otimes \mathrm{d}r + r^2(\mathrm{d}\theta \otimes \mathrm{d}\theta + \sin^2\theta \mathrm{d}\phi \otimes \mathrm{d}\phi) \tag{7.79}$$

で与えられる．ここで $0 < 2M < r$, $0 \leq \theta \leq \pi$, $0 \leq \phi < 2\pi$．このとき，Riemann テンソル，Ricci テンソル，スカラー曲率を計算せよ．[注：計量 (7.79) は Einstein 方程式の静的球対称真空解で M は質量パラメタである．]

問 7.11 R を Levi-Civita 接続に関して定義された Riemann テンソルとする．このとき

$$R_{\kappa\lambda\mu\nu} = \frac{1}{2}\left(\frac{\partial^2 g_{\kappa\mu}}{\partial x^\lambda \partial x^\nu} - \frac{\partial^2 g_{\lambda\mu}}{\partial x^\kappa \partial x^\nu} - \frac{\partial^2 g_{\kappa\nu}}{\partial x^\lambda \partial x^\mu} + \frac{\partial^2 g_{\lambda\nu}}{\partial x^\kappa \partial x^\mu}\right)$$
$$+ g_{\zeta\eta}(\Gamma^\zeta{}_{\kappa\mu}\Gamma^\eta{}_{\lambda\nu} - \Gamma^\zeta{}_{\kappa\nu}\Gamma^\eta{}_{\lambda\mu})$$

を示せ．ここで $R_{\kappa\lambda\mu\nu} = g_{\kappa\zeta}R^\zeta{}_{\lambda\mu\nu}$．また対称性

$$R_{\kappa\lambda\mu\nu} = -R_{\kappa\lambda\nu\mu}, \quad ((7.43)\text{ 参照}) \tag{7.80a}$$

$$R_{\kappa\lambda\mu\nu} = -R_{\lambda\kappa\mu\nu}, \tag{7.80b}$$

$$R_{\kappa\lambda\mu\nu} = R_{\mu\nu\kappa\lambda}, \tag{7.80c}$$

$$Ric_{\mu\nu} = Ric_{\nu\mu} \tag{7.80d}$$

が成り立つことを確かめよ．

定理 7.2 (Bianchi 恒等式) R を Levi-Civita 接続に関して定義された Riemann テンソルとする．このとき R は次の恒等式を満たす．

$$R(X,Y)Z + R(Z,X)Y + R(Y,Z)X = 0 \qquad \text{(第 1 Bianchi 恒等式)} \tag{7.81a}$$

$$(\nabla_X R)(Y,Z)V + (\nabla_Z R)(X,Y)V + (\nabla_Y R)(Z,X)V = 0 \qquad \text{(第 2 Bianchi 恒等式)} \tag{7.81b}$$

証明： ここでの証明は 野水 (1981) に従う．対称子 $\mathcal{S}$ を $\mathcal{S}\{f(X,Y,Z)\} = f(X,Y,Z) + f(Z,X,Y) + f(Y,Z,X)$ で定義する．第 1 Bianchi 恒等式 $\mathcal{S}\{R(X,Y)Z\} = 0$ を証明しよう．等式 $T(X,Y) = \nabla_X Y - \nabla_Y X - [X,Y] = 0$ の Z に関する共変微分は

$$\begin{aligned} 0 &= \nabla_Z \{\nabla_X Y - \nabla_Y X - [X,Y]\} \\ &= \nabla_Z \nabla_X Y - \nabla_Z \nabla_Y X - \{\nabla_{[X,Y]} Z + [Z,[X,Y]]\} \end{aligned}$$

となる．ここで 2 番目の等式を導くために，捩率ゼロの条件が再度使われている．これを対称化すると

$$\begin{aligned} 0 &= \mathcal{S}\{\nabla_Z \nabla_X Y - \nabla_Z \nabla_Y X - \nabla_{[X,Y]} Z - [Z,[X,Y]]\} \\ &= \mathcal{S}\{\nabla_Z \nabla_X Y - \nabla_Z \nabla_Y X - \nabla_{[X,Y]} Z\} = \mathcal{S}\{R(X,Y)Z\} \end{aligned}$$

を得る．ここで Jacobi 恒等式 $\mathcal{S}\{[X,[Y,Z]]\} = 0$ を用いた．

第 2 Bianchi 恒等式を $\mathcal{S}\{(\nabla_X R)(Y,Z)\}V = 0$ と書く．ただし $\mathcal{S}$ は (X,Y,Z) を対称化するだけである．恒等式 $R(T(X,Y),Z)V = R(\nabla_X Y - \nabla_Y X - [X,Y], Z)V = 0$ を対称化すると

$$\begin{aligned} 0 &= \mathcal{S}\{R(\nabla_X Y, Z) - R(\nabla_Y X, Z) - R([X,Y],Z)\}V \\ &= \mathcal{S}\{R(\nabla_Z X, Y) + R(X, \nabla_Z Y) - R([X,Y],Z)\}V \end{aligned} \tag{7.82}$$

となる．Leibnitz 則

$$\begin{aligned} \nabla_Z \{R(X,Y)V\} &= (\nabla_Z R)(X,Y)V \\ &\quad + R(X,Y)\nabla_Z V + R(\nabla_Z X, Y)V + R(X, \nabla_Z Y)V \end{aligned}$$

に注意すると (7.82) は

$$0 = \mathcal{S}\{-(\nabla_Z R)(X,Y) + [\nabla_Z, R(X,Y)] - R([X,Y],Z)\}V$$

となる．最後の 2 項は $R(X,Y)V = \{[\nabla_X, \nabla_Y] - \nabla_{[X,Y]}\}V$ を代入すれば消える；

$$\begin{aligned} &\mathcal{S}\{[\nabla_Z, R(X,Y)] - R([X,Y],Z)\}V \\ &= \mathcal{S}\{[\nabla_Z,[\nabla_X, \nabla_Y]] - [\nabla_Z, \nabla_{[X,Y]}] - [\nabla_{[X,Y]}, \nabla_Z] + \nabla_{[[X,Y],Z]}\}V \\ &= 0. \end{aligned}$$

ここで Jacobi 恒等式 $\mathcal{S}\{[\nabla_Z, [\nabla_X, \nabla_Y]]\} = \mathcal{S}\{[[X,Y], Z]\} = 0$ を使った．結局，$\mathcal{S}\{(\nabla_X R)(Y,Z)\}V = 0$ が得られた．

Bianchi 恒等式は成分表示では

$$R^\kappa{}_{\lambda\mu\nu} + R^\kappa{}_{\mu\nu\lambda} + R^\kappa{}_{\nu\lambda\mu} = 0 \qquad \text{(第 1 Bianchi 恒等式)} \tag{7.83a}$$

$$(\nabla_\kappa R)^\xi{}_{\lambda\mu\nu} + (\nabla_\mu R)^\xi{}_{\lambda\nu\kappa} + (\nabla_\nu R)^\xi{}_{\lambda\kappa\mu} = 0 \qquad \text{(第 2 Bianchi 恒等式)} \tag{7.83b}$$

となる．第 2 Bianchi 恒等式の添字 ξ と μ を縮約することにより，重要な関係式

$$(\nabla_\kappa Ric)_{\lambda\nu} + (\nabla_\mu R)^\mu{}_{\lambda\nu\kappa} - (\nabla_\nu Ric)_{\lambda\kappa} = 0 \tag{7.84}$$

を得る．さらに添字 λ と ν を縮約すれば $\nabla_\mu (\mathcal{R}\delta - 2Ric)^\mu{}_\kappa = 0$ あるいは

$$\nabla_\mu G^{\mu\nu} = 0 \tag{7.85}$$

を得る．ここで $G^{\mu\nu}$ は

$$G^{\mu\nu} = Ric^{\mu\nu} - \frac{1}{2} g^{\mu\nu} \mathcal{R} \tag{7.86}$$

で定義される **Einstein** テンソルである．歴史的には Einstein が一般相対論を定式化したとき，最初は Ricci テンソル $Ric^{\mu\nu}$ とエネルギー運動量テンソル $T^{\mu\nu}$ が等しいとおいた．彼はその後，$T^{\mu\nu}$ は共変保存則 $\nabla_\mu T^{\mu\nu} = 0$ を満たすが $Ric^{\mu\nu}$ は満たさないことに気づいた．そしてこの困難を克服するために $G^{\mu\nu}$ と $T^{\mu\nu}$ を等しいとおくべきだと提唱した．この新しい方程式はスカラー作用の変分から導かれるという意味で自然である (7.10 節参照).

問 7.12 (M, g) を $g = -dt \otimes dt + R^2(t) dx \otimes dx$ である 2 次元多様体とする．ここで $R(t)$ は変数 t の任意の関数とする．このとき，Einstein テンソルはゼロとなることを示せ．

対称性 (7.80a–c) は Riemann テンソルの独立な成分の個数に制限を課す．m を多様体 (M,g) の次元とする．反対称性 $R_{\kappa\lambda\mu\nu} = -R_{\kappa\lambda\nu\mu}$ は対 (μ, ν) に対し $N \equiv \binom{m}{2}$ 個の独立な選び方が存在することを意味する．同様にして，$R_{\kappa\lambda\mu\nu} = -R_{\lambda\kappa\mu\nu}$ から対 (κ, λ) の N 個の独立な選び方が存在することがわかる．$R_{\kappa\lambda\mu\nu}$ は対 (κ, λ) と (μ, ν) の入れ替えに関して対称であるので対の独立な選び方の個数は N^2 から $\binom{N+1}{2} = \frac{1}{2} N(N+1)$ に減る．第 1 Bianchi 恒等式

$$R_{\kappa\lambda\mu\nu} + R_{\kappa\mu\nu\lambda} + R_{\kappa\nu\lambda\mu} = 0 \tag{7.87}$$

から独立な成分の個数はさらに減る．(7.87) の左辺は添字 (λ, μ, ν) の入れ替えに関して完全反対称である．さらに (7.80b) の反対称性は，第 1 恒等式がすべての添字に関し完全反対称であることを意味する．もし $m < 4$ ならば (7.87) は自明に満たされ，何も制限が付加されない．一方，$m \geq 4$ ならば，(7.87) はすべての添字が異なるときに限って非自明な制限を与える．制限の個数は m 個の添字から 4 つの異なる添字を選ぶ選び方の組み合わせの数で $\binom{m}{4}$ となる．

$$\binom{m}{4} = \frac{m(m-1)(m-2)(m-3)}{4!}$$

は $m < 4$ ではゼロであることに注意すると，Riemann テンソルの独立な成分の個数は

$$F(m) = \frac{1}{2}\binom{m}{2}\left[\binom{m}{2}+1\right] - \binom{m}{4} = \frac{1}{12}m^2(m^2-1) \tag{7.88}$$

となる．$F(1) = 0$ であることは 1 次元多様体が平坦であることを意味する．$F(2) = 1$ なので，2 次元多様体上ではただ 1 つの独立な成分 R_{1212} が存在し，他の成分は 0 かあるいは $\pm R_{1212}$ である．$F(4) = 20$ であることは一般相対論ではよく知られている．

問 7.13 (M, g) を 2 次元多様体とする．このとき，Riemann テンソルは

$$R_{\kappa\lambda\mu\nu} = K(g_{\kappa\mu}g_{\lambda\nu} - g_{\kappa\nu}g_{\lambda\mu}) \tag{7.89}$$

と書けることを示せ．ここで $K \in \mathcal{F}(M)$．Ricci テンソルを計算し，$Ric_{\mu\nu} \propto g_{\mu\nu}$ を示せ．スカラー曲率を計算し，$K = \mathcal{R}/2$ を示せ．

7.5 ホロノミー

(M, g) を，アファイン接続 ∇ をもつ m 次元 Riemann 多様体とする．接続は以下のように各接空間 T_pM で自然に変換群を定める．

定義 7.3 p を (M, g) の点とし，p におけるループ全体の集合 $\{c(t) | \ 0 \leq t \leq 1, c(0) = c(1) = p\}$ を考える．ベクトル $X \in T_pM$ を選び X を曲線 $c(t)$ に沿って平行移動する．$c(t)$ に沿っての移動後，X は新しいベクトル $X_c \in T_pM$ になる．こうしてループ $c(t)$ と接続 ∇ は線形変換

$$P_c : T_pM \to T_pM \tag{7.90}$$

を誘導する．これらの変換全体の集合を $H(p)$ で表し，p における**ホロノミー群**という．

ここでは $H(p)$ が T_pM に右から作用している，すなわち $P_cX = Xh$ $(h \in H(p))$ と仮定する．これを成分で書くと，$\{e_\nu\}$ を T_pM の基底として，$P_cX = X^\mu h_\mu{}^\nu e_\nu$ となる．$H(p)$ が実際に群になるのは容易に確かめられる．積 $P_{c'}P_c$ は，ベクトルを最初 c に沿って平行移動し，それから c' に沿って平行移動することに対応する．また $P_d = P_{c'}P_c$ と書けば，ループ d は

$$d(t) = \begin{cases} c(2t) & 0 \leq t \leq \frac{1}{2} \\ c'(2t-1) & \frac{1}{2} \leq t \leq 1 \end{cases} \tag{7.91}$$

で与えられる．単位元は定数写像 $c_p(t) = p$, $0 \leq t \leq 1$ に対応し，P_c の逆元は $P_{c^{-1}}$ で与えられる．ここで $c^{-1}(t) = c(1-t)$ である．$H(p)$ は $GL(m, \mathbb{R})$ の部分群であることに注意せよ．$GL(m, \mathbb{R})$ は，可能な限り最大のホロノミー群である．$H(p)$ が自明であるための必要十分条件は Riemann テンソルがゼロとなることである．特に (M, g) が平行化可能ならば (例 7.2 参照), $H(p)$ は自明である．

もし M が (弧状) 連結ならば任意の 2 点 $p,q \in M$ は曲線 a で結ばれる．T_pM におけるベクトルを曲線 a に沿って T_qM に平行移動することにより，曲線 a は写像 $\tau_a : T_pM \to T_qM$ を定める．このときホロノミー群 $H(p)$ と $H(q)$ は共役写像

$$H(q) = \tau_a^{-1} H(p) \tau_a \tag{7.92}$$

で結ばれる．ゆえに $H(q)$ は $H(p)$ に同型である．

一般にホロノミー群は $GL(m, \mathbb{R})$ の部分群である．もし ∇ が計量接続ならば ∇ はベクトルの長さを保つ．すなわち $X \in T_pM$ に対して $g_p(P_c(X), P_c(X)) = g_p(X,X)$．このとき (M,g) が向き付け可能な Riemann 多様体ならば，ホロノミー群は $SO(m)$ の部分群でなければならないし，向き付け可能な Lorentz 多様体ならば $SO(m-1,1)$ の部分群でなければならない．

例 7.7 S^2 の計量を $g = d\theta \otimes d\theta + \sin^2\theta d\phi \otimes d\phi$ とし，その上の Levi-Civita 接続のホロノミー群を解析しよう．ゼロでない接続係数は $\Gamma^\theta{}_{\phi\phi} = -\sin\theta\cos\theta$ と $\Gamma^\phi{}_{\phi\theta} = \Gamma^\phi{}_{\theta\phi} = \cot\theta$ である．簡単のため点 $(\theta_0, 0)$ におけるベクトル $e_\theta = \partial/\partial\theta$ を選び，円 $\theta = \theta_0, 0 \leq \phi \leq 2\pi$ に沿ってそれを平行移動する．ベクトル e_θ をこの円に沿って平行移動したものを X とする．ベクトル $X = X^\theta e_\theta + X^\phi e_\phi$ は

$$\partial_\phi X^\theta - \sin\theta_0 \cos\theta_0 X^\phi = 0, \tag{7.93a}$$
$$\partial_\phi X^\phi + \cot\theta_0 X^\theta = 0 \tag{7.93b}$$

を満たす．(7.93) は調和振動を表す．実際 (7.93a) を ϕ で微分し (7.93b) を使えば

$$\frac{d^2 X^\theta}{d\phi^2} - \sin\theta_0 \cos\theta_0 \frac{dX^\phi}{d\phi} = \frac{d^2 X^\theta}{d\phi^2} - \cos^2\theta_0 X^\theta = 0 \tag{7.94}$$

を得る．その一般解は $X^\theta = A\cos(C_0\phi) + B\sin(C_0\phi)$ である．ここで $C_0 \equiv \cos\theta_0$．$\phi = 0$ において $X^\theta = 1$ なので

$$X^\theta = \cos(C_0\phi), \qquad X^\phi = -\frac{\sin(C_0\phi)}{\sin\theta_0}$$

を得る．円に沿って平行移動された後，ベクトルは

$$X(\phi = 2\pi) = \cos(2\pi C_0) e_\theta - \frac{\sin(2\pi C_0)}{\sin\theta_0} e_\phi \tag{7.95}$$

となる．したがってベクトルは $T_{(\theta_0, 0)}S^2$ において $\Theta = 2\pi\cos\theta_0$ だけ回転するが，その大きさは変わらない．点 $p \in S^2$ と p を通る S^2 における円を選ぶと，その円が $\theta = \theta_0$ $(0 \leq \theta < \pi)$ で与えられるような座標系をとることが常に可能で，上で行った計算を適用できる．回転角は $-2\pi \leq \Theta < 2\pi$ であるので，任意の $p \in S^2$ におけるホロノミー群が $SO(2)$ であることが示された．

一般に S^m $(m \geq 2)$ はホロノミー群 $SO(m)$ をもつ．積多様体はもっと制限されたホロノミー群をもつ．次の例は Horowitz (1986) からの引用である．標準的な計量をもつ球面からなる 6 次元多様体を考える．例としては $S^6, S^3 \times S^3, S^2 \times S^2 \times S^2, T^6 = S^1 \times \ldots \times S^1$ である．これらのホロノミー群は

(i) S^6; $H(p) = \mathrm{SO}(6)$.

(ii) $S^3 \times S^3$; $H(p) = \mathrm{SO}(3) \times \mathrm{SO}(3)$.

(iii) $S^2 \times S^2 \times S^2$; $H(p) = \mathrm{SO}(2) \times \mathrm{SO}(2) \times \mathrm{SO}(2)$.

(iv) T^6; Riemann テンソルはゼロなので $H(p)$ は自明.

問 7.14 例 7.6 で与えられた Poincaré 計量の Levi-Civita 接続のホロノミー群は SO(2) であることを示せ.

7.6 等長変換と共形変換

7.6.1 等長変換

定義 7.4 (M, g) を (擬) Riemann 多様体とする. 微分同相写像 $f : M \to M$ が**等長変換**であるとは, それが計量を保つ

$$f^* g_{f(p)} = g_p. \tag{7.96a}$$

すなわち $X, Y \in T_p M$ に対して $g_{f(p)}(f_* X, f_* Y) = g_p(X, Y)$ であるときをいう.

成分で書くと (7.96a) は

$$\frac{\partial y^\alpha}{\partial x^\mu} \frac{\partial y^\beta}{\partial x^\nu} g_{\alpha\beta}(f(p)) = g_{\mu\nu}(p) \tag{7.96b}$$

となる. ここで x, y はそれぞれ $p, f(p)$ の座標である. 恒等写像, 等長変換の合成, 等長変換の逆写像はどれも等長変換で, これらの等長変換全体は群をなす (**等長変換群**). 等長変換はベクトルの長さ, 特に無限小移動ベクトルの長さを保つので剛体運動と見なすことができる. 例えば, $\mathbb{R}^n$ において Euclid 群 E^n, すなわち写像 $f : x \mapsto Ax + T$ ($A \in \mathrm{SO}(n), T \in \mathbb{R}^n$) 全体の集合は等長変換群である.

7.6.2 共形変換

定義 7.5 (M, g) を (擬) Riemann 多様体とする. 微分同相写像 $f : M \to M$ が**共形変換**であるとは, あるスケールを掛けると計量を保つ

$$f^* g_{f(p)} = \mathrm{e}^{2\sigma} g_p, \qquad \sigma \in \mathcal{F}(M), \tag{7.97a}$$

すなわち $X, Y \in T_p M$ に対して $g_{f(p)}(f_* X, f_* Y) = \mathrm{e}^{2\sigma} g_p(X, Y)$ であるときをいう.

成分で書くと (7.97a) は

$$\frac{\partial y^\alpha}{\partial x^\mu} \frac{\partial y^\beta}{\partial x^\nu} g_{\alpha\beta}(f(p)) = \mathrm{e}^{2\sigma(p)} g_{\mu\nu}(p) \tag{7.97b}$$

となる．M 上の共形変換全体の集合は群をなす．これを**共形変換群**とよび $\mathrm{Conf}(M)$ と表す．2つのベクトル $X = X^\mu \partial_\mu, Y = Y^\mu \partial_\mu \in T_p M$ の間の角度 θ を

$$\cos\theta = \frac{g_p(X,Y)}{\sqrt{g_p(X,X)\cdot g_p(Y,Y)}} = \frac{g_{\mu\nu}X^\mu Y^\nu}{\sqrt{g_{\zeta\eta}X^\zeta X^\eta \cdot g_{\kappa\lambda}Y^\kappa Y^\lambda}} \tag{7.98}$$

で定義しよう．f が共形変換ならば f_*X と f_*Y のなす角度 θ' は

$$\cos\theta' = \frac{\mathrm{e}^{2\sigma}g_{\mu\nu}X^\mu Y^\nu}{\sqrt{\mathrm{e}^{2\sigma}g_{\zeta\eta}X^\zeta X^\eta \cdot \mathrm{e}^{2\sigma}g_{\kappa\lambda}Y^\kappa Y^\lambda}} = \cos\theta$$

で与えられる．したがって f は角度を保つ．別の言い方をすれば f は長さは変えるが '形' は変えない．

共形変換に関連する概念が Weyl 変換である．g と $\bar{g}$ を多様体 M 上の計量とする．$\bar{g}$ が g と**共形的関係にある**とは

$$\bar{g}_p = \mathrm{e}^{2\sigma(p)} g_p \tag{7.99}$$

を満たすときをいう．明らかにこれは M 上の計量全体の集合の中の同値関係である．その同値類を**共形構造**とよぶ．変換 $g \to \mathrm{e}^{2\sigma}g$ を **Weyl 変換**とよぶ．M 上の Weyl 変換の集合は群をなし $\mathrm{Weyl}(M)$ と表す．

例 7.8 $w = f(z)$ を複素平面 $\mathbb{C}$ 上で定義された正則関数とする．[C^∞ 関数 $f(x,y)$ が正則とは，それを $z = x + \mathrm{i}y$ と $\bar{z} = x - \mathrm{i}y$ の関数と見なしたとき $\partial_{\bar{z}} f(z,\bar{z}) = 0$ が成り立つことをいう．] おのおのの変数の実数部分と虚数部分を分け $z = x + \mathrm{i}y$ と $w = u + \mathrm{i}v$ と書く．写像 $f : (x,y) \to (u,v)$ は

$$\begin{aligned}
\mathrm{d}u^2 + \mathrm{d}v^2 &= \left(\frac{\partial u}{\partial x}\mathrm{d}x + \frac{\partial u}{\partial y}\mathrm{d}y\right)^2 + \left(\frac{\partial v}{\partial x}\mathrm{d}x + \frac{\partial v}{\partial y}\mathrm{d}y\right)^2 \\
&= \left[\left(\frac{\partial u}{\partial x}\right)^2 + \left(\frac{\partial u}{\partial y}\right)^2\right](\mathrm{d}x^2 + \mathrm{d}y^2)
\end{aligned} \tag{7.100}$$

を満たすので共形変換である．ここで Cauchy-Riemann の関係式

$$\frac{\partial u}{\partial x} = \frac{\partial v}{\partial y}, \qquad \frac{\partial u}{\partial y} = -\frac{\partial v}{\partial x}$$

を用いた．

問 7.15 $f : M \to M$ を Lorentz 多様体 (M,g) 上の共形変換とする．このとき $f_* : T_p M \to T_{f(p)} M$ は局所光錐構造を保つ，つまり

$$f_* : \begin{cases} 時間的ベクトル & \mapsto \quad 時間的ベクトル \\ 光錐的ベクトル & \mapsto \quad 光錐的ベクトル \\ 空間的ベクトル & \mapsto \quad 空間的ベクトル \end{cases} \tag{7.101}$$

を示せ．

$\bar{g}$ を M の上の計量で g と共形的関係にあるものとする；$\bar{g} = e^{2\sigma(p)}g$. $\bar{g}$ の Riemann テンソルを計算しよう．それには単に $\bar{g}$ を定義方程式 (7.42) に代入すればよい．しかしここでは 野水 (1981) にあるエレガントで座標を用いない導出を紹介しよう．K を，$\bar{g}$ に関しての共変微分 $\bar{\nabla}$ と，g に関する ∇ の差とする；

$$K(X,Y) \equiv \bar{\nabla}_X Y - \nabla_X Y. \tag{7.102}$$

命題 7.1 U を 1-形式 $d\sigma$ に対応するベクトル場とする；$Z[\sigma] = \langle d\sigma, Z \rangle = g(U,Z)$. このとき

$$K(X,Y) = X[\sigma]Y + Y[\sigma]X - g(X,Y)U \tag{7.103}$$

が成り立つ．

証明： 捩率ゼロの条件から $K(X,Y) = K(Y,X)$ となる．$\bar{\nabla}_X \bar{g} = \nabla_X g = 0$ なので

$$X[\bar{g}(Y,Z)] = \bar{\nabla}_X[\bar{g}(Y,Z)] = \bar{g}(\bar{\nabla}_X Y, Z) + \bar{g}(Y, \bar{\nabla}_X Z)$$

となるが，一方

$$\begin{aligned}X[\bar{g}(Y,Z)] &= \nabla_X[e^{2\sigma}g(Y,Z)] \\ &= 2X[\sigma]e^{2\sigma}g(Y,Z) + e^{2\sigma}[g(\nabla_X Y, Z) + g(Y, \nabla_X Z)]\end{aligned}$$

である．これらの表式の差をとると

$$g(K(X,Y),Z) + g(Y,K(X,Z)) = 2X[\sigma]g(Y,Z) \tag{7.104a}$$

を得る．(X,Y,Z) の入れ替えから

$$g(K(Y,X),Z) + g(X,K(Y,Z)) = 2Y[\sigma]g(X,Z), \tag{7.104b}$$

$$g(K(Z,X),Y) + g(X,K(Z,Y)) = 2Z[\sigma]g(X,Y) \tag{7.104c}$$

となる．式 (7.104a) + (7.104b) − (7.104c) から

$$g(K(X,Y),Z) = X[\sigma]g(Y,Z) + Y[\sigma]g(X,Z) - Z[\sigma]g(X,Y) \tag{7.105}$$

となる．最後の項は

$$Z[\sigma]g(X,Y) = g(U,Z)g(X,Y) = g(g(Y,X)U, Z)$$

と変形される．これを (7.105) に代入して

$$g(K(X,Y) - X[\sigma]Y - Y[\sigma]X + g(X,Y)U, Z) = 0$$

が得られる．これは任意の Z に対して成り立つので (7.103) が示された．∎

K の成分表示は

$$\begin{aligned}K(e_\mu, e_\nu) &= \bar{\nabla}_\mu e_\nu - \nabla_\mu e_\nu = (\bar{\Gamma}^\lambda{}_{\mu\nu} - \Gamma^\lambda{}_{\mu\nu})e_\lambda \\ &= e_\mu[\sigma]e_\nu + e_\nu[\sigma]e_\mu - g(e_\mu, e_\nu)g^{\kappa\lambda}\partial_\kappa \sigma e_\lambda\end{aligned}$$

である．この式から直ちに
$$\bar{\Gamma}^{\lambda}{}_{\mu\nu} = \Gamma^{\lambda}{}_{\mu\nu} + \delta^{\lambda}{}_{\nu}\partial_{\mu}\sigma + \delta^{\lambda}{}_{\mu}\partial_{\nu}\sigma - g_{\mu\nu}g^{\kappa\lambda}\partial_{\kappa}\sigma \tag{7.106}$$
がわかる．

Riemann テンソルを求めるために，その定義から計算を始めよう，
$$\begin{aligned}\bar{R}(X,Y)Z &= \bar{\nabla}_X\bar{\nabla}_Y Z - \bar{\nabla}_Y\bar{\nabla}_X Z - \bar{\nabla}_{[X,Y]}Z \\ &= \bar{\nabla}_X[\nabla_Y Z + K(Y,Z)] - \bar{\nabla}_Y[\nabla_X Z + K(X,Z)] \\ &\quad - \{\nabla_{[X,Y]}Z + K([X,Y],Z)\} \\ &= \nabla_X\{\nabla_Y Z + K(Y,Z)\} + K(X, \nabla_Y Z + K(Y,Z)) \\ &\quad - \nabla_Y\{\nabla_X Z + K(X,Z)\} - K(Y, \nabla_X Z + K(X,Z)) \\ &\quad - \{\nabla_{[X,Y]}Z + K([X,Y],Z)\}\end{aligned} \tag{7.107}$$

である．直接的だが少々退屈な計算の後
$$\begin{aligned}\bar{R}(X,Y)Z &= R(X,Y)Z + \langle \nabla_X \mathrm{d}\sigma, Z\rangle Y - \langle \nabla_Y \mathrm{d}\sigma, Z\rangle X \\ &\quad - g(Y,Z)\nabla_X U + Y[\sigma]Z[\sigma]X \\ &\quad - g(Y,Z)U[\sigma]X + X[\sigma]g(Y,Z)U \\ &\quad + g(X,Z)\nabla_Y U - X[\sigma]Z[\sigma]Y \\ &\quad + g(X,Z)U[\sigma]Y - Y[\sigma]g(X,Z)U\end{aligned} \tag{7.108}$$

が求まる．そこで $(1,1)$ 型テンソル場 B を
$$BX \equiv -X[\sigma]U + \nabla_X U + \frac{1}{2}U[\sigma]X \tag{7.109}$$
によって定義する．$g(\nabla_Y U, Z) = \langle \nabla_Y \mathrm{d}\sigma, Z\rangle$ （問 7.8 (c)）から式 (7.108) は
$$\begin{aligned}\bar{R}(X,Y)Z &= R(X,Y)Z - [g(Y,Z)BX - g(BX,Z)Y \\ &\quad + g(BY,Z)X - g(X,Z)BY]\end{aligned} \tag{7.110}$$
となる．これを成分で表すと
$$\bar{R}^{\kappa}{}_{\lambda\mu\nu} = R^{\kappa}{}_{\lambda\mu\nu} - g_{\nu\lambda}B_{\mu}{}^{\kappa} + g_{\xi\lambda}B_{\mu}{}^{\xi}\delta^{\kappa}{}_{\nu} - g_{\xi\lambda}B_{\nu}{}^{\xi}\delta^{\kappa}{}_{\mu} + g_{\mu\lambda}B_{\nu}{}^{\kappa} \tag{7.111}$$
となる．ここでテンソル B の成分は
$$\begin{aligned}B_{\mu}{}^{\kappa} &= -\partial_{\mu}\sigma U^{\kappa} + (\nabla_{\mu}U)^{\kappa} + \frac{1}{2}U[\sigma]\delta_{\mu}{}^{\kappa} \\ &= -\partial_{\mu}\sigma g^{\kappa\lambda}\partial_{\lambda}\sigma + g^{\kappa\lambda}(\partial_{\mu}\partial_{\lambda}\sigma - \Gamma^{\xi}{}_{\mu\lambda}\partial_{\xi}\sigma) + \frac{1}{2}g^{\lambda\xi}\partial_{\lambda}\sigma\partial_{\xi}\sigma\delta_{\mu}{}^{\kappa}\end{aligned} \tag{7.112}$$
である．$B_{\mu\nu} \equiv g_{\nu\lambda}B_{\mu}{}^{\lambda} = B_{\nu\mu}$ であることに注意せよ．

(7.111) の添字を縮約すると
$$\overline{Ric}_{\mu\nu} = Ric_{\mu\nu} - g_{\mu\nu}B_{\lambda}{}^{\lambda} - (m-2)B_{\nu\mu}, \tag{7.113}$$

$$e^{2\sigma}\bar{\mathcal{R}} = \mathcal{R} - 2(m-1)B_\lambda{}^\lambda \tag{7.114a}$$

を得る．ここで $m = \dim M$ である．(7.114a) はまた

$$\bar{g}_{\mu\nu}\bar{\mathcal{R}} = [\mathcal{R} - 2(m-1)B_\lambda{}^\lambda]g_{\mu\nu} \tag{7.114b}$$

とも書ける．$\bar{R}^\kappa{}_{\lambda\mu\nu}$ の中の $g_{\mu\nu}B_\lambda{}^\lambda$ と $B_{\mu\nu}$ を消去し，代わりに $\overline{Ric}$ と $\bar{\mathcal{R}}$ で表して，バーがついている項とついていない項を分離しよう．すると

$$C_{\kappa\lambda\mu\nu} = R_{\kappa\lambda\mu\nu} - \frac{1}{m-2}(Ric_{\kappa\mu}g_{\lambda\nu} - Ric_{\lambda\mu}g_{\kappa\nu} + Ric_{\lambda\nu}g_{\kappa\mu} - Ric_{\kappa\nu}g_{\lambda\mu})$$

$$+ \frac{\mathcal{R}}{(m-2)(m-1)}(g_{\kappa\mu}g_{\lambda\nu} - g_{\kappa\nu}g_{\lambda\mu}) \tag{7.115}$$

が σ に依らないことがわかる．ここで $m \geq 4$ である ($m = 3$ のときは演習問題 7.2 を見よ)．テンソル C は **Weyl** テンソルとよばれる．$C^\kappa{}_{\lambda\mu\nu} = \bar{C}^\kappa{}_{\lambda\mu\nu}$ であることを確かめられたい．

(擬) Riemann 多様体 (M, g) の各点 p が，p を含むチャート (U, φ) で $g_{\mu\nu} = e^{2\sigma}\delta_{\mu\nu}$ を満たすものをもつとき，(M, g) は**共形的平坦**であるとよばれる．平坦計量に対して Weyl テンソルは消えるので共形的平坦計量に対しても消える．$\dim M \geq 4$ ならば，このとき $C = 0$ であることは共形的平坦であるための必要十分条件である (Weyl and Schouten)．もし $\dim M = 3$ ならば，Weyl テンソルは恒等的に消える；演習問題 7.2 参照．もし $\dim M = 2$ ならば，M はいつでも共形的平坦である；次の例を参照．

例 7.9 任意の 2 次元 Riemann 多様体 (M, g) は共形的平坦である．(x, y) を最初の局所座標とし，そこでの計量を

$$ds^2 = g_{xx}dx^2 + 2g_{xy}dxdy + g_{yy}dy^2 \tag{7.116}$$

とする．$g \equiv g_{xx}g_{yy} - g_{xy}^2$ とおき (7.116) を

$$ds^2 = \left(\sqrt{g_{xx}}dx + \frac{g_{xy} + i\sqrt{g}}{\sqrt{g_{xx}}}dy\right)\left(\sqrt{g_{yy}}dx + \frac{g_{xy} - i\sqrt{g}}{\sqrt{g_{xx}}}dy\right)$$

と書く．微分方程式の理論に従えば，

$$\lambda\left(\sqrt{g_{xx}}dx + \frac{g_{xy} + i\sqrt{g}}{\sqrt{g_{xx}}}dy\right) = du + idv, \tag{7.117a}$$

$$\bar{\lambda}\left(\sqrt{g_{yy}}dx + \frac{g_{xy} - i\sqrt{g}}{\sqrt{g_{xx}}}dy\right) = du - idv \tag{7.117b}$$

を満たすような積分因子 $\lambda(x, y) = \lambda_1(x, y) + i\lambda_2(x, y)$ が存在する．このとき $ds^2 = (du^2 + dv^2)/|\lambda|^2$ であるので，$|\lambda|^{-2} = e^{2\sigma}$ とおけば，求める座標系を得る．座標 (u, v) は**等温座標**とよばれる．[注：曲線 $u = $ 定数を等温曲線と見なせば，$v = $ 定数は熱の流線に対応する．]

例えば $ds^2 = d\theta^2 + \sin^2\theta d\phi^2$ を S^2 の標準的な計量とする．ここで

$$\frac{d}{d\theta}\log\left|\tan\frac{\theta}{2}\right| = \frac{1}{\sin\theta}$$

が成り立つことに注意すると，$u = \log|\tan\frac{\theta}{2}|, v = \phi$ で定義される写像 $f : (\theta, \phi) \mapsto (u, v)$ は共形的平坦な計量を与えることがわかる．実際

$$ds^2 = \sin^2\theta \left(\frac{d\theta^2}{\sin^2\theta} + d\phi^2 \right) = \sin^2\theta (du^2 + dv^2)$$

である．

(M, g) が Lorentz 多様体のときは，積分因子 $\lambda(x, y), \mu(x, y)$ で

$$\lambda \left(\sqrt{g_{xx}} dx + \frac{g_{xy} + \sqrt{-g}}{\sqrt{g_{xx}}} dy \right) = du + dv, \tag{7.118a}$$

$$\mu \left(\sqrt{g_{xx}} dx + \frac{g_{xy} - \sqrt{-g}}{\sqrt{g_{xx}}} dy \right) = du - dv \tag{7.118b}$$

を満たすものが存在する．座標 (u, v) を用いると計量は $ds^2 = \dfrac{du^2 - dv^2}{\lambda\mu}$ の形になる．$\lambda\mu$ は正定値か負定値で，$1/|\lambda\mu| = e^{2\sigma}$ とおけば

$$ds^2 = \pm e^{2\sigma}(du^2 - dv^2) \tag{7.119}$$

となる．

問 7.16 (M, g) を計量 $g = -dt \otimes dt + t^2 dx \otimes dx$ をもつ 2 次元 Lorentz 多様体 (**Milne 宇宙**) とする．変換 $|t| \mapsto e^\eta$ を使い g が共形的平坦であることを示せ．これは $(\eta, x) \mapsto (u = e^\eta \sinh x, v = e^\eta \cosh x)$ により，さらに簡略化される．結果として得られる計量を求めよ．

7.7 Killing ベクトル場と共形 Killing ベクトル場

7.7.1 Killing ベクトル場

(M, g) を Riemann 多様体で $X \in \mathfrak{X}(M)$ とする．無限小の ε に対し，無限小移動 εX が等長変換を生成するとき，X は **Killing ベクトル場**とよばれる．この移動のもとで点 $p \in M$ の座標 x^μ は $x^\mu + \varepsilon X^\mu(p)$ に変化する ((5.42) 参照)．もし $f : x^\mu \mapsto x^\mu + \varepsilon X^\mu$ が等長変換ならばそれは (7.96b) を満たす；

$$\frac{\partial(x^\kappa + \varepsilon X^\kappa)}{\partial x^\mu} \frac{\partial(x^\lambda + \varepsilon X^\lambda)}{\partial x^\nu} g_{\kappa\lambda}(x + \varepsilon X) = g_{\mu\nu}(x).$$

簡単な計算の後 $g_{\mu\nu}$ と X^μ は **Killing 方程式**

$$X^\xi \partial_\xi g_{\mu\nu} + \partial_\mu X^\kappa g_{\kappa\nu} + \partial_\nu X^\lambda g_{\mu\lambda} = 0 \tag{7.120a}$$

を満たすことがわかる．Lie 微分の定義からこれは

$$(\mathcal{L}_X g)_{\mu\nu} = 0 \tag{7.120b}$$

と書かれる．$\phi_t : M \to M$ を Killing ベクトル場 X を生成する 1-パラメタ変換群とする．方程式 (7.120b) は，局所的な幾何的性質は ϕ_t に沿って移動しても変化しないことを示している．この意味で Killing ベクトル場は多様体の<u>対称性</u>の方向を表している．

Killing ベクトル場の組は，それらのうちの 1 つが他の Killing ベクトル場の定数係数の 1 次結合として表されるときに従属しているという．したがって多様体の次元以上の Killing ベクトル場が存在してもよい．[独立な対称性の個数は $\dim M$ とは直接関係しない．しかしながらそれらの <u>最大個数</u> は関係する；例 7.10 参照．]

問 7.17 ∇ を Levi-Civita 接続とする．このとき Killing 方程式は

$$(\nabla_\mu X)_\nu + (\nabla_\nu X)_\mu = \partial_\mu X_\nu + \partial_\nu X_\mu - 2\Gamma^\lambda{}_{\mu\nu} X_\lambda = 0 \tag{7.121}$$

と書かれることを示せ．

問 7.18 $(\mathbb{R}^2, \delta)$ の 3 つの Killing ベクトル場を求めよ．それらのうち 2 つは平行移動に対応し，3 つめは回転に対応することを示せ；次例を参照．

例 7.10 Minkowski 時空間 $(\mathbb{R}^4, \eta)$ の Killing ベクトル場を求めよう．すべての Levi-Civita 接続の係数はゼロである．Killing 方程式は

$$\partial_\mu X_\nu + \partial_\nu X_\mu = 0 \tag{7.122}$$

となる．X_μ は高々 x に関し 1 次であることは容易にわかる．定数解

$$X^\mu_{(i)} = \delta^\mu_i \qquad (0 \le i \le 3) \tag{7.123a}$$

は時空間の並進に対応する．次に $X_\mu = a_{\mu\nu} x^\mu$ とする．ただし $a_{\mu\nu}$ は定数である．方程式 (7.122) は $a_{\mu\nu}$ が $\mu \leftrightarrow \nu$ に関して反対称であることを意味する．$\binom{4}{2} = 6$ なのでこの形の 6 つの独立な解が存在し，それらのうちの 3 つ

$$X_{(j)0} = 0, \qquad X_{(j)m} = \varepsilon_{jmn} x^n \qquad (1 \le j, m, n \le 3) \tag{7.123b}$$

は x^j 軸のまわりの空間回転に対応するが，その他の

$$X_{(k)0} = x^k, \qquad X_{(k)m} = -\delta_{km} x^0 \qquad (1 \le k, m \le 3) \tag{7.123c}$$

は x^k 軸にそう Lorentz ブーストに対応する．

m 次元 Minkowski 時空間 $(m \ge 2)$ において $m(m+1)/2$ 個の Killing ベクトル場が存在し，それらのうち m 個は並進を生成し，$(m-1)$ 個がブースト，$(m-1)(m-2)/2$ 個が空間回転に対応する．$m(m+1)/2$ 個の Killing ベクトル場を許容する空間 (あるいは時空間) のことを**極大対称空間**とよぶ．

X と Y を 2 つの Killing ベクトル場とする．容易に

(a) 1 次結合 $aX + bY$ $(a, b \in \mathbb{R})$ も Killing ベクトル場で

(b) Lie 括弧積 $[X, Y]$ も Killing ベクトル場である

ことが確かめられる．(a) は共変微分の線形性から明らかである．(b) を証明するために (5.58) を使う．$\mathcal{L}_X g = \mathcal{L}_Y g = 0$ なので $\mathcal{L}_{[X,Y]} g = \mathcal{L}_X \mathcal{L}_Y g - \mathcal{L}_Y \mathcal{L}_X g = 0$ を得る．したがってすべての Killing ベクトル場は，多様体 M における対称操作からなる Lie 環をなす；次例を参照．

例 7.11 $g = \mathrm{d}\theta \otimes \mathrm{d}\theta + \sin^2\theta \mathrm{d}\phi \otimes \mathrm{d}\phi$ を S^2 上の標準的計量とする．Killing 方程式 (7.121) は

$$\partial_\theta X_\theta + \partial_\theta X_\theta = 0, \tag{7.124a}$$

$$\partial_\phi X_\phi + \partial_\phi X_\phi + 2\sin\theta\cos\theta X_\theta = 0, \tag{7.124b}$$

$$\partial_\theta X_\phi + \partial_\phi X_\theta - 2\cot\theta X_\phi = 0 \tag{7.124c}$$

となる．(7.124a) から X_θ は θ に独立である：$X_\theta(\theta,\phi) = f(\phi)$ とおく．これを (7.124b) に代入して

$$X_\phi = -F(\phi)\sin\theta\cos\theta + g(\theta) \tag{7.125}$$

を得る．ここで $F(\phi) = \int^\phi f(\phi)\mathrm{d}\phi$．(7.125) を (7.124c) に代入することにより

$$-F(\phi)(\cos^2\theta - \sin^2\theta) + \frac{\mathrm{d}g}{\mathrm{d}\theta} + \frac{\mathrm{d}f}{\mathrm{d}\phi} + 2\cot\theta(F(\phi)\sin\theta\cos\theta - g(\theta)) = 0$$

が得られる．この方程式は

$$\frac{\mathrm{d}g}{\mathrm{d}\theta} - 2\cot\theta g(\theta) = -\frac{\mathrm{d}f}{\mathrm{d}\phi} - F(\phi)$$

と変数分離される．両辺はおのおの定数 ($\equiv C$) になるはずだから

$$\frac{\mathrm{d}g}{\mathrm{d}\theta} - 2\cot\theta g(\theta) = C, \tag{7.126a}$$

$$\frac{\mathrm{d}f}{\mathrm{d}\phi} + F(\phi) = -C \tag{7.126b}$$

を得る．左辺が全微分となるように両辺に $\exp(-\int \mathrm{d}\theta\, 2\cot\theta) = \sin^{-2}\theta$ を掛ければ，方程式 (7.126a) は解けて

$$\frac{\mathrm{d}}{\mathrm{d}\theta}\left(\frac{g(\theta)}{\sin^2\theta}\right) = \frac{C}{\sin^2\theta}$$

となる．よって

$$g(\theta) = (C_1 - C\cot\theta)\sin^2\theta$$

が得られる．(7.126b) を再び微分して f が単振動の式であることが求まる；

$$X_\theta(\phi) = f(\phi) = A\sin\phi + B\cos\phi,$$
$$F(\phi) = -A\cos\phi + B\sin\phi - C$$

これらの結果を (7.125) に代入して

$$X_\phi(\theta,\phi)$$
$$= -(-A\cos\phi + B\sin\phi - C)\sin\theta\cos\theta + (C_1 - C\cot\theta)\sin^2\theta$$
$$= (A\cos\phi - B\sin\phi)\sin\theta\cos\theta + C_1\sin^2\theta$$

を得る. 一般の Killing ベクトル場は

$$\begin{aligned} X &= X^\theta \frac{\partial}{\partial \theta} + X^\phi \frac{\partial}{\partial \phi} \\ &= A\left(\sin\phi \frac{\partial}{\partial \theta} + \cos\phi \cot\theta \frac{\partial}{\partial \phi}\right) \\ &\quad + B\left(\cos\phi \frac{\partial}{\partial \theta} - \sin\phi \cot\theta \frac{\partial}{\partial \phi}\right) + C_1 \frac{\partial}{\partial \phi} \end{aligned} \quad (7.127)$$

で与えられる. この基底ベクトル

$$L_x = -\cos\phi \frac{\partial}{\partial \theta} + \cot\theta \sin\phi \frac{\partial}{\partial \phi}, \quad (7.128\text{a})$$

$$L_y = \sin\phi \frac{\partial}{\partial \theta} + \cot\theta \cos\phi \frac{\partial}{\partial \phi}, \quad (7.128\text{b})$$

$$L_z = \frac{\partial}{\partial \phi} \quad (7.128\text{c})$$

は, おのおの x, y, z 軸のまわりの回転を生成する.

これらのベクトルは Lie 環 $\mathfrak{so}(3)$ を生成する. このことは S^2 が等質空間 SO(3)/SO(2) であり, S^2 上の計量がこの SO(3) 対称性を保つという事実を反映している (例 5.18 (a) 参照). 一般に通常の計量をもつ $S^n = \text{SO}(n+1)/\text{SO}(n)$ は $\dim \text{SO}(n+1) = n(n+1)/2$ 個の Killing ベクトル場をもち, それらは Lie 環 $\mathfrak{so}(n+1)$ を形成する. したがって通常の計量をもつ球面 S^n は極大対称空間である. S^n がもっと対称性の少ない空間となるように潰すことも考えられる. 例えば上で考えた S^2 を z 軸に沿って潰すと z 軸のまわりだけ回転対称性をもち, ただ 1 つの Killing ベクトル場 $L_z = \partial/\partial \phi$ が存在するだけである.

7.7.2 共形 Killing ベクトル場

(M,g) を Riemann 多様体, $X \in \mathfrak{X}(M)$ とする. εX によって与えられる無限小移動が共形変換を生成するとき X は**共形 Killing** ベクトル場 (Conformal Killing Vector Field: CKV) とよばれる. 変換 $x^\mu \to x^\mu + \varepsilon X^\mu$ の下で, この条件は

$$\frac{\partial(x^\kappa + \varepsilon X^\kappa)}{\partial x^\mu} \frac{\partial(x^\lambda + \varepsilon X^\lambda)}{\partial x^\nu} g_{\kappa\lambda}(x + \varepsilon X) = e^{2\sigma} g_{\mu\nu}(x)$$

と書かれる. $\sigma \propto \varepsilon$ に注意して $\sigma = \varepsilon \psi/2$ とおく. ここで $\psi \in \mathcal{F}(M)$ である. このとき $g_{\mu\nu}$ と X^μ は

$$\mathcal{L}_X g_{\mu\nu} = X^\xi \partial_\xi g_{\mu\nu} + \partial_\mu X^\kappa g_{\kappa\nu} + \partial_\nu X^\lambda g_{\mu\lambda} = \psi g_{\mu\nu} \quad (7.129\text{a})$$

を満たすことがわかる. 方程式 (7.129a) は ψ に関して簡単に解けて

$$\psi = \frac{X^\xi g^{\mu\nu} \partial_\xi g_{\mu\nu} + 2\partial_\mu X^\mu}{m} \quad (7.129\text{b})$$

となる. ただし $m = \dim M$. また次のことが確かめられる;

(a) 共形 Killing ベクトル場の 1 次結合はまた共形 Killing ベクトル場である；$(\mathcal{L}_{aX+bY}g)_{\mu\nu} = (a\varphi+b\psi)g_{\mu\nu}$. ここで $a,b \in \mathbb{R}$, $\mathcal{L}_X g_{\mu\nu} = \varphi g_{\mu\nu}$, $\mathcal{L}_Y g_{\mu\nu} = \psi g_{\mu\nu}$,

(b) 共形 Killing ベクトル場の Lie 括弧積 $[X,Y]$ は再び共形 Killing ベクトル場である；$\mathcal{L}_{[X,Y]}g_{\mu\nu} = (X[\psi] - Y[\varphi])g_{\mu\nu}$.

例 7.12 x^μ を $(\mathbb{R}^m, \delta)$ の座標とする．ベクトル (膨張ベクトル)

$$D \equiv x^\mu \frac{\partial}{\partial x^\mu} \tag{7.130}$$

は共形 Killing ベクトル場である．実際

$$\mathcal{L}_D \delta_{\mu\nu} = \partial_\mu x^\kappa \delta_{\kappa\nu} + \partial_\nu x^\lambda \delta_{\mu\lambda} = 2\delta_{\mu\nu}.$$

7.8 正規直交標構

7.8.1 諸定義

座標基底において T_pM は $\{e_\mu\} = \{\partial/\partial x^\mu\}$ によって張られ，T_p^*M は $\{\mathrm{d}x^\mu\}$ で張られる．しかし，M に計量が与えられると別の基底の選び方も考えられる．1 次結合

$$\hat{e}_\alpha = e_\alpha{}^\mu \frac{\partial}{\partial x^\mu}, \qquad \{e_\alpha{}^\mu\} \in \mathrm{GL}(m, \mathbb{R}) \tag{7.131}$$

を考えよう．ただし $\det e_\alpha{}^\mu > 0$ とする．すなわち，$\{\hat{e}_\alpha\}$ は基底 $\{e_\mu\}$ から，向きを保つ $\mathrm{GL}(m,\mathbb{R})$ 回転によって得られる基底ベクトルの標構 (frame) である．ここでは $\{\hat{e}_\alpha\}$ が直交系であることを要請する；

$$g(\hat{e}_\alpha, \hat{e}_\beta) = e_\alpha{}^\mu e_\beta{}^\nu g_{\mu\nu} = \delta_{\alpha\beta}. \tag{7.132a}$$

Lorentz 多様体であれば $\delta_{\alpha\beta}$ は $\eta_{\alpha\beta}$ に置き換えられる．(7.132a) は容易に逆に解けて，

$$g_{\mu\nu} = e^\alpha{}_\mu e^\beta{}_\nu \delta_{\alpha\beta} \tag{7.132b}$$

となる．ただし $e^\alpha{}_\mu$ は $e_\alpha{}^\mu$ の逆行列を表す；$e^\alpha{}_\mu e_\alpha{}^\nu = \delta_\mu{}^\nu$, $e^\alpha{}_\mu e_\beta{}^\mu = \delta^\alpha{}_\beta$. [我々は行列とその逆行列に同じ記号を使った．添字を明示する限り混乱を起こすことはないであろう．] ベクトル V は基底の選び方には依らないので $V = V^\mu e_\mu = V^\alpha \hat{e}_\alpha = V^\alpha e_\alpha{}^\mu e_\mu$ を得る．よって

$$V^\mu = V^\alpha e_\alpha{}^\mu, \qquad V^\alpha = e^\alpha{}_\mu V^\mu \tag{7.133}$$

が成り立つ．

双対基底 $\{\hat{\theta}^\alpha\}$ を $\langle \hat{\theta}^\alpha, \hat{e}_\beta \rangle = \delta^\alpha{}_\beta$ で定義しよう．$\hat{\theta}^\alpha$ は

$$\hat{\theta}^\alpha = e^\alpha{}_\mu \mathrm{d}x^\mu \tag{7.134}$$

で与えられる．$\{\hat{\theta}^\alpha\}$ を使って計量を表すと

$$g = g_{\mu\nu}\mathrm{d}x^\mu \otimes \mathrm{d}x^\nu = \delta_{\alpha\beta}\hat{\theta}^\alpha \otimes \hat{\theta}^\beta \tag{7.135}$$

となる．基底 $\{\hat{e}_\alpha\}$ と $\{\hat{\theta}^\alpha\}$ は**正規直交標構**とよばれる．記号 $\kappa, \lambda, \mu, \nu, \ldots$ ($\alpha, \beta, \gamma, \delta, \ldots$) で座標基底 (正規直交標構) を表す．係数 $e_\alpha{}^\mu$ は空間が4次元ならば**4脚場**とよばれ，高次元であれば**多脚場**とよばれる．正規直交標構の Lie 括弧積はゼロではない．$\{\hat{e}_\alpha\}$ が (7.131) で与えられるならば，それらは

$$[\hat{e}_\alpha, \hat{e}_\beta]|_p = c_{\alpha\beta}{}^\gamma(p)\,\hat{e}_\gamma|_p \tag{7.136a}$$

を満たす．ここで

$$c_{\alpha\beta}{}^\gamma(p) = e^\gamma{}_\nu [e_\alpha{}^\mu \partial_\mu e_\beta{}^\nu - e_\beta{}^\mu \partial_\mu e_\alpha{}^\nu](p). \tag{7.136b}$$

例 7.13 S^2 上の標準的計量は

$$g = \mathrm{d}\theta \otimes \mathrm{d}\theta + \sin^2\theta \mathrm{d}\phi \otimes \mathrm{d}\phi = \hat{\theta}^1 \otimes \hat{\theta}^1 + \hat{\theta}^2 \otimes \hat{\theta}^2 \tag{7.137}$$

である．ここで $\hat{\theta}^1 = \mathrm{d}\theta, \hat{\theta}^2 = \sin\theta \mathrm{d}\phi$ である．'2脚場' は

$$\begin{aligned} e^1{}_\theta &= 1, & e^1{}_\phi &= 0 \\ e^2{}_\theta &= 0, & e^2{}_\phi &= \sin\theta \end{aligned} \tag{7.138}$$

で与えられる．$c_{\alpha\beta}{}^\gamma$ のゼロでない成分は $c_{12}{}^2 = -c_{21}{}^2 = -\cot\theta$ である．

問 7.19 (a) 次の恒等式が成り立つことを確かめよ，

$$\delta^{\alpha\beta} = g^{\mu\nu} e^\alpha{}_\mu e^\beta{}_\nu, \qquad g^{\mu\nu} = \delta^{\alpha\beta} e_\alpha{}^\mu e_\beta{}^\nu. \tag{7.139}$$

(b) γ^α を Minkowski 時空における Dirac 行列とすると $\{\gamma^\alpha, \gamma^\beta\} = 2\eta^{\alpha\beta}$ を満たす．曲がった時空における Dirac 行列を $\gamma^\mu \equiv e_\alpha{}^\mu \gamma^\alpha$ で定義する．このとき

$$\{\gamma^\mu, \gamma^\nu\} = 2g^{\mu\nu} \tag{7.140}$$

を示せ．

7.8.2 Cartan 構造方程式

7.3節で曲率テンソル R と捩率テンソル T を

$$R(X,Y)Z = \nabla_X \nabla_Y Z - \nabla_Y \nabla_X Z - \nabla_{[X,Y]}Z,$$
$$T(X,Y) = \nabla_X Y - \nabla_Y X - [X,Y]$$

で定義した．$\{\hat{e}_\alpha\}$ を正規直交標構，$\{\hat{\theta}^\alpha\}$ をその双対基底とする．ベクトル場 $\{\hat{e}_\alpha\}$ は，$[\hat{e}_\alpha, \hat{e}_\beta] = c_{\alpha\beta}{}^\gamma \hat{e}_\gamma$ を満たす．基底 $\{\hat{e}_\alpha\}$ に関する接続係数を

$$\nabla_\alpha \hat{e}_\beta \equiv \nabla_{\hat{e}_\alpha} \hat{e}_\beta = \Gamma^\gamma{}_{\alpha\beta} \hat{e}_\gamma \tag{7.141}$$

で定義する．$\hat{e}_\alpha = e_\alpha{}^\mu e_\mu$ とする．このとき (7.141) は $e_\alpha{}^\mu(\partial_\mu e_\beta{}^\nu + e_\beta{}^\lambda \Gamma^\nu{}_{\mu\lambda})e_\nu = \Gamma^\gamma{}_{\alpha\beta}e_\gamma{}^\nu e_\nu$ となり，これから

$$\Gamma^\gamma{}_{\alpha\beta} = e^\gamma{}_\nu e_\alpha{}^\mu (\partial_\mu e_\beta{}^\nu + e_\beta{}^\lambda \Gamma^\nu{}_{\mu\lambda}) = e^\gamma{}_\nu e_\alpha{}^\mu \nabla_\mu e_\beta{}^\nu \tag{7.142}$$

が得られる．この基底のもとで T と R の成分は

$$\begin{aligned}
T^\alpha{}_{\beta\gamma} &= \langle \hat\theta^\alpha, T(\hat e_\beta, \hat e_\gamma)\rangle = \langle \hat\theta^\alpha, \nabla_\beta \hat e_\gamma - \nabla_\gamma \hat e_\beta - [\hat e_\beta, \hat e_\gamma]\rangle \\
&= \Gamma^\alpha{}_{\beta\gamma} - \Gamma^\alpha{}_{\gamma\beta} - c_{\beta\gamma}{}^\alpha, \\
R^\alpha{}_{\beta\gamma\delta} &= \langle \hat\theta^\alpha, \nabla_\gamma \nabla_\delta \hat e_\beta - \nabla_\delta \nabla_\gamma \hat e_\beta - \nabla_{[\hat e_\gamma, \hat e_\delta]} \hat e_\beta \rangle \\
&= \langle \hat\theta^\alpha, \nabla_\gamma(\Gamma^\varepsilon{}_{\delta\beta}\hat e_\varepsilon) - \nabla_\delta(\Gamma^\varepsilon{}_{\gamma\beta}\hat e_\varepsilon) - c_{\gamma\delta}{}^\varepsilon \nabla_\varepsilon \hat e_\beta \rangle \\
&= \hat e_\gamma[\Gamma^\alpha{}_{\delta\beta}] - \hat e_\delta[\Gamma^\alpha{}_{\gamma\beta}] + \Gamma^\varepsilon{}_{\delta\beta}\Gamma^\alpha{}_{\gamma\varepsilon} - \Gamma^\varepsilon{}_{\gamma\beta}\Gamma^\alpha{}_{\delta\varepsilon} - c_{\gamma\delta}{}^\varepsilon \Gamma^\alpha{}_{\varepsilon\beta}
\end{aligned} \tag{7.143, 7.144}$$

で与えられる．ただし $\nabla_\alpha \equiv \nabla_{\hat e_\alpha}$ である．そこで**接続 1-形式**とよばれる，行列に値をもつ 1-形式 $\{\omega^\alpha{}_\beta\}$ を

$$\omega^\alpha{}_\beta \equiv \Gamma^\alpha{}_{\gamma\beta}\hat\theta^\gamma \tag{7.145}$$

で定義する．

定理 7.3 接続 1-形式 $\omega^\alpha{}_\beta$ は **Cartan 構造方程式**

$$\mathrm{d}\hat\theta^\alpha + \omega^\alpha{}_\beta \wedge \hat\theta^\beta = T^\alpha, \tag{7.146a}$$

$$\mathrm{d}\omega^\alpha{}_\beta + \omega^\alpha{}_\gamma \wedge \omega^\gamma{}_\beta = R^\alpha{}_\beta \tag{7.146b}$$

を満たす．ここで**捩率 2-形式** $T^\alpha \equiv \frac{1}{2}T^\alpha{}_{\beta\gamma}\hat\theta^\beta \wedge \hat\theta^\gamma$ と**曲率 2-形式** $R^\alpha{}_\beta \equiv \frac{1}{2}R^\alpha{}_{\beta\gamma\delta}\hat\theta^\gamma \wedge \hat\theta^\delta$ を導入した．

証明： (7.146a) の左辺を基底ベクトル $\hat e_\gamma$ と $\hat e_\delta$ に作用させると

$$\begin{aligned}
&\mathrm{d}\hat\theta^\alpha(\hat e_\gamma, \hat e_\delta) + [\langle \omega^\alpha{}_\beta, \hat e_\gamma\rangle\langle \hat\theta^\beta, \hat e_\delta\rangle - \langle \hat\theta^\beta, \hat e_\gamma\rangle\langle \omega^\alpha{}_\beta, \hat e_\delta\rangle] \\
&= \{\hat e_\gamma[\langle \hat\theta^\alpha, \hat e_\delta\rangle] - \hat e_\delta[\langle \hat\theta^\alpha, \hat e_\gamma\rangle] - \langle \hat\theta^\alpha, [\hat e_\gamma, \hat e_\delta]\rangle\} + \{\langle \omega^\alpha{}_\delta, \hat e_\gamma\rangle - \langle \omega^\alpha{}_\gamma, \hat e_\delta\rangle\} \\
&= -c_{\gamma\delta}{}^\alpha + \Gamma^\alpha{}_{\gamma\delta} - \Gamma^\alpha{}_{\delta\gamma} = T^\alpha{}_{\gamma\delta}
\end{aligned}$$

となる．ここで (5.70) を使った．右辺の $\hat e_\gamma$ と $\hat e_\delta$ への作用は

$$\frac{1}{2}T^\alpha{}_{\beta\varepsilon}[\langle \hat\theta^\beta, \hat e_\gamma\rangle\langle \hat\theta^\varepsilon, \hat e_\delta\rangle - \langle \hat\theta^\varepsilon, \hat e_\gamma\rangle\langle \hat\theta^\beta, \hat e_\delta\rangle] = T^\alpha{}_{\gamma\delta}$$

を与えるが，これは (7.146a) が成り立つことを示している．

方程式 (7.146b) も同様に証明される (演習)． ∎

(7.146) の外微分をとると，**Bianchi 恒等式**を得る．

$$\mathrm{d}T^\alpha + \omega^\alpha{}_\beta \wedge T^\beta = R^\alpha{}_\beta \wedge \hat\theta^\beta, \tag{7.147a}$$

$$\mathrm{d}R^\alpha{}_\beta + \omega^\alpha{}_\gamma \wedge R^\gamma{}_\beta - R^\alpha{}_\gamma \wedge \omega^\gamma{}_\beta = 0. \tag{7.147b}$$

これらは (7.81) の正規直交標構版である．

7.8.3 局所標構

m 次元 Riemann 多様体において，計量テンソル $g_{\mu\nu}$ は $m(m+1)/2$ の自由度をもつが，多脚場 e^μ_α は m^2 の自由度をもつ．同じ計量 g を与える正規直交標構はたくさんあり，その各々は各点 p において他と<u>局所</u>直交回転により関係づけられている；

$$\hat{\theta}^\alpha \to \hat{\theta}'^\alpha(p) = \Lambda^\alpha{}_\beta(p)\hat{\theta}^\beta(p). \tag{7.148}$$

多脚場は

$$e^\alpha{}_\mu(p) \to e'^\alpha{}_\mu(p) = \Lambda^\alpha{}_\beta(p)e^\beta{}_\mu(p) \tag{7.149}$$

と変換する．座標変換の下で変換する添字 $\kappa, \lambda, \mu, \nu, \ldots$ とは違って，添字 $\alpha, \beta, \gamma, \ldots$ は局所的直交回転の下で変換され，座標変換の下では変わらない．計量テンソルは局所回転で不変なので $\Lambda^\alpha{}_\beta$ は

$$M \text{ が Riemann 多様体ならば} \Lambda^\alpha{}_\beta \delta_{\alpha\delta} \Lambda^\delta{}_\gamma = \delta_{\beta\gamma}, \tag{7.150a}$$

$$M \text{ が Lorentz 多様体ならば} \Lambda^\alpha{}_\beta \eta_{\alpha\delta} \Lambda^\delta{}_\gamma = \eta_{\beta\gamma} \tag{7.150b}$$

を満たす．M が m 次元 Riemann 多様体ならば，これは $\{\Lambda^\alpha{}_\beta(p)\} \in \mathrm{SO}(m)$，$M$ が Lorentz 多様体ならば $\{\Lambda^\alpha{}_\beta(p)\} \in \mathrm{SO}(m-1,1)$ を意味する．これらの Lie 群の次元は $m(m-1)/2 = m^2 - m(m+1)/2$ であり，これは $e_\alpha{}^\mu$ と $g_{\mu\nu}$ の自由度の差そのものである．局所標構回転 $\Lambda^\alpha{}_\beta(p)$ の下で添字 $\alpha, \beta, \gamma, \delta, \ldots$ は回転するが $\kappa, \lambda, \mu, \nu, \ldots$ (世界添字) は影響を受けない．回転 (7.148) の下で基底ベクトルは

$$\hat{e}_\alpha \to \hat{e}'_\alpha = \hat{e}_\beta (\Lambda^{-1})^\beta{}_\alpha \tag{7.151}$$

と変換する．

$t = t^\mu{}_\nu e_\mu \otimes \mathrm{d}x^\nu$ を $(1,1)$ 型テンソル場とする．基底 $\{\hat{e}_\alpha\}$ と $\{\hat{\theta}^\alpha\}$ を使うと，t は $t = t^\alpha{}_\beta \hat{e}_\alpha \otimes \hat{\theta}^\beta$ と表される．ただし $t^\alpha{}_\beta = e^\alpha{}_\mu e_\beta{}^\nu t^\mu{}_\nu$．新しい標構 $\{\hat{e}'_\alpha\} = \{\hat{e}_\beta(\Lambda^{-1})^\beta{}_\alpha\}$ と $\{\hat{\theta}'^\alpha\} = \{\Lambda^\alpha{}_\beta \hat{\theta}^\beta\}$ を導入すればテンソル t は

$$t = t'^\alpha{}_\beta \hat{e}'_\alpha \otimes \hat{\theta}'^\beta = t'^\alpha{}_\beta \hat{e}_\gamma (\Lambda^{-1})^\gamma{}_\alpha \otimes \Lambda^\beta{}_\delta \hat{\theta}^\delta$$

と表される．これから変換規則

$$t^\alpha{}_\beta \to t'^\alpha{}_\beta = \Lambda^\alpha{}_\gamma t^\gamma{}_\delta (\Lambda^{-1})^\delta{}_\beta$$

が得られる．まとめると，正規直交標構の上付 (下付) 添字は $\Lambda(\Lambda^{-1})$ によって回転する．正規直交標構から座標基底への変換は多脚場との積をとってなされる．

これらの事実から接続 1-形式 $\omega^\alpha{}_\beta$ の変換規則が得られる．捩率 2-形式は

$$T^\alpha \to T'^\alpha = \mathrm{d}\hat{\theta}'^\alpha + \omega'^\alpha{}_\beta \wedge \hat{\theta}'^\beta = \Lambda^\alpha{}_\beta [\mathrm{d}\hat{\theta}^\beta + \omega^\beta{}_\gamma \wedge \hat{\theta}^\gamma]$$

と変換する．$\hat{\theta}'^\alpha = \Lambda^\alpha{}_\beta \hat{\theta}^\beta$ をこの方程式に代入して

$$\omega'^\alpha{}_\beta \Lambda^\beta{}_\gamma = \Lambda^\alpha{}_\delta \omega^\delta{}_\gamma - \mathrm{d}\Lambda^\alpha{}_\gamma$$

を得る．右から両辺に Λ^{-1} を掛けると

$$\omega'^\alpha{}_\beta = \Lambda^\alpha{}_\gamma \omega^\gamma{}_\delta (\Lambda^{-1})^\delta{}_\beta + \Lambda^\alpha{}_\gamma (d\Lambda^{-1})^\gamma{}_\beta \tag{7.152}$$

が導かれた．ここで $\Lambda\Lambda^{-1} = \mathbb{I}$ を微分して得られる恒等式 $d\Lambda \Lambda^{-1} + \Lambda d\Lambda^{-1} = 0$ を使った．

曲率 2-形式は局所標構回転 Λ の下で斉次的に

$$R^\alpha{}_\beta \to R'^\alpha{}_\beta = \Lambda^\alpha{}_\gamma R^\gamma{}_\delta (\Lambda^{-1})^\delta{}_\beta \tag{7.153}$$

と変換される．

7.8.4 正規直交標構における Levi-Civita 接続

∇ を (M, g) 上の Levi-Civita 接続とする．この接続は計量の両立性 $\nabla_X g = 0$ と捩率が消えること，すなわち $\Gamma^\lambda{}_{\mu\nu} - \Gamma^\lambda{}_{\nu\mu} = 0$ によって特徴づけられる．これらの条件が今行っているアプローチでいかに表されるかを調べよう．成分 $\Gamma^\lambda{}_{\mu\nu}$ と $\Gamma^\alpha{}_{\beta\gamma}$ は (7.142) により互いに関係づけられている．(M, g) を Riemann 多様体とする．((M, g) が Lorentz 多様体の場合は以下の議論で $\delta_{\alpha\beta}$ を単に $\eta_{\alpha\beta}$ に置き換えればよい．) そこで **Ricci 回転係数** $\Gamma_{\alpha\beta\gamma}$ を $\delta_{\alpha\delta}\Gamma^\delta{}_{\beta\gamma}$ で定義すれば，計量の両立性は

$$\begin{aligned}\Gamma_{\alpha\beta\gamma} &= \delta_{\alpha\delta} e^\delta{}_\lambda e_\beta{}^\mu \nabla_\mu e_\gamma{}^\lambda = -\delta_{\alpha\delta} e_\gamma{}^\lambda e_\beta{}^\mu \nabla_\mu e^\delta{}_\lambda \\ &= -\delta_{\gamma\delta} e^\delta{}_\lambda e_\beta{}^\mu \nabla_\mu e_\alpha{}^\lambda = -\Gamma_{\gamma\beta\alpha}.\end{aligned} \tag{7.154}$$

ここで $\nabla_\mu g = 0$ を使った．これは，接続 1-形式 $\omega_{\alpha\beta} \equiv \delta_{\alpha\gamma}\omega^\gamma{}_\beta$ を使えば

$$\omega_{\alpha\beta} = -\omega_{\beta\alpha} \tag{7.155}$$

となる．

捩率が消えるという条件は

$$d\hat{\theta}^\alpha + \omega^\alpha{}_\beta \wedge \hat{\theta}^\beta = 0 \tag{7.156}$$

と書かれる．読者は (7.156) が座標基底における接続係数の対称性 $\Gamma^\lambda{}_{\mu\nu} = \Gamma^\lambda{}_{\nu\mu}$ を意味することを確かめられたい．条件 (7.156) から基底 $\{\hat{e}_\alpha\}$ における $c_{\alpha\beta}{}^\gamma$ の計算が可能となる．交換関係

$$c_{\alpha\beta}{}^\gamma \hat{e}_\gamma = [\hat{e}_\alpha, \hat{e}_\beta] = \nabla_\alpha \hat{e}_\beta - \nabla_\beta \hat{e}_\alpha \tag{7.157}$$

を見てみよう．最後の等式は捩率の消滅条件から得られる．(7.141) から

$$c_{\alpha\beta}{}^\gamma = \Gamma^\gamma{}_{\alpha\beta} - \Gamma^\gamma{}_{\beta\alpha} \tag{7.158}$$

が求まる．(7.158) を (7.144) に代入して Riemann 曲率テンソルを Γ だけで表すと，

$$\begin{aligned}R^\alpha{}_{\beta\gamma\delta} = & \hat{e}_\gamma[\Gamma^\alpha{}_{\delta\beta}] - \hat{e}_\delta[\Gamma^\alpha{}_{\gamma\beta}] + \Gamma^\varepsilon{}_{\delta\beta}\Gamma^\alpha{}_{\gamma\varepsilon} - \Gamma^\varepsilon{}_{\gamma\beta}\Gamma^\alpha{}_{\delta\varepsilon} \\ & - (\Gamma^\varepsilon{}_{\gamma\delta} - \Gamma^\varepsilon{}_{\delta\gamma})\Gamma^\alpha{}_{\varepsilon\beta}\end{aligned} \tag{7.159}$$

となる．

例 7.14 例 7.13 の球面 S^2 を取り上げよう．$e^\alpha{}_\mu$ の成分は

$$e^1{}_\theta = 1, \qquad e^1{}_\phi = 0, \qquad e^2{}_\theta = 0, \qquad e^2{}_\phi = \sin\theta \tag{7.160}$$

である．最初に計量条件が $\omega_{11} = \omega_{22} = 0$ を意味し，ゆえに $\omega^1{}_1 = \omega^2{}_2 = 0$ であることに注意する．その他の接続 1-形式は捩率の消滅条件

$$d(d\theta) + \omega^1{}_2 \wedge (\sin\theta\, d\phi) = 0, \tag{7.161a}$$

$$d(\sin\theta\, d\phi) + \omega^2{}_1 \wedge d\theta = 0 \tag{7.161b}$$

から得られる．(7.161b) から $\omega^2{}_1 = \cos\theta d\phi$ であることが容易にわかる．計量条件 $\omega_{12} = -\omega_{21}$ から $\omega^1{}_2 = -\cos\theta d\phi$ が得られる．Riemann テンソルは Cartan 構造方程式から求まる；

$$\omega^1{}_2 \wedge \omega^2{}_1 = \frac{1}{2} R^1{}_{1\alpha\beta} \hat\theta^\alpha \wedge \hat\theta^\beta, \tag{7.162a}$$

$$d\omega^1{}_2 = \frac{1}{2} R^1{}_{2\alpha\beta} \hat\theta^\alpha \wedge \hat\theta^\beta, \tag{7.162b}$$

$$d\omega^2{}_1 = \frac{1}{2} R^2{}_{1\alpha\beta} \hat\theta^\alpha \wedge \hat\theta^\beta, \tag{7.162c}$$

$$\omega^2{}_1 \wedge \omega^1{}_2 = \frac{1}{2} R^2{}_{2\alpha\beta} \hat\theta^\alpha \wedge \hat\theta^\beta. \tag{7.162d}$$

ゼロにならない成分は $R^1{}_{212} = -R^1{}_{221} = 1$, $R^2{}_{112} = -R^2{}_{121} = -1$ である．座標基底を用いた曲率への変換は $e_\alpha{}^\mu$, $e^\alpha{}_\mu$ を使って行われる．例えば，

$$R^\theta{}_{\phi\theta\phi} = e_\alpha{}^\theta e^\beta{}_\theta e^\gamma{}_\theta e^\delta{}_\phi R^\alpha{}_{\beta\gamma\delta} = \sin^2\theta R^1{}_{212} = \sin^2\theta$$

である．

例 7.15 Schwarzschild 計量は

$$ds^2 = -\left(1 - \frac{2M}{r}\right)dt^2 + \frac{1}{1 - \frac{2M}{r}}dr^2 + r^2(d\theta^2 + \sin^2\theta d\phi^2)$$

$$= -\hat\theta^0 \otimes \hat\theta^0 + \hat\theta^1 \otimes \hat\theta^1 + \hat\theta^2 \otimes \hat\theta^2 + \hat\theta^3 \otimes \hat\theta^3 \tag{7.163}$$

で与えられる．ただし

$$\hat\theta^0 = \sqrt{1 - \frac{2M}{r}} dt, \qquad \hat\theta^1 = \frac{1}{\sqrt{1 - \frac{2M}{r}}} dr \tag{7.164}$$

$$\hat\theta^2 = r d\theta, \qquad \hat\theta^3 = r \sin\theta d\phi$$

である．パラメタの範囲は $2M < r$, $0 \leq \theta \leq \pi$, $0 \leq \phi < 2\pi$ である．計量との両立性は

$\omega^0{}_0 = \omega^1{}_1 = \omega^2{}_2 = \omega^3{}_3 = 0$ を与え，捩率が消えることから

$$d\left[\sqrt{1-\frac{2M}{r}}dt\right] + \omega^0{}_\beta \wedge \hat{\theta}^\beta = 0, \tag{7.165a}$$

$$d\left[\frac{1}{\sqrt{1-\frac{2M}{r}}}dr\right] + \omega^1{}_\beta \wedge \hat{\theta}^\beta = 0, \tag{7.165b}$$

$$d(rd\theta) + \omega^2{}_\beta \wedge \hat{\theta}^\beta = 0, \tag{7.165c}$$

$$d(r\sin\theta d\phi) + \omega^3{}_\beta \wedge \hat{\theta}^\beta = 0 \tag{7.165d}$$

が導かれる．接続 1-形式のゼロとならない成分は

$$\begin{aligned}
\omega^0{}_1 = \omega^1{}_0 = \frac{M}{r^2}dt, &\qquad \omega^2{}_1 = -\omega^1{}_2 = \sqrt{1-\frac{2M}{r}}d\theta \\
\omega^3{}_1 = -\omega^1{}_3 = \sqrt{1-\frac{2M}{r}}\sin\theta d\phi, &\qquad \omega^3{}_2 = -\omega^2{}_3 = \cos\theta d\phi
\end{aligned} \tag{7.166}$$

である．構造方程式から曲率 2-形式は

$$\begin{aligned}
R^0{}_1 = R^1{}_0 = \frac{2M}{r^3}\hat{\theta}^0 \wedge \hat{\theta}^1, &\qquad R^0{}_2 = R^2{}_0 = -\frac{M}{r^3}\hat{\theta}^0 \wedge \hat{\theta}^2 \\
R^0{}_3 = R^3{}_0 = -\frac{M}{r^3}\hat{\theta}^0 \wedge \hat{\theta}^3, &\qquad R^1{}_2 = -R^2{}_1 = -\frac{M}{r^3}\hat{\theta}^1 \wedge \hat{\theta}^2 \\
R^1{}_3 = -R^3{}_1 = -\frac{M}{r^3}\hat{\theta}^1 \wedge \hat{\theta}^3, &\qquad R^2{}_3 = -R^3{}_2 = \frac{2M}{r^3}\hat{\theta}^2 \wedge \hat{\theta}^3
\end{aligned} \tag{7.167}$$

となる．

7.9 微分形式と Hodge 理論

7.9.1 不変体積要素

5.5 節において，m 次元向き付け可能多様体 M 上の体積要素を，その上でゼロにならない m-形式として定義した．もし M に計量 g が与えられると，座標変換の下で不変となる自然な体積要素が存在する．そのような**不変体積要素**を

$$\Omega_M \equiv \sqrt{|g|}dx^1 \wedge dx^2 \wedge \ldots \wedge dx^m \tag{7.168}$$

で定義しよう．ここで $g = \det g_{\mu\nu}$ で，x^μ はチャート (U, φ) の座標である．m-形式 Ω_M は実際，座標変換のもとで不変である．y^λ を $U \cap V \neq \emptyset$ である別のチャート (V, ψ) の座標としよう．y 座標による不変体積要素は

$$\sqrt{\left|\det\left(\frac{\partial x^\mu}{\partial y^\kappa}\frac{\partial x^\nu}{\partial y^\lambda}g_{\mu\nu}\right)\right|}dy^1 \wedge \ldots \wedge dy^m$$

である．$dy^\lambda = (\partial y^\lambda/\partial x^\mu)dx^\mu$ に注意すると，これは

$$\left|\det\left(\frac{\partial x^\mu}{\partial y^\kappa}\right)\right|\sqrt{|g|}\det\left(\frac{\partial y^\lambda}{\partial x^\nu}\right)dx^1 \wedge dx^2 \wedge \ldots \wedge dx^m$$

$$= \pm\sqrt{|g|}dx^1 \wedge dx^2 \wedge \ldots \wedge dx^m$$

となる．x^μ と y^κ が同じ向きを定めるときは $U \cap V$ 上で $\det(\partial x^\mu/\partial y^\kappa)$ は正の値をとり，Ω_M は座標変換の下で不変である．

問 7.20 $\{\hat{\theta}^\alpha\} = \{e^\alpha{}_\mu dx^\mu\}$ を正規直交標構とする．このとき不変体積要素は

$$\Omega_M = |e|dx^1 \wedge dx^2 \wedge \ldots \wedge dx^m = \hat{\theta}^1 \wedge \hat{\theta}^2 \wedge \ldots \wedge \hat{\theta}^m \tag{7.169}$$

で与えられることを示せ．ただし $e = \det e^\alpha{}_\mu$ である．

さて不変体積要素を定義したので，M 上で $f \in \mathcal{F}(M)$ の積分を

$$\int_M f\Omega_M \equiv \int_M f\sqrt{|g|}dx^1 dx^2 \ldots dx^m \tag{7.170}$$

で定義するのは自然である．明らかに (7.170) は座標変換のもとで不変である．物理学ではこの種の体積積分として表される量が数多くある (7.10 節参照)．

7.9.2 双対変換 (Hodge * 作用素)

5.4 節で注意したように m 次元多様体 M において $\Omega^r(M)$ は $\Omega^{m-r}(M)$ に同型である．もし M に計量 g が与えられていれば，それらの間に **Hodge * 作用素**とよばれる自然な同型写像を定義することができる．完全反対称テンソル ε を

$$\varepsilon_{\mu_1\mu_2\ldots\mu_m} = \begin{cases} +1 & (\mu_1\mu_2\ldots\mu_m) \text{ が } (12\ldots m) \text{ の偶置換のとき} \\ -1 & (\mu_1\mu_2\ldots\mu_m) \text{ が } (12\ldots m) \text{ の奇置換のとき} \\ 0 & \text{その他} \end{cases} \tag{7.171a}$$

によって定義する．

$$\varepsilon^{\mu_1\mu_2\ldots\mu_m} = g^{\mu_1\nu_1}g^{\mu_2\nu_2}\ldots g^{\mu_m\nu_m}\varepsilon_{\nu_1\nu_2\ldots\nu_m} = g^{-1}\varepsilon_{\mu_1\mu_2\ldots\mu_m} \tag{7.171b}$$

に注意せよ．Hodge * 作用素は線形写像 $* : \Omega^r(M) \to \Omega^{m-r}(M)$ で，$\Omega^r(M)$ の基底ベクトルへの作用は

$$*(dx^{\mu_1} \wedge dx^{\mu_2} \wedge \ldots \wedge dx^{\mu_r}) = \frac{\sqrt{|g|}}{(m-r)!}\varepsilon^{\mu_1\mu_2\ldots\mu_r}{}_{\nu_{r+1}\ldots\nu_m}dx^{\nu_{r+1}} \wedge \ldots \wedge dx^{\nu_m} \tag{7.172}$$

で定義される．ただし $*1$ は不変体積要素であると定義される；

$$*1 = \frac{\sqrt{|g|}}{m!}\varepsilon_{\mu_1\mu_2\ldots\mu_m}dx^{\mu_1} \wedge \ldots \wedge dx^{\mu_m} = \sqrt{|g|}dx^{\mu_1} \wedge \ldots \wedge dx^{\mu_m}.$$

また
$$\omega = \frac{1}{r!}\omega_{\mu_1\mu_2\ldots\mu_m}\mathrm{d}x^{\mu_1}\wedge \mathrm{d}x^{\mu_2}\wedge\ldots\wedge \mathrm{d}x^{\mu_r} \in \Omega^r(M)$$

に対して
$$*\omega = \frac{\sqrt{|g|}}{r!(m-r)!}\omega_{\mu_1\mu_2\ldots\mu_r}\varepsilon^{\mu_1\mu_2\ldots\mu_r}{}_{\nu_{r+1}\ldots\nu_m}\mathrm{d}x^{\nu_{r+1}}\wedge\ldots\wedge \mathrm{d}x^{\nu_m} \tag{7.173}$$

を得る．

正規直交標構 $\{\hat{\theta}^\alpha\} = \{e^\alpha{}_\mu \mathrm{d}x^\mu\}$ をとれば $*$ 作用素は
$$*(\hat{\theta}^{\alpha_1}\wedge\ldots\wedge\hat{\theta}^{\alpha_r}) = \frac{1}{(m-r)!}\varepsilon^{\alpha_1\ldots\alpha_r}{}_{\beta_{r+1}\ldots\beta_m}\hat{\theta}^{\beta_{r+1}}\wedge\ldots\wedge\hat{\theta}^{\beta_m} \tag{7.174}$$

となる．ただし
$$\varepsilon_{\alpha_1\ldots\alpha_m} = \begin{cases} +1 & (\alpha_1\ldots\alpha_m) \text{ が } (12\ldots m) \text{ の偶置換のとき} \\ -1 & (\alpha_1\ldots\alpha_m) \text{ が } (12\ldots m) \text{ の奇置換のとき} \\ 0 & \text{その他} \end{cases} \tag{7.175}$$

で，添字は $\delta^{\alpha\beta}$ あるいは $\eta^{\alpha\beta}$ によって上付になる．

定理 7.4 $\omega \in \Omega^r(M)$ とする．このとき (M,g) が Riemann 多様体ならば
$$**\omega = (-1)^{r(m-r)}\omega \tag{7.176a}$$

で，(M,g) が Lorentz 多様体ならば
$$**\omega = (-1)^{1+r(m-r)}\omega \tag{7.176b}$$

である．

証明: 正規直交標構を使って (7.176a) を証明するほうが簡単である．
$$\omega = \frac{1}{r!}\omega_{\alpha_1\ldots\alpha_r}\hat{\theta}^{\alpha_1}\wedge\ldots\wedge\hat{\theta}^{\alpha_r}$$

とする．$*$ の ω への作用を繰り返すと
$$**\omega = \frac{1}{r!}\omega_{\alpha_1\ldots\alpha_r}\frac{1}{(m-r)!}\varepsilon^{\alpha_1\ldots\alpha_r}{}_{\beta_{r+1}\ldots\beta_m}$$
$$\times \frac{1}{r!}\varepsilon^{\beta_{r+1}\ldots\beta_m}{}_{\gamma_1\ldots\gamma_r}\hat{\theta}^{\gamma_1}\wedge\ldots\wedge\hat{\theta}^{\gamma_r}$$
$$= \frac{(-1)^{r(m-r)}}{r!r!(m-r)!}\sum_{\alpha\beta\gamma}\omega_{\alpha_1\ldots\alpha_r}\varepsilon_{\alpha_1\ldots\alpha_r\beta_{r+1}\ldots\beta_m}\varepsilon_{\gamma_1\ldots\gamma_r\beta_{r+1}\ldots\beta_m}$$
$$\times \hat{\theta}^{\gamma_1}\wedge\ldots\wedge\hat{\theta}^{\gamma_r}$$
$$= \frac{(-1)^{r(m-r)}}{r!}\omega_{\alpha_1\ldots\alpha_r}\hat{\theta}^{\alpha_1}\wedge\ldots\wedge\hat{\theta}^{\alpha_r} = (-1)^{r(m-r)}\omega$$

となる．ここで等式

$$\sum_{\beta\gamma} \varepsilon_{\alpha_1\ldots\alpha_r\beta_{r+1}\ldots\beta_m} \varepsilon_{\gamma_1\ldots\gamma_r\beta_{r+1}\ldots\beta_m} \hat{\theta}^{\gamma_1} \wedge \ldots \wedge \hat{\theta}^{\gamma_r}$$
$$= r!(m-r)!\hat{\theta}^{\alpha_1} \wedge \ldots \wedge \hat{\theta}^{\alpha_r}$$

を使った．(7.176b) の証明は読者の演習として残しておく ($\det \eta = -1$ を使うこと)． ∎

こうして $\Omega^r(M)$ の上で $(-1)^{r(m-r)}**$ (あるいは $(-1)^{1+r(m-r)}**$) は恒等写像であることが示された．そこで $*$ の逆写像を

(M,g) が Riemann 多様体ならば $*^{-1} = (-1)^{r(m-r)}*$ (7.177a)

(M,g) が Lorentz 多様体ならば $*^{-1} = (-1)^{1+r(m-r)}*$ (7.177b)

によって定義する．

7.9.3　r-形式の内積

$\Omega^r(M)$ の元

$$\omega = \frac{1}{r!}\omega_{\mu_1\ldots\mu_r}\mathrm{d}x^{\mu_1} \wedge \ldots \wedge \mathrm{d}x^{\mu_r},$$

$$\eta = \frac{1}{r!}\eta_{\mu_1\ldots\mu_r}\mathrm{d}x^{\mu_1} \wedge \ldots \wedge \mathrm{d}x^{\mu_r}$$

をとる．外積 $\omega \wedge *\eta$ は m-形式である；

$$\omega \wedge *\eta = \frac{1}{(r!)^2}\omega_{\mu_1\ldots\mu_r}\eta_{\nu_1\ldots\nu_r}\frac{\sqrt{|g|}}{(m-r)!}\varepsilon^{\nu_1\ldots\nu_r}{}_{\mu_{r+1}\ldots\mu_m}$$

$$\times \mathrm{d}x^{\mu_1} \wedge \ldots \wedge \mathrm{d}x^{\mu_r} \wedge \mathrm{d}x^{\mu_{r+1}} \wedge \ldots \wedge \mathrm{d}x^{\mu_m}$$

$$= \frac{1}{r!}\sum_{\mu\nu}\omega_{\mu_1\ldots\mu_r}\eta^{\nu_1\ldots\nu_r}\frac{1}{r!(m-r)!}\varepsilon_{\nu_1\ldots\nu_r\mu_{r+1}\ldots\mu_m}$$

$$\times \varepsilon_{\mu_1\ldots\mu_r\mu_{r+1}\ldots\mu_m}\sqrt{|g|}\mathrm{d}x^1 \wedge \ldots \wedge \mathrm{d}x^m$$

$$= \frac{1}{r!}\omega_{\mu_1\ldots\mu_r}\eta^{\mu_1\ldots\mu_r}\sqrt{|g|}\mathrm{d}x^1 \wedge \ldots \wedge \mathrm{d}x^m. \tag{7.178}$$

この表示は積が対称

$$\omega \wedge *\eta = \eta \wedge *\omega \tag{7.179}$$

であることを示している．$\{\hat{\theta}^\alpha\}$ を正規直交標構とし

$$\omega = \frac{1}{r!}\omega_{\alpha_1\ldots\alpha_r}\hat{\theta}^{\alpha_1} \wedge \ldots \wedge \hat{\theta}^{\alpha_r},$$

$$\eta = \frac{1}{r!}\eta_{\alpha_1\ldots\alpha_r}\hat{\theta}^{\alpha_1} \wedge \ldots \wedge \hat{\theta}^{\alpha_r}$$

とする．このとき (7.178) は

$$\omega \wedge *\eta = \frac{1}{r!}\omega_{\alpha_1\ldots\alpha_r}\eta^{\alpha_1\ldots\alpha_r}\hat{\theta}^1 \wedge \ldots \wedge \hat{\theta}^m \tag{7.180}$$

と書かれる．$\alpha \wedge *\beta$ は m-形式なので，その M 上での積分が定義できる．そこで 2 つの r-形式の**内積** (ω, η) を

$$\begin{aligned}(\omega, \eta) &\equiv \int \omega \wedge *\eta \\ &= \frac{1}{r!}\int_M \omega_{\mu_1\ldots\mu_r}\eta^{\mu_1\ldots\mu_r}\sqrt{|g|}\mathrm{d}x^1\ldots\mathrm{d}x^m \end{aligned} \tag{7.181}$$

で定義する．$\omega \wedge *\eta = \eta \wedge *\omega$ なので内積は対称

$$(\omega, \eta) = (\eta, \omega) \tag{7.182}$$

である．(M, g) が Riemann 多様体ならば，内積は正定値

$$(\alpha, \alpha) \geq 0 \tag{7.183}$$

である．等式は $\alpha = 0$ のときに限って成り立つ．しかし (M, g) が Lorentz 多様体のときにはこのことは成り立たない．

7.9.4 外微分の随伴

定義 7.6 $\mathrm{d} : \Omega^{r-1}(M) \to \Omega^r(M)$ を外微分作用素とする．このとき**随伴外微分作用素** $\mathrm{d}^\dagger : \Omega^r(M) \to \Omega^{r-1}(M)$ を，(M, g) が Riemann 多様体のときは

$$\mathrm{d}^\dagger = (-1)^{mr+m+1} *\mathrm{d}* \tag{7.184a}$$

で，(M, g) が Lorentz 多様体のときは

$$\mathrm{d}^\dagger = (-1)^{mr+m} *\mathrm{d}* \tag{7.184b}$$

で定義する．ただし $m = \dim M$．

まとめると Riemann 多様体に対して次の可換図を得る；

$$\begin{array}{ccc} \Omega^{m-r}(M) & \xrightarrow{(-1)^{mr+m+1}\mathrm{d}} & \Omega^{m-r+1}(M) \\ {\scriptstyle *}\uparrow & & \downarrow{\scriptstyle *} \\ \Omega^r(M) & \xrightarrow{\mathrm{d}^\dagger} & \Omega^{r-1}(M) \end{array} \tag{7.185}$$

作用素 $\mathrm{d}^\dagger$ は d がベキ零性をもつのでベキ零性をもつ；$\mathrm{d}^{\dagger 2} = *\mathrm{d}**\mathrm{d}* \propto *\mathrm{d}^2* = 0$．

定理 7.5 (M, g) を境界をもたないコンパクト向き付け可能多様体とし，$\alpha \in \Omega^r(M)$，$\beta \in \Omega^{r-1}(M)$ とする．このとき

$$(\mathrm{d}\beta, \alpha) = (\beta, \mathrm{d}^\dagger\alpha) \tag{7.186}$$

が成り立つ．

証明： $\mathrm{d}\beta \wedge *\alpha$ と $\beta \wedge *\mathrm{d}^\dagger \alpha$ は m-形式なので，これらの M 上での積分が定義可能である．d を $\beta \wedge *\alpha$ に作用させると

$$\mathrm{d}(\beta \wedge *\alpha) = \mathrm{d}\beta \wedge *\alpha - (-1)^r \beta \wedge \mathrm{d}*\alpha$$

となる．ここで (M,g) を Riemann 多様体とする．$\mathrm{d}*\alpha$ が $(m-r+1)$-形式であることに注意して，恒等写像 $(-1)^{(m-r+1)[m-(m-r+1)]}** = (-1)^{mr+m+r+1}**$ を第2項の $\mathrm{d}*\alpha$ の前に挿入すると

$$\mathrm{d}(\beta \wedge *\alpha) = \mathrm{d}\beta \wedge *\alpha - (-1)^{mr+m+1} \beta \wedge *(*\mathrm{d}*\alpha)$$

を得る．この方程式を M 上で積分して

$$\int_M \mathrm{d}\beta \wedge *\alpha - \int_M \beta \wedge *[(-1)^{mr+m+1} *\mathrm{d}*\alpha] = \int_M \mathrm{d}(\beta \wedge *\alpha)$$
$$= \int_{\partial M} \beta \wedge *\alpha = 0$$

を得る．ここで最後の等式は仮定から導かれる．したがって $(\mathrm{d}\beta, \alpha) = (\beta, \mathrm{d}^\dagger \alpha)$ が示された．読者は (M,g) が Lorentz 多様体の場合に，証明がどのように変更されるかをチェックされたい． ∎

7.9.5 Laplacian, 調和形式, Hodge 分解定理

定義 7.7 Laplacian $\Delta : \Omega^r(M) \to \Omega^r(M)$ は

$$\Delta = (\mathrm{d} + \mathrm{d}^\dagger)^2 = \mathrm{d}\mathrm{d}^\dagger + \mathrm{d}^\dagger \mathrm{d} \tag{7.187}$$

で定義される．

例として $\Delta : \Omega^0(M) \to \Omega^0(M)$ の具体的な式を求める．$f \in \mathcal{F}(M)$ とする．$\mathrm{d}^\dagger f = 0$ なので

$$\Delta f = \mathrm{d}^\dagger \mathrm{d} f = -*\mathrm{d}*(\partial_\mu f \mathrm{d}x^\mu)$$
$$= -*\mathrm{d}\left(\frac{\sqrt{|g|}}{(m-1)!} \partial_\mu f g^{\mu\lambda} \varepsilon_{\lambda\nu_2\ldots\nu_m} \mathrm{d}x^{\nu_2} \wedge \ldots \wedge \mathrm{d}x^{\nu_m}\right)$$
$$= -*\frac{1}{(m-1)!} \partial_\nu[\sqrt{|g|} g^{\lambda\mu} \partial_\mu f] \varepsilon_{\lambda\nu_2\ldots\nu_m} \mathrm{d}x^\nu \wedge \mathrm{d}x^{\nu_2} \wedge \ldots \wedge \mathrm{d}x^{\nu_m}$$
$$= -*\partial_\nu[\sqrt{|g|} g^{\nu\mu} \partial_\mu f] \mathrm{d}x^1 \wedge \ldots \wedge \mathrm{d}x^m$$
$$= -\frac{1}{\sqrt{|g|}} \partial_\nu[\sqrt{|g|} g^{\nu\mu} \partial_\mu f] \tag{7.188}$$

を得る．

問 7.21 Euclid 空間 $(\mathbb{R}^m, \delta)$ において 1-形式 $\omega = \omega_\mu \mathrm{d}x^\mu$ をとる．このとき

$$\Delta \omega = -\sum_{\mu=1}^{m} \frac{\partial^2 \omega_\nu}{\partial x^\mu \partial x^\mu} \mathrm{d}x^\nu$$

を示せ．

例 7.16 例 5.11 において Maxwell 方程式の半分は恒等式 $\mathrm{d}F = \mathrm{d}^2 A = 0$ に帰着されることを示した．ここで $A = A_\mu \mathrm{d}x^\mu$ はベクトル・ポテンシャル 1-形式であり $F = \mathrm{d}A$ は電磁場 2-形式である．ρ を電荷密度，$\boldsymbol{j}$ を電流密度とし，電流 1-形式を $j = \eta_{\mu\nu} j^\nu \mathrm{d}x^\mu = -\rho \mathrm{d}t + \boldsymbol{j} \cdot \mathrm{d}\boldsymbol{x}$ とする．このとき残りの Maxwell 方程式は

$$\mathrm{d}^\dagger F = \mathrm{d}^\dagger \mathrm{d} A = j \tag{7.189a}$$

となる．成分表示は

$$\nabla \cdot \boldsymbol{E} = \rho, \qquad \nabla \times \boldsymbol{B} - \frac{\partial \boldsymbol{E}}{\partial t} = \boldsymbol{j} \tag{7.189b}$$

である．ベクトル・ポテンシャル A は大きな自由度をもつが，**Lorentz 条件** $\mathrm{d}^\dagger A = 0$ を満たす A をいつでも選ぶことができる．このとき (7.189a) は $(\mathrm{d}\mathrm{d}^\dagger + \mathrm{d}^\dagger \mathrm{d})A = \Delta A = j$ と書かれる．

(M, g) を向き付け可能な閉 Riemann 多様体とする．Laplacian Δ は

$$(\omega, \Delta \omega) = (\omega, (\mathrm{d}^\dagger \mathrm{d} + \mathrm{d}\mathrm{d}^\dagger)\omega) = (\mathrm{d}\omega, \mathrm{d}\omega) + (\mathrm{d}^\dagger \omega, \mathrm{d}^\dagger \omega) \geq 0 \tag{7.190}$$

が成り立つ意味で M 上の正値作用素である．ここで (7.183) を用いた．r-形式 ω は $\Delta \omega = 0$ が成り立つとき**調和形式**，$\mathrm{d}\omega = 0$ ($\mathrm{d}^\dagger \omega = 0$) のとき**閉形式 (余閉形式)** という．次の定理は (7.190) の直接の帰結である．

定理 7.6 r-形式 ω が調和形式であるための必要十分条件は ω が閉形式かつ余閉形式であることである．

r-形式 ω_r は $\beta_{r+1} \in \Omega^{r+1}(M)$ によって<u>大域的に</u>

$$\omega_r = \mathrm{d}^\dagger \beta_{r+1} \tag{7.191}$$

と書けるとき**余完全形式**といわれる．[注：$\omega_r \in \Omega^r(M)$ は $\omega_r = \mathrm{d}\alpha_{r-1}$, $\alpha_{r-1} \in \Omega^{r-1}(M)$ ならば完全形式である．] M 上の調和 r-形式全体の集合を $\mathrm{Harm}^r(M)$ で，完全 r-形式 (余完全 r-形式) 全体の集合を $\mathrm{d}\Omega^{r-1}(M)(\mathrm{d}^\dagger \Omega^{r+1}(M))$ で表す [3]．

定理 7.7 (Hodge 分解定理) (M, g) を境界をもたないコンパクトで向き付け可能な Riemann 多様体とする．このとき $\Omega^r(M)$ は<u>一意的に</u>

$$\Omega^r(M) = \mathrm{d}\Omega^{r-1}(M) \oplus \mathrm{d}^\dagger \Omega^{r+1}(M) \oplus \mathrm{Harm}^r(M) \tag{7.192a}$$

---

[3] 今まで完全 r-形式の集合は $B_r(M)$ と表した．

と分解される．[すなわち，任意の r-形式は大域的に

$$\omega_r = d\alpha_{r-1} + d^\dagger \beta_{r+1} + \gamma_r \tag{7.192b}$$

と書かれる．ただし $\alpha_{r-1} \in \Omega^{r-1}(M), \beta_{r+1} \in \Omega^{r+1}(M), \gamma_r \in \mathrm{Harm}^r(M)$．]

$r = 0$ に対しては $\Omega^{-1}(M) = \{0\}$ と定義する．この定理の証明には下に述べる2つの簡単な演習問題の結果が必要である．

問 7.22 (M, g) を定理 7.7 で与えられたものとする．このとき

$$(d\alpha_{r-1}, d^\dagger \beta_{r+1}) = (d\alpha_{r-1}, \gamma_r) = (d^\dagger \beta_{r+1}, \gamma_r) = 0 \tag{7.193}$$

が成り立つことを示せ．任意の $d\alpha_{r-1} \in d\Omega^{r-1}(M), d^\dagger \beta_{r+1} \in d^\dagger \Omega^{r+1}(M), \gamma_r \in \mathrm{Harm}^r(M)$ に対して $\omega_r \in \Omega^r(M)$ が

$$(d\alpha_{r-1}, \omega_r) = (d^\dagger \beta_{r+1}, \omega_r) = (\gamma_r, \omega_r) = 0 \tag{7.194}$$

を満たすならば，$\omega_r = 0$ であることも示せ．

問 7.23 $\omega_r \in \Omega^r(M)$ が，ある $\psi_r \in \Omega^r(M)$ に対して $\omega_r = \Delta \psi_r$ と書けるとする．このとき任意の $\gamma_r \in \mathrm{Harm}^r(M)$ に対して $(\omega_r, \gamma_r) = 0$ であることを示せ．

この逆の命題「もし $\omega_r \in \Omega^r(M)$ が任意の調和 r-形式と直交するならば，ある $\psi_r \in \Omega^r(M)$ に対して $\omega_r = \Delta \psi_r$ と書ける」の証明は高度に技術的なところがあるので，ここでは作用素 Δ^{-1} (Green 関数) が今の問題では定義可能であり ψ_r は $\Delta^{-1} \omega_r$ で与えられることを述べるに留める．

$P : \Omega^r(M) \to \mathrm{Harm}^r(M)$ を調和 r-形式全体の空間への射影作用素とする．$\omega_r \in \Omega^r(M)$ をとる．$\omega_r - P\omega_r$ は $\mathrm{Harm}^r(M)$ に直交するので，ある $\psi_r \in \Omega^r(M)$ に対して $\Delta \psi_r$ と書ける．このとき

$$\omega_r = d(d^\dagger \psi_r) + d^\dagger(d\psi_r) + P\omega_r \tag{7.195}$$

となる．これは定理 7.7 の分解を実現している．

7.9.6　調和形式と de Rham コホモロジー群

我々は de Rham コホモロジー群の任意の元は<u>一意的な</u>調和形式を代表元にもつことを示す．$[\omega_r] \in H^r(M)$ とする．最初に $\omega_r \in \mathrm{Harm}^r(M) \oplus d\Omega^{r-1}(M)$ を示そう．(7.192) によると ω_r は $\omega_r = \gamma_r + d\alpha_{r-1} + d^\dagger \beta_{r+1}$ と分解される．$d\omega_r = 0$ なので

$$0 = (d\omega_r, \beta_{r+1}) = (dd^\dagger \beta_{r+1}, \beta_{r+1}) = (d^\dagger \beta_{r+1}, d^\dagger \beta_{r+1})$$

を得る．このことが成り立つ必要十分条件は $d^\dagger \beta_{r+1} = 0$ である．ゆえに $\omega_r = \gamma_r + d\alpha_{r-1}$ となる．(7.195) から

$$\omega_r = P\omega_r + d(d^\dagger \psi) = P\omega_r + dd^\dagger \Delta^{-1} \omega_r \tag{7.196a}$$

を得る．$\gamma_r \equiv P\omega_r$ は調和形式による $[\omega_r]$ の代表元である．$\widetilde{\omega}_r$ を $[\omega_r]$ の別の代表元であるとする；$\widetilde{\omega}_r - \omega_r = \mathrm{d}\eta_{r-1}$, $\eta_{r-1} \in \Omega^{r-1}(M)$．(7.196a) に対応して

$$\widetilde{\omega}_r = P\widetilde{\omega}_r + \mathrm{d}(\mathrm{d}^\dagger \Delta^{-1} \widetilde{\omega}_r) = P\omega_r + \mathrm{d}(\ldots) \tag{7.196b}$$

を得る．最後の等式は $\mathrm{d}\eta_{r-1}$ が $\mathrm{Harm}^r(M)$ に直交し，ゆえに $\mathrm{Harm}^r(M)$ への射影は消えることから導かれる．(7.196) は，$[\omega_r]$ が一意的な調和形式の代表元 $P\omega_r$ をもつことを示している．

上の証明は $H^r(M) \subset \mathrm{Harm}^r(M)$ を示している．そこで $H^r(M) \supset \mathrm{Harm}^r(M)$ を証明しよう．任意の $\gamma_r \in \mathrm{Harm}^r(M)$ に対して $d\gamma_r = 0$ なので $Z^r(M) \supset \mathrm{Harm}^r(M)$ が求まる．また $B^r(M) = \mathrm{d}\Omega^{r-1}(M)$ なので $B^r(M) \cap \mathrm{Harm}^r(M) = \{0\}$ も成り立つ ((7.192a) 参照)．したがって $\mathrm{Harm}^r(M)$ のどの元も $H^r(M)$ の非自明な元であるから $\mathrm{Harm}^r(M)$ は $H^r(M)$ の部分ベクトル空間であり $\mathrm{Harm}^r(M) \subset H^r(M)$ であることが得られた．よって次を示したことになる：

定理 7.8 (Hodge の定理) コンパクトで向き付け可能な Riemann 多様体 (M,g) 上で $H^r(M)$ は $\mathrm{Harm}^r(M)$ に同型である：

$$H^r(M) \cong \mathrm{Harm}^r(M). \tag{7.197}$$

同型写像は $[\omega] \in H^r(M)$ と $P\omega \in \mathrm{Harm}^r(M)$ を同一視することによって与えられる．

特に，b^r を Betti 数とすると

$$\dim \mathrm{Harm}^r(M) = \dim H^r(M) = b^r \tag{7.198}$$

を得る．Euler 標数は

$$\chi(M) = \sum (-1)^r b^r = \sum (-1)^r \dim \mathrm{Harm}^r(M) \tag{7.199}$$

で与えられる (定理 3.7 参照)．ここで強調したいのは，左辺は位相的な量であるのに対して，右辺は Laplacian Δ の固有値問題によって与えられる解析的な量であるということである．

7.10　一般相対性理論

7.10.1　一般相対性理論入門

古典力学の中で，一般相対性理論は最も美しくまた成功した理論の 1 つである．宇宙物理学的観測および宇宙論的観測，例えば太陽系内のテスト，パルサーからの重力波放射，重力赤方偏位，最近発見された重力レンズ効果などと理論の間の不一致は見出せない[4]．一般相対性理論に不慣れな読者は Berry (1989) または Price (1982) による入門などを参照されたい．

Einstein は，一般相対論を構築するにあたり次の原理を提唱した．

---

[4] 2017 年のノーベル物理学賞は重力波の検出に対して与えられた．

(I) 一般相対性原理 すべての物理法則は，任意の座標系で同じ形をとる．

(II) 等価原理 重力場の効果が，ある任意の点では消えるような座標系が存在する．（自由落下しているエレベーターの中の観測者は重力を感じない… 地面に激突するまでは．）

どんな重力の理論でも，弱い場の極限では Newton の重力理論に帰着しなければならない．Nweton の理論では，重力ポテンシャル Φ は Poisson 方程式

$$\triangle\Phi = 4\pi G\rho \tag{7.200}$$

を満たす．ここに，ρ は質量密度である．Einstein 方程式は，この式を一般相対性原理を満足するように一般化したものである．

一般相対性理論において，重力ポテンシャルは計量テンソルの成分で置き換えられる．すると (7.200) 式の左辺は **Einstein テンソル**

$$G_{\mu\nu} \equiv Ric_{\mu\nu} - \frac{1}{2}g_{\mu\nu}\mathcal{R} \tag{7.201}$$

で置き換えられる．同様に質量密度は**エネルギー運動量テンソル**とよばれる，より一般化された量 $T_{\mu\nu}$ で置き換えられる．すると，**Einstein 方程式**は (7.200) と非常に似た形

$$G_{\mu\nu} = 8\pi G T_{\mu\nu} \tag{7.202}$$

で与えられる．定数 $8\pi G$ は，(7.202) が弱い場の極限で Newton 方程式に帰着するように選ばれた．$T_{\mu\nu}$ は，物質場の作用から変分により求められる．Noether の定理により，$T_{\mu\nu}$ は保存則 $\nabla_\mu T^{\mu\nu} = 0$ を満たさねばならない．同様の保存則は $G_{\mu\nu}$ に対しても成立するが，$Ric_{\mu\nu}$ に対しては成り立たない．7.10.2 節で (7.202) の左辺は変分原理からも導かれることを示す．

問 7.24 計量

$$g_{00} = -1 - \frac{2\Phi}{c^2}, \qquad g_{0i} = 0, \qquad g_{ij} = \delta_{ij} \quad (1 \leq i,j \leq 3)$$

と，エネルギー運動量テンソル $T_{00} = \rho c^2, T_{0i} = T_{ij} = 0$ を考えよう．この $T_{\mu\nu}$ は静止しているダストに対応している．(7.202) 式は弱い場の極限 ($\Phi/c^2 \ll 1$) で Poisson 方程式に帰着することを示せ．

7.10.2 Einstein-Hilbert 作用

この例と次の例は Weinberg (1972) からとった．一般相対性理論は幾何学の力学，すなわち $g_{\mu\nu}$ の力学を記述する．この理論の作用原理は何だろうか？ いつものように，作用はスカラーであることを要求する．さらに，それは $g_{\mu\nu}$ の微分を含んでいるべきである；$\int \sqrt{|g|}\mathrm{d}^m x$ では計量の力学は記述できない．最も簡単なものとしては $S_{\mathrm{EH}} \propto \int \mathcal{R}\sqrt{|g|}\mathrm{d}^m x$ が考えられる．$\mathcal{R}$ はスカラーで，$\sqrt{|g|}\mathrm{d}x^1\mathrm{d}x^2\ldots\mathrm{d}x^m$ は不変体積要素なので S_{EH} はスカラーである．以下，計量に関する変分のもとで S_{EH} は実際 Einstein 方程式を導くことを示す．用いる接続は Levi-Civita 接続に限る．最初にいくつかの技術的な命題を証明する．

命題 7.2 (M,g) を(擬)Riemann 空間とする.変分 $g_{\mu\nu} \to g_{\mu\nu} + \delta g_{\mu\nu}$ のもとで $g^{\mu\nu}, g, Ric_{\mu\nu}$ は

(a) $\quad \delta g^{\mu\nu} = -g^{\mu\kappa}g^{\lambda\nu}\delta g_{\kappa\lambda}$ \hfill (7.203)

(b) $\quad \delta g = gg^{\mu\nu}\delta g_{\mu\nu}, \quad \delta\sqrt{|g|} = \dfrac{1}{2}\sqrt{|g|}g^{\mu\nu}\delta g_{\mu\nu}$ \hfill (7.204)

(c) $\quad \delta Ric_{\mu\nu} = \nabla_\kappa \delta\Gamma^\kappa{}_{\nu\mu} - \nabla_\nu \delta\Gamma^\kappa{}_{\kappa\mu}$ \quad (**Palatini** の公式) \hfill (7.205)

を満たす.

証明

(a) $g_{\kappa\lambda}g^{\lambda\nu} = \delta_\kappa{}^\nu$ から

$$0 = \delta(g_{\kappa\lambda}g^{\lambda\nu}) = \delta g_{\kappa\lambda}g^{\lambda\nu} + g_{\kappa\lambda}\delta g^{\lambda\nu}$$

となる.$g^{\mu\kappa}$ を掛けると $\delta g^{\mu\nu} = -g^{\mu\kappa}g^{\lambda\nu}\delta g_{\kappa\lambda}$ を得る.

(b) まず,行列としての恒等式 $\ln(\det g_{\mu\nu}) = \mathrm{tr}(\ln g_{\mu\nu})$ に注意しよう.これは $g_{\mu\nu}$ を対角化することにより証明できる.変分 $\delta g_{\mu\nu}$ のもとで左辺は $\delta g \cdot g^{-1}$ となり,右辺は $g^{\mu\nu} \cdot \delta g_{\mu\nu}$ となる.したがって $\delta g = gg^{\mu\nu}\delta g_{\mu\nu}$ が示された.(7.204) の残りもこれから簡単に示される.

(c) Γ と $\tilde{\Gamma}$ を2つの接続とする.問 7.5 から差 $\delta\Gamma \equiv \tilde{\Gamma} - \Gamma$ はタイプ $(1,2)$ のテンソルである.さて,$\tilde{\Gamma}$ を $g+\delta g$ に,Γ を g により定義される接続としよう.7.4 節で導入した正規座標系を用いて $\Gamma \equiv 0$ としよう.(もちろん一般に $\partial\Gamma \neq 0$ である.) すると

$$\delta Ric_{\mu\nu} = \partial_\kappa \delta\Gamma^\kappa{}_{\nu\mu} - \partial_\nu \delta\Gamma^\kappa{}_{\kappa\mu} = \nabla_\kappa \delta\Gamma^\kappa{}_{\nu\mu} - \nabla_\nu \delta\Gamma^\kappa{}_{\kappa\mu}$$

が示される.[読者は2番目の等式を確かめよ.] 両辺はテンソルであるからこれは任意の座標系で正しい. ∎

4 次元における **Einstein-Hilbert** 作用を

$$S_{\mathrm{EH}} \equiv \frac{1}{16\pi G}\int \mathcal{R}\sqrt{-g}\,\mathrm{d}^4 x \tag{7.206}$$

で定義する.比例定数 $1/16\pi G$ は,物質が存在するとき Newton 極限を再現するように導入した.(7.214) を参照.$\delta S_{\mathrm{EH}} = 0$ が真空の Einstein 方程式に帰着することを以下で証明する.$|x| \to \infty$ のとき $\delta g \to 0$ を満たす変分 $g \to g+\delta g$ のもとで,被積分関数は

$$\begin{aligned}
\delta(\mathcal{R}\sqrt{-g}) &= \delta(g^{\mu\nu}Ric_{\mu\nu}\sqrt{-g}) \\
&= \delta g^{\mu\nu}Ric_{\mu\nu}\sqrt{-g} + g^{\mu\nu}\delta Ric_{\mu\nu}\sqrt{-g} + \mathcal{R}\delta(\sqrt{-g}) \\
&= -g^{\mu\kappa}g^{\lambda\nu}\delta g_{\kappa\lambda}Ric_{\mu\nu}\sqrt{-g} \\
&\quad + g^{\mu\nu}(\nabla_\kappa\delta\Gamma^\kappa{}_{\nu\mu} - \nabla_\nu\delta\Gamma^\kappa{}_{\kappa\mu})\sqrt{-g} + \frac{1}{2}\mathcal{R}\sqrt{-g}g^{\mu\nu}\delta g_{\mu\nu}
\end{aligned}$$

だけ変化する．ここで，第 2 項は全微分であることに注意する；

$$\nabla_\kappa(g^{\mu\nu}\delta\Gamma^\kappa{}_{\nu\mu}\sqrt{-g}) - \nabla_\nu(g^{\mu\nu}\delta\Gamma^\kappa{}_{\kappa\mu}\sqrt{-g})$$
$$= \partial_\kappa(g^{\mu\nu}\delta\Gamma^\kappa{}_{\mu\nu}\sqrt{-g}) - \partial_\nu(g^{\mu\nu}\delta\Gamma^\kappa{}_{\kappa\mu}\sqrt{-g}).$$

したがって，この項は変分に寄与しない．残りの項から

$$\delta S_{\text{EH}} = \frac{1}{16\pi G}\int\left(-Ric^{\mu\nu} + \frac{1}{2}\mathcal{R}g^{\mu\nu}\right)\delta g_{\mu\nu}\sqrt{-g}\,\mathrm{d}^4 x \tag{7.207}$$

が得られる．任意の変分 δg のもとで $\delta S_{\text{EH}} = 0$ を要求すると，真空の Einstein 方程式

$$G_{\mu\nu} = Ric_{\mu\nu} - \frac{1}{2}g_{\mu\nu}\mathcal{R} = 0 \tag{7.208}$$

が得られる．対称テンソル G は **Einstein テンソル**とよばれる．

今までは重力場のみを考えてきた．さて，作用

$$S_{\text{M}} \equiv \int \mathcal{L}(\phi)\sqrt{-g}\,\mathrm{d}^4 x \tag{7.209}$$

で記述される物質場が存在するとしよう．ここに $\mathcal{L}(\phi)$ は Lagrangian 密度である．典型的な例は，実スカラー場

$$S_{\text{S}} \equiv -\frac{1}{2}\int[g^{\mu\nu}\partial_\mu\phi\partial_\nu\phi + m^2\phi^2]\sqrt{-g}\,\mathrm{d}^4 x \tag{7.210a}$$

および Maxwell 場

$$S_{\text{ED}} \equiv -\frac{1}{4}\int F_{\mu\nu}F^{\mu\nu}\sqrt{-g}\,\mathrm{d}^4 x \tag{7.210b}$$

である．ここに $F_{\mu\nu} = \partial_\mu A_\nu - \partial_\nu A_\mu = \nabla_\mu A_\nu - \nabla_\nu A_\mu$ である．変分 δg のもとで物質場の作用が δS_{M} だけ変化したとすると，**エネルギー運動量テンソル** $T^{\mu\nu}$ は

$$\delta S_{\text{M}} = \frac{1}{2}\int T^{\mu\nu}\delta g_{\mu\nu}\sqrt{-g}\mathrm{d}^4 x \tag{7.211}$$

で定義される．$\delta g_{\mu\nu}$ は対称であるから $T^{\mu\nu}$ も対称にとる．例えば，実スカラー場に対し $T_{\mu\nu}$ は

$$\begin{aligned}T_{\mu\nu}(x) &= 2\frac{1}{\sqrt{-g}}\frac{\delta}{\delta g^{\mu\nu}(x)}S_{\text{S}}\\ &= \partial_\mu\phi\partial_\nu\phi - \frac{1}{2}g_{\mu\nu}(g^{\kappa\lambda}\partial_\kappa\phi\partial_\lambda\phi + m^2\phi^2)\end{aligned} \tag{7.212}$$

で与えられる．

さて，重力場が作用 S_{M} の物質場と結合しているとしよう．この場合の最小作用原理は，$g \to g + \delta g$ のもとで

$$\delta(S_{\text{EH}} + S_{\text{M}}) = 0 \tag{7.213}$$

で与えられる．(7.207) と (7.211) から，**Einstein 方程式**

$$G_{\mu\nu} = 8\pi G T_{\mu\nu} \tag{7.214}$$

が得られる．

問 7.25 作用の不変性を損なうことなしに，スカラー曲率に，あるスカラーを加えることができる．そのような例として，**宇宙定数** Λ とよばれる定数を加える．作用は

$$\widetilde{S}_{\text{EH}} = \frac{1}{16\pi G} \int_M (\mathcal{R} + \Lambda) \sqrt{-g}\, \mathrm{d}^4 x \tag{7.215}$$

で与えられる．この理論に対する真空の Einstein 方程式を書き下せ．その他の可能なスカラーは $\mathcal{R}^2$, $Ric^{\mu\nu}Ric_{\mu\nu}$, $R_{\kappa\lambda\mu\nu}R^{\kappa\lambda\mu\nu}$ などである．

7.10.3 曲がった時空間におけるスピノル

話を具体的にするために，4次元 Lorentz 多様体における Dirac スピノル ψ を考える．

$$g_{\mu\nu} = e^\alpha{}_\mu e^\beta{}_\nu \eta_{\alpha\beta} \tag{7.216}$$

で定義される 4 脚場 $e^\alpha{}_\mu$ は，各点 $p \in M$ において正規直交標構 $\{\hat{\theta}^\alpha = e^\alpha{}_\mu \mathrm{d}x^\mu\}$ を定義する．前に注意したように，$\alpha, \beta, \gamma, \ldots$ は局所的な正規直交基底の添字を，$\mu, \nu, \lambda, \ldots$ は座標基底の添字を表す．この標構に対し Dirac 行列 $\gamma^\alpha = e^\alpha{}_\mu \gamma^\mu$ は $\{\gamma^\alpha, \gamma^\beta\} = 2\eta^{\alpha\beta}$ を満たす．局所 Lorentz 変換 $\Lambda^\alpha{}_\beta(p)$ のもとで Dirac スピノルは

$$\psi(p) \to \rho(\Lambda)\psi(p), \qquad \bar{\psi}(p) \to \bar{\psi}(p)\rho(\Lambda)^{-1} \tag{7.217}$$

と変換する．ここに $\bar{\psi} \equiv \psi^\dagger \gamma^0$，また $\rho(\Lambda)$ は Λ のスピノル表現である．不変な作用を構成するために，局所 Lorentz ベクトルで，スピノルとして変換する共変微分 $\nabla_\alpha \psi$ を探す；

$$\nabla_\alpha \psi \to \rho(\Lambda)\Lambda_\alpha{}^\beta \nabla_\beta \psi. \tag{7.218}$$

もし，そのような $\nabla_\alpha \psi$ が見つかると不変な Lagrangian は

$$\mathcal{L} = \bar{\psi}(\mathrm{i}\gamma^\alpha \nabla_\alpha + m)\psi \tag{7.219}$$

と書かれる．m は ψ の質量である．まず，$\Lambda(p)$ のもとで $e_\alpha{}^\mu \partial_\mu \psi$ は

$$e_\alpha{}^\mu \partial_\mu \psi \to \Lambda_\alpha{}^\beta e_\beta{}^\mu \partial_\mu \rho(\Lambda)\psi = \Lambda_\alpha{}^\beta e_\beta{}^\mu [\rho(\Lambda)\partial_\mu \psi + \partial_\mu \rho(\Lambda)\psi] \tag{7.220}$$

と変換することに注意しよう．そこで ∇_α が

$$\nabla_\alpha \psi = e_\alpha{}^\mu [\partial_\mu + \Omega_\mu]\psi \tag{7.221}$$

と書かれるとしよう．(7.218) と (7.220) から，Ω_μ は

$$\Omega_\mu \to \rho(\Lambda)\Omega_\mu \rho(\Lambda)^{-1} - \partial_\mu \rho(\Lambda) \rho(\Lambda)^{-1} \tag{7.222}$$

と変換しなければならない．Ω_μ の具体的な形を求めるために，無限小局所 Lorentz 変換 $\Lambda_\alpha{}^\beta(p) = \delta_\alpha{}^\beta + \varepsilon_\alpha{}^\beta(p)$ を考えよう．Dirac スピノルは

$$\psi \to \exp\left[\frac{1}{2}\mathrm{i}\varepsilon^{\alpha\beta}\Sigma_{\alpha\beta}\right]\psi \simeq \left[1 + \frac{1}{2}\mathrm{i}\varepsilon^{\alpha\beta}\Sigma_{\alpha\beta}\right]\psi \tag{7.223}$$

と変換する．ここに，$\Sigma_{\alpha\beta} \equiv \frac{1}{4}\mathrm{i}[\gamma_\alpha, \gamma_\beta]$ は Lorentz 変換の生成子のスピノル表現である．$\Sigma_{\alpha\beta}$ は $\mathfrak{o}(1,3)$ Lie 代数

$$\mathrm{i}[\Sigma_{\alpha\beta}, \Sigma_{\gamma\delta}] = \eta_{\gamma\beta}\Sigma_{\alpha\delta} - \eta_{\gamma\alpha}\Sigma_{\beta\delta} + \eta_{\delta\beta}\Sigma_{\gamma\alpha} - \eta_{\delta\alpha}\Sigma_{\gamma\beta} \tag{7.224}$$

を満たす．同じ微小 Lorentz 変換のもとで Ω_μ は

$$\begin{aligned}\Omega_\mu &\to \left(1 + \frac{1}{2}\mathrm{i}\varepsilon^{\alpha\beta}\Sigma_{\alpha\beta}\right)\Omega_\mu\left(1 - \frac{1}{2}\mathrm{i}\varepsilon^{\gamma\delta}\Sigma_{\gamma\delta}\right) - \frac{1}{2}\mathrm{i}\partial_\mu\varepsilon^{\alpha\beta}\Sigma_{\alpha\beta}\left(1 - \frac{1}{2}\mathrm{i}\varepsilon^{\gamma\delta}\Sigma_{\gamma\delta}\right) \\ &= \Omega_\mu + \frac{1}{2}\mathrm{i}\varepsilon^{\alpha\beta}[\Sigma_{\alpha\beta}, \Omega_\mu] - \frac{1}{2}\mathrm{i}\partial_\mu\varepsilon^{\alpha\beta}\Sigma_{\alpha\beta}\end{aligned} \tag{7.225}$$

と変換する．さて，接続 1 形式 $\omega^\alpha{}_\beta$ は微小 Lorentz 変換のもとで

$$\omega^\alpha{}_\beta \to \omega^\alpha{}_\beta + \varepsilon^\alpha{}_\gamma\omega^\gamma{}_\beta - \omega^\alpha{}_\gamma\varepsilon^\gamma{}_\beta - \mathrm{d}\varepsilon^\alpha{}_\beta \tag{7.226a}$$

と変換することを思い出そう（(7.152) を見よ）．これは成分で書くと

$$\Gamma^\alpha{}_{\mu\beta} \to \Gamma^\alpha{}_{\mu\beta} + \varepsilon^\alpha{}_\gamma\Gamma^\gamma{}_{\mu\beta} - \Gamma^\alpha{}_{\mu\gamma}\varepsilon^\gamma{}_\beta - \partial_\mu\varepsilon^\alpha{}_\beta \tag{7.226b}$$

となる．(7.224), (7.225), (7.226b) から**スピン接続**

$$\Omega_\mu \equiv \frac{1}{2}\mathrm{i}\Gamma^\alpha{}_\mu{}^\beta\Sigma_{\alpha\beta} = \frac{1}{2}\mathrm{i}e^\alpha{}_\nu\nabla_\mu e^{\beta\nu}\Sigma_{\alpha\beta} \tag{7.227}$$

が，要求される変換則 (7.222) を満たすことがわかる．実際，

$$\begin{aligned}\frac{1}{2}\mathrm{i}\Gamma^\alpha{}_\mu{}^\beta\Sigma_{\alpha\beta} &\to \frac{1}{2}\mathrm{i}\left(\Gamma^\alpha{}_\mu{}^\beta + \varepsilon^\alpha{}_\gamma\Gamma^\gamma{}_\mu{}^\beta - \Gamma^\alpha{}_{\mu\gamma}\varepsilon^{\gamma\beta} - \partial_\mu\varepsilon^{\alpha\beta}\right)\Sigma_{\alpha\beta} \\ &= \frac{1}{2}\mathrm{i}\Gamma^\alpha{}_\mu{}^\beta\Sigma_{\alpha\beta} + \frac{1}{2}\mathrm{i}\left(\varepsilon^\alpha{}_\gamma\Gamma^\gamma{}_\mu{}^\beta\Sigma_{\alpha\beta} - \Gamma^\alpha{}_{\mu\gamma}\varepsilon^{\gamma\beta}\Sigma_{\alpha\beta}\right) \\ &\quad - \frac{1}{2}\mathrm{i}\partial_\mu\varepsilon^{\alpha\beta}\Sigma_{\alpha\beta} \\ &= \frac{1}{2}\mathrm{i}\Gamma^\alpha{}_\mu{}^\beta\Sigma_{\alpha\beta} + \frac{1}{2}\mathrm{i}\varepsilon^{\alpha\beta}\left[\Sigma_{\alpha\beta}, \frac{1}{2}\mathrm{i}\Gamma^\gamma{}_\mu{}^\delta\Sigma_{\gamma\delta}\right] - \frac{1}{2}\mathrm{i}\partial_\mu\varepsilon^{\alpha\beta}\Sigma_{\alpha\beta}\end{aligned}$$

となる．

こうして，座標変換に対しても局所 Lorentz 変換に対してもスカラーである Lagrangian

$$\mathcal{L} \equiv \bar{\psi}\left[\mathrm{i}\gamma^\alpha e_\alpha{}^\mu\left(\partial_\mu + \frac{1}{2}\mathrm{i}\Gamma^\beta{}_\mu{}^\gamma\Sigma_{\beta\gamma}\right) + m\right]\psi \tag{7.228}$$

とスカラーの作用

$$S_\psi \equiv \int_M \mathrm{d}^4x\sqrt{-g}\bar{\psi}\left[\mathrm{i}\gamma^\alpha e_\alpha{}^\mu\left(\partial_\mu + \frac{1}{2}\mathrm{i}\Gamma^\beta{}_\mu{}^\gamma\Sigma_{\beta\gamma}\right) + m\right]\psi \tag{7.229a}$$

が得られた．ψ がゲージ場 $\mathcal{A}$ と結合していれば，作用は

$$S_\psi = \int_M \mathrm{d}^4x\sqrt{-g}\bar{\psi}\left[\mathrm{i}\gamma^\alpha e_\alpha{}^\mu\left(\partial_\mu + \mathcal{A}_\mu + \frac{1}{2}\mathrm{i}\Gamma^\beta{}_\mu{}^\gamma\Sigma_{\beta\gamma}\right) + m\right]\psi \tag{7.229b}$$

で与えられる.

M が2次元のときスピン接続の項は消えることに注意しよう. それを見るために, (7.229a) を

$$S_\psi = \frac{1}{2}\int_M \mathrm{d}^2 x\sqrt{-g}\bar\psi\left[\mathrm{i}\gamma^\mu\overleftrightarrow{\partial_\mu} + \frac{1}{2}\mathrm{i}\Gamma^\beta{}_\mu{}^\gamma\{\mathrm{i}\gamma^\mu, \Sigma_{\beta\gamma}\} + 2m\right]\psi \tag{7.229a$'$}$$

と表す. ただし, $\gamma^\mu = \gamma^\alpha e_\alpha{}^\mu$ で, Lagrangian をエルミートにするために全微分の項を加えた. Σ のゼロでない成分は $\Sigma_{01} \propto [\gamma_0, \gamma_1] \propto \gamma_3$ のみである. ここに γ_3 は, 4次元における γ_5 の2次元版である. $\{\gamma^\mu, \gamma_3\} = 0$ であるから, スピン接続項は S_ψ から消えてしまう.

7.11 Boson 弦理論

場の量子論 (QFT) は粒子の力学を扱うので, しばしば particle physics とよばれる. 高エネルギー過程のエネルギー・スケールが, Planck エネルギー ($\sim 10^{19}$ GeV) に比べて十分小さければ, この見方に異論はない. しかし, QFT の枠組みで重力を量子化しようとすると, 途端に壁にぶつかる. 重力の QFT のあちこちに現れる紫外発散の繰り込みについて, 我々は無知である. 1980 年代初頭に, 超対称性を導入することにより重力を量子化しようと試みた. 部分的な改善はあったものの, こうして構成された超重力理論は, 紫外発散を完全には克服することはできなかった.

1960 年代末から 1970 年代初頭にかけて, 双対共鳴モデルはハドロンのモデルの候補として熱心に研究された. そこでは, 粒子は**弦**とよばれる 1 次元のひもで置き換えられる. 不幸にして, この理論は虚数の質量をもつタキオンとスピン 2 の粒子を含み, しかも 26 次元時空でのみ無矛盾であった. これらの困難のために, この理論は棄て去られ, QCD にとって代わられた. しかし, 少数の人達は弦理論が重力子を含むことに気がついて, この理論は重力の量子論の候補であると考えた.

その後, 弦理論に超対称性が組み込まれ, **超弦理論**が構成された. この理論では, タキオンは存在せず, 10 次元時空でのみ矛盾がない. 現在, 矛盾がない超弦理論としていくつかの候補がある. 数学的な無矛盾性の議論から, これらの候補のうちの 1 つが究極の理論 (THEORY OF EVERYTHING = TOE) として選ばれるかもしれない.

本書では第 II 巻の最後の章で, ボソン弦理論の初等的なトピックを紹介する. また, 超弦理論の研究に必要な数学的道具のいくつかも紹介する. ボソン弦理論の古典的な総合報告は (Scherk 1975) である. 第 14 章ではさらに多くの参考文献をあげる.

7.11.1 弦の作用

D 次元 Minkowski 時空における点の軌跡は, D 個の関数の組 $X^\mu(\tau)$, $1 \le \mu \le D$ で与えられる. τ は軌跡を表すパラメタである. 弦は 1 次元の物体で, その軌跡は 2 つのパラメタ (σ, τ) で表される. σ は空間的で, τ は時間的である. D 次元 Minkowski 時空におけるその位置は, 図 7.9 のように $X^\mu(\sigma, \tau)$ で表される. σ は $\sigma \in [0, \pi]$ のように規格化される. 弦は開いているものと閉じているものがある. 弦の力学を支配する作用を求めよう.

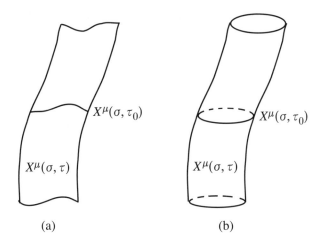

図 7.9. 開いた弦の軌跡 (a) と閉じた弦の軌跡 (b). あるパラメタ τ_0 で切ったときの切り口も示した.

まず,相対論的粒子の作用は世界線の長さ

$$S \equiv m \int_{s_i}^{s_f} \mathrm{d}s = m \int_{\tau_i}^{\tau_f} \mathrm{d}\tau \, (-\dot{X}^\mu \dot{X}_\mu)^{1/2} \tag{7.230}$$

であることに注目しよう. ここに, $\dot{X}^\mu \equiv \mathrm{d}X^\mu/\mathrm{d}\tau$ である. ある種の目的には, 別の表現

$$S = -\frac{1}{2} \int \mathrm{d}\tau \sqrt{g} \left(g^{-1} \dot{X}^\mu \dot{X}_\mu - m^2 \right) \tag{7.231}$$

をとったほうが便利である. 補助場 $g \equiv g_{\tau\tau}$ は計量と見なされる.

問 7.26 式 (7.231) から導かれる Euler-Lagrange 方程式を書き下せ. (7.231) 式から, 運動方程式を用いて g を消去し, (7.230) 式を導け.

(7.231) 式が (7.230) 式より優れている点は何だろうか? まず, (7.231) 式は $m^2 = 0$ の場合も意味をもつが, (7.230) 式は恒等的にゼロとなることに注意する. 第2に, (7.231) 式は X の2次式であるが, (7.230) 式の X 依存性は複雑である.

Nambu は, 弦を記述する作用として, **世界面**の面積に比例する作用を提唱した (Nambu 1970). 世界面とは, 弦の軌跡により張られる面である. 明らかに, これは粒子のときの世界線の一般化になっている. Nambu の提唱した **Nambu 作用**は

$$S = -\frac{1}{2\pi\alpha'} \int_0^\pi \mathrm{d}\sigma \int_{\tau_i}^{\tau_f} \mathrm{d}\tau [-\det(\partial_\alpha X^\mu \partial_\beta X_\mu)]^{1/2} \tag{7.232}$$

である. ここに, $\xi^0 = \tau, \xi^1 = \sigma, \partial_\alpha X^\mu \equiv \partial X^\mu/\partial \xi^\alpha$ である. $\tau_i (\tau_f)$ はパラメタ τ の最初の (最終の) 値で, α' は弦の張力の逆数で, Regge スロープと呼ばれる.

問 7.27 作用 S は次元をもたない. また, τ と σ も次元がないようにとる. このとき α' の次元は $[長さ]^2$ であることを示せ.

Nambu 作用は美しい幾何学的描像を与えるものの，X に関し 2 次式ではなく，理論を量子化するのが困難である．そこで，Nambu 作用と同値で，量子化するのに便利な作用を探そう．それには，点粒子のときと同様に考える．弦における 2 次式の作用は **Polyakov 作用**とよばれ (Polyakov 1981)

$$S = -\frac{1}{4\pi\alpha'} \int_0^\pi d\sigma \int_{\tau_i}^{\tau_f} d\tau \sqrt{-g} g^{\alpha\beta} \partial_\alpha X^\mu \partial_\beta X_\mu \tag{7.233}$$

で与えられる．ここに，$g = \det g_{\alpha\beta}$, $g^{\alpha\beta} = (g^{-1})^{\alpha\beta}$ である．図 7.9 のように，弦が開いていれば軌跡はシートで，閉じていればチューブとなる．以下，g を消去することにより，作用 (7.233) と (7.232) が同値であることを示す．しかし，これは Lagrangian においてのみ正しいことに注意する．これが量子化したときも成り立つかどうか保障はない．ボース弦に関しては，それぞれの Lagrangian を量子化すると，$D = 26$ においてのみ同値である．作用 (7.233) は次の不変性をもつ:

(i) 世界面の局所再パラメタ化

$$\tau \to \tau'(\tau, \sigma), \quad \sigma \to \sigma'(\tau, \sigma). \tag{7.234a}$$

(ii) Weyl スケーリング

$$g_{\alpha\beta} \to g'_{\alpha\beta} \equiv e^{\phi(\sigma,\tau)} g_{\alpha\beta}. \tag{7.234b}$$

(iii) 大域的 Poincaré 不変性

$$X^\mu \to X^{\mu'} \equiv \Lambda^\mu{}_\nu X^\nu + a^\mu, \quad \Lambda \in \mathrm{SO}(D-1,1), \quad a \in \mathbb{R}^D. \tag{7.234c}$$

これらの対称性は後ほど詳しく調べる．

問 7.28 対称性 (i) と (ii) を利用すると，つねに $g_{\alpha\beta}$ を $g_{\alpha\beta} = \eta_{\alpha\beta}$ に選ぶことができる．このとき，X^μ に関する運動方程式を書き下し，それが

$$\eta^{\alpha\beta} \partial_\alpha \partial_\beta X^\mu = 0 \tag{7.235}$$

に従うことを示せ．

7.11.2 Polyakov 弦の対称性

ボソン的弦理論は，2 次元 Lorentz 多様体 (M, g) の上で定義されている．埋めこみ $f : M \to \mathbb{R}^D$ を $\xi^\alpha \mapsto X^\mu$ で定義しよう．ここに，$\{\xi^\alpha\} = (\tau, \sigma)$ は M の局所座標で，$\xi^0 = \tau$ は時間的，$\xi^1 = \sigma$ は空間的な座標である．簡単のために，物理的な時空は Minkowski 時空 $(\mathbb{R}^D, \eta)$ とする．**Polyakov 作用**は

$$S = -\frac{1}{2} \int d^2\xi \sqrt{-g} g^{\alpha\beta} \partial_\alpha X^\mu \partial_\beta X^\nu \eta_{\mu\nu} \tag{7.236}$$

で定義され，座標の再パラメタ化 Diff(M) のもとで不変に保たれる．これは，体積要素 $\sqrt{-g}\mathrm{d}^2\xi$ は不変量で，$g^{\alpha\beta}\partial_\alpha X^\mu \partial_\beta X_\mu$ はスカラーであるからである．

さて，運動方程式を導こう．変分パラメタは，埋め込み関数 X^μ と幾何学を表す計量 $g_{\alpha\beta}$ である．変分 δX^μ のもとで Euler-Lagrange 方程式は

$$\partial_\alpha \left(\sqrt{-g}g^{\alpha\beta}\partial_\beta X_\mu\right) = 0 \tag{7.237a}$$

となる．一方，変分 $\delta g_{\alpha\beta}$ のもとで S の被積分関数は

$$\delta(\sqrt{-g}g^{\alpha\beta}\partial_\alpha X^\mu \partial_\beta X_\mu) = \delta\sqrt{-g}g^{\alpha\beta}\partial_\alpha X^\mu \partial_\beta X_\mu + \sqrt{-g}\delta g^{\alpha\beta}\partial_\alpha X^\mu \partial_\beta X_\mu$$

$$= -\frac{1}{2}\sqrt{-g}g_{\gamma\delta}\delta g^{\gamma\delta}g^{\alpha\beta}\partial_\alpha X^\mu \partial_\beta X_\mu$$

$$+ \sqrt{-g}\delta g^{\alpha\beta}\partial_\alpha X^\mu \partial_\beta X_\mu$$

と変化することがわかる．ただし命題 7.2 を用いた．これは任意の δg についてゼロとなるので

$$T_{\alpha\beta} = \partial_\alpha X^\mu \partial_\beta X_\mu - \frac{1}{2}g_{\alpha\beta}(g^{\gamma\delta}\partial_\gamma X^\mu \partial_\delta X_\mu) = 0 \tag{7.237b}$$

でなければならない．これは $g_{\alpha\beta}$ に関して解けて

$$g_{\alpha\beta} = \frac{2}{\partial^\alpha X^\mu \partial_\alpha X_\mu}\partial_\alpha X^\mu \partial_\beta X^\nu \eta_{\mu\nu} \tag{7.238}$$

が得られる．これは，誘導された計量 (右辺) が $g_{\alpha\beta}$ に等しいことを示している．(7.238) を (7.236) に代入して $g_{\alpha\beta}$ を消去すると，**Nambu 作用**

$$S = -\frac{1}{2}\int \mathrm{d}^2\xi\sqrt{-\det(\partial_\alpha X^\mu \partial_\beta X_\mu)} \tag{7.239}$$

が得られる．

その構成から，作用 S は M の局所的な再パラメタ化 $\{\xi^\alpha\} \to \{\xi'^\alpha(\xi)\}$ のもとで不変である．それに加えて，この作用はさらなる不変性をもっている．D 次元の大域的な **Poincaré 変換**

$$X^\mu \to X'^\mu \equiv \Lambda^\mu{}_\nu X^\nu + a^\mu \tag{7.240}$$

のもとで，作用 S は

$$S \to -\frac{1}{2}\int \mathrm{d}^2\xi\sqrt{-g}g^{\alpha\beta}\partial_\alpha(\Lambda^\mu{}_\kappa X^\kappa + a^\mu)\partial_\beta(\Lambda^\nu{}_\lambda X^\lambda + a^\nu)\eta_{\mu\nu}$$

$$= -\frac{1}{2}\int \mathrm{d}^2\xi\sqrt{-g}g^{\alpha\beta}\partial_\alpha X^\kappa \partial_\beta X^\lambda(\Lambda^\mu{}_\kappa \Lambda^\nu{}_\lambda \eta_{\mu\nu})$$

と変換する．ここで $\Lambda^\mu{}_\kappa \Lambda^\nu{}_\lambda \eta_{\mu\nu} = \eta_{\kappa\lambda}$ より，S は大域的 Poincaré 変換のもとで不変であることが示された．作用 S は **Weyl 変換** $g_{\alpha\beta}(\tau,\sigma) \to e^{2\lambda(\tau,\sigma)}g_{\alpha\beta}(\tau,\sigma)$ のもとでも不変であることが示される．実際，S の変換は

$$S \to -\frac{1}{2}\int \mathrm{d}^2\xi\sqrt{-e^{4\lambda}g}e^{-2\lambda}g^{\alpha\beta}\partial_\alpha X^\mu \partial_\beta X^\nu \eta_{\mu\nu}$$

となり，不変に保たれる．Weyl 変換に対する不変性は M が 2 次元のときにのみ存在することに注意しよう．この事実は弦理論を他の広がりをもつ場の理論，例えば膜の理論にくらべ際立ったものにしている．

$\dim M = 2$ より，つねに世界面を等温座標 (例 7.9) でパラメタ化し

$$g_{\alpha\beta} = e^{2\lambda(\tau,\sigma)}\eta_{\alpha\beta} \tag{7.241}$$

とすることができる．すると Weyl 不変性より，世界面のうえで標準計量 $\eta_{\alpha\beta}$ となるようにスケールすることができる．計量 $g_{\alpha\beta}$ は 3 つの独立な成分をもっているが，再パラメタ化は 2 自由度をもっており，Weyl 変換は 1 つの自由度をもっている．したがって，弦理論を扱う限り標準計量 $\eta_{\alpha\beta}$ をとることができる．

Polyakov 弦理論に関する解析をこれで終わる．第 II 巻の第 14 章では，非常にエレガントな方法で Polyakov 弦理論を量子化する．

問 7.29 (M, g) と (N, h) を Riemann 多様体とする．M のチャート U をとると，計量 g は

$$g = g_{\mu\nu}(x)\mathrm{d}x^\mu \otimes \mathrm{d}x^\nu$$

と書かれ，N のチャート V の上で計量 h は

$$h = h_{\alpha\beta}(\phi)\mathrm{d}\phi^\alpha \otimes \mathrm{d}\phi^\beta$$

と書かれるとする．写像 $\phi: M \to N$ を $x \mapsto \phi(x)$ で定義する．ϕ が

$$\frac{1}{\sqrt{g}}\partial_\mu\left[\sqrt{g}g^{\mu\nu}\partial_\nu\phi^\alpha\right] + \Gamma^\alpha{}_{\beta\gamma}\partial_\mu\phi^\beta\partial_\nu\phi^\gamma g^{\mu\nu} = 0 \tag{7.242}$$

を満たすならば，ϕ は**調和写像**とよばれる．この方程式は作用

$$S \equiv \frac{1}{2}\int \mathrm{d}^m x\sqrt{g}g^{\mu\nu}\partial_\mu\phi^\alpha\partial_\nu\phi^\beta h_{\alpha\beta}(\phi) \tag{7.243}$$

の ϕ に関する変分から得られることを示せ．調和写像の物理学への応用については Misner (1978), Sánchez (1988) を見よ．数学的な側面は Eells and Lemaire (1968) を見よ．

演習問題 7

7.1 ∇ を必ずしも捩率テンソルが消えるとは限らない一般の接続とする．このとき，第 1 Bianchi 恒等式は

$$\mathcal{S}\{R(X,Y)Z\} = \mathcal{S}\{T(X,[Y,Z])\} + \mathcal{S}\{\nabla_X[T(Y,Z)]\}$$

となることを示せ．ただし $\mathcal{S}$ は定理 7.2 で定義された対称子である．また，第 2 Bianchi 恒等式は

$$\mathcal{S}\{(\nabla_X R)(Y,Z)\}V = \mathcal{S}\{R(X,T(Y,Z))\}V$$

で与えられることも示せ．ここで $\mathcal{S}$ は X, Y, Z のみを対称化するものとする．

7.2 (M, g) を共形的平坦な 3 次元多様体とする. このとき,
$$C_{\lambda\mu\nu} \equiv \nabla_\nu Ric_{\lambda\mu} - \nabla_\mu Ric_{\lambda\nu} - \frac{1}{4}(g_{\lambda\mu}\partial_\nu \mathcal{R} - g_{\lambda\nu}\partial_\mu \mathcal{R})$$
で定義される **Weyl-Schouten** テンソルはゼロであることを示せ. $\dim M = 3$ ならば $C_{\lambda\mu\nu} = 0$ であるための必要十分条件は共形的平坦性であることが知られている.

7.3 ある計量
$$g = -dt \otimes dt + dr \otimes dr + (1 - 4\mu^2)r^2 d\phi \otimes d\phi + dz \otimes dz$$
を考える. ただし $0 < \mu < 1/2$, $\mu \neq 1/4$. そこで新しい変数
$$\widetilde{\phi} \equiv (1 - 4\mu)\phi$$
を導入すると, 計量 g は Minkowski 計量に帰着することを示せ. このことは g が Minkowski 時空を記述することを意味するのか? Riemann 曲率テンソルを計算し, $r = 0$ において紐状の特異点が存在することを示せ. この特異点は '錐状' である (時空はこの直線に沿った所を除いて平坦である). この計量は宇宙紐の時空を表す.

第 7 章への補足

古典的微分幾何学における Gauss-Bonnet の定理[5] を最も簡単な形で述べると次のようになる: "3 次元 Euclid 空間 $\mathbb{R}^3$ の中の向き付け可能な閉曲面 S 上の Gauss 曲率 K を S 上で積分すると, この値は定数倍を除いて S の Euler 標数 $\chi(S)$ に一致する." ここで, $\chi(S)$ は重要な位相不変量である[6]. 本来, 曲率は計量に依存する量であるが, 多様体 M 上で積分することにより M の位相不変量が得られることがしばしばある. Gauss-Bonnet の定理に似た, しかし一層深い公式を紹介しよう. 簡単のため, ここでは 4 次元に限定して述べることにする.

M を連結な向き付けられた 4 次元 Riemann 閉多様体とする. 曲率テンソルを R^i_{jkl} で表す. 2-形式 R を
$$R = \frac{1}{2}\sum_{k,l} R^i_{jkl} dx^k \wedge dx^l$$
とおいて, 4 次の微分形式 p_1 を
$$p_1 = \frac{1}{4\pi^2}\text{Tr}R^2$$
と定義すると, 容易に閉形式であることがわかり, さらに de Rham コホモロジー群の元 $[p_1] \in H^4(M; \mathbb{R}) \cong \mathbb{R}$ を定めることがわかる. これを M 上で積分することにより, 計量の取り方には依らない Euler 標数よりさらに深い位相不変量が得られる.
$$\tau(M) = \int_M \frac{1}{3}p_1. \tag{7.244}$$

---

[5] 第 12 章 (第 II 巻) の 12.3 節で与えられるので詳しくはそちらを参照.
[6] 例えば閉曲面 S の場合, S の向き付けを指定すれば Euler 標数は S の位相型を完全に分類する. しかしながら 3 次元以上では, Euler 標数はそれほど強力な位相不変量ではない.

この $\tau(M)$ は M の**符号数 (signature)**[7]とよばれる．これは $H^2(M;\mathbb{R})$ 上の内積 ((7.181) 参照) から導かれる対称双1次形式の正の固有値の個数から負の固有値の個数を引いたものである．したがって (7.244) の左辺の整数性から，任意の4次元閉多様体 M に対して，p_1 は3の倍数であることがわかる．M の向き付けを逆にしたものを $\overline{M}$ とすると符号数にマイナスがつく；$\tau(\overline{M}) = -\tau(M)$．また連結和に関して加法性をもつ；$\tau(M\sharp N) = \tau(M) + \tau(N)$．このどちらの性質も Euler 標数とは異なるものである．実は，この p_1 は第4章の補足でも触れた特性類[8]の別の表現で，第1 Pontrjagin 形式とよばれる．具体的な計算は例えば，(7.244) を使うと $H^2(\mathbb{C}P^2;\mathbb{R}) \cong \mathbb{R}$ だから，符号数は1で

$$1 = \tau(\mathbb{C}P^2) = \frac{1}{3}\int_{\mathbb{C}P^2} p_1(\mathbb{C}P^2)$$

となり，$\int_{\mathbb{C}P^2} p_1(\mathbb{C}P^2) = 3$ であることがわかる．ここで述べた公式 (7.244) は向き付けられた4の倍数次元の多様体にまで拡張され，Hirzebruch の符号数公式 (第12章参照) として知られている．

さて，この積分値 $\int_M p_1$ はこれ自体で M の重要な位相不変量であるが，実はそこに乗じる定数により値の意味が著しく様変わりする．やや天下り的ではあるが

$$\mathrm{ind}(i\mathcal{D}_M) = -\frac{1}{24}\int_M p_1 \tag{7.245}$$

という量を考えてみよう．実は12.6節で論ずるようにこの値は Dirac 作用素の指数 (整数!)[9]に一致する．Dirac 作用素というのは，スピノルを用いて定義されるので，向き付け可能な多様体 M がスピン構造 ($0 = w_2(M) \in H^2(M;\mathbb{Z}_2)$) をもたないと意味をなさない[10]．

しかしながら (7.245) の右辺はスピン構造には関わりなく計算できる．例えば上で求めた $\mathbb{C}P^2$ の場合

$$-\frac{1}{24}\int_{\mathbb{C}P^2} p_1(\mathbb{C}P^2) = -\frac{1}{8}$$

となり，整数値ではない．このことから $\mathbb{C}P^2$ 上には Dirac 作用素が定義できない，つまり $\mathbb{C}P^2$ はスピン構造をもち得ない ($w_2(\mathbb{C}P^2) \neq 0$) ことがわかる．同様の議論で，Mayer-Vietoris の完全系列 (第3章の補足参照) を使って，$H^2(\mathbb{C}P^2\sharp\mathbb{C}P^2;\mathbb{Z}) \cong \mathbb{Z}\oplus\mathbb{Z}$ がわかるから，$\tau(\mathbb{C}P^2\sharp\mathbb{C}P^2) = 2$ であることが従い，

$$-\frac{1}{24}\int_{\mathbb{C}P^2\sharp\mathbb{C}P^2} p_1(\mathbb{C}P^2\sharp\mathbb{C}P^2) = -\frac{1}{4}$$

を得るので $\mathbb{C}P^2\sharp\mathbb{C}P^2$ もスピン構造をもち得ないことがわかる[11]．

---

[7] 同じく第II巻の第12章12.5節で詳しく論ぜられる．符号数の定義はホモロジー群による別の同値な定義の仕方もあり，それゆえ M の微分構造は本質的ではない．

[8] これも第II巻の第11章全体で論ずる重要なテーマである．

[9] 指数とは微分作用素 D に対する $\dim \mathrm{Ker} D - \dim \mathrm{Coker} D$ の値のことである．Dirac 作用素に対しては $\mathrm{Ker} D$ も $\mathrm{Coker} D$ も有限次元になる．

[10] 第II巻11.6節を参照のこと．また，Dirac 作用素の指数は $\hat{A}$ 種数 (第12章参照) と一致する．吉田朋好『ディラック作用素の指数定理』(共立出版, 1998) には，数学的に厳密な証明が書かれている．物理学からは，中原幹夫『経路積分とその応用』東京大学数理科学セミナーノート15 (東京大学大学院数理科学研究科セミナー刊行会, 1998) が発行された．

[11] これは第4章の補足で触れた $w_2(\mathbb{C}P^2\sharp\mathbb{C}P^2) \neq 0$ と同じ主張である．読者はこれを参考に $S^2 \times S^2$ の場合の計算をしてみるとよい．

さて，(7.244) と (7.245) を単純に組み合わせると

$$\tau(M) = -8\,\mathrm{ind}(\mathrm{i}\mathcal{D}_M)$$

が得られる．もちろん右辺が意味をもつためには 4 次元多様体 M がスピン構造をもたなければならない．ここではやや高度が議論が必要なので詳細は省略するが，Dirac 作用素 $\mathrm{i}\mathcal{D}$ に対して 4 次元では $\mathrm{Ker}\,\mathrm{i}\mathcal{D}$ と $\mathrm{Coker}\,\mathrm{i}\mathcal{D}$ は複素 4 元数表現をもつのでともに偶数次元である[12]ことがわかる．したがって，4 次元多様体 M に対して，その Dirac 作用素の指数 $\mathrm{ind}(\mathrm{i}\mathcal{D}_M)$ は偶数である．すなわち，次の有名な Rochlin の定理を得る．

定理 7.A (Rochlin, 1952 年)　スピン構造をもつ滑らかな 4 次元閉多様体の符号数 $\tau(M)$ は 16 の倍数である．

これは 4 次元微分位相幾何学特有の現象を生み出す定理である．この評価の最良性は，例えば K3 曲面と呼ばれる 4 次曲面 $K^4 = \{[z_0, z_1, z_2, z_3] \in \mathbb{C}P^3; z_0^4 + z_1^4 + z_2^4 + z_3^4 = 0\}$ はスピン構造をもつ滑らかな 4 次元閉多様体でその符号数が (後述するように) $\tau(K^4) = -16$ であることが知られていることによる．一方，第 5 章の補足でも言及した Freedman の定理 (1982 年) によると，スピン構造をもつ 4 次元位相閉多様体 X でその符号数が $\tau(X) = 8$ となるものの存在が保証されている．したがってこのような 4 次元位相多様体 X は定理 7.A を合わせて考えると**決して微分構造を持ち得ない**ことが結論される[13]．

K3 曲面の符号数の計算の仕方に触れよう．何度か文献

[MS] ミルナー/スタシェフ著，佐伯修・佐久間一浩訳『特性類講義』(丸善出版, 2012)

から引用する．特性類やベクトル束の定義については，[MS] または第 II 巻を参照されたい．

まずは，$g: K^4 \to \mathbb{C}P^3$ を K3 曲面の $\mathbb{C}P^3$ の中への自然な埋め込み写像とする．$\mathbb{C}P^3$ には自然に Riemann 計量が入るので，この計量の下で埋め込み g の法ベクトル束を ν_g とすると，これは複素 1 次元のベクトル束になり，ベクトル束の同型

$$TK^4 \oplus \nu_g \cong g^* T\mathbb{C}P^3$$

が成り立つ．ここに登場した 3 つのベクトル束はどれも複素ベクトル束としての構造をもつ．したがって，全 Chern 類に関する等式

$$c(K^4) \cdot c(\nu_g) = c(g^* T\mathbb{C}P^3) = g^* c(\mathbb{C}P^3) \tag{7.246}$$

を得る．TK^4 は実ベクトル束としては 4 次元だが，複素ベクトル束としては 2 次元である．その全 Chern 類は，$c(K^4) = 1 + c_1(K^4) + c_2(K^4)$ と書ける．ここで，$c_i(K^4) \in H^{2i}(K^4; \mathbb{Z})$ ($i = 1, 2$) であることに注意せよ．接ベクトル束 TK^4 の全 Stiefel-Whitney 類は，

$$w(K^4) = 1 + w_1(K^4) + w_2(K^4) + w_3(K^4) + w_4(K^4)$$

---

[12] 第 12 章で登場する Atiyah-Singer 指数定理から従うことである．
[13] ちなみに，3 次元以下の位相多様体には，いつでも微分構造が入れられることが知られていたので，微分構造を持ち得ない多様体が現れるのは 4 次元からである．

と書けるが，実は

$$w_{2i}(K^4) \equiv c_i(K^4) \pmod{2} \qquad (i=1,2) \tag{7.247}$$

が成り立つ．奇数次の部分だが，接ベクトル束 TK^4 が複素ベクトル束の構造をもつことから，

$$w_1(K^4) = 0, \qquad w_3(K^4) = 0$$

となっている．これより，K^4 は向きづけ可能な 4 次元多様体になる．したがって，$H_4(K^4;\mathbb{Z})\cong \mathbb{Z}$ であることに注意する．

さて，ν_g だがこれは複素直線束なので，その全 Chern 類は $c(\nu_g) = 1 + c_1(\nu_g)$ となる．これについては

[H] ヒルツェブルフ著，竹内勝訳『代数幾何における位相的方法』(吉岡書店，1970)

の第 1 章を参照．ところで，$c_1(\nu_g) \in H^2(K^4;\mathbb{Z})$ の計算には，$\mathbb{C}P^3$ のコホモロジー群の構造が必要になる．$\mathbb{C}P^3$ 上の関数 f で特異点の個数が最少のものは，

$$f[z_0:z_1:z_2:z_3] = \frac{|z_0|^2 + 2|z_1|^2 + 3|z_2|^2 + 4|z_3|^2}{|z_0|^2 + |z_1|^2 + |z_2|^2 + |z_3|^2}$$

で与えられ，それぞれ指数が 0, 2, 4, 6 の臨界点が 1 個ずつ 4 個現れる場合で，このことから $H^2(\mathbb{C}P^3;\mathbb{Z})\cong \mathbb{Z}$ がわかる [14]．

その生成元を α とする．このとき，埋め込み写像 g から誘導されるコホモロジー群の準同型を $g^* : H^2(\mathbb{C}P^3;\mathbb{Z}) \to H^2(K^4;\mathbb{Z})$ とする．ところで，$\mathbb{C}P^3$ の 1 次曲面は明らかに $\mathbb{C}P^2$ で，ホモロジー類 $[\mathbb{C}P^2] \in H_4(\mathbb{C}P^3;\mathbb{Z})$ は $\alpha \in H^2(\mathbb{C}P^3;\mathbb{Z})$ に対応する (Poincaré 双対) ので，K^4 が 4 次曲面であることから，

$$c_1(\nu_g) = 4 g^* \alpha$$

を得る [15]．さらに，$\mathbb{C}P^3$ の全 Chern 類の計算だが，

$$c(\mathbb{C}P^3) = (1+\alpha)^4 = 1 + 4\alpha + 6\alpha^2 + 4\alpha^3 \tag{7.248}$$

となる ([MS] 参照)．だから，(7.246) の右辺は $1 + 4g^*\alpha + 6g^*\alpha^2 + 4g^*\alpha^3$ と書ける．(7.246) の左辺は

$$(1+c_1+c_2)(1+\nu_1) = 1 + (c_1+\nu_1) + (c_1\nu_1+c_2) + c_2\nu_1$$

となる．ここで，$c_i = c_i(K^4)$，$\nu_1 = c_1(\nu_g)$ と略記している．両辺を見比べて，$c_1 = 0$，$c_2 = 6g^*\alpha^2$ を得る．したがって，$w_2 \equiv c_1 = 0 \pmod 2$ だから，K^4 がスピン多様体であることがわかる．ところで，再び K3 曲面 K^4 が 4 次曲面であることから，等式

$$\langle g^*\alpha^2, [K^4]\rangle = 4$$

---

[14] 臨界点の指数の定義等，この辺の詳しいことは，松島与三『多様体入門』(裳華房，1965) の II の「§6 関数の微分と臨界点」を参照．

[15] この部分は本来丁寧に解説したいところだが，専門的になるので詳しいことを知りたい方は，[H] を参照．

が得られる．ここで，$[K^4] \in H_4(K^4; \mathbb{Z}) \cong \mathbb{Z}$ は生成元を表す．これは本質的に Poincaré-Hopf の定理 [16] と言える内容だが，K^4 の最高次の Chern 類に関して，

$$\chi(K^4) = \langle c_2(K), [K^4] \rangle = 6 \langle g^* \alpha^2, [K^4] \rangle = 24$$

が成り立つ．$\chi(K^4) = 24$ はもちろん K^4 の Euler 標数である．ここで，$\langle z, [K^4] \rangle = z[K^4] \in \mathbb{Z}$ は Kronecker 積を表すが，$z \in H^4(K^4; \mathbb{Z})$ だがコホモロジー群の定義から z は準同型写像で，その生成元の像を意味する．

さて，そこで p_1 の計算だが Pontrjagin 類を Chern 類で表す恒等式 (再び [MS] 参照) が知られていて，4 次元の場合を書くと，

$$1 - p_1 = (1 + c_1 + c_2)(1 - c_1 + c_2)$$

より，$p_1 = c_1^2 - 2c_2$ が成り立つ．いまの場合，$c_1 = 0$ なので

$$\langle p_1, [K^4] \rangle = \langle -2c_2, [K^4] \rangle = -48 \tag{7.249}$$

を得るので，(7.249) と冒頭の符号数公式 (7.244) を合わせて，$\tau(K^4) = -16$ が得られた．これで，Rochlin の定理の最良性も示された．Rochlin の定理は，4 次元幾何学特有のさまざまな現象と密接に関わる内容である [17] が，定理の次元の拡張版 (符号数の整除性) が $(8k + 4)$ 次元で成り立つことが知られている．これについては，拙著『数 "8" の神秘』の中で触れられているので，参照いただきたい．特に，12 次元の場合は大域的重力異常 (下記文献参照) との関連も深く，Rochlin 型定理により，11 次元球面 S^{11} 上に異なる微分構造の存在が帰結されること，微分構造を持ち得ない 12 次元位相多様体の存在にも言及がある．S^{11} 上の異種微分構造の存在については，

E. Witten, Global gravitational anomalies, *Commum. Math. Phys.* **100** (1985), 197–229

の中でも素粒子論の立場からの視点が与えられているので，12 次元 Rochlin 型定理と素粒子論の関連も予見されて興味深い．

---

[16] 多様体上のベクトル場の指数の総和が多様体の Euler 標数に一致するという定理．詳しくは [MS] 参照．
[17] Rochlin の定理の応用については，松本幸夫『4 次元のトポロジー (新版)』(日本評論社, 2016) を参照．

第8章 複素多様体

　微分可能多様体は微分構造が定義される位相多様体であった．ここでは物理学との関連でさらに別の構造を導入する．初等的な複素解析では偏微分は Cauchy-Riemann の関係式を満たすべきことを学ぶ．この場合，関数の微分可能性だけではなく解析性も問題としているのである．複素多様体とは各座標近傍が $\mathbb{C}^m$ に同相で，1つの座標系から他の座標系への変換が解析的となるような複素構造を許容する多様体である．

　読者は Chern (1979), Goldberg (1962) あるいは Greene (1987) を参考にされたい．Griffiths and Harris (1978) の第 0 章は本章で扱うトピックの簡潔な概説である．物理学への応用に関しては Horowitz (1986) と Candelas (1988) を参照されたい．

8.1 複素多様体

　まず初めに $\mathbb{C}^m$ 上の正則 (あるいは解析的) 写像を定義する．複素数値関数 $f:\mathbb{C}^m \to \mathbb{C}$ が正則であるとは $f = f_1 + \mathrm{i} f_2$ が各 $z^\mu = x^\mu + \mathrm{i} y^\mu$ に関して **Cauchy-Riemann** の関係式

$$\frac{\partial f_1}{\partial x^\mu} = \frac{\partial f_2}{\partial y^\mu}, \qquad \frac{\partial f_2}{\partial x^\mu} = -\frac{\partial f_1}{\partial y^\mu} \tag{8.1}$$

を満たすときをいう．写像 $(f^1, \ldots, f^n):\mathbb{C}^m \to \mathbb{C}^n$ は，各関数 f^λ $(1 \leq \lambda \leq n)$ が正則であるとき正則であるという．

8.1.1 諸定義

定義 8.1 M が**複素多様体**であるとは次を満たすときをいう；

(i) M は位相空間である．

(ii) M には対 $\{(U_i, \varphi_i)\}$ の族が与えられている．

(iii) $\{U_i\}$ は M を被覆する開集合族である．φ_i は U_i から $\mathbb{C}^m$ のある開集合 U_i' への同相写像である．[ゆえに M は偶数次元である．]

(iv) $U_i \cap U_j \neq \emptyset$ であるような U_i, U_j が与えられたとき，$\varphi_i(U_i \cap U_j)$ から $\varphi_j(U_i \cap U_j)$ への写像 $\psi_{ji} = \varphi_j \circ \varphi_i^{-1}$ は正則である．

　上の数 m を M の複素次元とよび，$\dim_{\mathbb{C}} M = m$ と表す．実次元 $2m$ は $\dim_{\mathbb{R}} M$ と表すか，単に $\dim M$ と書く．$z^\mu = \varphi_i(p)$ と $w^\nu = \varphi_j(p)$ をチャート (U_i, φ_i) と (U_j, φ_j) に

おける点 $p \in U_i \cap U_j$ の (複素) 座標とする. 公理 (iv) は関数 $w^\nu = u^\nu + \mathrm{i} v^\nu$ ($1 \leq \nu \leq m$) が $z^\mu = x^\mu + \mathrm{i} y^\mu$ において正則, つまり

$$\frac{\partial u^\nu}{\partial x^\mu} = \frac{\partial v^\nu}{\partial y^\mu}, \qquad \frac{\partial u^\nu}{\partial y^\mu} = -\frac{\partial v^\nu}{\partial x^\mu}, \qquad 1 \leq \mu, \nu \leq m$$

であることを主張している. これらの公理は, 複素多様体上での微積分が座標の選び方とは独立に定義できることを保証する. 例えば $\mathbb{C}^m$ は最も簡単な複素多様体である. そこでは, 1 つのチャートが空間全体を被覆し, φ は恒等写像である.

$\{(U_i, \varphi_i)\}$ と $\{(V_j, \psi_j)\}$ を M のアトラスとする. もし 2 つのアトラスの和集合が定義 8.1 の公理をすべて満たすアトラスになるとき, それらは同じ**複素構造**を定めるといわれる. 複素多様体には一般に複数個の複素構造が入りうる (例 8.2 参照).

8.1.2 諸例

例 8.1 問 5.1 において, 点 $P(x,y,z) \in S^2 - \{$ 北極点 $\}$ を北極点から射影したときの立体射影座標は

$$(X, Y) = \left(\frac{x}{1-z}, \frac{y}{1-z} \right)$$

であり, 点 $P(x,y,z) \in S^2 - \{$ 南極点 $\}$ を南極点から射影したときの立体射影座標は

$$(U, V) = \left(\frac{x}{1+z}, \frac{-y}{1+z} \right)$$

であることを示した. [図 5.5 の (U,V) の向きに注意せよ.] そこで複素座標

$$Z = X + \mathrm{i}Y, \qquad \overline{Z} = X - \mathrm{i}Y, \qquad W = U + \mathrm{i}V, \qquad \overline{W} = U - \mathrm{i}V$$

を定義しよう. W は Z の正則関数である；

$$W = \frac{x - \mathrm{i}y}{1+z} = \frac{1-z}{1+z}(X - \mathrm{i}Y) = \frac{X - \mathrm{i}Y}{X^2 + Y^2} = \frac{1}{Z}.$$

したがって S^2 は Riemann 球面 $\mathbb{C} \cup \{\infty\}$ と同一視される複素多様体である.

例 8.2 複素平面 $\mathbb{C}$ をとり, 格子 $L(\omega_1, \omega_2) \equiv \{\omega_1 m + \omega_2 n |\ m, n \in \mathbb{Z}\}$ を, $\omega_2/\omega_1 \notin \mathbb{R}$ を満たすゼロでない複素数 ω_1, ω_2 により定義する (図 8.1 参照). 一般性を失うことなく, $\mathrm{Im}(\omega_2/\omega_1) > 0$ としてよい. 空間 $\mathbb{C}/L(\omega_1, \omega_2)$ は, ある $m, n \in \mathbb{Z}$ に対して $z_1 - z_2 = \omega_1 m + \omega_2 n$ であるような $z_1, z_2 \in \mathbb{C}$ を同一視することによって構成される. 図 8.1 の灰色部分において向かい合った辺が同一視されるので, $\mathbb{C}/L(\omega_1, \omega_2)$ はトーラス T^2 に同相である. $\mathbb{C}$ の複素構造が自然に $\mathbb{C}/L(\omega_1, \omega_2)$ の複素構造を定義する. 対 (ω_1, ω_2) が T^2 上の複素構造を定めるといってもよい. T^2 上に同一の複素構造を定めるたくさんの対 (ω_1, ω_2) が存在することに注意しよう.

対 (ω_1, ω_2) と (ω'_1, ω'_2) $(\mathrm{Im}(\omega_2/\omega_1) > 0,\ \mathrm{Im}(\omega'_2/\omega'_1) > 0)$ はいつ同じ複素構造を定めるのだろうか？ まず, 2 つの格子 $L(\omega_1, \omega_2)$ と $L(\omega'_1, \omega'_2)$ が一致するのは,

$$\begin{pmatrix} \omega'_1 \\ \omega'_2 \end{pmatrix} = \begin{pmatrix} a & b \\ c & d \end{pmatrix} \begin{pmatrix} \omega_1 \\ \omega_2 \end{pmatrix} \qquad (8.2)$$

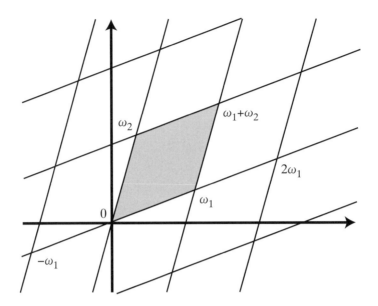

図 8.1. 複素数 ω_1 と ω_2 は複素平面上の格子 $L(\omega_1,\omega_2)$ を定める。$\mathbb{C}/L(\omega_1,\omega_2)$ はトーラス (灰色部分) に同相である.

を満たす行列

$$\begin{pmatrix} a & b \\ c & d \end{pmatrix} \in \mathrm{PSL}(2,\mathbb{Z}) \equiv \mathrm{SL}(2,\mathbb{Z})/\mathbb{Z}_2$$

が存在することが必要十分条件であることに注意しよう[1].

[証明：

$$\begin{pmatrix} \omega_1' \\ \omega_2' \end{pmatrix} = \begin{pmatrix} a & b \\ c & d \end{pmatrix} \begin{pmatrix} \omega_1 \\ \omega_2 \end{pmatrix} \qquad \text{ただし } \begin{pmatrix} a & b \\ c & d \end{pmatrix} \in \mathrm{SL}(2,\mathbb{Z})$$

と仮定しよう. $\omega_1', \omega_2' \in L(\omega_1,\omega_2)$ なので $L(\omega_1',\omega_2') \subset L(\omega_1,\omega_2)$ である. また

$$\begin{pmatrix} \omega_1 \\ \omega_2 \end{pmatrix} = \begin{pmatrix} d & -b \\ -c & a \end{pmatrix} \begin{pmatrix} \omega_1' \\ \omega_2' \end{pmatrix}$$

から $L(\omega_1,\omega_2) \subset L(\omega_1',\omega_2')$ も導かれる. こうして $L(\omega_1,\omega_2) = L(\omega_1',\omega_2')$. 逆にもし $L(\omega_1,\omega_2) = L(\omega_1',\omega_2')$ ならば ω_1', ω_2' は $L(\omega_1,\omega_2)$ の格子点で $a, b, c, d \in \mathbb{Z}$ により $\omega_1' = a\omega_1 + b\omega_2$, $\omega_2' = c\omega_1 + d\omega_2$ と表される. また ω_1, ω_2 は $\omega_1 = a'\omega_1' + b'\omega_2'$, $\omega_2 = c'\omega_1' + d'\omega_2'$ と表される. このとき

$$\begin{pmatrix} \omega_1 \\ \omega_2 \end{pmatrix} = \begin{pmatrix} a' & b' \\ c' & d' \end{pmatrix} \begin{pmatrix} \omega_1' \\ \omega_2' \end{pmatrix} = \begin{pmatrix} a' & b' \\ c' & d' \end{pmatrix} \begin{pmatrix} a & b \\ c & d \end{pmatrix} \begin{pmatrix} \omega_1 \\ \omega_2 \end{pmatrix}$$

---

[1] $\mathrm{SL}(2,\mathbb{Z})$ はすでに (2.4) で定義した. また $\mathrm{PSL}(2,\mathbb{Z})$ においては 2 つの行列 A, $-A$ は同一視される.

を得るが，このことから

$$\begin{pmatrix} a' & b' \\ c' & d' \end{pmatrix} \begin{pmatrix} a & b \\ c & d \end{pmatrix} = \begin{pmatrix} 1 & 0 \\ 0 & 1 \end{pmatrix}$$

が得られる．両辺の行列式を等しいとおき $(a'd' - b'c')(ad - bc) = 1$ を得る．すべての成分は整数なので，これは $ad - bc = \pm 1$ のときのみ可能である．

$$\mathrm{Im}\left(\frac{\omega_2'}{\omega_1'}\right) = \mathrm{Im}\left(\frac{c\omega_1 + d\omega_2}{a\omega_1 + b\omega_2}\right) = \frac{ad - bc}{|b(\omega_2/\omega_1) + a|^2} \mathrm{Im}\left(\frac{\omega_2}{\omega_1}\right) > 0$$

なので $ad - bc > 0$ でなくてはならない．すなわち

$$\begin{pmatrix} a & b \\ c & d \end{pmatrix} \in \mathrm{SL}(2, \mathbb{Z}).$$

実際

$$\begin{pmatrix} a & b \\ c & d \end{pmatrix} \in \mathrm{SL}(2, \mathbb{Z})$$

は

$$-\begin{pmatrix} a & b \\ c & d \end{pmatrix}$$

と同じ格子を定めるのは明らかなので，$\mathrm{SL}(2, \mathbb{Z})$ の行列で全体の符号が異なるものは同一視しなければならない．したがって $\mathrm{PSL}(2, \mathbb{Z}) \equiv \mathrm{SL}(2, \mathbb{Z})/\mathbb{Z}_2$ の元で関係付けられる 2 つの格子は一致する．]

$\mathbb{C}/L(\omega_1, \omega_2)$ から $\mathbb{C}/L(\tilde{\omega}_1, \tilde{\omega}_2)$ の上への 1 対 1 正則写像 h が存在すると仮定しよう．ただし $\mathrm{Im}(\omega_2/\omega_1) > 0$, $\mathrm{Im}(\tilde{\omega}_2/\tilde{\omega}_1) > 0$ である．$p : \mathbb{C} \to \mathbb{C}/L(\omega_1, \omega_2)$ と $\tilde{p} : \mathbb{C} \to \mathbb{C}/L(\tilde{\omega}_1, \tilde{\omega}_2)$ を自然な射影とする．例えば，p は $\mathbb{C}$ の点を $\mathbb{C}/L(\omega_1, \omega_2)$ のその点の同値類へうつす．原点 0 を選び $h_*(0)$ を $\tilde{p} \circ h_*(0) = h \circ p(0)$ を満たすような点と定める（図 8.2 参照）;

$$\begin{array}{ccc} \mathbb{C} & \xrightarrow{h_*} & \mathbb{C} \\ p \downarrow & & \downarrow \tilde{p} \\ \mathbb{C}/L(\omega_1, \omega_2) & \xrightarrow{h} & \mathbb{C}/L(\tilde{\omega}_1, \tilde{\omega}_2) \end{array} \tag{8.3}$$

このとき原点からの解析接続によって $\mathbb{C}$ からそれ自身の上への 1 対 1 正則写像 h_* で，すべての $z \in \mathbb{C}$ に対して図式 (8.3) が可換となるように

$$\tilde{p} \circ h_*(z) = h \circ p(z) \tag{8.4}$$

を満たすものを得る．$\mathbb{C}$ からそれ自身の上への 1 対 1 正則写像は $z \to h_*(z) = az + b$ の形でなければならないことが知られている．ただし $a, b \in \mathbb{C}$ で $a \neq 0$. したがってこのとき $h_*(\omega_1) - h_*(0) = a\omega_1$ と $h_*(\omega_2) - h_*(0) = a\omega_2$ を得る．h は $\mathbb{C}/L(\omega_1, \omega_2)$ から $\mathbb{C}/L(\tilde{\omega}_1, \tilde{\omega}_2)$ の上への写像としてうまく定義されているので $a\omega_1, a\omega_2 \in L(\tilde{\omega}_1, \tilde{\omega}_2)$ でなければならない

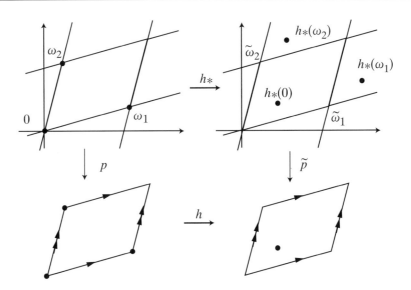

図 8.2. 正則な全単射 $h: \mathbb{C}/L(\omega_1,\omega_2) \to \mathbb{C}/L(\tilde{\omega}_1,\tilde{\omega}_2)$ と自然な射影 $p: \mathbb{C} \to \mathbb{C}/L(\omega_1,\omega_2)$, $\tilde{p}: \mathbb{C} \to \mathbb{C}/L(\tilde{\omega}_1,\tilde{\omega}_2)$ は正則な全単射 $h_*: \mathbb{C} \to \mathbb{C}$ を定義する.

(図 8.2 参照). (ω_1,ω_2) と $(\tilde{\omega}_1,\tilde{\omega}_2)$ の役割を交替させると $\tilde{a}\tilde{\omega}_1, \tilde{a}\tilde{\omega}_1 \in L(\omega_1,\omega_2)$ を得る. ただし $\tilde{a} \neq 0$ は複素数. ゆえに, もし $\mathbb{C}/L(\omega_1,\omega_2)$ と $\mathbb{C}/L(\tilde{\omega}_1,\tilde{\omega}_2)$ が同じ複素構造をもつならば, ある行列 $M \in \mathrm{SL}(2,\mathbb{Z})$ と複素数 $\lambda\,(=\tilde{a}^{-1})$ が存在して

$$\begin{pmatrix} \tilde{\omega}_1 \\ \tilde{\omega}_2 \end{pmatrix} = \lambda M \begin{pmatrix} \omega_1 \\ \omega_2 \end{pmatrix} \tag{8.5}$$

を満たさなければならないことが結論される. 逆に (8.5) を満たす (ω_1,ω_2) と $(\tilde{\omega}_1,\tilde{\omega}_2)$ は同じ複素構造を定めることが証明される. 実際

$$\begin{pmatrix} \omega_1 \\ \omega_2 \end{pmatrix} \quad \text{と} \quad M \begin{pmatrix} \omega_1 \\ \omega_2 \end{pmatrix}$$

は (平行移動を法として) 同じ格子を定めるので $h_*: \mathbb{C} \to \mathbb{C}$ を $z \mapsto z+b$ とすればよい. $L(\omega_1,\omega_2)$ と $L(\lambda\omega_1,\lambda\omega_2)$ も同じ複素構造を定める. この場合は $h_*: z \mapsto \lambda z + b$ とすればよい.

上に示したように T^2 上の複素構造は, 定数倍を法とした複素数 (ω_1,ω_2) と $\mathrm{PSL}(2,\mathbb{Z})$ の対によって定義される. 定数倍を取り除くために, T^2 の複素構造を特定する**保型パラメタ** $\tau \equiv \omega_2/\omega_1 \in \mathbf{H} \equiv \{z \in \mathbb{C} | \mathrm{Im}\, z > 0\}$ を導入する. 一般性を失うことなく, 格子の生成元として 1 と τ を選んでよい. しかし, すべての $\tau \in \mathbf{H}$ が独立な保型パラメタとはならないことに注意しよう. 上で示したように τ と $\tau' = (a\tau+b)/(c\tau+d)$ は

$$\begin{pmatrix} a & b \\ c & d \end{pmatrix} \in \mathrm{PSL}(2,\mathbb{Z})$$

ならば同じ複素構造を定める. 商空間 $\mathbf{H}/\mathrm{PSL}(2,\mathbb{Z})$ は図 8.3 に示されている. この図の導出は Koblitz (1984) の 100 ページあるいは Gunning (1962) の 4 ページに与えられて

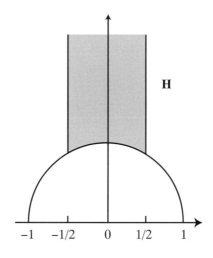

図 8.3. 商空間 $\mathbf{H}/\mathrm{PSL}(2,\mathbb{Z})$.

いる.

変換 $\tau \to \tau'$ は**モジュラー変換**とよばれ $\tau \to \tau+1$ と $\tau \to -1/\tau$ で生成される. 変換 $\tau \to \tau+1$ は, 以下に示すように '子午線' m に沿っての **Dehn** のひねりを生成する (図 8.4 (a)). (i) 最初に m に沿ってトーラスを切る. (ii) それから切り口の片方を一方の切り口は固定したまま 2π 回転させる. (iii) 切り口を再び貼り合わせる. もう一方の変換 $\tau \to -1/\tau$ は経線 l と子午線 m の役割を交替させることに対応する (図 8.4 (b)).

例 8.3 (複素射影空間) $\mathbb{C}P^n$ は $\mathbb{R}P^n$ と同様に定義される (例 5.4 参照). $z = (z^0, \ldots, z^n) \in \mathbb{C}^{n+1}$ は $z \neq 0$ ならば原点を通る複素直線を定める. そこで同値関係 $\sim$ を, 「ある複素数 $a \neq 0$ が存在して $w = az$ を満たすとき $z \sim w$」と定義する. このとき $\mathbb{C}P^n \equiv (\mathbb{C}^{n+1} - \{\mathbf{0}\})/\sim$ である. $n+1$ 個の数 $(z^0, \ldots, z^n)$ は**斉次座標**とよばれ, その同値類として $[z^0, \ldots, z^n]$ と書くことにする. そこでは $(z^0, \ldots, z^n)$ と $(\lambda z^0, \ldots, \lambda z^n)$ $(\lambda \in \mathbb{C}, \lambda \neq 0)$ が同一視される. チャート U_μ は $\mathbb{C}^{n+1} - \{\mathbf{0}\}$ の部分集合で $z^\mu \neq 0$ を満たすものである. チャート U_μ において**非斉次座標**を $\xi^\nu_{(\mu)} = z^\nu / z^\mu$ $(\nu \neq \mu)$ で定義する. $U_\mu \cap U_\nu \neq \emptyset$ において座標変換 $\psi_{\mu\nu} : \mathbb{C}^n \to \mathbb{C}^n$ は

$$\xi^\lambda_{(\nu)} \mapsto \xi^\lambda_{(\mu)} = \frac{z^\nu}{z^\mu} \xi^\lambda_{(\nu)} \tag{8.6}$$

である. したがって $\psi_{\mu\nu}$ は z^ν/z^μ による掛け算で, もちろん正則である.

例 8.4 (複素 Grassmann 多様体) $G_{k,n}(\mathbb{C})$ は実 Grassmann 多様体と同様に定義される (例 5.5 参照). $G_{k,n}(\mathbb{C})$ は $\mathbb{C}^n$ の複素 k 次元部分空間全体からなる集合である. $\mathbb{C}P^n = G_{1,n+1}(\mathbb{C})$ であることに注意せよ.

$M_{k,n}(\mathbb{C})$ を階数 k $(k \leq n)$ の $k \times n$ 複素行列全体の集合とする. $A, B \in M_{k,n}(\mathbb{C})$ を選び, 同値関係 $\sim$ を, 「ある $g \in \mathrm{GL}(k,\mathbb{C})$ が存在して $B = gA$ を満たすとき $A \sim B$」と定義する. そこで $G_{k,n}(\mathbb{C})$ と $M_{k,n}(\mathbb{C})/\mathrm{GL}(k,\mathbb{C})$ を同一視する. $\{A_1, \ldots, A_l\}$ を $A \in M_{k,n}(\mathbb{C})$ のすべての $k \times k$ 小行列の集まりとする. チャート U_α を $G_{k,n}(\mathbb{C})$ の部分集合で $\det A_\alpha \neq 0$

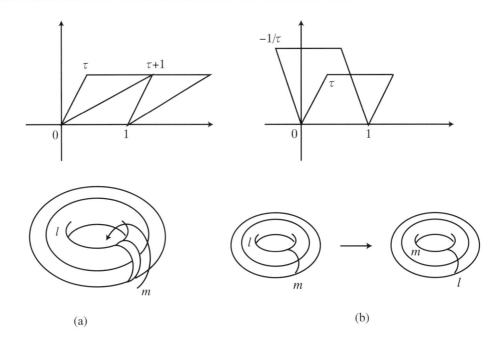

図 8.4. (a) Dehn のひねりはモジュラー変換を生成する． (b) $\tau \to -1/\tau$ は l と m を交替させる．

を満たすものとする．U_α 上の $k(n-k)$ 個の座標は，行列 $A_\alpha^{-1}A$ のゼロでない成分によって与えられる．詳しくは例 5.5 参照．

例 8.5 斉次多項式の組の共通零点の集合は $\mathbb{C}P^n$ のコンパクトな部分集合で，**代数多様体** (algebraic variety)[2] と呼ばれる．例えば $P(z^0, \ldots, z^n)$ を次数 d の斉次多項式とする．もし $a \neq 0$ が複素数ならば P は

$$P(az^0, \ldots, az^n) = a^d P(z^0, \ldots, z^n)$$

を満たす．このことは P の零点集合は $\mathbb{C}P^n$ 上で定義されていることを示している；もし $P(z^0, \ldots, z^n) = 0$ ならば $P([z^0, \ldots, z^n]) = 0$ である．わかりやすいように

$$P(z^0, z^1, z^2) = (z^0)^2 + (z^1)^2 + (z^2)^2$$

を考え，集合 N を

$$N = \{[z^0, z^1, z^2] \in \mathbb{C}P^2 | P(z^0, z^1, z^2) = 0\} \tag{8.7}$$

で定義しよう．U_μ を例 8.3 のように定義する．$N \cap U_0$ において

$$[\xi^1_{(0)}]^2 + [\xi^2_{(0)}]^2 + 1 = 0$$

を得る．ここで $\xi^\mu_{(0)} = z^\mu/z^0$ ($z^0 \neq 0$ に注意)．正則な座標変換 $(\xi^1_{(0)}, \xi^2_{(0)}) \mapsto (\eta^1 = \xi^1_{(0)}, \eta^2 = [\xi^1_{(0)}]^2 + [\xi^2_{(0)}]^2 + 1)$ を考える．$\xi^2_{(0)} = z^2 = 0$ でなければ $\partial(\eta^1, \eta^2)/\partial(\xi^1_{(0)}, \xi^2_{(0)}) \neq 0$

---

[2] "多様体" とよぶが，一般には本書でいう多様体 (manifold) とはなり得ない**特異点**をもつ．

である. このとき $N \cap U_0 \cap U_2 = \{(\eta^1, \eta^2) \in \mathbb{C}^2 | \eta^2 = 0\}$ は明らかに $\mathbb{C}^2$ の 1 次元部分多様体である. もし $\xi^2_{(0)} = z^2 = 0$ ならば $(\xi^1_{(0)}, \xi^2_{(0)}) \mapsto (\zeta^1 = [\xi^1_{(0)}]^2 + [\xi^2_{(0)}]^2 + 1, \zeta^2 = \xi^2_{(0)})$ の Jacobi 行列式は $\xi^1_{(0)} = z^1 = 0$ でなければゼロとならない. このとき $N \cap U_0 \cap U_1 = \{(\zeta^1, \zeta^2) \in \mathbb{C}^2 | \zeta^1 = 0\}$ は $\mathbb{C}^2$ の 1 次元部分多様体である. $N \cap U_0 \cap U_1 \cap U_2$ 上で, 座標変換 $\eta^1 \mapsto \zeta^2$ は z^2/z^1 による掛け算であるので正則である. こうして $\mathbb{C}P^2$ の 1 次元コンパクト部分多様体 N を定義することができる.

複素多様体は微分多様体である. 例えば $\mathbb{C}^n$ は同一視 $z^\mu = x^\mu + \mathrm{i}y^\mu$, $x^\mu, y^\mu \in \mathbb{R}$ により $\mathbb{R}^{2n}$ と見なせる. 同様に複素多様体の任意のチャート U の座標 $(z^1, \ldots, z^m)$ を実座標 $(x^1, y^1, \ldots, x^m, y^m)$ と見なすことができる. 座標変換関数の解析性は, 多様体を $2m$ 次元微分多様体と見なしたときの微分可能性を保証する.

8.2 複素多様体上の微積分

8.2.1 正則写像

$f : M \to N$ は複素多様体 M, N の間の写像で, $\dim_\mathbb{C} M = m$, $\dim_\mathbb{C} N = n$ とする. M のチャート (U, φ) の中の点 p をとる. (V, ψ) を N のチャートで $f(p) \in V$ を満たすものとする. $\{z^\mu\} = \varphi(p)$, $\{w^\nu\} = \psi(f(p))$ と書けば, 写像 $\psi \circ f \circ \varphi^{-1} : \mathbb{C}^m \to \mathbb{C}^n$ を得る. 各関数 w^ν ($1 \leq \nu \leq n$) が z^μ の正則関数であるならば, f は**正則写像**とよばれる. この定義は座標の取り方には依存しない. 実際, (U', φ') を $U \cap U' \neq \emptyset$ であるような別のチャートとし, $z'^\mu = x'^\lambda + \mathrm{i}y'^\lambda$ をその座標とする. 点 $p \in U \cap U'$ をとる. もし $w^\nu = u^\nu + \mathrm{i}v^\nu$ が z に関して正則関数であるならば, このとき

$$\frac{\partial u^\nu}{\partial x'^\lambda} = \frac{\partial u^\nu}{\partial x^\mu}\frac{\partial x^\mu}{\partial x'^\lambda} + \frac{\partial u^\nu}{\partial y^\mu}\frac{\partial y^\mu}{\partial x'^\lambda} = \frac{\partial v^\nu}{\partial y^\mu}\frac{\partial y^\mu}{\partial y'^\lambda} + \frac{\partial v^\nu}{\partial x^\mu}\frac{\partial x^\mu}{\partial y'^\lambda} = \frac{\partial v^\nu}{\partial y'^\lambda}.$$

また, $\partial u^\nu / \partial y'^\lambda = -\partial v^\nu / \partial x'^\lambda$ も示される. したがって w^ν は z' に関しても正則である. 正則性が N におけるチャートの選び方に依らないことも同様に示される.

M, N を複素多様体とする. M が N に**両解析的**であるとは, 微分同相写像であると同時に正則写像でもある $f : M \to N$ が存在するときをいう (このとき $f^{-1} : N \to M$ は自動的に正則). 写像 f を**両解析的写像**という. **正則関数**とは正則写像 $f : M \to \mathbb{C}$ のことである. 極めて強い主張の定理が存在する; コンパクトな複素多様体上の任意の正則関数は<u>定数関数</u>である. これは初等的な複素解析の最大値原理の一般化である (Wells (1980) 参照). M 上の正則関数全体の集合を $\mathcal{O}(M)$ で表す. $\mathcal{O}(U)$ は $U \subset M$ 上の正則関数全体の集合である.

8.2.2 複素化

M を $\dim_\mathbb{R} M = m$ の微分多様体とする. もし $f : M \to \mathbb{C}$ が $f = g + \mathrm{i}h$ ($g, h \in \mathcal{F}(M)$) と分解されるならば f は滑らかな複素数値関数である. M 上の滑らかな複素数値関数全体の集合は $\mathcal{F}(M)$ の**複素化**とよばれ, $\mathcal{F}(M)^\mathbb{C}$ と表される. 複素化された関数は, 一般に

Cauchy-Riemann の関係式を満たすとは限らない．$f = g + \mathrm{i}h \in \mathcal{F}(M)^{\mathbb{C}}$ に対して f の**複素共役**は $\bar{f} \equiv g - \mathrm{i}h$ である．f が実関数であるのは $f = \bar{f}$ であるとき，またそのときに限る．

接空間 T_pM の複素化を考える前に，$\dim_{\mathbb{R}} V = m$ の一般のベクトル空間 V の複素化 $V^{\mathbb{C}}$ を定義する．$V^{\mathbb{C}}$ の元は $X + \mathrm{i}Y$ $(X, Y \in V)$ で与えられる．加法と複素数 $a + \mathrm{i}b$ によるスカラー倍が

$$(X_1 + \mathrm{i}Y_1) + (X_2 + \mathrm{i}Y_2) = (X_1 + X_2) + \mathrm{i}(Y_1 + Y_2),$$
$$(a + \mathrm{i}b)(X + \mathrm{i}Y) = (aX - bY) + \mathrm{i}(bX + aY)$$

で与えられれば，空間 $V^{\mathbb{C}}$ は複素次元 m の複素ベクトル空間になる．$X \in V$ と $X + \mathrm{i}0 \in V^{\mathbb{C}}$ は同一視されるので V は $V^{\mathbb{C}}$ の部分ベクトル空間である．V のベクトルを**実ベクトル**という．$Z = X + \mathrm{i}Y$ の複素共役は $\bar{Z} = X - \mathrm{i}Y$ である．$Z = \bar{Z}$ ならば Z は実ベクトルである．

V 上の線形作用素 A は

$$A(X + \mathrm{i}Y) = A(X) + \mathrm{i}A(Y) \tag{8.8}$$

により，その作用が $V^{\mathbb{C}}$ 上に拡張される．$A : V \to \mathbb{R}$ が線形関数ならば（すなわち $A \in V^*$），その拡張は $V^{\mathbb{C}}$ 上の複素数値線形関数 $A : V^{\mathbb{C}} \to \mathbb{C}$ である．一般に V や V^* 上で定義されたテンソルは $V^{\mathbb{C}}$ や $(V^*)^{\mathbb{C}}$ 上に拡張される．拡張されたテンソルは $t = t_1 + \mathrm{i}t_2$ と複素化される．ただし，t_1 と t_2 は同じ型のテンソルである．t の共役は $\bar{t} \equiv t_1 - \mathrm{i}t_2$ である．$t = \bar{t}$ ならばそのテンソルは実であるといわれる．例えば $A : V^{\mathbb{C}} \to \mathbb{C}$ は $\overline{A(X + \mathrm{i}Y)} = A(X - \mathrm{i}Y)$ ならば実である．

$\{e_k\}$ を V の基底とする．基底ベクトルを複素ベクトルと見なせば，同じ基底 $\{e_k\}$ が $V^{\mathbb{C}}$ の基底になる．これを確かめるために，$X = X^k e_k, Y = Y^k e_k \in V$ とする．このとき $Z = X + \mathrm{i}Y$ は<u>一意的に</u> $(X^k + \mathrm{i}Y^k)e_k$ と表される．よって $\dim_{\mathbb{R}} V = \dim_{\mathbb{C}} V^{\mathbb{C}}$ が示された．

さて接空間 T_pM を複素化する準備が整った．上で V を T_pM に置き換えれば，T_pM の複素化 $T_pM^{\mathbb{C}}$ を得る．その元は $Z = X + \mathrm{i}Y$ $(X, Y \in T_pM)$ と表される．Z は関数 $f = f_1 + \mathrm{i}f_2 \in \mathcal{F}(M)^{\mathbb{C}}$ に

$$\begin{aligned}Z[f] &= X[f_1 + \mathrm{i}f_2] + \mathrm{i}Y[f_1 + \mathrm{i}f_2] \\ &= X[f_1] - Y[f_2] + \mathrm{i}\{X[f_2] + Y[f_1]\}\end{aligned} \tag{8.9}$$

と作用する．双対ベクトル空間 T_p^*M は $\omega, \eta \in T_p^*M$ を $\zeta = \omega + \mathrm{i}\eta$ と 1 次結合すると複素化される．複素化された双対ベクトル全体の集合を $(T_p^*M)^{\mathbb{C}}$ で表す．任意のテンソル t は $T_pM^{\mathbb{C}}$ 上と $(T_p^*M)^{\mathbb{C}}$ 上で定義されるように拡張され，複素化される．

問 8.1 $(T_p^*M)^{\mathbb{C}} = (T_pM^{\mathbb{C}})^*$ であることを示せ．以後，複素化された双対ベクトル空間を単に $T_p^*M^{\mathbb{C}}$ と表す．

滑らかなベクトル場 $X, Y \in \mathfrak{X}(M)$ が与えられたとき，**複素ベクトル場** $Z = X + \mathrm{i}Y$ が定義される．明らかに $Z|_p \in T_pM^{\mathbb{C}}$ である．複素ベクトル場全体の集合は $\mathfrak{X}(M)$ を複素

化したもので，それを $\mathfrak{X}(M)^{\mathbb{C}}$ と表す．$Z = X + iY$ の共役ベクトル場は $\overline{Z} = X - iY$ である．$Z \in \mathfrak{X}(M)$ なら $Z = \overline{Z}$ で，ゆえに $\mathfrak{X}(M)^{\mathbb{C}} \supset \mathfrak{X}(M)$ である．$Z = X + iY$, $W = U + iV \in \mathfrak{X}(M)^{\mathbb{C}}$ の Lie 括弧積は

$$[X + iY, U + iV] = \{[X, U] - [Y, V]\} + i\{[X, V] + [Y, U]\} \tag{8.10}$$

である．(p, q) 型のテンソル場の複素化の定義は，今までのことから明らかであろう．$\omega, \eta \in \Omega^1(M)$ ならば $\xi \equiv \omega + i\eta \in \Omega^1(M)^{\mathbb{C}}$ は複素化された 1-形式である．

8.2.3 概複素構造

複素多様体は微分多様体でもあるので第 5 章で発展させた枠組みを利用することができる．その際得られる結果に適当な制限を付ければよい．$\dim_{\mathbb{C}} M = m$ である複素多様体 M の接空間を調べよう．接空間 $T_p M$ は $2m$ 個のベクトル

$$\left\{ \frac{\partial}{\partial x^1}, \ldots, \frac{\partial}{\partial x^m}; \frac{\partial}{\partial y^1}, \ldots, \frac{\partial}{\partial y^m} \right\} \tag{8.11}$$

で張られる．ただし $z^\mu = x^\mu + iy^\mu$ はチャート (U, φ) における点 p の座標である．同じ座標で $T_p^* M$ は

$$\left\{ dx^1, \ldots, dx^m; dy^1, \ldots, dy^m \right\} \tag{8.12}$$

で張られる．$2m$ 個のベクトルを

$$\frac{\partial}{\partial z^\mu} \equiv \frac{1}{2} \left\{ \frac{\partial}{\partial x^\mu} - i \frac{\partial}{\partial y^\mu} \right\}, \tag{8.13a}$$

$$\frac{\partial}{\partial \overline{z}^\mu} \equiv \frac{1}{2} \left\{ \frac{\partial}{\partial x^\mu} + i \frac{\partial}{\partial y^\mu} \right\} \tag{8.13b}$$

で定義しよう．ただし $1 \leq \mu \leq m$．明らかにこれらは $2m$ 次元 (複素) ベクトル空間 $T_p M^{\mathbb{C}}$ の基底をなす．$\overline{\partial / \partial z^\mu} = \partial / \partial \overline{z}^\mu$ に注意せよ．対応する $2m$ 個の 1-形式

$$dz^\mu \equiv dx^\mu + i dy^\mu, \qquad d\overline{z}^\mu \equiv dx^\mu - i dy^\mu \tag{8.14}$$

は $T_p^* M^{\mathbb{C}}$ の基底をなす．これらは (8.13) の双対で

$$\left\langle dz^\mu, \frac{\partial}{\partial \overline{z}^\nu} \right\rangle = \left\langle d\overline{z}^\mu, \frac{\partial}{\partial z^\nu} \right\rangle = 0, \tag{8.15a}$$

$$\left\langle dz^\mu, \frac{\partial}{\partial z^\nu} \right\rangle = \left\langle d\overline{z}^\mu, \frac{\partial}{\partial \overline{z}^\nu} \right\rangle = \delta^\mu_{\ \nu} \tag{8.15b}$$

を満たす．M を複素多様体とし，線形写像 $J_p : T_p M \to T_p M$ を

$$J_p \left(\frac{\partial}{\partial x^\mu} \right) = \frac{\partial}{\partial y^\mu}, \qquad J_p \left(\frac{\partial}{\partial y^\mu} \right) = -\frac{\partial}{\partial x^\mu} \tag{8.16}$$

で定義する．J_p は $(1, 1)$ 型の<u>実</u>テンソルである．

$$J_p^2 = -\mathbb{I}_p \tag{8.17}$$

に注意しよう．ここで $\mathbb{I}_p$ は T_pM 上の恒等写像である．大雑把に言えば J_p は $\pm i$ による掛け算に相当する．J_p の作用はチャートの取り方に依存しない．実際，共通部分をもつチャート $(U,\varphi), (V,\psi)$ の座標をそれぞれ $\varphi(p) = z^\mu = x^\mu + iy^\mu$, $\psi(p) = w^\mu = u^\mu + iv^\mu$ とする．$U \cap V$ 上で関数 $z^\mu = z^\mu(w)$ は Cauchy-Riemann の関係式を満たす．このとき

$$J_p\left(\frac{\partial}{\partial u^\mu}\right) = J_p\left(\frac{\partial x^\nu}{\partial u^\mu}\frac{\partial}{\partial x^\nu} + \frac{\partial y^\nu}{\partial u^\mu}\frac{\partial}{\partial y^\nu}\right) = \frac{\partial y^\nu}{\partial v^\mu}\frac{\partial}{\partial y^\nu} + \frac{\partial x^\nu}{\partial v^\mu}\frac{\partial}{\partial x^\nu} = \frac{\partial}{\partial v^\mu}$$

が示される．同様に $J_p\partial/\partial v^\mu = -\partial/\partial u^\mu$ も示される．したがって J_p は (8.11) の基底に関して

$$J_p = \begin{pmatrix} 0 & \mathbb{I}_m \\ -\mathbb{I}_m & 0 \end{pmatrix} \tag{8.18}$$

の形をしている．ここで $\mathbb{I}_m$ は $m \times m$ 単位行列である．J_p のすべての成分は任意の点で定数なので，点 p での成分が (8.18) を満たすものとして滑らかなテンソル場 J を定義することができる．テンソル場 J は複素多様体 M の**概複素構造**とよばれる．任意の $2m$ 次元多様体は，<u>局所的には</u> 2 乗して $-\mathbb{I}_{2m}$ となるテンソル J を許容することに注意せよ．しかしながら J は複素多様体上に限り，チャートを貼り合わせて<u>大域的に</u>定義することができる．テンソル J は複素構造を完全に決める．

J_p は $T_pM^\mathbb{C}$ 上で定義されるように拡張される，

$$J_p(X + iY) \equiv J_pX + iJ_pY. \tag{8.19}$$

(8.16) から

$$J_p\frac{\partial}{\partial z^\mu} = i\frac{\partial}{\partial z^\mu}, \qquad J_p\frac{\partial}{\partial \bar{z}^\mu} = -i\frac{\partial}{\partial \bar{z}^\mu} \tag{8.20}$$

が示される．こうして (反) 正則基底による J_p の表示

$$J_p = i\,dz^\mu \otimes \frac{\partial}{\partial z^\mu} - i\,d\bar{z}^\mu \otimes \frac{\partial}{\partial \bar{z}^\mu} \tag{8.21}$$

が得られ，その成分は

$$J_p = \begin{pmatrix} i\mathbb{I}_m & 0 \\ 0 & -i\mathbb{I}_m \end{pmatrix} \tag{8.22}$$

となる．$Z \in T_pM^\mathbb{C}$ を $Z = Z^\mu \partial/\partial z^\mu$ の形のベクトルとする．このとき Z は J_p の固有ベクトルである；$J_pZ = iZ$. 同様に $Z = Z^\mu\partial/\partial \bar{z}^\mu$ ならば，それは $J_pZ = -iZ$ を満たす．このようにして複素多様体 M の接空間 $T_pM^\mathbb{C}$ は，2 つのベクトル空間の直和に分かれる；

$$T_pM^\mathbb{C} = T_pM^+ \oplus T_pM^-. \tag{8.23}$$

ここで

$$T_pM^\pm = \{Z \in T_pM^\mathbb{C}|\ J_pZ = \pm iZ\} \tag{8.24}$$

である．そこで射影作用素 $\mathcal{P}^{\pm}: T_pM^{\mathbb{C}} \to T_pM^{\pm}$ を

$$\mathcal{P}^{\pm} \equiv \frac{1}{2}(\mathbb{I}_{2m} \mp \mathrm{i}J_p) \tag{8.25}$$

と定義する．このとき任意の $Z \in T_pM^{\mathbb{C}}$ に対して

$$J_p\mathcal{P}^{\pm}Z = \frac{1}{2}(J_p \mp \mathrm{i}J_p^2)Z = \pm\mathrm{i}\mathcal{P}^{\pm}Z$$

が成り立つ．ゆえに

$$Z^{\pm} \equiv \mathcal{P}^{\pm}Z \in T_pM^{\pm} \tag{8.26}$$

となる．さて $Z \in T_pM^{\mathbb{C}}$ は一意的に $Z = Z^+ + Z^-$ ($Z^{\pm} \in T_pM^{\pm}$) と分解される．T_pM^+ は $\{\partial/\partial z^\mu\}$ で張られ，T_pM^- は $\{\partial/\partial \bar{z}^\mu\}$ で張られる．$Z \in T_pM^+$ を**正則ベクトル**，$Z \in T_pM^-$ を**反正則ベクトル**とよぶ．直ちに

$$T_pM^- = \overline{T_pM^+} = \{\overline{Z} | Z \in T_pM^+\} \tag{8.27}$$

が確かめられる．ここで

$$\dim_{\mathbb{C}} T_pM^+ = \dim_{\mathbb{C}} T_pM^- = \frac{1}{2}\dim_{\mathbb{C}} T_pM^{\mathbb{C}} = \dim_{\mathbb{C}} M$$

に注意しよう．

問 8.2 (U, φ), (V, ψ) を複素多様体 M 上の重なりをもつチャートとし，$z^\mu = \varphi(p)$, $w^\mu = \psi(p)$ とする．このとき $X = X^\mu \partial/\partial z^\mu$ を w^μ 座標で表すと，正則基底 $\{\partial/\partial w^\mu\}$ のみで表されることを確かめよ．したがって $T_pM^{\mathbb{C}}$ の $T_pM^{\pm}$ への分解はチャートの取り方に依らない (J はチャートには独立に定義されることに注意)．

複素化されたベクトル場 $Z \in \mathfrak{X}(M)^{\mathbb{C}}$ が与えられたとき，$JZ|_p = J_p \cdot Z|_p$ により M の各点で定義された新しいベクトル場 $JZ \in \mathfrak{X}(M)^{\mathbb{C}}$ が得られる．ベクトル場 Z は自然に

$$Z = Z^+ + Z^-, \quad Z^{\pm} = \mathcal{P}^{\pm}Z \tag{8.28}$$

と分解される．Z^+ (Z^-) を**正則 (反正則) ベクトル場**とよぶ．したがって，ひとたび J が与えられると，$\mathfrak{X}(M)^{\mathbb{C}}$ は一意的に

$$\mathfrak{X}(M)^{\mathbb{C}} = \mathfrak{X}(M)^+ \oplus \mathfrak{X}(M)^- \tag{8.29}$$

と分解される．$Z = Z^+ + Z^- \in \mathfrak{X}(M)^{\mathbb{C}}$ は $Z^+ = \overline{Z^-}$ のとき，またそのときに限り実ベクトル場である．

問 8.3 $X, Y \in \mathfrak{X}(M)^+$ とする．このとき $[X, Y] \in \mathfrak{X}(M)^+$ を示せ．[もし $X, Y \in \mathfrak{X}(M)^-$ ならば，$[X, Y] \in \mathfrak{X}(M)^-$ である．]

8.3 複素微分形式

複素多様体上で複素微分形式を定義して，コホモロジー群などの位相的性質を議論しよう．

8.3.1 実微分形式の複素化

M を $\dim_{\mathbb{R}} M = m$ の微分多様体とする.点 p における 2 つの q-形式 $\omega, \eta \in \Omega_p^q(M)$ をとり,**複素 q-形式** $\zeta = \omega + \mathrm{i}\eta$ を定義する.点 p における複素 q-形式からなるベクトル空間を $\Omega_p^q(M)^{\mathbb{C}}$ で表す.明らかに $\Omega_p^q(M) \subset \Omega_p^q(M)^{\mathbb{C}}$ である.ζ の共役は $\overline{\zeta} = \omega - \mathrm{i}\eta$ である.複素 q-形式 ζ は $\zeta = \overline{\zeta}$ のとき実形式である.

問 8.4 $\omega \in \Omega_p^q(M)^{\mathbb{C}}$ とする.このとき

$$\overline{\omega}(V_1, \ldots, V_q) = \overline{\omega(\overline{V_1}, \ldots, \overline{V_q})}, \qquad V_i \in T_p M^{\mathbb{C}} \tag{8.30}$$

であることを示せ.また $\omega, \eta \in \Omega_p^q(M)^{\mathbb{C}}$, $\lambda \in \mathbb{C}$ とするとき $\overline{\omega + \eta} = \overline{\omega} + \overline{\eta}$, $\overline{\lambda \omega} = \overline{\lambda} \overline{\omega}$, $\overline{\overline{\omega}} = \omega$ が成り立つことも示せ.

微分多様体 M 上の複素 q-形式 ω は,M の各点に $\Omega_p^q(M)^{\mathbb{C}}$ の元を滑らかに与えることにより定義される.そこで M 上の複素 q-形式全体の集合を $\Omega^q(M)^{\mathbb{C}}$ で表す.複素 q-形式 ζ は一意的に $\zeta = \omega + \mathrm{i}\eta$ と分解される,ここで $\omega, \eta \in \Omega^q(M)$.

$\zeta = \omega + \mathrm{i}\eta$ と $\xi = \varphi + \mathrm{i}\psi$ の外積は

$$\begin{aligned}\zeta \wedge \xi &= (\omega + \mathrm{i}\eta) \wedge (\varphi + \mathrm{i}\psi) \\ &= (\omega \wedge \varphi - \eta \wedge \psi) + \mathrm{i}(\omega \wedge \psi + \eta \wedge \varphi)\end{aligned} \tag{8.31}$$

で定義される.

外微分 d は $\zeta = \omega + \mathrm{i}\eta$ に

$$\mathrm{d}\zeta = \mathrm{d}\omega + \mathrm{i}\,\mathrm{d}\eta \tag{8.32}$$

と作用する.d は実作用素である:$\overline{\mathrm{d}\zeta} = \mathrm{d}\omega - \mathrm{i}\,\mathrm{d}\eta = \mathrm{d}\overline{\zeta}$.

問 8.5 $\omega \in \Omega^q(M)^{\mathbb{C}}$, $\xi \in \Omega^r(M)^{\mathbb{C}}$ とする.このとき

$$\omega \wedge \xi = (-1)^{qr} \xi \wedge \omega, \tag{8.33}$$
$$\mathrm{d}(\omega \wedge \xi) = \mathrm{d}\omega \wedge \xi + (-1)^q \omega \wedge \mathrm{d}\xi \tag{8.34}$$

が成り立つことを示せ.

8.3.2 複素多様体上の微分形式

以下複素多様体,すなわち分解 $T_p M^{\mathbb{C}} = T_p M^+ \oplus T_p M^-$ と $\mathfrak{X}(M)^{\mathbb{C}} = \mathfrak{X}(M)^+ \oplus \mathfrak{X}(M)^-$ が存在する場合に限定して議論を進めることにする.

定義 8.2 M を $\dim_{\mathbb{C}} M = m$ の複素多様体とする.$\omega \in \Omega_p^q(M)^{\mathbb{C}}$ ($q \leq 2m$) とし r, s を $r + s = q$ を満たす正整数とする.$V_i \in T_p M^{\mathbb{C}}$ ($1 \leq i \leq q$) を $T_p M^+$ あるいは $T_p M^-$ のどちらかのベクトルとする.V_i のうち r 個が $T_p M^+$ に属し s 個が $T_p M^-$ に属するとき以

外は $\omega(V_1,\ldots,V_q)=0$ とする．このような ω を**双次数** (r,s) である，あるいは単に (r,s)-形式であるという．点 p における (r,s)-形式全体の集合を $\Omega_p^{r,s}(M)$ で表す．(r,s)-形式が M 上の各点で滑らかに与えられていると，M 全体で定義される (r,s)-形式が得られる．M 上の (r,s)-形式全体の集合を $\Omega^{r,s}(M)$ で表す．

複素座標 $\varphi(p)=z^\mu$ をもつチャート (U,φ) をとる．接空間 $T_pM^\pm$ の基底を (8.13) のようにとる．双対基底は (8.14) で与えられる．$\mathrm{d}z^\mu$ は $\langle \mathrm{d}z^\mu, \partial/\partial\bar{z}^\nu\rangle = 0$ を満たすので双次数 $(1,0)$ であり，$\mathrm{d}\bar{z}^\mu$ は双次数 $(0,1)$ である．これらの基底のもとで双次数 (r,s) の微分形式 ω は

$$\omega = \frac{1}{r!\,s!}\omega_{\mu_1\ldots\mu_r\nu_1\ldots\nu_s}\mathrm{d}z^{\mu_1}\wedge\ldots\wedge\mathrm{d}z^{\mu_r}\wedge\mathrm{d}\bar{z}^{\nu_1}\wedge\ldots\wedge\mathrm{d}\bar{z}^{\nu_s} \tag{8.35}$$

と書かれる．$\{\mathrm{d}z^{\mu_1}\wedge\ldots\wedge\mathrm{d}z^{\mu_r}\wedge\mathrm{d}\bar{z}^{\nu_1}\wedge\ldots\wedge\mathrm{d}\bar{z}^{\nu_s}\}$ は $\Omega_p^{r,s}(M)$ の基底をなす．成分は μ と ν それぞれに関して完全反対称である．z^μ と w^μ を，共通部分をもつ 2 つの座標とする．このとき z^μ 座標系での (r,s)-形式は w^μ 座標系でも (r,s)-形式であることを確かめられたい．

命題 8.1 M を $\dim_{\mathbb{C}}M=m$ の複素多様体，ω と ξ を M 上の複素微分形式とする．このとき

(a) $\omega \in \Omega^{q,r}(M)$ ならば $\overline{\omega} \in \Omega^{r,q}(M)$ である．

(b) $\omega \in \Omega^{q,r}(M)$ かつ $\xi \in \Omega^{q',r'}(M)$ ならば $\omega \wedge \xi \in \Omega^{q+q',r+r'}(M)$ である．

(c) 複素 q-形式 ω は <u>一意的に</u>

$$\omega = \sum_{r+s=q}\omega^{(r,s)} \tag{8.36a}$$

と書ける．ただし $\omega^{(r,s)} \in \Omega^{r,s}(M)$．したがって分解

$$\Omega^q(M)^{\mathbb{C}} = \bigoplus_{r+s=q}\Omega^{r,s}(M) \tag{8.36b}$$

が得られる．

証明は易しいので読者の演習として残しておく．このように，任意の q-形式は

$$\omega = \sum_{r+s=q}\omega^{(r,s)}$$

$$= \sum_{r+s=q}\frac{1}{r!\,s!}\omega_{\mu_1\ldots\mu_r\bar{\nu}_1\ldots\bar{\nu}_s}\mathrm{d}z^{\mu_1}\wedge\ldots\wedge\mathrm{d}z^{\mu_r}\wedge\mathrm{d}\bar{z}^{\nu_1}\wedge\ldots\wedge\mathrm{d}\bar{z}^{\nu_s} \tag{8.37}$$

と分解される．ただし

$$\omega_{\mu_1\ldots\mu_r\bar{\nu}_1\ldots\bar{\nu}_s} = \omega\left(\frac{\partial}{\partial z^{\mu_1}},\ldots,\frac{\partial}{\partial z^{\mu_r}},\frac{\partial}{\partial\bar{z}^{\nu_1}},\ldots,\frac{\partial}{\partial\bar{z}^{\nu_s}}\right). \tag{8.38}$$

問 8.6 $\dim_{\mathbb{C}} M = m$ とする. このとき

$$\dim_{\mathbb{R}} \Omega_p^{r,s}(M) = \begin{cases} \binom{m}{r}\binom{m}{s} & 0 \le r,s \le m \text{ のとき} \\ 0 & \text{その他} \end{cases}$$

であることを確かめよ. また $\dim_{\mathbb{R}} \Omega_p^q(M)^{\mathbb{C}} = \sum_{r+s=q} \dim_{\mathbb{R}} \Omega_p^{r,s}(M) = \binom{2m}{q}$ であることを示せ.

8.3.3 Dolbeault 作用素

(r,s)-形式 ω の外微分を計算しよう. (8.35) から

$$\begin{aligned}\mathrm{d}\omega = \frac{1}{r!s!} &\left(\frac{\partial}{\partial z^\lambda} \omega_{\mu_1\ldots\mu_r \bar\nu_1\ldots\bar\nu_s} \mathrm{d}z^\lambda + \frac{\partial}{\partial \bar z^\lambda} \omega_{\mu_1\ldots\mu_r \bar\nu_1\ldots\bar\nu_s} \mathrm{d}\bar z^\lambda \right) \\ &\times \mathrm{d}z^{\mu_1} \wedge \ldots \wedge \mathrm{d}z^{\mu_r} \wedge \mathrm{d}\bar z^{\nu_1} \wedge \ldots \wedge \mathrm{d}\bar z^{\nu_s}\end{aligned} \tag{8.39}$$

が得られる. $\mathrm{d}\omega$ には $(r+1,s)$-形式と $(r,s+1)$-形式が混在している. そこでこれらを区別して d の作用を

$$\mathrm{d} = \partial + \bar\partial \tag{8.40}$$

と分ける. ただし $\partial: \Omega^{r,s}(M) \to \Omega^{r+1,s}(M)$, $\bar\partial: \Omega^{r,s}(M) \to \Omega^{r,s+1}(M)$ である. 例えば $\omega = \omega_{\mu\bar\nu} \mathrm{d}z^\mu \wedge \mathrm{d}\bar z^\nu$ ならば

$$\partial \omega = \frac{\partial \omega_{\mu\bar\nu}}{\partial z^\lambda} \mathrm{d}z^\lambda \wedge \mathrm{d}z^\mu \wedge \mathrm{d}\bar z^\nu,$$

$$\bar\partial \omega = \frac{\partial \omega_{\mu\bar\nu}}{\partial \bar z^\lambda} \mathrm{d}\bar z^\lambda \wedge \mathrm{d}z^\mu \wedge \mathrm{d}\bar z^\nu = -\frac{\partial \omega_{\mu\bar\nu}}{\partial \bar z^\lambda} \mathrm{d}z^\mu \wedge \mathrm{d}\bar z^\lambda \wedge \mathrm{d}\bar z^\nu$$

である. ∂ と $\bar\partial$ は **Dolbeault 作用素**とよばれる.

ω が (8.37) で与えられる一般の q-形式ならば, ∂ と $\bar\partial$ の ω への作用は

$$\partial \omega = \sum_{r+s=q} \partial \omega^{(r,s)}, \qquad \bar\partial \omega = \sum_{r+s=q} \bar\partial \omega^{(r,s)} \tag{8.41}$$

で定義される.

定理 8.1 M は複素多様体で, $\omega \in \Omega^q(M)^{\mathbb{C}}$, $\xi \in \Omega^p(M)^{\mathbb{C}}$ とする. このとき

(a) $\quad \partial\partial\omega = (\partial\bar\partial + \bar\partial\partial)\omega = \bar\partial\bar\partial\omega = 0$ \hfill (8.42a)

(b) $\quad \partial\overline{\omega} = \overline{\bar\partial\omega},\ \bar\partial\overline{\omega} = \overline{\partial\omega}$ \hfill (8.42b)

(c) $\quad \partial(\omega \wedge \xi) = \partial\omega \wedge \xi + (-1)^q \omega \wedge \partial\xi$
$\quad \bar\partial(\omega \wedge \xi) = \bar\partial\omega \wedge \xi + (-1)^q \omega \wedge \bar\partial\xi.$ \hfill (8.42c)

証明： これらを証明するには ω が双次数 (r,s) のときを扱えば十分である．

(a) $d = \partial + \overline{\partial}$ なので
$$0 = d^2\omega = (\partial + \overline{\partial})(\partial + \overline{\partial})\omega = \partial\partial\omega + (\partial\overline{\partial} + \overline{\partial}\partial)\omega + \overline{\partial}\,\overline{\partial}\omega$$
を得る．右辺の3つの項の双次数はそれぞれ $(r+2, s)$, $(r+1, s+1)$, $(r, s+2)$ である．命題 8.1 (c) から各項は独立にゼロとならなければならない．

(b) $d\overline{\omega} = \overline{d\omega}$ なので
$$\partial\overline{\omega} + \overline{\partial}\,\overline{\omega} = d\overline{\omega} = \overline{(\partial + \overline{\partial})\omega} = \overline{\partial\omega} + \overline{\overline{\partial}\omega}$$
となる．$\partial\overline{\omega}$ と $\overline{\overline{\partial}\omega}$ は双次数 $(s+1, r)$ であり $\overline{\partial}\,\overline{\omega}$ と $\overline{\partial\omega}$ は双次数 $(s, r+1)$ であることに注意すれば $\partial\overline{\omega} = \overline{\overline{\partial}\omega}$, $\overline{\partial}\,\overline{\omega} = \overline{\partial\omega}$ が結論される．

(c) ω が双次数 (r,s) であり ξ が (r', s') であると仮定する．(8.42c) は $d(\omega \wedge \xi) = d\omega \wedge \xi + (-1)^q \omega \wedge d\xi$ を双次数 $(r+r'+1, s+s')$ と $(r+r', s+s'+1)$ の項に分けることにより証明される． ∎

定義 8.3 M を複素多様体とする．$\omega \in \Omega^{r,0}(M)$ が $\overline{\partial}\omega = 0$ を満たすならば r-形式 ω は**正則 r-形式**とよばれる．

チャート (U, φ) 上で正則 0-形式 $f \in \mathcal{F}(U)^{\mathbb{C}}$ を調べよう．条件 $\overline{\partial}f = 0$ は
$$\frac{\partial f}{\partial \overline{z}^\lambda} = 0, \qquad 1 \leq \lambda \leq m = \dim_{\mathbb{C}} M \tag{8.43}$$
となる．したがって正則 0-形式はまさに正則関数 ($f \in \mathcal{O}(M)$) である．$1 \leq r \leq m = \dim_{\mathbb{C}} M$ を満たす r に対して $\omega \in \Omega^{r,0}(M)$ とする．チャート (U, φ) 上で
$$\omega = \frac{1}{r!}\omega_{\mu_1\ldots\mu_r}dz^{\mu_1} \wedge \ldots \wedge dz^{\mu_r} \tag{8.44}$$
と書かれる．このとき $\overline{\partial}\omega = 0$ であるための必要十分条件は
$$\frac{\partial}{\partial \overline{z}^\lambda}\omega_{\mu_1\ldots\mu_r} = 0$$
である，すなわち $\omega_{\mu_1\ldots\mu_r}$ が U 上の正則関数であることである．

$\dim_{\mathbb{C}} M = m$ とする．$\mathbb{C}$-線形写像の列
$$\Omega^{r,0}(M) \xrightarrow{\overline{\partial}} \Omega^{r,1}(M) \xrightarrow{\overline{\partial}} \cdots$$
$$\cdots \xrightarrow{\overline{\partial}} \Omega^{r,m-1}(M) \xrightarrow{\overline{\partial}} \Omega^{r,m}(M) \tag{8.45}$$

は **Dolbeault 複体**とよばれる．$\overline{\partial}^2 = 0$ に注意せよ．$\overline{\partial}$-閉 (r,s)-形式 ($\omega \in \Omega^{r,s}(M)$ で $\overline{\partial}\omega = 0$ を満たすもの) 全体の集合は (r,s) **双対輪体**とよばれ，$Z^{r,s}_{\overline{\partial}}(M)$ と表される．$\overline{\partial}$-完全 (r,s)-形式 ($\omega \in \Omega^{r,s}(M)$ で，ある $\eta \in \Omega^{r,s-1}(M)$ が存在して $\omega = \overline{\partial}\eta$ を満たすもの) 全体の集合は (r,s) **双対境界輪体**とよばれ，$B^{r,s}_{\overline{\partial}}(M)$ と表される．複素ベクトル空間
$$H^{r,s}_{\overline{\partial}}(M) \equiv Z^{r,s}_{\overline{\partial}}(M)/B^{r,s}_{\overline{\partial}}(M) \tag{8.46}$$
は (r,s) 次 $\overline{\partial}$-コホモロジー群とよばれる (8.6 節参照)．

8.4 Hermite多様体とHermite微分幾何

M を $\dim_{\mathbb{C}} M = m$ の複素多様体, g を M の微分多様体としての Riemann 計量とする. $Z = X + \mathrm{i}Y$, $W = U + \mathrm{i}V \in T_pM^{\mathbb{C}}$ をとり g を

$$g_p(Z,W) = g_p(X,U) - g_p(Y,V) + \mathrm{i}[g_p(X,V) + g_p(Y,U)] \tag{8.47}$$

と拡張する. 基底 (8.13) に関して g の成分は

$$g_{\mu\nu}(p) = g_p\left(\frac{\partial}{\partial z^\mu}, \frac{\partial}{\partial z^\nu}\right), \tag{8.48a}$$

$$g_{\mu\bar{\nu}}(p) = g_p\left(\frac{\partial}{\partial z^\mu}, \frac{\partial}{\partial \bar{z}^\nu}\right), \tag{8.48b}$$

$$g_{\bar{\mu}\nu}(p) = g_p\left(\frac{\partial}{\partial \bar{z}^\mu}, \frac{\partial}{\partial z^\nu}\right), \tag{8.48c}$$

$$g_{\bar{\mu}\bar{\nu}}(p) = g_p\left(\frac{\partial}{\partial \bar{z}^\mu}, \frac{\partial}{\partial \bar{z}^\nu}\right) \tag{8.48d}$$

である. 容易に

$$g_{\mu\nu} = g_{\nu\mu}, \quad g_{\bar{\mu}\bar{\nu}} = g_{\bar{\nu}\bar{\mu}}, \quad g_{\bar{\mu}\nu} = g_{\nu\bar{\mu}}, \quad \overline{g_{\mu\bar{\nu}}} = g_{\bar{\mu}\nu}, \quad \overline{g_{\mu\nu}} = g_{\bar{\mu}\bar{\nu}} \tag{8.49}$$

が確かめられる.

8.4.1 Hermite計量

複素多様体 M の Riemann 計量 g が, 各点 $p \in M$ と任意の $X, Y \in T_pM$ に対して

$$g_p(J_pX, J_pY) = g_p(X,Y) \tag{8.50}$$

を満たすとき g は **Hermite計量** とよばれる. 対 (M,g) を **Hermite多様体** とよぶ. J_pX は Hermite 計量に関して X に直交する ;

$$g_p(J_pX, X) = g_p(J_p^2X, J_pX) = -g_p(J_pX, X) = 0. \tag{8.51}$$

定理 8.2 複素多様体には常に Hermite 計量が入る.

証明: g を複素多様体 M の Riemann 計量とする. 新しい計量 $\hat{g}$ を

$$\hat{g}_p(X,Y) \equiv \frac{1}{2}[g_p(X,Y) + g_p(J_pX, J_pY)] \tag{8.52}$$

により定義する. 明らかに $\hat{g}_p(J_pX, J_pY) = \hat{g}_p(X,Y)$. さらに g が正定値であれば, $\hat{g}$ も同様に正定値である. ゆえに $\hat{g}$ は M 上の Hermite 計量である. ∎

g を複素多様体 M 上の Hermite 計量とする. (8.50) から

$$g_{\mu\nu} = g\left(\frac{\partial}{\partial z^\mu}, \frac{\partial}{\partial z^\nu}\right) = g\left(J\frac{\partial}{\partial z^\mu}, J\frac{\partial}{\partial z^\nu}\right) = -g\left(\frac{\partial}{\partial z^\mu}, \frac{\partial}{\partial z^\nu}\right) = -g_{\mu\nu}$$

が示されるので，$g_{\mu\nu} = 0$ である．同様にして $g_{\overline{\mu}\overline{\nu}} = 0$ である．したがって Hermite 計量 g は

$$g = g_{\mu\overline{\nu}}\mathrm{d}z^\mu \otimes \mathrm{d}\overline{z}^\nu + g_{\overline{\mu}\nu}\mathrm{d}\overline{z}^\mu \otimes \mathrm{d}z^\nu \tag{8.53}$$

の形になる．[注：$X, Y \in T_pM^+$ をとる．T_pM^+ における内積 h_p を

$$h_p(X, Y) \equiv g_p(X, \overline{Y}) \tag{8.54}$$

によって定義する．h_p は T_pM^+ における正定値 Hermite 形式であることが容易にわかる．実際

$$\overline{h(X, Y)} = \overline{g(X, \overline{Y})} = g(\overline{X}, Y) = h(Y, X)$$

および $X = X_1 + \mathrm{i}X_2$ に対して $h(X, X) = g(X, \overline{X}) = g(X_1, X_1) + g(X_2, X_2) \geq 0$．これが (8.50) を満たす計量 g が Hermite であるとよばれる理由である．]

8.4.2 Kähler 形式

(M, g) を Hermite 多様体とする．テンソル場 Ω を

$$\Omega_p(X, Y) = g_p(J_pX, Y), \qquad X, Y \in T_pM \tag{8.55}$$

で定義する．Ω は反対称である；$\Omega(X, Y) = g(JX, Y) = g(J^2X, JY) = -g(JY, X) = -\Omega(Y, X)$．よって Ω は 2-形式を定めるが，それを Hermite 計量 g の **Kähler 形式** とよぶ．J の作用の下で Ω は不変であることに注意せよ；

$$\Omega(JX, JY) = g(J^2X, JY) = g(J^3X, J^2Y) = \Omega(X, Y). \tag{8.56}$$

定義域を T_pM から $T_pM^\mathbb{C}$ に拡張すると，Ω は双次数 $(1, 1)$ の 2-形式となる．事実，計量 (8.53) に対して

$$\Omega\left(\frac{\partial}{\partial z^\mu}, \frac{\partial}{\partial z^\nu}\right) = g\left(J\frac{\partial}{\partial z^\mu}, \frac{\partial}{\partial z^\nu}\right) = \mathrm{i}g_{\mu\nu} = 0$$

を得る．また

$$\Omega\left(\frac{\partial}{\partial \overline{z}^\mu}, \frac{\partial}{\partial \overline{z}^\nu}\right) = 0, \qquad \Omega\left(\frac{\partial}{\partial z^\mu}, \frac{\partial}{\partial \overline{z}^\nu}\right) = \mathrm{i}g_{\mu\overline{\nu}} = -\Omega\left(\frac{\partial}{\partial \overline{z}^\nu}, \frac{\partial}{\partial z^\mu}\right)$$

を得る．よって Ω の成分は

$$\Omega_{\mu\nu} = \Omega_{\overline{\mu}\overline{\nu}} = 0, \qquad \Omega_{\mu\overline{\nu}} = -\Omega_{\overline{\nu}\mu} = \mathrm{i}g_{\mu\overline{\nu}} \tag{8.57}$$

である．したがって

$$\Omega = \mathrm{i}g_{\mu\overline{\nu}}\mathrm{d}z^\mu \otimes \mathrm{d}\overline{z}^\nu - \mathrm{i}g_{\overline{\nu}\mu}\mathrm{d}\overline{z}^\nu \otimes \mathrm{d}z^\mu = \mathrm{i}g_{\mu\overline{\nu}}\mathrm{d}z^\mu \wedge \mathrm{d}\overline{z}^\nu \tag{8.58}$$

と書くことができる．Ω はまた

$$\Omega = -J_{\mu\bar{\nu}} \mathrm{d}z^\mu \wedge \mathrm{d}\bar{z}^\nu \tag{8.59}$$

とも書かれる．ここで $J_{\mu\bar{\nu}} = g_{\mu\bar{\lambda}} J^{\bar{\lambda}}{}_{\bar{\nu}} = -\mathrm{i} g_{\mu\bar{\nu}}$ である．Ω は実形式である；

$$\overline{\Omega} = -\mathrm{i}\overline{g_{\mu\bar{\nu}}}\mathrm{d}\bar{z}^\mu \wedge \mathrm{d}z^\nu = \mathrm{i}g_{\nu\bar{\mu}}\mathrm{d}z^\nu \wedge \mathrm{d}\bar{z}^\mu = \Omega. \tag{8.60}$$

Kähler 形式を利用して任意の Hermite 多様体，すなわち複素多様体は向き付け可能であることが示される．最初に正規直交基底 $\{\hat{e}_1, J\hat{e}_1, \ldots, \hat{e}_m, J\hat{e}_m\}$ を選べることに注意しよう．実際 $g(\hat{e}_1, \hat{e}_1) = 1$ ならば $g(J\hat{e}_1, J\hat{e}_1) = g(\hat{e}_1, \hat{e}_1) = 1$ と $g(\hat{e}_1, J\hat{e}_1) = -g(J\hat{e}_1, \hat{e}_1) = 0$ が示される．こうして $\hat{e}_1$ と $J\hat{e}_1$ は2次元部分空間の正規直交基底をなす．次に $\hat{e}_1$ と $J\hat{e}_1$ に直交する $\hat{e}_2$ をとると $\{\hat{e}_2, J\hat{e}_2\}$ は部分空間をなす．これを繰り返して正規直交基底 $\{\hat{e}_1, J\hat{e}_1, \ldots, \hat{e}_m, J\hat{e}_m\}$ が得られる．

補題 8.1 Ω を $\dim_{\mathbb{C}} M = m$ の Hermite 多様体 M の Kähler 形式とする．このとき

$$\underbrace{\Omega \wedge \ldots \wedge \Omega}_{m\text{ 個の外積}}$$

は至る所でゼロにならない $2m$-形式である．

証明：上で選んだ正規直交基底に対して

$$\Omega(\hat{e}_i, J\hat{e}_j) = g(J\hat{e}_i, J\hat{e}_j) = \delta_{ij}, \qquad \Omega(\hat{e}_i, \hat{e}_j) = \Omega(J\hat{e}_i, J\hat{e}_j) = 0$$

を得る．このとき

$$\underbrace{\Omega \wedge \ldots \wedge \Omega}_{m}(\hat{e}_1, J\hat{e}_1, \ldots, \hat{e}_m, J\hat{e}_m)$$
$$= \sum_P \Omega(\hat{e}_{P(1)}, J\hat{e}_{P(1)}) \ldots \Omega(\hat{e}_{P(m)}, J\hat{e}_{P(m)})$$
$$= m!\Omega(\hat{e}_1, J\hat{e}_1) \ldots \Omega(\hat{e}_m, J\hat{e}_m) = m!$$

が導かれる．ただし P は m 個の物体の置換群の元．これは $\Omega \wedge \ldots \wedge \Omega$ が任意の点でゼロにならないことを示している． ■

実 $2m$-形式 $\Omega \wedge \ldots \wedge \Omega$ は至る所でゼロにならないので体積要素と考えられる．したがって次の定理が得られる．

定理 8.3 複素多様体は向き付け可能である．

8.4.3 共変微分

(M, g) を Hermite 多様体とする．ここでは複素構造と両立する接続を定義しよう．正則ベクトル $V \in T_p M^+$ が別の点 q へ平行移動されても再び正則ベクトル $\tilde{V}(q) \in T_q M^+$

であると仮定するのは自然である．この要請の下で概複素構造は共変的に保存されることを以下で示す．$\{z^\mu\}$ と $\{z^\mu + \Delta z^\mu\}$ をそれぞれ p と q の座標とし $V = V^\mu \partial/\partial z^\mu|_p$, $\tilde{V}(q) = \tilde{V}^\mu(z+\Delta z)\partial/\partial z^\mu\big|_q$ とする．ここで

$$\tilde{V}^\mu(z+\Delta z) = V^\mu(z) - V^\lambda(z)\Gamma^\mu{}_{\nu\lambda}(z)\Delta z^\nu \tag{8.61}$$

と仮定する (式 (7.9) 参照)．このとき基底ベクトル $\partial/\partial z^\mu$ は

$$\nabla_\mu \frac{\partial}{\partial z^\nu} = \Gamma^\lambda{}_{\mu\nu}(z)\frac{\partial}{\partial z^\lambda} \tag{8.62a}$$

を満たす (式 (7.14) 参照)．$\partial/\partial \bar{z}^\mu$ は $\partial/\partial z^\mu$ の共役ベクトル場なので

$$\nabla_{\bar{\mu}} \frac{\partial}{\partial \bar{z}^\nu} = \Gamma^{\bar{\lambda}}{}_{\bar{\mu}\bar{\nu}}\frac{\partial}{\partial \bar{z}^\lambda} \tag{8.62b}$$

を得る．ただし $\Gamma^{\bar{\lambda}}{}_{\bar{\mu}\bar{\nu}} = \overline{\Gamma^\lambda{}_{\mu\nu}}$．$\Gamma^\lambda{}_{\mu\nu}$ と $\Gamma^{\bar{\lambda}}{}_{\bar{\mu}\bar{\nu}}$ のみがゼロとならない接続係数の成分である．$\nabla_\mu \partial/\partial \bar{z}^\nu = \nabla_{\bar{\mu}} \partial/\partial z^\nu = 0$ に注意せよ．双対基底に対して，ゼロとならない共変微分は

$$\nabla_\mu dz^\nu = -\Gamma^\nu{}_{\mu\lambda}dz^\lambda, \qquad \nabla_{\bar{\mu}} d\bar{z}^\nu = -\Gamma^{\bar{\nu}}{}_{\bar{\mu}\bar{\lambda}}d\bar{z}^\lambda \tag{8.63}$$

である．$X^+ = X^\mu \partial/\partial z^\mu \in \mathfrak{X}(M)^+$ の共変微分は

$$\nabla_\mu X^+ = (\partial_\mu X^\lambda + X^\nu \Gamma^\lambda{}_{\mu\nu})\frac{\partial}{\partial z^\lambda} \tag{8.64}$$

である．ただし $\partial_\mu \equiv \partial/\partial z^\mu$．$X^- = X^{\bar{\mu}}\partial/\partial \bar{z}^\mu \in \mathfrak{X}(M)^-$ に関しては $\Gamma^{\bar{\lambda}}{}_{\mu\nu} = \Gamma^{\bar{\lambda}}{}_{\mu\bar{\nu}} = 0$ から

$$\nabla_\mu X^- = \partial_\mu X^{\bar{\lambda}}\frac{\partial}{\partial \bar{z}^\lambda} \tag{8.65}$$

となる．反正則ベクトルに関する限り，∇_μ は普通の微分 ∂_μ として作用する．同様に

$$\nabla_{\bar{\mu}} X^+ = \partial_{\bar{\mu}} X^\lambda \frac{\partial}{\partial z^\lambda}, \tag{8.66}$$

$$\nabla_{\bar{\mu}} X^- = \left(\partial_{\bar{\mu}} X^{\bar{\lambda}} + X^{\bar{\nu}}\Gamma^{\bar{\lambda}}{}_{\bar{\mu}\bar{\nu}}\right)\frac{\partial}{\partial \bar{z}^\lambda} \tag{8.67}$$

が導かれる．このことは容易に任意のテンソル場に一般化される．例えば，$t = t_{\mu\nu}{}^{\bar{\lambda}} dz^\mu \otimes dx^\nu \otimes \partial/\partial \bar{z}^\lambda$ に対して

$$(\nabla_\kappa t)_{\mu\nu}{}^{\bar{\lambda}} = \partial_\kappa t_{\mu\nu}{}^{\bar{\lambda}} - t_{\xi\nu}{}^{\bar{\lambda}}\Gamma^\xi{}_{\kappa\mu} - t_{\mu\xi}{}^{\bar{\lambda}}\Gamma^\xi{}_{\kappa\nu},$$

$$(\nabla_{\bar{\kappa}} t)_{\mu\nu}{}^{\bar{\lambda}} = \partial_{\bar{\kappa}} t_{\mu\nu}{}^{\bar{\lambda}} + t_{\mu\nu}{}^{\bar{\xi}}\Gamma^{\bar{\lambda}}{}_{\bar{\kappa}\bar{\xi}}$$

を得る．

7.2 節にあるように**計量両立性**を要請しよう．すなわち $\nabla_\kappa g_{\mu\bar{\nu}} = \nabla_{\bar{\kappa}} g_{\mu\bar{\nu}} = 0$ となることを要請する．これは，成分で書くと

$$\partial_\kappa g_{\mu\bar{\nu}} - g_{\lambda\bar{\nu}}\Gamma^\lambda{}_{\kappa\mu} = 0, \qquad \partial_{\bar{\kappa}} g_{\mu\bar{\nu}} - g_{\mu\bar{\lambda}}\Gamma^{\bar{\lambda}}{}_{\bar{\kappa}\bar{\nu}} = 0 \tag{8.68}$$

となる．接続係数は容易に読み取れて：

$$\Gamma^{\lambda}{}_{\kappa\mu} = g^{\bar{\nu}\lambda}\partial_{\kappa}g_{\mu\bar{\nu}}, \qquad \Gamma^{\bar{\lambda}}{}_{\bar{\kappa}\bar{\nu}} = g^{\bar{\lambda}\mu}\partial_{\bar{\kappa}}g_{\mu\bar{\nu}} \tag{8.69}$$

となる．ここで $\{g^{\bar{\nu}\lambda}\}$ は $g_{\mu\bar{\nu}}$ の逆行列である；$g_{\mu\bar{\lambda}}g^{\bar{\lambda}\nu} = \delta_{\mu}{}^{\nu}$, $g^{\bar{\nu}\lambda}g_{\lambda\bar{\mu}} = \delta^{\bar{\nu}}{}_{\bar{\mu}}$. 正則，反正則の混合した添字をもつすべての Γ がゼロである計量両立接続は **Hermite 接続** とよばれる．構成からこれは一意的であり (8.69) によって与えられる．

定理 8.4 概複素構造 J は Hermite 接続に関して共変的に定数となる；

$$(\nabla_{\kappa}J)_{\nu}{}^{\mu} = (\nabla_{\bar{\kappa}}J)_{\nu}{}^{\mu} = (\nabla_{\kappa}J)_{\bar{\nu}}{}^{\bar{\mu}} = (\nabla_{\bar{\kappa}}J)_{\bar{\nu}}{}^{\bar{\mu}} = 0. \tag{8.70}$$

証明： 最初の等式を証明する．(8.22) から

$$(\nabla_{\kappa}J)_{\nu}{}^{\mu} = \partial_{\kappa}\mathrm{i}\delta_{\nu}{}^{\mu} - \mathrm{i}\delta_{\xi}{}^{\mu}\Gamma^{\xi}{}_{\kappa\nu} + \mathrm{i}\delta_{\nu}{}^{\xi}\Gamma^{\mu}{}_{\kappa\xi} = 0$$

が示される．残りの等式も同様の計算から導かれる． ∎

8.4.4 捩率と曲率

捩率テンソル T と Riemann 曲率テンソル R は

$$T(X,Y) = \nabla_{X}Y - \nabla_{Y}X - [X,Y], \tag{8.71}$$
$$R(X,Y)Z = \nabla_{X}\nabla_{Y}Z - \nabla_{Y}\nabla_{X}Z - \nabla_{[X,Y]}Z \tag{8.72}$$

で定義された．このとき

$$T\left(\frac{\partial}{\partial z^{\mu}}, \frac{\partial}{\partial z^{\nu}}\right) = \left(\Gamma^{\lambda}{}_{\mu\nu} - \Gamma^{\lambda}{}_{\nu\mu}\right)\frac{\partial}{\partial z^{\lambda}},$$
$$T\left(\frac{\partial}{\partial z^{\mu}}, \frac{\partial}{\partial \bar{z}^{\nu}}\right) = T\left(\frac{\partial}{\partial \bar{z}^{\mu}}, \frac{\partial}{\partial z^{\nu}}\right) = 0,$$
$$T\left(\frac{\partial}{\partial \bar{z}^{\mu}}, \frac{\partial}{\partial \bar{z}^{\nu}}\right) = \left(\Gamma^{\bar{\lambda}}{}_{\bar{\mu}\bar{\nu}} - \Gamma^{\bar{\lambda}}{}_{\bar{\nu}\bar{\mu}}\right)\frac{\partial}{\partial \bar{z}^{\lambda}}$$

である．ゼロでない成分は

$$T^{\lambda}{}_{\mu\nu} = \Gamma^{\lambda}{}_{\mu\nu} - \Gamma^{\lambda}{}_{\nu\mu} = g^{\bar{\xi}\lambda}\left(\partial_{\mu}g_{\nu\bar{\xi}} - \partial_{\nu}g_{\mu\bar{\xi}}\right), \tag{8.73a}$$
$$T^{\bar{\lambda}}{}_{\bar{\mu}\bar{\nu}} = \Gamma^{\bar{\lambda}}{}_{\bar{\mu}\bar{\nu}} - \Gamma^{\bar{\lambda}}{}_{\bar{\nu}\bar{\mu}} = g^{\bar{\lambda}\xi}(\partial_{\bar{\mu}}g_{\bar{\nu}\xi} - \partial_{\bar{\nu}}g_{\bar{\mu}\xi}) \tag{8.73b}$$

である．Riemann テンソルに関しては，例えば

$$R^{\kappa}{}_{\lambda\mu\nu} = \partial_{\mu}\Gamma^{\kappa}{}_{\nu\lambda} - \partial_{\nu}\Gamma^{\kappa}{}_{\mu\lambda} + \Gamma^{\eta}{}_{\nu\lambda}\Gamma^{\kappa}{}_{\mu\eta} - \Gamma^{\eta}{}_{\mu\lambda}\Gamma^{\kappa}{}_{\nu\eta}$$

が求められる．これに (8.69) を代入すると

$$R^{\kappa}{}_{\lambda\mu\nu} = \partial_{\mu}g^{\bar{\xi}\kappa}\partial_{\nu}g_{\lambda\bar{\xi}} + g^{\bar{\xi}\kappa}\partial_{\mu}\partial_{\nu}g_{\lambda\bar{\xi}} - \partial_{\nu}g^{\bar{\xi}\kappa}\partial_{\mu}g_{\lambda\bar{\xi}} - g^{\bar{\xi}\kappa}\partial_{\mu}\partial_{\nu}g_{\lambda\bar{\xi}}$$
$$+ g^{\bar{\xi}\eta}\partial_{\nu}g_{\lambda\bar{\xi}}g^{\bar{\zeta}\kappa}\partial_{\mu}g_{\eta\bar{\zeta}} - g^{\bar{\xi}\eta}\partial_{\mu}g_{\lambda\bar{\xi}}g^{\bar{\zeta}\kappa}\partial_{\nu}g_{\eta\bar{\zeta}} = 0$$

が求められるが，ここで等式 $g^{\bar{\zeta}\kappa}\partial_\mu g_{\eta\bar{\zeta}} = -g_{\eta\bar{\zeta}}\partial_\mu g^{\bar{\zeta}\kappa}$ などを使った．一般に

$$R^\kappa{}_{\bar{\lambda}AB} = R^{\bar{\kappa}}{}_{\lambda AB} = R^A{}_{B\kappa\lambda} = R^A{}_{B\bar{\kappa}\bar{\lambda}} = 0 \tag{8.74}$$

が得られる．ただし A と B は任意の (正則あるいは反正則) 添字である．結果として，成分 $R^\kappa{}_{\lambda\bar{\mu}\nu}$, $R^\kappa{}_{\lambda\mu\bar{\nu}}$, $R^{\bar{\kappa}}{}_{\bar{\lambda}\bar{\mu}\nu}$, $R^{\bar{\kappa}}{}_{\bar{\lambda}\mu\bar{\nu}}$ だけが残る．ここで，自明な対称性 $R^\kappa{}_{\lambda\bar{\mu}\nu} = -R^\kappa{}_{\lambda\nu\bar{\mu}}$ に注意しよう．したがって，独立な成分は $R^\kappa{}_{\lambda\bar{\mu}\nu}$ と $R^{\bar{\kappa}}{}_{\bar{\lambda}\mu\bar{\nu}} = \overline{R^\kappa{}_{\lambda\bar{\mu}\nu}}$ に帰着される．これらは

$$R^\kappa{}_{\lambda\bar{\mu}\nu} = \partial_{\bar{\mu}}\Gamma^\kappa{}_{\nu\lambda} = \partial_{\bar{\mu}}(g^{\bar{\xi}\kappa}\partial_\nu g_{\lambda\bar{\xi}}), \tag{8.75a}$$

$$R^{\bar{\kappa}}{}_{\bar{\lambda}\mu\bar{\nu}} = \partial_\mu \Gamma^{\bar{\kappa}}{}_{\bar{\nu}\bar{\lambda}} = \partial_\mu(g^{\bar{\kappa}\xi}\partial_{\bar{\nu}}g_{\xi\bar{\lambda}}) \tag{8.75b}$$

と表される．

問 8.7 次の等式を示せ．

$$R_{\bar{\kappa}\lambda\bar{\mu}\nu} \equiv g_{\bar{\kappa}\xi}R^\xi{}_{\lambda\bar{\mu}\nu} = \partial_{\bar{\mu}}\partial_\nu g_{\lambda\bar{\kappa}} - g^{\bar{\eta}\xi}\partial_{\bar{\mu}}g_{\bar{\kappa}\xi}\partial_\nu g_{\lambda\bar{\eta}}, \tag{8.76a}$$

$$R_{\kappa\bar{\lambda}\mu\bar{\nu}} \equiv g_{\kappa\bar{\xi}}R^{\bar{\xi}}{}_{\bar{\lambda}\mu\bar{\nu}} = \partial_\mu\partial_{\bar{\nu}}g_{\bar{\lambda}\kappa} - g^{\eta\bar{\xi}}\partial_\mu g_{\kappa\bar{\xi}}\partial_{\bar{\nu}}g_{\bar{\lambda}\eta}, \tag{8.76b}$$

$$R_{\bar{\kappa}\lambda\mu\bar{\nu}} \equiv g_{\bar{\kappa}\xi}R^\xi{}_{\lambda\mu\bar{\nu}} = -R_{\bar{\kappa}\lambda\bar{\nu}\mu}, \tag{8.76c}$$

$$R_{\kappa\bar{\lambda}\bar{\mu}\nu} \equiv g_{\kappa\bar{\xi}}R^{\bar{\xi}}{}_{\bar{\lambda}\bar{\mu}\nu} = -R_{\kappa\bar{\lambda}\nu\bar{\mu}} \tag{8.76d}$$

また対称性

$$R_{\bar{\kappa}\lambda\bar{\mu}\nu} = -R_{\lambda\bar{\kappa}\bar{\mu}\nu}, \qquad R_{\kappa\bar{\lambda}\mu\bar{\nu}} = -R_{\bar{\lambda}\kappa\mu\bar{\nu}} \tag{8.77}$$

が成り立つことを確かめよ．

Riemann 曲率テンソルの添字を縮約すると

$$\mathcal{R}_{\mu\bar{\nu}} \equiv R^\kappa{}_{\kappa\mu\bar{\nu}} = -\partial_{\bar{\nu}}(g^{\kappa\bar{\xi}}\partial_\mu g_{\kappa\bar{\xi}}) = -\partial_{\bar{\nu}}\partial_\mu \log G. \tag{8.78}$$

ここで $G \equiv \det(g_{\mu\bar{\nu}}) = \sqrt{g}$．最後の等式を得るために恒等式 $\delta G = G g^{\mu\bar{\nu}}\delta g_{\mu\bar{\nu}}$ を使った；(7.204) 参照．ここで **Ricci 形式**を

$$\mathfrak{R} \equiv i\mathcal{R}_{\mu\bar{\nu}}dz^\mu \wedge d\bar{z}^\nu = -i\partial\bar{\partial}\log G \tag{8.79}$$

で定義する．$\mathfrak{R}$ は実形式である；$\overline{\mathfrak{R}} = i\overline{\partial\bar{\partial}}\log G = -i\bar{\partial}\partial\log G = \mathfrak{R}$. 恒等式 $\partial\bar{\partial} = -\frac{1}{2}d(\partial-\bar{\partial})$ から $\mathfrak{R}$ は閉形式であることがわかる；$d\mathfrak{R} \propto d^2(\partial-\bar{\partial})\log G = 0$．しかしながらこのことは $\mathfrak{R}$ が完全形式でもあることは意味しない．実際，G はスカラーではなく $(\partial-\bar{\partial})\log G$ は大域的には定義されない．$\mathfrak{R}$ は**第 1 Chern 類**とよばれる非自明な元 $c_1(M) \equiv [\mathfrak{R}/2\pi] \in H^2(M;\mathbb{R})$ を定める．これについてはさらに 11.2 節で論ずる．

命題 8.2 第 1 Chern 類 $c_1(M)$ は計量の滑らかな変換 $g \to g + \delta g$ の下で不変である．

証明： (7.204) から $\delta \log G = g^{\mu\bar{\nu}}\delta g_{\mu\bar{\nu}}$ が得られる．このとき

$$\delta\mathfrak{R} = -\delta i\partial\bar{\partial}\log G = -i\partial\bar{\partial}g^{\mu\bar{\nu}}\delta g_{\mu\bar{\nu}} = \frac{1}{2}d(\partial-\bar{\partial})ig^{\mu\bar{\nu}}\delta g_{\mu\bar{\nu}}.$$

$g^{\mu\bar{\nu}}\delta g_{\mu\bar{\nu}}$ はスカラーなので $\omega \equiv -\frac{1}{2}(\partial-\bar{\partial})g^{\mu\bar{\nu}}\delta g_{\mu\bar{\nu}}$ は M 全体で矛盾なく定義された 1-形式である．したがって $\delta\mathfrak{R} = d\omega$ は完全 2-形式であり $[\mathfrak{R}] = [\mathfrak{R} + \delta\mathfrak{R}]$，すなわち $c_1(M)$ は $g \to g + \delta g$ の下で不変である．　∎

8.5 Kähler多様体とKähler微分幾何

8.5.1 諸定義

定義 8.4 Kähler多様体とはHermite多様体 (M,g) で，そのKähler形式 Ω が閉形式であるものをいう：$d\Omega = 0$. 計量 g は M の **Kähler計量**とよばれる．[注：すべての複素多様体にKähler計量が存在するわけではない．]

定理 8.5 Hermite多様体 (M,g) がKähler多様体であるための必要十分条件は概複素構造 J が

$$\nabla_\mu J = 0 \tag{8.80}$$

を満たすことである．ただし ∇_μ は g に付随するLevi-Civita接続である．

証明： まず，任意の r-形式 ω に対して $d\omega$ は

$$d\omega = \nabla\omega \equiv \frac{1}{r!}\nabla_\mu \omega_{\nu_1\ldots\nu_r} dx^\mu \wedge dx^{\nu_1} \wedge \ldots \wedge dx^{\nu_r} \tag{8.81}$$

と書けることに注意する．[Γ は対称なので，例えば

$$\nabla\Omega = \frac{1}{2}\nabla_\lambda \Omega_{\mu\nu} dx^\lambda \wedge dx^\mu \wedge dx^\nu$$

$$= \frac{1}{2}(\partial_\lambda \Omega_{\mu\nu} - \Gamma^\kappa{}_{\lambda\mu}\Omega_{\kappa\nu} - \Gamma^\kappa{}_{\lambda\nu}\Omega_{\mu\kappa}) dx^\lambda \wedge dx^\mu \wedge dx^\nu$$

$$= \frac{1}{2}\partial_\lambda \Omega_{\mu\nu} dx^\lambda \wedge dx^\mu \wedge dx^\nu = d\Omega$$

が成り立つ．] さて $\nabla_\mu J = 0 \iff \nabla_\mu \Omega = 0$ を証明する．次の等式

$$(\nabla_Z \Omega)(X,Y) = \nabla_Z[\Omega(X,Y)] - \Omega(\nabla_Z X, Y) - \Omega(X, \nabla_Z Y)$$

$$= \nabla_Z[g(JX,Y)] - g(J\nabla_Z X, Y) - g(JX, \nabla_Z Y)$$

$$= (\nabla_Z g)(JX,Y) + g(\nabla_Z JX, Y) - g(J\nabla_Z X, Y)$$

$$= g(\nabla_Z JX - J\nabla_Z X, Y) = g((\nabla_Z J)X, Y)$$

が成り立つ．ここで $\nabla_Z g = 0$ を使った．これは任意の X,Y,Z に対して成り立つので $\nabla_Z \Omega = 0 \iff \nabla_Z J = 0$ が得られる． ∎

定理 8.4 と 8.5 は，Kähler多様体においてはRiemann構造はHermite構造と両立していることを示している．

g を Kähler 計量とする．$d\Omega = 0$ から

$$(\partial + \overline{\partial})ig_{\mu\overline{\nu}}dz^{\mu} \wedge d\overline{z}^{\nu}$$
$$= i\partial_{\lambda}g_{\mu\overline{\nu}}dz^{\lambda} \wedge dz^{\mu} \wedge d\overline{z}^{\nu} + i\partial_{\overline{\lambda}}g_{\mu\overline{\nu}}dz^{\lambda} \wedge dz^{\mu} \wedge d\overline{z}^{\nu}$$
$$= \frac{1}{2}i(\partial_{\lambda}g_{\mu\overline{\nu}} - \partial_{\mu}g_{\lambda\overline{\nu}})dz^{\lambda} \wedge dz^{\mu} \wedge d\overline{z}^{\nu}$$
$$+ \frac{1}{2}i(\partial_{\overline{\lambda}}g_{\mu\overline{\nu}} - \partial_{\overline{\nu}}g_{\mu\overline{\lambda}})d\overline{z}^{\lambda} \wedge dz^{\mu} \wedge d\overline{z}^{\nu} = 0$$

となり，これより

$$\frac{\partial g_{\mu\overline{\nu}}}{\partial z^{\lambda}} = \frac{\partial g_{\lambda\overline{\nu}}}{\partial z^{\mu}}, \qquad \frac{\partial g_{\mu\overline{\nu}}}{\partial \overline{z}^{\lambda}} = \frac{\partial g_{\mu\overline{\lambda}}}{\partial \overline{z}^{\nu}} \tag{8.82}$$

が得られる．Hermite 計量 g はチャート U_i 上で

$$g_{\mu\overline{\nu}} = \partial_{\mu}\partial_{\overline{\nu}}\mathcal{K}_i \tag{8.83}$$

で与えられているとしよう．ただし $\mathcal{K}_i \in \mathcal{F}(U_i)$．明らかにこの計量は条件 (8.82) を満たし，ゆえに Kähler 計量である．逆に任意の Kähler 計量は<u>局所的には</u> (8.83) のように表される．関数 $\mathcal{K}_i$ は Kähler 計量の **Kähler ポテンシャル**とよばれる．U_i 上では $\Omega = i\partial\overline{\partial}\mathcal{K}_i$ である．

(U_i, φ_i) と (U_j, φ_j) を共通部分をもつチャートとすると $U_i \cap U_j$ 上で

$$\frac{\partial}{\partial z^{\mu}}\frac{\partial}{\partial \overline{z}^{\nu}}\mathcal{K}_i dz^{\mu} \otimes d\overline{z}^{\nu} = \frac{\partial}{\partial w^{\alpha}}\frac{\partial}{\partial \overline{w}^{\beta}}\mathcal{K}_j dw^{\alpha} \otimes d\overline{w}^{\beta}$$

となる．ただし $z = \varphi_i(p)$, $w = \varphi_j(p)$ である．これから

$$\frac{\partial w^{\alpha}}{\partial z^{\mu}}\frac{\partial \overline{w}^{\beta}}{\partial \overline{z}^{\nu}}\frac{\partial}{\partial w^{\alpha}}\frac{\partial}{\partial \overline{w}^{\beta}}\mathcal{K}_j = \frac{\partial}{\partial z^{\mu}}\frac{\partial}{\partial \overline{z}^{\nu}}\mathcal{K}_i \tag{8.84}$$

が示される．この式が満たされる必要十分条件は $\mathcal{K}_j(w, \overline{w}) = \mathcal{K}_i(z, \overline{z}) + \phi_{ij}(z) + \psi_{ij}(\overline{z})$ である．ここに ϕ_{ij} (ψ_{ij}) は z に関して正則 (反正則) である．

問 8.8 M を境界をもたないコンパクトな Kähler 多様体とする．このとき $m = \dim_{\mathbb{C}} M$ とすると

$$\Omega^m \equiv \underbrace{\Omega \wedge \ldots \wedge \Omega}_{m \text{ 個の外積}}$$

は閉形式であるが完全形式ではないことを示せ．[ヒント：Stokes の定理を使え．] したがって $2m$ 次 Betti 数はゼロではない，$b^{2m} \geq 1$．後に示すように $1 \leq p \leq m$ に対して $b^{2p} \geq 1$ が成り立つ．

例 8.6 $M = \mathbb{C}^m = \{(z^1, \ldots, z^m)\}$ とする．$\mathbb{C}^m$ は対応 $z^{\mu} \to x^{\mu} + iy^{\mu}$ によって $\mathbb{R}^{2m}$ と同一視される．δ を $\mathbb{R}^{2m}$ の Euclid 計量とする；

$$\delta\left(\frac{\partial}{\partial x^{\mu}}, \frac{\partial}{\partial x^{\nu}}\right) = \delta\left(\frac{\partial}{\partial y^{\mu}}, \frac{\partial}{\partial y^{\nu}}\right) = \delta_{\mu\nu},$$
$$\delta\left(\frac{\partial}{\partial x^{\mu}}, \frac{\partial}{\partial y^{\nu}}\right) = 0. \tag{8.85a}$$

ここで $J\partial/\partial x^\mu = \partial/\partial y^\mu$, $J\partial/\partial y^\mu = -\partial/\partial x^\mu$ に注意すると δ は Hermite 計量であることがわかる．複素座標では

$$\delta\left(\frac{\partial}{\partial z^\mu}, \frac{\partial}{\partial z^\nu}\right) = \delta\left(\frac{\partial}{\partial \overline{z}^\mu}, \frac{\partial}{\partial \overline{z}^\nu}\right) = 0,$$

$$\delta\left(\frac{\partial}{\partial z^\mu}, \frac{\partial}{\partial \overline{z}^\nu}\right) = \delta\left(\frac{\partial}{\partial \overline{z}^\mu}, \frac{\partial}{\partial z^\nu}\right) = \frac{1}{2}\delta_{\mu\nu} \tag{8.85b}$$

となる．Kähler 形式は

$$\Omega = \frac{i}{2}\sum_{\mu=1}^{m} dz^\mu \wedge d\overline{z}^\mu = \sum_{\mu=1}^{m} dx^\mu \wedge dy^\mu \tag{8.86}$$

で与えられる．明らかに $d\Omega = 0$ であるので，$\mathbb{R}^{2m}$ の Euclid 計量 δ は $\mathbb{C}^m$ の Kähler 計量である．Kähler ポテンシャルは

$$\mathcal{K} = \frac{1}{2}\sum z^\mu \overline{z}^\mu \tag{8.87}$$

である．Kähler 多様体 $\mathbb{C}^m$ は**複素 Euclid 空間**とよばれる．

例 8.7 $\dim_\mathbb{C} M = 1$ の任意の複素多様体は Kähler 多様体である．Kähler 形式が Ω で与えられる Hermite 計量 g をとろう．Ω は実 2-形式なので，3-形式 $d\Omega$ は M 上でゼロとなる．1 次元コンパクト複素多様体は **Riemann 面**として知られている．

例 8.8 複素射影空間 $\mathbb{C}P^m$ は Kähler 多様体である．$(U_\alpha, \varphi_\alpha)$ を，その非斉次座標が $\varphi_\alpha(p) = \xi^\nu_{(\alpha)}$, $\nu \neq \alpha$ であるチャートとする (例 8.3 参照)．記号 $\{\zeta^\nu_{(\alpha)} | 1 \leq \nu \leq m\}$ を

$$\xi^\nu_{(\alpha)} = \zeta^\nu_{(\alpha)} \quad (\nu \leq \alpha - 1), \qquad \xi^{\nu+1}_{(\alpha)} = \zeta^\nu_{(\alpha)} \quad (\nu \geq \alpha) \tag{8.88}$$

で定義しておくと便利である．すなわち $\{\zeta^\nu_{(\alpha)}\}$ は $\{\xi^\nu_{(\alpha)}\}$ の名前を変えただけである．正値関数 $\mathcal{K}_\alpha : U_\alpha \to \mathbb{R}$ を

$$\mathcal{K}_\alpha(p) \equiv \sum_{\nu=1}^{m} \left|\zeta^\nu_{(\alpha)}(p)\right|^2 + 1 = \sum_{\nu=1}^{m+1}\left|\frac{z^\nu}{z^\alpha}\right|^2 \tag{8.89}$$

により定義する．任意の点 $p \in U_\alpha \cap U_\beta$ 上で

$$\mathcal{K}_\alpha(p) = \left|\frac{z^\beta}{z^\alpha}\right|^2 \mathcal{K}_\beta(p) \tag{8.90}$$

の関係がある．このとき

$$\log \mathcal{K}_\alpha = \log \mathcal{K}_\beta + \log \frac{z^\beta}{z^\alpha} + \overline{\log \frac{z^\beta}{z^\alpha}} \tag{8.91}$$

となる．z^β/z^α は正則関数なので $\overline{\partial} \log z^\beta/z^\alpha = 0$ を得る．また

$$\overline{\partial \log \frac{z^\beta}{z^\alpha}} = \overline{\overline{\partial} \log \frac{z^\beta}{z^\alpha}} = 0.$$

このとき
$$\partial\bar{\partial}\log\mathcal{K}_\alpha = \partial\bar{\partial}\log\mathcal{K}_\beta \tag{8.92}$$
となる．閉 2-形式 Ω は局所的に
$$\Omega \equiv \mathrm{i}\partial\bar{\partial}\log\mathcal{K}_\alpha \tag{8.93}$$
で定義される．

さて，Kähler 形式が Ω である Hermite 計量が存在する．それを示すために $X, Y \in T_p\mathbb{C}P^n$ をとり，$g : T_p\mathbb{C}P^n \otimes T_p\mathbb{C}P^n \to \mathbb{R}$ を $g(X,Y) = \Omega(X,JY)$ で定義する．g が Hermite 計量であることを証明するには，g が (8.50) を満たし正定値であることを示す必要がある．$g(JX,JY) = -\Omega(JX,Y) = \Omega(Y,JX) = g(X,Y)$ から Hermite 性は明らか．次に g が正定値であることを示す．チャート $(U_\alpha, \varphi_\alpha)$ 上で
$$\Omega = \mathrm{i}\frac{\partial^2 \log\mathcal{K}}{\partial\zeta^\mu \partial\bar{\zeta}^\nu}\mathrm{d}\zeta^\mu \wedge \mathrm{d}\bar{\zeta}^\nu \tag{8.94}$$
を得る．ただしここでは表記を簡潔にするため下付添字 (α) を省略している．U_α 上での $\mathcal{K}$ の表示 (8.89) を代入すると
$$\Omega = \mathrm{i}\sum_{\mu,\nu}\frac{\delta_{\mu\nu}(\sum|\zeta^\lambda|^2 + 1) - \zeta^\mu\bar{\zeta}^\nu}{(\sum|\zeta^\lambda|^2 + 1)^2}\mathrm{d}\zeta^\mu \wedge \mathrm{d}\bar{\zeta}^\nu \tag{8.95}$$
を得る．X を実ベクトル $X = X^\mu \partial/\partial\zeta^\mu + \overline{X}^\mu \partial/\partial\bar{\zeta}^\mu$, $JX = \mathrm{i}X^\mu \partial/\partial\zeta^\mu - \mathrm{i}\overline{X}^\mu \partial/\partial\bar{\zeta}^\mu$ とする．このとき
$$g(X,X) = \Omega(X,JX) = 2\sum_{\mu,\nu}\frac{\delta_{\mu\nu}(\sum|\zeta^\lambda|^2 + 1) - \zeta^\mu\bar{\zeta}^\nu}{(\sum|\zeta^\lambda|^2 + 1)^2}X^\mu \overline{X}^\nu$$
$$= 2\left[\sum_\mu |X^\mu|^2 \left(\sum_\lambda |\zeta^\lambda|^2 + 1\right) - \left|\sum_\mu X^\mu \zeta^\mu\right|^2\right]\left(\sum_\lambda |\zeta^\lambda|^2 + 1\right)^{-2}$$
である．Schwarz の不等式 $\sum_\mu |X^\mu|^2 \cdot \sum_\lambda |\zeta^\lambda|^2 \geq \sum |X^\mu \zeta^\mu|^2$ から計量 g は正定値であることが示される．この計量は $\mathbb{C}P^n$ の **Fubini-Study** 計量とよばれる．

いくつか有用な事実を挙げておく；

(a) S^2 は複素構造が入る唯一[3]の球面である．$S^2 \cong \mathbb{C}P^1$ なので Kähler 多様体である．

(b) 2 つの奇数次元球面の直積 $S^{2m+1} \times S^{2n+1}$ には常に複素構造が入る．この複素構造は一般に Kähler 計量を許容しない．ただし例外的に $S^1 \times S^1$ は Kähler である[4]．

(c) Kähler 多様体の任意の複素部分多様体は Kähler 多様体である．

---
[3] S^{2m} ($m \geq 4$) は複素構造を許容し得ないことが K 理論 (K-Theory) を用いて証明できる．しかしながら S^6 が複素構造を許容するか否かは現在未解決で，難問である．

[4] コンパクトな Kähler 多様体の偶数次元ベッチ数はゼロにならないので，奇数次元球面の直積上には Kähler 構造は存在しない．証明は，E.Calabi and B.Eckmann, *Ann. of Math.* **58** (1953), 494–500 を参照．任意の向きづけ可能な閉曲面には Hermite 計量が存在するが，次元の事情から自動的に Kähler 計量になるので，トーラスは例外である．

8.5.2 Kähler 幾何

Kähler 計量 g は (8.82) によって特徴づけられる；

$$\frac{\partial g_{\mu\bar{\nu}}}{\partial z^{\lambda}} = \frac{\partial g_{\lambda\bar{\nu}}}{\partial z^{\mu}}, \qquad \frac{\partial g_{\mu\bar{\nu}}}{\partial \bar{z}^{\lambda}} = \frac{\partial g_{\mu\bar{\lambda}}}{\partial \bar{z}^{\nu}}.$$

これにより，Kähler 計量は 捩率ゼロ であることが保証される；

$$T^{\lambda}{}_{\mu\nu} = g^{\bar{\xi}\lambda}\left(\partial_{\mu} g_{\nu\bar{\xi}} - \partial_{\nu} g_{\mu\bar{\xi}}\right) = 0, \tag{8.96a}$$

$$T^{\bar{\lambda}}{}_{\bar{\mu}\bar{\nu}} = g^{\bar{\lambda}\xi}(\partial_{\bar{\mu}} g_{\nu\bar{\xi}} - \partial_{\bar{\nu}} g_{\mu\bar{\xi}}) = 0. \tag{8.96b}$$

この意味で Kähler 計量は Levi-Civita 接続によく似た接続を定義する．さて Riemann テンソルはさらなる対称性をもつ；

$$R^{\kappa}{}_{\lambda\mu\bar{\nu}} = -\partial_{\bar{\nu}}(g^{\bar{\xi}\kappa}\partial_{\mu} g_{\lambda\bar{\xi}}) = -\partial_{\bar{\nu}}(g^{\bar{\xi}\kappa}\partial_{\lambda} g_{\mu\bar{\xi}}) = R^{\kappa}{}_{\mu\lambda\bar{\nu}}. \tag{8.97}$$

すでに知られた対称性と (8.97) の対称性を組み合わせると

$$R^{\bar{\kappa}}{}_{\bar{\lambda}\bar{\mu}\nu} = R^{\bar{\kappa}}{}_{\bar{\mu}\bar{\lambda}\nu}, \qquad R^{\kappa}{}_{\lambda\bar{\mu}\nu} = R^{\kappa}{}_{\nu\bar{\mu}\lambda}, \qquad R^{\bar{\kappa}}{}_{\bar{\lambda}\mu\bar{\nu}} = R^{\bar{\kappa}}{}_{\bar{\nu}\mu\bar{\lambda}} \tag{8.98}$$

が成立する．

Ricci 形式は前と同様に

$$\mathfrak{R} = -\mathrm{i}\partial_{\bar{\nu}}\partial_{\mu} \log G \mathrm{d}z^{\mu} \wedge \mathrm{d}\bar{z}^{\nu}$$

で定義される．(8.97) により Ricci 形式の成分は $Ric_{\mu\bar{\nu}}$ と一致する；$\mathfrak{R}_{\mu\bar{\nu}} \equiv R^{\kappa}{}_{\kappa\mu\bar{\nu}} = R^{\kappa}{}_{\mu\kappa\bar{\nu}} = Ric_{\mu\bar{\nu}}$．$Ric = \mathfrak{R} = 0$ であるとき，その Kähler 計量は **Ricci 平坦**であるといわれる．

定理 8.6 (M, g) を Kähler 多様体とする．もし M が Ricci 平坦計量 h を許容するならばその第 1 Chern 類はゼロである．

証明：仮定から，計量 h に対して $\mathfrak{R} = 0$．前節で示したように $\mathfrak{R}(g) - \mathfrak{R}(h) = \mathfrak{R}(g) = \mathrm{d}\omega$ である．ゆえに g から計算される $c_1(M)$ は h から計算されるものに一致し，したがってゼロである． ∎

第 1 Chern 類がゼロのコンパクトな Kähler 多様体は **Calabi-Yau 多様体**とよばれる．Calabi (1957) は $c_1(M) = 0$ ならば Kähler 多様体 M は Ricci 平坦計量を許容すると予想した．これは Yau (1977) により証明された．$\dim_{\mathbb{C}} M = 3$ の Calabi-Yau 多様体は超弦コンパクト化の候補として提案されている (Horowitz (1986) または Candelas (1988) 参照).

8.5.3 Kähler 多様体のホロノミー群

この節を閉じる前に，Kähler 多様体のホロノミー群について簡単に触れておこう．(M, g) を $\dim_{\mathbb{C}} M = m$ の Hermite 多様体とする．ベクトル $X \in T_p M^+$ をとり，点 p におけるルー

プ c に沿って平行移動させると，X は $X'^{\mu} = X^{\mu} h_{\nu}{}^{\mu}$ で与えられるベクトル $X' \in T_p M^+$ になる．∇ は正則座標による添字と反正則座標による添字を混合することはないので X' は $T_p M^-$ の成分をもたないことに注意せよ．さらに ∇ はベクトルの長さを保つ．これらの事実により $(h_{\mu}{}^{\nu}(c))$ が $U(m) \subset O(2m)$ に含まれることがわかる．

定理 8.7 g が m 次元 Calabi-Yau 多様体の Ricci 平坦計量ならば，そのホロノミー群は $SU(m)$ に含まれる．

証明：証明の概要のみ述べる．$X = X^{\mu} \partial / \partial z^{\mu} \in T_p M^+$ が図 8.5 の小さな平行四辺形に沿って平行移動した後 p に戻ってくると，$X' \in T_p M^+$ となるが，その成分は

$$X'^{\mu} = X^{\mu} + X^{\nu} R^{\mu}{}_{\nu\kappa\bar{\lambda}} \varepsilon^{\kappa} \bar{\delta}^{\lambda} \tag{8.99}$$

である ((7.44) 参照)．このことから

$$h_{\mu}{}^{\nu} = \delta_{\mu}{}^{\nu} + R^{\nu}{}_{\mu\kappa\bar{\lambda}} \varepsilon^{\kappa} \bar{\delta}^{\lambda} \tag{8.100}$$

が得られる．$U(m)$ は単位元の近傍で $U(m) = SU(m) \times U(1)$ と分解される．特に Lie 環 $\mathfrak{u}(m) = T_e(U(m))$ は

$$\mathfrak{u}(m) = \mathfrak{su}(m) \oplus \mathfrak{u}(1) \tag{8.101}$$

に分けられる．$\mathfrak{su}(m)$ は $\mathfrak{u}(m)$ の跡がゼロの部分で，一方 $\mathfrak{u}(1)$ はゼロでない跡をもつ．今は Ricci 平坦計量なので $\mathfrak{u}(1)$ 部分は消える；

$$R^{\kappa}{}_{\kappa\mu\bar{\nu}} \varepsilon^{\mu} \bar{\delta}^{\nu} = \mathfrak{R}_{\mu\bar{\nu}} \varepsilon^{\mu} \bar{\delta}^{\nu} = 0.$$

これはホロノミー群が $SU(m)$ に含まれることを示している． ∎

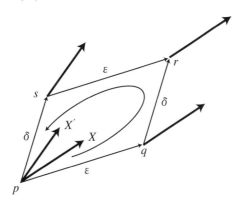

図 8.5. $X \in T_p M^+$ を $pqrs$ に沿って平行移動すると $X' \in T_p M^+$ になって戻ってくる．

[注：厳密に言えば我々は制限ホロノミー群が $SU(m)$ に含まれることを示したに過ぎない．定理の主張は M が多重連結であってもそのまま成り立つ．]

8.6 調和形式と $\overline{\partial}$-コホモロジー群

(r,s) 次 $\overline{\partial}$-コホモロジー群は

$$H_{\overline{\partial}}^{r,s}(M) \equiv Z_{\overline{\partial}}^{r,s}(M)/B_{\overline{\partial}}^{r,s}(M) \tag{8.102}$$

によって定義された．元 $[\omega] \in H_{\overline{\partial}}^{r,s}(M)$ は，ω とは $\overline{\partial}$-完全形式の分だけ異なる双次数 (r,s) の $\overline{\partial}$-閉形式の同値類である；

$$[\omega] = \{\eta \in \Omega^{r,s}(M) | \overline{\partial}\eta = 0, \omega - \eta = \overline{\partial}\psi, \psi \in \Omega^{r,s-1}(M)\}. \tag{8.103}$$

明らかに $H_{\overline{\partial}}^{r,s}(M)$ は複素ベクトル空間である．de Rham コホモロジー群の場合と同様，$\mathbb{C}^m$ の $\overline{\partial}$-コホモロジー群も自明，つまりすべての (r,s)-閉形式は完全形式である．したがって $\overline{\partial}$-コホモロジー群は複素多様体 M の位相的非自明さを測っている．

8.6.1 随伴作用素 $\partial^{\dagger}$ と $\overline{\partial}^{\dagger}$

M を $\dim_{\mathbb{C}} M = m$ の Hermite 多様体とする．$\alpha, \beta \in \Omega^{r,s}(M)$ ($0 \leq r, s \leq m$) の間の内積を

$$(\alpha, \beta) \equiv \int_M \alpha \wedge \overline{*}\beta \tag{8.104}$$

で定義する．ただし $\overline{*}: \Omega^{r,s}(M) \to \Omega^{m-r,m-s}(M)$ は **Hodge** $*$ 作用素で

$$\overline{*}\beta \equiv \overline{*\beta} = *\overline{\beta} \tag{8.105}$$

により定義される．ここに $*\beta$ は定義 (7.173) を $\Omega^{r+s}(M)^{\mathbb{C}}$ に拡張して求められる．[注：$*$ は $\Omega^{r,s}(M)$ の基底に (重要でない因子を除いて)

$$*\mathrm{d}z^{\mu_1} \wedge \ldots \wedge \mathrm{d}z^{\mu_r} \wedge \mathrm{d}\overline{z}^{\nu_1} \wedge \ldots \wedge \mathrm{d}\overline{z}^{\nu_s} \sim \varepsilon^{\mu_1 \ldots \mu_r}{}_{\overline{\mu}_{r+1} \ldots \overline{\mu}_m} \varepsilon^{\overline{\nu}_1 \ldots \overline{\nu}_s}{}_{\nu_{s+1} \ldots \nu_m}$$
$$\times \mathrm{d}\overline{z}^{\mu_{r+1}} \wedge \ldots \wedge \mathrm{d}\overline{z}^{\mu_m} \wedge \mathrm{d}z^{\nu_{s+1}} \wedge \ldots \wedge \mathrm{d}z^{\nu_m}$$

と作用するので，(r,s)-形式を $(m-s, m-r)$-形式にうつす．Hermite 多様体においては，上の ε-記号のみがゼロとならない成分であることに注意せよ．こうして Hodge $*$ 作用素が $\overline{*}: \Omega^{r,s}(M) \to \Omega^{m-r,m-s}(M)$ であることが示された．]

∂ と $\overline{\partial}$ の**随伴作用素** $\partial^{\dagger}$ と $\overline{\partial}^{\dagger}$ を

$$(\alpha, \partial\beta) = (\partial^{\dagger}\alpha, \beta), \qquad (\alpha, \overline{\partial}\beta) = (\overline{\partial}^{\dagger}\alpha, \beta) \tag{8.106}$$

によって定義する．作用素 $\partial^{\dagger}$ と $\overline{\partial}^{\dagger}$ は双次数を $\partial^{\dagger} : \Omega^{r,s}(M) \to \Omega^{r-1,s}(M)$, $\overline{\partial}^{\dagger} : \Omega^{r,s}(M) \to \Omega^{r,s-1}(M)$ と変える．明らかに $\mathrm{d}^{\dagger} = \partial^{\dagger} + \overline{\partial}^{\dagger}$ である．複素多様体 M は微分多様体として偶数次元であることに注意すると

$$\mathrm{d}^{\dagger} = -*\mathrm{d}* \tag{8.107}$$

である ((7.184a) 参照).

命題 8.3

$$\partial^\dagger = -*\overline{\partial}*, \qquad \overline{\partial}^\dagger = -*\partial*. \tag{8.108}$$

証明：$\omega \in \Omega^{r-1,s}(M)$, $\psi \in \Omega^{r,s}(M)$ とする．$\omega \wedge \overline{*\psi} \in \Omega^{m-1,m}(M)$, したがって $\overline{\partial}(\omega \wedge \overline{*\psi}) = 0$ であることに注意すると

$$\begin{aligned}
\mathrm{d}(\omega \wedge \overline{*\psi}) &= \partial(\omega \wedge \overline{*\psi}) = \partial\omega \wedge \overline{*\psi} + (-1)^{r+s-1}\omega \wedge \partial(\overline{*\psi}) \\
&= \partial\omega \wedge \overline{*\psi} + (-1)^{r+s-1}\omega \wedge (-1)^{r+s+1}\overline{*}\,\overline{*}\,\partial(\overline{*\psi}) \\
&= \partial\omega \wedge \overline{*\psi} + \omega \wedge \overline{*}\,\overline{*\partial \overline{*}\psi}
\end{aligned} \tag{8.109}$$

が得られる．ただし $\partial \overline{*}\psi \in \Omega^{2m-r-s-1}(M)$, $\overline{*}\,\overline{*}\beta = **\beta$ と (7.176a) を使った．境界をもたないコンパクト複素多様体 M 上で (8.109) を積分すると

$$0 = (\partial\omega, \psi) + (\omega, \overline{*}\partial\overline{*}\psi)$$

となる．この第 2 項は

$$(\omega, \overline{*}\partial\overline{*}\psi) = (\omega, *\overline{\partial * \overline{\psi}}) = (\omega, *\overline{\partial}*\psi)$$

である．結局 $0 = (\partial\omega, \psi) + (\omega, *\overline{\partial}*\psi)$, すなわち $\partial^\dagger = -*\overline{\partial}*$ が得られる．残りの公式 $\overline{\partial}^\dagger = -*\partial*$ も同様に証明される． ∎

命題 8.3 の系として

$$(\partial^\dagger)^2 = (\overline{\partial}^\dagger)^2 = 0 \tag{8.110}$$

を得る．

8.6.2 Laplacian と Hodge の定理

通常の Laplacian $\Delta = (\mathrm{d}\mathrm{d}^\dagger + \mathrm{d}^\dagger\mathrm{d})$ に加えて Hermite 多様体上の別の Laplacian Δ_∂ と $\Delta_{\overline{\partial}}$ を定義する；

$$\Delta_\partial \equiv (\partial + \partial^\dagger)^2 = \partial\partial^\dagger + \partial^\dagger\partial, \tag{8.111a}$$

$$\Delta_{\overline{\partial}} \equiv (\overline{\partial} + \overline{\partial}^\dagger)^2 = \overline{\partial}\,\overline{\partial}^\dagger + \overline{\partial}^\dagger\overline{\partial}. \tag{8.111b}$$

(r,s)-形式 ω で $\Delta_\partial\omega = 0$ ($\Delta_{\overline{\partial}}\omega = 0$) を満たすものを ∂-調和形式 ($\overline{\partial}$-調和形式) という．もし $\Delta_\partial\omega = 0$ ($\Delta_{\overline{\partial}}\omega = 0$) ならば，$\omega$ は $\partial\omega = \partial^\dagger\omega = 0$ ($\overline{\partial}\omega = \overline{\partial}^\dagger\omega = 0$) を満たす．

Hodge 分解の複素版を構成しよう．$\mathrm{Harm}_{\overline{\partial}}^{r,s}(M)$ を $\overline{\partial}$-調和 (r,s)-形式全体の集合とする．

$$\mathrm{Harm}_{\overline{\partial}}^{r,s}(M) \equiv \{\omega \in \Omega^{r,s}(M) | \Delta_{\overline{\partial}}\omega = 0\}. \tag{8.112}$$

定理 8.8 (Hodge の定理) $\Omega^{r,s}(M)$ は <u>一意的な</u> <u>直交分解</u>

$$\Omega^{r,s}(M) = \overline{\partial}\Omega^{r,s-1}(M) \oplus \overline{\partial}^\dagger\Omega^{r,s+1}(M) \oplus \mathrm{Harm}_{\overline{\partial}}^{r,s}(M) \tag{8.113a}$$

をもつ．すなわち (r,s)-形式 ω は $\alpha \in \Omega^{r,s-1}(M)$, $\beta \in \Omega^{r,s+1}(M)$, $\gamma \in \operatorname{Harm}^{r,s}_{\overline{\partial}}(M)$ を用いて一意的に

$$\omega = \overline{\partial}\alpha + \overline{\partial}^{\dagger}\beta + \gamma \tag{8.113b}$$

と表される．

　証明は Schwarz (1986) の講義 22 を見よ．もし ω が $\overline{\partial}$-閉形式であれば $\overline{\partial}\omega = \overline{\partial}\,\overline{\partial}^{\dagger}\beta = 0$ を得る．すると $0 = \langle \beta, \overline{\partial}\,\overline{\partial}^{\dagger}\beta \rangle = \langle \overline{\partial}^{\dagger}\beta, \overline{\partial}^{\dagger}\beta \rangle \geq 0$ から $\overline{\partial}^{\dagger}\beta = 0$ が得られる．したがって任意の $\overline{\partial}$-閉 (r,s)-形式 ω は $\alpha \in \Omega^{r,s-1}(M)$ として $\omega = \gamma + \overline{\partial}\alpha$ と書ける．これは $H^{r,s}_{\overline{\partial}}(M) \subset \operatorname{Harm}^{r,s}_{\overline{\partial}}(M)$ を示している．$\gamma \in \operatorname{Harm}^{r,s}_{\overline{\partial}}(M)$ に対して $\overline{\partial}\gamma = 0$ なので $\operatorname{Harm}^{r,s}_{\overline{\partial}}(M) \subset Z^{r,s}_{\overline{\partial}}(M)$ となることに注意せよ．さらに $B^{r,s}_{\overline{\partial}}(M) = \overline{\partial}\Omega^{r,s-1}(M)$ は $\operatorname{Harm}^{r,s}_{\overline{\partial}}(M)$ に直交するので $\operatorname{Harm}^{r,s}_{\overline{\partial}}(M) \cap B^{r,s}_{\overline{\partial}}(M) = \{0\}$ となる．したがって $\operatorname{Harm}^{r,s}_{\overline{\partial}}(M) \cong H^{r,s}_{\overline{\partial}}(M)$ が導かれる．$P : \Omega^{r,s}(M) \to \operatorname{Harm}^{r,s}_{\overline{\partial}}(M)$ を調和 (r,s)-形式への射影作用素とすると，$[\omega] \in H^{r,s}_{\overline{\partial}}(M)$ は一意的に決まる代表元 $P\omega \in \operatorname{Harm}^{r,s}_{\overline{\partial}}(M)$ をもつ．

8.6.3　Kähler 多様体上の Laplacian

　一般の Hermite 多様体上において，Laplacian Δ, Δ_{∂}, $\Delta_{\overline{\partial}}$ の間に特別な関係は存在しない．しかし M が Kähler 多様体であれば，本質的にこれらは同等である．[Levi-Civita 接続は Kähler 多様体上では Hermite 接続と両立することに注意せよ．]

定理 8.9 M を Kähler 多様体とする．このとき

$$\Delta = 2\Delta_{\partial} = 2\Delta_{\overline{\partial}} \tag{8.114}$$

が成り立つ．

　証明には少々技術的な部分を必要とするので，ここでは Schwarz (1986) と Goldberg (1962) を引用するにとどめる．この定理は Kähler 多様体 M のコホモロジー群に制限を課すことになる．$\overline{\partial}\omega = \overline{\partial}^{\dagger}\omega = 0$ を満たす ω は，同時に $\partial\omega = \partial^{\dagger}\omega = 0$ も満たす．ω を正則 p-形式とする；$\overline{\partial}\omega = 0$．$\omega$ は展開式に $\mathrm{d}\overline{z}^{\mu}$ の項を含まないので $\overline{\partial}^{\dagger}\omega = 0$ となり，ゆえに $\Delta_{\overline{\partial}}\omega = (\overline{\partial}\,\overline{\partial}^{\dagger} + \overline{\partial}^{\dagger}\overline{\partial})\omega = 0$ となる．定理 8.9 に従えば $\Delta\omega = 0$ すなわち「任意の正則形式は Kähler 計量に関して自動的に調和形式となる」ことが示された．逆に $\Delta\omega = 0$ は $\overline{\partial}\omega = 0$ を意味するので，双次数 $(p,0)$ のどんな調和形式も正則である．

8.6.4 Kähler 多様体の Hodge 数

$H^{r,s}_{\bar{\partial}}(M)$ の複素次元は **Hodge 数** $b^{r,s}$ とよばれる．複素多様体のコホモロジー群は，まとめて次の **Hodge** ダイヤモンドによって表される；

$$\begin{pmatrix} & & & & b^{m,m} & & & & \\ & & & b^{m,m-1} & & b^{m-1,m} & & & \\ & & & & \cdots & & & & \\ b^{m,0} & & b^{m-1,1} & & \cdots & & b^{1,m-1} & & b^{0,m} \\ & & & & \cdots & & & & \\ & & & b^{1,0} & & b^{0,1} & & & \\ & & & & b^{0,0} & & & & \end{pmatrix}. \tag{8.115}$$

これらの $(m+1)^2$ 個の Hodge 数は，すぐ下で見るように相互に深い関連がある．

定理 8.10 M を $\dim_{\mathbb{C}} M = m$ である Kähler 多様体とする．このとき Hodge 数は

(a) $\quad b^{r,s} = b^{s,r}$ \hfill (8.116)

(b) $\quad b^{r,s} = b^{m-r,m-s}$ \hfill (8.117)

を満たす．

証明：

(a) $\omega \in \Omega^{r,s}(M)$ が調和形式ならば $\Delta_{\bar{\partial}}\omega = \Delta_{\partial}\omega = 0$ を満たす．このとき $\Delta_{\bar{\partial}}\overline{\omega} = \overline{\Delta_{\partial}\omega} = \overline{\Delta_{\bar{\partial}}\omega} = 0$ なので (s,r)-形式 $\overline{\omega}$ もまた $\Delta_{\bar{\partial}}\overline{\omega} = 0$ を満たす調和形式である ($\Delta_{\partial} = \Delta_{\bar{\partial}}$ に注意)．したがって双次数 (r,s) の任意の調和形式に対して双次数 (s,r) の調和形式が存在し，またその逆も成り立つ．このことから $b^{r,s} = b^{s,r}$ が示される．

(b) $\omega \in H^{r,s}_{\bar{\partial}}(M)$, $\psi \in H^{m-r,m-s}_{\bar{\partial}}(M)$ とする．このとき $\omega \wedge \psi$ は体積要素であり，$\int_M \omega \wedge \psi$ は非特異写像 $H^{r,s}_{\bar{\partial}}(M) \times H^{m-r,m-s}_{\bar{\partial}}(M) \to \mathbb{C}$ を定め，したがって $H^{r,s}_{\bar{\partial}}(M)$ と $H^{m-r,m-s}_{\bar{\partial}}(M)$ の間の双対性を定めることが示される (Schwartz 1986)．このことは $H^{r,s}_{\bar{\partial}}(M)$ が $H^{m-r,m-s}_{\bar{\partial}}(M)$ にベクトル空間として同型であり，$\dim_{\mathbb{C}} H^{r,s}_{\bar{\partial}}(M) = \dim_{\mathbb{C}} H^{m-r,m-s}_{\bar{\partial}}(M)$ であること，ゆえに $b^{r,s} = b^{m-r,m-s}$ であることを示している．■

したがって Kähler 多様体の Hodge ダイヤモンドは垂直，水平方向に対称である．この対称性から，独立な Hodge 数の個数は m が偶数ならば $(\frac{1}{2}m+1)^2$ 個で，奇数ならば $\frac{1}{4}(m+1)(m+2)$ 個であることが導かれる．

一般の Hermite 多様体においては Betti 数と Hodge 数の間に直接の関係は存在しない．しかし下の定理 8.11 は，M が Kähler 多様体の場合にはこれらの間に密接な関係があることを示している．

定理 8.11 M を $\dim_{\mathbb{C}} M = m$ の Kähler 多様体とし，$\partial M = \emptyset$ とする．このとき Betti 数 b^p $(1 \leq p \leq 2m)$ は次の条件を満たす；

(a) $\quad b^p = \displaystyle\sum_{r+s=p} b^{r,s}$ \hfill (8.118)

(b) $\quad b^{2p-1}$ は偶数である　$(1 \leq p \leq m)$ \hfill (8.119)

(c) $\quad b^{2p} \geq 1$　$(1 \leq p \leq m)$. \hfill (8.120)

証明：

(a) $H_{\bar{\partial}}^{r,s}(M)$ は $\Delta_{\bar{\partial}}$-調和 (r,s)-形式によって張られる複素ベクトル空間である；
$$H_{\bar{\partial}}^{r,s}(M) = \{[\omega] | \omega \in \Omega^{r,s}(M), \Delta_{\bar{\partial}}\omega = 0\}.$$

一方 $H^p(M)$ は Δ 調和 p-形式によって張られる実ベクトル空間である；
$$H^p(M) = \{[\omega] | \omega \in \Omega^p(M), \Delta\omega = 0\}.$$

$H^p(M)$ の複素化は
$$H^p(M)^{\mathbb{C}} = \{[\omega] | \omega \in \Omega^p(M)^{\mathbb{C}}, \Delta\omega = 0\}$$

である．M は Kähler 多様体なので $\Delta_{\bar{\partial}}\omega = 0$ を満たす任意の微分形式 ω はまた $\Delta\omega = 0$ を満たし，その逆も成り立つ．
$$\Omega^p(M)^{\mathbb{C}} = \oplus_{r+s=p} \Omega^{r,s}(M)$$

なので
$$H^p(M)^{\mathbb{C}} = \oplus_{r+s=p} H^{r,s}(M)$$

が成り立つ．$\dim_{\mathbb{R}} H^p(M) = \dim_{\mathbb{C}} H^p(M)^{\mathbb{C}}$ に注意すれば $b^p = \sum_{r+s=p} b^{r,s}$ を得る．

(b) (a) と (8.116) から
$$b^{2p-1} = \sum_{r+s=2p-1} b^{r,s} = 2 \sum_{\substack{r+s=2p-1 \\ r>s}} b^{r,s}$$

が導かれる．よって b^{2p-1} は偶数でなければならない．

(c) 本質的なポイントは，Kähler 形式 Ω は実閉 2 形式 (すなわち $d\Omega = 0$) で，実 $2p$-形式
$$\Omega^p = \underbrace{\Omega \wedge \ldots \wedge \Omega}_{p \text{ 個}}$$

もまた閉形式 ($d\Omega^p = 0$) ということである．まず Ω^p は完全形式ではないことを示そう．ある $\eta \in \Omega^{2p-1}(M)$ に対して $\Omega^p = d\eta$ を満たすと仮定する．このとき $\Omega^m = \Omega^{m-p} \wedge \Omega^p = d(\Omega^{m-p} \wedge \eta)$．Stokes の定理より
$$\int_M \Omega^m = \int_M d(\Omega^{m-p} \wedge \eta) = \int_{\partial M} \Omega^{m-p} \wedge \eta = 0$$

が示されるが，左辺は M の体積要素なのでこれは矛盾である．したがって $H^{2p}(M)$ には少なくとも 1 つの非自明な元が存在し，$b^{2p} \geq 1$ が成り立つ． ∎

Kähler 多様体が Ricci 平坦ならば Hodge 数にはさらに別の関係式が存在し，独立な Hodge 数の個数は減る (Horowitz (1986) または Candelas (1988))．

8.7 概複素多様体

本節と次節で複素多様体に深い関わりをもつ空間を扱う．これらは幾分独立したトピックなので最初は飛ばして読んでも構わない．

8.7.1 諸定義

複素多様体と類似の構造が入る微分多様体が存在する．これらの多様体を研究するために，条件 (8.16) を幾分緩め，次のようなやや弱い条件を要請する．

定義 8.5 M を微分多様体とする．M の各点 p で $J_p^2 = -\mathbb{I}_p$ を満たすような $(1,1)$ 型テンソル場 J が存在するとき，対 (M, J) あるいは単に M を**概複素多様体**とよぶ．テンソル場 J を**概複素構造**とよぶ．

$J_p^2 = -\mathbb{I}_p$ なので J_p は固有値 $\pm i$ をもつ．もしも m 個の i が存在すれば $-i$ も同数でなければならないので J_p は $2m \times 2m$ 行列である．したがって M は偶数次元の多様体である．偶数次元の多様体がすべて概複素多様体になるわけではないことに注意せよ．例えば，S^4 は概複素多様体ではない (第 8 章への補足および Steenrod 1951 §41.20 参照)．ここではやや弱い条件 $J_p^2 = -\mathbb{I}_p$ を要請していることにも注意せよ．もちろん (8.16) で定義されたテンソル J_p は $J_p^2 = -\mathbb{I}_p$ を満たすので複素多様体は概複素多様体である．しかし複素多様体でない概複素多様体が存在する．また S^6 上には積分可能[5]ではない概複素構造が存在することが知られている (Fröhlicher 1955)．

概複素多様体 (M, J) の接空間を複素化しよう．$J_p^2 = -\mathbb{I}_p$ を満たす T_pM における線形変換 J_p が与えられたので，これを $T_pM^{\mathbb{C}}$ 上で定義された $\mathbb{C}$ 線形写像に拡張する．$T_pM^{\mathbb{C}}$ 上で定義された J_p はまた $J_p^2 = -\mathbb{I}_p$ を満たす；

$$J_p^2(X + iY) = J_p^2 X + i J_p^2 Y = -X + i(-Y) = -(X + iY).$$

ただし $X, Y \in T_pM$．$T_pM^{\mathbb{C}}$ を J_p の固有値に従って 2 つの部分空間の直和に分解しよう；

$$T_pM^{\mathbb{C}} = T_pM^+ \oplus T_pM^-. \tag{8.121}$$

ここで

$$T_pM^{\pm} = \{Z \in T_pM^{\mathbb{C}} | J_pZ = \pm iZ\} \tag{8.122}$$

である．任意のベクトル $V \in T_pM^{\mathbb{C}}$ は $W_1, W_2 \in T_pM^+$ によって $V = W_1 + \overline{W}_2$ と書かれる．$J_pV = iW_1 - i\overline{W}_2$ に注意せよ．読者はこの段階で，8.2 節において複素多様体において展開したベクトルとベクトル場の分類法に従うことができることに気づいたであろう．

---
[5] この術語はすぐ下の定義 8.6 で定義される

実際唯一異なる点は，複素多様体上では概複素構造が明らかな形 (8.18) で与えられているが，概複素多様体上ではそれよりも弱い条件 $J_p^2 = -\mathbb{I}_p$ を満たすことが要求されている点である．複素化された接空間と複素化されたベクトル場を分類するためには後者の条件のみで十分である．したがって $\{\partial/\partial z^\mu\}$ の形の $T_p M^+$ の基底が必ずしも存在するとは限らないが，$T_p M^\mathbb{C}$ を $T_p M^\pm$ に，$\mathfrak{X}(M)^\mathbb{C}$ を $\mathfrak{X}(M)^\pm$ に分解することが可能である．例えば射影演算子

$$\mathcal{P}^\pm \equiv \frac{1}{2}(\mathbb{I}_p \mp \mathrm{i} J_p) : T_p M^\mathbb{C} \to T_p M^\pm \tag{8.123}$$

を定義することができる．$T_p M^+$ ($T_p M^-$) のベクトルを正則 (反正則) ベクトル，$\mathfrak{X}(M)^+$ ($\mathfrak{X}(M)^-$) のベクトル場を正則ベクトル場 (反正則ベクトル場) とよぶ．

定義 8.6 (M, J) を概複素多様体とする．任意の正則ベクトル場 $X, Y \in \mathfrak{X}(M)^+$ の Lie 括弧積が再び正則ベクトル場になるとき (すなわち $[X, Y] \in \mathfrak{X}(M)^+$) 概複素構造 J は**積分可能**であるといわれる．

(M, J) を概複素多様体とする．そこで **Nijenhuis テンソル場** $N : \mathfrak{X}(M) \times \mathfrak{X}(M) \to \mathfrak{X}(M)$ を

$$N(X, Y) \equiv [X, Y] + J[JX, Y] + J[X, JY] - [JX, JY] \tag{8.124}$$

で定義する．基底 $\{e^\mu = \partial/\partial x^\mu\}$ と双対基底 $\{\mathrm{d}x^\mu\}$ が与えられたとき，概複素構造は $J = J_\mu{}^\nu \mathrm{d}x^\mu \otimes \partial/\partial x^\nu$ と表される．N の成分表示は

$$\begin{aligned}
N(X, Y) &= (X^\nu \partial_\nu Y^\mu - Y^\nu \partial_\nu X^\mu) e_\mu \\
&\quad + J_\lambda{}^\mu \left\{ J_\kappa{}^\nu X^\kappa \partial_\nu Y^\lambda - Y^\nu \partial_\nu (J_\kappa{}^\lambda X^\kappa) \right\} e_\mu \\
&\quad + J_\lambda{}^\mu \left\{ X^\nu \partial_\nu (J_\kappa{}^\lambda Y^\kappa) - J_\kappa{}^\nu Y^\kappa \partial_\nu X^\lambda \right\} e_\mu \\
&\quad - \left\{ J_\kappa{}^\nu X^\kappa \partial_\nu (J_\lambda{}^\mu Y^\lambda) - J_\kappa{}^\nu Y^\kappa \partial_\nu (J_\lambda{}^\mu X^\lambda) \right\} e_\mu \\
&= X^\kappa Y^\nu \left[-J_\lambda{}^\mu (\partial_\nu J_\kappa{}^\lambda) + J_\lambda{}^\mu (\partial_\kappa J_\nu{}^\lambda) \right. \\
&\quad \left. - J_\kappa{}^\lambda (\partial_\lambda J_\nu{}^\mu) + J_\nu{}^\lambda (\partial_\lambda J_\kappa{}^\mu) \right] e_\mu
\end{aligned} \tag{8.125}$$

となる．したがって N は X, Y に関して線形であり，ゆえにテンソルである．J が複素構造ならば J は (8.18) で与えられ，Nijenhuis テンソル場は明らかにゼロとなる．

定理 8.12 多様体 M 上の概複素構造 J が積分可能であるための必要十分条件は任意の $A, B \in \mathfrak{X}(M)$ に対して $N(A, B) = 0$ が成り立つことである．

証明： $Z = X + \mathrm{i}Y, W = U + \mathrm{i}V \in \mathfrak{X}(M)^\mathbb{C}$ とする．Nijenhuis テンソル場を拡張して $\mathfrak{X}(M)^\mathbb{C}$ のベクトル場への作用が

$$\begin{aligned}
N(Z, W) &= [Z, W] + J[JZ, W] + J[Z, JW] - [JZ, JW] \\
&= \{N(X, U) - N(Y, V)\} + \mathrm{i}\{N(X, V) + N(Y, U)\}
\end{aligned} \tag{8.126}$$

で与えられるとする．任意の $A, B \in \mathfrak{X}(M)$ に対して $N(A,B) = 0$ であると仮定する．すると，(8.126) から $Z, W \in \mathfrak{X}(M)^{\mathbb{C}}$ に対して $N(Z, W) = 0$ であることがわかる．$Z, W \in \mathfrak{X}^+(M) \subset \mathfrak{X}(M)^{\mathbb{C}}$ とする．$JZ = \mathrm{i}Z$, $JW = \mathrm{i}W$ なので，$N(Z,W) = 2\{[Z, W] + \mathrm{i}J[Z, W]\}$ となる．仮定により $N(Z,W) = 0$ であるから $[Z, W] = -\mathrm{i}J[Z, W]$ あるいは $J[Z, W] = \mathrm{i}[Z, W]$, すなわち $[Z, W] \in \mathfrak{X}^+(M)$ が示された．したがって概複素構造は積分可能である．

逆に J が積分可能であると仮定する．$\mathfrak{X}(M)^{\mathbb{C}}$ は $\mathfrak{X}^+(M)$ と $\mathfrak{X}^-(M)$ の直和なので $Z, W \in \mathfrak{X}(M)^{\mathbb{C}}$ を $Z = Z^+ + Z^-$, $W = W^+ + W^-$ と分けることができる．このとき

$$N(Z, W) = N(Z^+, W^+) + N(Z^+, W^-) + N(Z^-, W^+) + N(Z^-, W^-).$$

一方 $JZ^{\pm} = \pm\mathrm{i}Z^{\pm}$, $JW^{\pm} = \pm\mathrm{i}W^{\pm}$ なので容易に $N(Z^+, W^-) = N(Z^-, W^+) = 0$ がわかる．また $J[Z^+, W^+] = \mathrm{i}[Z^+, W^+]$ なので

$$\begin{aligned} N(Z^+, W^+) &= [Z^+, W^+] + J[\mathrm{i}Z^+, W^+] + J[Z^+, \mathrm{i}W^+] - [\mathrm{i}Z^+, \mathrm{i}W^+] \\ &= 2[Z^+, W^+] - 2[Z^+, W^+] = 0 \end{aligned}$$

が示される．同様にして $N(Z^-, W^-)$ もゼロとなるので，任意の $Z, W \in \mathfrak{X}(M)^{\mathbb{C}}$ に対して $N(Z, W) = 0$ が示された．特に $Z, W \in \mathfrak{X}(M)$ に対してもこのテンソルはゼロとなる．■

M が複素多様体ならば，その複素構造 J は定数テンソル場であり Nijenhuis テンソル場はゼロとなる．その逆はどうであろうか？ そこで，重要な (しかし証明は難しい) 定理を述べておこう．

定理 8.13 (Newlander-Nirenberg 1957) (M, J) を $2m$ 次元概複素多様体とする．もし J が積分可能であれば，その多様体 M は概複素構造 J をもつ複素多様体である．

これらの事実をまとめると

$$\boxed{\text{積分可能な概複素構造}} = \boxed{\text{Nijenhuis テンソル場の消滅}} = \boxed{\text{複素多様体}}$$

となる．

8.8 軌道体

M を多様体，G を M に作用する離散群とする．このとき商空間 $\Gamma \equiv M/G$ は**軌道体**とよばれる．後に考察するように，M には不動点，すなわち G の作用の下で変換されない点が存在する．これらの点は特異な点で，軌道体は一般に多様体にはならない．したがってたとえ簡単な多様体 M を出発点にとっても，その軌道体 M/G は複雑な位相構造を持ち得るのである．

8.8.1 1次元の例

具体的なアイディアを得るために，簡単な例から考えよう．複素平面 $\mathbb{C}$ と同一視される $M = \mathbb{R}^2$ を選ぶ．$G = \mathbb{Z}_3$ として，点 z, $\mathrm{e}^{2\pi\mathrm{i}/3}z$, $\mathrm{e}^{4\pi\mathrm{i}/3}z$ を同一視する．このとき軌道体

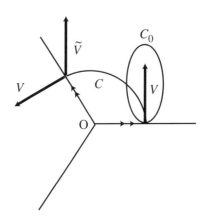

図 8.6. 軌道体 $\mathbb{C}/\mathbb{Z}_3$ は複素平面の $1/3$ である．軌道体の端は図のように同一視される．V は C に沿って平行移動してベクトル $\tilde{V}$ になる．V と $\tilde{V}$ のなす角度は $2\pi/3$ である．

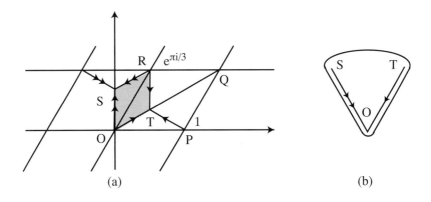

図 8.7. $\mathbb{Z}_3$ の作用の下でトーラス T^2 の点は同一視される．灰色部分が軌道体 $\Gamma = T^2/\mathbb{Z}_3$ である．軌道体の辺が同一視されると図 8.7 (b) にあるような図形が得られるが，これは球面 S^2 に同相である．

M/G は複素平面の $1/3$ からなり，その端を同一視して錐体面ができる (図 8.6 参照)．この軌道体のホロノミー群は興味深い．$\mathbb{C}$ の Euclid 計量により誘導される平坦接続を利用しよう．このとき，ループ C (これは実際ループである！) に沿ってベクトル V を平行移動させると V とは異なるベクトル $\tilde{V}$ を得る．V と $\tilde{V}$ のなす角度は $2\pi/3$ であることに注意せよ．ホロノミー群は $\mathbb{Z}_3$ であることが簡単に確かめられる．ホロノミーは原点を囲まないループ C_0 に対しては自明であるから，曲率は原点において特異性をもつことが示された．[曲率はホロノミーの非自明さを測ることを思い出そう (7.3 節参照)．] 一般に不動点 (今の場合は原点) は曲率の特異点である．しかしながら $\mathbb{C}/\mathbb{Z}_3$ は $\mathbb{R}^2$ と同相な開被覆をもつので多様体になることに注意せよ．

それほど自明ではない例として，トーラスを出発点の多様体にとろう．複素平面において z と $z + m + ne^{\pi i/3}$ を同一視する (図 8.7 (a))．平行四辺形 OPQR の辺を同一視すればトーラス T^2 ができる．$\mathbb{Z}_3$ は $\alpha : z \mapsto e^{2\pi i/3} z$ によって T^2 に作用する．このとき 3 つ

の同値でない不動点 $z = (n/\sqrt{3})e^{\pi i/6}$ ($n = 0, 1, 2$) が存在する．この軌道体 $\Gamma = \mathbb{C}/\mathbb{Z}_3$ は穴を囲んだ 2 つの三角形からなる；図 8.7 (b) 参照．トーラスの平坦計量によって誘導された平坦接続でベクトルの平行移動を定めるならば，各不動点のまわりのホロノミーは $\mathbb{Z}_3$ である．

8.8.2 3 次元の例

複素次元 3 をもつ軌道体は超弦理論におけるコンパクト化の候補として提案されている．この種の話題に関する詳しい内容は本書の範囲を超えているので，興味のある読者は Dixon 他 (1985, 1986) や Green 他 (1987) を参照されたい．

L を $\mathbb{C}^3$ における格子として，$T = \mathbb{C}^3/L$ を 3 次元複素トーラスとする．議論を具体的にするために $\mathbb{C}^3$ の座標を (z_1, z_2, z_3) として z_i と $z_i + m + ne^{\pi i/3}$ を同一視する．この同一視の下で T は 3 つのトーラスの直積と同一視される；$T = T_1 \times T_2 \times T_3$．$T$ には前と同様 $\alpha : z_i \mapsto e^{2\pi i/3} z_i$ によって定義される $\mathbb{Z}_3$ の作用が入る．各 z_i が 0, $(1/\sqrt{3})e^{\pi i/6}$, $(2/\sqrt{3})e^{\pi i/6}$ の値のうちのどれか 1 つを取れば α の作用は点 (z_i) を不変にする．したがって，軌道体上には $3^3 = 27$ 個の不動点が存在する．今の場合，不動点は錐状特異点 (図 8.8) であり，軌道体は多様体にはなりえない．[注：錐状特異点が現れることはもっと簡単な例から容易に理解される．$(x, y) \in \mathbb{C}^2$ として $\mathbb{Z}_2$ が $\mathbb{C}^2$ に $(x, y) \mapsto \pm(x, y)$ によって作用しているとする．このとき，軌道体 $\Gamma = \mathbb{C}^2/\mathbb{Z}_2$ は原点で錐状特異点をもつ．実際 $[(x, y)] \to (x^2, xy, y^2) \equiv (X, Y, Z)$ を Γ の $\mathbb{C}^3$ への埋め込みとする．このとき，X, Y, Z は関係式 $Y^2 = XZ$ を満たす．もし X, Y, Z を実変数とみなせば，これは単なる円錐の方程式である．]

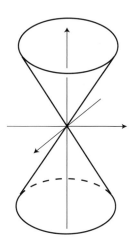

図 8.8. 錐状特異点．原点の近くは $\mathbb{R}^n$ や $\mathbb{C}^n$ には似ていない．

第 8 章への補足

M^{2m} を向き[6]づけ可能な $2m$ 次元微分閉多様体とするとき,

(i) M^{2m} にはいつ複素構造が入るだろうか？

(ii) M^{2m} に複素構造が入るとき，異なる複素構造はどれくらいあるだろうか？

(iii) さらに複素構造全体のなす空間について何がわかるだろうか？

これらの問は，まとめて複素多様体論の最も重要な基本問題の 1 つである．$m=1$ の場合は古典的に主に Riemann により多くの結果が得られている．

"向き付け可能な閉曲面 Σ_g (g: 種数) はつねに複素構造を許容し，複素構造全体の空間は $3g-3$ 個 $(g>1)$ の複素パラメタをもつ．"

$m=2$ の場合は (i) の存在問題でさえずっと難しくなる．しかしながら，概複素構造の存在問題に関する限りでは次の Ehresmann-Wu の定理[7] が完全な解答を与えている．

定理 8.A M を向きづけられた 4 次元微分閉多様体とする．このとき M 上に第 1 Chern 類[8] が $c_1(M) = \alpha \in H^2(M;\mathbb{Z})$ である概複素構造が存在するための必要十分条件は

(1) M の第 2 Stiefel-Whitney 類[9] が $w_2(M) \equiv \alpha \pmod{2}$ を満たし，

(2) $\alpha \cdot \alpha = 3\tau(M) + \chi(M)$ を満たすことである．

ここで $\alpha \cdot \alpha$ は α を微分形式に考え直した場合の内積 $(\alpha, \alpha) \in \mathbb{Z}$ のことであり，$\tau(M)$ は第 7 章の補足でも登場した符号数，$\chi(M)$ は Euler 標数である．

したがって本文にもあるように，この条件 (2) から S^4 には概複素構造が (当然，複素構造も) 存在しないことがわかる．なぜならば，もし S^4 上に概複素構造が存在すると仮定すると $\alpha \in H^2(S^4;\mathbb{Z}) = 0, \tau(S^4) = 0$ であるが $\chi(S^4) = 2 \neq 0$ だから条件 (2) に矛盾するからである．定理 8.A の証明を与えることはできないが，証明の概略がわかるように，今確かめた S^4 上に概複素構造が存在しないことと類似の議論を，第 7 章の補足で述べた事実を援用して $\mathbb{C}P^2 \sharp \mathbb{C}P^2$ に適用してみることにする．最初に 4 次元における次の Hirzebruch の公式を思い出そう．

$$3\tau(M^4) = \int_{M^4} p_1(M^4). \tag{8.127}$$

さて，$\mathbb{C}P^2 \sharp \mathbb{C}P^2$ が概複素構造を許容すると仮定してみよう．すると任意の点での接空間は複素ベクトル空間の構造をもつことから M の Chern 類 $(c_1(M), c_2(M))$ が定義され

---

[6] 後述するように，多様体上に (概) 複素構造が存在するとき，向きづけも指定されることに注意．

[7] 例えば，F. Hirzebruch and H. Hopf, Felder von Flächenelementen in 4-dimensionalen Mannigfaltigkeiten, *Math. Ann.* **136** (1958), 156 – 172 には小平邦彦の仕事をもとにここで述べる定式化がなされている．

[8] 11.2 節参照．

[9] 11.6 節参照．

る[10]．ただし，各 c_i は de Rham コホモロジー類だが $c_1 \in H^2(M;\mathbb{Z}), c_2 \in H^4(M:\mathbb{Z}) \cong \mathbb{Z}$ に注意せよ．このとき，$p_1 = c_1^2 - 2c_2$ が成り立つ (第 7 章の補足参照)．一方，$H^2(\mathbb{C}P^2 \sharp \mathbb{C}P^2; \mathbb{Z}) \cong \mathbb{Z} \oplus \mathbb{Z}$ だから，その生成元を ξ, η とすると $c_1 = m\xi + n\eta$, $(m, n \in \mathbb{Z})$ とおくことができ，しかも $\tau(\mathbb{C}P^2 \sharp \mathbb{C}P^2) = 2$ が直ちにわかる．ただし生成元の選び方は $\int \xi \wedge \xi = \int \eta \wedge \eta = 1, \xi \wedge \eta = 0$ となるような標準的なものである．また，Gauss-Bonnet の定理から

$$\chi(M) = \int_M c_2(M)$$

である．今の場合，$\chi(\mathbb{C}P^2 \sharp \mathbb{C}P^2) = 4$ である．これらの事実を (8.127) に代入して

$$6 = 3\tau(\mathbb{C}P^2 \sharp \mathbb{C}P^2) = \int_{\mathbb{C}P^2 \sharp \mathbb{C}P^2} (c_1^2 - 2c_2) = \int_{\mathbb{C}P^2 \sharp \mathbb{C}P^2} (m\xi + n\eta)^2 - 8.$$

ξ, η は上のような生成元なので

$$14 = m^2 + n^2$$

が得られるが，この方程式は整数解を持たないので $m, n \in \mathbb{Z}$ に矛盾する．こうして，$\mathbb{C}P^2 \sharp \mathbb{C}P^2$ は概複素多様体ではないことがわかった．また読者はこの証明の議論の中に定理 8.A の条件 (2) も含まれていることに気が付かれただろう．さらに，複素射影平面 $\mathbb{C}P^2$ の向きを逆にしたものを $\overline{\mathbb{C}P^2}$ と書くことにする．ホモロジー群は，$H_i(\mathbb{C}P^2; \mathbb{Z}) \cong \mathbb{Z}$ ($i = 0, 2, 4$) で，それ以外は自明群であることに注意する．よって，Euler 標数は向きの入れ方とは無関係なので，$\chi(\mathbb{C}P^2) = \chi(\overline{\mathbb{C}P^2}) = 3$ を得る．特に，$H_2(\overline{\mathbb{C}P^2}; \mathbb{Z}) \cong \mathbb{Z}$ より，$\tau(\overline{\mathbb{C}P^2}) = -\tau(\mathbb{C}P^2) = -1$ を得る．$\overline{\mathbb{C}P^2}$ の上に概複素構造が存在すると仮定すると，条件 (2) より，$\alpha \cdot \alpha = 0$ を得る．一方，第 7 章の補足でも触れたように，$\overline{\mathbb{C}P^2}$ がスピン構造をもたないことがわかるから，$w_2(\overline{\mathbb{C}P^2}) \equiv \alpha \equiv 1 \pmod 2$ であり，これは $\alpha \cdot \alpha = 0$ と矛盾する．すなわち，$\overline{\mathbb{C}P^2}$ の向きは概複素構造と適合しないことがわかる．複素射影平面は本章でも触れられているように，Fubini-Study 計量により，複素構造をもつが，向きも指定されているのである．読者は，演習として $\mathbb{C}P^2 \sharp \overline{\mathbb{C}P^2}$ には (概) 複素構造が入ることを確かめて，同様のことを確認されたい．概複素構造の問題で最も基本的なものが球面 S^{2m} 上の存在問題である．$S^2 = \mathbb{C}P^1$ であるから，$m = 1$ の場合の存在は明らかだが，具体的に概複素構造を構成しようとすると，$\mathbb{R}^3$ の外積 (ベクトル積) の性質が必要となる．同じ理由で，$m = 3$ の場合の存在にも $\mathbb{R}^7$ の外積の性質が必要となるが，外積の存在は 3 次元と 7 次元に限ることが知られているので，球面上に概複素構造が存在し得るのは，S^2 と S^6 に限ることがわかる．外積の存在次元の決定を含めて，これらの議論のもう少し詳細な解説が第 5 章への補足の文献 [2] の第 2 章で与えられている．[2] の第 7 章では，S^8 上に概複素構造が存在しないことの特性類による計算も与えられているので，合わせて参照されたい．いずれにしても，ここでもやはり特性類が重要な役割を果たしている．特性類は，歴史的には多様体上に 1 次独立な切断がどれだけ存在するかという問題から発見されたものであるが，現在では多様体上のベクトル束 (第 9 章で扱うファイバー束の特別な場合) のねじれ具合を測るコホモロジー類であり，ここでの議論で扱った特性類はそのベクトル束が接空間全体の集合である多様体の接束 (tangent bundle) という特別な場合である．こうした重要な応用を生み出す道具立てについては，第 II 巻で詳しく議論されることだろう．

---

[10] 詳細は第 II 巻の第 11 章を参照．

参考文献

Adler S L 1969 *Phys. Rev.* **177** 2426

Aitchison I J R 1987 *Acta Phys. Pol.* **B18** 207

Alvarez O 1985 Topological Methods in Field Theory *Berkeley preprint* UCB-PTH-85/43

——1995 *Geometry and Quantum Field Theory* ed D S Freed *et al.* (Providence, RI: American Mathematical Society) p 271

Alvarez-Gaumé L 1983 *Commun. Math. Phys.* **90** 161

——1986 *Fundamental Problems of Gauge Field Theory (Erice, 1985)* ed V Gelo and A S Wightman (New York: Plenum)

Alvarez-Gaumé L and Della Pietra S 1985 in *Recent Developments in Quantum Field Theory* ed J Ambjørn *et al.* (Amsterdam: Elsevier) p95

Alvarez-Gaumé L, Della Pietra S and Moore G 1985 *Ann. Phys. NY* **163** 288

Alvarez-Gaumé L and Ginsparg P 1984 Nucl. Phys. **B 243** 449

—— 1985 *Ann. Phys., NY* **161** 423

Alvarez-Gaumé L and Nelson P 1986 *Supersymmetry, Supergravity, and Superstrings '86* ed B de Wit and M Grisaru (Singapore: World Scientific)

Anderson P W and Brinkman W F 1975 in *The Helium Liquids* ed J G M Armitage and I E Farquhar (New York: Academic Press) p315

Anderson P W and Toulouse G 1977 *Phys. Rev. Lett.* **38** 508

Armstrong M A 1983 *Basic Topology* (New York: Springer-Verlag)

Atiyah M F 1985 in *Arbeitstagung Bonn 1984* ed F Hirzebruch, J Schwermer and S Suter (Berlin, Heidelberg: Springer-Verlag) p251

Atiyah M F and Jones J D S 1978 *Commun. Math. Phys.* **61** 97

Atiyah M F, Patodi V and Singer I M 1975a *Math. Proc. Cambridge Phil. Soc.* **77** 43

—— 1975b *Math. Proc. Cambridge Phil. Soc.* **77** 405

—— 1976 *Math. Proc. Cambridge Phil. Soc.* **79** 71

Atiyah M F and Segal G B 1968 *Ann. Math.* **87** 531

Atiyah M F and Singer I M 1968a *Ann. Math.* **87** 485

—— 1968b *Ann. Math.* **87** 546

—— 1984 *Proc. Natl Acad. Sci., USA* 81 2597

Bagger J 1987 *The Santa Fe TASI-87* ed R Slansky and G West (Singapore: World Scientific)

Bailin D and Love A L 1986 *Introduction to Gauge Field Theory* (Bristol and New York: Adam Hilger)

Bardeen W A 1969 *Phys. Rev.* **184** 1848

Belavin A A and Knizhnik V G 1986 *Sov. Phys. JETP* **64** 214

Belavin A A and Polyakov A M 1975 *JETP Lett.* **22** 245

Belavin A A, Polyakov A M, Schwartz A S and Tyupkin Yu S 1975 *Phys. Lett.* **59B** 85

Bell J and Jackiw R 1969 *Nuovo Cim.* **A 60** 47

Berezin F A 1966 *The Method of Second Quantization* (New York and London: Academic Press)

Berry M 1989 *Principles of Cosmology and Gravitation* 2nd ed. (Bristol: Adam Hilger)

—— 1984 *Proc. R. Soc.* **A 392** 45

Bertlmann R A 1996 *Anomalies in Quantum Field Theory* (Oxford: Oxford University Press)

Booss B and Bleecker D D 1985 *Topology and Analysis: The Atiyah-Singer Index Formula and Gauge-Theoretic Physics* (New York: Springer-Verlag)

Bott R and Seeley R 1978 *Commun. Math. Phys.* **62** 235

Bott R and Tu L W 1982 *Differential Forms in Algebraic Topology* (New York: Springer-Verlag), R. ボット・L.W. トゥー著,三村護訳『微分形式と代数トポロジー』(シュプリンガー・ジャパン, 1996)

Buchholtz L J and Fetter A L 1977 *Phys. Rev.* **B 15** 5225

Calabi E 1957 in *Algebraic Geometry and Topology: A Symposium in Honor of S. Lefschetz* (Princeton, NJ: Princeton University Press)

Callias C 1978 *Commun. Math. Phys.* **62** 213

Candelas P 1988 in *Superstrings '87* (Singapore: World Scientific)

Cheng T-P and Li L-F 1984 *Gauge Theory of Elementary Particle Physics* (New York and Oxford: Oxford University Press)

Chern S S 1979 *Complex Manifolds without Potential Theory* 2nd ed. (New York: Springer-Verlag)

Choquet-Bruhat Y and DeWitt-Morette C with Dillard-Bleick M 1982 *Analysis, Manifolds and Physics Revised edition* (Amsterdam: North-Holland)

Coleman S 1979 in *The Whys of Subnuclear Physics* ed A Zichichi (New York: Plenum Press)

Crampin M and Pirani F A E 1986 *Applicable Differential Geometry* (Cambridge: Cambridge University Press)

Croom F H 1978 *Basic Concepts of Algebraic Topology* (New York: Springer-Verlag)

Daniel M and Viallet C M 1980 *Rev. Mod. Phys.* **52** 175

Das A 1993 *Field Theory* (Singapore: World Scientific)

Deser S, Jackiw R and Templeton S 1982a *Phys. Rev. Lett.* **48** 975

—— 1982b *Ann. Phys., NY* **140** 372

D'Hoker E and Phong D 1986 *Nucl. Phys.* **B 269** 205

—— *Rev. Mod. Phys.* **60** 917

Dirac P A M 1931 *Proc. R. Soc.* **A 133** 60

Dixon L, Harvey J, Vafa C and Witten E 1985 *Nucl. Phys.* **B 261** 678

—— 1986 *Nucl. Phys.* **B 274** 285

Dodson C T J and Poston T 1977 *Tensor Geometry* (London: Pitman)

Donaldson S K 1983 *J. Differ. Geom.* **18** 279

Eells J and Lemaire L 1968 *Bull. London Math. Soc.* **10** 1

Eguchi T, Gilkey P B and Hanson A J 1980 *Phys. Rep.* **66** 213

Farkas H M and Kra 1 1980 Riemann Surfaces (New York: Springer-Verlag)

Federbush P 1987 *Bull. Am. Math. Soc. (N.S.)* **17** 93

Flanders H 1963 *Differential Forms with Applications to the Physical Sciences* (New York: Academic Press, reprint Dover Pub.), H. フランダース著, 岩堀長慶訳『微分形式の理論 ── およびその物理科学への応用』(岩波書店, 1967)

Forte S 1987 *Nucl. Phys.* **B 288** 252

Fraleigh J B 1976 *A First Course in Abstract Algebra* (Reading, Mass.: Addison-Wesley)

Freed D S and Uhlenbeck K 1984 *Instantons and Four-Manifolds* (New York: Springer-Verlag)

Friedan D and Windey P 1984 *Nucl. Phys.* **B 235** 395

—— 1985 *Physica* **15D** 71

Frdlicher A 1955 *Math. Ann.* **129** 50

Fujikawa K 1979 *Phys. Rev. Lett.* **42** 1195

—— 1980 *Phys. Rev.* **D 21** 2848; **D 22** 1499 (E)

—— 1986 in *Superstrings, Supergravity and Unified Theories* ed G Furlan *et al.* (Singapore: World Scientific) p230

Gilbert G 1986 *Nucl. Phys.* **B 277** 102

Gilkey P B 1984 *Invariance Theory, the Heat Equation and the Atiyah-Singer Index Theorem* (Wilmington, Delaware: Publish or Perish)

Goldberg S I 1962 *Curvature and Homology* (New York: Academic Press)

Green M B , Schwarz J H and Witten E 1987 *Superstring Theories vols* I and II (Cambridge: Cambridge University Press)

Greenberg M J and Harper J R 1981 *Algebraic Topology: A First Course* (Reading, Mass.: Benjamin/Cummings)

Greene R E 1987 in *Lecture Notes in Mathematics 1263, Differential Geometry* ed V L Hansen (Berlin and Heidelberg: Springer-Verlag) p228

Griffiths P and Harris J 1978 *Principles of Algebraic Geometry* (New York: Wiley)

Gross D J and Jackiw R 1972 *Phys. Rev.* **D 6** 477

Gunning R C 1962 *Lectures on Modular Forms* (Princeton NJ: Princeton University Press)

Hawking S 1977 *Commun. Math. Phys.* **55** 133

Hicks N 1965 *Notes on Differential Geometry* (Princeton NJ: Van Nostrand)

Hirayama M 1983 *Prog. Theor. Phys.* **70** 1444

Hirzebruch F 1966 *Topological Methods in Algebraic Geometry* 3rd ed. (Berlin, Heidelberg: Springer-Verlag), F. ヒルツェブルフ著，竹内勝訳『代数幾何における位相的方法』(吉岡書店，1970)

Horowitz G 1986 in *Unified String Theories* ed M Green and D Gross (Singapore: World Scientific) p635

Huang K 1982 *Quarks, Leptons and Gauge Fields* (Singapore: World Scientific)

Ito K (ed) 1987 *Encyclopedic Dictionary of Mathematics* 3rd ed. (Cambridge, Mass.: The MIT Press), 日本数学会編『岩波数学辞典』(第3版) (岩波書店, 1985)

Jackiw R and Rebbi C 191 *Phys. Rev.* **D 16** 1052

Jackiw R and Templeton S 1981 *Phys. Rev.* **D 23** 2291

小林昭七 (山田光太郎記) 1984 「接続の理論入門」, (Seminar of Matheamtical Sciences No. 18, 慶応大学数学教室)

Kobayashi S and Nomizu K 1963 *Foundations of Differential Geometry* vol I (NewYork: Interscience)

—— 1969 *Foundations of Differential Geometry* vol II (New York: Interscience)

Koblitz N 1984 *Introduction to Elliptic Curves and Modular Forms* (New York: Springer-Verlag)

Kulkarni R S 1975 *Index Theorems of Atiyah-Bott-Patodi and Curvature Invariants* (Montréal: Les Presses de l'Université de Montréal)

Lang S 1987 *Elliptic Functions* 2nd ed. (New York: Springer-Verlag)

Leggett A J 1975 *Rev. Mod. Phys.* **47** 331

Leinaas J M and Olaussen K 1982 *Phys. Lett.* **108B** 199

Lightman A P, Press W H, Price R H and Teukolsky S A 1975 *Problem Book in Relativity and Gravitation* (Princeton, NJ: Princeton University Press)

Longuet-Higgins H C 1975 *Proc. R. Soc.* **A 344** 147

Maki K and Tsuneto T 1977 *J. Low Temp. Phys.* **27** 635

Matsushima Y 1972 *Differentiable Manifolds* (New York: Marcel-Dekker), 松島与三『多様体入門』(裳華房, 1965)

Mermin N D 1978 in *Quantum Liquids* ed J Ruvalds and T Regge (Amsterdam: North-Holland) p.l95

—— 1979 *Rev. Mod. Phys.* **51** 591

Mermin N D and Ho T-L 1976 *Phys. Rev. Lett.* **36** 594

Mickelsson J 1989 *Current Algebras and Groups* (New York: Plenum)

Milnor J 1956 *Ann. Math.* **64** 394

Milnor J W and Stasheff J D 1974 *Characteristic Classes* (Princeton NJ: Princeton University Press), J. W. ミルナー・J. D. スタシェフ著，佐伯修・佐久間一浩訳『特性類講義』(丸善出版，2001)

Minami S 1979 *Prog. Theor. Phys.* **62** 1128

Mineev V P 1980 *Sov. Sci. Rev.* **A 2** 173

Misner C W 1978 *Phys. Rev.* **D 18** 4510

Misner C W, Thorne K S and Wheeler J A 1973 *Gravitation* (San Francisco: Freeman)

Moore G 1986 *Phys. Lett.* **176B** 369

Moore G and Nelson P 1986 *Nucl. Phys.* **B 266** 58

Morozov 1987 *Sov. J. Nucl. Phys.* **45** 181

Nakahara M 1998 *Path Integrals and Their Applications* (Tokyo: Graduate School of Mathematical Sciences, University of Tokyo)

Nambu Y 1970 *Lectures at the Copenhagen Symposium* unpublished

Nash C 1991 *Differential Topology and Quantum Field Theory* (London: Academic)

Nash C and Sen S 1983 *Topology and Geometry for Physicists* (London: Academic Press), C. ナッシュ・S. セン著，南部保貞・佐々木隆・吉井久博訳『物理学者のためのトポロジーと幾何学』(マグロウヒル出版，1989)

Newlander A and Nirenberg L 1957 *Ann. Math.* **65** 391

野水克巳 1981 『現代微分幾何学入門』(裳華房)

Palais R S 1965 *Seminars on the Atiyah-Singer Index Theorem* (Princeton NJ: Princeton University Press)

Polchinski J 1986 *Commun. Math. Phys.* **104** 37

Polyakov A M 1981 *Phys. Lett.* **103B** 207

Price R H 1982 *Am. J. Phys.* **50** 300

Rabin J M 1995 *Geometry and Quantum Field Theory* ed D S Freed *et al.* (Providence, RI: American Mathematical Society) p 183

Ramond P 1989 *Field Theory: A Modern Primer* 2nd ed. (Reading, MA: Benjamin/Cummings)

Rennie R 1990 *Adv. Phys.* **39** 617

Ryder L H 1980 *J. Phys. A: Math. Gen.* **13** 437

—— 1996 *Quantum Field Theory* 2nd ed. (Cambridge: Cambridge University Press)

Sakita B 1985 *Quantum Theory of Many-Variable System and Fields* (Singapore: World Scientific)

Sánchez N 1988 in *Harmonic Mappings, Twistors, and σ-Models* ed P Gauduchon (Singapore: World Scientific) p.270

Sattinger D H and Weaver O L 1986 *Lie Groups and Algebras with Applications to Physics, Geometry, and Mechanics* (New York: Springer-Verlag)

Scherk J 1975 *Rev. Mod. Phys.* **47** 123

Schutz B F 1980 *Geometrical Methods of Mathematical Physics* (Cambridge: Cambridge University Press), B.F. シュッツ著, 家正則・二間瀬敏史・觀山正見訳『物理学における幾何学的方法』(吉岡書店, 1987)

Schwartz L 1986 *Lectures on Complex Analytic Manifolds* (Berlin Heidelberg: Springer-Verlag)

Shanahan P 1978 *The Atiyah-Singer Index Theorem: An Introduction* (Berlin Heidelberg: Springer-Verlag)

Shankar R 1977 *J. Physique* **38** 1405

Siegel C L 1980 *Advanced Analytic Number Theory* (Bombay: Tata Institute of Fundamental Research)

Simon B 1983 *Phys. Rev. Lett.* **51** 2167

Singer I M 1985 *Soc. Math. de France, Astérisque* hors série 323

Steenrod N 1951 *The Topology of Fibre Bundles* (Princeton, NJ: Princeton University Press), N. スティーンロッド著, 大口邦雄訳『ファイバー束のトポロジー』(吉岡書店, 1995)

Stora R 1984 in *Progress in Gauge Field Theory* ed G 't Hooft *et al.* (New York: Plenum Press) p543

Sumitani T 1984 *J. Phys. A: Math. Gen.* **17** L811

—— 1985 東京大学物理学科修士論文,『素粒子論研究』71 巻 2 号 1985 年 5 月号 p. 65

Swanson M S 1992 *Path Integrals and Quantum Processes* (Boston, MA: Academic)

Tonomura A, Umezaki H, Matsuda T, Osakabe N, Endo J and Sugita Y 1983 *Phys. Rev. Lett.* **51** 331

Toulouse G and Kleman M 1976 *J. Physique Lett.* **37** L149

Trautman A 1977 *Int. J. Theor. Phys.* **16** 561

Tsuneto T 1982 in *The Structure and Properties of Matter* ed T Matsubara (Berlin: Springer-Verlag) p.101, 恒藤敏彦『岩波講座現代物理学の基礎 物性論I』(岩波書店)

Tsuneto T 1998 in *Superconductivity and Superfluidity* (Cambridge: Cambridge University Press), 恒藤敏彦『岩波講座 現代の物理学 超伝導・超流動』(岩波書店)

Wald R M 1984 *General Relativity* (Chicago: The University of Chicago Press)

Warner F W 1983 *Foundations of Differentiable Manifolds and Lie Groups* (New York: Springer-Verlag)

Weinberg S 1972 *Gravitation and Cosmology: Principles and Applications of the General Theory of Relativity* (New York: Wiley)

—— 1988 *Strings and Superstrings: Jerusalem Winter School for Theoretical Physics* ed S Weinberg (Singapore: World Scientific)

Wells R O 1980 *Differential Analysis on Complex Manifolds* (New York: Springer-Verlag)

Wess J and Zumino B 1971 *Phys. Lett.* **37B** 95

Whitehead G W 1978 *Elements of Homotopy Theory* (New York: Springer-Verlag)

Wu T T and Yang C N 1975 *Phys. Rev.* **D 12** 3845

Yang C N and Mills R L 1954 *Phys. Rev.* **96** 191

Utiyama R 1956 *Phys. Rev.* **101** 1597

Yau S-T 1977 *Proc. Natl Acad. Sci., USA* **74** 1798

Zumino B 1985 *Relativity, Groups and Topology* II, vol 3, ed B S DeWitt and R Stora (Amsterdam: North-Holland) p.1291

—— 1987 Geometry and Physics *Berkeley preprint* UCB/pTH-87/13

日本語の参考文献

原書は英語圏の読者を対象としているので，日本語の参考書の紹介は不充分である．そこで，ここにそのいくつかを紹介したい．

まず，本書と共通の内容を扱っている本は

   倉辻比呂志『トポロジーと物理』(丸善，1995)

   和達三樹『微分・位相幾何』(岩波書店，1996)

各章の内容を補う参考書を以下に挙げる．

第1章

- 量子力学

   猪木慶治・川合光『量子力学 I, II』(講談社，1994)

- 経路積分

   崎田文二・吉川圭二『径路積分による多自由度の量子力学』(岩波書店，1983)

- 場の量子論

   西島和彦『場の量子論』(紀伊國屋数学叢書，1987)

   永長直人『物性論における場の量子論』(岩波書店，1995)

- 素粒子論

   坂井典祐『素粒子物理学』(培風館，1993)

   牧二郎・林浩一『素粒子物理』(丸善，1995)

- 一般相対性理論

   内山龍雄『相対性理論』(岩波書店，1987)

   佐藤勝彦『相対性理論』(岩波書店，1996)

- 超伝導・超流動

   恒藤敏彦『超伝導・超流動 (改訂版)』(岩波書店，1997)

第 2 章

菅原正博『位相への入門』(朝倉書店, 1966)

松阪和夫『集合・位相入門』(岩波書店, 1968)

松本幸夫『トポロジー入門』(岩波書店, 1985)

志賀浩二『位相への 30 講』(朝倉書店, 1988)

佐久間一浩『集合・位相——基礎から応用まで』(共立出版, 2001)

第 3 章

- 位相

 横田一郎『群と位相』(裳華房, 1971)

 田村一郎『トポロジー』(岩波書店, 1972)

 加藤十吉『集合と位相』(朝倉書店, 1982)

 佐久間一浩『集合・位相——基礎から応用まで』(共立出版, 2001)

第 4 章

本間龍雄『組合せ位相幾何学』(共立出版, 1980)

服部晶夫『位相幾何学』(岩波書店, 1991)

第 5 章

- 多様体

 長野正『曲面の数学』(培風館, 1968)

 鈴木治夫『微分多様体入門』(サイエンス社, 1979)

 松本幸夫『多様体の基礎』(東大出版会, 1988)

 村上信吾『多様体 (第 2 版)』(共立出版, 1989)

 志賀浩二『多様体論』(岩波書店, 1990)

 荻上紘一『多様体』(共立出版, 1997)

 栗田稔『微分形式とその応用』(現代数学社, 2002)

- Lie 環 Lie 群

 山内恭彦・杉浦光夫『連続群論入門』(培風館, 1960)

 島和久『連続群とその表現』(岩波書店, 1981)

 佐藤光『群と物理』(丸善, 1992)

 吉川圭二『群と表現』(岩波書店, 1996)

第 6 章

鈴木治夫『微分多様体入門』(サイエンス社, 1979)

服部晶夫『多様体 (増補版)』(岩波書店, 1989)

第 7 章

小林昭七『接続の微分幾何とゲージ理論』(裳華房, 1989)

酒井隆『リーマン幾何学』 (裳華房, 1992)

第 8 章

村上信吾『多様体 (第 2 版)』(共立出版, 1989)

小平邦彦『複素多様体論』(岩波書店, 1992)

小林昭七『複素幾何 1, 2』(岩波書店, 1998)

索 引

● 数字

1-形式	187
1 元数	90
1 次従属	71
1 次独立	71, 95
1 対 1 写像	64
1 点コンパクト化	80
1 の分割	209
1-パラメタ部分群	215, 217
1-パラメタ変換群	193
1 粒子既約	51
2 脚場	289
2 元数	90
4 脚場	289, 306
4 元数	ix, 266
8 元数	266

● アルファベット

Abel 群	88
1 次独立	95
Abrikosov 格子	159
Anderson-Toulouse 渦糸	167
Belavin-Polyakov モノポール	156
Betti 数	117, 240, 243, 341, 349
Bianchi 恒等式	56, 203, 275, 290
第 1—	275, 276, 312
第 2—	275, 276, 312
Bose-Einstein 凝縮	158
Bose 粒子	19
Bott 周期性定理	155
Brouwer の不動点定理	169
Calabi-Yau 多様体	344
Cartan 構造方程式	290, 293
Cauchy-Riemann の関係式	318
Chern 類	356
Christoffel の記号	260
Cooper 対	158, 166
de Rham コホモロジー群	204, 236, 241, 301
de Rham の定理	239
de Rham 複体	204, 241
Dehn のひねり	323
Derrick の定理	62
Dirac 行列	289, 306
Dirac 作用素	314
Dirac スピノル	306
Dirac の δ 関数	12
Dirac の紐	58
Dirac の量子化条件	60
Dirac 場	52
Dolbeault 作用素	332
Dolbeault 複体	333
Ehresmann-Wu の定理	356
Einstein-Hilbert 作用	304
Einstein テンソル	276, 303, 305
Einstein 方程式	303, 305
Euclid 空間	177
Euclid 群	65, 279
Euclid 計量	ix, 252
Euler-Lagrange 方程式	3, 311
Euler 標数	83, 92, 97, 243, 313, 356
Fermi 粒子	36
Fubini-Study 計量	343
Gauss-Bonnet の定理	86, 313, 357
Gauss 曲率	313
Gauss 積分	41
Gauss の定理	232
Grassmann 数	36, 37
Grassmann 代数	37
Grassmann 多様体	180
Green 関数	51, 301
Hamiltonian	5
Hamilton 形式	5
Hamilton の運動方程式	6
Hamilton の原理	2
Hausdorff 空間	78
Heisenberg Hamiltonian	155
Heisenberg スピン系	159, 168
Heisenberg の運動方程式	11
Heisenberg の方程式	12
Heisenberg 描像	12
Hermite 計量	334
Hermite 接続	338
Hermite 多様体	334, 340, 344
Higgs 機構	57
Higgs 場	56, 57
Hilbert 空間	9
Hirzebruch の符号数公式	314
Hirzebruch の公式	356
Hodge $*$ 作用素	346
Hodge 数	349
Hodge ダイヤモンド	349

Hodge の定理	302, 347
Hodge 分解	347
Hodge 分解定理	300
Hurwitz ζ 関数	47
Ising 模型	160
Jacobi 恒等式	6, 196, 275
J-準同型	154
Künneth の公式	245
Kähler 形式	335
Kähler 計量	340, 344
Kähler 多様体	340, 344, 348
Kähler ポテンシャル	341
K3 曲面	315
Killing ベクトル場	284
Lie 環	285
球面	287
Killing 方程式	284
Klein-Gordon 方程式	49
Klein の壺	68
Lagrange 形式	2
Lagrangian	2
Laplacian	299, 347, 348
Levi-Civita 接続	255, 260, 267, 272, 274, 292, 340, 344
古典微分幾何	268
Levi-Civita の記号	202
Lie 括弧	6
Lie 括弧積	196, 213
Lie 環	214
Lie 群	210, 267
作用	220
Lie の定理	218
Lie 微分	195
Lie 部分群	212
London 極限	157
Lorentz 群	211
Lorentz 計量	252
Lorentz 条件	300
Lorentz 多様体	253, 280, 291, 296
Lorentz 変換	221
Maurer-Cartan の構造方程式	218
Maurer-Cartan 形式	218
Maxwell 方程式	53, 300
Mayer-Vietoris の完全系列	314
Mermin-Ho 渦糸	167
Minkowski 空間	220
Minkowski 計量	ix, 211, 252
Minkowski 時空	
Killing ベクトル場	285
Möbius の帯	208
Nambu 作用	309, 311
Newton 方程式	1
Newton 力学	1
Noether の定理	7
Palatini の公式	304
Pauli スピン行列	ix
Pfaffian	41
Poincaré-Alexander の定理	84
Poincaré 群	219
Poincaré の補題	241
Poincaré 変換	311
Poisson 括弧	6
Polyakov 作用	310
q-辺単体	98
Ricci 回転係数	292
Ricci 形式	339, 344
Ricci テンソル	267
Ricci 平坦	344, 351
Riemann 計量	251, 334
Riemann ζ 関数	35
Riemann 多様体	253, 291, 296
Riemann (曲率) テンソル	261, 274, 277, 338
幾何学的意味	262
共形的関係	281
独立な成分の個数	276
Riemann 面	342
Robertson-Walker 計量	274
Rochlin の定理	315
r-境界輪体	103
r 次元境界輪体群	103
r 次元ホモロジー群	105
r 次元輪体群	103
r-輪体	103
Schrödinger 描像	12
Schrödinger 方程式	13
Schwarzschild 計量	274, 293
Shankar モノポール	154, 167
Stiefel-Whitney 類	356
Stiefel 多様体	228
Stokes の定理	232, 234
T 積	27
Weyl-Schouten テンソル	313
Weyl 順序	22
Weyl テンソル	283
Weyl 変換	280, 311
Wick 回転	25
Wu-Yang 磁気単極子	58
Yang-Mills ゲージ場	55
Yang-Mills 場テンソル	56
$\mathbb{Z}_2$ 次数代数	38

●あ行

アトラス	175
両立	176
アファイン接続	256, 277
計量と両立	260
安定化部分群	223
位相	76
距離—	77

——欠陥		159
相対——		77
普通——		77
密着——		77
離散——		76
位相空間		5, 76
位相群		151
位相不変量		82, 313
一般化運動量		3
一般化座標		2
一般化されたζ関数		47
一般化速度		2
一般線形群		211
一般相対性原理		303
一般相対性理論		302, 303
一般相対論		269, 276
インスタントン		60, 80, 154
上への写像		64
渦糸		159
宇宙定数		306
埋め込み		191, 253
運動方程式		1
液晶		161
ネマティック——		161
エネルギー		1
エネルギー運動量テンソル		303, 305
演算		88
同じホモトピー型		83
オブザーバブル		10
折線群		139
折線道		138

● か行

開集合		76
階数		74, 95, 96
外積		200, 201
外場		27
外微分		201
概複素構造		328, 338, 351, 352
概複素多様体		351
可換		64
可換群		88
核		71
確率振幅		11
可縮		133, 241
壁		159
環		88
可換——		88
関係		137
関数		184
完全形式		204
完全性関係		10, 43
木		139
極大——		139

擬 Riemann 計量		251
擬 Riemann 多様体		253
基底状態		18
基点		125
軌道		223
軌道体		353
基本群		125, 127, 160
Möbius の帯		146
Klein の壺		144
トーラス		136, 142
逆元		88
逆写像		65
逆像		63
逆の道		126
球面		178
境界		79, 103, 177
境界作用素		103
境界輪体		233
境界輪体群		234
境界をもつ多様体		177
共形 Killing ベクトル場		287
共形構造		280
共形的関係		280
共形的平坦		283, 313
共形変換		279
共形変換群		280
凝縮エネルギー		157
共変関手		190
共変微分		54, 55, 254, 337
共役		70
共役ベクトル場		327
共役類		70
行列群		211
極座標		173
局所標構回転		291
曲線		184
曲線の標準系		114
極大対称空間		285
曲率 2-形式		290
距離		77
距離空間		77
近傍		78
開——		78
クロスキャップ		118
群		87
可換——		88
経線		323
計量接続		260
計量両立性		337
経路積分		19, 24, 36
ゲージ変換		53
ゲージ理論		52
欠陥		159
ケット		9
弦		308

弦理論	310	射影空間	181
語	137	射影作用素	301
簡約化された—	137	射影表現	10
空なる—	137	射影平面	161
効果的	223	写像	63
交換関係	10	自由	222
交換子部分群	147	自由加群	95
高次元ホモトピー群	147, 148	周期	239
光錐標構	253	自由群	137
合成写像	64	集合論	
構造定数	55, 218	関係	65
恒等写像	65	収縮	132
勾配エネルギー	157	収縮写像	132, 242
弧状連結	129, 150	重心座標	98
コヒーレント状態	43	縮約	76
コホモロガス	237	縮約 (ホモトピー)	133
コホモロジー環	244	種数	68, 114, 356
コホモロジー群		巡回群	66, 95
∂	333, 346	無限—	95
de Rham—	236	有限—	95
固有辺単体	98	準同型写像	65, 93
コンパクト	79	準同型定理	94
		商群	70
●さ行		小群	223
		商集合	66
最小作用の原理	2	状態	10
最大値原理	325	状態ベクトル	10
鎖群	101, 233	消滅演算子	17
座標	175	剰余類	70
座標関数	175	左—	70
座標基底	187	真空期待値	57
座標近傍	175	推移的	222
座標変換	176	随伴	74
鎖複体	103, 241	随伴外微分作用素	298
作用	2	随伴写像	227
三角形分割	99	随伴表現	227
三角形分割可能	99	スカラー曲率	267
時間に依存しない Schrödinger 方程式	16	スカラー場	48
時間に依存する Schrödinger 方程式	16	スピン群	152
磁気単極子	57	スピン構造	314
次元	71	スピン接続	307
子午線	323	スペクトル ζ 関数	35
自己双対解	61	正規座標系	273, 304
指数 (計量)	252, 254	正規直交標構	289, 291, 295, 306
次数	135	正規部分群	70, 93, 212
指数化	194	制限	64
指数写像	217	制限写像	64
指数定理	75	斉次座標	179, 323
ベクトル空間	75	正準量子化	8
実射影空間	179	生成演算子	17
ホモロジー群	111	生成系	136
実射影平面	68	生成元	95
実数	90	生成汎関数	27
自発磁化	156	正則	318
自発的対称性の破れ	155	正則関数	280, 325

正則写像	325	多元環	201
正則微分形式	333	多面体	83, 99
正則ベクトル	329, 352	基本群	136
正則ベクトル場	329, 352	多様体	173
正多面体	87	境界をもつ—	177
成分	71	単位元	87
世界面	309	単射	64
積	148	単素数	90
積 (ループ)	125	単体	84, 97, 233
積分可能	352	向き付けられた—	99
積分曲線	192	単体的複体	98
接空間	187, 251	単連結	133, 247
接束	357	値域	63
接続	254, 336	チェイン	101, 233
接続 1-形式	290, 292, 307	秩序変数空間	159
接続係数	256, 289, 337	秩序変数	155
変換規則	259	チャート	175
接ベクトル	185, 186	超弦理論	308, 355
切片	141	超伝導	157
遷移確率	19	超伝導体	159
線形関数	71	超流動	
線形空間	70	^{3}He	166
線形写像	71	^{4}He	157
線欠陥	159, 161	調和形式	300, 301, 348, 349
全射	64	$\bar{\partial}$	347
全単射	64	∂	347
像	63, 71	調和写像	312
双次数	331	調和振動子	2, 16, 29, 36
双対基底	73, 187, 218	直積多様体	181
双対境界輪体	333	直交群	211
双対境界輪体群	236	直交補空間	72
双対空間	238	定義域	63
双対場テンソル	56	定常状態の Schrödinger 方程式	16
双対ベクトル	73, 187	定数写像	64
双対ベクトル空間	9, 72	ディスジャイレイション	166
双対輪体	333	ディレクタ	161
双対輪体群	236	テクスチャ	161, 166
ソース	27	電荷の量子化	59
測地線	257, 265, 269	点欠陥	159, 162
測地線方程式	257, 270, 273	電磁場テンソル	53, 203
		テンソル	75, 188
●た行		テンソル積	76
		テンソル場	188, 258
体	88	等方群	223
可換—	88	等温座標	312
第 1Chern 類	339, 344	等価原理	303
第 1Pontrjagin 形式	314	同境理論	230
対称群	169, 199	同型	65, 71, 93
対称性の自発的破れ	57	同型写像	65
対称積	199	等質空間	224, 287
対称接続	267	同相	81
代数多様体	324	同相写像	81
体積要素	208, 294, 336	同値関係	65
代表元	66	等長変換	279
多脚場	289, 291	同値類	65

項目	ページ
トーラス	182, 245, 253, 354
特異単体	233
特異点	324
特異ホモロジー群	234
特殊線形群	211
特殊直交群	211
特殊ユニタリー群	211
特性類	357
トポロジカルな励起	156

● な行

項目	ページ
内積	9, 73, 74, 188, 251, 298
内部	78
内部積	204
流れ	192, 220
滑らか	182
ねじれ部分群	96, 117
熱核	20
ネマティック液晶	159, 161
ノルム	10, 74

● は行

項目	ページ
配位空間	2
波動関数	13
場の量子論	48
はめ込み	191
パラコンパクト	209
汎関数	2
汎関数微分	3
反自己双対解	61
反正則ベクトル	329, 352
反正則ベクトル場	329, 352
反対称積	199
反微分	206
反変関手	190
引き戻し	73, 190
de Rham コホモロジー群の—	246
引き戻し写像	253
非座標基底	187
非斉次座標	180, 181, 323, 342
左移動	212, 267
左手向き	208
左不変ベクトル場	212
被覆	79
開—	79
被覆空間	151
普遍—	151
被覆群	151
普遍—	151
微分可能写像	182
微分形式	200
積分	209
複素化	330
微分構造	176, 183, 229, 315
S^7	183
微分写像	189
微分多様体	175
微分同相	183
微分同相写像	183, 190, 279
標構	218
表示	138
標準的 1-形式	218
標準的単体	232
ブーケ	141
複素 Euclid 空間	342
複素 Grassmann 多様体	323
複素 q 形式	330
複素化	
関数	325
接空間	326, 351
テンソル	326
ベクトル関数	326
複素共役	326
複素構造	319, 328, 343, 356
複素次元	318
複素射影空間	323, 342
複素数	90, 266
複素多様体	318
複素微分形式	330
複素ベクトル場	326
符号数	314, 356
不動点	353
部分群	93
部分多様体	191, 253
不変体積要素	294
普遍被覆群	222
ブラ	9
不連結	80
分数	89
分配関数	33, 44
閉折線	139
閉形式	204, 300
平行移動	254
平行移動された	257
平行化可能	265
閉集合	78
閉包	78
ベキ零性	206, 298
ベクトル	70, 185
空間的	252
光錐的	252
時間的	252
零	252
ベクトル空間	70
ベクトル場	188, 192
ベクトル・ポテンシャル	203, 300
変形収縮	132, 168
包含写像	65

方向微分	185
膨張ベクトル	288
母関数	27
保型パラメタ	322
保存力	1
ポテンシャル	1
ポテンシャルエネルギー	1
ホモトピー	126, 131, 148
ホモトピー型	131
ホモトピー逆写像	131
ホモトピー群	148, 160, 166
1次元—	127
ホモトピー同値写像	131
ホモトピー類	125, 127, 148
ホモトピック	124, 126, 131, 148, 246
ホモロガス	105
ホモロジー群	241
Klein の壺	114
Möbius の帯	110
トーラス	113
ホモロジー類	105
ホロノミー群	277, 344, 354
本義 Lorentz 群	211

●ま行

巻き数	160
右移動	212
右手向き	208
道	125
不変な—	125
向き付け	207
向き付け可能	207, 336
向き付け不可能	207
無限小生成子	194
無端切断	90
無理数	90
面欠陥	159
文字	137
モジュラー変換	323
モノポール	57, 159
Belavin-Polyakov—	80

●や行

有限生成	95
有限生成 Abel 群	92, 95
有端切断	90
誘導計量	253
誘導ベクトル場	226
有理数	89
有理数の切断	89
ユニタリー群	211
ユニタリー・ゲージ	57
余完全閉形式	300

余接空間	187
余接ベクトル	187
余閉形式	300

●ら行

立体射影座標	173, 179, 319
両解析的	325
両解析的写像	325
臨界温度	156
リング欠陥	162
輪体	233
輪体群	234
ループ	125, 148
捩率 2-形式	290
捩率テンソル	260, 261, 264, 274, 338
連結	80
弧状—	80
単—	80
連結和	85
連続写像	77

●わ行

歪率	260

著者・訳者

中原 幹夫 (なかはら・みきお)

略歴

1952年	長崎県生まれ.
1981年	京都大学大学院理学研究科博士課程修了.
1983年	イギリス ロンドン大学キングス校数学科 Diploma 課程修了.
1981–1982年	南カリフォルニア大学物理学科研究員.
1983–1985年	カナダ アルバータ大学物理学科研究員.
1985–1986年	イギリス サセックス大学数学物理教室研究員.
1986–1993年	静岡大学教養部助教授.
1993–1999年	近畿大学理工学部数学物理学科助教授.
1999–2017年	近畿大学理工学部理学科物理学コース教授.
2001–2006年	ヘルシンキ工科大学客員教授.
2017–2020年	上海大学数学科教授.
2021–2023年	近畿大学理工学総合研究所研究員.
現在	IQM Finland Oy. 理学博士.

著書・訳書

『量子物理学のための線形代数――ベクトルから量子情報へ』(培風館)
東京大学数理科学セミナリーノート15『経路積分とその応用』(東京大学大学院数理科学研究科セミナー刊行会)
『理論物理学のための幾何学とトポロジーⅡ［原著第2版］』(日本評論社, 近刊)
Quantum Computing: From Linear Algebra to Physical Realizations, Taylor and Francis
Zeta Functions, Topology and Quantum Physics, Springer (共編)
Superconductivity and Superfluidity, Cambridge University Press (英訳)
Introduction to Chaos ―― Physics and Mathematics of Chaotic Phenomena, IOP Publishing (英訳)

訳者

佐久間 一浩 (さくま・かずひろ)

略歴

1961年	東京都生まれ.
1993年	東京工業大学大学院理工学研究科数学専攻修了.
1994–1996年	国立高知工業高等専門学校一般科講師.
1997年	同助教授.
1998年	近畿大学理工学部数学物理学科講師.
2001年	同助教授.
2004–2005年	ブリガム・ヤング大学客員助教授.
現在	近畿大学理工学部理学科数学コース教授. 博士(理学).

著書・訳書

『数 "8" の神秘』(日本評論社)
『高校数学と大学数学の接点』(日本評論社)
『トポロジー集中講義』(培風館)
『集合・位相――基礎から応用まで』(共立出版)
『特性類講義』(共訳, 丸善出版)
『大学数学への誘い』(共著, 日本評論社)
『複素超曲面の特異点』(共訳, 丸善出版)
『幾何学と特異点』(共著, 共立出版)

理論物理学のための幾何学とトポロジーⅠ[原著第2版]

2018年11月25日　第1版第1刷発行
2023年 4 月 1 日　第1版第4刷発行

著　者　　　　　　　　　中原 幹夫
訳　者　　　　　　　　　中原 幹夫・佐久間 一浩
発行所　　　　　　　株式会社　日本評論社
　　　　　　〒170-8474 東京都豊島区南大塚3-12-4
　　　　　　　　　電話　(03) 3987-8621 [販売]
　　　　　　　　　　　　(03) 3987-8599 [編集]
印　刷　　　　　　　　　　三美印刷
製　本　　　　　　　　　　井上製本所
装　釘　　　　　　　山田信也 (スタジオ・ポット)

Ⓒ Mikio Nakahara & Kazuhiro Sakuma 2018
ISBN978-4-535-78806-0　Printed in Japan

JCOPY 〈(社) 出版者著作権管理機構 委託出版物〉
本書の無断複写は著作権法上での例外を除き禁じられています。複写される場合は、そのつど事前に、(社) 出版者著作権管理機構 (電話 03-5244-5088, FAX 03-5244-5089, e-mail: info@jcopy.or.jp) の許諾を得てください。また、本書を代行業者等の第三者に依頼してスキャニング等の行為によりデジタル化することは、個人の家庭内の利用であっても、一切認められておりません。